W0257443

Die Bergwerksmaschinen.

Eine Sammlung von Handbüchern
für Betriebsbeamte.

Unter Mitwirkung zahlreicher Fachgenossen

herausgegeben von

Dipl.-Ing. Hans Bansen,

Berg-Ingenieur, ord. Lehrer an der Oberschlesischen Bergschule
zu Tarnowitz.

Dritter Band.

Die Schachtfördermaschinen.

Springer-Verlag Berlin Heidelberg GmbH

1913

Die Schachtfördermaschinen.

Bearbeitet von

Karl Teiwes,
Diplom-Ingenieur in Tarnowitz

und

Prof. Dr.-Ing. **E. Förster,**
Direktor der Kgl. Maschinenbau- und
Hüttenschule in Gleiwitz.

Mit 323 Textfiguren.

Springer-Verlag Berlin Heidelberg GmbH

1913

ISBN 978-3-662-34318-0   ISBN 978-3-662-34589-4 (eBook)
DOI 10.1007/978-3-662-34589-4

Softcover reprint of the hardcover 1st edition 1913

Additional material to this book can be downloaded from http://extras.springer.com

Vorwort.

Der Fluß technischen Fortschrittes fließt stetig dahin. Dennoch glaubt der rückschauende Blick Einschnitte in dieser Entwicklungslinie zu erkennen. So hat auch die Fördermaschine einen gewissen Abschluß wichtiger Kapitel erreicht: Der elektrische Antrieb hat sich vollberechtigt an die Seite des altbewährten Dampfantriebes gestellt und ihn durch seinen Wettbewerb auf die Bahn fortschreitender Entwickelung gedrängt. Er hat hierbei selbst den ersten Teil seiner Entwickelung abgeschlossen und beginnt zuversichtlich einen zweiten Lebensabschnitt, der ihm die Befreiung von den Fesseln verwickelter Anordnung und hoher Anlagekosten bringen soll.

Den künftigen Wettlauf beider Antriebe zu verfolgen wird anregend und ein Überblick über das Erreichte und die hierbei begangenen Wege nützlich sein. Die Lebensaufgabe der Fördermaschine hat hierbei als Richtschnur unserer Darstellung zu dienen. Diese geht daher von der Sicherheit und der Wirtschaftlichkeit des Betriebes aus und betrachtet die Fördermaschine im Rahmen des ganzen Förderbetriebes, dessen Mittelpunkt sie bildet. Eine Ergänzung finden diese Betrachtungen in dem folgenden Bande IV „Schachtförderung" des Sammelwerkes „Die Bergwerksmaschinen", welcher den eigentlichen Schachtbetrieb zum Mittelpunkt seiner Erörterungen macht.

Für die Form der Darstellung war bei der Fülle des Stoffes Beschränkung auf das Wesentliche und Richtunggebende geboten. Das Stoffgebiet „Schachtfördermaschinen" wurde daher durch Betrachtung des Gemeinsamen eingeleitet und dann wurden dem Dampf- und dem elektrischen Antriebe umfangreichere Abschnitte gewidmet. Auf ungewöhnliche Antriebe und Gestaltungen konnten nur gelegentliche Seitenblicke geworfen werden. Die Grundmauern des Gebäudes wurden jedoch in genügender Breite gelegt, um auch die Massen künftiger Aufbauten tragen zu können.

Für genauere Belehrung über einzelne Abschnitte ist ein Verzeichnis einschlägiger Schriften beigefügt.

Die Verfasser wurden von vielen Seiten bereitwillig unterstützt, doch war es nicht möglich, allen dargebotenen Stoff, insbesondere den zeichnerischen, vollständig zu bringen. Ein Verzeichnis der stillen Mitarbeiter ist angefügt und allen diesen Helfern am Werke sei zugerufen ein dankbares Glückauf.

Tarnowitz-Gleiwitz, im November 1912.

K. Teiwes.　　E. Förster.

Mit Stoff über Fördermaschinen sind die Verfasser unterstützt worden:

mit Zeichnungen über Dampffördermaschinen von: Skodawerke, Akt.-Ges., Pilsen; Berlin-Anhaltische Maschinenbau-Akt.-Ges., Abteilung Köln-Bayenthal; A. Borsig, Tegel; Eintrachthütte, Eintrachthütte, Oberschl.; Ehrhardt & Sehmer, Schleifmühle; Breslauer Maschinenbau-Akt.-Ges., Breslau; Carlshütte, Altwasser i. Schles.;

mit Zeichnungen über Förderhaspel von: Gebr. Pfeiffer, Kaiserslautern; F. A. Münzner, G. m. b. H., Obergruna i. Sa.; Gewerkschaft Schalker Eisenhütte, Schalke; Maschinen- und Armaturenfabrik vorm. Breuer, Höchst a. M.;

mit Abbildungen über elektrische Fördermaschinen von: Deutsche Maschinenfabrik Akt.-Ges., Duisburg; Fr. Gebauer, Berlin; Brown, Boveri & Cie., Mannheim und Baden; Siemens-Schuckert-Werke, Berlin; Allgemeine Elektrizitäts-Gesellschaft, Berlin;

durch Überlassung von Klischees von: Köln-Ehrenfelder Maschinenfabr.; Ernst Heckel, Ges. für Förderanlagen, Saarbrücken; Maschinenfabrik A. Beien, Herne i. W.; Dinglersche Maschinenfabrik, Zweibrücken; Maschinenfabrik A. H. Meyer, Hamm i. W.; Georg Schönfeld, Berlin: Atlas-Werke, Berlin; E. Koch, Herne; Brown, Boveri & Cie., Baden-Schweiz; Siemens-Schuckertwerke, Berlin; Allgemeine Elektrizitätsgesellschaft, Berlin;

mit Zeichnungen und Beschreibungen von Steuerungen, Anzeige- und Sicherheitsvorrichtungen

von den Firmen: Bergisch-Märkische Installationsgesellschaft, Düsseldorf; Dr. Th. Horn, Leipzig-Großzschocher; Atlas-Ges., Charlottenburg; Gutehoffnungshütte, Oberhausen (Rhld.); Isselburger Hütte, Isselburg; Siemens & Halske, Akt.-Ges., Berlin;

von den Herren, Ernst Heese, Beuthen; Ernst Koch, Herne i. W.; H. Eigemann, Essen; Dubbel, Berlin; Grunewald, Aachen; Georg Schönfeld, Berlin-Halensee; J. Karlik, Prag-Weinberge; Weidig, Schlettau a. S.

Inhaltsverzeichnis.

Erster Teil.
Gemeinsame Gesichtspunkte.

Zweiter Teil.
Berechnung der Fördermaschinen.

Fünfter Teil.

Der Fördermaschinenbetrieb.

Sechster Teil.

Der Antrieb durch Dampfmaschine.

Seite

Siebenter Teil.

Antrieb durch Elektromotoren.

Erster Abschnitt.

Vierter Abschnitt.

Sicherheitsvorrichtungen.

Erster Teil.

Gemeinsame Gesichtspunkte.

Von Diplom-Ingenieur **Karl Teiwes**.

A. Bedeutung der Fördermaschine.

Reich ist der Bergwerksbetrieb an Maschinen. Immer neue Arbeiten werden dem Menschen abgenommen und der Maschine aufgebürdet. Die Herstellung des Schachtes und der Strecken, die Gewinnung der Kohle, ihre Förderung vom Gewinnungsorte zum Schachte, die Hebung von Kohle und Wasser im Schachte, die Versorgung der Grube mit Luft, An- und Ausfahrt des Bergmannes, alles nimmt geeignete Maschinen für seine Arbeitsleistung in Anspruch.

Die wichtigsten Maschinen sind die Förder- und Wasserhaltungsmaschinen. Die ältesten Mitteilungen über Bergbau erwähnen ihre Arbeit, und alte Bilder lassen erkennen, wie schon früher der Handantrieb des einfachen Haspels zur Erzielung größerer Förderung ersetzt werden mußte durch Göpel mit Pferde- oder Wasserradantrieb. Interessant ist zu sehen, wie schon diese einfachen Verhältnisse alle Schwierigkeiten des Betriebes im kleinen und alle Elemente unserer heutigen Maschinen aufwiesen. Die Pferde mußten bei jedem „Treiben" „umgeschirrt" werden und empfanden beim Anfahren die Massenwirkungen sehr unangenehm. Die Bremse bildete schon einen unerläßlichen Bestandteil der Maschine.

Die aus der geförderten Kohle entwickelte Dampfkraft gestattete später recht viele „Pferdekräfte" der Förderung dienstbar zu machen und ihre Kraftsteuerung machte die Maschine so „lenksam", daß ein schwacher Mensch ihre ungeheuren Kräfte spielend beherrscht.

Die Fördermaschine ist wohl noch bedeutungsvoller für den Grubenbetrieb als die Wasserhaltungsmaschine, deren Bedeutung in trockenem Gebirge verblaßt oder die bei geeigneter Bodengestaltung durch Stollen ersetzt werden kann. Die Fördermaschine ist schier unersetzlich, selbst für wenig tiefe Gruben. Für tiefe Gruben ist der gesamte Verkehr zwischen den Grubenbauen und der Tagesoberfläche auf sie angewiesen.

Zwar erschließt der Schacht die Grube, doch die Fördermaschine erschließt den Schacht. Von schmerzlicher Bedeutung kann sie werden, wenn verheerender Grubenbrand oder andrängende Wasser eine schleunige Flucht aus der Grube erheischen.

Zur Verrichtung ihrer wichtigen Arbeit jedoch braucht die Fördermaschine eines treuen Helfers, des Förderseiles, dessen an dieser Stelle anerkennend gedacht sei. Fest muß die kraftspendende Maschine im Boden wurzeln und tief aus dem Schachte ist die Last zu heben. Das Förderseil, fest, zähe und biegsam, ist allein imstande, eine geeignete Verbindung zwischen Kraft und Last herzustellen. Die Bedeutung des Förderseiles kann gar nicht überschätzt werden.

B. Systematik der Fördermaschinen.

1. Nach der Verwendung.

Die Verwendung kann eine ganz gelegentliche für bestimmte seltene Fälle sein, z. B. zum Einlassen schwerer Maschinenteile im Schachte, zum Halten und Bewegen von Leitungen, zum Nachführen von Senkpumpen beim Abteufen.

Diese Maschinen zeichnen sich durch gedrängte billige Bauart aus. Sie haben nur eine Trommel von bescheidenen Abmessungen und wickeln ein besonders biegsames Kabelseil in übereinanderlagernden Windungen auf. Ihr Antrieb wirkt durch mehrfache Übersetzung auf die Trommelwelle ein. Der mangelnde Seilgewichtsausgleich erfordert sicher wirkende Brems- und Sperrvorrichtungen. Sie werden als „Kabel" oder „Winden" mit Hand-, Dampf- oder sonstigem Antriebe gebaut.

Als „Haspel" werden diejenigen Maschinen bezeichnet, die einer regelrechten zweitrümmigen Schachtförderung dienen, deren Betrieb aber in Rücksicht auf Fördermenge, Geschwindigkeit oder Benutzungsdauer als untergeordnet zu betrachten ist. Sie werden aus diesem Grunde meist mit Übersetzungen ausgeführt, doch ist die Übersetzung kein Kennzeichen des Förderhaspels, da auch die einfachen, aus einem Rundbaume bestehenden Fördervorrichtungen mit Handantrieb, wie sie auf kleinen Erzgruben im Gebrauche sind, mit Recht als Förderhaspel bezeichnet werden und andererseits ausgesprochene Hauptschachtfördermaschinen bei elektrischem Antriebe neuerdings nicht selten mit Vorgelege ausgeführt werden.

Als „Fördermaschinen" werden diejenigen Fördereinrichtungen mit Kraftantrieb bezeichnet, die einem ausgesprochenen Hauptschachtförderbetriebe dienen. Sie sind meist unmittelbar wirkend. Eine scharfe Grenze zwischen Förderhaspel und Fördermaschine kann nicht gezogen werden.

Wir haben demnach:

1. für eintrümmigen Sonderbetrieb: Kabel oder Winden,
2. „ zweitrümmige Nebenförderungen: Förderhaspel,
3. „ „ Hauptförderungen: Fördermaschinen,
4. „ „ Sonderförderungen: Abteufmaschinen,
5. „ „ Abwärtsförderungen: Einlaßmaschinen.

2. Nach der Art der Seilträger.

Die hier möglichen Verschiedenheiten finden sich in den Abschnitten IVB bis D behandelt.

Darnach können unterschieden werden:

1. Trommelmaschinen:
     a) mit zylindrischen Trommeln,
     b) „ kegelförmigen Trommeln,
     c) „ Bobinen.

   2. Treibscheibenmaschinen.

Und nach der Anzahl der angetriebenen Maschinenwellen:
   1. mit einer Triebachse,
   2. „ zwei Triebachsen.

3. Nach der Antriebsmaschine.

Die verbreitetste Antriebsmaschine für Förderungen ist die Dampfmaschine; die älteste ist sie nicht. Der Antrieb durch Menschen mußte dem durch Tierkraft oder der billigen Kraft des Gefällewassers weichen. Erst der Dampfantrieb gab die erforderliche Sicherheit und Unabhängigkeit. Daneben werden auch jetzt noch in vereinzelten Fällen andere Triebkräfte herangezogen. Heute bricht der elektrische Antrieb siegreich in den Besitzstand der Dampfmaschine ein. Dies bunte Bild der Antriebsarten wird aber immer noch durch den Dampfantrieb beherrscht, der eine wechselreiche Entwicklung durchlebt hat. Er wird einen großen Teil dieses Buches in Anspruch nehmen, dessen letzter Teil dem elektrischen Antriebe gewidmet ist. Die wenig verbreiteten Antriebsarten sollen keine Beachtung finden. Der Antrieb durch Druckluft bedient sich derselben Steuerungsmittel und hat etwa denselben äußeren Aufbau wie der Dampfantrieb, so daß er durch diesen als mit erledigt betrachtet werden kann.

Demnach sind zu benennen nach dem Antriebe:
   1. Mit Handantrieb,
   2. „ tierischem Antrieb,
   3. Antrieb durch Wasserrad oder Turbine,
   4. Dampffördermaschinen,
   5. Druckluftfördermaschinen,
   6. Mit Antrieb durch Explosionsmotor, sehr selten,
   7. Elektrische Fördermaschinen.

C. Gesamtanordnung der Fördermaschinen.

1. Fördergerüst und Seilscheibe.

Die Fördermaschine kann seitlich vom Schachte etwa auf Geländehöhe aufgestellt werden oder in Sonderfällen über dem Schachte in einer auf der Höhe des Schachtturmes eingerichteten Maschinenstube.

Fig. 1 zeigt die herrschende Anordnung der seitlichen Aufstellung, Fig. 2 den Sonderfall der Aufstellung über dem Schachte.

Bei seitlicher Anordnung müssen die Förderseile über hoch im Fördergerüst gelagerte Seilscheiben in den Schacht geleitet werden. Das Gerüst hat den schrägen Seilzug aufzunehmen.

Die Seilscheiben müssen so gestellt sein, daß die Ablaufstelle in der Mitte der Förderkörbe liegt. Die übrige Lage der Scheibe richtet sich nach der Lage der Fördermaschine. Die Seilscheibenebene fällt mit der Ebene der Treibscheibe zusammen, bzw. schneidet im allgemeinen senkrecht durch die Längenmitte der Trommel.

Die große Höhenlage der Seilscheiben ist erforderlich wegen der Möglichkeit des Übertreibens der Förderschale. Wird der Förderkorb versehentlich über die Hängebank gezogen, so bietet ein genügender Abstand zwischen Hängebank und Seilscheibe die Möglichkeit, durch selbsttätige oder vom Maschinenwärter veranlaßte Maßnahmen den Korb zum Stehen zu bringen, ehe er durch Anstoßen an die Seilscheiben Unheil anrichten kann.

Die Bergbehörden verlangen einen Abstand a der Seilscheibenmitte von der Hängebank von mindestens 6 m, Fig. 3. Derselbe wird meist beträchtlich größer genommen, etwa 10—15 m, in einzelnen Fällen bis 25 m. Da die Hängebank

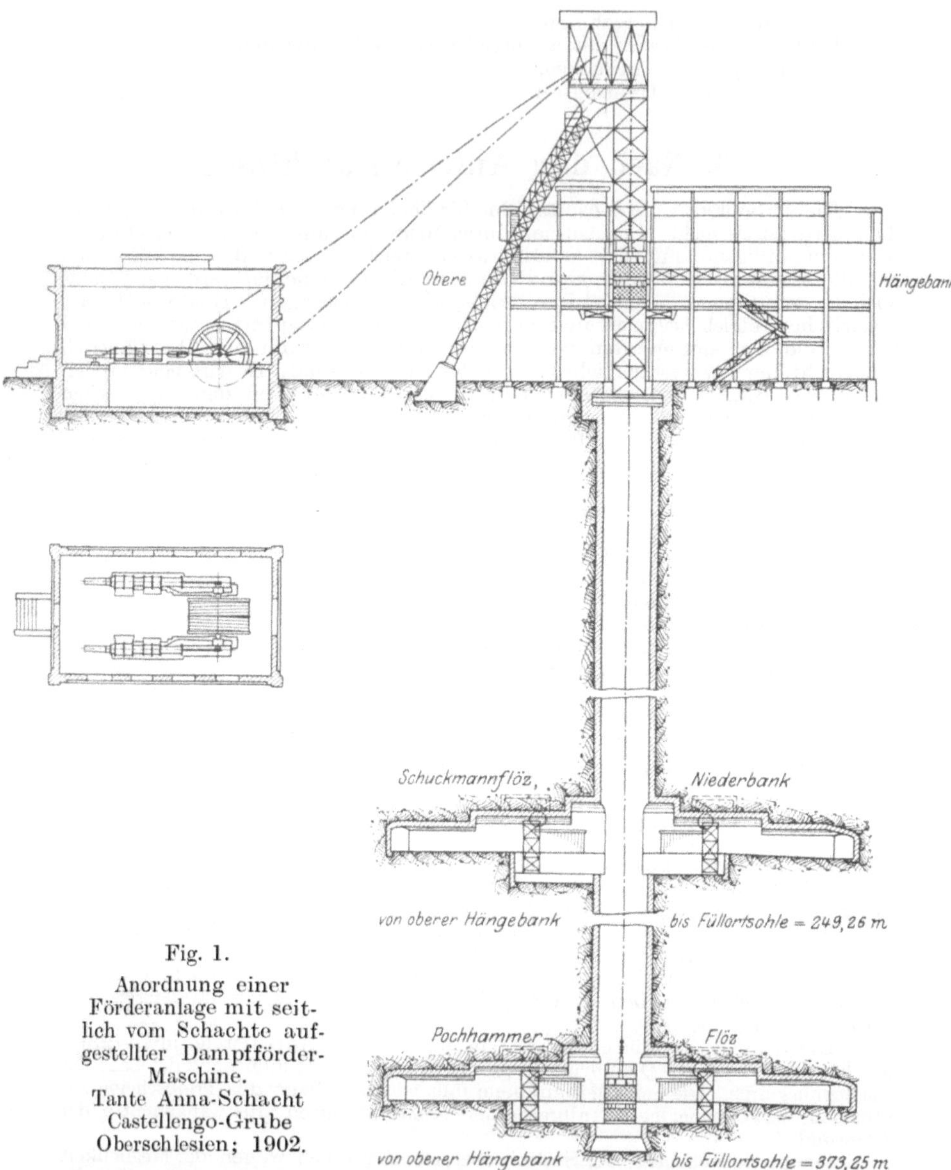

Fig. 1.
Anordnung einer
Förderanlage mit seit-
lich vom Schachte auf-
gestellter Dampfförder-
Maschine.
Tante Anna-Schacht
Castellengo-Grube
Oberschlesien; 1902.

einige Stockwerke über dem Gelände liegt, so ist die Höhe der Seilscheibe über
Gelände oder auch Maschinenwelle etwa 20—30, bei übereinanderliegenden Seilscheiben bis 35 m.

Die Anordnung der Maschine im Fördergerüste ist nur bei elektrischem
Antrieb und Verwendung von Treibscheibe möglich. Bei einer Seiltrommel
wandert das Seil während des Aufzuges über die Länge der Trommel hin und kann
bei der geringen Entfernung möglicher Leitscheiben nicht zur Korbmitte ab-

gelenkt werden, ohne einen unerträglichen Seitenzug zu erfahren. Antrieb durch Dampfmaschine verbietet sich, weil diese mit hin- und hergehenden Massen und Kräften arbeitende Maschine eines schweren Fundamentes nicht entbehren kann. Bei der Größe der Treibscheiben muß unter ihr eine Leitscheibe angeordnet sein, die das Seil der Korbmitte zuführt. Trotz dieser Seilbiegung hat sich ein solches Förderseil (Grube Hausham, Miesbach, Oberbayern 1911) so gut gehalten, daß

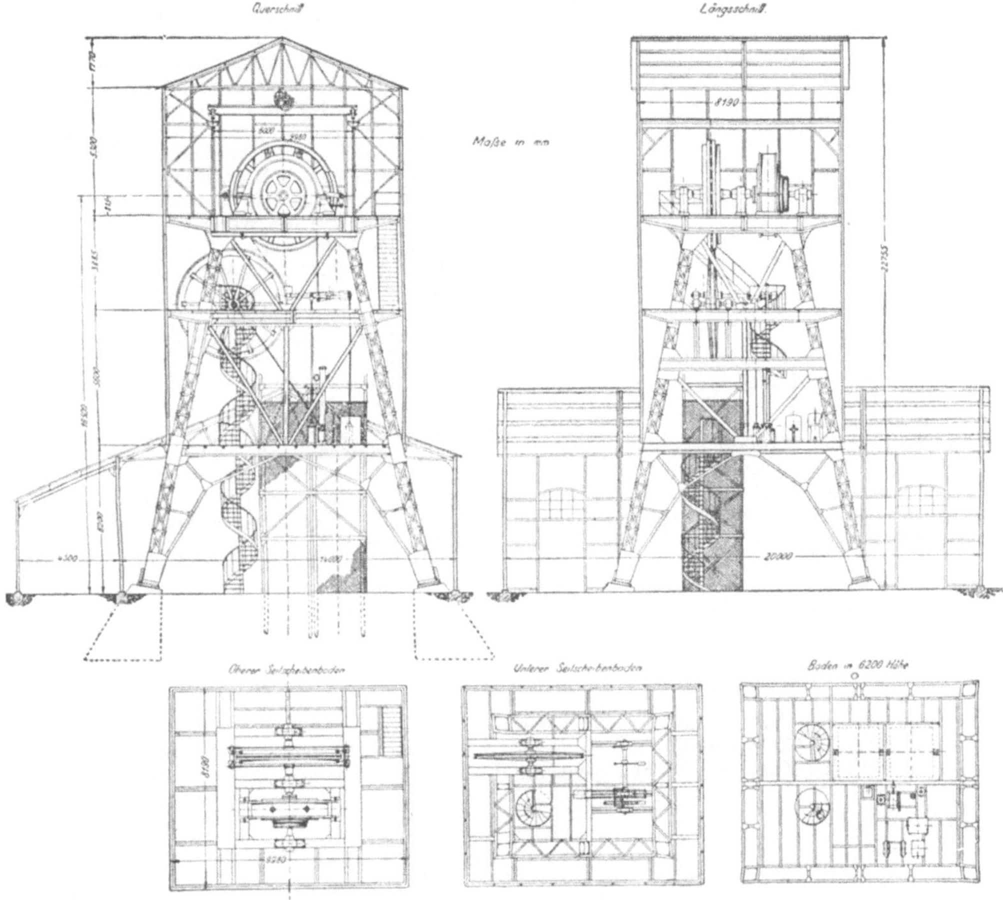

Fig. 2.

Anordnung einer Förderanlage mit im Schachtgerüst aufgestellter elektrischer Fördermaschine. Grube Hausham bei Miesbach, Oberbayern, 1911.

die Bergbehörde die Erlaubnis gab, das Seil $2\frac{1}{2}$ Jahre lang, also über das übliche Maß hinaus, aufliegen zu lassen.

Solche Turmmaschinen sind in verschiedenen Fällen eingebaut worden. Diese Anordnung erscheint wesentlich einfacher als die der seitlichen Maschine. Ihre Anlagekosten sollen geringer sein wegen Wegfalles eines besonderen Maschinenhauses nebst Maschinenfundament, das bei seitlich liegender Maschine wegen des seitlichen Seilzuges immer notwendig ist, und Verkürzung der Förderseillänge. Dem stehen die Kosten des verstärkten und erhöhten Fördergerüstes gegenüber.

Die Zugänglichkeit der Turmmaschinen ist jedenfalls geringer, als die auf Geländehöhe liegender Maschinen. Bei vielen der Turmmaschinen waren örtliche Gründe für die Anordnung maßgebend, wie Raummangel oder schlechter Baugrund an der für eine seitliche Maschine in Frage kommenden Stelle. Da die seitlichen Maschinen ganz überwiegend verbreitet sind, scheint die Überzeugung von der Überlegenheit der Turmmaschinen doch keine allgemeine zu sein.

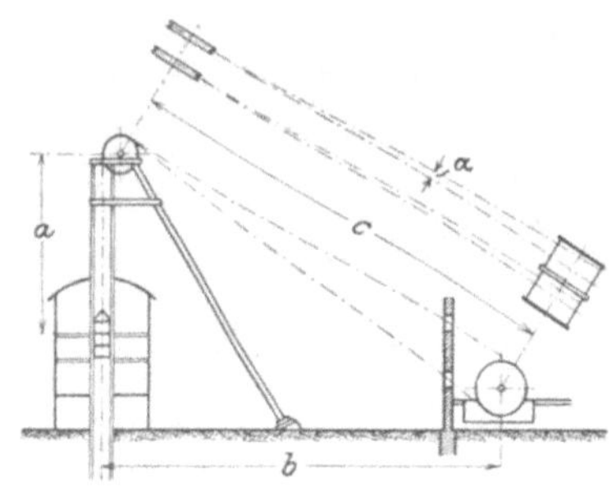

Fig. 3.

Lage einer Trommelmaschine zum Schachte. Höhenlage der Seilscheibe.

Das Seilscheibengerüst ist bei seitlicher Maschinenlage für Aufnahme des starken seitlichen Seilzuges geeignet zu machen. Das geschieht durch die starken schrägen, das Fördergerüst kennzeichnenden, Stützen. Sie wurden ursprünglich aus einfachen bockartigen, bei stärker werdendem Seilzug aus breitbeinigeren, stärker verstrebten hölzernen Gerüsten hergestellt. Ihre geringe Beständigkeit gegen die Einflüsse des Wetters und der aufsteigenden feuchtwarmen Grubenluft, sowie ihre Brandgefahr lassen sie wenig geeignet erscheinen, als Grundlage des wichtigen Förderbetriebes zu dienen. Heute werden fast allgemein eiserne Gerüste eingebaut, die im wesentlichen aus einem sich über dem Schacht erhebenden, seinen Raum als Luftschacht fortsetzenden Gitterwerke, starken aus Gitterwerk bestehenden Streben und dem Seilscheibenhäuschen bestehen. Die Seilscheibe ist auf einer genügend geräumigen Bühne gelagert, die durch eine von unten heraufführende mit Geländer versehene Treppe zugänglich gemacht ist. Unter ihr befindet sich ein Schutzkasten, der Seilscheibentrog, der das Fallen etwa abbrechender Teile nach unten verhüten soll. Über der Seilscheibe befindet sich ein Schutzdach.

Über Fördergerüste ist alles Wissenswerte zu finden in: Möhrle, Das Seilscheibengerüst, Verlag Siwinna, Kattowitz, 1910.

2. Entfernung der Maschine vom Schachte.

Da die Seilscheiben fest eingebaut sind, bei Trommelmaschinen aber das Seil über die Länge der Trommel wandert, so entsteht in den äußeren Seilstellungen ein seitlicher Zug, der das Seil gegen die Ränder der Seilscheiben und eine Seil-

Fig. 4.

Aufwickelung des Förderseiles auf zylindrische Trommel.

windung gegen die andere drängt. Für die Seilabnützung und die ordnungsgemäße Aufwicklung des Seiles ist es daher günstig, wenn der Ablenkungswinkel des Seiles aus der Ebene der Seilscheiben möglichst gering bleibt. Er wächst mit der Trommelbreite und nimmt mit der Entfernung der Maschine vom Schachte ab.

Fig. 4 sei ein Blick auf die Schräge des Förderseiles. Die Gerüstseilscheibe ist in der Längenmitte der zylindrischen Trommel T gelegen, so daß der Ablenkungswinkel nach beiden Endlagen gleich groß wird. Dies erscheint als die günstigste Anordnung, da hier bei sonst gegebenen Verhältnissen der Ablenkungswinkel α am kleinsten wird. Es gilt als allgemein anerkannte Regel, daß α den Wert $1^0\,30'$ nicht überschreiten soll. Doch findet man auch, durch örtliche Verhältnisse erzwungen, wesentlich größere Werte. Solche Abweichungen werden durch höheren Seilverschleiß erkauft.

In Fig. 4 sei 1 die erste Windung und die Aufwicklung gehe von 1 nach 3 vor sich. Die Windung habe einen Steigungswinkel β (tang $\beta = \dfrac{\delta}{2\,\pi\,R}$; $\delta = $ Seildicke, $R = $ Halbmesser). Ist nun der Steigungswinkel β kleiner als der Ablenkungswinkel α $\left(\text{wobei tang } \alpha \sim \dfrac{1}{2\,c}\right)$, so legen sich die nächsten Windungen nicht dicht an die erste, während gegen Ende die Gefahr besteht, daß die Windungen

Fig. 5.
Aufwickelung des Förderseiles auf kegelförmige Trommel.

übereinandersteigen, da das abgelenkte Seil mit der Seilwindung einen überstumpfen Winkel bildet, so daß es nach innen scharf gegen die vorhergehende Windung 2 drückt. Um eine sichere Seilaufwicklung zu erzielen, hat man in einzelnen Fällen (etwa 1885) eine Kegeltrommel nach Fig. 5 verwandt (Westermann, Herne, DRP. 33 808). Die Seilscheibe S ist hier nicht in die Trommelmitte, sondern nach dem großen Durchmesser hin verlegt. Die Aufwicklung am dünneren Ende geht dann trotz des größeren Ablenkungswinkels besser vor sich, da die folgenden Windungen auf der Kegelfläche abrutschen und sich so sicher an die vorhergehenden anlegen. Am dicken Ende ist die Aufwicklung wegen des geringeren Ablenkungswinkels sicherer als in Fig. 4. In einem Falle soll der Seilverschleiß durch Einbau einer solchen Trommel nicht unerheblich verringert worden sein, infolge der Verringerung der gegenseitigen Reibung der Windungen (Zeche Hibernia, Gelsenkirchen 1885). Dies Ergebnis ist beachtenswert, da es die Windungsreibung erheblicher erscheinen läßt als die Reibung in der Scheibennut; denn diese ist bei der neuen Anordnung offenbar größer als bei der alten. Durch Einbau von Seilrillen auf dem Trommelmantel wird die Seilführung sicherer und die Windungsreibung in die kleinere Nutenreibung übergeführt, so daß Rillen immer zu empfehlen sind, obgleich sie die Länge der Trommeln vergrößern.

Über die Seilführung bei Spiraltrommeln wird am Schlusse des Abschnittes einiges gesagt werden.

Für den Horizontalabstand b der Schachtmitte, Fig. 3, von der Trommelmitte gelten folgende Verhältnisse als erprobt:

b = 30—40 fache der Trommelbreite für zylindrische Trommeln,
  = 20—30 fache für Kegeltrommeln.

Gebräuchliche Werte sind:

b = 40—50 m für Trommelmaschinen,
  = 25—35 m „ Bobinenmaschinen.

Treibscheibenmaschinen können bei geeigneter Lage zum Schachte (vgl. nächsten Abschnitt) beliebig nahe herangerückt werden, bei ungeeigneter Lage muß der Abstand so groß sein, daß der Seilablenkungswinkel den Wert $1^0\,30'$ nicht überschreitet. Sie stehen häufig 40—50 m vom Schachte, wenn sie durch Umbau von Trommelmaschinen entstanden sind. Die Seile von Treibscheiben sind gegen Ablenkung wesentlich empfindlicher als Trommelseile, weil der ausgeführte Ablenkungswinkel während des ganzen Aufzuges in dieser Größe vorhanden ist, während bei Trommelmaschinen der Ablenkungswinkel nur in den äußersten Lagen diesen Wert hat, in allen übrigen Lagen aber einen kleineren.

3. Lage der Maschine zum Schachte.

In Fig. 6—10 ist der Wagenlauf durch Pfeile gekennzeichnet. Die Achse der Fördermaschine kann nun senkrecht zum Wagenlaufe sein, Fig. 6, oder parallel zu ihm, Fig. 7.

Für Trommel- und Bobinenmaschinen ergibt die erste Anordnung den besten Seillauf, für Treibscheibenmaschinen aber die zweite. Bei Trommeln wird man versuchen, die Seilscheibenebenen in die Trommelmitten zu legen; bei Bobinen ist dies immer möglich und nötig.

Beachten wir den Wagenlauf, so erscheint die Anordnung der Fig. 7 günstiger, da hier Maschine oder Fördergerüst dem Wagenlaufe kein Hindernis entgegenstellen. Doch werden die Trommelmaschinen aus anderen Gründen so weit vom Schacht entfernt, daß sie den Wagenlauf nicht sehr stören.

Fig. 6.
Trommel- bezw. Bobinenachse senkrecht zum Wagenlaufe.

Die günstigen Anordnungen können wegen örtlicher Verhältnisse nicht immer getroffen werden. Fig. 8 zeigt eine Treibscheibenmaschine senkrecht zum Wagenlaufe.

Würde die Maschine der Fig. 7 um 180° um die Schachtmitte geschwenkt, so würde die zwischen den Förderkörben stehende Treibscheibe dauernd etwa dieselbe Ablenkung ergeben wie eine Trommel in den äußeren Seillagen. Zur Be-

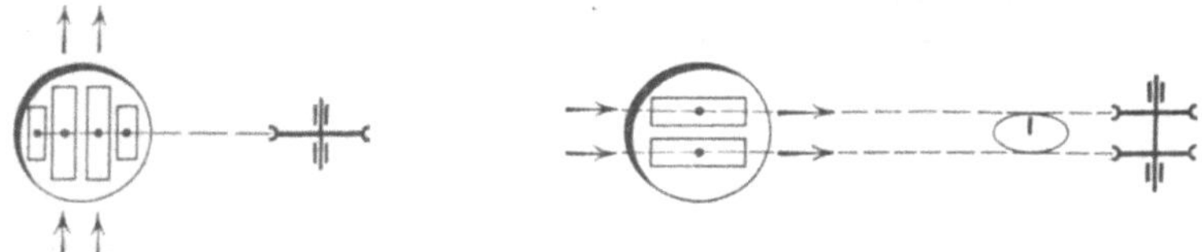

Fig. 7.   Fig. 8.
Treibscheibenachse parallel zum   Treibscheibenachse senkrecht zum Wagen-
        Wagenlaufe.   laufe. 2 Treibscheiben.

seitigung der Seilablenkung können zwei parallele Treibscheiben mit Umführungsscheibe verwandt werden nach der Art Cravens-Heckel, spätere Fig. 65, oder mit geschränkter Seilführung, Fig. 69 des Abschnittes IV C 4. Es muß fraglich erscheinen, ob die häufige Seilbiegung dieser Anordnungen nicht größere Abnutzung der Seile bedingt als die Nutenreibung. Nur bei sehr naher Lage zum Schachte ist eine solche Führung geboten. Die erste Absicht dieser Anordnungen ist ja auch die Vergrößerung des Seilumschlingungsbogens.

In Fig. 9 ist eine Trommelmaschine parallel zum Wagenlaufe gestellt. Bei nebeneinanderliegenden Trommeln würde hier die Seilablenkung doppelt so groß sein als bei Fig. 6, also zu ihrer Verringerung eine sehr große Entfernung der Maschine verlangen. Über 50 m aber kann eine Trommel nicht entfernt werden, da sonst infolge der Geschwindigkeitsschwankungen der Kurbelmaschinen das sehr lange Seilstück zwischen Trommel und Seilscheibe Schwankungen erleiden würde, welche die Gefahr des Ausspringens aus den Seilrillen befürchten lassen. Dies würde besonders bei Spiraltrommeln gefährlich sein. Daher besteht bei solcher

Anordnung ein gewisser Zwang, die Trommellänge durch Hintereinanderanordnung der Trommeln auf parallelen Wellen zu halbieren, Fig. 9.

Auch für Bobinen ist diese Betrachtung maßgebend. Eine zweiachsige Bobinenmaschine wurde schon 1863 angewendet. Doch kann für diese auch die in Fig. 10 dargestellte Lösung in Frage kommen, wo durch geringe Verschiebung der Korbmitten die Verhältnisse der Fig. 6 nachgeahmt werden.

Bei hintereinander arbeitenden Trommeln oder Bobinen kann man durch geschränkte Anordnung der Kuppelstange der beiden Achsen eine entgegengesetzte Drehungsrichtung der Trommeln erreichen. Das bringt den Vorteil, daß beide Seile als Oberseile abgehen, was neben der Übersichtlichkeit eine Schonung des sonst unterschlägigen Seiles bedeutet, das erfahrungsgemäß infolge der auf Trommel und Seilscheibe in umgekehrter Richtung stattfindenden Seilbiegung schneller verschleißt als ein oberschlägiges Seil.

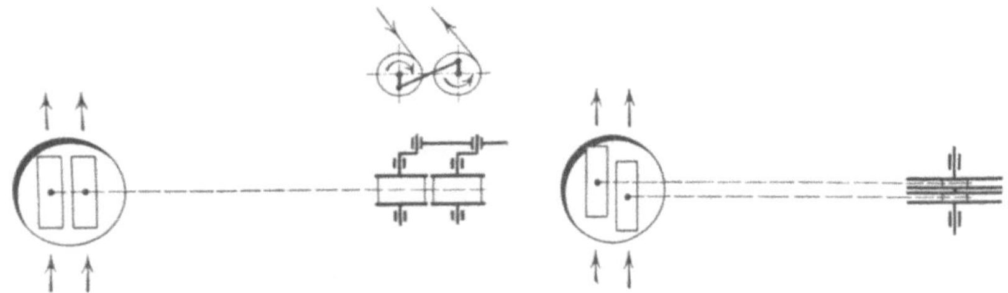

Fig. 9.
Hintereinanderliegende zylindrische Trommeln. Trommelachsen parallel zum Wagenlaufe.

Fig. 10.
Bobinenachse parallel zum Wagenlaufe. Korbmitten gegeneinander versetzt.

Die Beobachtung beider Trommelseile läßt jede Störung im Seillauf alsbald erkennen und durch Stillsetzen der Maschine Unfälle vermeiden. Auf einer Grube gab der Anschläger der Hängebank das Fahrtzeichen nach der Fördermaschine, ohne vorher die Stützen unter dem Korbe zurückgezogen zu haben. Der Maschinenwärter merkte die Störung des Seillaufes nicht, da dieses Seil unterschlägig abging. Auch am Förderkorbe wurde die Unstimmigkeit nicht bemerkt, da das betreffende abgewickelte Seil über dem Korbe kein Hängeseil bildete, sondern zwischen Maschinenhaus und Schachtgerüst durch Bogenbildung Unterkunft fand. Als dann der Anschläger die Stützen zurückzog, fiel der Korb in das schlaffe Seil, zerbrach die Verbindung und ging in die Tiefe.

Wäre das betreffende Seil ein oberschlägiges gewesen, so würde dieser Unfall wahrscheinlich vermieden worden sein, da die Unregelmäßigkeit des Seillaufes vom Maschinenwärter sofort bemerkt worden wäre.

Für Spiraltrommeln, Fig. 11, gelten in verstärktem Maße die an die frühere Fig. 5 sich anknüpfenden Betrachtungen. Die richtige Lage der Leitscheiben-

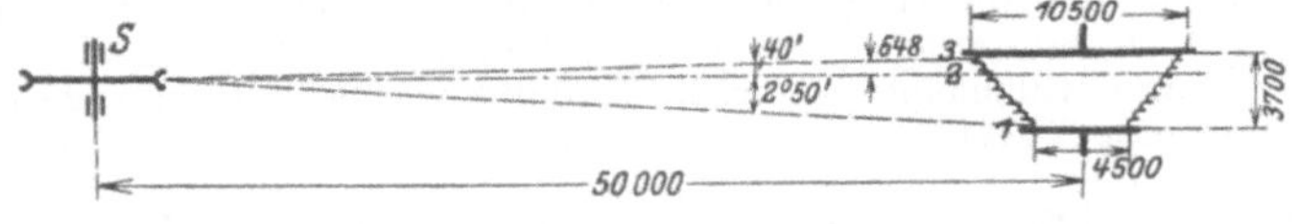

Fig. 11.
Aufwickelung des Förderseiles auf Spiraltrommel.

ebene gegenüber der Trommel ist von größter Wichtigkeit für ein sicheres Auflaufen des Seiles auf die Rillen des Spiralkorbes. Bei den Windungen zwischen 1 und 2 ist der schräge Seilzug nach dem ansteigenden Teile gerichtet, ein Absturz der Windung also nicht zu befürchten, bei den Windungen von 2 bis 3 dagegen geht der Seilzug nach der abfallenden, gewissermaßen offenen Seite hin, so daß die Windungen über die Rillen hinweg bei eintretenden Seilschwankungen abstürzen können. Deshalb muß die Seilscheibenebene in möglichster Nähe der größten Windung liegen. Eine richtig gebaute und angeordnete Spiraltrommel gibt einen guten Seillauf, so daß die Förderleistungen ihrer Seile, wenn nicht andere ungünstige Verhältnisse hinzutreten, höher sind als bei anderen Trommelformen.

Die Fig. 12 und 13 zeigen die Möglichkeiten, senkrecht zum Wagenlaufe stehende Spiraltrommeln anzuordnen. Fig. 12 ist nur ratsam bei kleiner Entfernung der Förderkorbmitten. Fig. 13 ermöglicht durch Verschiebung der parallelen

Fig. 12.

Spiraltrommeln auf gleicher Achse, senkrecht zum Wagenlaufe.

Fig. 13.

Hintereinanderliegende Spiraltrommeln.   Achsen senkrecht zum Wagenlaufe.

Fig. 14.

Hintereinanderliegende Spiraltrommeln.   Achsen parallel zum Wagenlaufe.

Trommeln (punktiert) gegeneinander, die Seilebene ganz nahe an die größte Windung zu legen. In Fig. 14 liegen die Trommeln parallel zum Wagenlaufe. Auf gleicher Welle angeordnete Trommeln ergäben für die zwischen den Trommeln liegenden Seilscheiben große Ablenkungswinkel. Auch würden größere Trommelbreiten erforderlich, da in Rücksicht auf die kleineren dem schrägen Seilzug ausgesetzten Seilwindungen ein größerer Rillenspielraum gewährt werden muß, um die Seilreibung zu verringern. Eine für das Seil günstige Anordnung ist die der Fig. 14, wobei die Seilscheibenebene die als günstig erkannte Lage zur Trommel erhalten kann.

Die Steigungen der einzelnen Seilrillen sind von einander verschieden und in Rücksicht auf den schrägen Seilzug so zu wählen, daß ein genügender Abstand zwischen Seil und Rillenkante verbleibt. Eine durchgeführte Rechnung dieser Art findet sich in einem Aufsatze von Deeg - Kalk in Zeitschr. deutsch. Ing. 1902, S. 1061.

Eines möglichen Sonderfalles ist hier noch zu gedenken: Förderung mit einer Maschine aus zwei verschiedenen Schächten. Die Maschine wird zwischen die Schächte gelegt, und das eine Seil geht nach links, das andere nach rechts in den Schacht, beide als oberschlägige Seile abgehend. Dies könnte in Frage kommen, wenn infolge außerordentlich schlechter Gebirgsbeschaffenheit die Schächte mit so geringem Durchmesser erstellt werden müssen, daß in ihnen nur eine eintrümmige Förderung untergebracht werden kann, die Förderung aber auf die Vorteile der zweitrümmigen Förderung nicht verzichten kann.

Zweiter Teil.

Berechnung der Fördermaschinen.

Von Diplom-Ingenieur **Karl Teiwes.**

A. Rechnungsgrundlagen.

1. Lastverhältnisse.

Maßgebend für die ganze Förderanlage ist die je Zug zu hebende Nutzlast N, die je nach den besonderen Verhältnissen recht verschieden ist. Im Steinkohlenbergbau können wir rechnen je Förderwagen 500 bis 600—750 kg, im Mittel 550 kg Kohlen und etwa 900 kg Berge.

Die Gesamtnutzlast N ist davon ein vielfaches, je nach der Anzahl der Wagen je Korb.

Das Eigengewicht der Förderwagen W schwankt zwischen 225 bis 400 kg, im Mittel 300 kg.

Das Gewicht G der Förderkörbe ist je nach der Boden- und Wagenzahl, auch bei gleicher Nutzlast und Bauart, sehr verschieden.

Folgende Aufstellung kann einen ungefähren Anhalt für die vorkommenden Gewichte geben.

Zahl der Wagen	Bau der Schale	G kg Schale	W kg Wagen	N kg Nutzlast	L = G + W kg Tote Last	N : G	N : L	Personenanzahl bei Seilfahrt
1	—	650	300	550	950	1 : 1,2	1 : 1,7	
2	—	2000	600	1100	2600	1 : 1,8	1 : 2,4	
4	2 Böden, Wagen neben einander	2500	1200	2200	3700	1 : 1,1	1 : 1,7	
4	2 Böden, Wagen hinter einander	3000	1200	2200	4200	1 : 1,5	1 : 1,9	
4	4 Böden.	3000	1200	2200	4200	1 : 1,5	1 : 1,9	
6	3 Böden.	4500	1800	3300	6300	1 : 1,4	1 : 1,9	30
8	4 Böden.	6000	2400	4400	8400	1 · 1,4	1 : 1,9	40—50

Wir können daher rund abschätzen: Nutzlast zu Schalengewicht 1 : 1,5; Nutzlast zu toter Last (ausschließlich Seil) 1 : 2.

Von großer Bedeutung ist dann das Seilgewicht, das aus den gegebenen Lasten und Festigkeiten bzw. Sicherheiten berechnet werden muß. Darüber ist das nötige in Abschnitt IV. A. 2 gesagt. Es sei an die verschiedenen Möglichkeiten: ohne Seilgewichtsausgleich, mit Unterseil, Seile gleichbleibenden Querschnittes, verjüngte Seile, runde und flache Seile erinnert. Über die mit der Teufe wachsenden Seilgewichte kann die Tabelle in Abschnitt IV. A. 3 nachgesehen werden.

Nach der Stärke des Rund- oder Flachseiles berechnet sich der Trommel- und Scheibendurchmesser (Abschnitt II. B. 1), der für die Abmessungen der Maschine von großer Bedeutung ist, da entweder der Hub, oder die Kolbenfläche der Maschine proportional mit dem Trommeldurchmesser wachsen.

2. Massenverhältnisse.

Die oben aufgestellten Gewichte dienen zunächst den erforderlichen Festigkeitsrechnungen. Soweit sie sich infolge symmetrischer Anordnung an der Trommelwelle gegenseitig aufheben, was durch die doppeltrümmige Förderung und den Seilgewichtsausgleich geschieht, scheinen sie zunächst auf die nötige Kraftentfaltung der Maschine ohne Einfluß zu sein. Nun lehrt aber die Erfahrung, daß jeder Körper einer seine Hebung anstrebenden Kraft zweierlei gänzlich verschiedene Widerstände entgegensetzt. Den ersten Widerstand, der sich am ruhenden oder am gleichmäßig bewegten Körper geltend macht und immer in gleicher Größe auftritt, bezeichnen und messen wir durch das Gewicht des Körpers. Den zweiten Widerstand spüren wir, wenn wir den obigen Körper aus einem Bewegungszustand in einen anderen überführen wollen. Wir nennen ihn die Massenkraft. Sie zeigt sich als Massenwiderstand, wenn wir den Körper beschleunigen, als Massentriebkraft, wenn wir den Körper verzögern wollen. Die Massenkraft erweist sich dem Gewichte des Körpers und der gewollten Geschwindigkeitsänderung proportional. Einen Vergleichsmaßstab bietet uns der freifallende Körper, der unter der Einwirkung seines Gewichts eine Beschleunigung von 9,81 m/sec² (rund 10 m/sec²) annimmt, bzw. zur Erreichung dieser Beschleunigung einer Krafteinwirkung gleich der durch sein Gewicht angegebenen bedarf. Zu einer Beschleunigung von b m/sec² eines Körpers vom Gewichte G kg ist daher eine Kraft erforderlich von

$$P = \frac{b}{9,81} \cdot G = \text{rund } 0,1\, b \cdot G \text{ kg.}$$

Zum Aufwärtsfördern dieses Körpers mit b m/sec² Beschleunigung ist daher erforderlich

$$P_1 = G + 0,1\, b \cdot G = (1 + 0,1\, b) \cdot G \text{ kg.}$$

Wir erkennen hieraus die Bedeutung derjenigen Gewichte, die als ausgeglichene für die eigentliche Hebung nicht in Frage kommen, die aber den Kraftaufwand durch ihre Massenwirkungen beeinflussen. Diese Massenwirkungen sind beträchtlich wegen der Größe der bewegten Gewichte bzw. Massen und der häufigen Geschwindigkeitsänderungen im Förderbetriebe.

Im Folgenden sind die überschläglichen Größen der an den Förderbewegungen teilnehmenden Gewichte zusammengestellt. Die vorkommenden Geschwindigkeitsverhältnisse sollen im nächsten Abschnitte dargestellt werden.

Es kommen hier die Gewichte der Seilscheiben, der Treibscheiben oder der Trommeln in Betracht. Die Bewegung dieser Teile ist eine drehende im Gegensatz zu der fortschreitenden Bewegung der im vorigen Abschnitte behandelten durch das Seil bewegten Gewichte. Die Massenkräfte der einzelnen an der Drehung beteiligten Gewichte sind aber verschieden, je nach der Entfernung derselben von der Drehachse, und zwar kommt der größeren Entfernung eine größere Wirkung zu. Daher sollen in den folgenden Aufstellungen neben den wirklichen Gewichten diejenigen angegeben werden, die, am äußeren Umfange der Scheiben oder Trommeln angebracht, die gleichen Massenwirkungen ergeben würden wie die wirklichen Gewichte. (Angaben nach Hütte, 21. Aufl., II, S. 456.)

Für Seilscheiben, Nabe und Kranz aus Gußeisen, Speichen aus Flacheisen.

Durchmesser m D	Wirkl. Gewicht kg G	Auf den Umfang um- gerechnetes Gewicht kg G u
2,5	1400	750
3	2000	1000
4	3000	1500
5	5000	2700
6	7500	3400

Für Treibscheiben mit schmalem Rand, gußeisernen Naben, schmiedeisernen Armen u. desgl. Kranz.

D m	G kg	G u kg
6	17 000	7 500
7	20 000	9 500
8	29 000	14 000

In einzelnen Fällen sind die Treibscheiben absichtlich sehr schwer gemacht worden, z. B. 45 000 kg.

Für zylindrische Trommeln, mit gußeisernen Naben, schmiedeisernen Armen, desgl. Mantel, und Holzbelag.

D/Trommelbreite m	G kg	G u kg
2,5/0,9	3 400	1 400
4/1,1	8 000	3 700
5/1,2	11 000	5 400
6/1,4	20 000	9 000
7/1,8	35 000	13 000
8/2	45 000	18 000

Für Bobinen sind keine Zahlen bekannt geworden. Ihre wirklichen Gewichte sind geringer als die der Treibscheiben. Ihre Massenwirkungen sind schwer zu übersehen, da sie in jedem Teile des Treibens auf die wechselnden Durchmesser zu beziehen sind. Spiraltrommeln weisen wesentlich höhere Gewichte auf als zylindrische Trommeln. So wiegt eine Spiraltrommel für 800 m Teufe in einem Falle 75 000 kg. Das wirkliche Gewicht für sonst gleiche Verhältnisse von zylindrischer zu Spiraltrommel kann geschätzt werden

$$\text{Zyl} : \text{Sp} = 1 : 1{,}7.$$

Das auf den Umfang bezogene Gewichtsverhältnis ist noch größer, da die ganze Gewichtszunahme zum größten Teil auf den Umfang entfällt. Für das umgerechnete Gewicht kann gesetzt werden

$$\text{Zyl} : \text{Sp} = 1 : 2{,}5$$

(nach Laudien, Glückauf 1903, 878).

Bei Rechnungsausführungen ist auf die Anzahl der mit dem Seile bewegten Scheiben und Trommeln zu achten.

Für Überschlagsrechnungen kann etwa gesetzt werden für $T = 500$ m und $N = 5000$ kg

    für Treibscheibenmaschinen . . . . . $Gu = 50\,000$ kg

    ,, Trommelmaschinen . . . . $Gu = 90\,000$,,

auf die Seilmitte bezogenes an den Massenwirkungen teilnehmendes Gesamtgewicht, einschließlich Seil und Unterseilgewicht.

3. Geschwindigkeitsverhältnisse.

Die nötige Fördergeschwindigkeit bemißt sich bei gegebener mit dem Einzelaufzuge zu hebender Nutzlast nach der je Schicht zu hebenden Gesamtförderung, der Schachttiefe und den zur Korbbedienung erforderlichen Förderpausen. Die mit dem Werte Null beginnende und endigende Fördergeschwindigkeit hat während der Dauer eines Aufzuges wechselnde Größen, deren Wirkung durch eine während der gleichen Zeit gleichmäßig wirkende mittlere Geschwindigkeit v_m m/sec ersetzt werden kann. Es sei T m die Teufe, t_0 sec die Dauer des reinen Aufzuges, t_1 die der Pause, dann wird $t_0 = \dfrac{T}{v_m}$ und die nötige Zugdauer

$$t = t_0 + t_1 = \frac{T}{v_m} + t_1 \text{ sec}$$

und umgekehrt $v_m = \dfrac{T}{t - t_1}$. Darnach kann berechnet werden bei gegebenem v_m die mögliche Zugzahl je Schicht und die Fördermenge je Schicht, bei gegebener Fördermenge je Schicht die nötige Zugzahl, daraus Zugdauer t und schließlich v_m.

Bei Förderung wertvoller Mineralien kann sich dabei die Fördergeschwindigkeit gering ergeben. Im Kohlenbergbau wird im allgemeinen eine möglichst große Förderung verlangt, um die teueren Schächte und Fördereinrichtungen auszunützen. Daher wird die Fördergeschwindigkeit so hoch gewählt, wie die Teufe des Schachtes zuläßt, bis 30 m/sec.

Wie hoch sie im Einzelfalle gewählt werden kann, ergibt sich am übersichtlichsten aus einer zeichnerischen Darstellung der Geschwindigkeiten in Abhängigkeit von der Zeit.

In Fig. 15 sei der Geschwindigkeitsriß eines Aufzuges dargestellt. Auf der Grundlinie seien die Zeiten t in sec, auf den Höhen die entsprechenden Geschwindigkeiten v in m/sec aufgetragen. Die Maßstäbe sind beliebig gewählt und beigefügt. Die Linie I II zeigt das Ansteigen b der Geschwindigkeit während der Beschleunigungszeit, die Linie II III den Geschwindigkeitsabfall a während der Zeit des freien Auslaufes, nachdem im Punkte II die treibende Kraft abgeschaltet wurde. Der flachere Verlauf der Linie II III läßt erkennen,

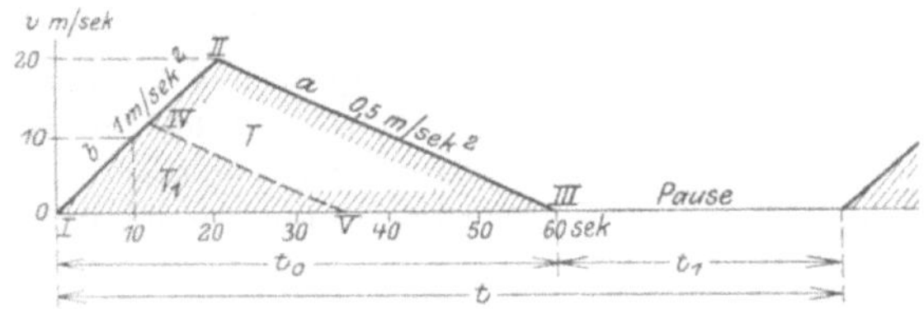

Fig. 15.
Dreieckiges Geschwindigkeitsdiagramm.

daß die Verzögerung des Endlaufes kleiner ist als die Beschleunigung der Anfahrt I II. Bei gegebener Geschwindigkeitsänderung ist die Neigung dieser Linie aber noch abhängig von den gewählten Maßstäben für Zeit und Geschwindigkeit. Wird etwa der Maßstab der Zeit kleiner gewählt, so verlaufen alle Linien flacher. Um also aus einer Schaulinie die Größe der Beschleunigung und Verzögerung ablesen zu können, müssen die Maßstäbe bekannt sein. In der Fig. 15 ist ersichtlich: Anfahrtsbeschleunigung $b = 1 \text{ m/sec}^2$ und Auslaufverzögerung $a = 0,5 \text{ m/sec}^2$.

Die Größe der erwünschten und erreichbaren bzw. sich einstellenden Geschwindigkeitsänderung sei für das Nächstfolgende als bekannt vorausgesetzt.

Die Fördertiefe stellt sich als Produkt der Zugdauer t_0 sec und der aus den Einzelgeschwindigkeiten zu errechnenden mittleren Fördergeschwindigkeit v_m m/sec dar $T = v_m \cdot t_0$ m.

Diese mittlere Geschwindigkeit ist im vorliegenden Falle die halbe Höhe des Dreieckes I II III $= 10$ m/sec. Man erkennt daher, daß die Schaufläche I II III gleich der Fördertiefe T ist. Eine allgemeine Betrachtung würde zeigen, daß diese Beziehung auch für andere Formen der Schaufläche gilt. Hier wird $T = \dfrac{60 \cdot 20}{2} = 600$ m; die hierbei auftretende Höchstgeschwindigkeit ist $v = 20$ m/sec.

Nun ist im allgemeinen T, b und a gegeben und es soll die Schaufläche der Fig. 15 darnach entworfen werden, woraus sich dann v_m und t_0 ergibt.

Diese Aufgabe läuft darauf hinaus, ein Dreieck zu zeichnen, dessen Inhalt T und dessen Winkel α und β gegeben sind. Man zeichne mit beliebiger Grundlinie I V ein dem gesuchten ähnliches Dreieck I V IV und bestimme dessen Inhalt T_1. Das gesuchte Dreieck I III II findet man, wenn man die Länge I III gleich $I\,V\,.\,\sqrt{\dfrac{T}{T_1}}$ macht, da der Inhalt des neuen Dreieckes alsdann gleich dem gegebenen T ist.

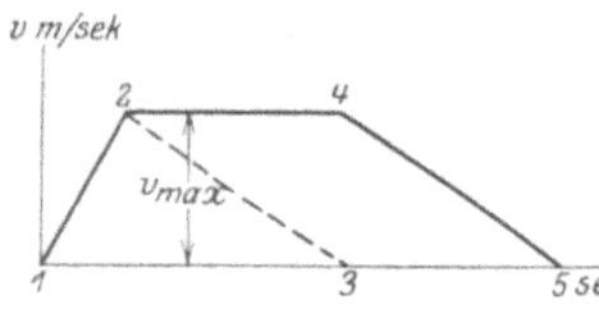

Fig. 16.
Trapezförmiges Geschwindigkeitsdiagramm.

Bei sehr großer Teufe ist ein trapezförmiges Geschwindigkeitsdiagramm zu erwarten. Man bestimme ein Dreieck 1 2 3, Fig. 16, mit der Höhe v_{max} und der gegebenen Anfahrt- und Endfahrtneigung und bestimme dessen Inhalt bzw. die hierdurch dargestellte Teufe. Die hiernach noch fehlende Teufe setze man in Form eines Parallelogrammes 2 3 5 4 an das Dreieck an. Die Grundlinie 3 5 ergibt sich leicht als fehlende Teufe durch v_{max}. Die Länge 15 ergibt schließlich die reine Förderzeit t_0.

Es wird durch günstige Gestaltung der Geschwindigkeitsverhältnisse eine möglichste Abkürzung der reinen Förderzeit zu erreichen gesucht. Zur Erreichung einer Höchstleistung müssen aber auch die Förderpausen möglichst abgekürzt werden.

Die Förderpause t_1 ist von mancherlei Umständen abhängig, z. B. Bodenzahl der Körbe zur Anzahl der Abzugsbühnen, Art der Aufsatzvorrichtung bzw. Anschlußbühne, Stellung der Körbe auf der Schale, maschinelle oder Handbedienung. Das Rheinisch-Westfälische Sammelwerk, Bd. 5, gibt an:

für 4 bödige Körbe mit einer Abzugsbühne (also 4 maligem Aufsetzen):

  I. 1 Wagen je Boden . . . . 45 Sek.
  II. 2   ,,   ,,   ,,   nebeneinander . . 55 ,,
  III. 2   ,,   ,,   ,,   hintereinander . . 60 ,,

für 4 bödige Körbe und 2 Abzugsbühnen (2 maliges Aufsetzen)

  I. 1 Wagen je Boden . . . . 30 Sek.
  II. 2   ,,   ,,   ,,   nebeneinander . . 40 ,,
  III. 2   ,,   ,,   ,,   hintereinander . . 45 ,,

also etwa 15 Sek. Gewinn durch die zweite Abzugsbühne. Für eine Teufe von 500 m beträgt die Zeitdauer t_0 des reinen Treibens etwa 50 Sek., der v. H. Gewinn würde demnach sein $\dfrac{15}{95},\dfrac{15}{105},\dfrac{15}{115} \cong 16 - 13$ v. H. Die Werte beziehen sich auf Aufsetzvorrichtungen zum anhublosen Korbsenken.

Zur möglichsten Vermeidung von Zeitverlust müssen soviel Abzugsbühnen wie Förderkorbböden angeordnet werden, um jedes Um setzen zu ersparen. Dies macht besondere Ent- und Beladevorrichtungen für die Körbe notwendig. Eine Anordnung dieser Art ist die Tomson-

förderung, die vor und hinter den Förderkörben gleichbödige mit
einander zwecks Ausgleichs der toten Lasten in gewisser Verbindung
stehende, daneben auch kraftbewegliche Abzugsbühnen verwendet.
Darüber ist näheres zu finden in Glückauf 1898, S. 445 u. f.

Die Leistung einer solchen Anlage betrug:

Förderpause 20 Sek.

Bedienung: je 1 Mann auf jeder Korbseite und einer zur Bedienung
des Steuerapparates. Bei 4 bödigen Körben und $N = 4400$ kg und
$v_m = 10$ m/sec würde die Schachtförderleistung je Stunde betragen:

$$
\begin{aligned}
\text{bei } T =\ & 600 \text{ m} \ \ldots\ldots\ldots 198 \text{ t} \\
=\ & 800 \text{ ,, } \ \ldots\ldots\ldots 158 \text{ t} \\
=\ & 1000 \text{ ,, } \ \ldots\ldots\ldots 132 \text{ t} \\
=\ & 1200 \text{ ,, } \ \ldots\ldots\ldots 112 \text{ t}
\end{aligned}
$$

(nach den Angaben von Tomson).

Die Einrichtungen solcher Korbbedienung sind verwickelt,
machen häufigere Reparaturen erforderlich und ergeben dadurch
Störungen. Neuerdings ist die ursprüngliche hydraulische Steuerung
durch eine elektrische ersetzt worden (Schacht Julius III in Brüx).

Die in Ausführungen zu findenden Fördergeschwindigkeiten sind sehr verschieden. Die erreichbare Höchstgeschwindigkeit
hängt, außer von der Teufe, auch von der Beschaffenheit des Schachtes
bzw. der Schachtleitung, dem System, der Anordnung und dem Betriebe
der Maschine ab. Ältere Anlagen weisen Höchstgeschwindigkeiten von 8
bis 10 m/sec auf, neuere gehen bei tiefen Schächten auf 20—32 m/sec.
Die mittlere Geschwindigkeit beträgt dabei etwa 10—20 m/sec. Der
gleichmäßige Gang der elektrischen Fördermaschinen gestattet im
allgemeinen eine etwas höhere Geschwindigkeit.

Geringer als die Fördergeschwindigkeit ist die Seilfahrtsgeschwindigkeit. Ihre Höhe wird in jedem Falle von der Bergpolizeibehörde vorgeschrieben. Im allgemeinen werden zugelassen für Dampffördermaschinen bis 6 m/sec, für bestimmte elektrische Fördermaschinen bis
10 m/sec, neuerdings in einigen Fällen 8 m/sec bzw. 12 m/sec.

Die mittlere Fördergeschwindigkeit bzw. die Zugdauer hängt
auch von der Anfangsbeschleunigung und Endverzögerung ab. Die
hier üblichen Werte finden sich im nächsten Abschnitte.

Für Überschlagsrechnungen kann bei dreieckigem Geschwindigkeitsdiagramme (etwa bis 500 m Teufe) die mittlere Geschwindigkeit mit $\frac{1}{2}$, bei trapezförmiger Gestaltung mit $\frac{2}{3}$ der Höchstgeschwindigkeit angesetzt werden.

4. Beschleunigungsverhältnisse.

Die bisherigen Betrachtungen lassen erkennen, daß es im Interesse
der Zeitersparnis liegt, möglichst schnell anzufahren und stillzusetzen,
wodurch die mittlere Geschwindigkeit erhöht und die Zugdauer er-

niedrigt wird.   Fig. 17 zeigt für dieselbe Maschine drei verschiedene Schauflächen für die gleiche Teufe, wie die Gleichheit der Flächeninhalte zeigt.   Die Verzögerung a des freien Auslaufes ist bei gleicher Maschine die gleiche.   Verschieden sind die Anfahrtsbeschleunigungen mit 2,5, 1 und 0,5 m/sec² gewählt.   Demnach sind die erreichten Höchstgeschwindigkeiten und die Zugdauer zugunsten der größeren Anfahrtsbeschleunigung verschieden.

Die größeren Beschleunigungen müssen durch größere Triebkräfte erzwungen werden, die sich nach der Größe der Beschleunigung und der zu beschleunigenden Massen richtet.   Dies bedingt bei großen Massen erhebliche Kräfte, so daß die Maschinenabmessungen über die zur eigentlichen Lasthebung erforderlichen hinaus vergrößert werden müssen.   Beispiele dafür werden im nächsten Abschnitte gegeben werden.

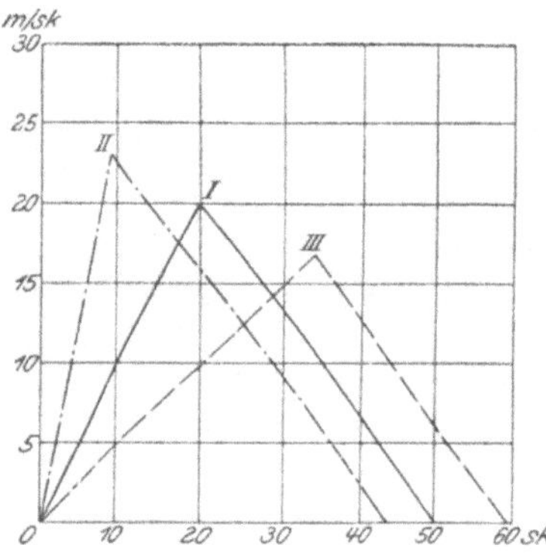

Fig. 17.

Geschwindigkeitsdiagramme der gleichen Trommelmaschine mit verschiedener Anfahrtsbeschleunigung.

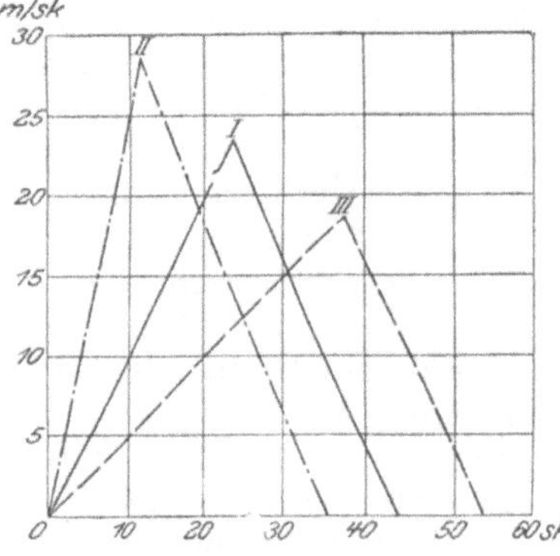

Fig. 18.

Geschwindigkeitsdiagramme der gleichen Treibscheibenmaschine für gleiche Anfahrtskräfte wie in Fig. 17.

Die im späteren Abschnitte VI B. 4 besprochenen Maschinen mit Stauvorrichtung wollen eine größere Anfahrtsbeschleunigung ohne Vergrößerung der sonst nötigen Maschinenabmessungen erreichen.

Die Fig. 17 stellt die Anfahrtverhältnisse einer Trommelmaschine, also einer Maschine mit großen Massen dar.   Ihr sind in Fig. 18 die entsprechenden Werte einer leichten Treibscheibenmaschine gegenübergestellt unter der Annahme gleicher Anfahrtskräfte.   Diese bewirken hier eine größere Beschleunigung, größere Höchstgeschwindigkeit, kürzere Zugdauer.   Die letztere ist nicht allein durch die höhere Anfahrtsbeschleunigung, sondern auch durch die größere Verzögerung im Endlaufe bedingt, die ebenfalls eine Folge der geringeren Masse der Treibscheibenmaschine ist.

Diese schematischen Fig. 15—18 sollten den Einfluß von Beschleunigung und Verzögerung auf den Zeitbedarf zeigen.   Anfahrtsbeschleunigungen, wie sie die Schaufläche II der Fig. 18, zeigt sind bei Treibscheiben in Wirklichkeit nicht zu erreichen, da das Seil unter den Scheiben rutschen würde. Die an Maschinen auftretenden Schauflächen stellen sich etwas anders dar. Fig. 19 zeigt in A die Schaufläche einer Trommel-, in B die einer Treibscheibenmaschine, beide Maschinen mit Seilgewichtsausgleich durch Unterseil. Die Beschleunigungslinien sind oben nach vorwärts gekrümmt, lassen also eine mit wachsender Fördergeschwindigkeit abnehmende Beschleunigung erkennen. Dies ist durch Abnahme der Triebkraft bedingt, die bei

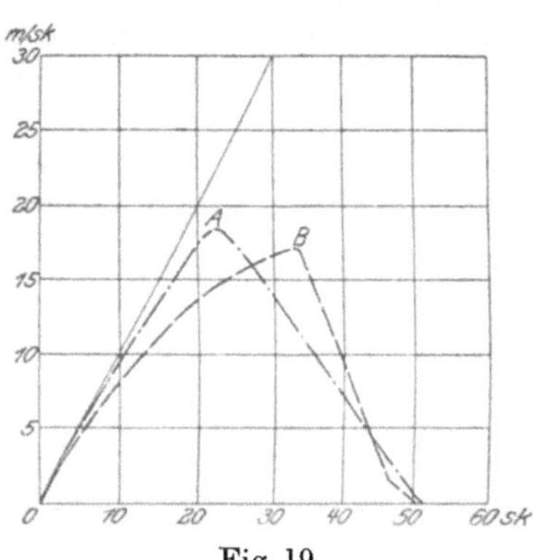

Fig. 19.

Vergleich der Geschwindigkeitsdiagramme für Trommelmaschine
A und für Treibscheibenmaschine
B, bei Seilgewichtsausgleich und
gleichen Anfahrtskräften.

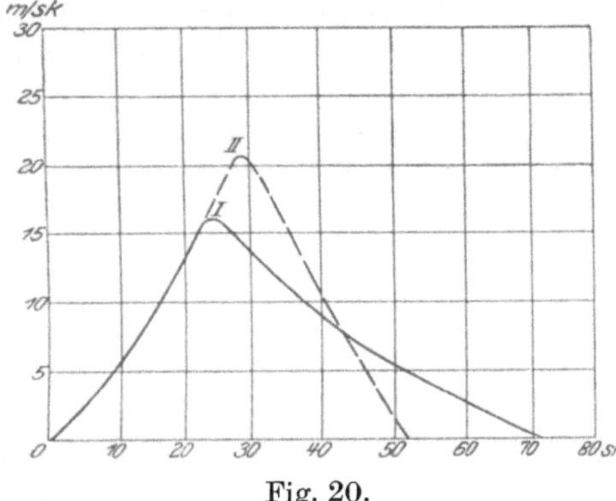

Fig. 20.

Vergleich der Geschwindigkeitsdiagramme
der gleichen Trommelmaschine mit freiem
Auslaufe I und mit Gegendampf II.

wachsender Maschinengeschwindigkeit selbsttätig eintritt, auch wenn die Steuereinstellung unverändert bleibt, da die mit wachsender Maschinengeschwindigkeit verbundene erhöhte Durchflußgeschwindigkeit des treibenden Kraftmittels Druckabnahme durch Drosselung hervorruft. Die Abnahme der Beschleunigung ist bei der Treibscheibenmaschine B stärker als bei der Trommelmaschine, da bei letzterer die größere Massentriebkraft den Bewegungszustand noch aufrechtzuerhalten sucht, nachdem die Maschinentriebkraft sich durch Selbstdrosselung vermindert hat. Die Treibscheibenmaschine B holt aber den Zeitverlust durch ihre stärkere Auslaufverzögerung wieder ein, so daß die Zugdauer beider Maschinen für gleiche Teufe etwa die gleiche ist.

Diesen Maschinen mit Seilgewichtsausgleich sind in Fig. 20 zwei Trommelmaschinen ohne Seilgewichtsausgleich gegenübergestellt. Sie zeigen eine andere Art der Abweichung. Ihre Beschleunigungslinien sind gegen die Gerade nach rückwärts gekrümmt, was eine Erhöhung der Beschleunigung mit wachsender Fördergeschwindigkeit bedeutet. Mit zunehmenden Umdrehungen wird das unausgeglichene zu hebende Seilgewicht immer geringer, so daß bei unveränderter Kraftzufuhr eine wachsende Beschleunigung eintreten muß. Die Maschine I arbeitet

mit freiem Auslaufe. Dieser verläuft flach und wird gegen Ende noch
flacher, da das wachsende Übergewicht des niedergehenden Seiles eine
wachsende Triebkraft ausübt. Hierdurch wird die Zugdauer nicht
etwa verkürzt, sondern verlängert, da alsdann der Beginn des Endlaufes früher angesetzt werden muß, die mittlere Fördergeschwindigkeit also verkleinert wird. Zur Abkürzung der langen Zugdauer kann
der Auslauf durch Gegendampf oder sonstige von der Maschine ausgehende Hemmwirkung verkürzt und dafür die Beschleunigungsdauer,
Höchst- und mittlere Geschwindigkeit erhöht werden, wie dies die
Schaulinie II zeigt. Eine Beurteilung und Beschreibung der verschiedenen Arten der Maschinenhemmung findet sich in späteren
Abschnitten (VI B. 1—4).
    Fig. 21 zeigt die Schaufläche für eine Koepemaschine. Beschleuni-
gung und Auslauf zeigen die erwähnten Eigenschaften. Die Führung

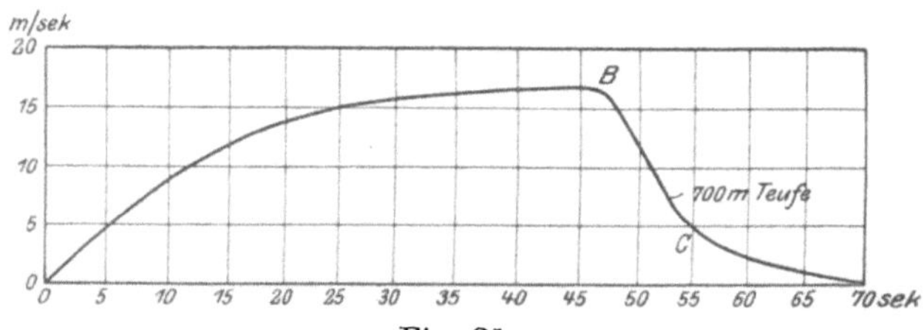

Fig. 21.
Aufgenommenes Geschwindigkeitsdiagramm einer Treibscheibenmaschine.

dieser Maschine sollte ohne Gegendampf geschehen. Daher sperrte
der Maschinenwärter den Triebdampf im Punkte B frühzeitig ab, um
mit Sicherheit nicht über die Hängebank zu fahren und mußte dann
zur Beendigung des Zuges noch Triebdampf (bei C) nachgeben. Die
Zugdauer einer Treibscheibenmaschine wird dadurch erhöht und bleibt
kaum niedriger als die einer Trommelmaschine.
    Die Größe der Anfahrtsbeschleunigung wird meist mit $b = 1$
bis $1,2$ m/sec² gewählt, bei kleineren Maschinen auch bis $1,5$ m/sec²,
da bei größeren Beschleunigungen der erzielte Zeitgewinn in keinem
Verhältnis zum Mehraufwand infolge vergrößerter Maschinenabmessungen steht. Bei Treibscheibenmaschinen wird $b = 1$ m/sec²
gewählt mit Rücksicht auf sonst eintretendes Seilrutschen. Die Endverzögerung beträgt erfahrungsgemäß bei Trommelmaschinen und
freiem Auslauf etwa $0,6—0,85$ m/sec², bei Treibscheibenmaschinen
$1—1,4$ m/sec². Größere Werte können durch Hemmwirkungen erzwungen werden.
    Der Zeitverlust infolge vorsichtigen Einfahrens in die Hängebank
beträgt für Treibscheibenmaschinen 4—10, für Trommelmaschinen
3—5 Sek. Der Zeitverlust ist für Treibscheibenmaschinen größer,
da der Wärter im Bewußtsein, daß scharfes Bremsen oder Gegendampfgeben wegen eintretenden Seilrutschens nicht imstande ist, den
Korb im Gefahrfalle wirksam zu verzögern, vorsichtiger fährt.

Die Fig. 17—20 sind einer Abhandlung von Dr. H. Hoffmann, Bochum, in Zeitschr. deutsch. Ing. 1904 entnommen.

Mit Geschwindigkeitsschreibern in kleinem Maßstabe aufgenommene Geschwindigkeitsdiagramme finden sich im Abschnitte V E 3, Fig. 109, 111, 112. Im größeren Maßstabe aufgenommene Diagramme von Dampf- und elektrischen Fördermaschinen finden sich Glückauf 1911, Hefte 42—52 im Berichte: Untersuchungen an elektrischen und mit Dampf betriebenen Fördermaschinen.

5. Kraft- und Arbeitsverhältnisse.

Die Beschleunigungsverhältnisse stehen in Abhängigkeit von den Kraft- und Arbeitsverhältnissen.

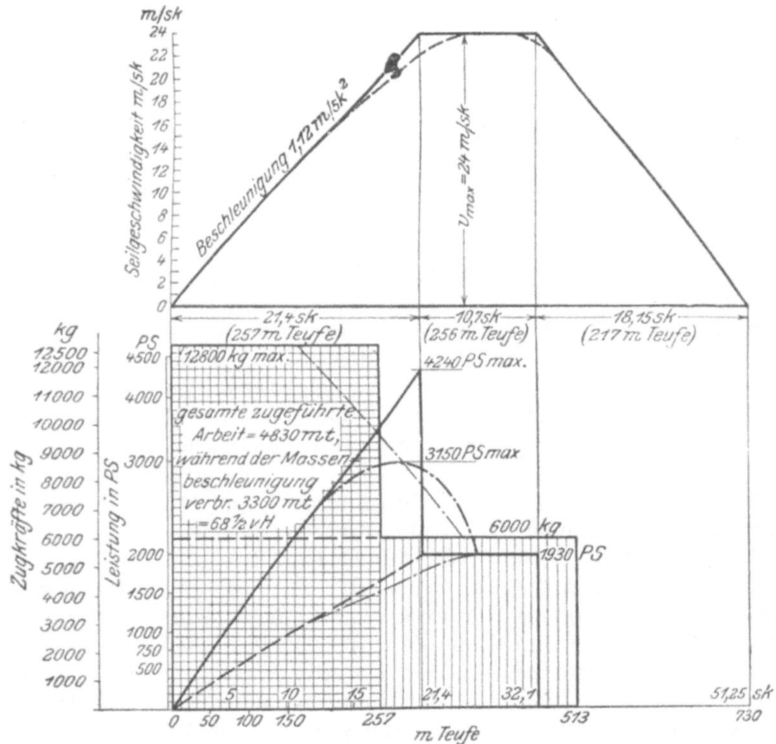

Fig. 22.

Kraft- und Arbeitsverhältnisse eines Förderzuges.

Fig. 22 zeigt nach Wallichs in Zeitschr. deutsch. Ing. 1907 oben den Geschwindigkeitsriß einer Maschine für etwa 750 m Teufe, darunter in besonderer Darstellung die zur Erzielung dieser Geschwindigkeiten nötigen Kräfte (kg) und Arbeiten mt in Abhängigkeit von der Teufe.

Die zu den einzelnen Zeiten erreichten Teufen sind auf der Zeitgrund-
linie mit angeschrieben. Es sind ausgezogene und gestrichelte Linien
zu sehen. Die ersteren stellen theoretisch glatte Verhältnisse, die
letzteren den vermutlich eintretenden Verlauf dar. Die Darstellungen
beziehen sich auf eine Treibscheibenmaschine für $T = 750$ m, $N =$
5600 kg und Zwillingstandemmaschinenanordnung. Die der Kraft-
berechnung zugrunde gelegten Massen sind in der Quelle nicht mitgeteilt; sie könnten hier umgekehrt aus den mitgeteilten Zugkräften
errechnet werden.

Die während der Beschleunigungszeit (21 Sek. 257 m Teufe)
erforderliche Zugkraft beträgt 12 500 kg gegen 5600 kg Nutzlast,
ist also unter Berücksichtigung der Reibung etwa doppelt so groß
wie diese Nutzlast. Die mit dem Seile bewegten Gewichte mögen etwa
$Gu = 50\,000$ kg betragen haben. Die während der Anfahrtszeit geleistete Arbeit ist gleich der doppelt gestrichelten Fläche (3300 mt)
gegenüber der Gesamtarbeit der gestrichelten Fläche (4830 mt), also
69,5 v. H. Nach 32 Sek. (513 m Teufe) läuft die Maschine frei aus.
Die gestrichelten Arbeitsflächen deuten gleichzeitig den Energiemittel-
verbrauch an. Die während der Beschleunigung über die eigentliche
Hubarbeit hinaus geleistete Arbeit ist nun nicht etwa verloren. Aus
ihr wird während des freien Auslaufes die Hub- und Reibungsarbeit bestritten.

Anders ist es bei nicht freiem, sondern von der Maschine gehemmtem Auslaufe (durch Bremsreibung, Gegendampf, Staudampf).
Alsdann wird während des Auslaufes ein Teil der Massenenergie
vernichtet. Dieser Betrag müßte während der Beschleunigungsdauer
über den in der Schaufläche dargestellten hinaus aufgewendet werden.
Der Energieverbrauch je Nutzarbeit wird also bei gehemmtem Auslaufe größer als bei freiem Auslaufe. Geschieht die Hemmung durch
Gegendampfgeben, dann verbraucht die unwirtschaftliche Energievernichtung selbst Energie und das wirtschaftliche Ergebnis wird noch
schlechter. Bei Anwendung von Staudampf geschieht die Energievernichtung der Hemmung ohne Aufwand von Energie, aber auch ohne
Wiedergewinn von Energie (vgl. VI B. 1 u. 3).

Die Darstellung enthält ferner die mit der Zugkraft und Geschwindigkeit wechselnde Pferdestärkenzahl der Maschine in Abhängigkeit von der Zeit. Während die Zahl der mt die Verteilung der Arbeit
und des Energieverbrauches zeigt, läßt die Darstellung der PS auch
die Geschwindigkeit der Arbeitsleistung und die Geschwindigkeit des
Energiemittelzuflusses erkennen, deren Zunahme zur bereits erwähnten
Selbstdrosselung führt (II A. 4).

Soll der Energieverbrauch einer Dampffördermaschine gering
sein, so muß dieselbe mit weitgehender Expansion arbeiten. Ältere
Maschinen arbeiten während der Beschleunigungsdauer mit Vollfüllung,
um die nötige Beschleunigungsarbeit leisten zu können und gehen im
mittleren Teil des Treibens zu kleineren Füllungen über. Die obige Darstellung zeigt aber, daß dies zu keinem Ergebnisse führen kann, da die

Hauparbeit während der Zeit der Beschleunigung geleistet wird. Es muß daher von vornherein mit günstiger kleiner Füllung gearbeitet werden, wenn sparsamer Dampfverbrauch eintreten soll. Bei kleiner Füllung ist der mittlere wirksame Druck gering; daher muß die Kolbenfläche entsprechend groß gemacht werden, um die erforderlichen Zugkräfte leisten zu können. Weitgehende Expansion erfordert daher große Maschinenabmessungen und entsprechende Erhöhung der Anlagekosten. Bei den Steuerungen (Abschnitt VI A) wird zu besprechen sein, wie solche kleinen Füllungen zu erreichen sind. Auch von Bestrebungen wird zu berichten sein, die kleinen Füllungen zwangsweise durch Fliehkraftregler, also unabhängig vom guten Willen des Maschinenwärters, einzustellen.

Kleine Füllungen sind zwar wirtschaftlich, aber bei den Maschinenwärtern nicht beliebt, da sie die Führung erschweren und einen gleichmäßigen Gang wegen der ungleichmäßigen Kraftwirkung nicht erreichen lassen (Abschn. VI A. 12). Gegendampfgeben ist immer unwirtschaftlich wegen des höheren Dampfverbrauches, aber sehr bel ebt, weil es durch die Möglichkeit, die Maschine rasch still zu setzen, weniger Aufmerksamkeit beim Absperren des Betriebsmittels verlangt, auch offenbare Fehler der Maschinenführung zu verbessern gestattet.

In besonderen Fällen kann das Gegendampfgeben durchaus am Platze sein, um durch Verkürzung der Zugdauer eine erhöhte Förderung zu ermöglichen. Die sicherste und gleichmäßigste Maschinenführung läßt sich erreichen mit großer Füllung, Drosselungsregelung und Gegendampf. Wir beachten daher: daß gute bzw. bequeme und wirtschaftliche Maschinenführung nicht zusammenfallen.

Bei elektrischem Antriebe der Fördermaschine ist auf diese Massenwirkung ebenfalls zu achten. Der Elektromotor ist für gleichmäßige Kraftabgabe geeignet, daher an sich durchaus ungeeignet für die betrachteten Zwecke. Wenn er auch auf kurze Zeit überlastungsfähig ist, so fehlt ihm doch jede Energiereserve und ihre Heranziehung aus dem Netze ist unstatthaft, wegen der starken Einwirkung auf andere an dieses Netz angeschlossene Maschinen. Es bedurfte ganz besonderer und künstlicher Einrichtungen, um mit den Energieschwankungen des Förderbetriebes fertig zu werden, und alle Entwicklungen im elektrischen Antriebe der Fördermaschinen gehen von diesem Punkt aus.

Die Dampffördermaschine verhält sich hier wesentlich günstiger, da ihr Energiemittel Dampf aus Kesseln entnommen wird, deren großer heißer Wasserinhalt einen genügend großen natürlichen Energiespeicher darstellt, ausreichend die Belastungsschwankungen der Fördermaschinen auszugleichen.

Über den Einfluß der Massenbeschleunigung seien folgende Beispiele gegeben (nach Dr. H. Hoffmann, Bochum).

1. Trommelmaschine mit Unterseil.

Teufe $T = 500$ m, $N = 4\,400$ kg

$$2\,G = 10\,000 \text{ ,,}$$
$$2\,W = 4\,800 \text{ ,,}$$
$$3\,S = 13\,600 \text{ ,,} \quad \text{2 Seile, 1 Unterseil}$$
$$2\,S^1 = 6\,000 \text{ ,,} \quad \text{2 Seilscheiben, auf Trommelumfang umgerechnet}$$
$$2\,Tr = \underline{50\,000 \text{ ,,}} \quad \text{2 Trommeln, desgl.}$$

zusammen $88\,800$ kg

Vorgesehene Beschleunigung $b = 1,0$ m/sec^2. Als Reibungswiderstand wurde eingesetzt: 35 v. H. der Nutzlast $= 1500$ kg.

Die nötige **Beschleunigungskraft** ergibt sich $P = \dfrac{88\,800 \cdot 1}{9,81}$

$= 9000$ kg am Umfange der Trommel gemessen, also etwa 2 mal so groß als die Nutzlast 4400 kg.

Die Verzögerung a des Auslaufes ergibt sich aus dem bewegten Gewichte $88\,800$ kg und der hemmenden Kraft: Nutzlast mehr Reibung $= 4400 + 1500 = 5900$ kg.

$$a = 9,81 \cdot \frac{5900}{88\,800} \sim 0,66 \text{ m/sec}^2.$$

2. Treibscheibenmaschine.

$T = 500$, $N = 4\,400$ kg

$$2\,G = 10\,000 \text{ ,,}$$
$$2\,W = 4\,800 \text{ ,,}$$
$$2\,S = 8\,800 \text{ ,,} \quad \text{Ober- und Unterseil}$$
$$2\,S^1 = 6\,000 \text{ ,,} \quad \text{2 Seilscheiben}$$
$$1\,Tr = \underline{13\,500 \text{ ,,}} \quad \text{1 Treibscheibe}$$

zusammen $47\,500$ kg

Nötige Beschleunigungskraft bei $b = 1$ m/sec^2

$$P = \frac{47\,500}{9,81} \cdot 1 = 4850 \text{ kg,}$$

also etwa gleich der Nutzlast.

Eintretende Auslaufverzögerung a

$$a = 9,81 \cdot \frac{5900}{47\,500} \sim 1,2 \text{ m/sec}^2.$$

Es ergibt sich also für sonst gleiche Verhältnisse ($T = 500$, $N = 4400$) bei der Trommelmaschine eine **zusätzliche beschleunigende Kraft** am Trommelumfang gleich der doppelten Nutzlast, bei der Treibscheibenmaschine gleich der einfachen Nutzlast, daher die Abmessungen des Motors letzterer Maschine etwa $\tfrac{2}{3}$ so groß werden, wie die der ersten Maschine.

Dies zeigt erstens den Vorteil der Treibscheibenförderung, zweitens daß es nicht rätlich ist über 1 m/sec^2 Beschleunigung anzustreben.

Als Überschlagswerte können daher gemerkt werden für die zusätzliche beschleunigende Kraft:

für 500 m Teufe und 1 m/sec² Beschleunigung:
Trommelmaschinen: 2 × Nutzlast,
Scheibenmaschinen: 1 × Nutzlast.

6. Größe der Nebenwiderstände.

Zu den Widerständen der Lasthebung und Beschleunigung kommen noch Nebenwiderstände verschiedener Art hinzu. Diese können getrennt werden in die Widerstände durch Reibung innerhalb der Dampfmaschine bis zur Trommelachse und in die Widerstände der übrigen Förderung, welche die ferneren Reibungswiderstände der Seile an Seilscheiben, der Körbe an der Schachtleitung, die Widerstände der Seilbiegung und den Luftwiderstand der Körbe umfassen.

Erstere finden ihren Ausdruck in dem mechanischen Wirkungsgrade η_1 der Maschine (Verhältnis der effektiven zur indizierten Leistung), letztere in dem mechanischen Wirkungsgrad η_2 der Förderung.

Nach der Hütte ist für Dampffördermaschinen:

$\eta_1 = 0,75—0,85$, je nach Bauart und Größe der Maschine,
$\eta_2 = 0,95$ bei Fahrtbeginn (kein Luftwiderstand) und 0,93 bei mittlerer Fahrt.

Für elektrische Fördermaschinen kann gesetzt werden:

$$\eta_1 = 0,85 - 0,9$$

und bei Förderhaspeln mit Vorgelege für jedes Vorgelege:

$$\eta = 0,9.$$

Diese beiden Werte η_1 und η_2 beziehen die Widerstände auf die Nutzarbeit bzw. Last.

Nach dem Vorgange von Jul. v. Hauer (in: Die Fördermaschinen der Bergwerke, III. Aufl. 1885) ist es üblich, die Nebenwiderstände W aus der Gesamtbelastung beider Seile zu errechnen und zwar mit 4 v. H. derselben, demnach

$$W = 0,04 \cdot (N + 2 L + S),$$

wobei dieses W am Umfange der Trommel angreift und sämtliche Widerstände in Maschine und Schacht umfaßt. Bei Unterseil ist an Stelle von S der Wert 2 S zu setzen.

Dr. J. Havlicek hat zur Untersuchung dieser Formel Versuche an einer elektrischen Fördermaschine, System Ilgner, ausgeführt, auf Grund deren er folgende Formel aufstellt:

$$W = 0,012 (N + 2 L + S) + 4 \cdot F \cdot v \cdot {}^{1,275} \text{ kg},$$

worin bedeutet: F die Unterfläche beider Schalen in qm und v die größte Fördergeschwindigkeit in m/sec. Die Ziffer 0,012 hat sich bei verschiedener Belastung als gleichbleibend erwiesen, während der Wert $v^{1,275}$ noch für andere Geschwindigkeiten und Flächen geprüft werden müßte. Die Versuche wurden mit verschiedenen Geschwindigkeiten vorgenommen, und die Ablesung der Werte geschah bei Begegnung der Schalen im Schachte, also bei der betreffenden Höchstgeschwindigkeit. In Fig. 23 sind eingetragen erstens die Versuchswerte W in Abhängigkeit von der Höchstgeschwindigkeit v und zweitens die der v. Hauerschen Formel entsprechende Linie. Diese stellt einen guten

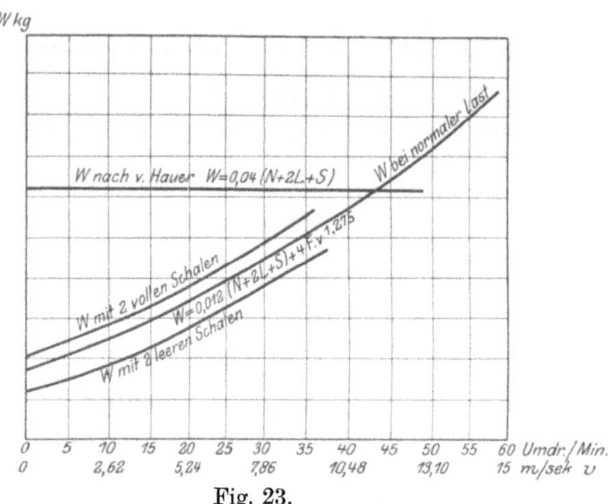

Fig. 23.
Die Nebenwiderstände der Förderung.

Mittelwert dar und ergibt bei kleiner Geschwindigkeit zu große, bei großer zu kleine Werte. Mit Hilfe dieser Werte ließen sich jetzt die wechselnden Widerstände eines Förderzugverlaufes in Abhängigkeit von der jeweiligen Fördergeschwindigkeit darstellen (nach Dr. J. Havlicek, Österr. Zeitschr. für Berg- u. Hüttenwesen 1910, S. 281).

Joh. Ruths hat auf Grund von Versuchen eine Formel über den Luftwiderstand aufgestellt, unter Berücksichtigung der Geschwindigkeit der im Schachte ein oder ausziehenden Wetter. (Forschungsarbeiten, V. d. Ing. Heft 85). Der Wetterstrom wirkt auf die Bewegung des einen Korbes günstig, auf die des anderen ungünstig, indem die Relativgeschwindigkeit von Korb und Luft verkleinert, bezw. vergrößert wird.

Für Überschlagsrechnungen nehme man entweder 4 v. H. der im Schachte laufenden Gewichte oder 25 v. H. der Nutzlast.

B. Berechnung der Maschinenabmessungen.

1. Abmessungen der Scheiben und Trommeln.

Ist nach der gegebenen Größe der das Seil beanspruchenden Gewichte das Seil bestimmt und δ sein Durchmesser, δ_1 der Durchmesser eines Drahtes, dann müssen in Rücksicht auf die Seilbiegung die

Durchmesser D von Scheiben und Trommeln mindestens gewählt werden:

$$\left.\begin{array}{l} D \geqq 100\ \delta \\ \geqq 1000\ \delta_1 \end{array}\right\} \text{bei Drahtseilen.}$$

In Rücksicht auf Beschränkung der Trommellänge wird bei großen Teufen D meistens erheblich größer gemacht, was zugleich der Haltbarkeit des Seiles zugute kommt. Man findet dann etwa $D = 150\ \delta$ und $D = 3000\ \delta_1$. Von einigen wird vorgeschlagen, für härtere Drahtsorten größere Durchmesser zu wählen.

In Österreich ist Vorschrift: $D = 1300\ \delta_1$ und 8 fache Sicherheit des Seiles. Ausnahmsweise darf bei Materialförderung und 9 facher Sicherheit gewählt werden $D = 1100\ \delta_1$.

δ_1 findet sich bei Rundseilen mit 1,8—2,8 mm

δ_1 „ „ „ Flachseilen „ etwa 2 mm

Ist δ_0 der Durchmesser des errechneten reinen Metallquerschnittes, so kann der hier interessierende Seildurchmesser $\delta = 1,5\ \delta_0$ angesetzt werden. Für genauere Rechnungen sind die Tabellen der Seilfabriken zu benutzen.

Für Hanfseile kann man wählen

$D = 10—15\ \delta$ für untergeordnete Förderungen

$D = 25—30\ \delta$ für größere Förderungen.

Die Länge l zylindrischer Trommeln ergibt sich nach der Teufe T, der Seildicke δ, dem Korbdurchmesser D, dem Spielraum s $(= 2—3\text{ mm})$ zwischen 2 Windungen und der Zahl m $(= 4—6)$ der Vorratswindungen. In diese Zahl m ist auch einzuschließen die Zahl der auf der Trommel frei bleibenden Windungen, die beim Seilwechseln dazu dienen, das Seil zwischen Trommel und Hängebank aufzunehmen. (Vergl. IV. B. 3).

Für zylindrische Seile:

$$l = \left(\frac{T}{D\,\pi} + m\right)(\delta + s).$$

Für verjüngte Seile, wenn T_1, T_2 usw. die Längen der einzelnen Seilstücke bedeuten, δ_1, δ_2 usw. die entsprechenden Seildurchmesser und δ_n den obersten Seildurchmesser

$$l = \frac{T_1 \cdot (\delta_1 + s) + T_2 \cdot (\delta_2 + s) \ldots T_n \cdot (\delta_n + s)}{D\,\pi} + m\,(\delta_n + s).$$

Die Länge von Kegeltrommeln, wenn r, R die Radien, δ das radiale Anwachsen der Halbmesser je Windung bedeutet:

Bei konischen Trommeln ohne Spielraum wird nach Abschnitt III E. 2, Formel 9 $l = \dfrac{(R - r)}{\sin \alpha}$, welche Formel benutzt werden kann, wenn die Steigung α im Zusammenhang mit T, r, R bereits festgelegt ist.

Sonst ergibt sich zunächst die Länge l_1 (Fig. 45) auf der Kegel schräge:

$$l_1 = \frac{T \cdot \delta}{\pi \cdot (R + r)}$$

und darnach die Länge:

$$l = \sqrt{l_1^2 - (R - r)^2}.$$

Für Spiraltrommeln mit Spielraum s in Richtung der Schräge:

$$l_1 = \frac{T (\delta + s)}{\pi (R + r)} \qquad l = \sqrt{l_1^2 - (R - r)^2}$$

oder mit Benutzung von α:

$$l = \frac{R - r}{\tan \alpha}.$$

Dazu noch ein Zuschlag für die Vorratswindungen nach der Seite des kleinen Durchmessers hin.

Die Breite von Bobinen (ohne Bremskränze) ist gleich der des Bandseiles mehr einem Spielraum von etwa 10 mm. In Westfalen sind üblich Bandseile von 90—140 mm Breite, in Belgien sind dieselben zum Teil breiter.

Übliche Durchmesser von Trommeln und Scheiben (nach Hütte 21. Aufl., II, S. 456), bei Spiraltrommeln und Bobinen der kleinste Durchmesser.

Maschinenhub	Zylindrische Trommeln	Kegeltrommeln Bobinen	Treibscheiben	Seilscheiben
m	m	m	m	m
0,8	2,5—4	2—2,5	—	2,5—3,5
1,0	2,5—4	2—2,5	—	2,5—3,5
1,2	4—5	3	—	3,5—4,5
1,6	6—7	3,5	6—7	5
1,8	7—8	4	7—8	6
2,0	8—9	4,5—5	8—9	6

Für Treibscheibenförderung bedarf es noch einer besonderen Berechnung, um festzustellen, ob das Seil für die angenommenen Last- und Betriebsverhältnisse nicht gegen die Scheibe rutsche. Man vergleiche darüber Abschnitt IV C. 1 und 3.

2. Die Kraftmomente M_k.

Die in Betracht kommenden Abmessungen (Fig. 24) sind die Kolbenfläche f qcm und der dem doppelten Kurbelradius gleiche Kolbenhub h m. Auf diese Kolbenfläche wirkt der Dampfüberdruck p kg/qcm ein (Unterschied des Druckes vor und hinter dem Kolben). Das sich hieraus ergebende Kraftmoment wäre in der gezeichneten

Kurbelstellung $\dfrac{f \cdot p \cdot h}{2}$, da der Kurbelarm gleich $\dfrac{h}{2}$ ist. Das wirksame Kraftmoment M_{k1} ist wegen der Maschinen- und Schachtwiderstände geringer, also $M_{k1} = \dfrac{f\,p\,h}{2} \cdot \eta_1 \cdot \eta_2$. Nun ist ersichtlich, daß dieses Kraftmoment sich mit Annäherung der Kurbel an die Totlagen ver-

ringert und in der Totlage gleich null wird. Daher läßt man immer eine zweite Maschine auf die Seilkorbwelle wirken, deren Kurbel um 90⁰ gegen die erste versetzt wird. Alsdann ändern sich die wirksamen Hebelarme dieser Kurbeltriebe etwa so, daß die Summe der von beiden Maschinenseiten gelieferten Momente annähernd gleich bleibt. Diese Annahme liegt folgenden Rechnungen zugrunde. Wie weit sie berechtigt ist, muß im Einzelfalle nach den erwarteten Dampf-diagrammen besonders ermittelt werden.

Die zweite Maschine kann nun zur ersten ein parallel arbeitender Zwilling sein, oder der erste Zylinder ist der Hochdruck-, der zweite

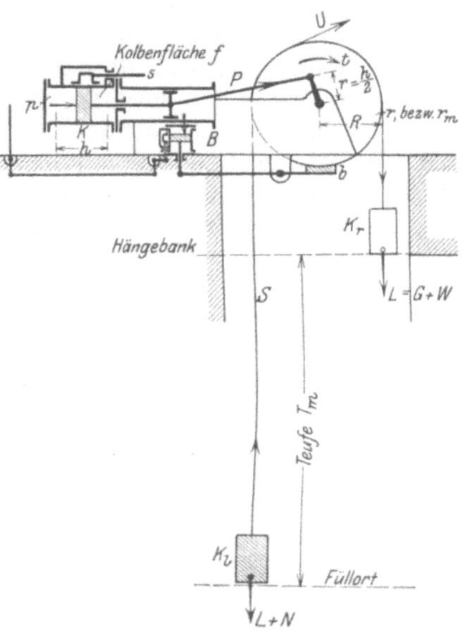

Fig. 24.
Zur Berechnung der Kraft- und Widerstands-momente und der Maschinenabmessungen.

der Niederdruckzylinder einer Verbundmaschine, oder drittens kann auf jeder Kurbelseite eine Tandemverbundmaschine, also ein Hoch- und ein Niederdruckzylinder, angeordnet sein. Es mögen dann bezeichnen: f_h, f_n die Kolbenflächen von Hoch- und Niederdruck-zylinder, p_h, p_n die entsprechenden höchsten Dampfüberdrücke und p_m, p_{mh}, p_{mn} die bei verschiedenen Füllungen sich ergebenden mittleren Überdrücke aus den Dampfdiagrammen. Die Kraftmomente M_{k_1} ergeben sich alsdann:

für Zwillingsmaschinen:

$$M_{k_1} = \frac{f\,p\,h}{2} \cdot \eta_1 \cdot \eta_2$$

für Zweizylinderverbundmaschinen:

$$= \frac{f_h\,p_h \cdot h}{2} \cdot \eta_1\,\eta_2 \quad \text{oder} \quad = \frac{f_n \cdot p_n \cdot h}{2} \cdot \eta_1\,\eta_2 ,$$

je nachdem der Hoch- oder Niederdruckkolben in der Hubmitte steht;

für Zwillingstandemmaschinen:

$$M_{k_1} = (f_h \cdot p_h + f_n \cdot p_n) \cdot \frac{h}{2}\, \eta_1\, \eta_2.$$

Über die Möglichkeit des hier angenommenen jederzeitigen Zu-
sammenwirkens beider Zylinder wird bei der Behandlung der einzelnen
Maschinenanordnungen noch einiges zu sagen sein (VI B 4, VI F 4, 7, 8).

Diese Momente geben die Höchstwerte an, die die Maschine
entwickeln kann. Sie müssen imstande sein, die auftretenden höchsten
Widerstandsmomente zu überwinden. Diese unter bestimmten Umständen auftretenden höchsten Widerstandsmomente sind von den
im normalen Betrieb auftretenden Momenten verschieden. (Vergl.
nächsten Abschnitt). Die Widerstandsmomente der Anfahrtszeit
müssen nicht durch die Höchstkraftmomente, sondern durch die bei
einer gewünschten mittleren Füllung auftretenden Kraftmomente M_{k_2}
bestritten werden. Daher sollen die hierfür gültigen Formeln aufgestellt werden:

für Zwillingsmaschinen:

$$M_{k_2} = \frac{2\,f \cdot p_m \cdot h}{\pi} \cdot \eta_1 \cdot \eta_2$$

für Zweizylinderverbundmaschinen:

$$= \frac{(f_h \cdot p_{mh} + f_n \cdot p_{mn}) \cdot h}{\pi} \cdot \eta_1 \cdot \eta_2$$

für Zwillingstandemmaschinen:

$$= \frac{2 \cdot (f_h \cdot p_{mh} + f_n \cdot p_{mn}) \cdot h}{\pi} \cdot \eta_1 \cdot \eta_2.$$

Die Ableitung dieser Formeln ergibt sich aus folgender Betrachtung
der geleisteten Arbeit: Während einer Wellendrehung leistet jede der
4 Zylinderseiten die Arbeit $f \cdot p_m \cdot h$ mkg. Infolge des Zusammen-
arbeitens der vier Zylinderseiten und der ausgleichenden Wirkung der
bewegten Massen kann diese Arbeit auch als von einer am Kurbelkreis mit
stets gleicher Stärke wirkenden Umfangskraft U geleistet gedacht werden,
deren Arbeit während einer Umdrehung sein würde: $U \cdot \frac{h}{2} \cdot 2\,\pi$, demnach: $U\,h\,\pi = f\,p_m\,h$ oder $2\,U\,h = \frac{2\,f \cdot p_m\,h}{\pi}$. Nun ist aber $2\,U \cdot h$
das 4 fache Drehmoment der Umfangskraft U am Kurbelradius $\frac{h}{2}$,
also gleich dem von den 4 Zylinderseiten ausgeübten Kraftmoment.

Die Werte p_m richten sich nach der Höhe der Eintrittsdampf-
spannung, der Austrittsspannung, der während der Beschleunigung
gewünschten Expansion und den durch die Abmessungen der Steuerungs-
organe bedingten Drosselverlusten. Sie können aus nach der Erfahrung zu
entwerfenden Dampfdiagramm oder aus Spannungstabellen, wie sie sich
in allen Handbüchern über Dampfmaschinen finden, entnommen werden.

3. Die Widerstandsmomente M_w.

Die Nebenwiderstände sind schon berücksichtigt worden, durch Multiplikation der Kraftmomente mit den Wirkungsgraden. Die Widerstandsmomente sind je nach den Einrichtungen und Betriebsweisen sehr verschieden.

An Einrichtungen kommen in Betracht: zylindrische Trommel ohne Unterseil, zylindrische Trommel oder Treibscheibe mit Unterseil, Kegeltrommeln und Bobinen; Aufsetzvorrichtungen oder keine an Füllort und Hängebank.

An Betriebsweisen: Langsame Fahrt ohne Massenkräfte, rasche Anfahrt, belastete und unbelastete Fahrt, Anheben der belasteten Schale aus dem Tiefsten, Überheben der belasteten Schale über die oberen Aufsetzknaggen bei unten aufsitzender leerer Schale, Umstecken der Körbe bei Sohlenwechsel unter mangelndem Ausgleich wegen Abkuppelung des einen Korbes. Zu diesen normalen Betriebsweisen käme noch der Ausnahmefall: Heben der mit Mannschaft besetzten unteren Schale bei Wegfall der ausgleichenden Tot- und Seillast der anderen Seite infolge Seilbruches. Bei tiefen Schächten und Seilgewichtsausgleich würde die Forderung, auch diesen Betrieb leisten zu können, zu den großen Maschinenabmessungen führen, die durch den Seilgewichtsausgleich eben vermieden werden sollen, und infolge dieser Abmessungen bei normalem Betriebe mit Ausgleich zu Arbeiten mit gedrosseltem Dampfe, also zu Kohlenverschwendung. Es ist daher im allgemeinen von dieser letzten Forderung abzusehen. Erfolgt ein Seilbruch, während die Körbe sich im Schachte befinden, so müssen ohnehin die in der gefangenen Schale befindlichen auf irgend eine Art auf die in jedem Schachte bergpolizeilich vorgeschriebenen Fahrten übergeführt werden, um je nach den Umständen auf diesen nach der nächst oberen oder nach der nächst unteren Sohle zu gelangen. Die im anderen Korbe befindlichen können mit Hilfe der Bremse zur nächst unteren Sohle gesenkt werden, um von hier durch die Schachtfahrten oder unter Benutzung der meist vorhandenen zweiten Seilfahrtsgelegenheit zu Tage zu fahren.

Anzuhebende Gewichte in Kilogramm für langsame Fahrt.

Betrieb	Zylindrische Trommeln ohne Unterseil	Zylindrische Trommeln mit Unterseil oder Treibscheibe	Kegeltrommeln und Bobinen
Anheben . . .	$N + S$	N	$N + L + S - L \cdot \dfrac{R}{r}$
Überheben . .	$N + L - S$	$N + L$	$N + L - S \cdot \dfrac{r}{R}$
Umstecken . .	$G + S$	$G + S$	$G + S$

Es sollen näher betrachtet werden:
für langsame Fahrt: Anheben, Überheben, Sohlenwechsel,
für rasche Anfahrt: Anheben bei Ausgleich der toten Lasten
und gegebenenfalls Seilgewichtsausgleich.

Die Richtigkeit ergibt sich aus der Betrachtung der Fig. 25—27.
Der Sohlenwechsel geschieht meist in der in Fig. 27 geschilderten Weise,
daß die Schale des Loskorbes auf der Hängebank fest gemacht und
nach Abkupplung des Loskorbes die untere Schale auf die neue Sohle
gezogen wird. Über eine zweite Art des Umsteckens, die bei mangelndem

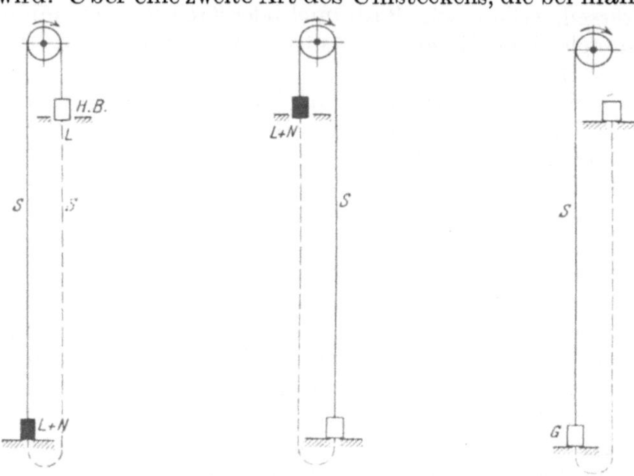

Fig. 25.	Fig. 26.	Fig. 27.
Lastverhältnisse beim Anheben der Last aus dem Füllort.	Lastverhältnisse beim Überheben über die Hängebank bei aufsitzendem unteren Korbe.	Lastverhältnisse beim Umstecken der Trommeln.

Unterseile ein kleineres Lastmoment ergibt, vgl. Abschnitt IV B. 1.
Bei Bobinen und Kegeltrommeln wirkt S + G zunächst am kleinen
Radius r. Beim Aufziehen bis zur Zwischensohle ZS wird r größer,
S kleiner. Es ist daher nicht nur das Moment: r (G + S), sondern auch
das zweite Moment: $r_1 \cdot (G + S')$ aufzustellen.

Nun werde (nach Hütte, 21. Aufl.) nach Ausrechnung der Zahlenwerte die größte der zu hebenden Lasten mit s′ bezeichnet. Dann
ergeben sich:

Gewichtsmomente: M_{l_1}, wenn R den Durchmesser zylindrischer,
R, r die von Kegeltrommeln und Bobinen bezeichnen:

für zylindrische Trommeln:

$$M_{l_1} = R \cdot s'$$

für Kegeltrommeln und Bobinen:

$$= R \cdot s', \text{ im Falle } s' \text{ beim Überheben}$$

und

$$= r \cdot s', \text{ im Falle } s' \text{ beim Umstecken}$$

auftritt.

Widerstandsmomente der Anfahrt M_{l_2}, wenn G_r die auf den Umfang der Trommeln umgerechneten Gewichte sämtlicher mit dem Seile gleichartig bewegten Teile bezeichnet (vgl. II A. 2). Bei Kegeltrommeln und Bobinen sind die Gewichte auf den Radius r_{m_1} zu beziehen, der nach ¼ Aufzug (von unten gerechnet) eintritt; der Radius der Nachbarbobine sei zur selben Zeit r_{m_2}; b m/sec² sei die angestrebte Beschleunigung:

für **zylindrische Trommeln mit Unterseil, Treibscheibe**:

$$M_{l_2} = R \left(N + \frac{b}{9{,}81} \cdot G_r \right).$$

für **zylindrische Trommeln ohne Unterseil**:

$$= R \left(N + 0{,}5\,S + \frac{b}{9{,}81} \cdot G_r \right).$$

An Stelle des wechselnden Seilgewichtes ist zur Ermöglichung einer Überschlagsrechnung das ½ Seilgewicht eingesetzt. Man vergleiche die eintretende wechselnde Beschleunigung in Fig. 20.

für **Kegeltrommeln und Bobinen**:

$$M_{l_2} = r_{m_1} \left(N + \frac{b}{9{,}81} \cdot G_r \right) + S \left(0{,}75\,r_{m_1} - 0{,}25\,r_{m_0} \right) - L \cdot \left(r_{m_2} - r_{m_1} \right).$$

Hier ist zwecks Erhaltung eines Mittelwertes das Moment nach ¼ Aufzug angeschrieben und für die hängenden Seillängen überschläglich ¾ und ¼ der Teufe eingesetzt.

Ein Vergleich der bei beabsichtigten Maschinenabmessungen zu erwartenden Kraftmomente mit den voraussichtlichen Lastmomenten ergibt, ob diese Abmessungen entsprechend gewählt sind.

Die größten statischen Lastmomente M_{l_1} müssen gleich sein den größten Kraftmomenten M_{k_1}, und die Anfahrtsmomente M_{l_2} müssen gleich sein den mittleren Kraftmomenten bei wirtschaftlicher Füllung Mk_2. Also:

$$M_{k_1} = M_{l_1}$$
$$M_{k_2} = M_{l_2}.$$

Je nach den Verhältnissen wird die erste oder die zweite Forderung die größeren Maschinenabmessungen bedingen. Seilgewichtsausgleich, große Massen und weitgehende Expansion werden die zweite Gleichung als die ausschlaggebende erweisen, die entgegengesetzten Verhältnisse aber die erste Gleichung.

4. Gang der Rechnung.

Bestimmung des Seildurchmessers, Korbdurchmessers, Korbbreite, auf den Umfang umgerechnete Gewichte, Lastmomente. Aus der ersten Momentengleichung durch Gleichsetzung des statischen Lastmomentes

M_{l_1} mit der Form des Kraftmomentes Bestimmung des Ausdruckes $f \cdot h$ z. B. für Zwillingsmaschine:

$$\frac{f \cdot p \cdot h}{2} \cdot \eta_1 \cdot \eta_2 = M_{l_1}$$

$$f \cdot h = 2 \, M_{l_1} \cdot \frac{1}{\eta_1 \cdot \eta_2 \cdot p} \, .$$

Nach Annahme eines bestimmten Verhältnisses zwischen h und f, bzw. h und dem Durchmesser d der Zylinder, können dann diese Größen selbst bestimmt werden. Gebräuchlich ist etwa $h = 2\,d$ bei Zwillingsmaschinen und $h = 2\,d_h$ für den Hochdruckzylinder bei Verbundmaschinen.

Neuerdings wird der Kolbenhub noch größer genommen:

$$h \text{ bis } 3\,d \text{ bzw. } 3\,d_h.$$

Die Größe der Kolbenfläche f_n des Niederdruckzylinders wird so gewählt, daß für die vorausgesetzte normale Füllung im Hoch- und Niederdruckzylinder gleiche Arbeiten geleistet werden. Hierbei ergibt sich für mittlere Dampfspannungen der Wert: $f_h : f_n = 1 : 2$, für höhere $f_h : f_n = 1 : 2,5$ bis $1 : 3$. Das Genauere muß für einzelne Fälle durch Aufzeichnung der Dampfdiagramme ermittelt werden.

Nachdem so die Abmessungen der Maschine vorläufig bestimmt sind, müssen sie daraufhin geprüft werden, ob bei der in Aussicht genommenen Anfahrtsfüllung das Kraftmoment M_{k_a} das Anfahrtsmoment M_{l_a} leisten kann.

Die bei Erreichung der Höchstfördergeschwindigkeit v_{max} eintretende mittlere Kolbengeschwindigkeit c berechnet sich wie folgt: Die bei v_{max} eintretende Kurbelgeschwindigkeit ist: $v_{max} \cdot \dfrac{\frac{h}{2}}{R}$

$= v_{max} \cdot \dfrac{h}{2\,R}$. Da während einer Umdrehung die Kurbel den Weg $h \cdot \pi$, der Kolben den Weg $2\,h$ zurücklegt, so ist die mittlere Kolbengeschwindigkeit gleich $\dfrac{2}{\pi}$ der Umfangsgeschwindigkeit, also

$$c = \frac{v_{max} \cdot h}{\pi \, R} \, .$$

Sie ergibt sich in der Ausführung bei $v_{max} = 25$ m/sec mit $c = 3,2$ bis $4,5$ m/sec.

Dritter Teil.

Seilgewichtsausgleich.

Von Diplom-Ingenieur Karl Teiwes.

A. Gemeinsame Gesichtspunkte.

1. Notwendigkeit und Nutzen des Seilgewichtsausgleiches.

Bei großen Teufen (etwa über 500 m) überwiegt das Seilgewicht die Nutzlast, so daß das Seilübergewicht des niedergehenden Seiles gegen Fahrtende Triebkräfte schafft, die durch die Maschine schlecht beherrscht werden können. Spätere Darlegungen (VI B. 1) werden zeigen, daß die auf Gegenwirkung geschalteten Kräfte der Dampfmaschinen nur schlecht regelbar sind. Neueren Steuerungen ist es gelungen, auch die Gegentriebwirkung des Dampfes sicher und genügend fein zu regeln (VI B. 3); auch an die in den letzten Jahren durchgeführte Regelung der Bremswirkung sei erinnert. Elektrische Motoren ergeben von vornherein eine leicht regelbare Gegentriebwirkung, die in einzelnen Ausführungen fast selbsttätig eintritt und in diesen Fällen der Endfahrt der Maschine eine Sicherheit verleiht, die bei Dampfmaschinen schwer erreicht werden kann. Der mangelnde Seilgewichtsausgleich erschwert aber auf alle Fälle die sichere Führung der Maschine. Besonders schwierig wird die Endfahrt, wenn Lasten eingehängt werden, also wenn außer dem Seilübergewicht noch die Nutzlast treibend wirkt. Bei der Seilfahrt kann hierbei jede falsche Steuerbewegung durch scharfes Aufsetzen des unteren Korbes schwere Unfälle hervorrufen. Eine möglichst vollständige Ausgleichung der Einwirkung des Seilgewichtes auf das Drehmoment der Trommelwelle ist daher die erste Vorbedingung für die Sicherheit des Förder- und Fahrbetriebes.

Aber nicht allein die Sicherheit, sondern auch die Wirtschaftlichkeit des Förderbetriebes erfordert eine Seilgewichtsausgleichung. Bei vollkommenem Ausgleiche ist die Triebkraft der Maschine, wenn wir von den unvermeidlichen Massenwirkungen absehen, während des ganzen Aufzuges gleich, während bei mangelndem Ausgleiche zu Beginn der Fahrt eine mehrfache Kraft zum Heben des Seilgewichtes, zu Ende Gegendampf zur Beherrschung der Gewichte aufgewandt werden muß. Beides führt zu stark vermehrtem Energieverbrauche, insbesondere bei Dampfantrieb, und ersteres zu größeren Maschinenabmessungen, also Erhöhung der Anlagekosten, insbesondere bei elektrischem Antriebe. Hierbei ist freilich zu beachten, daß die

meisten Arten des Seilgewichtsausgleiches ebenfalls vermehrte Anlagekosten bedingen oder durch Nebenwirkungen erhöhte Betriebsausgaben
verursachen.

2. Systematik des Seilgewichtsausgleiches.

Zur Erzielung eines Ausgleiches, dessen Notwendigkeit in einzelnen
Bergrevieren bei Erreichung größerer Teufen schon frühe erkannt
ward, wurde eine große Zahl von Anordnungen vorgeschlagen und
ausgeführt; nur wenige sind in dauernde Anwendung gekommen.
Letztere sollen in besonderen Abschnitten behandelt werden.   Hier
sei eine systematische Übersicht über die möglichen Arten des Ausgleiches gegeben.   Den mit der Korbbewegung infolge wechselnder
Seillängen wechselnden Seilgewichten müssen wechselnde Wirkungen
entgegengestellt werden, deren Änderung in entgegengesetztem Sinne
erfolgt.   Diese wechselnde Gegenwirkung kann zunächst durch Gegen-
ketten oder -seile erfolgen, also durch Gegengewichte von gleicher
Form und Eigenschaft wie die Förderseile, die daher bei geeigneter
Einwirkung auf die Welle der Fördermaschine imstande sind, die
wechselnde Wirkung des Förderseiles völlig auszugleichen.   Hierher
gehören die unmittelbar und die mittelbar wirkenden Ausgleichseile.
Eine andere Ausgleichung kann geschehen durch mit der Korbbewegung verbundene Ausgleichsgewichte.   Deren gleichbleibende
Größe muß zur Ausgleichung der wechselnden Drehmomente der
Förderwelle mit wechselnder Größe auf diese Welle einwirken.   Dies
wird dadurch erreicht, daß man das Gewicht mit einer wechselnden
Komponente oder mit wechselnden Hebelsarmen auf die Trommelwelle einwirken läßt.   Die Möglichkeit, die wirkenden Hebelsarme
wechseln zu lassen, läßt auch einen Ausgleich ohne besondere Gegengewichte zu, indem man die vorhandenen Gewichte unter wechselnden
Hebelsarmen wirken läßt.   Zuletzt sind noch Verbindungen der einzelnen Arten unter einander möglich.   Die Ausgleichsarten sind demnach:

A. An gleichbleibenden Hebelsarmen wirkende
Gegengewichte.

a) Unmittelbar unter die Körbe gehängte durch die Korbbewegung veränderliche Gewichte.
   1. Unterketten.
   2. Unterseile.
b) Mittelbar durch Hilfsseile auf die Trommelwelle einwirkende Gewichte.
   3. Mit durch die Korbbewegung veränderlichem Ausgleichseile
      (nach Lindenberg und Meinicke).
   4. Mit wechselnder Komponente einwirkendes in besonderer
      Bahn geführtes Gegengewicht.

B. An veränderlichen Hebelsarmen wirkende Gewichte.

c) Ohne besondere Ausgleichsgewichte.

    5. An Bobinen.

    6. An Kegeltrommeln.

d) Mit durch Hilfsseile auf die Trommelwelle einwirkenden Gegengewichten.

    7. Gegenkette an Bobine.

    8. Gegengewicht an Bobine.

    9. Gegengewicht an Spiraltrommeln (nach Gerhard).

C. Ausgleichung der statischen oder dynamischen Kräfte?

    10. Dynamische Ausgleichung durch besonders geformte Spiraltrommeln (nach Felten & Guilleaume-Lahmeyer-Werke).

    11. Dynamische Ausgleichung durch schwerere Unterseile.

B. Ausgleich durch Unterseile.

1. Unterketten und Unterseile.

Seilgewichtsausgleich durch Unterketten scheint in England um 1860 verbreitet gewesen zu sein. Unter jedem Korbe befindet sich hierbei eine Unterkette von einer Länge gleich der Tiefe des Schachtes. Die Kette des oberen Korbes hängt im Schachte und bildet das Gegengewicht für das Seil des unteren Korbes, dessen Unterkette im Schachtsumpfe übereinandergelagert ruht und keine Wirkung auf die Maschine ausübt. Bei der Korbbewegung legt sich auf der Seite des niederfahrenden Korbes soviel Kette auf den Schachtboden und vermindert die Gewichtswirkung der hängenden Kette, als das nach unten rückende Seil an Gewicht gewinnt. Auf der anderen Seite findet der umgekehrte Vorgang statt, indem das aufwärts verschwindende Seil durch die sich vom Boden erhebende Kette ersetzt wird. Zur völligen Ausgleichung muß das Gewicht der Kette je m Länge gleich dem des Seiles gemacht werden. Wird durch

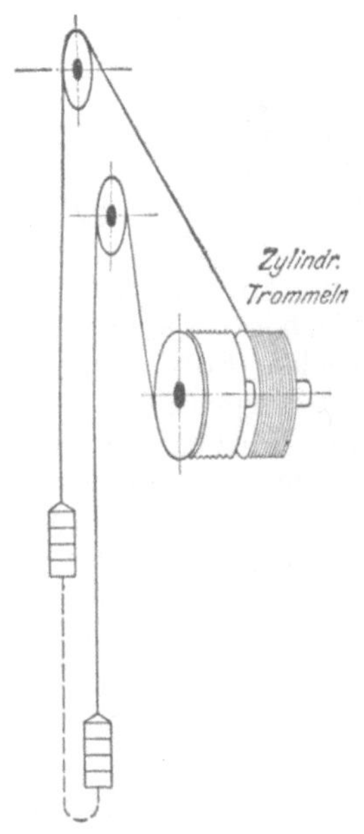

Fig. 28.
Seilgewichtsausgleich durch Unterseil bei zylindrischen Trommeln.
(Z. Ver. deutsch. Ing. 1909, aus Beitrag: „Dr. H. Hoffmann, Maschinenwirtschaft in Bergwerken.")

Umstecken einer Trommel die Förderung für eine höhere Sohle eingerichtet, so behalten die Unterketten ihre ausgleichende Wirkung, da jede Kette ein Förderseil für sich ausgleicht.

Wird nur eine Kette verwendet, die mit ihren Enden nach Art der heute weit verbreiteten Unterseile an je einem Korbe befestigt ist, so kann nur aus einer

Sohle gefördert werden, da beim Umstecken einer Trommel die sich bisher im Schachttiefsten aufhaltende Kettenschlinge im Schachte hochgezogen wird, welche Bewegung bei meist vorhandenem Schachteinbau (Führungen, Einstriche, Scheider) nicht zulässig ist.

Der Betrieb der Ketten erwies sich wegen der eintretenden Verschlingung der Kettenglieder und deren plötzlicher Wiederlösung als störend, selbst gefährlich. Ketten können nur für geringe Teufen angewandt werden.

Sie werden besser durch Unterseile ersetzt. Unterseile wurden 1865 von Jarolimek und 1862 von Lemielle zuerst vorgeschlagen.

Fig. 28 zeigt ein Unterseil bei einer Förderung mit zylindrischen Trommeln. Das Unterseil wird auch neuerdings häufiger bei Förderung mit Treibscheibe angewandt. Über diese meist Koepeförderung genannte Art wird in dem späteren Abschnitt IV C gesondert berichtet werden. Bei den folgenden Erörterungen ist zunächst an Trommelförderung gedacht.

Wird das Gewicht des Unterseiles gleich dem des Oberseiles gemacht, so wird eine vollständige Ausgleichung für jede Lage der Körbe und jede Belastung erzielt, so daß das Drehmoment der Trommelwelle vom Seilgewichte völlig unabhängig ist. Auch erscheint die Ausgleichung sehr einfach. Doch haften ihr merkliche Übelstände an.

2. Sohlenwechsel bei Unterseil.

Soll aus einer höheren Sohle gefördert werden, so muß, wenn der eine Korb etwa an der Hängebank festgelegt und seine Trommel von der Trommelwelle gelöst ist, der andere Förderkorb durch Drehung seiner Trommel aus dem Schachttiefsten auf die obere Sohle gehoben werden. Hierbei wird die Schlinge des Unterseiles aus dem Schachttiefsten heraus ebenfalls in die Höhe gehoben. Dies wird durch die die beiden Fördertrümmer trennenden meist vorhandenen Schachteinbauten verhindert.

Ein Fördern aus verschiedenen Sohlen ist daher bei vorhandenem Unterseile meist nicht möglich. Stehen keine eingebauten Hindernisse der Hebung der Schlinge entgegen, so kann aus beliebigen Sohlen bei voller Aufrechterhaltung des Ausgleiches gefördert werden. Bei Ausgleich durch zwei offene Unterketten ist eine Beschränkung des Sohlenwechsels nicht vorhanden, da die offenen Ketten die Schlinge und deren Nachteile vermeiden. Die gleiche Anordnung läßt sich bei Unterseilen nicht ohne weiteres nachahmen.

3. Durchgehendes Förderseil.

Die Unterseile werden zumeist unter den Körben befestigt. Sie können auch als Verlängerung der Oberseile durch den Förderkorb hindurch geführt werden, wenn der Korb für nebeneinanderstehende Wagen eingerichtet ist. Alsdann wird der Förderkorb durch eine Reibungskupplung mit dem Oberseile verbunden, während bei nicht durchgehendem Seile die Befestigung durch Seilkausche geschieht. Eine Seilkausche zeigt Fig. 29, eine Seilklemme Fig. 30 (Deutsche Maschinenfabrik, Duisburg). Der Förderkorb wird durch Ketten in die Löcher l, l eingehängt. Durch Vermittlung der Hebel b_1 b_2 bewirkt das Korbgewicht eine Anpressung der Klemmbacken a_1 a_2 an das Seil, sobald die Hebeldrehpunkte c_1 c_2 den nötigen Widerstand für diese Kraftwirkung bieten. Die Hebeldrehpunkte c_1 c_2 sind in dem Keilgehäuse d gelagert, zu dem die Klemmbacken a_1 a_2 als Keile passen. Durch Einschlagen der Keile in das Gehäuse wird zunächst soviel Anpressung und Reibung erzeugt, daß die Hebeldrehpunkte c, c_1 feststehen und die Hebel $b_1 b_2$ das weitere Anpresen ausführen können.

Diese Klemmen ermöglichen die Durchführung des Oberseiles durch den Korb. Bei solcher Einrichtung ist ein Fördern aus höheren Sohlen möglich, indem das Einrichten nicht durch Umstecken einer Trommel, sondern bei ungeänderter Seillage durch Verschieben des einen Korbes am Seil entlang geschieht. Der eine Korb wird dabei auf die Hängebank gestellt, vom Seile gelöst und der andere Korb mitder Maschine auf die neue Sohle gefahren.

Eine Hebung der Seilschlinge tritt auch ein, wenn der aufgehende Korb über die Hängebank gezogen wird. Die Seilschlinge ist daher so tief anzuordnen, daß sie bei dieser Hebung an kein Hindernis anstößt.

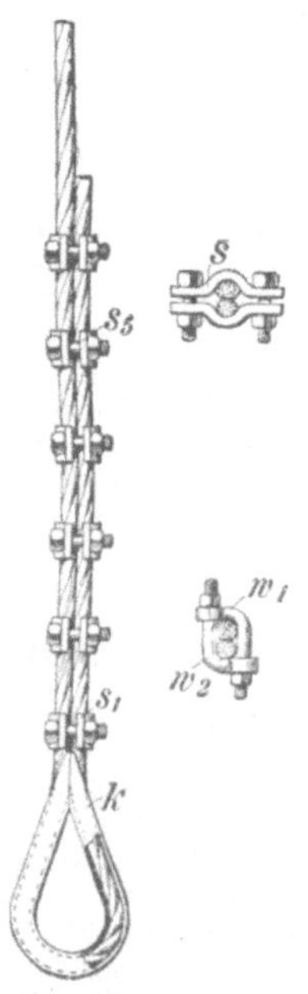

Fig. 29.
Seilkausche.

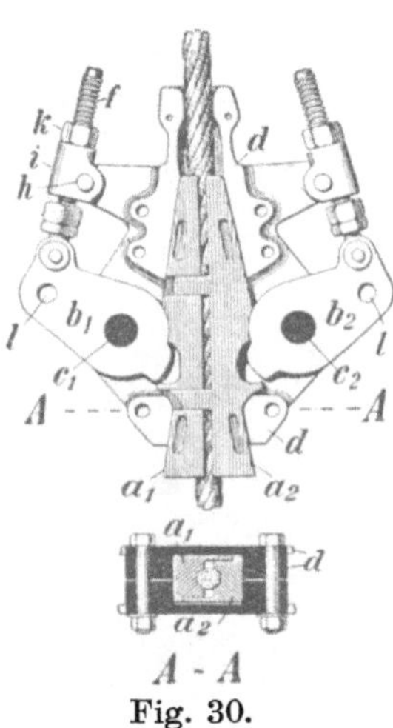

Fig. 30.
Seilklemme.

4. Beanspruchung und Arten des Unterseiles.

An der Seilschlinge erleidet das Unterseil eine meist scharfe Biegung, da die Entfernung der Korbmitten gering ist (0,9—1,2—2 m). Von dem Unterseile wird daher eine große Biegsamkeit verlangt, so daß Rundseile für tiefe Schächte wegen ihres großen Durchmessers nicht geeignet sind. Zur Verminderung der Biegungsbeanspruchung schlägt Oberbergrat Kaltheuner vor, an Stelle eines Unterseiles a, b zwei gekreuzt angeordnete $a_1 b_2$ und $a_2 b_1$, Fig. 31, anzuwenden. Die Vorteile wären: dünnere Seile und merklich größerer Schlingendurchmesser. An Stelle von Rundseilen werden vorteilhafter Weise Flachseile verwendet, als Drahtflachseile oder als besonders biegsame Hanfflachseile. Doch ergeben letztere für größere Teufen nicht das erforderliche Ausgleichsgewicht. Flachseile sind Rundseilen

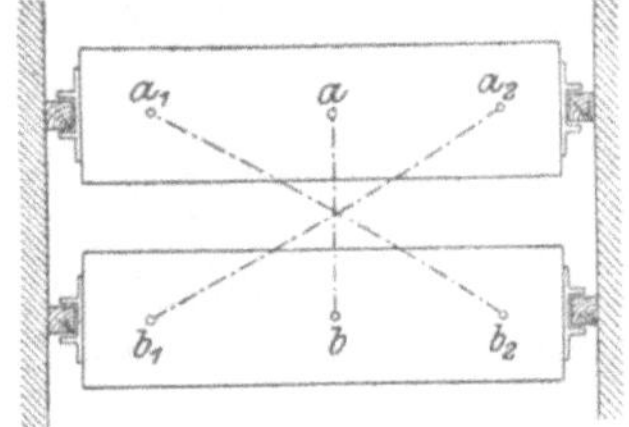

Fig. 31.
Gekreuzte Unterseile.

auch in der Ruhe des Laufes überlegen, da sie keinen Drall, d. h. kein Drehbestreben infolge innerer Bauspannungen besitzen. Sie schlagen daher nicht so stark gegen die Schachtwände. Häufig werden abgelegte Förderseile als Unterseile verwendet, da die geringere Beanspruchung durch das Eigengewicht ihre Festigkeit noch als genügend erscheinen läßt. Bei solchen Seilen hat aber die Biegsamkeit erheblich nachgelassen. Ihre Lebensdauer als Unterseile wird daher nicht groß und ein unerwarteter Bruch störend oder gefährlich sein. Bei der Koepeförderung (IV. C) wirkt der Bruch eines Unterseiles so schlimm wie ein solcher des Oberseiles. Da die Unterseile im Schachte durch Feuchtigkeit und Anschlagen an die Schachteinbauten sehr leiden, einer guten Beobachtung und der Zerreißprobe sich entziehen und das Auswechseln sehr umständlich ist, so sind für Unterseile nur neue besonders biegsame und drallfreie Seile zu empfehlen. Die Dortmunder Bergpolizeiverordnung vom 1. 1. 1911 stellt Gegengewichtsseile den Förderseilen völlig gleich, indem für sie gleiche Beschaffenheit und Prüfung vorgeschrieben werden (§ 77). Und das mit Recht.

5. Befestigung des Unterseiles am Korbe.

Die Befestigung des Unterseiles an der Schale hat auf vorhandenen Drall und auf Vermeidung von Stößen beim Anheben des Unterseiles durch die Schale Rücksicht zu nehmen. Fig. 32 zeigt eine solche Aufhängung eines Rundseiles. Das Unterseil umschlingt eine Seilkausche, die durch Laschen unter Zwischenschaltung einer drehbaren Kugellagerung und einer Feder am Boden des Korbes befestigt ist. Hängt die Seilschlinge nicht genügend hoch über dem Sumpfe, so ist noch eine Vorrichtung zur Beseitigung eingetretener Senkungen des Unterseiles mit der Aufhängevorrichtung zu vereinigen.

Um schädliche Einwirkung des Unterseilgewichtes auf die Bauteile des Korbes auszuschalten, kann, wenn das Förderseil oder eine Verbindungsstange

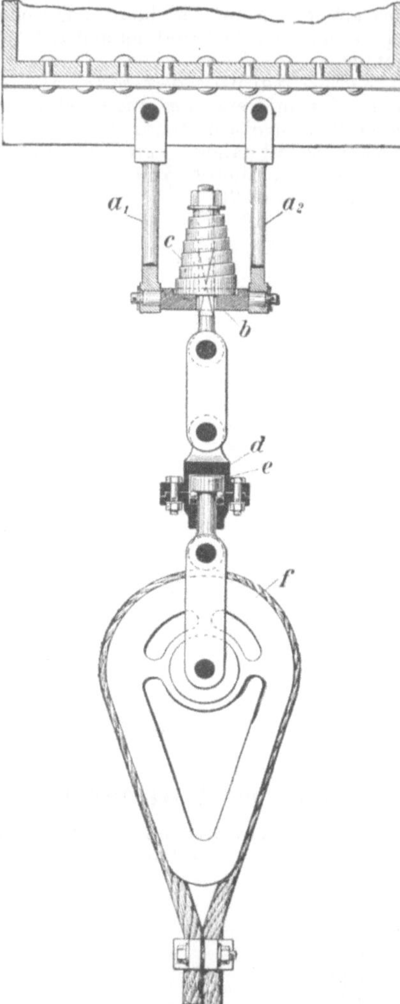

Fig. 32.

Befestigung des Unterseiles am Korbe.

durch den Korb hindurch geführt werden darf, das Unterseil, etwa ein Flachseil, unmittelbar an das Oberseil mit Hilfe einer Seilklemme befestigt werden. Wird das Unterseil unter den Korb gehängt, so kann ein besonderes Umführungsgestänge vom Oberseil bis zum Unterseil angeordnet werden. Die Deutsche Maschinenfabrik Duisburg ordnet das vom Oberseil zum Unterseil gehende Umführungsgestänge unabhängig vom Korbe und gegen denselben beweglich an, wobei das Unterseil eine besondere Fangvorrichtung erhält, die erst nach Eingreifen der Korbfangvorrichtung wirkt und Stöße vom Korbe fernhält. Vgl. Band: Schachtförderung, Abschnitt: Fangvorrichtungen.

6. Führung der Seilschlinge.

Das nicht belastete und nicht geführte Unterseil vollführt in tiefen Schächten und bei großer Fördergeschwindigkeit heftige Schwingungen in verschiedenen Richtungen. Daher ist eine gewisse Führung wenigstens der Seilschlinge erwünscht, um etwaige Verschlingungen des Seiles zu vermeiden. Diese Führung geschah in einigen Fällen durch eine belastete Nutenscheibe, die über die Schlinge gelegt und in lotrechten Schlitzen geführt wurde. Diese Anordnung ist betriebsunsicher, da leicht ein Ausspringen des Seiles aus der Nute stattfinden kann. Fig. 33 zeigt eine einfache Führung durch im Schachttiefsten eingebaute Hölzer bei freiem Durchhange des Seiles.

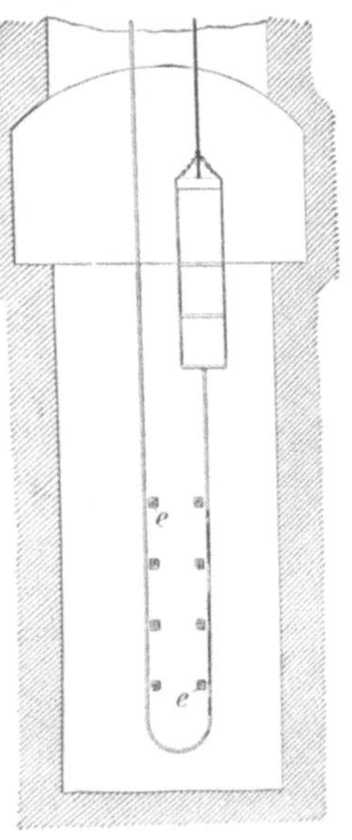

Fig. 33.
Führung des Unterseiles
im Schachttiefsten.

7. Nachteile des Unterseiles.

Die Schwingungen des Unterseiles beschädigen dieses und den Schachteinbau. Dieser Nachteil ist nach Tomson (Glückauf 98 Nr. 23—26) so erheblich, daß Unterseile für Teufen über 700 m nicht mehr rätlich sind. Sie gestatten ferner nicht die Anwendung verjüngter Förderseile, die bei großen Teufen zu erstreben ist. Es sind aber viele Unterseile für Teufen über 700 m in Betrieb; neuerdings auch ein Schacht mit 1000 m.

Die Befestigung des Unterseiles an der Schale erfordert einen stärkeren Bau derselben. Die Vermehrung der Gewichte belastet Scheiben, Gerüste und Maschine, so daß alle tragenden Bauteile verstärkt werden müssen.

Der stärkere Seilzug erzeugt auch in allen bei der Übertragung der Gewichte nach der Maschine beteiligten Gleitflächen eine stärkere Reibung, bedingt also Kraftverluste, die bei Bemessung der Maschinenstärke berücksichtigt werden müssen.

Die Massenwirkungen der Gewichte machen sich ungünstig im Betriebe geltend. Greift beim Bruche des niedergehenden Seiles die Fangvorrichtung ein, so hat sie außer den vermehrten Gewichten die Massenwirkungen aufzunehmen. Sie muß daher entsprechend stärker gebaut sein und über eine sicher bremsende Wirkung verfügen, wenn ihre Wirksamkeit nicht durch Bruch der Fänger oder der Leitung aufgehoben werden soll.

Bei plötzlichem Einfallen einer starken Bremse, etwa hervorgerufen durch das Eingreifen eines Sicherheitsapparates, kann der aufgehende Korb, gegen das verlangsamte Seil aufsteigend, Hängeseil bilden, in das er, nach Stillstand umkehrend, mit seinem und dem Gewichte des Unterseiles hineinfällt. Hierbei kann Ober- und Unterseil reißen. Daher ist bei Betrieb mit Unterseil das plötzliche Aufwerfen einer starken Bremse zu vermeiden, was bei Bremsen mit regelbarer Wirkung erreicht werden kann (vgl. VI C. 8).

Die Massenwirkungen beeinträchtigen auch die Lenksamkeit der Maschine. Doch stehen andere Ausgleichsarten hier kaum günstiger, einige wesentlich ungünstiger da.

Unterseile haben nicht die allgemeine Anwendung gefunden, die ihre bauliche Einfachheit erwarten ließ.

Die Nachteile des Unterseiles wachsen mit der Teufe, eine Erscheinung, die sich bei anderen Ausgleichsarten in gleicher Weise findet.

C. Besonderes Ausgleichsseil nach Lindenberg & Meinicke.

1. Beschreibung und Wirkung.

Unabhängig von einander kamen Lindenberg-Dortmund und Meinicke-Clausthal (etwa 1884) auf den Gedanken, durch ein bosonderes, nicht in unmittelbarer Verbindung mit den Förderkörben stehendes Ausgleichseil die Schäden der Oberseil- und Korbbelastung durch das Unterseil zu vermeiden. Auf der Achse der Fördertrommeln T_1 und T_2, Fig. 34, befindet sich noch eine dritte, die Ausgleichstrommel Ta, mit einem unterschlägigen Zugseile Z_1 und einem oberschlägigen Z_2. Die Zugseile führen über besondere Seilscheiben in den Schacht. Sie werden durch das Ausgleichseil a verbunden, das bei a_1 mit Z_1, bei a_2 mit Z_2 verbunden ist. Von den Fördertrommeln geht das unterschlägige Förderseil s_1 und das oberschlägige s_2 über Seilscheiben nach dem oberen Korbe F_1 und dem unteren F_2. Das Ausgleichseil a ist so schwer wie ein Förderseil s und ein Zugseil Z zusammen. Die Zugseile sind dünn, da sie nur das Ausgleichseil zu tragen haben. Bei Drehung der Trommelwelle in der Richtung des Pfeiles heben sich die Punkte a_2 und F_2 gleichartig, in gleicher Weise senken sich die Punkte a_1 und F_1.

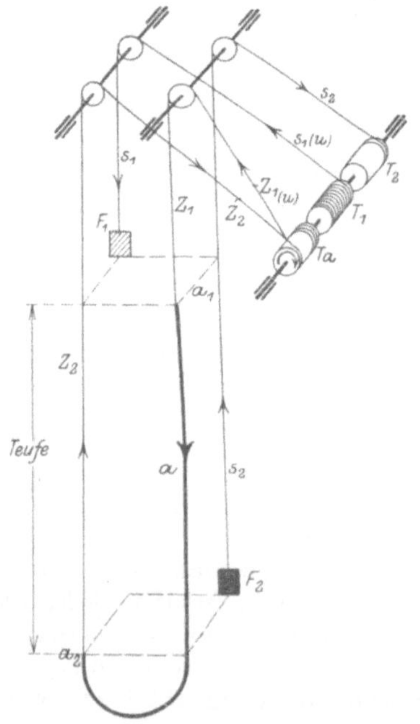

Die an der Fördertrommel T_2 verschwindende Gewichtswirkung des aufgehenden oberschlägigen Förderseiles s_2 wird daher an der Ausgleichstrommel Ta durch die zunehmende, durch das oberschlägige Zugseil z_2 übertragene Einwirkung des Ausgleichseilgewichtes ersetzt. Die analoge Erscheinung zeigt sich bei den unterschlägigen Seilen, wo der zunehmenden Wirkung des niedergehenden Förder-

Fig. 34.

Seilgewichtsausgleich nach Lindenberg und Meinicke.

seiles s_1 durch die abnehmende des Ausgleichseiles a die Wage gehalten wird. Die Wirkung des Ausgleichseiles a ist also genau dieselbe, als wäre es als Unterseil mit seinem Ende a_2 an F_2, mit a_1 an F_1 befestigt. Der eine Teil des Ausgleichsgewichtes wirkt als Unterseil für die Förderseile, der Mehrbetrag als Unterseil für die Zugseile.

Es wird eine völlige Ausgleichung für jeden Korbstand und unabhängig von der Nutzlast erreicht. Fördern aus höheren Sohlen ist bei vollem Ausgleiche möglich, wenn die Ausgleichstrommel Ta auf ihrer Welle versteckbar ist. Hat man nach Abkuppeln der Trommel T_1 den Korb F_2 auf die neue Sohle gehoben, so wird nun durch Umstecken der Ausgleichstrommel Ta der Punkt a_1 um den halben Sohlenabstand gesenkt, der Punkt a_2 um das gleiche Stück gehoben, wodurch der Ausgleich wieder erreicht ist, während die Seilschlinge durch diese Verschiebung des Ausgleichseiles ihre Lage nicht ändert.

2. Vor- nnd Nachteile.

Die Vorteile dieser Anordnung gegenüber Unterseil wurden gefunden in der Freihaltung der Fördertrümmer vom Ausgleichseile, das in Nebentrümmer verlegt werden kann, in der Schonung des Oberseiles und der Förderkörbe wegen der fehlenden Massenwirkungen des Unterseiles und in der Fernhaltung der Gewichts- und Massenwirkung von der Fangvorrichtung.

Ein vorgekommener auf die Stoßwirkung des Unterseiles zurückzuführender Seilbruch veranlaßte das Oberbergamt Dortmund, für Unterseilförderungen statt der sonst vorgeschriebenen 6 fachen eine 12 fache Sicherheit für das Oberseil zu fordern. Damit war den Unterseilförderungen beinahe das Todesurteil gesprochen, denn die erhöhten Seilkosten und geringere Haltbarkeit der dickeren Seile auf vorhandenen Trommeln ließen die Anwendung des Unterseiles nicht mehr praktisch erscheinen. Die Lindenbergsche Ausgleichung erschien wohl geeignet, hier Wandel zu schaffen. Tatsächlich wurden diese Förderungen mit 6 facher Sicherheit gestattet. Die beschränkende Bestimmung des OBA wurde später wiederaufgehoben, womit der Hauptwert des Ausgleichseiles verschwand.

Die erwähnten Vorteile sind durch Vermehrung der Teile (2 Zugseile, 2 Seilscheiben und Gerüständerungen, 1 Ausgleichstrommel) teuer erkauft, und der Hauptnachteil der Unterseile, das Schlagen derselben, ist nicht beseitigt. Das Schlagen der Ausgleichseile wird sogar stärker sein, wenn nicht die Punkte a_1 und a_2 gut geführt werden, was den Einbau von Führungen in die das Ausgleichseil aufnehmenden Trümmer erfordert. Der Betrieb ist auch umständlicher, da er noch die Überwachung der Zugseile erfordert, während die Beobachtung des Ausgleichseiles in Nebentrümmern noch schwieriger ist als die des Unterseiles im Haupttrumm. Einige Ausführungen in Westfalen haben nicht befriedigt und sind wieder ausgebaut worden.

D. Ausgleich durch Bobinen.

1. Beschreibung.

Bobinen sind Seiltrommeln für Bandseil, dessen Windungen sich nicht neben- sondern übereinander wickeln, so daß mit zunehmender Aufwicklung der Trommeldurchmesser wächst, mit der Abwicklung entsprechend abnimmt, Fig. 35. Das kleiner werdende Gewicht des aufgehenden Seiles wirkt dabei an immer wachsenden Hebelsarmen, das zunehmende des abgehenden Seiles an immer kleiner werdenden Hebelsarmen; dieselben Wirkungsveränderungen erleiden die übrigen

Gewichte, Nutzlast und tote Last der Schale und der Wagen. Man ersieht hieraus die Wirkung einer natürlichen Ausgleichung. Die folgenden Betrachtungen werden untersuchen, ob und unter welchen Bedingungen ein vollständiger Ausgleich erzielbar ist. Es sollen immer bedeuten:

N = Nutzlast in kg; L = $G + W$ = tote Last in kg (G = Korbgewicht, W = Wagengewicht (leer)); S = Seilgewicht für eine Länge gleich der Teufe; T = Teufe in m (Hängebank bis Füllort); d = Seildicke in m; r = kleinster Bobinenhalbmesser in m; R = größter Halbmesser in m; z = Zahl der zu einem vollständigen Aufzuge nötigen Drehungen.

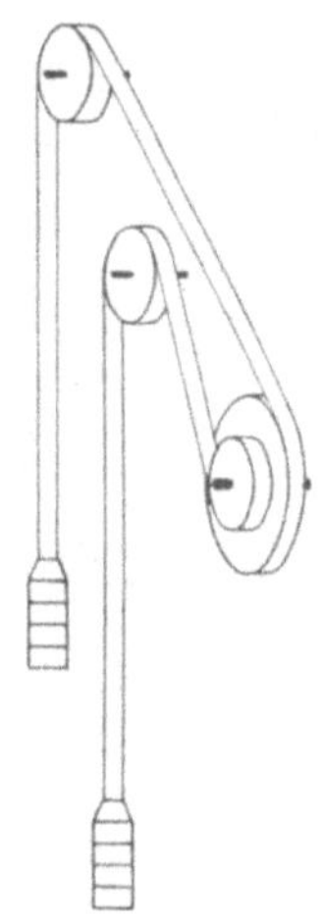

Fig. 35.

Seilgewichtsausgleich durch Bobinen.

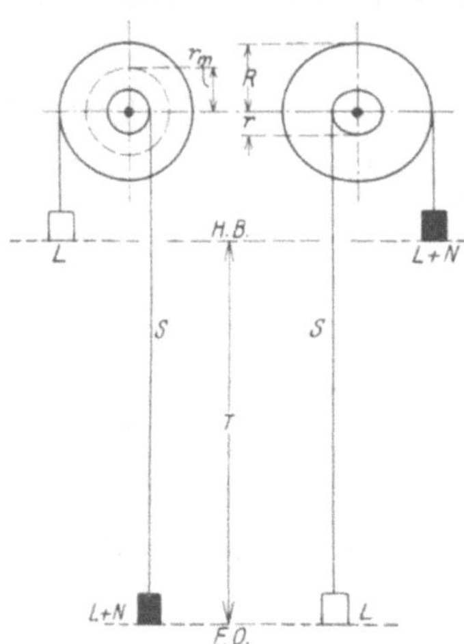

Fig. 36.

Zur Bobinenberechnung.

2. Berechnungen.

In Fig. 36 ist Anfang und Ende eines Aufzuges dargestellt. Darnach sind (rechtsdrehende Momente als positiv bezeichnet)

zu Anfang des Aufzuges
$$M_a = (L + N + S)\, r - L\, R$$

zu Ende des Aufzuges
$$M_e = (L + N) \cdot R - (L + S)\, r$$

Bei erreichter Ausgleichung müssen diese Momente M_a und M_e einander gleich sein. Demnach folgt:

$$(L + N + S) \cdot r + (L + S)\, r = (L + N)\, R + L\, R$$
$$r\,(N + 2\,L + 2\,S) = R\,(N + 2\,L)$$
$$R = r \cdot \frac{N + 2\,L + 2\,S}{N + 2\,L}$$

$$R = r \left(1 + \frac{2\,S}{N + 2\,L} \right) = i \cdot r \quad \text{worin} \quad i = 1 + \frac{2\,S}{N + 2\,L}.$$

Hiermit ist das Verhältnis der Radien festgelegt.

Nun kommt es darauf an, dieses Verhältnis zu verwirklichen durch Aufwickeln der aus einer Festigkeitsrechnung sich ergebenden Seildicke d, so daß nach Erreichung der Teufe T aus r ein R geworden ist. Die Schmalfläche des ganzen Seiles T . d findet sich nach erfolgter Aufwicklung als Unterschied der großen und kleinen Kreisfläche der Bobine, daher

$$\mathbf{T \cdot d} = \pi\,(\mathbf{R}^2 - \mathbf{r}^2) = \pi\,(i^2\,r^2 - r^2) = \pi\,r^2\,(i^2 - 1)$$

$$r = \sqrt{\frac{\mathbf{T \cdot d}}{\pi\,(i^2 - 1)}}\,,$$

worin i aus der obigen Gleichung zu entnehmen ist.

Zur Berechnung einer Bobine vollständiger Ausgleichung hätten wir daher nach getroffener Wahl der Seildicke d

$$i = 1 + \frac{2\,S}{N + 2\,L} \quad \ldots \ldots \ldots \quad 1)$$

$$r = \sqrt{\frac{\mathbf{T \cdot d}}{\pi\,(i^2 - 1)}} \quad \ldots \ldots \ldots \quad 2)$$

$$R = i \cdot r \quad \ldots \ldots \ldots \ldots \quad 3)$$

Die Zahl der nötigen Drehungen z wäre alsdann, da $R = r + z\,d$

$$z = \frac{R - r}{d} \quad \ldots \ldots \ldots \ldots \quad 4)$$

3. Beispiele.

Beispiel 1 mit vollständigem Ausgleich bei Aloebandseil (aus Demanet, Bergbaukunde).

$$\left.\begin{array}{l} N = 1040\,\text{kg} \\ L = 1520\,\text{kg} \\ d = 0{,}033\,\text{m} \\ T = 387\,\text{m} \\ S = 2407\,\text{kg} \end{array}\right\} \text{Danach}$$

$$i = 1 + \frac{4814}{1040 + 3040}$$
$$= 1 + 1{,}179 = 2{,}179$$
$$r = \sqrt{\frac{387 \cdot 0{,}033}{\pi\,(4{,}748 - 1)}} = 1{,}08\,\text{m}$$
$$R = 2{,}179 \cdot 1{,}08 = 2{,}38\,\text{m}$$

Danach

$$\left.\begin{array}{l} M_a = 4967 \cdot 1{,}08 - 1520 \cdot 2{,}38 = 1747\,\text{mkg} \\ M_e = 2560 \cdot 2{,}38 - 3927 \cdot 1{,}08 = 1751\,\text{mkg} \end{array}\right\}$$

Die Anzahl z der nötigen Drehungen ist

$$z = \frac{R - r}{d} = \frac{1{,}3}{0{,}033} = \mathbf{39{,}4}$$

Der Radius r = 1,08 läßt sich bei einem Hanfseile von 0,033 m Dicke ausführen. Mit wachsender Teufe aber wächst i nach Gleichung 1 und nimmt r nach Gleichung 2 ab, so daß die hiernach nötigen Radien r für die nötigen Seildicken zu klein werden. Man hilft sich bei wachsender Teufe durch verjüngte Bandseile, um deren Gewicht S kleiner und somit r größer zu bekommen.

Für größere Teufen begnügt man sich mit unvollständiger Ausgleichung. Der Rechnungsvorgang ist dann ein anderer. Er ist aus dem nächsten Beispiele zu ersehen.

Beispiel 2 für unvollständigen Ausgleich bei Hanfseil:
N = 2500; L = 3500; S = 7200; T = 800; d gewählt mit 0,035 m, desgl. r mit 1,5 m.

Zur weiteren Behandlung ist zunächst der Halbmesser R zu berechnen, der sich aus dem Anfangshalbmesser bei Erreichung der Teufe ergibt. Die bisher entwickelten, den vollständigen Ausgleich ergebenden Gleichungen sind hier nicht anwendbar. Wir benutzen die frühere allgemeine Beziehung

$$T \cdot d = (R^2 - r^2) \pi,$$

die gerade die gegebenen und die gesuchte Größe enthält. Daraus

$$R = \sqrt{\frac{T \cdot d}{\pi} + r^2} \quad \ldots \ldots \ldots \ldots \quad 5)$$

Hier

$$R = \sqrt{\frac{800 \cdot 0,035}{3,14} + 2,25} = 3,33 \text{ m};$$

Danach werden Anfangs- und Endmoment:

$$M_a = 13\,200 \cdot 1,5 - 3500 \cdot 3,33 = 8145 \text{ mkg}$$
$$M_e = 6000 \cdot 3,33 - 10\,700 \cdot 1,5 = 3930 \quad \text{,,} \quad \text{also wie } 2:1.$$

In Westfalen werden Drahtbandseile verwendet. Bei diesen muß das Verhältnis zwischen dem kleinsten Halbmesser r und der Seildicke d wesentlich größer genommen werden als bei den biegsameren Hanfseilen, so daß die aus der Gleichung 2 zu errechnenden Halbmesser r bei größeren Teufen (über 400 m) sich für die Ausführung wegen der Seilbiegung des Seiles d nicht eignen. Es muß mit einem größeren Anfangshalbmesser begonnen werden, so daß eine vollständige Ausgleichung nicht erreicht wird. Bei Teufen über 500 m erweist sich die Ausgleichung als sehr mangelhaft. Verjüngte Bandseile führen eine Verbesserung herbei.

Beispiel 3 für unvollständige Ausgleichung bei Drahtbandseil:
N = 2000; L = 3000; S = 5580; T = 900 m; d = 0,017 m; r = 1,4 m

$$R = \sqrt{\frac{T \cdot d}{\pi} + r^2} = \sqrt{\frac{900 \cdot 0,017}{3,14} + 1.96} = 2,61 \text{ m}$$

$$M_a = 10\,580 \cdot 1,4 - 3000 \cdot 2,61 = 6982 \text{ mkg}$$
$$M_e = 5000 \cdot 2,61 - 8580 \cdot 1,4 = 1038 \text{ mkg, also } \sim 7:1.$$

Der Ausgleich ist recht unvollkommen, vermeidet aber noch mit Sicherheit negative Momente.

Bei den bisherigen Rechnungen wurde die Reibung nicht berücksichtigt. Wir können sie etwa mit 25 v. H. des mittleren Momentes $\frac{6982 + 1038}{2} = 4011$, also mit ~ 1000 mkg annehmen. Alsdann wird:

$$M_a = 7982 \text{ mkg}$$
$$M_e = 2083 \quad \text{,,} \quad \text{also wie } \sim 4:1.$$

Wir erkennen hieraus, daß unter Berücksichtigung der Reibung der Ausgleich wesentlich günstiger wird. Nun wäre noch die Zahl der nötigen Drehungen z zu berechnen, die zur Berechnung der Abmessungen der Dampfmaschine oder des Elektromotors nötig erscheint. Wir benutzen unsere Formel 4:

$$z = \frac{R - r}{d} = \frac{1,21}{0,017} = 71,2.$$

4. Zeichnerische Darstellung der veränderlichen Größen.

Die Rechnungen zeigten den Weg, für Anfang und Ende des Treibens gleiche Drehmomente zu erhalten. Es ist aber noch zu untersuchen, wie sich das Drehmoment während des ganzen Aufzuges gestaltet.

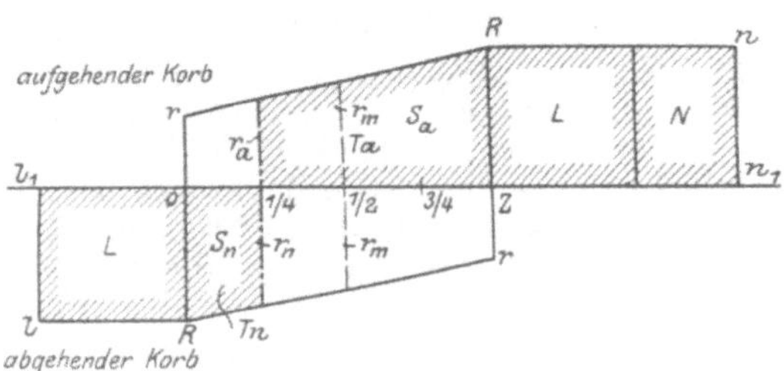

Fig. 37.
Zeichnerische Darstellung der Bobinenberechnung.

Der Wechsel aller Verhältnisse ist durch die Veränderlichkeit der Hebelsarme bedingt, und diese wieder ist proportional der von der Anfangslage aus erfolgten Drehungszahl z.

In Fig. 37 ist daher die Zahl der erfolgten Drehungen zur Grundlage der zeichnerischen Darstellung gemacht. Als Anfangslage (Nullpunkt) ist der Stand der Körbe an Füllort und Hängebank gewählt. Nach oben seien die Radien des aufgehenden Korbes, nach unten die des niedergehenden Korbes aufgetragen. Der Anfangslage ($z = 0$) entspricht am aufgehenden Korb r, am niedergehenden R, der erste Radius nimmt mit jeder Umdrehung um d zu, der andere um d ab. Nach z Umdrehungen ist ersterer auf $R = r + z\,d$ gewachsen, letzterer auf $r = R - z\,d$ gefallen, dazwischen verläuft Zu- und Abnahme geradlinig. Bei der halben Drehzahl $z/2$ sind die Radien r_m einander gleich.

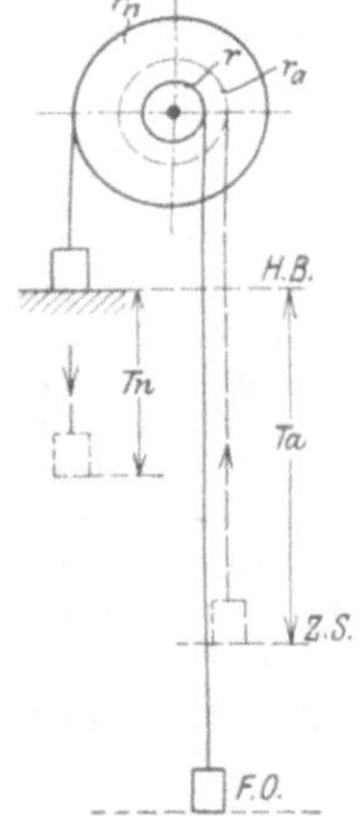

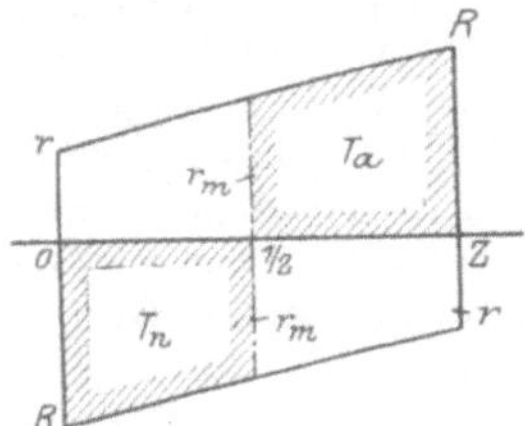

Fig. 38.　　　　　　Fig. 39.
Sohlenwechsel bei　　Zur Bobinenberechnung. Begegnung der Körbe
Bobinen.　　　　　　　　im Schachte.

Zur Beurteilung der wechselnden Seillasten ist die Kenntnis der jeweils hängenden Seillängen erforderlich. Diese ist bei dem niedergehenden Korbe gleich der jeweilig erfolgten Abwicklung T_n, beim aufgehenden Korbe gleich der

Teufe weniger der jeweiligen Aufwicklung. Sie sei mit T_a bezeichnet, Fig. 38; die zugehörigen Radien r_a und r_n.

Zu jeder beliebigen Umdrehung z. B. $z = \frac{1}{4}$, Fig. 37, können wir aus der Schaulinie sofort die Radien r_a und r_n ablesen.

Auch die Seillängen sind daraus abzulesen, da sie den Radien und Drehungen proportional sind.

Da die Radien sich gleichmäßig mit den Drehungen ändern, kann ihre Wirkung durch die eines während der gleichen Gesamtdrehung wirkenden mittleren Radius $r_m = \dfrac{R + r}{2}$ ersetzt werden, so daß die Teufe $T = 2\,\pi\,r_m\,z = 2\,\pi\,\dfrac{R + r}{2} \cdot z$ ist. Die Teufe kann daher bei Anwendung eines geeigneten Maßstabes durch die Fläche des Trapezes o r R z dargestellt werden. Dieselbe Betrachtung gilt für jede Teildrehung; z. B. für die Drehung bis $z = \frac{1}{4}$ ist die Fläche $o\,r\,r_a\,\frac{1}{4}$ entsprechend der durch diese Drehung bewirkten Aufwicklung des aufgehenden Korbes, die Fläche $\frac{1}{4}\,r_a\,R\,z$ daher als ganze Teufe weniger Aufwicklung gleich der hängenden Seillänge T_a. Die Fläche $o\,\frac{1}{4}\,r_n\,R$ ist gleich der Abwicklung des niedergehenden Korbes, gleich dessen hängender Seillänge T_n. Mit weiter fortschreitender Drehung rücken die Punkte nach rechts und T_a wird entsprechend kleiner, T_n größer. Bei $z = \frac{1}{2}$ ist $T_a = T_n$ geworden. Dies ist der Punkt, wo sich die Körbe im Schachte treffen. Hierbei sind also die Seillängen, somit Seilgewichte gleich, ferner auch die Radien $r_a = r_n = r_m = \dfrac{R + r}{2}$; da die toten Lasten L ohnehin auf beiden Seiten gleich sind, so sind bei einer Bobine mit gleichen Drehmomenten zu Anfang und Ende des Aufzuges diese Momente auch gleich dem Momente bei mittlerer Drehzahl, Fig. 39.

5. Veränderung des Ausgleiches während eines Aufzuges.

Zur Darstellung der jeweils wirkenden Drehmomente müssen die Seillasten, die toten Lasten und die Nutzlasten berücksichtigt werden. Bei nicht verjüngten Seilen sind die Seillasten S_a, S_n den Flächen T_a, T_n proportional, können also bei Anwendung eines geeigneten Maßstabes durch diese Flächen dargestellt werden. Da zur Seillast des aufgehenden Korbes noch die tote Last L und die Nutzlast N hinzukommen, so sind diese Lasten in Fig 37 in entsprechendem Maßstabe rechts neben S_a als Flächen L und N angesetzt, desgleichen links an S_n die tote Last des niedergehenden Korbes. Zu jeder Stellung z findet man jetzt die Drehmomente, wenn man die Radien r_a bzw. r_n mit den Lasten $S_a + L + N$, bzw. mit $S_n + L$ multipliziert. Das Drehmoment der aufgehenden Gewichte ist also gleich dem jeweiligen Radius r_a mal der rechtsliegenden Fläche $r_a\,R\,n\,n_1$, das der niedergehenden Gewichte gleich r_n mal der links liegenden Fläche $r_n\,R\,l\,l_1$.

Die Radien ändern sich proportional den Drehungen; die umgekehrten Änderungen der hängenden Gewichte jedoch weichen von der proportionalen ab, und zwar bleibt die Abnahme des aufgehenden Gewichts hinter einer proportionalen zurück, die Zunahme der niedergehenden Gewichte eilt der proportionalen voraus bis zur Drehung $z/_2$, worauf sich das Verhältnis umkehrt. Daher ändert sich das zur Hebung der Last N an der Welle zu leistende Drehmoment wie folgt: Es nimmt zunächst zu, erreicht bei $z/_2$ wieder den Anfangswert, nimmt dann ab und erreicht bei z wieder den Anfangswert. Eine vollständige Ausgleichung für alle Korblagen ist also keineswegs vorhanden.

6. Verwendung verjüngter Bandseile.

Bei Verwendung verjüngter Bandseile kann die Verjüngung durch Abnahme der Bandstärke bei gleichbleibender Breite oder durch Abnahme der Breite bei gleichbleibender Stärke geschehen. Im letzteren Falle kann die Ausgleichung auch an Hand der Fig. 37 beurteilt werden. Die Verminderung des Seilgewichtes bedingt einen geringeren Unterschied zwischen r und R. Die Änderung der Seilgewichte weicht von der der Fig. 37 dahin ab, daß zu Beginn des Aufzuges eine stärkere Abnahme des aufgehenden und eine geringere Zunahme des abgehenden stattfindet, wodurch in Rücksicht auf die vorhergehende Betrachtung eine größere Gleichmäßigkeit des Drehmomentes zu folgern ist als bei gleichbleibendem Seilquerschnitte. Die Ausgleichung ist also in zweifacher Hinsicht besser. Jedoch tritt hierbei der Übelstand auf, daß ein solches Seil von abnehmender Breite sich nicht genügend gleichmäßig und sicher auf die Bobine aufwickelt.

Geschieht die Verjüngung des Querschnittes durch abnehmende Bandstärke, so wird die Ausgleichung ungünstiger. Das Anwachsen der Radien geschieht dann nicht, wie in Fig. 37 dargestellt, nach einer ansteigenden Geraden, sondern der Anstieg wird mit wachsender Drehung immer flacher, so daß es schwerer wird, den zur Ausgleichung nötigen Endradius R zu erzielen.

7. Sohlenwechsel bei Bobinen.

Wie verhält sich nun der Bobinenbetrieb gegenüber einem angestrebten Sohlenwechsel? Soll etwa, Fig. 38, die Förderung statt von der unteren Sohle F O von einer höheren Zwischensohle Z S aus stattfinden, so wird nach Abkupplung der aufgewickelten Bobine R der untere Korb mit der Bobine r bis zur Zwischensohle Z S gefahren, wobei der Radius auf r_a wächst. Die Förderung zwischen den Sohlen Z S und H B geschieht also innerhalb der Radien r_a und R. Fig. 40 stellt dies zeichnerisch dar. Wir legen eine Senkrechte r_a so, daß T_a gleich der Teufe Ta zwischen Z S und H B wird.

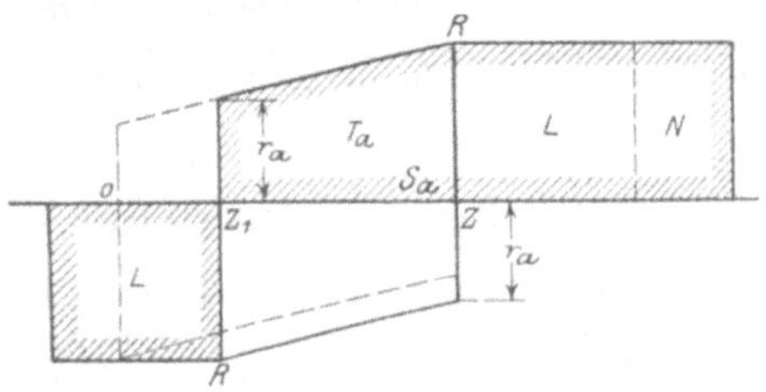

Fig. 40.
Ausgleichswirkung der Bobinen bei Sohlenwechsel.

Alsdann ist r_a der Anfangsradius für den aufgehenden Korb. Der abgehende Korb beginnt mit dem Radius R und endet mit r_a. Die Förderung vollzieht sich zwischen den Grenzen z_1 und z. Man erkennt, daß eine doppeltrümmige Förderung aus der Zwischensohle möglich ist, da die Teufen des aufgehenden und des niedergehenden Korbes zwischen den Grenzen z_1 und z einander gleich sind.

Nehmen wir an, daß in den Fig. 37 und 40 die Stellung des aufgehenden Korbes die gleiche ist, dann ist das Moment der in Fig. 37 dargestellten Stellung

$$r_a (S_a + L + N) - r_n (S_n + L)$$

und für Fig. 40

$$r_a \, (S_a + L + N) - R \cdot L.$$

Die Ausgleichung bleibt also zum Teil bestehen, doch treten größere Unterschiede auf als bei Förderung aus der unteren Sohle. Es soll später (Abschn. **III E. 3**) ein Beispiel für Sohlenwechsel gegeben werden.

8. Bedienung des unteren Förderkorbes.

Mehrbödige Förderkörbe müssen meist an Hängebank und Füllort umgesetzt werden. Boden- und Bühnenhöhen sind für oben und unten je einander gleich. Bei zylindrischen Trommeln wird während des Umsetzens der untere Korb um dasselbe Stück gesenkt, wie der obere gehoben, so daß die Korbböden zugleich ihre Abzugsbühnen erreichen und bedient werden können. Bei Bobinenförderung bewegt sich aber der am großen Radius hängende obere Korb beim Umsetzen um größere Wege als der am kleinen Radius hängende untere Korb, so daß diese Körbe beim Umsetzen nicht gleichzeitig vor ihre Bedienungsbühnen gelangen. Es müssen dann der obere und der untere Korb jeder für sich umgesetzt werden, wodurch Zeitverlust entsteht. Bei der gleichzeitigen Bedienung aller Schalenstockwerke (vgl. Band „Schachtförderung") sind die Schwierigkeiten durch Vermeidung des Umsetzens behoben, da soviel Abzugsbühnen wie Korbböden vorhanden sind. In Frankreich und Belgien, wo Bobinen verbreitet sind, besteht die Übung, den nach dem Umsetzen zu tief hängenden unteren Korb durch einen besonderen Kraftbetrieb um den Unterschied der Korbbewegung, also bis zur Abzugsbühne zu heben, so daß die anderen Böden bedient werden können. Als Triebmaschine wurde ein meist mit Druckwasser betriebener Treibzylinder gewählt, doch können auch andere Antriebe genommen werden. Der Nachteil dieser Korbhebung besteht in der Bildung von Hängeseil über dem Korbe, der sich besonders bei den mit Rundseil arbeitenden Spiraltrommeln geltend macht, weniger bei den Bandseilen der Bobinen, und in der Verwickelung des Betriebes.

9. Beurteilung der Bobinenförderung.

Über die mit Bobinen erreichbaren Teufen ist oben (III D. 3) einiges gesagt. Hanfseilbobinen sind in Nordfrankreich und Belgien die herrschende Trommelform. Im deutschen Bergbau wurden Bobinen verwendet, bis die Unterseile an Verbreitung gewannen; dann meist mit Drahtseilen.

Der große Nachteil von Banddrahtseilen ist ihre geringe Lebensdauer (vgl. Abschn. IV A. 6), die in Verbindung mit dem höheren Preise der Bandseile hohe Seilkosten bedingt.

Die Seilgewichtsausgleichung durch Bobinen ist die einfachste Art der Ausgleichung. Geringe Anlagekosten und Massenwirkung sind ihre Vorzüge, der unvollkommene Ausgleich bei größeren Teufen ihr Nachteil.

Der Ausgleich geschieht unter Mitwirkung der Totlast L und der Nutzlast N. Änderungen dieser Lasten verursachen daher eine merkliche Beeinträchtigung des Ausgleiches. Darüber soll ein Beispiel im Abschnitt III E 3 über Kegeltrommeln gegeben werden, da diese dieselbe Ausgleichsart aufweisen.

Der Ausgleich erfordert eine bestimmte Seildicke. In die Rechnung ist die Dicke des unter der Last gestreckten Seiles einzusetzen. Besonders bei Hanfseilen ändert sich im Laufe des Betriebes die Seildicke durch Streckung merklich, und mit ihr der Ausgleich; in gleicher Weise wirkt Seilabnutzung.

Die Bedienung des unteren Korbes bei mehrbödigen Körben erschwert den Betrieb der Schachtförderung.

Eine besondere Anwendung findet die Bobine im Abteufbetriebe. Für tiefe Schächte ist ein Seilgewichtsausgleich auch für die Abteuf·

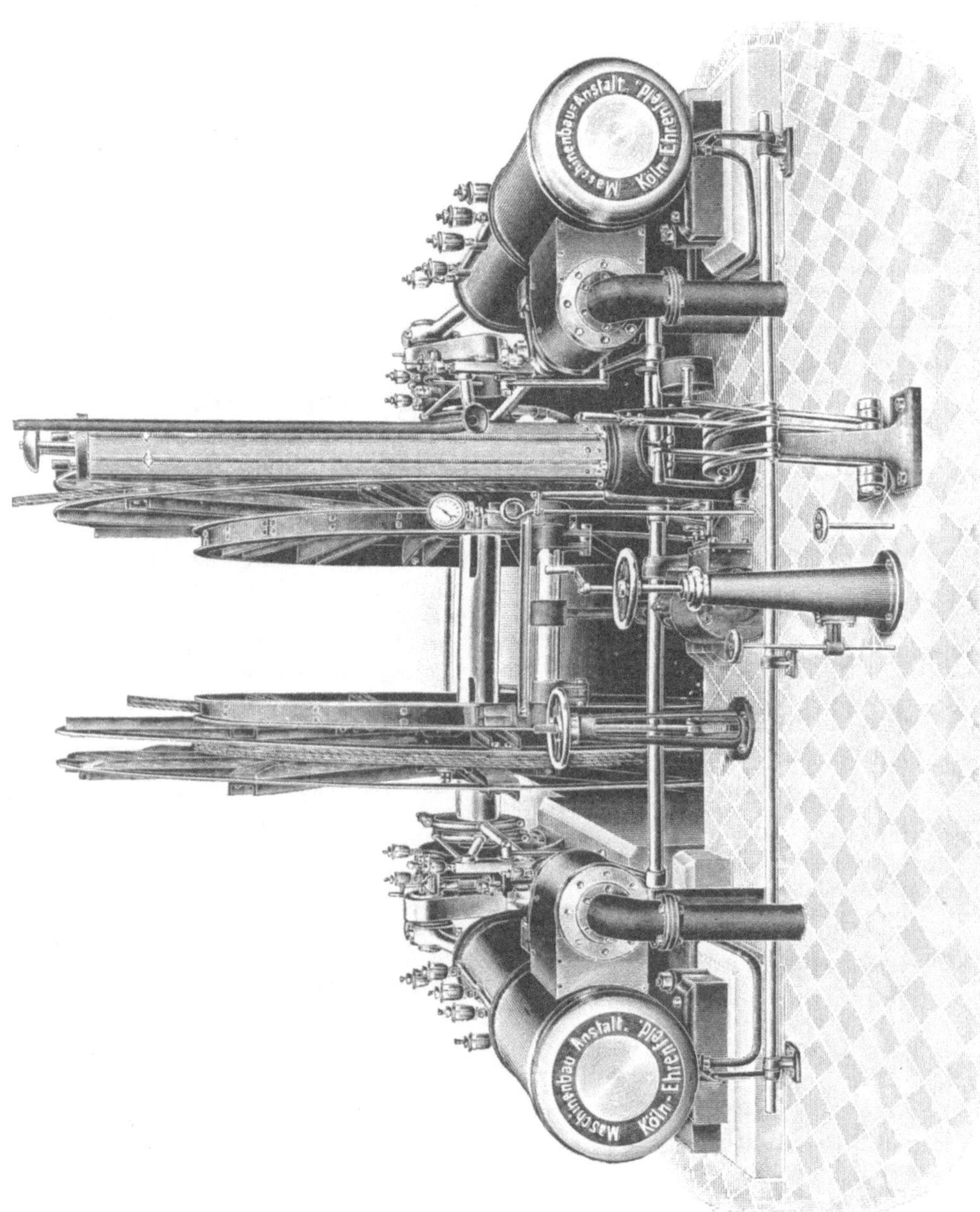

Fig. 41. Abteufmaschine mit Bobinen. (Maschinenbau-Anstalt Köln-Ehrenfeld.)

maschine erwünscht. Keine der Ausgleichsarten außer der Bobine ist bei dem absatzweisen Tiefergehen der Förderung, also ständiger Verlegung der Fördersohle, und dem provisorischen Betriebe möglich. Die Bobine ermöglicht auch für große Teufen den Ausschluß negativer Momente, und ihr Flachseil hat die für den Abteufbetrieb äußerst wertvolle Eigenschaft der Drallfreiheit, so daß ein ruhiger nicht drehender Lauf der Förderkübel erzielt wird.

Wird die Antriebsmaschine von vornherein genügend groß genommen, so kann die Abteufmaschine leicht durch Ersatz der Bobinen durch eine Treibscheibe in die endgültige Fördermaschine umgebaut werden. Fig. 41 zeigt eine Abteufmaschine der Maschinenbauanstalt Köln-Ehrenfeld.

E. Ausgleich durch Kegeltrommeln.

1. Konische und Spiraltrommeln.

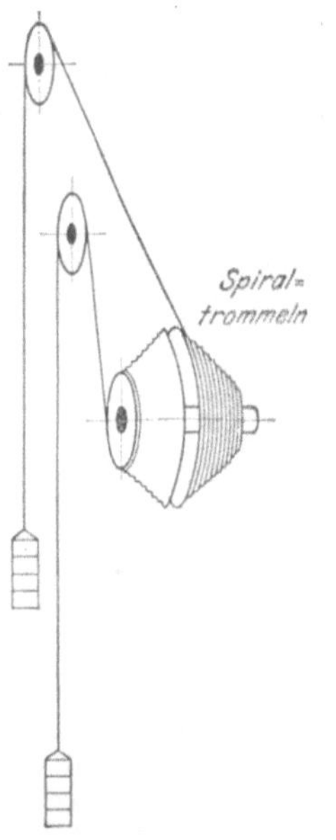

Fig. 42.

Seilgewichtsausgleich durch Spiralkörbe. (Z. Ver. deutsch. Ing. 1909, aus Beitrag:) „Dr. H. Hoffmann, Maschinenwirtschaft in Bergwerken".)

Der vollständige Seilgewichtsausgleich durch Bobinen scheitert bei 500 m überschreitender Teufe an dem ungünstigen Verhältnisse der Seilstärke zum errechneten kleinsten Halbmesser, so daß dem Seile die Biegung auf dem kleinen Kreise nicht zugemutet werden kann. Diesem Übelstande kann abgeholfen werden, wenn man nach Wahl eines der Seildicke entsprechenden kleinsten Halbmessers das hierbei nötige errechnete Ansteigen des Halbmessers unabhängig von der Seildicke durch andere zwangsweise Aufwicklung des Seiles erreicht. Dies ist der Fall bei Rundseilen auf kegelförmig begrenzter Seiltrommel, bei welcher sich die Seilwindungen neben- und dadurch übereinander aufwickeln, wobei der Anstieg der Durchmesser von der Seildicke unabhängig durch die Größe des Mantelanstieges gegeben ist. Bei glatten Kegeltrommeln darf der Anstieg nicht zu steil genommen werden, da sonst kein störungs-

freies Aufwickeln der Windungen zu erwarten ist. Zur Ermöglichung eines steileren Anstieges muß der Trommelmantel mit spiralförmigen genügend tiefen Führungsrillen für das Seil versehen werden. Die glatten Kegeltrommeln werden k o n i s c h e, die mit Führungsrillen S p i r a l t r o m m e l n genannt. Fig. 42 zeigt eine steil steigende Spiraltrommel.

2. Berechnungen.

Fig. 43 zeigt zwei dicht nebeneinander liegende Windungen auf einer k o n i s c h e n Trommel. Die Dicke des Drahtseiles sei δ m, der Steigungswinkel α; die Größe des Ansteigens der Radien sei wie bei den Bobinen mit d bezeichnet. Dann besteht die Beziehung

$$d = \delta \cdot \sin \alpha \quad \text{oder} \quad \sin \alpha = \frac{d}{\delta} \quad \ldots \ldots \quad 6)$$

Der Steigungswinkel α soll bis 25^0 (höchstens bis 30^0) betragen, so daß d höchstens $0,5\,\delta$ werden kann bei konischer Trommel. Fig. 44

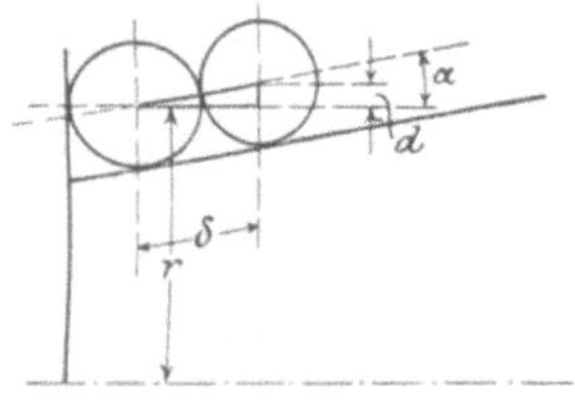

Fig. 43.

Anwachsen der Hebelarme bei
Kegeltrommeln.

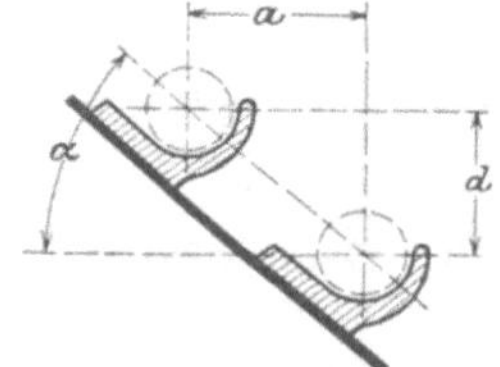

Fig. 44.

Anwachsen der Hebelarme bei
Spiraltrommeln.

läßt die steilere Steigung einer Spiraltrommel erkennen. Der Halbmesseranstieg d ist hier:

$$d = a \cdot \text{tang}\,\alpha \quad \text{oder} \quad \text{tang}\,\alpha = \frac{d}{a} \quad \ldots \ldots \quad 7)$$

wobei die Horizontalentfernung a der Windungen und α in weiten Grenzen beliebig angenommen, also starke Anstiege erzielt werden können.

Der Rechnungsvorgang ist analog dem bei Bobinen; auch die dort benutzten Figuren können hierbei verwandt werden. Der Gang der Rechnung wäre etwa: Nach den Lasten und dem Seilmaterial wird der Seildurchmesser und danach der kleinste Halbmesser r der Kegeltrommel festgelegt. Gleichung 1 und 3 (III D 2) ergeben dann den nötigen großen Durchmesser $R = i \cdot r$. Zu dessen Verwirklichung ist dann ein bestimmter Anstieg d nötig, der sich aus einer Umformung der

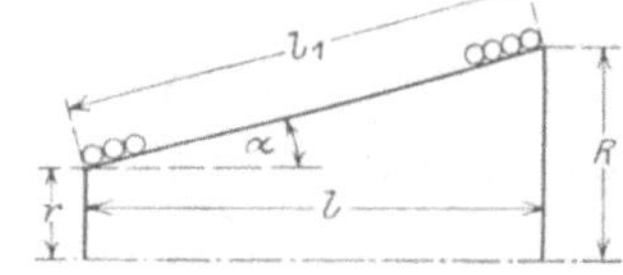

Fig. 45.

Zur Berechnung der Kegeltrommeln.

Gleichung (2) ergibt:

$$d = \frac{\pi \cdot r^2 \cdot (i^2 - 1)}{T} \quad\ldots\ldots\ldots \quad 8)$$

Alsdann nach Gleichung (6) $\sin \alpha = \dfrac{d}{\delta}$, wonach zu entscheiden ist, ob konische Trommel ausreichend ist, oder Spiraltrommel nötig wird. Im letzteren Falle ist nach Gleichung 7 durch zusammenpassende Wahl von α und a der Anstieg d zu verwirklichen.

Die Trommellänge l ergibt sich nach Wahl von r, R und α nach Fig. 45 für konische oder Spiraltrommel:

$$l = \frac{(R\text{-}r)}{\tan \alpha} \quad\ldots\ldots\ldots \quad 9)$$

3. Beispiele.

Die Spiraltrommeln lassen auch für große Teufen einen vollständigen Ausgleich erreichen.

Beispiel 1. N = 2000 kg, L = 2000 kg, S = 3790 kg, T = 700 m, gewählt

$$r = 2,5 \text{ m}. \quad \text{Dann wird } i = 1 + \frac{2\,S}{N + 2\,L} = 1 + \frac{7582}{6000} = 2,2637,$$

$$R = 2,5 \times 2,2637 = 5,659 \text{ m}. \quad \text{Alsdann}$$
$$M_a = 8160 \text{ mkg}$$
$$M_e = 8160 \quad \text{,,}$$

und bei Begegnung der Körbe
$$M_m = 8160 \text{ mkg}$$

Beispiel 2. Im Falle des Beispiels 1 wurde R nicht wie berechnet, sondern kleiner R = 5,0 m ausgeführt: Alsdann unvollständiger Ausgleich.
$$M_a = 10\,000 \text{ mkg}$$
$$M_e = 19\,477 \text{ mkg}$$

Die zu leistenden Drehmomente schwanken zwischen 1 und 2.

Beispiel 3. N = 2280 kg, L = 4540 (G = 3500, W = 1040), S = 5560 kg (konisches Seil), T = 1000 m. Das Seil (vgl. IV A. 4 Beispiel 2) hat einen größten Durchmesser von 58 mm. Demnach wurde gewählt r = 2,75 m. Dann wird

$$i = 1 + \frac{2\,S}{N + 2\,L} = 1 + 0,979 \sim \mathbf{1,98}; \quad R = 1,98 \cdot 2,75 = 5,445 \text{ m,}$$

ausgeführt R = 5,4 m.
$$M_a = 12\,380 \cdot 2,75 - 4540 \cdot 5,4 = 9500 \text{ mkg}$$
$$M_e = 6820 \cdot 5,4 - 10\,000 \cdot 2,75 = 9100 \quad \text{,,}$$

Bei Kreuzung der Körbe
$$M_m = 2280 \cdot \frac{R+r}{2} = 2280 \cdot 4,075 = 9300 \text{ mkg.}$$

Hier soll auch der Einfluß der Reibung auf die Drehmomente untersucht werden. Diese wird allgemein mit 4 v. H. der wirkenden Gewichte eingesetzt.

Die Reibung setzt sich sowohl der Hebung wie der Senkung der Gewichte entgegen. Werden daher die entsprechenden Reibungsmomente von den früheren Momenten durch Beifügung eines Striches unterschieden, so erhalten wir:

$$M_a' = (12\,380 \cdot 2{,}75 + 4540 \cdot 5{,}4) \cdot 0{,}04 = 2350 \text{ mkg}$$
$$M_e' = (6820 \cdot 5{,}4 + 10\,100 \cdot 2{,}75)\,0{,}04 = 2600 \text{ mkg}$$

Für Berechnung von M_m müssen die zu dieser Zeit gleichen hängenden Seilgewichte $T_a = T_n$ berechnet werden. Nach Fig. 39 ist

$$T_a = T_n = 2\,\pi \left(\frac{r_m + R}{2} \right) \cdot \frac{z}{2},$$

worin z noch unbekannt ist. z wird gefunden aus:

$$2\,\pi \left(\frac{R+r}{2} \right) \cdot z = T; \qquad 2\,\pi\,z = \frac{T}{r_m} = \frac{1000}{4{,}075} = 245{,}4,$$

daher

$$T_a = \frac{4{,}075 + 5{,}4}{2} \cdot \frac{245{,}4}{2} = 580 \text{ m};$$

das Gewicht dieses Seiles beträgt 2900 kg, daher:

$$M_m' = (6820 + 4540 + 2 \cdot 2900) \cdot 4{,}075 \cdot 0{,}04 = 2800 \text{ mkg};$$

daher sind zu Anfang, Mitte und Ende des Aufzuges von der Maschine Drehmomente zu leisten:

$$M_a + M_a' = 9500 + 2350 = 11\,850 \text{ mkg}$$
$$M_m + M_m' = 9300 + 2800 = 12\,100 \text{ ,,}$$
$$M_e + M_e' = 9100 + 2600 = 11\,700 \text{ ,,}$$

Die Ausgleichung ist daher eine gute.

Beispiel 4. Für das Beispiel 3 sollen die Momente berechnet werden für die größte Förderlast, bestehend aus 4 Wagen Kohle und 2 Wagen Berge, $N_1 = 4010$ kg.

Die analog durchgeführten Rechnungen ergeben:

$$M_a = 14\,450 \text{ mkg}$$
$$M_m = 19\,700 \text{ ,,}$$
$$M_e = 24\,300 \text{ ,,}$$

Es findet also ein beträchtliches Schwanken des Drehmomentes statt, dem durch sorgfältige Steuerung der Maschine begegnet werden muß.

Beispiel 5. Es sollen für Beispiel 3 mit verjüngtem Förderseile die Drehmomente für die Umdrehzahlen $z/4$ und $3/4\,z$ berechnet werden, zur Prüfung der Vollständigkeit des Seilgewichtsausgleichs. Wir gründen die Rechnung auf Fig. 37 $r = 2{,}75$, $R = 5{,}4$. Für $z/4$ sind die Radien:

$$r_a = r + \frac{1}{4}\,(R - r) = r + 0{,}6625 = 3{,}4125 \text{ m}$$

$$r_n = R - \frac{1}{4}\,(R - r) = 4{,}7375 \text{ m},$$

$2\,\pi\,z$ war $= 245{,}4$; daher

$$T_a = \frac{r_a + R}{2} \cdot 2\,\pi \cdot \frac{3}{4}\,z = 4{,}41 \cdot 0{,}75 \cdot 245{,}4$$
$$= 811{,}7 \text{ m} \sim 812 \text{ m}$$

$$T_n = \frac{R + r_n}{2} \cdot 2\,\pi \cdot \frac{1}{4}\,z = 5{,}07 \cdot 0{,}25 \cdot 245{,}4 = 311 \text{ m}.$$

Die entsprechenden Seilgewichte sind (vgl. die Seiltabelle in IV C. 4) $S_a = 4190$ kg; $S_n = 1460$ kg. Daher die Momente:

$$(S_a + L + N) \cdot r_a - (S_n + L) \cdot r_n = 11\,010 \cdot 3,4125 - 6000 \cdot 4,7375$$
$$= 11\,140 \text{ mkg}.$$

Für 3/4 z werden die entsprechenden Größen, wenn die Bezeichnungen r_a, r_n wie oben beibehalten werden:

$$r_a = r + \frac{3}{4}(R - r) = 4,7375 \text{ m}$$

$$r_n = R - \frac{3}{4}(R - r) = 3,4125 \text{ m}.$$

$T_a = 311$ m, $T_n = 812$ m $S_a = 1460$ kg, $S_n = 4190$ kg, und die Momente

$$(S_a + L + N)\,r_a - (S_n + L) \cdot r_n = 8280 \cdot 4,7375 - 8730 \cdot 3,4125 = 9405 \text{ mkg}$$

Es ergeben sich daher ohne Berücksichtigung der Reibung die Momente

$$
\begin{aligned}
M_a &= 9\,500 \text{ mkg} \\
M_{z/4} &= 11\,140 \text{ ,,} \\
M_{z/2} &= 9\,300 \text{ ,,} \\
M_{3/4\,z} &= 9\,405 \text{ ,,} \\
M_e &= 9\,100 \text{ ,,}
\end{aligned}
$$

Die Ausgleichung ist also als praktisch vollständig anzusehen. Dieses günstige Ergebnis ist die Folge der Verjüngung des Seilquerschnittes.

4. Beurteilung der Förderung mit Spiraltrommeln.

Die Art des Ausgleiches ist mit der durch Bobinen völlig übereinstimmend und nach den Fig. 37—40 zu beurteilen. Spiraltrommeln haben aber den Vorzug, daß sie wegen größerer Unabhängigkeit von der Seildicke einen völligen Ausgleich auch für größere Teufen ermöglichen. Sie gestatten ferner die Anwendung verjüngter Seile, was nach Vorhergehendem den Ausgleich erleichtert und verbessert. Das Rundseil ist in seinen Eigenschaften dem Flachseil der Bobinen überlegen: billiger in der Anlage und dauernder im Betriebe.

Das Fördern von höheren Sohlen geschieht unter Verschlechterung des Ausgleiches.

Der Ausgleich geschieht unter Mitwirkung sämtlicher Lasten, wird also durch Veränderung der Nutz- oder Totlast gestört. Der Nachteil, der Spiraltrommeln ist bei völligem Ausgleich für große Teufe: sehr große Durchmesser R (bis 10 m und mehr), sehr große Längen l, daher großer Raumbedarf, große Gewichte und teuerer Bau (Seilrillen). Die großen Längen und Gewichte lassen es nötig erscheinen, die Trommeln auf 2 parallele Wellen zu verlagern (VI F. 2 und 9), um die Beanspruchung der Trommelwellen durch den schrägen Seilzug von der Trommel nach der Seilscheibe zu verringern. Die richtige, störungsfreie Wicklung der Seile in den Rillen hat manche Bedenken erregt, und Unfälle durch Ausspringen der Windungen aus den Rillen rechtfertigen diese Bedenken. Im Jahre 1874 wird berichtet, daß im Anschluß an Unfälle in England ein Parlamentsbeschluß die Benutzung der Spiralkorbmaschinen zum Mannschaftsfahren verboten habe.

Für die Bedienung des unteren Korbes gilt ganz dasselbe wie für diesen Punkt der Bobinenförderung (vgl. III D. 8).

Spiraltrommeln sind in Deutschland wenig ausgeführt worden, da unsere Teufen im allgemeinen noch mit Unterseilförderungen erreichbar sind. Bei Teufen, wo das Unterseil versagt, kann zur Zeit nur die Spiraltrommel aushelfen. Über zwei bemerkenswerte Ausführungen wird berichtet in Glückauf 1898, Nr. 23—26 über eine westfälische Anlage für 800 m Teufe und in Zeitschr. deutsch. Ing. 1909, 1057—1066 über eine französische Anlage für 1000 m Teufe (vgl. Abschn. VI E. 2 und 9 mit Beispiel einer Spiraltrommel).

Spiraltrommeln erfordern einen besonders ruhigen Lauf der Maschine. Man vgl. die hierhergehörigen Betrachtungen des Abschnittes VI A. 12.

Über die Seilführung bei Spiraltrommeln vergl. I. C. 3. gegen Ende des Abschnittes.

F. Ungewöhnliche Ausgleichsarten.

1. Auf besonderer Bahn geführtes Ausgleichsgewicht.

Fig. 46 zeigt diese von Bergrat Schitko, Schemnitz, etwa 1843 angegebene und auf Amaliaschacht, Schemnitz, ausgeführt gewesene Seilgewichtsausgleichung, von der aus 1874 mehrere Ausführungen in England berichtet werden.

Auf der Welle der Fördertrommeln sitzt eine kleine Ausgleichskettentrommel t. Deren in der Figur unterschlägige Kette k führt über die Rolle 1 nach dem Ausgleichsgewichte Q, das sich auf einer besonders gestalteten Bahn 132 bewegt und das rechtshängende Seilübergewicht ausgleicht. Bei weitergehender Bewegung wird das Seilübergewicht kleiner und das Ausgleichsgewicht gerät auf Bahnteile von geringerer Neigung, so daß auch seine Einwirkung auf die Ausgleichstrommel t geringer wird. Die Form der Bahn kann so bemessen werden, daß das an sich gleichbleibende Ausgleichsgewicht infolge seiner wechselnden auf die Ausgleichung einwirkenden Komponenten eine völlige Ausgleichung des wechselnden Seilgewichtes erzielt. Begegnen sich die Körbe F_1 und F_2 in der Schachtmitte, so

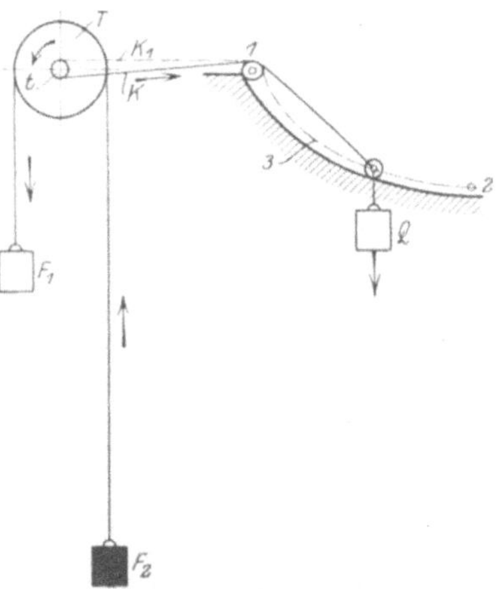

Fig. 46.

Seilgewichtsausgleich durch ein besonderes auf gekrümmter Bahn geführtes Gegengewicht nach Schitko.

besteht kein Seilübergewicht. Das Ausgleichsgewicht ist dann im Punkte 2 seiner Bahn auf wagerechter Ebene gelagert, übt also keinen Einfluß aus. Die Zugkette k ist in ihrer Länge so bemessen, daß sie in dieser Lage 2 sich vollständig von ihrer Trommel t abgewickelt hat. Eine weitergehende Drehung wickelt daher diese bisher unterschlägige Kette k als oberschlägige Kette k_1 wieder auf, und das jetzt wieder anzuhebende Gewicht Q gleicht alsdann das wachsende linkshängende Seilübergewicht aus.

Es kann hiermit eine völlige Ausgleichung über die ganze Teufe erreicht werden. Damit die Bahn des Ausgleichsgewichtes in Länge und Höhe nicht zu groß werde, muß der Halbmesser der Ausgleichstrommel klein gewählt werden; alsdann wird ein im Verhältnis der Halbmesser von T und t vergrößertes Ausgleichsgewicht Q erfordert. Hiermit ist das Urteil über diese und ähnliche Ausgleichsarten gesprochen. Sie ist im erwähnten Beispiele wieder abgeworfen worden. Sie war teuer in der Unterhaltung und störend durch Massenwirkungen.

In Preuß. Zeitschr. f. Berg-, Hütten- und Salinen-Wesen 1860, S. 60—70 befindet sich eine genaue Berechnung der nötigen Bahnform und eine bauliche Abänderung der Gewichtsführung angegeben.

2. Gegengewichte an Bobinen.

Hier sind 2 ältere Vorrichtungen zu erwähnen, Fig. 47 und 48 (etwa 1863).

In Fig. 47 wirkt eine schwere Gegenkette k durch ein leichtes Bandseil s auf eine Bobine b ein, die auf der Trommelwelle fest ist. Zu Beginn des Treibens hängt die Kette wie gezeichnet in dem Nebenschachte. Die Bobine wickelt das

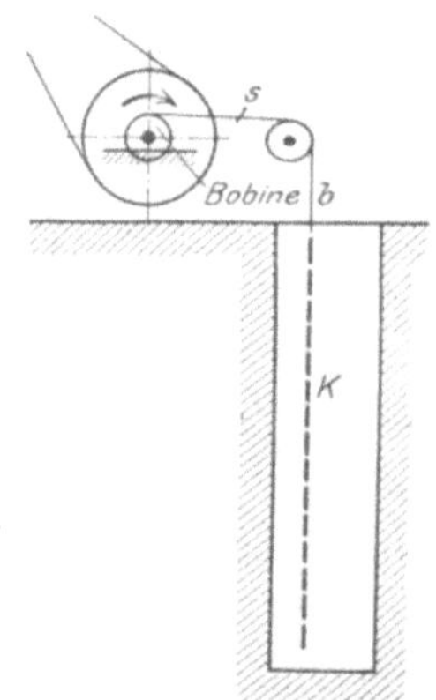

Fig. 47.

Seilgewichtsausgleich durch Gegenkette an Bobinen.

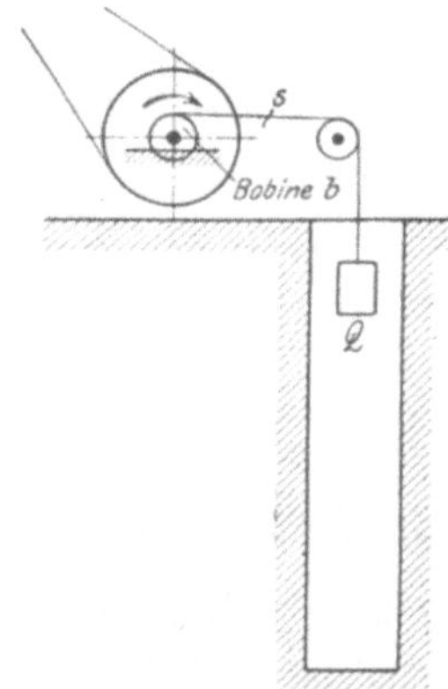

Fig. 48.

Seilgewichtsausgleich durch Gegengewicht an Bobine.

Bandseil ab und die Kette legt sich auf den Boden des Schachtes. Das hängende Kettengewicht und ihr Hebelsarm verringern sich also während der ersten Hälfte des Treibens. Nach der halben Zahl der Drehungen liegt die Kette ganz auf dem Boden und das Bandseil hat sich ganz von der Bobine b abgewickelt. Beim Fortgange des Treibens wird das bisher oberschlägige Seil s als unterschlägiges Seil wieder aufgewickelt und die Kette wieder vom Boden gehoben. Die Nachteile der Unterketten sind in III B. 1. schon erwähnt. Die Ausgleichung erinnert an die in III F. 1. geschilderte mit Gegengewicht auf besonderer Bahn. Die Veränderlichkeit der Hebelsarme und des Ausgleichsgewichtes gestaltet die Ausgleichung unübersichtlich. In der Mitte des Treibens ruft das Gewicht des dann hängenden Bobinenseiles eine Unstetigkeit der Ausgleichung hervor, indem dieses Gewicht beim Wechsel des oberschlägigen in das unterschlägige Seil von einem treibenden plötzlich in ein hemmendes umschlägt.

Fig. 48 zeigt ein Gegengewicht Q, das durch ein Bobinseil s auf die Bobine b auf und abgewickelt wird, ganz ähnlich wie die Kette k der Fig. 47. Hier ist die Veränderlichkeit der Bobinenhebelarme wirksam. Auch hier tritt in der Mitte des Treibens eine Unstetigkeit der Ausgleichung auf, die stärker ist als bei Fig. 47.

Im übrigen sind diese Vorrichtungen einigermaßen nach der in Fig. 46 dargestellten mit Gegengewicht auf besonderer Bahn zu beurteilen: die Gegengewichte müssen sehr schwer sein, wenn ihre Wege nicht unbrauchbar groß werden sollen. Die schweren Gewichte und ihre besonderen Bahnen machen diese Vorrichtungen praktisch unbrauchbar. Sie haben es auch zu keiner nennenswerten Zahl von Ausführungen gebracht.

3. Gegengewicht an Spiraltrommeln (nach Gerhard).

Im Jahre 1878 kam auf Schacht Camphausen bei Saarbrücken folgende eigenartige durch den Maschinenmeister Gerhard angegebene Ausgleichsvorrichtung zur einmaligen Ausführung, Fig. 49.

Auf der Welle der zylindrischen Seiltrommel C sitzen außerhalb der Lager 2 Spiraltrommeln S. Die Förderseile z und z_1 arbeiten hier auf derselben Trommel C, um die Wellenlänge zu beschränken, die durch den Anbau der beiden Spiraltrommeln groß wird. Auf den Ausgleichstrommeln wickeln sich die Enden s und s_1 eines endlosen Seiles auf und ab Das endlose Seil trägt eine lose Rolle l und diese das

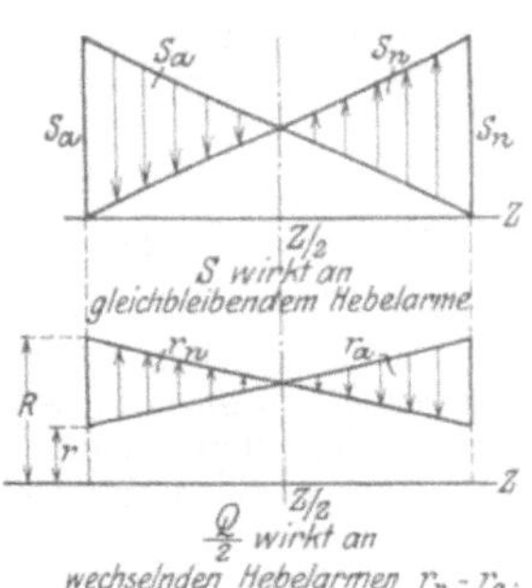

<table>
<tr><td align="center">Fig. 49.
Seilgewichtsausgleich durch
Gegengewicht an Spiraltrommeln
nach Gerhard.</td><td align="center">Fig. 50.
Wirkung des Gerhardschen Seil-
gewichtsausgleiches.</td></tr>
</table>

schwere Gegengewicht Q. Bei der eingezeichneten Drehrichtung wickelt sich s_1 am kleinen Radius beginnend auf, s am großen Radius beginnend ab. Das Gewicht Q sinkt also zunächst nieder, dem hängenden Seilgewicht S_a entgegenwirkend. Nach der halben Umdrehzahl sind die Radien der Ausgleichseile s und s_1 gleich geworden, und das Gewicht hat seine tiefste Lage erreicht. Die Einwirkungen des Gewichtes Q auf beide Spiraltrommeln heben sich auf, desgleichen die Einwirkungen der gleichen hängenden Seilgewichte S_a und S_n auf die zylindrische Fördertrommel. In der zweiten Hälfte des Aufzuges arbeitet s_1 auf den größeren, s auf den kleineren Radien. Das Gewicht wird wieder gehoben und gleicht dabei die Einwirkung des Seilübergewichtes des niedergehenden Korbes aus. Der Einfluß der Nutzlast N und der toten Last L ist immer der gleiche, da diese Lasten an gleichbleibenden Hebelsarmen, den Radien ρ der zylindrischen Trommel wirken. Sie brauchen daher bei der Ausgleichung nicht berücksichtigt zu werden. Die wechselnden Seillängen werden durch die wechselnden Hebelsarme, an denen die an sich gleichen Seilspannungen s und $s_1 \left(= \dfrac{Q}{2} \right)$ wirken, ausgeglichen.

In Fig. 50 sind oben die mit den Umdrehungen z proportionalen Änderungen der Seillängen und -gewichte S_a und S_n dargestellt. Die hängenden Seillängen S_a und S_n sind nach der gleichen Seite aufgetragen. Ihr auszugleichender Unterschied $S_a - S_n$ ist alsdann als Höhe zwischen den schrägen Geraden nach Größe und Richtung sofort zu ersehen. Dies veränderliche Seilgewicht $S_a - S_n$ wirkt immer an dem gleichen Radius. Unten ist die Veränderlichkeit der Radien r_a und r_n der Spiraltrommeln zu sehen. Da an ihnen stets gleiche entgegengesetzt gerichtete Spannungen angreifen, ist ihre Wirkung durch den Unterschied $r_a - r_n$ dargestellt. Deswegen sind hier die Radien des auf- und des abgehenden Seiles nach derselben Seite abgetragen, so daß die Unterschiede $r_a - r_n$ in den Höhen zwischen den schrägen Linien nach Größe und Richtung sofort zu ersehen sind.

Das veränderliche Seilübergewicht $S_a - S_n$ wirkt an gleichbleibendem Radius ρ, die gleichbleibende Ausgleichsspannung $\dfrac{Q}{2}$ wirkt an veränderlichen Radien. Die Fig. 50 läßt die völlige Gleichartigkeit dieser Veränderlichkeiten erkennen, so daß mit dieser Einrichtung eine für jeden Korbstand vollkommene Ausgleichung erzielt werden kann. Von dem Einflusse der wechselnden Gewichte der Ausgleichsseile s und s_1 ist dabei abgesehen; er verändert die Völligkeit der Ausgleichung. Um für das Ausgleichsgewicht Q einen nicht zu großen Weg zu bekommen, muß dasselbe sehr schwer gemacht werden. Zur Größenbestimmung diene folgende Rechnung für den Beginn des Aufzuges:

$$M_s = \text{Seilmoment} = S \cdot \rho$$

$$M_{au} = \text{Ausgleichsmoment } (R - r) \cdot \frac{Q}{2}.$$

Diese Momente müssen einander gleich sein: $M_s = M_{au}$

$$S \cdot \rho = (R - r) \cdot \frac{Q}{2}.$$

In dieser Gleichung sind S und ρ bekannt. R und r können, da weitere Beziehungen zwischen den Größen der Gleichung nicht verlangt werden, beliebig gewählt werden; alsdann berechnet sich:

$$Q = \frac{2\,S \cdot \rho}{R - r}.$$

Im erwähnten Beispiele war: $S = 7000\,\text{kg}$ und $\rho = 4\,\text{m}$; $T = 700\,\text{m}$, $N = 3000\,\text{kg}$. Gewählt wurde: $r = 1{,}5$, $R = 5\,\text{m}$, dann wurde $Q = \dfrac{2 \cdot 7000 \cdot 4}{3{,}5} = 16\,000\,\text{kg}$. Das Ausgleichsgewicht wurde aus einem kleinen Dampfkessel gebildet, der durch Gußstücke beschwert wurde.

Die Hubhöhe H des Ausgleichsgewichtes ist in Fig. 50 unten durch die halbe Fläche eines der schraffierten Dreiecke dargestellt.

$$2\,H = \frac{R - r}{2} \cdot \frac{z}{2} \cdot 2\,\pi.$$

$z \cdot 2\,\pi$ ist hier gleich $\dfrac{T}{\rho} = \dfrac{700}{4} = 175$, demnach $H = \dfrac{35}{8} \cdot 175 = 72{,}2\,\text{m}$.

Es ist daher ein besonderer Schacht von etwa 80—90 m Tiefe für das Ausgleichsgewicht herzustellen, der nach dem Hauptschachte hin oder besonders zu entwässern ist.

Die zusätzlichen Spiraltrommeln, Ausgleichseile, Seilscheiben, Gerüste und der besondere Schacht machen die Vorrichtung teuer und schwerfällig. Die großen Massen machen die Maschine unlenksam.

Ein Bericht aus 1899 (Zeitschr. f. Berg-, Hütten- und Salinenwesen im preuß. Staate 1899, S. 68), erstattet von dem seinerzeitigen Betriebsleiter, kommt auf Grund einer 20 jährigen Betriebsdauer zu dem Ergebnisse, daß diese Vorrichtung gut, sicher und nicht schwerfällig sei. Sie hat keine weitere Nachahmung gefunden.

4. Dynamische Ausgleichung.

Die bisherigen Vorrichtungen erstrebten alle einen Ausgleich der reinen Gewichtswirkungen. Bei vollständigem Seilgewichtsausgleich, etwa durch Unterseil, ist aber trotzdem das von der Maschine zu leistende Drehmoment infolge der Massenwirkungen zu Anfang wesentlich größer, zu Ende gleich null oder gar negativ. Das D R P. 211 522 (1910) will das Drehmoment unter Berücksichtigung der Massenwirkungen gleichmäßig gestalten. Fig. 50 stellt die Anordnung dar. Zunächst ist ein Unterseil f vorhanden, das einen Teil des Ausgleiches übernimmt. Die Förderseile selbst wirken auf besonders gestalteten Kegeltrommeln, die aus 2 zylindrischen Teilen b und a und einem kegelförmigen Zwischenteil c bestehen. Die mit dem oberen Korbe verbundenen Gewichte wirken beim Anfahren auf den größeren Radius, die Gewichte des unteren zu hebenden Korbes auf den kleineren Radius. Nun können und sollen die Radien so gewählt sein, daß die Gewichte des niedergehenden Korbes eine treibende Kraft auf die des aufgehenden Korbes ausüben, etwa im Betrage der notwendigen Beschleunigungskräfte. Gegen Ende des Treibens kehrt sich das Spiel um, indem die Gewichte

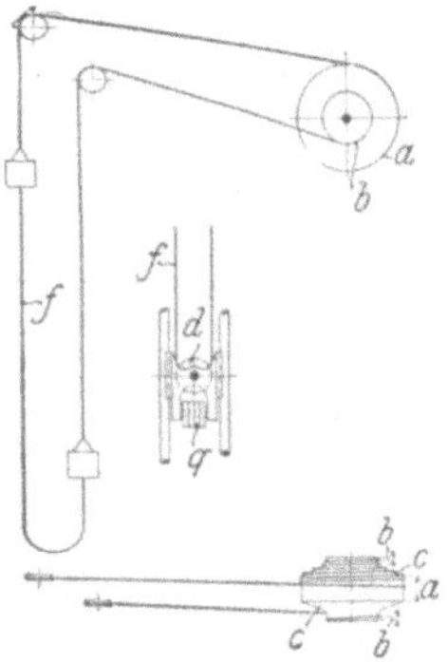

Fig. 51.
Ausgleich der dynamischen Wirkungen.

des aufgehenden Korbes auf die großen Radien gelangen und eine Hemmung der Bewegung anstreben, was die Betriebssicherheit erhöht.

Ähnliche Wirkungen können auch auf andere Weise erzielt werden. Zunächst durch Spiraltrommeln, deren großer Durchmesser über den zum vollständigen Gewichtsausgleich erforderlichen hinaus vergrößert ist; dann zweitens durch Unterseile, deren Gewicht größer ist als das der Oberseile. Beide Arten würden einfacher sein als die Verquickung von Unterseil und Spiraltrommel.

Gegen jeden dynamischen Ausgleich ist aber einzuwenden: Er muß berechnet werden und ist richtig immer nur für bestimmte Betriebsweise. Bei jeder Abweichung hiervon wird der Ausgleich unvollkommen, am unvollkommensten bei langsamen Fahrten, die erschwert werden.

Die Vorrichtung, von der Ausführungen bisher nicht bekannt
geworden sind, scheint für elektrischen Antrieb gedacht zu sein. Bei
Antrieb durch Elektromotor ist freilich eine möglichst gleichmäßige
Beanspruchung des Motors erwünscht, der alsdann kleiner und daher
billiger gewählt werden kann.

Auf einem Schachte eines Steinkohlenbergwerks wird (1911) für
einen 435 m tiefen Schacht ein Unterseil verwandt von 350 kg Mehr-
gewicht (Bandseil 127 × 28). Als Vorteil ergab sich: die Handhabung
der Maschine wird leichter, der Dampfverbrauch geringer. Besonders
beim Einfahren während der Morgenschicht, wo nur die niedergehende
Schale belastet ist, wirkt das schwerere Unterseil günstig, da es ein
Gegengewicht gegen die einfahrende Mannschaft bildet und Gegendampfgeben nur in geringem Maße nötig wird.

Schwerere Unterseile erweisen sich besonders günstig bei Treibscheibenförderungen, da hier während des Anfahrens geringere Kräfte
von der Scheibe auf daß Seil zu übertragen sind, so das bei schwererem
Unterseil ein Seilrutschen während der Anfahrt weniger zu befürchten
ist.

G. Rückblick.

1. Vergleich der verschiedenen Ausgleichsarten.

Ein solcher Vergleich hat zu beachten:
1. die erreichbare Vollständigkeit des Ausgleiches,
2. die aufgewandten baulichen Mittel,
3. die Betriebseigenschaften des Ausgleiches,
4. die Wirtschaftlichkeit des Ausgleiches.

Über diese Punkte ist bei den einzelnen Arten das nötige bereits
mitgeteilt. Für die heutige Anwendung kommen nur 3 Arten in Frage:
Unterseil, Bobine, Spiraltrommel.

Das Unterseil erscheint, soweit seine Anwendung überhaupt möglich ist, sowohl bei Trommel als auch insbesondere bei Treibscheiben-
betrieb bezüglich der ersten beiden Punkte als die vorzüglichste aller
Ausgleichsarten. Der Ausgleich geschieht durch einfache Mittel und
ist, von Nutz- und Totlast völlig unabhängig, für jeden Korbstand
vollkommen. Er bleibt auch bei Umlegung der Förderung auf höhere
Sohlen vollkommen. In der Möglichkeit dieser Umlegung steht die
Unterseilförderung freilich hinter Bobinen- und Spiraltrommelförderung
erheblich zurück, die auch wegen nicht Vorhandenseins der Unterseil-
schwingungen und hierdurch hervorgerufener Störungen angenehmeres
Betriebsverhalten im Schachte zeigen. Doch sind letztere wieder
dem Unterseil unterlegen rücksichtlich der Korbbedienung am Füll-
orte. Die Bobinenförderung leidet an der Unmöglichkeit vollständiger
Ausgleichung bei großen Teufen und der großen Seilkosten, die
Spiraltrommel für große Teufen an den großen Abmessungen und
Massen der Trommeln. Die Spiraltrommel galt bisher als die für

große Teufen (1000 m) geeignete Ausgleichsart, doch ist gegenwärtig
eine Unterseilförderung für 1100 m Teufe im Baue (Westfalenschächte
bei Ahlen), deren Betriebsergebnisse wohl einigen Aufschluß über das
Verhalten von Unterseilförderungen für große Teufen geben werden.
Unter Punkt 3 ist auch der Einfluß auf die Betriebsicherheit zu erwähnen. Die Erhöhung der Betriebssicherheit ist nicht der unwichtigste
Punkt, der zur Anwendung des Ausgleiches drängt. Bei Unterseilen
aber können durch Bruch eines Unterseiles der Ausgleich völlig aufgehoben und, abgesehen von der durch das fallende Unterseil selbst
hervorgerufenen Unfallsmöglichkeit, durch die jetzt nicht mehr be-
herrschbare Maschine Unfälle bewirkt werden. Ein Bruch des Unterseiles ist besonders verhängnisvoll bei Treibscheibenförderung (vgl.
IV C). Diese Unfallsgefahr ist bei Bobine und Spiraltrommel ausgeschlossen. Dafür bieten diese andere Möglichkeiten durch Störung
der Seilaufwicklung, die bei Spiraltrommeln freilich durch richtige
Formung der Seilnuten beseitigt werden können.

Ein genauer Vergleich der Wirtschaftlichkeit der einzelnen Arten
ist mangels Unterlagen nicht möglich. Hier wirken mit die Anlagekosten und die laufenden Betriebskosten. Den geringen Anlagekosten
bei Unterseil stehen die dauernden Kosten der Unterseilerneuerung
und die Kosten für Schachtausbesserung gegenüber. Spiraltrommeln
gestatten eine Verringerung der Förderseilkosten durch Anwendung
verjüngter Förderseile, ergeben aber vermehrte Ausgaben für die
Bedienung des unteren Korbes. Die Bobine steht ungünstiger da
als der Spiralkorb, da sich Drahtflachseile in der Anlage und im Betriebe durch stärkeren Verschleiß merklich teuerer gestalten als Rundseile. Der Einfluß auf den Kraftverbrauch der Antriebsmaschine
kann nicht zahlenmäßig festgestellt werden. Die stärkere Belastung
bei Unterseilen bedingt größere Reibungsarbeit, die nicht in allen
Korblagen völlige Ausgleichung bei Spiraltrommeln und ihre größere
Massenwirkung erhöhen ebenfalls den Energieverbrauch über den
der Förderleistung entsprechenden.

Im allgemeinen kann gesagt werden: Mit wachsender Teufe
nehmen bei allen Ausgleichsarten die Nachteile erheblich
zu, und es gibt zur Zeit keine einwandfreie Ausgleichung
für große Teufen.

Diese Schwierigkeiten haben in vielen Fällen dazu geführt, auf
einen vollen Ausgleich zu verzichten, durch Anwendung schwächerer,
daher biegsamerer und haltbarerer Unterseile, bei Bobinen durch
Verwendung schwächerer und daher biegsamerer Flachseile, bei Spiraltrommeln durch kleineren Enddurchmesser zur Verkleinerung der
Abmessungen und Massen der Spiraltrommel.

2. Verminderung des Seilübergewichtes durch verjüngte Förderteile.

Bei Förderung aus sehr verschieden tiefen Sohlen, wie dies im Erzbergbau aus großen Tiefen nötig wird, eignet sich keine der erwähnten Ausgleichsarten so recht. Unterseile sind wegen der mangelnden Umsteckbarkeit ausgeschlossen, Bobinen und Spiraltrommeln ergeben für die mittleren Sohlen eine schlechte Ausgleichung, und mit Bobinen ist für die tiefen Sohlen an sich keine volle Ausgleichung zu erlangen.

Für die Verhältnisse einer tiefen Pribramer Erzgrube (1875) seien hier die interessanten Ergebnisse von Rechnungen mitgeteilt (nach Österr. Zeitschr. f. Berg- und Hüttenwesen 1875, S. 86 u. f.) Gegebene Zahlen: $T = 1120$ m, $N = 1000$ kg, $L = 790$ kg. Seilmaterial: 11 500 kg/qcm Bruchfestigkeit, Seilsicherheit: 7 fach, Fördergeschwindigkeit $v = 6{,}22$ m/sec.

1. Spiralkorb hätte verlangt $r = 4{,}75$, $R = 6{,}65$ m, Breite etwa 6,3 m, und infolge des großen mittleren Durchmessers ($r_m = 5{,}75$ m) wären nur $z = 32$ Umdrehungen zur Erreichung der Teufe von 1120 nötig geworden, also eine sehr langsam laufende und große Antriebsmaschine, da die Fördergeschwindigkeit an sich gering war.

2. Bobine mit Drahtflachseil. Seilstärke $d = 0{,}011$ m in gestrecktem Zustande. $S = 3560$ kg, $r = 1{,}185$, $R = 2{,}31$ m. Zahl der Umdrehungen $z = 102$. Dies ergibt einen unvollständigen Gewichtsausgleich:

$$M_a = 5350 \cdot 1{,}185 - 790 \cdot 2{,}31 = \sim 4515 \text{ mkg} = + 217 \text{ PS.}$$
$$M_e = 1790 \cdot 2{,}31 - 4350 \cdot 1{,}185 = \sim - 1020 \text{ mkg} = - 49 \text{ PS.}$$

Für die weitere Betrachtung wird eine Leerlaufarbeit der Antriebsdampfmaschine mit 54 PS. angenommen. Dann sind die Maschinenleistungen zu Anfang und Ende:

$$\text{Leistung } a = + 271 \text{ PS.}$$
$$\text{Leistung } e = + 5 \text{ PS.,}$$

so daß durch diese Bobine gerade der Ausschluß negativer Belastung erreicht wird.

Für Förderung aus verschiedenen Teufen ergeben sich:

Förderung aus einer Teufe von m	Anfangs-	End-
	Leistung in PS	
1120	+ 271	+ 5
1000	+ 286	− 3
800	+ 298	− 3
600	+ 283	+ 21
400	+ 257	+ 56

Diesen Verhältnissen werden die bei mangelndem Ausgleich und verjüngtem Förderseile gegenübergestellt:

3. Zylindrische Trommeln und verjüngtes Rundseil. Seil in folgenden Absätzen von unten (36 Drähte mit nach oben zunehmendem Durchmesser):

100 m	— Drahtstärke	1,04 mm	— Gewicht	104	kg
180 „	„	1,18 „	„	212,4 „	
280 „	„	1,48 „	„	414,4 „	
280 „	„	1,80 „	„	504 „	
280 „	„	2,00 „	„	560 „	
1120 m	— mit demnach		$S = \sim - 1800$	kg	

(gegen 3560 kg eines Bandseiles). Trommeldurchmesser $= 6$ m. Dann ergeben sich, wieder unter Zufügung von 54 PS. Leerlaufarbeit folgende Maschinenleistungen für verschiedene Sohlen:

Förderung aus einer Teufe von m	Anfangs-	End-
	Leistung in PS	
1120	+ 286	— 12
1000	+ 266	+ 8
800	+ 234	+ 41
600	+ 204	+ 69
400	+ 178	+ 95

Die Gegenüberstellung dieser Zahlen ergibt, daß für dieses Beispiel die Gesamtwirkung bei mangelndem Ausgleich und verjüngtem Seile besser ist als bei unvollständigem Ausgleiche durch Bobine.

Es wurde hiernach auch die erstere Art zur Ausführung gebracht, da sie die geringsten Seilkosten erwarten ließ. Bei Beurteilung dieses Ergebnisses ist aber zu beachten, daß hier die Verhältnisse insofern günstig lagen, als das Gewicht L der toten Last unverhältnismäßig klein gegenüber der Förderlast war ($N = 1000$ kg, $L = 790$ kg). Für gewöhnliche Verhältnisse erreicht das Verhältnis $L : N$ nur selten den Wert $1 : 1$, meist $1,5 : 1$, nicht selten sogar $2,5 : 1$. Je größer das verhältnismäßige Gewicht der Totlast wird, desto größer wird das Seilgewicht und bei desto geringeren Tiefen erreicht das Seilgewicht die Höhe der Nutzlast, so daß bei Überschreiten dieser Tiefen negative Drehmomente entstehen. Durch Seilmaterial von höherer Bruchfestigkeit hingegen werden die mit Ausschluß negativer Momente erreichbaren Teufen größer. **Folgende Tabelle gibt die Teufen an, bei welchen das Gewicht verjüngter Gußstahlrundseile gleich der Nutzlast wird,** unter Annahme einer Verjüngung in Absätzen von 200 m, einer 10 fachen Sicherheit, eines Seilgewichtes von 1 kg/qcm/m, verschiedener Bruchfestigkeiten k_z in kg/qcm und verschiedener Verhältnisse $L : N$.

$L : N$	k_z	T m
2	= 20 000	550
	= 18 000	475
	= 15 000	400
1	= 20 000	800
	= 18 000	675
	= 15 000	600

Vierter Teil.

Den Lastantrieb vermittelnde Teile.

Von Diplom-Ingenieur Karl Teiwes.

A. Die Förderseile.

1. Beanspruchung der Drahtseile.

Drahtseile werden auf Zug und Biegung beansprucht. Die Zugbeanspruchung geschieht durch Gewichtsbelastung und durch Stöße.

Erstere läßt sich durch Rechnung leicht feststellen; letztere ist jeder Schätzung unzugänglich. Sie entsteht, wenn das Hängeseil eines auf den Stützen stehenden Korbes von der Maschine rasch weggeholt und der Korb mit Geschwindigkeit angehoben wird. Sie ist alsdann abhängig von den anzuhebenden Massen, der Größe des Hängeseiles, der Beschleunigung der Maschine und dem elastischen Verhalten des Seiles. Die Elastizität des Seiles ist bedingt durch die des Drahtmateriales, die Bauart des Seiles und die Seillänge, die vom Stoße betroffen wird. Je länger das Seil, desto geringer unter sonst gleichen Umständen der Stoß.

Zur Vermeidung der Stöße muß Hängeseil vermieden werden; daher ist der Ersatz der Aufsetzvorrichtungen durch Förderkorbanschlußbühnen zu empfehlen (vgl. Band „Schachtförderung", Abschnitt „Anschlußbühnen"). Die den stoßvermeidenden Anschlußbühnen befinden sich meist am Füllorte, während an der Hängebank ganz vorwiegend Aufsetzvorrichtungen verwendet werden. Bezüglich Vermeidung von Stoßbeanspruchung des Seiles wäre die umgekehrte Anordnung erwünscht, damit das längere hängende Seil vom Stosse der Aufsetzvorrichtung betroffen wird, anstatt des kürzeren oberen Seiles.

Auch bei Vermeidung von eigentlichen Stößen wird das Förderseil bei dem Anziehen der Maschine stärker beansprucht als es der Gewichtswirkung der Last entspricht, indem die Beschleunigungskräfte durch das Seil auf die Förderschalen übertragen werden müssen. Ist die Beschleunigung gleich b m/sec² und g = 10 m/sec² die Erdbeschleunigung, so ist nach allgemeiner Rechnung die Zusatzbeanspruchung k_0 des Seiles, wenn k_z die Zugbeanspruchung durch die Lasten ist,

$$k_0 = k_z \cdot \frac{b}{g}\,.$$

Nun treten aber bei plötzlichen Spannungsänderungen im elastischen Seile Schwingungen auf, die zu zeitweiser Spannungserhöhung gegenüber der oben errechneten führen. Man denke zur Veranschaulichung dieser Erscheinung an ein in eine Feder fallendes Gewicht, das die Feder um die der eigentlichen Gewichtswirkung entsprechende Gleichgewichtslage hin- und herschwingen läßt, wobei Federdehnungen und Materialspannungen auftreten, die größer sind als sie durch das ruhende Gewicht an der Feder hervorgerufen werden würden.

Prof. A. Stör, Pribram, kommt auf Grund eingehender mathematischer Untersuchung zu folgenden Schlüssen (Österr. Zeitschr. f. Berg- u. Hüttenwesen 1909, S. 474):

1. Wenn eine im Seile freihängende Last plötzlich mit der Beschleunigung b m/sec² angehoben wird, so ist infolge des Eintrittes von Schwingungen die Höchstspannung

$$k = \left(1 + \frac{2\,b}{g}\right) k_z$$

und **nicht** wie nach obiger einfacher Rechnung sich ergibt

$$k = \left(1 + \frac{b}{g}\right) k_z .$$

2. Wird die auf Stützen ruhende Last bei nicht gespanntem aber straffem Seile mit der Beschleunigung b plötzlich angehoben, so steigt bei den üblichen Anfahrtsbeschleunigungen die Spannung um 50 bis 75 v. H. über die den Gewichten entsprechende Spannung.

Hieraus ist wie schon oben in Rücksicht auf Vermeidung von Hängeseil zu folgern, daß das Aufsetzen der Last auf Stützen am besten zu meiden ist.

Die verwendeten harten Stahlsorten sind ihrer Natur nach nicht gerade für diese geschilderten ungünstigen Beanspruchungen des Förderseiles geeignet. Andererseits zeigt die Erfahrung eine große Zuverlässigkeit der Seile. Diese wird der Bauart des Seiles verdankt, welche die dem Materiale nur in geringem Maße zukommenden Eigenschaften: Elastizität und Biegsamkeit, durch die Form ins praktisch brauchbare steigert. Durch die Zusammensetzung aus einzelnen dünnen Drähten und deren schraubenförmig gewundene Anordnung wird das Drahtseil zu einem hervorragend brauchbaren Gliede in der Kette der der Schachtförderung dienenden Einrichtungen.

2. Berechnung der Drahtseile.

Die Berechnung der Seile geschieht fast allgemein nur nach der durch die wirkenden Lasten bedingten Zugspannung k_z kg/qmm. Die Lasten sind für den obersten Querschnitt q qmm des bis zum Tiefsten hängenden Seiles: die Totlast L von Schale und Wagen, die Nutzlast N und das Seileigengewicht S. Dann ergibt sich:

$$k_z = \frac{N + L + S}{q}$$

als Nachrechnung der Zugspannung bei gegebenen Verhältnissen. Die wirklich eintretende Belastung k_{z_w} ist an den Stellen der Seilbiegung über den Scheiben größer. Sie wird allgemein nach folgender Formel berechnet,

$$k_{z_w} = k_z + 8000 \cdot \frac{\delta}{D} ,$$

wenn δ der Drahtdurchmesser und D der Scheibendurchmesser ist. Für das übliche Verhältnis $\frac{\delta}{D} = \frac{1}{1000}$ kämen also noch 8 kg/qmm Mehrbeanspruchung hinzu. Für Materiale mittlerer Festigkeit erniedrigt sich dabei eine nach der ersten Gleichung als 6 fach errechnete Sicherheit auf eine etwa 4 fache.

Die Erscheinungen der Seilbiegung sind verwickelt und weder durch Theorie noch Versuche in brauchbarer Weise klargestellt. Da sie von der Seilbauart abhängt, diese aber in obiger zweiter Formel nicht zum Ausdruck kommt, so kann diese nur als Notbehelf angesehen werden.

Zur Ermittelung des Querschnittes q qmm bei gegebener Belastung $L + N$ kg und gegebener zulässiger Belastung k_z kg/qmm, ist das Seileigengewicht zu berücksichtigen. Das spezifische Gewicht des Drahtmateriales kann mit 8 oder mit 0,008 kg/qmm/m angesetzt werden, das des mit Hanfeinlagen ausgestatteten Seiles mit 0,01 kg/qmm/m bezogen auf den Metallquerschnitt. Bei T m Teufe ergibt sich daher die Tragkraft eines qmm Querschnittes mit k_z-0,01 T, daher nötig

$$q = \frac{N + L}{k_z - 0,01\ T}\ \text{qmm}.$$

Der errechnete Querschnitt ist der nötige reine Metallquerschnitt. Daraus ergibt sich ein Durchmesser

$$d_0 = 2\sqrt{\frac{q}{3,14}}.$$

Dieser Metallquerschnitt ist im allgemeinen enthalten in einem Seile vom Durchmesser d

$$d = 1,5\ d_0.$$

Für genauere Rechnungen sind die Tabellen der Seilfabrikanten zu berücksichtigen.

An Bruchfestigkeiten k_b werden gewählt (Material: Gußstahl):

$$k_b = (60)-180-220\ \text{kg/qmm}.$$

Als Sicherheiten werden allgemein verlangt: für Förderung 6 fach; für Seilfahrt 9 fach.

Eine Tabelle vorkommender Nutz- und Totlasten findet sich in Abschnitt II. A. 1.

Als Schachtteufe kann im Mittel 500 m angenommen werden. In Belgien sind seit langem und in Westfalen neuerdings Schächte von über 1000 m im Betriebe.

Beispiel: N = 4000 kg, L = 6000 kg, T = 1000 m, k_b = 150 kg/qmm, Sicherheit σ = 10 fach. Dann wird

$$q = \frac{10\ 000}{15 - 10} = 2000\ \text{qmm},$$

d_0 = 53 mm und d = 80 mm und das Gewicht S = 20 000 kg.

Material höherer Festigkeit oder verjüngtes Seil ist hier dringend zu empfehlen.

3. Einfluß von Bruchfestigkeit und Seilsicherheit auf die Wirtschaftlichkeit.

(Nach F. Baumann in Kohle und Erz, 1909, Nr. 3.)

Mit wachsender Teufe wächst der schädliche Einfluß des Seilgewichtes, der nur durch Wahl höherer Bruchfestigkeiten gemildert werden kann. Einen zahlenmäßigen Vergleich des Einflusses der Teufe gestattet folgende Tabelle, die für zwei Belastungsfälle (Förderung und Seilfahrt), verschiedene Teufen und Bruchfestigkeiten berechnet ist.

Schacht	Lasten		Seil			Sicherheitsgrad		Material-be-schaffen-heit
T	L	N	q	d	S	Des neuen mit 9 facher Sicherheit für Förderung aufgelegten Seiles.	Des abge-nutzten mit 6 facher Sicher-heit für Förde-rung abgelegten Seiles.	Die Zahlen gelten für eine Bruchfestig-keit von
Teufe	Totlast	Nutz-last	Seil-quer-schnitt	Seil-durch-messer	Seil-gewicht			
m	kg	kg	qmm	mm	kg	(Betriebsart)		kg/qmm
600	4000	4000				(Förderung)		
			1100	56	6 550			120
			570	40	3 500	9,0	6,0	180
			390	33	2 300			240
	4000	1500				(Seilfahrt, 20 Personen)		
			—	—	—	10,87	7,25	120
			—	—	—	11,52	7,68	180
			—	—	—	11,88	7,92	240
900	4000	4000				(Förderung)		
			1850	72	16 600			120
			730	45	6 500	9,0	6,0	180
			450	36	4 000			240
	4000	1500				(Seilfahrt)		
			—	—	—	10,01	6,67	120
			—	—	—	10,87	7,24	180
			—	—	—	11,35	7,90	240
1200	4000	4000				(Förderung)		
			6000	131	72 000			120
			1000	53	12 000	9,0	6,0	180
			545	39	6 500			240
	4000	1500				(Seilfahrt)		
			—	—	—	9,29	6,19	120
			—	—	—	10,29	6,96	180
			—	—	—	10,87	7,25	240

Danach wachsen für größere Teufen bei geringen Festigkeiten die Seil-querschnitte unverhältnismäßig stark, so daß hier geringe Festigkeiten als durch-aus unwirtschaftlich zu betrachten sind. Man denke hierbei an den großen Einfluß, den die wachsenden Seildurchmesser und Gewichte auf die Trommeln, den Seil-gewichtsausgleich, die Stärke, Wirtschaftlichkeit und Lenksamkeit der Maschine ausüben. Stahlsorten höherer Festigkeit sind für größere Teufen dringend zu empfehlen. Gegen das härtere Material ist kein Einwand zu erheben, da auch ihre Sicherheit und Lebensdauer sich als den weicheren Sorten überlegen gezeigt hat. Nach dem Urteile von Herbst (Glückauf 1912, S. 427), gewonnen aus der Förder-seilstatistik 1910, haben jedoch Seile aus Drähten von mehr als 180 kg/qmm Festigkeit wesentlich schlechtere Leistungsziffern aufzuweisen.

Material höherer Festigkeit (bis 220 kg/qmm) wird im Bezirke Breslau ver-wendet (1907 33 Seile über 180 kg/qmm). Die Erfahrungen waren (1907) gute. Doch ist zu beachten, daß die höheren Festigkeiten (über 200 kg/qmm) nur in geringer Zahl (7) vertreten waren. Nach Untersuchungen von Speer, Bochum (Glückauf 1912, S. 1194) verhalten sich hochfeste Materialien bei Biegungen um größere Radien günstiger als weiche Materialien, bei kleineren Biegungsradien umgekehrt. Bei günstigen Biegungsverhältnissen sind daher feste Materialien zu empfehlen, wenn große Teufen und Lasten sie erfordern, dabei aber durch Einrichtungen und Betrieb Stoßbeanspruchungen möglichst fern zu halten.

Eine Ausnahme machen Koepeseile für kleine Teufen, die vorteilhaft aus weicheren Sorten gemacht werden zur Erreichung eines hohen Seilgewichtes, das hier wegen der Reibungserzeugung auf der Treibscheibe durch das Unterseil günstig wirkt.

Festigkeiten können gewählt werden:

$$\begin{aligned}
\text{bis } T &= 250 \text{ m} & k_b &= 120 \text{ kg/qmm} \\
&= 500 \text{ ,,} & &= 150 \quad \text{,,} \\
&= 750 \text{ ,,} & &= 180 \quad \text{,,} \\
&= 1000 \text{ ,,} & &= 210 \quad \text{,,}
\end{aligned}$$

Da sich der tragende Seilquerschnitt durch Abnutzung und Drahtbruch fortschreitend verringert, ist das neue Seil zur Erreichung einer genügenden Betriebsdauer (im Mittel 2 Jahre) mit einer höheren als der zulässigen Sicherheit aufzulegen. Üblich sind für Förderung 9fache, selbst 12fache Sicherheit. Die Sicherheit bei Seilfahrt wird dabei für kleine Teufen etwa 12fach, für größere Teufen 10fach. Das Seil muß im allgemeinen abgelegt werden, wenn die Sicherheit bei Förderung unter eine 6fache und bei Seilfahrt unter eine 9fache gesunken ist. Ein bis auf 6fache Sicherheit abgenutztes Förderseil ergibt bei großen Teufen, wo der Einfluß der Nutzlast gegen den der Eigenlast zurücktritt, eine merklich geringere Sicherheit der Seilfahrt als die mit 9fach vorgeschriebene, so daß die Förderseile tiefer Schächte nicht bis auf die für Förderung zulässige 6fache Sicherheit abgenutzt bzw. ausgenutzt werden können, wenn der Schacht auch der Seilfahrt dient. In Rücksicht auf die Seilfahrt müssen die Förderseile tiefer Schächte unverhältnismäßig stärker gewählt werden, als es die Förderung bedingt. Daher wäre es wünschenswert, für tiefe Schächte die erforderliche Seilsicherheit für die Seilfahrt auf eine etwa 8—7fache herabzusetzen.

Das Seilgewicht und seine ungünstigen Wirkungen können auch durch verjüngte Förderseile vermindert werden.

4. Verjüngte Förderseile.

Das Förderseil kann von oben nach unten entsprechend der abnehmenden Belastung durch das Eigengewicht im Querschnitt verringert werden. Verjüngte Förderseile wurden früher häufiger angewandt als jetzt, wo die vorherrschende Treibscheibenförderung eine Seilverjüngung nicht zuläßt. Auch bei zylindrischen Trommeln mit Unterseil ist eine Verjüngung nicht möglich. Dagegen ist für Bobinen und Spiraltrommeln die Anwendung verjüngter Seile zu empfehlen und auch üblich. Über die für den Seilgewichtsausgleich günstige Wirkung ist in dem Abschnitte III. E. 2 das nähere gesagt.

Die Verjüngung geschieht aus praktischen Rücksichten absatzweise durch Verringerung der Drahtzahl oder -stärke oder durch beide Mittel zugleich.

Beispiel 1. Es werde das Beispiel des Abschnittes IV A 2 gewählt mit $N = 4000$ kg, $L = 6000$ kg, $T = 1000$ m, $k_b = 150$ kg/qmm, $\sigma = 10$fach und Absätze von 200 m Länge.

Dann ergeben sich für die einzelnen Seilstücke von unten gerechnet

$$1. \quad 200\,\mathrm{m} \quad q = \frac{10\,000}{15 - 0{,}01 \cdot 200} = \frac{10\,000}{13} = 769\,\mathrm{qmm} \quad S = 1538\,\mathrm{kg}$$

$$2. \quad 200\,,, \quad = \frac{10\,000 + 1538}{13} \qquad\qquad = 887\,,, \qquad = 1774\,,,$$

$$3. \quad 200\,,, \quad = \frac{11\,538 + 1774}{13} \qquad\qquad = 1024\,,, \qquad = 2048\,,,$$

$$4. \quad 200\,,, \quad = \frac{13\,312 + 2048}{13} \qquad\qquad = 1190\,,, \qquad = 2380\,,,$$

$$5. \quad 200\,,, \quad = \frac{15\,460 + 2380}{13} \qquad\qquad = 1372\,,, \qquad = 2744\,,,$$

Sa 1000 m   Sa 10484 kg

Demnach q = 1372 qmm, d = 62 mm (oben) und S = 10484 kg gegen q = 2000 qmm, d = 80 mm und = 20 000 kg. Der Vorteil verjüngter Seile für größere Teufen ist hieraus klar ersichtlich.

Die gerechneten Querschnitte lassen sich nur annähernd verwirklichen, da die Ausführung auf die gangbaren Drahtstärken, Bauart des Seiles usw. Rücksicht nehmen muß.

Die Verjüngung wird sowohl für Rund- als auch für Bandseile angewandt.

Seilmaterialien mit einem im Verhältnis zur Tragfähigkeit großem spezifischem Gewichte sind nur als verjüngte Seile für große Teufen brauchbar. Hierher gehören Aloe- und Hanfseile. So läßt sich mit gleichbleibendem Querschnitt eine Teufe von 1000 m nicht mehr erreichen, während ein verjüngtes Seil für 3100 kg Last etwa 9800 kg wiegt.

Beispiel 2. Verjüngtes ausgeführtes Gußstahlseil (9 fache Sicherheit) für Spiraltrommeln, 1000 m Teufe und 4000 kg Nutzlast.

Längen	Durchmesser des Seiles	Zahl der Drähte von 2,85 mm ⌀	Gewicht in kg/m	Gewicht der Stufe kg
235	45	80	4,585	1077
235	48	88	5,043	1185
235	51	96	5,5	1292
235	54	104	5,95	1398
246,5	58	112	6,42	1582
1186,5	—	—	—	6534

5. Bergpolizeiliche Vorschriften.

Von diesen seien die deutschen und österreichischen nach einer Zusammenstellung von Oberbergrat Körfer, Bonn, nach seinem Vortrage auf dem Internationalen Kongreß, Düsseldorf 1910, wiedergegeben.

Von den preußischen Oberbergämtern sind für die Prüfung der Förderseile in Seilfahrtschächten folgende Vorschriften erlassen:

Prüfung vor dem Auflegen:

Jedes Förderseil muß, bevor es zur Seilfahrt benutzt wird, Zerreißungs- und Biegungsversuchen unterworfen werden.

Die Zerreißungs- und Biegungsversuche sind folgendermaßen vorzunehmen: Ein 1 m langes Stück des Seiles ist abzuhauen; alle Drähte desselben, mit Ausnahme der Drähte der Seelenlitze des Seils und der Seelendrähte der Seillitzen, sind auf Tragfähigkeit und Biegsamkeit zu untersuchen.

Die Tragfähigkeit jedes Drahtes ist durch das zu seiner Zerreißung erforderliche Gewicht zu ermitteln.

Die Biegbarkeit jedes Drahtes ist durch die Anzahl seiner Biegungen um 180° bei einem Radius von 5 mm an der Biegungsstelle bis zum Zerbrechen zu ermitteln.

Als einzelne Biegung um 180° wird die Biegung — abwechselnd nach rechts und links — aus der senkrechten um 90° zur Horizontalen und wieder in die Senkrechte zurück angesehen.

Die Tragfähigkeit des ganzen Seiles ist durch Zusammenzählen der zur Zerreißung der einzelnen Drähte erforderlichen Gewichte — mit Ausnahme der Drähte der Seelenlitze und der Seelendrähte der Seillitzen — zu ermitteln.

Hierbei sind Drähte, welche eine um 20 % geringere Tragfähigkeit, als die durchschnittlich ermittelte, und Drähte, welche eine geringere Anzahl von Biegungen als nachstehend angegeben aushalten, nicht in Rechnung zu stellen;

$$\begin{array}{llllll}
 & \text{bis ausschließlich } 2{,}00 \text{ mm Durchmesser} & & 8 \text{ Biegungen,} \\
\text{bei } 2{,}00 \text{ „} & \text{„} & 2{,}2 \text{ „} & \text{„} & 7 & \text{„} \\
\text{„ } 2{,}2 \text{ „} & \text{„} & 2{,}5 \text{ „} & \text{„} & 6 & \text{„} \\
\text{„ } 2{,}5 \text{ „} & \text{„} & 2{,}8 \text{ „} & \text{„} & 5 & \text{„} \\
\text{„ } 2{,}8 \text{ und mehr mm Durchmesser} & & 4 \text{ Biegungen.} \\
\end{array}$$

Bei Seilen, zu denen Fassondrähte verwendet sind, ist die Tragfähigkeit durch Zerreißen im ganzen Strange oder in ganzen Litzen zu ermitteln.

Periodische Seilprüfungen.

Bei jedem Förderseile muß mindestens alle 3 Monate[1]) das an der Förderschale befindliche Seilende auf mindestens 3 m Länge über dem Seileinbande abgehauen und das Seil neu eingebunden werden.

Das oberste Meter dieser Seilenden muß in derselben Weise, wie dies beim Auflegen vorgeschrieben ist, auf seine Tragfähigkeit und Biegsamkeit untersucht werden.

Verlangte Seilsicherheit.

Jedes Förderseil muß mindestens eine sechsfache Sicherheit im Verhältnis zur Meistbelastung bei der Produktenförderung dauernd gewähren. Die Belastung des Korbes bei der Seilfahrt darf nicht mehr als die Hälfte der Korbbelastung bei der Produktenförderung betragen.

Von den Oberbergämtern Dortmund und Bonn wird neuerdings folgende Seilsicherheit vorgeschrieben:

Jedes Förderseil muß mindestens eine achtfache Sicherheit im Verhältnis zur Meistbelastung bei der Seilfahrt dauernd gewähren. Die Belastung des Seils bei der Seilfahrt darf nicht mehr als 90 % der Belastung bei der Produktenförderung betragen.

Die in den anderen deutschen Bundesstaaten erlassenen bergbehördlichen Vorschriften über die Prüfung der Förderseile und die Berechnung der Tragfähigkeit stimmen mit den in Preußen geltenden im wesentlichen überein.

Die Berechnung der Tragfähigkeit auf Grund der vorgeschriebenen Zerreißungs- und Biegungsversuche ist in Bayern und Sachsen etwas abweichend von der in Preußen vorgesehenen geregelt. Während hier Drähte mit einer um 20 % unter dem Durchschnitt bleibenden Bruchfestigkeit und Drähte von nicht ausreichender Biegungsfähigkeit bei Berechnung der Tragfähigkeit ganz außer

---

[1]) Bei wenig beanspruchten Förderungen werden längere Fristen zugelassen.

Ansatz bleiben, werden sie in Bayern und Sachsen im Verhältnis zu der vorhandenen Biegsamkeit berücksichtigt. Hat z. B. ein Draht $^3/_4$ der vorgeschriebenen Biegungen ausgehalten, so wird er mit $^3/_4$ der für ihn ermittelten Tragfähigkeit in Ansatz gebracht.

Das Abhauen der Seilenden hat in Sachsen mindestens alle 4 Monate zu erfolgen; in Bayern wird diese Frist für jede Anlage besonders festgesetzt.

In Österreich sind von den Bergbehörden dieselben Vorschriften über die Seilprüfung beim Auflegen der Seile erlassen wie in Deutschland. Für Drähte, die den Anforderungen der Biegsamkeit nicht voll genügen, gilt die Vorschrift, daß sie im Verhältnis zu der nachgewiesenen Biegungsfähigkeit bei Berechnung der Tragfähigkeit berücksichtigt werden können.

Verlangt wird, daß jedes Förderseil, bei der Auflegung eine siebenfache (k. k. Berghauptmannschaft Prag und Klagenfurt) oder achtfache (k. k. Berghauptmannschaft Wien) Sicherheit bei der Produktenförderung zu gewähren hat. Ist der Aufwicklungsradius in den Seilkörben kleiner als der 650 fache Drahtdurchmesser, so wird eine neunfache Sicherheit verlangt. Die Belastung des Seils bei der Seilfahrt darf nicht mehr als 85 % der Belastung bei der Produktenförderung betragen.

Eine periodische Wiederholung der Zerreiß- und Biegeversuche ist nur von der k. k. Berghauptmannschaft Wien vorgeschrieben, und zwar nur für Seile, die länger als 2 Jahre aufliegen. Die Untersuchungen haben alsdann vierteljährlich stattzufinden.

Eine Prüfung der Drähte von Förderseilen auf Torsion und Dehnung wird weder in Deutschland noch in Österreich von den Bergbehörden verlangt.

Solche Untersuchungen können nur an neuen Seilen vorgenommen werden. Die nach dieser Richtung hin angestellten Versuche haben ergeben, daß geringfügige Anrostungen oder minimale, mit dem Auge kaum sichtbare äußere Verletzungen eines Drahtes dessen Torsionsfähigkeit außerordentlich verringern, ohne daß die Tragfähigkeit und Biegsamkeit eine Einbuße erleidet. Weiterhin ist festgestellt, daß die Dehnungsfähigkeit der Seildrähte schon nach einer Benutzungszeit von wenigen Monaten stark nachläßt.

Torsions- und Dehnungsversuche an im Betriebe befindlichen Seilen sind daher nicht anwendbar. Für neue Drähte dürfte aber die Verwindungsprobe zu empfehlen sein, da sie die beste Beurteilung der Zähigkeit und der Gleichmäßigkeit des Materiales bietet.

Interessant und hierhergehörig sind noch die Ansichten und Vorschläge der Ministeriellen Seilfahrtkommission. Sie seien nach einer Zusammenstellung von F. Baumann in Kohle und Erz 1911, Nr. 11 wiedergegeben.

„Die frühere Vorschrift, daß die Belastung des Förderkorbes bei Seilfahrt nicht über 50 v. H. der Belastung der Förderung betragen dürfe, läßt sich gegenüber der Forderung, die Dauer der Seilfahrt möglichst abzukürzen, nicht mehr aufrecht erhalten. Als Ersatz für diese Vorschrift schlägt eine Abteilung vor, außer der vorgeschriebenen und beizubehaltenden 6 fachen Sicherheit, bezogen auf Förderung, eine 7½ fache Sicherheit, bezogen auf die Seilfahrt, zu verlangen. Von anderer Seite wird hierfür 10 fache Sicherheit bei Vorhandensein einer Fangvorrichtung und 12 fache Sicherheit bei Fehlen einer solchen empfohlen. Zwei Abteilungen halten 8 fache, eine 9 fache Sicherheit für angezeigt. Die Frage, ob es nötig ist, für Förderung mit Unterseil eine höhere Sicherheit als für solche ohne Unterseil zu verlangen, wird von allen Abteilungen einstimmig verneint. Bei der Koepeförderung wird im allgemeinen eine zweijährige Benutzung der Seile genehmigt. Die Abteilungen sind der Ansicht, daß die Erlaubnis einer zweijährigen Aufliegezeit selbst bei starker Inanspruchnahme der Seile unbedenklich ist, und eine längere Benutzung der Seile zugelassen werden kann, wenn sie sich bei einer amtlichen Untersuchung noch als gut erhalten erweisen. Über die Verwendbarkeit von Drähten großer Bruchfestigkeit stimmen die Ansichten noch nicht vollständig überein. In 3 Oberbergamtsbezirken hat man mit Seilen von über 170 kg/qmm Festigkeit gute Erfahrungen gemacht und weist darauf hin, daß mit wachsender Bruchfestigkeit die Leistung und Lebensdauer der Seile erfahrungsgemäß zunimmt. Zwei Abteilungen tragen noch Bedenken gegen hohe Bruchfestigkeiten.“

Die neuesten Bestimmungen über Beschaffenheit und Prüfung bzw. Beaufsichtigung der Seile enthalten die Bergpolizeilichen Bestimmungen für den Oberbergamtsbezirk Dortmund vom 1. 1. 1911.

Danach wird die Beschaffenheit und Prüfung der Gegengewichtsseile derjenigen der Förderseile gleichgestellt.

6 fache Sicherheit für Förderung
8 „   „   „ Seilfahrt   für Trommelseile

und 7 fache bzw. 9 fache, Sicherheit für Koepeseile.

Die Betriebsprüfungen erfolgen täglich, wöchentlich und 6 wöchentlich (§ 82).

Die täglichen Prüfungen durch Besichtigung vor Beginn der Seilfahrt bei einer Seilgeschwindigkeit von 1 m/sec, die wöchentlichen bei einer Geschwindigkeit von 0,5 m/sec und die 6 wöchentlichen bei gleicher Geschwindigkeit, nachdem zuvor aller dem Seile anhaftender Schmutz entfernt worden ist.

Bandseile dürfen bei Seilfahrt nicht länger als 1 Jahr aufliegen.

6. Formen und Bauarten der Drahtseile.

Drahtseile werden als Rundseile Fig. 52 und als Flach- oder Bandseile Fig. 53 hergestellt.

Die Rundseile sind aus einzelnen Litzen, diese aus Drähten zusammengesetzt, Fig. 54. Die Drähte der Litzen und die Litzen des Seiles sind schraubenförmig umeinander gedreht. Hierdurch erhält das Seil Biegsamkeit und Längselastizität. Diese wird durch Hanfeinlagen in Litzen und Seil erhöht. Die Hanfseelen dienen auch der Schonung des Seiles, indem sie die gegenseitige Reibung der Drähte verringern. Durch Aufsaugen und Festhalten von Wasser können sie schädlich wirken, indem sie ein inneres Rosten der Drähte verursachen. Die Hanfseelen werden eingefettet versponnen. Seile mit Hanfseelen erleiden nach der Belastung starke Dehnungen, bei großen Teufen in den ersten Tagen um einige Meter.

Die Litzenseile werden in zwei verschiedenen Flechtarten hergestellt. Fig. 52 zeigt ein Seil in Gleichschlag (auch Albertschlag, Längsschlag genannt). Die Drähte sind in den Litzen in derselben Weise gewunden wie die Litzen im Seile. Bei dem Kreuzschlag, Fig. 55, laufen die Windungen der Drähte umgekehrt wie die Windungen der Litzen. Der Gleichschlag zeigt eine geschlossenere Oberfläche und bessere Berührung mit der Seilnut als der Kreuzschlag, der nur an einzelnen Punkten die Seilrille berührt. Gleichschlag unterliegt daher weniger der Abnützung als Kreuzschlag. Im Gleichschlag verlaufen die außen sichtbaren Windungen auf größere Erstreckung an der Oberfläche und sind daher der Beobachtung besser zugänglich. Alle Drähte des Gleichschlages verlaufen geneigt zur Seilachse und verhalten sich bei Biegung wie die Windungen einer Schraubenfeder, also günstig. Beim Kreuzschlag verlaufen die Drähte der Oberfläche mehr parallel der Seilachse, verhalten sich daher bei der Biegung

Fig. 52.

Gleichschlaglitzenseil.

etwa wie die Fasern eines geraden Stabes, also ungünstig. Gleichschlagseile können bei gleicher Biegsamkeit stärkere Drähte erhalten als Kreuzschlagseile. Sie eignen sich daher für solche Fälle, wo das Seil starker äußerer Beanspruchung ausgesetzt ist.

Fig. 53.
Bandseil.

Man nimmt an, daß die Gleichschlagseile wegen der Schräglage der äußeren Drähte in der Seilnut besseren Halt erfahren als Kreuzschlagseile, so daß sie sich für Treibscheibenförderung besonders eignen.

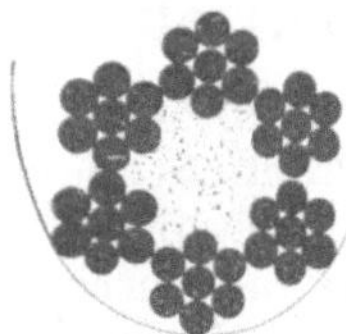

Alle Rundseile zeigen die Erscheinung des Dralles, das heißt, sie machen bei Belastungsschwankungen Drehbewegungen um die Seilachse. Dies ist sehr störend bei nicht geführten Fördergefäßen, wie etwa beim Schachtabteufen, aber belanglos bei den gut geführten Körben der normalen Schachtförderung. Kreuzschlagseile weisen nun wegen der

Fig. 54.
Seil mit runden
Litzen.

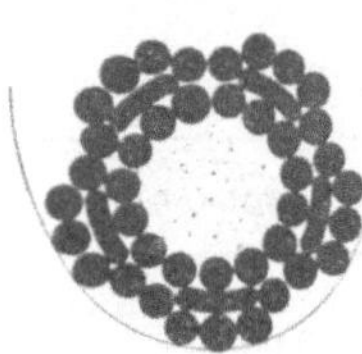

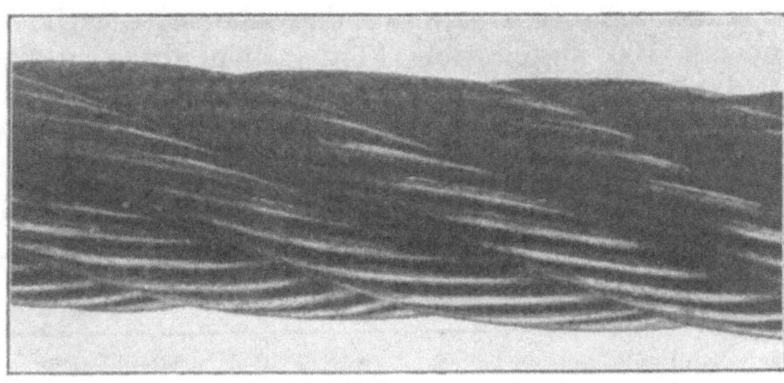

Fig. 56.

Fig. 55.

Rundseil mit
flachen Litzen.

Kreuzschlagseil.

entgegengesetzten Drehungen von Drähten und Litzen einen geringeren Drall als Gleichschlagseile auf. Die besondere Bauart der patentverschlossenen Seile sollen drallfrei sein. Am besten verhalten sich hier Bandseile, die sich daher in Verbindung mit dem einen Seilgewichtsausgleich gewährenden Bobinenbetrieb für Schachtabteufen besonders eignen und in Westfalen dazu allgemein verwendet werden.

Das Gleichschlagseil wird wegen seiner Vorzüge viel verwendet. Es eignet sich aber nicht für stärkere Seile, weil der Verband der Drähte im Seil ein lockerer ist, wodurch leicht ein Sträuben der Drähte stattfindet.

Für Förderrundseile werden Drähte von 1,4 bis 2,8 mm Stärke in der Zahl von etwa 30 bis 210 verwandt.

Zur Verringerung der Seilabnutzung muß die Berührungsoberfläche zwischen Seil und Rille vergrößert werden. Dies ist erreicht bei den flachlitzigen Rundseilen, Fig. 56.

Flachseile, Fig. 53, erhalten eine geringe Dicke und sind daher biegsamer als Rundseile. Sie werden im Bobinenbetrieb verwendet. Die einzelnen Litzen sind durch Nähdrähte in der Breitenrichtung miteinander verbunden. Diese Nähdrähte tragen nicht zur Festigkeit bei, sondern machen das Eigengewicht des Seiles größer. Die nebeneinanderliegenden Litzen haben verschiedene Windungsrichtung, so daß sich der Drall der einzelnen Litzen gegenseitig aufhebt. Flachseile sind schwerer und teurer als Rundseile. Beim Aufeinanderwinden auf der Bobine drücken die Windungen besonders an der Stelle der Nähdrähte scharf aufeinander, so daß sie häufig ausgebessert werden müssen und von kurzer Lebensdauer sind. Sie werden wenig angewandt.

Näheres über Rund- und Flachseile ist in Höfers Taschenbuch für Bergmänner, II. Band, zu finden mit vielen Tabelen über die Erzeugnisse deutscher österreichischer Fabriken.

Die Allg. Bergpolizei-V. für Dortmund vom 1.1.1911 erschwert die Verwendung von Bandseilen durch die Bestimmung, daß solche für Seilfahrt nicht länger als 1 Jahr in Benutzung sein dürfen.

7. Das Verhalten der Drahtseile im Betriebe.

Die Betriebssicherheit von Gußstahlrundseilen ist größer als die anderer Seilformen. Die stetige Verbesserung des Drahtmateriales in Verbindung mit sorgfältiger Überwachung und Festigkeitsprüfung der Seile hat eine stetige Verminderung der Seilbrüche im Betriebe gezeitigt. Nach amtlicher deutscher Statistik befindet sich zurzeit unter je 100 abgelegten Förderseilen eines, das im Betriebe gerissen ist. Dabei hat man in fast allen diesen Fällen als Ursache äußere gewaltsame Zerstörungskräfte gefunden, ohne daß Minderwertigkeit der Seile oder des Materiales in Frage kam.

Die durchschnittlichen Leistungen der Seile betragen zurzeit

	Aufliegezeit	Gesamtarbeit
Stahlbandseile	300 Tage	15 000 t km
Stahlrundseile	750 „	60 000 „

Die durchschnittlichen Anlagekosten betrugen 1,5 Pf. für 1 t Förderung. Eisendraht, Aloe- und Hanfseile werden in Deutschland nicht mehr verwendet.

Seilbrüche finden meistens statt über dem Förderkorbe, hervorgerufen durch das Stauchen des Seiles bei Benutzung von Aufsetzvorrichtungen und stoßweises Anheben, sowie an der Seilscheibe, infolge der dort herrschenden Höchstbelastung.

Das zwecks Seiluntersuchung durch Zerreißprobe nötige Seilabhauen über dem Förderkorbe ist der Sicherheit und Lebensdauer des Seiles günstig, da die beschädigte Stelle am Korbe entfernt und die stark beanspruchten Stellen vor der Seilscheibe und am Seilkorbe ihre Lage im Seile ändern.

Die Lebensdauer des Seiles wird stark beeinflußt durch den Seilverschleiß. Hierfür ist maßgebend die Größe des Ablenkungswinkels zwischen Seilscheibe und Trommel, bzw. Treibscheibe, die ganze Seilführung bezüglich Häufigkeit, Stärke und Richtung der Seilbiegungen, sowie die Oberflächenbeschaffenheit der Scheiben und Trommelnuten. Es nimmt somit Einfluß auf die Haltbarkeit der Seile der ganze Förderbetrieb und seine Einrichtungen. In den Abschnitten I. C. 2 und 3 ist einiges über die Gesamtordnung gesagt. Man vergleiche auch den Band Schachtförderung des Sammelwerkes Bergwerksmaschinen.

Über den Einfluß der Bauart des Seiles ist das Nötige in dem betreffenden Abschnitt gesagt.

Chemische Einflüsse verringern die Lebensdauer der Seile erheblich. Zur Vermeidung des Rostens werden die Seile regelmäßig mit säurefreier Schmiere überstrichen. Salzhaltige und saure Wasser wirken sehr zerstörend. Sorgfältige, oft erneute Schmierung wirkt auch hiergegen schützend. Da für Treibscheibenseile eine reichliche Schmierung nicht zulässig ist, sucht man diese durch Verzinken zu schützen. Die Verzinkung erfolgt meist in einem heißen Zinkbade (500^0 und höher). Es hat sich ergeben, daß Bruchfestigkeit und Dehnbarkeit durch dieses Verfahren stark herabgesetzt werden. Nach Untersuchungen von Speer, Bochum, beruht diese Verschlechterung auf zu heißer Verzinkung und kann bei geeigneter, auf die Temperatur des Zinkbades Rücksicht nehmender Herstellung vermieden werden.

Nach Herbst (in Glückauf 1912, S. 427) hat sich aus der Seilstatistik ergeben, daß die Seilschmierung eine Schutzwirkung nur in trockenen Schächten aufwies, während in nassen Schächten ein Unterschied zwischen geschmierten und ungeschmierten Seilen nicht nachweisbar ist. Dies läßt darauf schließen, daß das Schmierverfahren für nasse Seile verbesserungsbedürftig ist.

8. Hanfseile.

Hanf- und Aloeseile werden im deutschen Bergbau nicht mehr verwendet. Dagegen sind sie in Belgien und Frankreich in der Form der Bandseile für Bobinen noch heute vorherrschend, da sie eine einfache und wirksame Seilgewichtsausgleichung ermöglichen. (Vgl. Abschnitt III D. 3.)

Die zulässige Belastung beträgt

für geteerte Seile k_z = 80 kg/qcm
„ ungeteerte „ = 90 „

Das Gewicht beträgt je m Seillänge

für geteerte Seile = 0,11 kg/qcm
„ ungeteerte „ = 0,10 „

Die Berechnung des nötigen Querschnittes q in qcm ergibt sich entsprechend der der Drahtseile:

$$q = \frac{N + L}{k_z - 0{,}1 \cdot T}\ \text{qcm}.$$

Da die Nutzbelastung eines qcm Querschnittes $= k_z - 0{,}1\,T$ ist, so wird diese gleich null bei einer Teufe, die sich aus der Gleichung $k_z - 0{,}1\,T = 0$ ergibt. Daher für $k_z = 85$ ergibt sich $T = \dfrac{85}{0{,}1} = 850\ \text{m}$. Bei dieser Teufe ruft das Eigengewicht die zulässige Spannung hervor. Praktischer Weise läßt sich nur aus wesentlich geringeren Teufen fördern.

Hanfseile werden daher vorwiegend als verjüngte Seile ausgeführt. Es lassen sich damit Teufen von 1500 m wohl erreichen.

Hanfseile werden aber wesentlich schwerer und teurer als Drahtband- und insbesondere als Drahtrundseile. Ihre Lebensdauer ist mit $1\frac{1}{2}$—2 Jahren geringer als die der Drahtrundseile.

Einen Vergleich gestatten folgende Zahlen für eine Nutzlast von 3100 kg und 1000 m Teufe und Seilverjüngung in Stufen zu 100 m (nach Demanet, Bergbaukunde, II. Aufl., S. 691).

	Gewicht kg	Preis M
Stahldrahtrundseil	3000	4 000
Stahldrahtbandseil	4600	6 800
Aloebandseil	9800	12 800

Das Hanfseil ist demnach für solche Teufen etwa 3 mal so schwer und teuer als ein Stahldrahtrundseil (verjüngt).

Für ein nicht verjüngtes Stahlrundseil stellt sich der Vergleich weniger günstig. Dieses wiegt 6300 kg und kostet 7700 M.

In feuchten Schächten würden ungeteerte Hanfseile durch Faulen zerstört werden. Sie werden daher in solchen Fällen geteert, obgleich das Teeren eine Gewichtsvermehrung von 10—15 v. H. bedingt.

Als Vorzug der Hanfseile wird gerühmt, daß sie „warnen", daß heißt kurz vor dem Bruche diesen durch auffallende Längung ankündigen.

B. Die Antriebsarten des Förderseiles im allgemeinen.

1. Antrieb durch Trommeln.

Der ursprüngliche und älteste Seilantrieb geschieht durch zylindrische Trommeln, an denen die beiden Förderseile befestigt und in bestimmter Weise aufgewickelt sind. Zu Beginn des Aufzuges ist das aufgehende Seil s_1, Fig. 57, in wenigen Windungen von vorne her um die linke Trommel geschlungen und im Punkte 1 fest mit derselben verbunden. Das niedergehende Seil s_2 ist von hinten her in vielen Windungen um die rechte Trommel geschlungen und im Punkte 2 fest mit ihr verbunden. Bei der durch den Pfeil angedeuteten Drehung wird daher das linke Seil auf die Trommel aufgewunden und legt sich in Windungen nebeneinander, falls keine Störung des Seillaufes eintritt. Auf der rechten Seite wickelt sich in gleicher Weise Windung um Windung ab. Am Ende des Aufzuges ist das Bild umgekehrt wie zu Anfang. Das Förderseil wird stets so bemessen und aufgelegt, daß zu Beginn des Aufzuges sich noch einige ($1\frac{1}{2}$—2) Sicherheits- und Ersatzwindungen (2—4) auf der Trommel befinden. Hierdurch wird erreicht, daß der Befestigungspunkt 1 vom Seilzuge wesentlich entlastet wird, da infolge der Seilspannung s_1 das Seil mit der Trommel durch Reibung gekuppelt wird, um welchen Reibungsbetrag eben der Punkt 1 entlastet wird. Außer der Sicherheitswindung sind noch 2—4 Ersatzwindungen vorhanden. Diese haben den Zweck, nach Abhauen der untersten über den Körben befindlichen Seilstücke den Seilen wieder die richtige Länge durch Abwickeln der Ersatzwindungen geben zu können. Das in regelmäßigen Zeiträumen, etwa alle $\frac{1}{4}$ Jahre, abgehauene Seilende wird auf besonderen Vorrichtungen bezüglich seiner Festigkeit und Dehnbarkeit, also Brauchbarkeit untersucht (vgl. IV A. 5). Jedes Abhauen erfordert etwa 8 m Seil. Für eine zweijährige Aufliegedauer des Seiles wären daher ungefähr 60 m Seil erforderlich.

Zwecks Abwickelung des Ersatzseiles wird die Trommel I auf der gemeinsamen Trommelwelle durch eine lösbare Kupplung befestigt.

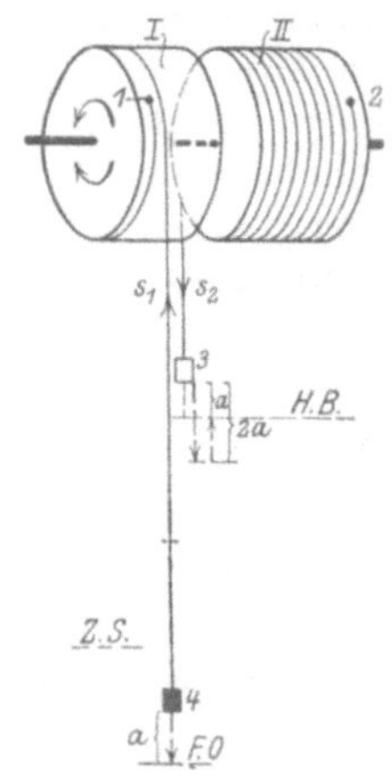

Fig. 57.
Schema einer Trommelförderung.

Sie heißt dann Lostrommel, die andere Festtrommel. Nach Lösung der Kupplung wird die Festtrommel II gegen die durch eine besondere Bremse festgehaltene Lostrommel I durch die Maschine im Sinne des oberen Pfeiles gedreht, bis der Endpunkt 3 des Seiles s_2 um den doppelten Betrag 2 a des abgehauenen Endes a gesenkt ist. Alsdann wird der Loskorb I wieder mit der Welle gekuppelt und durch umgekehrte Drehung der Welle (unterer Pfeil) das Seil s_1 um a gesenkt, s_2 um a gehoben, so daß alsdann die Enden 3 und 4 der Förderseile wieder richtig an Hängebank H B und Füllort F O stehen.

Die baulichen Ausführungen von Fest- und Lostrommel sind in dem späteren Abschnitte IV D behandelt.

Die Möglichkeit, eine der Trommeln „umstecken“ zu können, ist auch in weiteren Beziehungen von Nutzen.

Neu aufgelegte Seile längern sich in den ersten Tagen beträchtlich, bei größeren Teufen um einige Meter. Dadurch geraten die Körbe in der Endlage der Maschine unter die Anschlagspunkte H B und F O, so daß eine Kürzung der Seile stattfinden muß. Der Vorgang des Kürzens findet in analoger Weise und umgekehrter Richtung statt wie das Nachlassen von Ersatzseil. Zur genauen Einstellung der Körbe ist eine möglichst feinteilige Umsteckvorrichtung erforderlich.

In manchen Bergbaubetrieben ist es nötig, mit derselben Maschine aus verschiedenen Fördersohlen zu fördern. Eine zweitrümmige Förderung aus Zwischensohlen ist nicht ohne weiteres möglich, sondern erfordert eine besondere Herrichtung der Anlage, das Umstecken genannt. Es wird dabei der Korb 4 der Lostrommel auf die Hängebank gezogen, dort festgestellt, und nach Lösung der Lostrommel I von der Welle und Feststellung durch eine besondere Loskorbbremse wird der andere Korb 3 aus dem Füllorte F O auf die Zwischensohle Z S durch die Maschine gehoben. Hierbei muß die Maschine das Gewicht des Seiles und der leeren Schale ohne Ausgleich durch die Nachbartrommel anheben (vgl. Fig. 27, Abschn. II. B. 3). Bei nicht vorhandenem Unterseile, und dieser Fall kommt für das Umstecken fast ausnahmslos in Betracht, kann das beim Umstecken von der Maschine zu leistende Drehmoment verkleinert werden, wenn man den Korb 4 der Lostrommel aus der Stellung der Fig. 57 auf die Zwischensohle Z S zieht, wobei der Korb 3 unter Ausgleich der toten Last um das gleiche Stück unter die Hängebank gesenkt wird. Jetzt wird 4 auf der Zwischensohle befestigt, I gelöst und 3 auf die Hängebank zurückgezogen, wobei außer dem Förderkorb nur ein Teil des Seilgewichtes zu heben ist. Es ermöglicht dies unter Umständen kleinere Maschinenabmessungen als die erste Art des Umsteckens.

2. Antrieb durch Treibscheibe.

Die bekannten Riemen- und Seiltriebe zeigen, daß Kräfte von einem auf einen anderen Körper nicht nur durch feste Verbindungen, sondern auch durch Reibung übertragen werden können. Dieser Grundsatz kann auch für den Antrieb des Förderseiles nutzbar gemacht werden.

In Fig. 58 ist T S die von der Maschine gedrehte Treibscheibe. In ihrer Seilrille läuft das Förderseil $s_1 s_2$, das die Scheibe mit einem Bogen von 180° umspannt. Die zwischen Seil und Scheibe herrschende Reibung soll nun die nötige Triebkraft von der Scheibe auf das Seil übertragen. Es ist daher erforderlich, für die nötige Reibung zu sorgen. Bei einem Riementrieb geschieht dies durch entsprechende Anpressung des Riemens, was bei einem zwischen zwei Riemenscheiben eingespannten Riemen durch bekannte Mittel leicht erreicht werden kann. Diese Mittel versagen bei unserer Treibscheibe. Hier können nur die Seilspannungen s_1 und s_2 selbst die Anspannung erzeugen. Angesichts des großen Gewichtsüberschusses der Seite s_1 (Seil und Ladung), erscheint jede Bemühung aussichtslos, die zu seiner Überwindung nötige Reibung

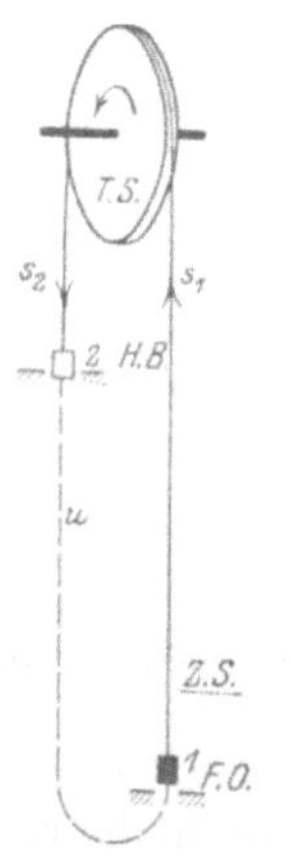

Fig. 58

Schema einer Treibscheibenförderung.

auf der Treibscheibe zu erzeugen. Hier hilft nur das eine Mittel, das durch das Seilgewicht s_1 hervorgerufene Übergewicht zu beseitigen. Dies geschieht durch ein dem Förderseil im Gewichte gleiches Unterseil u, das mit seinen Enden unter den Körben 1 und 2 befestigt wird. Wir kommen hier notgedrungen zu einem „Seilgewichtsausgleich" durch Unterseil.

Der Seilgewichtsausgleich vermindert also die zu Fahrtbeginn aufzuwendende Reibung an der Treibscheibe auf die Größe der Nutzlast N. Hiermit ist aber die Bedeutung des Unterseiles für die Treibscheibenförderung nicht erschöpft. Das Gewicht des Unterseiles U erhöht die Spannung des Seilendes s_2. Das Seil wird jetzt durch zwei kräftige, nur um das Gewicht der Nutzlast N voneinander abweichende Spannungen s_1 und s_2 gegen die Treibscheibe gepreßt, so daß gegründete Hoffnung besteht, daß diese Anpressung zur Erzeugung einer Reibung in der Höhe N ausreicht.

Da mit wachsender Teufe die Seilgewichte wachsen, die Nutzlast und die an der Treibscheibe zu erzeugende Reibung N aber gleichbleibt, so werden die Antriebsverhältnisse der Treibscheibe mit wachsender Teufe günstiger. Diese Erscheinung hat in der Literatur einen merkwürdigen Irrtum entstehen lassen, der sich bis in die neuesten Veröffentlichungen fortpflanzt. Und zwar: Da mit wachsender Teufe die Reibungsverhältnisse günstiger werden, könne von einer gewissen Teufe ab auch ohne Unterseil gefördert werden. Einer hat sogar diese Teufe mit 800 m berechnet! Dabei wird übersehen, daß die Reibung bei größerer Teufe gerade durch das vermehrte Unterseilgewicht vergrößert wird, während ohne Unterseil die einseitige Überlast mit der Teufe wächst bei gleichzeitig mangelnder Reibungserzeugung.

Bei geringen Teufen rutscht das Seil leicht auf der Scheibe. Auch bei großen Teufen wird ein Gleiten des Seiles bemerkt. Hier muß durch Erhöhung der spezifischen Reibung zwischen Scheibe und Seil die Reibung vergrößert werden. Daher wird die Rille mit Holz oder Leder ausgefüttert und auf das sonst übliche Seilschmieren verzichtet.

Zur Vergrößerung der Reibung kann noch ein drittes Mittel, die Vergrößerung des Umschlingungsbogens durch besondere Seilführung, angewandt werden. Darüber einiges in einem späteren Abschnitte (IV. C. 4).

Das Seil läuft über die Scheibe, von der einen Seite kommend, auf der anderen verschwindend. Ein Seilvorrat kann nicht untergebracht werden. Ein Abhauen der Seilenden ist nicht möglich. Das Seilkürzen nach Längungen kann nicht durch die Scheibe, sondern muß am Seile selbst geschehen. Eine doppeltrümmige Förderung aus einer Zwischensohle Z S ist im allgemeinen nicht möglich. Nur in dem Sonderfalle, daß Förder- und Unterseil ein endloses durch den Förderkorb gehendes Seil bilden, wäre es möglich, den einen Korb vom Seile zu lösen und im Schachte festzustellen und mit der Maschine den zweiten Korb auf die neue Sohle zu bewegen, um hierauf den ersten Korb wieder an das Seil anzuschlagen. Aber auch dies ist nur möglich, wenn das Schalengewicht gegenüber dem Seilgewicht zurücktritt, so daß das Seilgewicht die zur Hebung der toten Last nötige Reibung auf der Treibscheibe erzeugen kann (vgl. III. B. 3).

3. Vergleich zwischen Trommel- und Treibscheibenförderung.

Ein Blick auf die Fig. 58 zeigt die außerordentliche Einfachheit und den geringen Raumbedarf der Treibscheibenförderung.

Trommeldurchmesser und Breite sowie der schräge Seilzug wachsen mit zunehmender Teufe. Die wachsenden Massen erschweren die Führung der Maschine. Nun nehmen die bewegten Seilmassen der Treibscheibenförderung mit wachsender Teufe ebenfalls zu, dasselbe gilt aber auch für die Trommelförderung, deren Seilmasse, da zwei Förderseile vorhanden sind, gleich der Masse von Förder- und Unterseil der Treibscheibenförderung ist. Für größere Teufen muß die Trommelförderung ebenfalls mit Seilgewichtsausgleich versehen werden. Geschieht dies durch Unterseil, so ist die Seilmasse gleich $^3/_2$ der der Treibscheibe, geschieht es durch Spiraltrommel, so wächst die Trommelmasse erheblich (vgl. II. E). Die größeren zu bewegenden Massen sind also immer auf seiten der Trommelförderung zu finden. Die kleineren Massen der Treibscheibenförderungen sind immer ein Vorzug. Die Maschinenabmessungen werden erheblich geringer. Vgl. Abschnitt II. A. 2 und 4.

Bei Trommelförderung kann der Seilgewichtsausgleich auf verschiedene Weise geschehen, bei Treibscheibenförderung nur durch Unterseil, das bei größeren Teufen erhebliche Mängel zeigt.

Die Unmöglichkeit des Seilabhauens, also der Seiluntersuchung, und der Erneuerung der gefährlichen Stelle des Seileinbandes, ist ein Mangel der Treibscheibenförderung. Die meisten Bergbehörden setzen daher die Aufliegedauer der Treibscheibenseile auf höchstens 2 Jahre fest, während Trommelseile so lange aufliegen dürfen, als die Seiluntersuchung die vorgeschriebenen Eigenschaften nachweist. Doch sind die Seilkosten bei Treibscheibenförderung niedriger als die der Trommelförderung (wie 8 : 10), da bei letzterer immer 2 Seile der Abnutzung des Betriebes unterworfen sind. Bei Koepeseilen erfolgt der Bruch überwiegend über dem Seileinband.

Der Unterschied beider Förderarten bezüglich der Möglichkeit, die gegenseitige Lage der beiden Seilstränge zu verändern (das Umstecken usw.) und ihr Einfluß auf den Betrieb ist bereits bei den einzelnen Arten besprochen worden und bildet einen Nachteil der Treibscheibenförderung.

Wegen der Unmöglichkeit aus wechselnden Teufen zu fördern, kann eine Treibscheibenförderung nicht zum Sümpfen einer ersoffenen Grube herangezogen werden. Aus diesem Grunde haben eine Anzahl Gruben neben einer Treibscheiben- eine Trommelförderung eingerichtet.

Bei neuen tiefen Gruben ist die Frage des Sohlenwechsels nicht entscheidend, da meist Doppelförderung eingerichtet werden kann.

Auf Zeche Radbod I und Emscher-Lippe sind zur Wasserförderung auf der Treibscheibenachse neben die Treibscheibe Bobinen gesetzt worden. Die Seile für die Bobinen werden erst dann aufgelegt, wenn die Wasserförderung aufgenommen wird. Die Bobinen können dann auch beim Weiterteufen des Schachtes benutzt werden (nach Schultze-Höing in Preuß. Zeitschr. f. Berg- u. Hüttenwesen 1912, S. 28 u. f.).

Ein merklicher Unterschied ist die Art des Seilantriebes, durch feste Verbindung im einen Falle, durch Reibung im anderen Falle. Dies bedingt eine gewisse Unsicherheit des letzten Antriebes, die sich durch gelegentliches Seilrutschen gegen die Scheibe kenntlich macht. Das Rutschen tritt besonders zu Beginn und zu Ende des Treibens auf, wo größere Kräfte zwischen Seil und Scheibe hin- und hergehen wollen. Dieses Seilrutschen ist insofern unangenehm, als es den Korbstand im Schachte gegen den ihn anzeigenden Stand der Zeiger des meist von der Scheibenwelle angetriebenen Teufenzeigers verschiebt, so daß deren Anzeige unrichtig wird. Auch die Wirkungsweise von Sicherheitsapparaten, die von dem dann falschen Stand der Zeiger abhängig ist, wird beeinträchtigt. Über Versuche, diese Übelstände zu beseitigen, berichtet Abschnitt V. D. 1.

Doch hat die mit nur beschränkter Kraft ausgestattete, Reibungsverbindung zwischen Scheibe und Seil auch günstige Wirkungen: beim plötzlichen Einfallen starker Bremsen in voller Fahrt werden mit der rasch stillgesetzten Trommel die abwärtsgehenden Massen plötzlich aufgehalten, wodurch eine sehr große Zugbeanspruchung in dem Seile entsteht, die das Seil beschädigt oder bricht. Die aufgehenden Massen können gegen das stillgesetzte Seil aufsteigen, dann zurückfallen und ebenfalls Beschädigung oder Bruch des betreffenden Seiles bewirken.

Bei der Treibscheibenförderung sind diese Erscheinungen ausgeschlossen, da das Seil in solchem Falle gegen die stillgesetzte Scheibe rutscht, bis die mit ihm verbundenen Massen zum Stillstand kommen.

Bei der Bedienung der Körbe im Schachte werden diese häufig auf Aufsetzvorrichtungen aufgesetzt, wobei der obere Korb nach dem Aufsetzen des unteren über die Stützen gezogen werden muß. Das Aufsetzen des unteren Korbes entlastet das betreffende Seil s_2 um das Gewicht der toten Last, Fig. 58, so daß bei wenig tiefen Schächten diese Spannungsentlastung die Reibung zwischen Seil und Treibscheibe so weit vermindern kann, daß der obere Korb 1 nicht mehr durch die Scheibe gehoben werden kann. Alsdann muß auf die Aufsetzvorrichtung am Füllort verzichtet werden. Sie kann durch eine Anschlußbühne vorteilhaft ersetzt werden (vgl. Band Schachtförderung, Abschnitt: Aufsetzvorrichtungen und: Förderkorbanschlußbühnen).

Die eben erwähnte Erscheinung bietet aber gleichzeitig einen Schutz gegen das gefährliche Übertreiben des aufgehenden Korbes über die Hängebank. Deshalb liegt bei solcher Förderung auch die Möglichkeit vor, die Antriebsmaschine, wenn dies aus bestimmten Gründen wünschenswert erscheint, unmittelbar über den Schacht zu setzen, da die teuere Maschine hierbei nicht durch die übertreibende Schale gefährdet werden kann.

Bei größeren Teufen ist die durch die Seilgewichte bewirkte Anspannung des Seiles auf der Scheibe so groß, daß die obere Schale über die Hängebank gezogen werden kann, so daß die letzterwähnten Nach- und Vorteile der Treibscheibenförderung entfallen. Größere Hindernisse, wie Hängenbleiben der aufgehenden Schale im Schachte oder Anrennen gegen die Seilscheiben, führen aber immer zu einem Rutschen des Seiles, so daß das Seil gegen Bruch gesichert ist.

Das Auswechseln von Förderseilen geschieht bei der Trommelförderung in einfacher Weise, Fig. 57, indem der betreffende Korb, etwa der Korb 3, auf der Hängebank festgelegt und vom Seile getrennt wird, das jetzt durch die Maschine ganz auf die Trommel gezogen und von dieser abgenommen und durch ein neues ersetzt werden kann. Zu diesem Zwecke müssen auf der Trommel noch genügend unbesetzte Windungen vorhanden sein.

Anders bei der Treibscheibenförderung. Werden hier die Körbe an ihren Anschlagspunkten festgelegt und vom Seile getrennt, so würde das Förderseil über die Scheibe nach der tiefen Seite in den Schacht fallen. Es muß daher das Seil s_2 durch eine besondere Winde erfaßt und aufgewunden werden. Das neue Seil würde in ähnlicher Weise durch Abwickeln von einem Haspel einzulassen sein. Bei den beschränkten Abmessungen solcher Hilfsmaschinen müßte das Seil auf ihr in mehrfachen Windungen übereinander liegen, wodurch es leicht beschädigt werden kann. Daher sind einige besondere Verfahren für diese Zwecke in Übung, die später gesondert besprochen werden sollen (IV. C. 5).

Hat sich eine Schale vom Seile gelöst, so kann sie ebenfalls nur durch einen solchen Hilfshaspel aufgezogen werden.

Bei Seilbruch verhalten sich die beiden Förderarten verschieden. Bei Trommelförderung wird die Nachbarschale von ihrem unverletzten Seile gehalten, bei Treibscheibenförderung dagegen nicht, da ihr Seil wegen der Spannungsentlastung über die Triebscheibe rutscht. Es sind also beide Schalen verloren oder den Zufälligkeiten des Fangvorganges der etwaigen Fangvorrichtungen ausgesetzt. Bei der seillos gewordenen Schale wirkt die Belastung durch das Unterseil sehr schädlich auf die Sicherheit des Fangens ein; bei der Nachbarschale, die beim Fallen ihr Förderseil und das korblos gewordene Nachbarseil über die Widerstände der Seil- und Treibscheibe nachzieht, ist wegen der mangelnden Entspannung der Feder der Fangvorrichtung auf ein Fangen kaum zu rechnen (vgl. Band Schachtförderung, Abschnitt: Förderkorbfangvorrichtungen).

Diese letzterwähnten Erscheinungen müssen als ein erheblicher theoretischer Nachteil der Treibscheibenförderung angesehen werden, der praktisch freilich weniger von Bedeutung ist wegen der sehr geringen Zahl von vorkommenden Seilbrüchen.

Nach Seilbruch und Fangen der Schale kann bei Trommelförderung die Störung durch Auflegen eines neuen Seiles und alsdann Aufziehen der gefangenen Schale schnell und leicht behoben werden; nur sehr umständlich dagegen bei Treibscheibenförderung.

Die Kraftverhältnisse, Ausführungsformen und einige Betriebseinrichtungen der beiden Förderarten sollen in besonderen Abschnitten (IV. C und D) behandelt werden.

Für Teufen bis 700 m erklärt Tomson (1898) die Treibscheibenförderung als durch die Erfahrungen in Westfalen für durchaus bewährt. Sie fand eine gewisse Verbreitung durch Umbau älterer Trommelförderungen in Treibscheibenförderungen. Bei Vertiefung der Schächte waren die vorhandenen Trommeln nicht imstande, die vergrößerte Seillänge aufzunehmen, während durch Umbau in Treibscheibe die Maschine für jede Teufe brauchbar gemacht werden konnte. Heute werden Treibscheibenförderungen bis 1000 m Teufe verwandt.

C. Treibscheibenförderung.

1. Reibungsverhältnisse.

In Fig. 59 ist das Schema einer Treibscheibenförderung dargestellt, in Fig. 60 die entsprechenden Kraftverhältnisse am Seile. An diesem greifen die Spannungen s_1 und s_2 an und die durch die Scheibe und deren Antrieb übertragene Reibung R. s_1 sei hervorgerufen durch die Gewichte des Förderseiles S, der toten Last L ($= G + W$) und der Nutzlast N; s_2 durch die gleichen Lasten weniger der Nutzlast. s_1 und s_2 sind durch die Verhältnisse gegebene Größen. Es tritt nun die wichtige Frage auf: Wird das Kräfteübergewicht $s_1 - s_2 = N$ das Seil auf der Scheibe zum Rutschen bringen, oder kann die entsprechend angetriebene Scheibe das Seil halten und in seinem Sinne bewegen? In letzterem Falle müßte sein $R = N = s_1 - s_2$. Da uns die Reibung R aber völlig unbekannt ist und auf einfache Weise nicht berechnet werden kann, so läßt sich die Frage nicht ohne weiteres entscheiden. Versuche müßten entscheiden, bei denen die Reibung R gerade durch den Unterschied der zu messenden Spannungen bestimmt würde. Art und Ergebnis solcher Versuche sollen im folgenden mitgeteilt werden.

Da zunächst ersichtlich ist, daß eine möglichst große Reibung R zwischen Seil und Scheibe erwünscht ist, so soll betrachtet werden, was zur Erhöhung der Reibung beitragen mag. Die Reibung wächst offenbar mit der Größe der Reibungszahl f, die zwischen dem Seilmaterial und dem Materiale der Seilrille besteht. Dann mit der Größe des Umschlingungsbogens α^0 zwischen Seil und Scheibe. Dieser Umschlingungsbogen ist gewöhnlich 180^0 bis 200^0. Durch Führungsscheiben im Seillauf kann das Seil zu einem größeren Umschlingungsbogen gezwungen werden. Drittens mit der Größe der Anpressung des Seiles an die Scheibe. Diese Anpressung ist offenbar abhängig von der kleineren der Spannungen s_1 und s_2, in unserem Beispiele also von s_2. Bei gegebener Nutzlast $s_1 - s_2 = N$ ist daher die Reibung am größten, wenn die Einzelspannungen s_1 und s_2 selbst möglichst groß sind. Diesem Bedürfnis wird durch das Unterseil Rechnung getragen.

In Fig. 61 ist nun ein Versuch zur Untersuchung der Verhältnisse geschildert. Die die Seilanpressung erzeugende Spannung s_2 werde durch ein angehängtes Gewicht erzeugt. Durch den gezeichneten Antrieb werde die Scheibe im Sinne des Pfeiles gedreht. Dadurch wird im festgehaltenen Seile s eine Spannung erzeugt, die durch die eingeschaltete Meßfeder f gemessen werden kann. Mit der Verstärkung des Antriebes wird die Spannung s wachsen bis zum Augenblicke, wo die Scheibe gegen das Seil gleitet. Alsdann ist die größtmögliche Kraftübertragung von der Scheibe auf das Seil erreicht. Die hierbei erreichte Spannung s werde an einer Skala abgelesen. Durch wiederholte Versuche mit wechselnden Reibungszahlen und wechselnden Umschlingungsbogen könnte dann folgende wichtige Formel

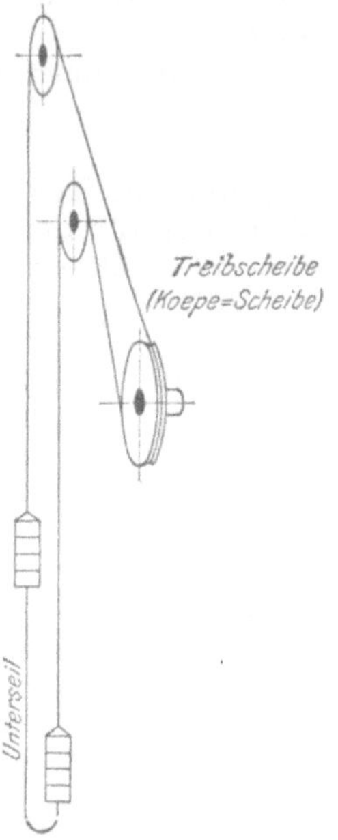

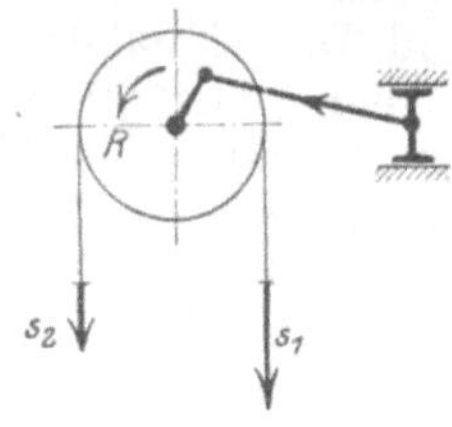

Fig. 60.

Kraftverhältnisse an der Treibscheibe.

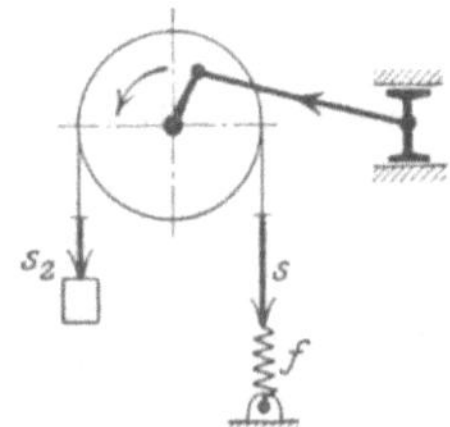

<table>
<tr><td>

Fig. 59.

Seilgewichtsausgleich durch Unterseil bei Treibscheibenförderung. (Z. Ver. deutsch. Ing. 1909, aus Beitrag: „Dr. H. Hoffmann, Maschinenwirtschaft in Bergwerken".)

</td><td>

Fig. 61.

Verhältnis der Seilspannungen an der Treibscheibe.

</td></tr>
</table>

über den Zusammenhang der entscheidenden Größen s_2, s, f und α gefunden werden, deren Form in Wirklichkeit jedoch durch mathematische Betrachtungen aufgestellt wurde.

$$s = s_2 \cdot 2{,}7183^{\,f\frac{\alpha^0}{360^0}} \qquad\qquad\qquad\qquad 1)$$

Ein im Verhältnis zu s_2 großes s deutet eine große Reibung an, da $R = s - s_2$ ist.

Dieses Ergebnis, auf den Fall der Fig. 60 angewandt, zeigt, daß das dort durch die äußeren Verhältnisse gegebene s_1 gleich sein muß bzw. nicht größer sein darf als das aus der Formel berechnete s. Soll eine $\mathfrak{S}$ fache Sicherheit gegen Seilrutsch vorhanden sein, dann darf $s_1 - s_2$ nur einem Bruchteil von s gleich

sein: also $s_1 - s_2 = \dfrac{1}{\mathfrak{S}} \cdot s$ und in die Formel eingesetzt $s_1 - s_2 = \dfrac{1}{\mathfrak{S}} \cdot s_2\, 2{,}71^{\,f\frac{\alpha^0}{360^0}}$

und daraus die Sicherheit gegen Seilrutsch

$$\mathfrak{S} = \frac{s_2 \cdot 2{,}7183^{\,f\frac{\alpha^0}{360^0}}}{s_1 - s_2} \qquad\qquad\qquad\qquad 2)$$

Für eine Reibungszahl von $f = 0,2$ und Bogen $\alpha = 180^0$ ergibt sich für gewöhnliche Verhältnisse (nach **Hütte**, 21. Aufl.) die **statische** Sicherheit

$$\mathfrak{S} = 2,8 - 3,8$$

Kleiner als diese ist die **dynamische**, daß heißt die Sicherheit während der Beschleunigungs- oder Verzögerungszeiten, wo zwischen Seil und Scheibe größere Kräfte zu übertragen sind.

Alsdann

$$\mathfrak{S} = 1,2 \text{ bis } 1,6.$$

Diese letztere Zahl ist für die Beurteilung maßgebend.

Die Spannungen s_1 und s_2 ergeben sich für verschiedene Betriebsverhältnisse (nach **Hütte**, 21. Auflage):

Während der Ruhe oder gleichförmiger Geschwindigkeit.

$$s_1 = L + N + S + 0,06\,N$$
$$s_2 = L + S - 0,06\,N$$

Der Wert $0,06\,N$ berücksichtigt die Reibungs- und Luftwiderstände, die bei aufwärtsfahrendem Korbe die Spannung vermehren, bei abwärtsgehendem vermindern.

Während der Anfahrtsbeschleunigung.

Diese geschehe mit b m/sec². Sie vermehrt bei aufwärtsgehenden Massen die Seilspannung und vermindert sie bei abwärtsgehenden Massen. Die entsprechenden Kraftänderungen sind den bewegten Gewichten und dem Verhältnis der Beschleunigung zur Erdbeschleunigung (9,81 m/sec²) proportional. Hierbei sind auch zu berücksichtigen die Seilgewichte S_1 zwischen je einer Seilscheibe und der Treibscheibe und das quadratisch auf den Umfang der Seilscheibe bezogene Gewicht G_s derselben.

$$s_1 = L + N + S + (L + N + S)\,\frac{b}{9,81} + (G_s + S_1) \cdot \frac{b}{9,81} + 0,06\,N$$

$$s_2 = L + S - (L + S) \cdot \frac{b}{9,81} - (G_s + S_1) \cdot \frac{b}{9,81} - 0,06\,N \quad . \quad . \quad 4)$$

Während der Verzögerung (freier Auslauf oder Bremsen).

Diese geschehe mit a m/sec². Sie vermindert beim aufwärtsgehenden und vermehrt beim abwärtsgehenden Korbe die Seilspannung.

$$s_1 = L + N + S - (L + N + S) \cdot \frac{a}{9,81} - (G_s + S_1) \cdot \frac{a}{9,81} + 0,06\,N$$

$$s_2 = L + S + (L + S)\,\frac{a}{9,81} + (G_s + S_1) \cdot \frac{a}{9,81} - 0,06\,N \quad . \quad . \quad 5)$$

Die Formeln gelten für normale Aufwärtsförderung. Für andere Förderarten können sie in analoger Weise leicht aufgestellt werden. Sie gestatten im Verein mit den bekannten Werten von f und α nach Formel 1 die Sicherheit gegen Seilrutsch für die einzelnen Förderarten zu berechnen.

2. Reibungszahlen f und Seilrillenfutter.

Die Reibungszahl f ist abhängig von dem Stoffe der Seilrinne und dem Zustande der Schmierung. Das Seil kann in gußeiserner oder in mit Holz oder Leder ausgefütterter Rille laufen. Schmierung vermindert die Reibung merklich.

Versuche von F. Baumann (1883) mit geschmiertem Seil
(Z. f. B. und H.-W. im Preuss. Staate 1883, 182).

Seilrille: Gußeisen f = 0,129
Eichenholz = 0,158
Leder = 0,163.

Versuche von Köttgen (1902). (Zeitschr. deutsch. Ing. 1902, S. 710).

Dieselben ergaben große Unterschiede zwischen trockenem und geschmiertem Seile. Es wurden untersucht Pappel, Eiche, Leder, Weißbuche, deren Rangordnung hier nach abnehmender Reibungszahl gegeben ist. Für nicht übermäßig geschmiertes Seil ergaben sich die Reibungszahlen einigermaßen übereinstimmend mit

$$f = 0,15.$$

Dies stimmt mit den oberen Versuchen genügend überein, wenn auch die Stellung des Leders ungünstiger als oben ist. Für Leder erwies sich die Zahl für trockenes oder geschmiertes Seil nur wenig verschieden. Für Pappel und Eiche kann für trockenes Seil gerechnet werden

$$f = 0,2.$$

Hütte, 21. Auflage gibt an (S. 453, Bd. II)

$$f = 0,16 \text{ bis } 0,25.$$

Als Seilrillenfutter wurde vielfach Holz (Ulme, selten Buche oder Eiche) gewählt, in einem Falle wurde in das Holzfutter noch ein Lederfutter eingelegt (Fig. 61). Holz scheint einen größeren Verschleiß zu erleiden als Leder. Besonders wenn ein Seilrutschen sich einstellt, leidet das Holz durch Absplittern. Die Hölzer werden mit ihrer Faserrichtung radial gestellt, so daß das Seil auf der Stirnseite läuft. Lederfutter wird häufig aus abgelegten Riemen geschnitten und aus dünnen hochkant gelegten Scheiben zusammengesetzt.

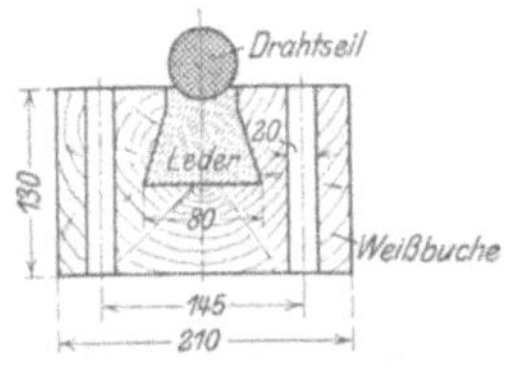

Fig. 62.
Seilrille aus Leder.

Im betreffenden Falle (Fig. 62) lag schräger Seilzug vor. Das Holzfutter verschliß in 8 Wochen vollständig, das Leder in 26 Wochen. Dabei waren die Kosten des Lederfutters etwas höher. Die Reibung erwies sich bei Leder höher als bei Holz und wurde durch Nässe und Öl wenig verändert.

Man vergl. auch die Reibungsziffern bei Bremsen. VI. D. 3.

3. Das Seilrutschen.

Über das Seilrutschen im Betriebe sei aus einer Abhandlung von Ehrlich, Zeitschr. d. Ing. 1900, S. 680 mitgeteilt:

„Um das Rutschen zu verhindern, darf die Hanfseele weder geteert noch gefirnißt, sondern muß trocken in das Seil eingelegt sein. Im Laufe der Förderung erfolgt regelmäßig ein ganz geringes Rutschen des Seiles, dessen Maß der Maschinenführer an der Verschiebung des Zeichens am Seile gegen das feststehende Zeichen an den Bremsbacken erkennen kann. Übersteigt dieses Maß die Größe von ½—1 m, so läßt der Maschinenführer die eine Schale verhältnismäßig scharf aufsetzen und öffnet im selben Augenblicke das Einlaßventil ganz wenig, so daß sich die Treibscheibe unter dem Seile in die richtige Lage weiterdreht und die Zeichen wieder stimmen. Durch diese Drehung der Maschine stellt sich auch der Teufenzeiger wieder richtig ein. Diese Manipulation ist täglich nötig. Bei der Übung der Maschinenwärter verursacht dies weder Schwierigkeit noch Störung."

Das geschilderte Verfahren, Teufenzeiger und Korbstand wieder miteinander in Übereinstimmung zu bringen, entfällt bei der richtigeren Anordnung des Teufenzeigerantriebes nicht von der Treibscheibenwelle sondern von irgend einer durch das Seil bewegten Scheibenwelle aus, wozu etwaige Führungsscheiben benutzt oder besondere Scheiben angeordnet werden können. Vergleiche Ausführungen hierzu und weitere Maßnahmen in Abschnitt V D 1.

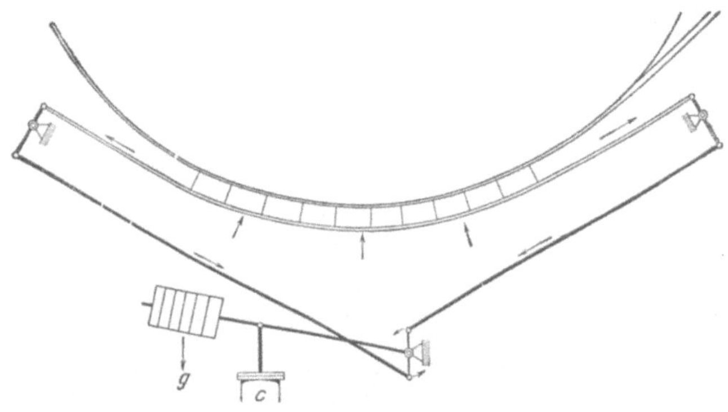

Fig. 63.
Seilbremse nach Thyssen & Co., Mülheim-Ruhr.

Um das Seilrutschen zu verhindern, wird, wie bereits erwähnt, durch geeignete Stoffe für die Seilrille eine hohe Reibungszahl zu erreichen gesucht, andererseits durch die im nächsten Abschnitte zu schildernden Arten eine Vergrößerung des Umschlingungsbogens herbeigeführt.

Ein hiervon abweichender eigenartiger Vorschlag ist von F. Herkenrath, Duisburg im D.R.P. 143 358 (1903) gemacht worden. Danach sollen in der Nähe des Scheibenumfanges Elektromagnete so angeordnet werden, daß deren Kraftlinien durch das aufliegende Seil geschlossen werden. Die Magnete ziehen das Seil gegen die Scheibe. Da die Magnete das Seil nur auf dem Umschlingungsbogen anziehen sollen, so wird die Stromzufuhr zu den Magneten durch eine Steuerung so gestaltet, daß jeweils nur die im Gebiete des Umschlingungsbogens befindlichen Magnetspulen Strom erhalten. (Vgl. Zeitschr. d. Ing. 1903, S. 1436.)

Um das Seilrutschen während des Bremsens zu verhindern, ordnen Thyssen & Co., Mülheim - Ruhr, eine besondere Seilbremse an, die das Seil gegen die Rille der Seilscheibe drückt. Diese Seilbremse kann in Gemeinschaft mit der Hauptbremse oder für sich allein betätigt werden. Fig. 63 zeigt die Anordnung. Das Gewicht g wird bei gelöster Bremse durch den Kolben des Bremszylinders c schwebend gehalten. Durch Entlastung des Dampfkolbens tritt das Gewicht in Wirksamkeit und zieht das Bremsband an.

4. Vergrößerung des Umschlingungsbogens durch Seilführung.

Die gewöhnliche einfache Anordnung (Fig. 59) ergibt einen Umschlingungsbogen von etwa 180⁰—195⁰.

Die Formel 1 läßt den bedeutenden Einfluß einer Vergrößerung des Umschlingungsbogens auf die erzielbare Nutzspannung erkennen. Eine solche Vergrößerung erscheint besonders bei geringen Teufen und bei vorgesehener hoher Beschleunigung

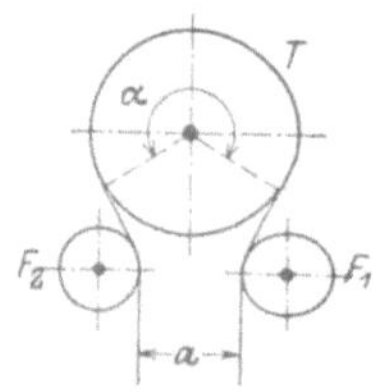

Fig. 64.

Seilführung bei einer im Fördergerüst liegenden Treibscheibe.

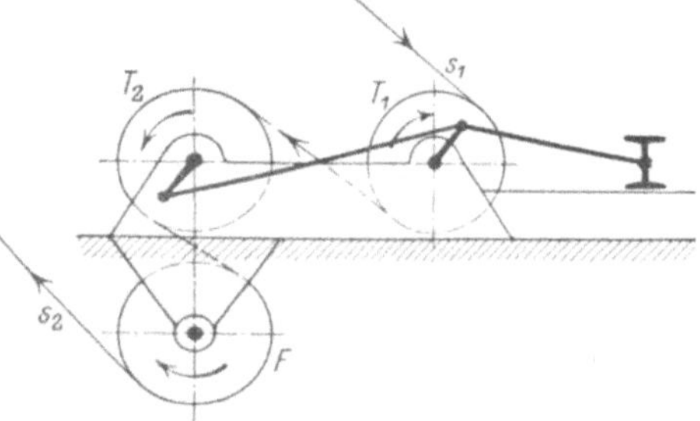

Fig. 65.

Zwei hintereinanderliegende Treibscheiben mit gemeinsamem Antriebe.

oder Verzögerung erwünscht. Im folgenden sollen vorgeschlagene, wohl auch gelegentlich ausgeführte Anordnungen vorgeführt werden. Eine merkliche Anwendung derselben hat nicht stattgefunden.

Fig. 64 zeigt zwei symetrisch angeordnete Führungsscheiben F_1 und F_2, die das Seil zu einem größeren Umschlingungsbogen auf der Treibscheibe T zwingen ($a = 270^0$). Diese Anordnung wurde bei der ersten Treibscheibenanordnung von Koepe (1878) gewählt, wobei die Maschine im Fördergerüste über dem Schachte stand. Bei solcher Anordnung sind Führungsscheiben nötig, um dem Seile einen bestimmten Abstand a, wie er durch die Korbmitten gefordert ist, zu verleihen.

Durch Führungsscheiben kann eine Umschlingung bis etwa ¾ erreicht werden. Für größere Umschlingungen müssen mehrere Treibscheiben, die bezüglich der Seilführung hintereinandergeschaltet sind, angewandt werden. Fig. 65 weist 2 in gleicher Ebene hintereinander liegende im Antrieb gekuppelte Treibscheiben T_1 und T_2 auf. Das Seil läuft von T_1 über T_2 und über eine Führungsscheibe F. Der erreichte Umschlingungsbogen ist gleich 2 × ½ = 1. Die Wirkung ist dieselbe, als wäre eine ganze Umschlingung

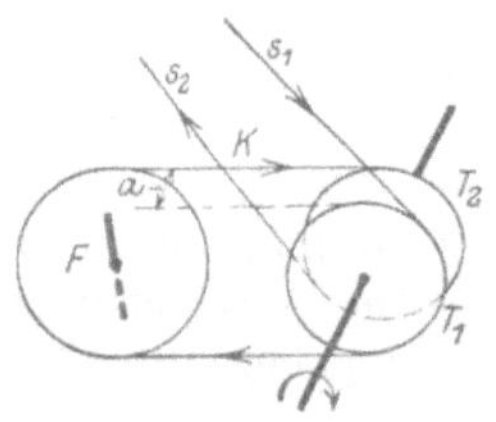

Fig. 66.

Zwei nebeneinanderliegende Treibscheiben mit gemeinsamen Antriebe, nach Cravens.

auf einer Treibscheibe vorhanden, denn das Seil läuft auf die Scheibe T_2 mit der Spannung auf, mit der sie die Scheibe T_1 verläßt.

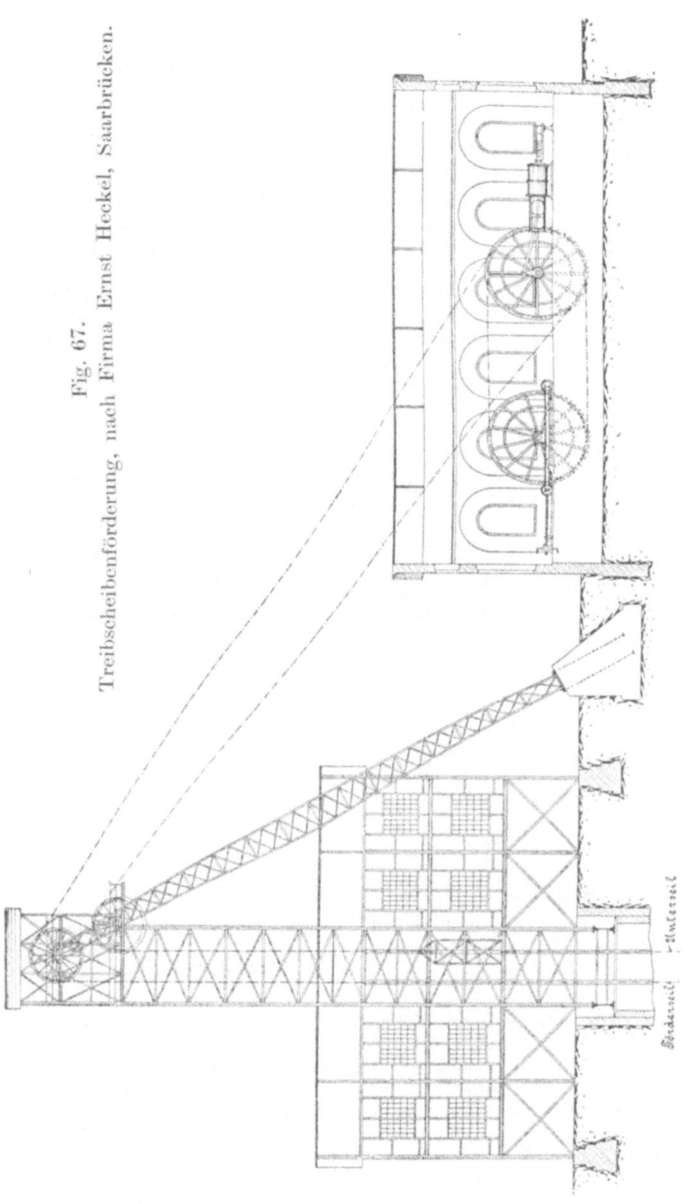

Fig. 67.
Treibscheibenförderung, nach Firma Ernst Heckel, Saarbrücken.

In Fig. 66 liegen die beiden Treibscheiben auf gleicher Achse in parallelen Ebenen. Das Seil umschlingt die Treibscheibe T_1, läuft vorne unten auf die Führungsscheibe F auf, verläßt diese etwas mit ihrem oberen Ende nach hinten geneigte, sonst stehende Scheibe oben hinten und umschlingt dann die zweite Treibscheibe T_2. Die Neigung der Führungsscheibe F wird nach dem Abstande a der Treibscheiben T_1 und T_2 bemessen. Durch diese Neigung wird ein schräger Seilzug zwischen den Scheiben vermieden. Die Entfernung der beiden Treibscheiben wird nach Bedarf bemessen. Liegen die beiden Gerüstseilscheiben (vgl. Fig. 7) in gleicher Ebene, so werden die Treibscheiben dicht aneinander gesetzt, liegen sie nebeneinander, Fig. 8, so erhalten die Treibscheiben die Entfernung der Seilscheiben, damit in jedem Falle ein schräger Seilzug vermieden werde. Der letzt geschilderte Fall tritt ein, wenn eine vorhandene Trommelmaschine in eine Treibscheibenmaschine umgebaut wird, da bei dieser gemäß der ganzen Anordnung die Gerüstscheiben nebeneinander in Entfernung der Seilkorbmitten liegen. (Man vergleiche Abschnitt I C 3.) Der erreichte Umschlingungsbogen ist $2 \times \frac{1}{2} = 1$. Diese Anordnung ist als Cravenssche Art seit 1882 bekannt. Sie ist neuerdings (1903) der Firma Ernst Heckel, St. Johann-Saarbrücken, patentiert (D.R.P. 153 944). Hiernach, Fig. 67, sollen weitere Vorteile aus der Anordnung dadurch gewonnen werden, daß die Führungsscheibe wagerecht verschiebbar gelagert ist.

Hierdurch soll ein Seilabhauen zwecks Seiluntersuchung ermöglicht werden, da ein Seilersatz durch Näherschieben der Führungsscheibe an die Treibscheiben heran stattfinden kann. Alsdann darf das Treibscheibenseil ebenso wie ein Trommelseil so lange aufliegen, als eine genügende Festigkeit durch die Seiluntersuchung nachgewiesen wird. Seillängungen können durch Zurückschieben der Führungsscheibe ausgeglichen werden.

Eine interessante Anwendung fand die Cravens-Heckelsche Art bei dem Blindschacht einer Kaligrube. Die alte Trommelmaschine, die von der 460 m-Sohle auf die 360 m-Sohle förderte, war für die vergrößerte Förderung unzureichend

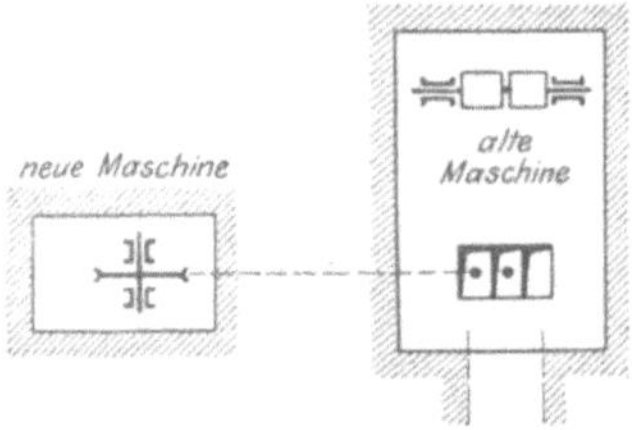

Fig. 68.

Ersatz einer untertägigen Trommelförderung durch Treibscheibenförderung.

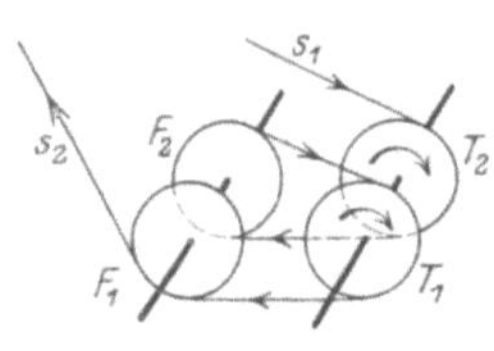

Fig. 69.

Zwei nebeneinanderliegende Treibscheiben für eine Treibscheibenförderung ohne Unterseil.

geworden, so daß eine größere Maschine beschafft werden mußte. Während des Umbaues sollte der Betrieb der alten Maschine nicht gestört werden. Daher wurde die neue Maschine senkrecht zur alten in einer zum Schachte seitlichen Maschinenkammer untergebracht. Fig. 68. Da jetzt die Seilebene in die durch die Korbmitten gehende Ebene fiel, konnte nur Antrieb durch Treibscheibe gewählt werden. Dieser eignet sich für solche Blindschachtförderung auch deshalb, weil er geringere Gefahren bei etwaigem Übertreiben bietet, so daß die Seilscheiben in geringer Entfernung über der Hängebank angebracht werden können, was bei den beengten Raumverhältnissen sehr wünschenswert ist. Nun trat aber eine andere Schwierigkeit auf. Unter der unteren Sohle befand sich kein Schachtsumpf und konnte auch nicht mehr erstellt werden, so daß ein Unterseil als Mittel zur Seilgewichtsausgleichung und Spannungserzeugung nicht angewandt werden konnte. Daher mußte ein größerer Seilumschlingungsbogen verwirklicht werden. Es wurde die Heckelförderung, Fig. 66, in Aussicht genommen. Bei geneigter Führungsscheibe F, oder wie hier, eng aneinanderliegenden Treibscheiben, kreuzten sich im Punkte k zwei Seilstücke, so daß durch den eintretenden Verschleiß eine geringe Seildauer zu erwarten steht. Im vorliegenden Falle wurde daher eine andere Form, Fig. 69, mit zwei Führungsscheiben F_1 und F_2 zur Ausführung gebracht. Hierdurch werden die Seilstränge auseinandergehalten und ein Verschleiß vermieden.

Dem Heckelsystem in Absicht und Ausführung durchaus ähnlich ist das in Amerika ausgeführte Whitingsystem, Fig. 70 (vgl. Glückauf 1908, S. 337).

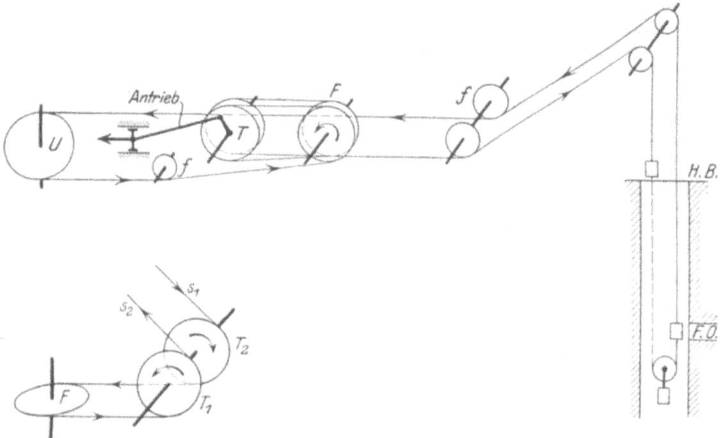

<table>
<tr><td>Fig. 71.
Zwei Treibscheiben mit
gesondertem Antriebe.</td><td>Fig. 70.
Treibscheibenförderung nach
System Whiting.</td></tr>
</table>

Zwei Treibscheiben T mit Umführungsscheiben F ergeben eine Umschlingung von zusammen 360°. In den Seillauf sind noch einige nötige Führungsscheiben f und eine entfernte Umkehrscheibe U eingeschaltet. Ein Heranrücken der horizontalen Umkehrscheibe ermöglicht die nach dem Seilabhauen nötige Verlängerung des hängenden Seiles. Der äußere Aufbau ist dem einer Streckenfördermaschinen gleich. Während bei letzterer die mehrfache Umschlingung der Treibscheibe wegen der erforderten sehr großen Zugkraft bei geringer Anspannung des leeren Seilendes durchaus nötig ist und den stärkeren Seilverschleiß durch die häufigen Seilbiegungen entschuldigt, lassen die wesentlich günstigeren Kraftverhältnisse der Koepeförderung das Whitingsystem als unnötig und daher nachteilig erscheinen.

In den erwähnten Beispielen waren die beiden Treibscheiben starr miteinander verbunden. Schon geringe Verschiedenheiten der Rillendurchmesser bedingen starke Zerrungen im Seile. Daher erscheint es zur Schonung der Seile günstiger, die beiden Treibscheiben nicht starr miteinander zu kuppeln, sondern durch getrennte Motoren anzutreiben. Dies kann nur durch Elektromotoren geschehen, da eine Dampfmaschine wegen der ungünstigen Eigenschaften des Kurbeltriebes an jeder Treibscheibe mit 2 versetzten Kurbeln angreifen müßte, die ganze Anordnung also sehr verwickelt und teuer würde. Fig. 71 zeigt eine Anordnung für getrennten Antrieb der Treibscheiben T_1 und T_2. Die Führungsscheibe liegt wagerecht unten, und die Treibscheiben drehen sich in entgegengesetzter Richtung. Beide Seilenden gehen als oberschlägige Seile von den Treibscheiben ab. Die entgegengesetzte Drehung der Treibscheiben gestattet einen einfachen Antrieb, indem die eine Scheibe mit dem Anker eines Elektromotors, die andere mit dem das magnetische Feld tragenden, nicht am Gestelle befestigten, sondern ebenfalls drehbaren Teile verbunden wird. Die Anordnung fällt unter das DRP. 109 073 (1899) von Siemens & Halske, Berlin.

Sie gestattet auch die Verwendung eines Flachseiles, wenn die Entfernung der Führungsscheibe genügend groß gewählt wird.

Fig. 72 zeigt einen durch das DRP. 197 042 (1908) gemachten Vorschlag. Das Seil umschlingt die beiden im Antriebe miteinander gekuppelten Treibscheiben T_1 und T_2 in je ¾ Umschlingung. Bei solchem Seillauf kreuzen sich die Seile zweimal. Um Berührung an diesen Stellen zu vermeiden, sind die Treibscheiben nicht in gleicher Ebene angeordnet, sondern mit ihren Ebenen gegeneinander verschoben. Damit der schräge Seilzug hierbei erträglich bleibt, müssen die Scheiben in der Richtung des Seillaufes entsprechend weit auseinander gerückt werden, was aber die Kupplung der Antriebe erschwert.

Im Anschluß an diese Betrachtungen sei eine besondere Anordnung der Königs- und Laurahütte, DRP. 195 008 (1908) erwähnt, die zwar keine Vergrößerung des Umschlingungsbogens bietet, deren Patentbeschreibung aber, wenn auch irrtümlicher Weise, eine Vergrößerung der erzeugten Reibung verspricht, Fig. 73. Treibscheiben T und Gerüstscheiben F sind mehrrillig ausgeführt. Ein dünnes, mehrfach langes Förderseil ist in parallelen Windungen in folgender Weise gelegt: Wir beginnen mit dem Anfangspunkt 1, der am Korbe K_1 befestigt

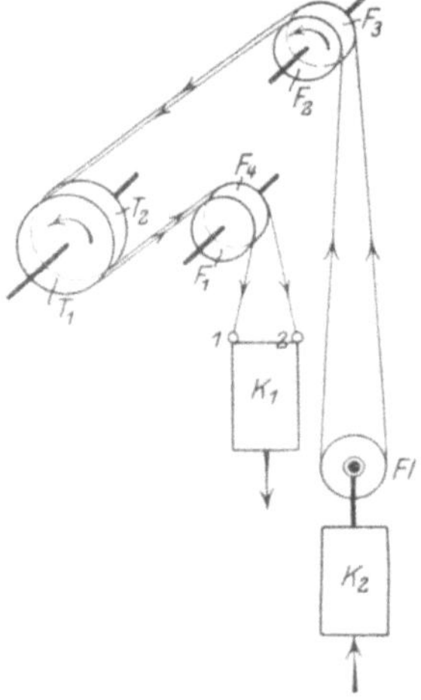

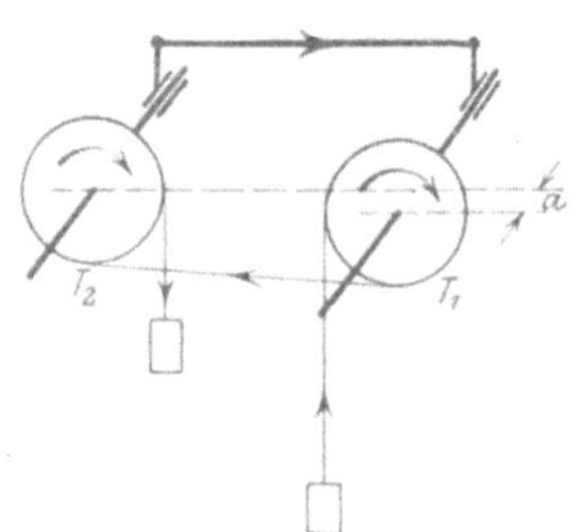

Fig. 72.

Zwei hintereinanderliegende Treibscheiben mit großer Umschlingung.

Fig. 73.

Seil aus parallel laufenden dünnen Seilen nach Königs- & Laurahütte.

ist. Das Seil führt über die Seilscheibe F_1 nach der Treibscheibe T_1, dann über die Seilscheibe F_2 nach einer am Korbe K_2 befestigten losen Rolle Fl, von dieser über die Seilscheibe F_3 nach der Treibscheibe T_2, weiter nach der Seilscheibe F_4 zum festen Endpunkte 2 am Korbe K_1. Das Spiel könnte weiter fortgeführt werden, indem man das Seil, statt es im Punkte 2 zu endigen, über eine am Korbe K_1 befestigte zweite lose Rolle wieder zu den Scheiben zurückführen würde. Die Seile sind als parallel geschaltete Stränge zu betrachten. Die Beanspruchungen verteilen sich gleichmäßig über die Seilstränge. Der Vorteil wird in den dünnen Seilen gefunden, die die Anwendung von kleinen Treibscheiben und somit größere Drehzahl der Triebwelle gestatten. Die über die lose Rolle des Korbes K_2 gehenden Seilstränge könnten auch an diesem Korbe unmittelbar befestigt werden. Diese Rolle ist aber angeordnet, um einen Ausgleich der nie völlig gleichen Bewegungen der einzelnen Seilstränge zu gestatten, sie soll also dieselbe Aufgabe erfüllen, wie der getrennte Antrieb der einzelnen Treibscheiben in Fig. 71. Die Vorteile eines dünnen Förderseiles sind ersichtlich, die losen Rollen aber sind böse Zugaben. Eine Vermehrung der Reibung über die der halben Umschlingung entsprechende findet nicht statt. Beim Reißen eines der Stränge fallen beide Förderkörbe ab.

Der Betriebsbeamte wird die Anordnung wenig schätzen, da er eine mehrfache Seillänge zu überwachen hätte.

Die Vorteile eines dünnen Seiles lassen sich einfacher durch ein Bandseil erreichen. Solche Ausführungen sind gelegentlich in Verbindung mit elektrischem Antriebe gemacht worden, z. B. für 4 Wagen mit einem Durchmesser der Treibscheibe von 3,5 m. (Siehe Fig. 254/255.) Wegen des sonst ungünstigen Verhaltens metallener Bandseile ist deren Verwendung aber vereinzelt geblieben trotz des dringenden Wunsches, die Drehzahl der Triebwelle zu vergrößern.

Alle Ausführungen mit Führungs- und mehrfachen Treibscheiben bedingen einen stärkeren Verschleiß des Förderseiles wegen der öfteren Biegungen und vermehrten Reibung an den Flanschen der Seilnuten. Diejenigen Anordnungen sind dabei ungünstiger, die eine wechselnde Biegung des Seiles verlangen. Eigenartig ist in dieser Beziehung die Anordnung der Fig. 71, die einen geschränkten Seiltrieb darstellt. Hierbei stehen aufeinanderfolgende Biegungen des Seiles aufeinander senkrecht.

Diese Anordnungen empfehlen sich nur, wenn bei geringer Teufe ein Seilrutschen zu befürchten ist, oder wenn auf ein Unterseil verzichtet werden muß.

5. Das Seilauswechseln bei Treibscheiben.

Die Schwierigkeiten des Seilauflegens und Seilauswechselns sind im Abschnitte IV B. 2 schon erwähnt. Das Seilwechseln erfordert besondere Einrichtungen.

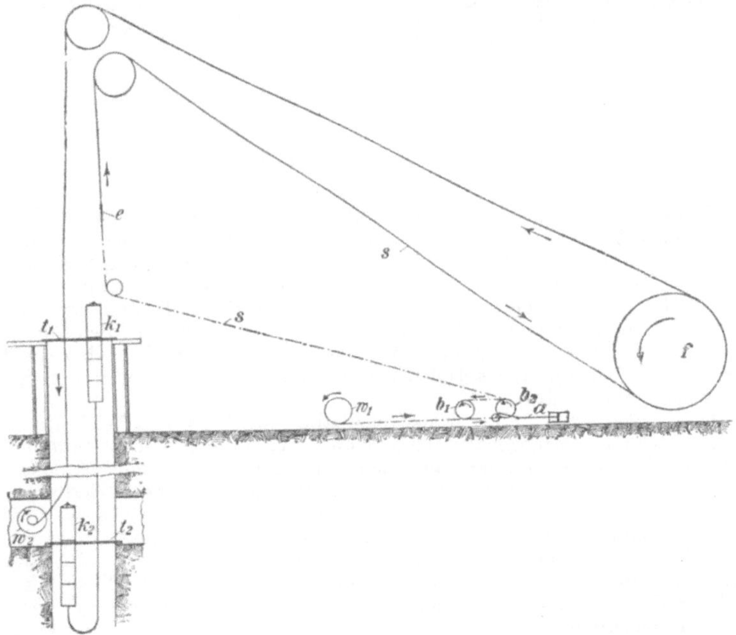

Fig. 74.

Seilauswechseln bei Treibscheibenförderung nach Firma A. Beien, Herne i. W.

Die Benutzung eines einfachen Trommelkabels mit mehrfacher Übereinanderlagerung des neuen Seiles führt leicht zu Beschädigungen des Seiles während des Auflegens.

Fig. 74 zeigt ein der Firma A. Beien, Maschinenfabrik Herne i. W., patentiertes Verfahren (DRP. 138 271, 1901), das sich von dem älteren Verfahren durch Ersatz des Trommelkabels durch eine Reibungswinde im wesentlichen unterscheidet. Auf der Reibungswinde, Fig. 75, wird das Seil um zwei angetriebene Reibungstrommeln in mehrfachen Windungen gelegt. Eine solche Reibungswinde kann als weiterer Ausbau der in Fig. 66 dargestellten Anordnung zweier angetriebener Treibscheiben aufgefaßt werden. Von der zweiten Treibscheibe T_2 läuft das Seil zur ersten Welle zurück, umschlingt eine neben T_1 liegende dritte

Fig. 75.
Reibungswinde von A. Beien, Herne i. W.

Treibscheibe, geht zu einer vierten Treibscheibe der Welle 2 zurück usw., so daß eine vermehrte Umschlingung der Scheiben erzielt wird. Dadurch wird erreicht, daß durch einen kleinen Seilzug s_2 mit Hilfe des Antriebes eine sehr große Spannung s_1 im auflaufenden Seile erzeugt werden kann. Eine solche Reibungswinde zeigt auch Fig. 74 mit den Treibtrommeln b_1 und b_2, die durch die Dampfmaschine a angetrieben werden. w_1 ist der Wickelhaspel, auf dem das neue Seil lose aufgewickelt angeliefert wird. Das freie Seilende läuft in der Richtung der Pfeile über die Treibscheiben b_2 und b_1; s ist das ablaufende Ende, das beim Einlassen in den Schacht große Anspannung erfährt.

Diese große Anspannung pflanzt sich aber nicht bis zum Wickelhaspel w_1 und seine übereinanderliegenden Windungen fort, sondern in dem vom Wickelhapsel nach der Reibungswinde laufenden Seile genügt eine kleine Anspannung, um mit Hilfe des Antriebes eine große Spannung im ablaufenden Ende zu überwinden. Für ungefähr 6 Umschlingungen wird eine Anspannung s = 25 000 kg durch eine Spannung von 150 kg im auflaufenden Seile erzeugt. Der Wickelhaspel bleibt also von den großen das Seil schädigenden Spannungen frei. Innerhalb der Reibungswinde wachsen die Spannungen von 150 kg bis 25 000 kg. Da hier aber das Seil in einfachen Windungen liegt, tritt eine Beschädigung des Seiles nicht ein. Immerhin ist aber doch zu beachten, daß das Förderseil auf den Trommeln der Winde um sehr kleine Durchmesser mit großer Anspannung gebogen wird, was auf keinen Fall spurlos am Seile vorübergeht.

Der Vorgang des Seilwechselns ist folgender: Die Körbe werden an Hängebank und Füllort festgelegt und das Seil von ihnen getrennt. Vorher muß das obere Seil an einem festen Punkte sorgfältig befestigt werden, da es ohne dies beim Abschlagen vom oberen Korbe sofort über die Scheiben rutschen würde. Unter Tage ist ein von Hand zu bedienender Wickelhaspel aufgestellt, der das zu senkende alte Seil aufzunehmen hat. Das obere abgeschlagene Seil wird bei e mit dem vom Reibungshaspel kommenden neuen Seile s durch Spleißung verbunden. Nach Lösung des oberen Seilendes aus der vorübergehenden Befestigung beginnt das links hängende alte Seil in den Schacht zu rutschen, das neue Seil nachziehend. Damit diese Bewegung beherrscht werde, muß am Wickelhaspel w_1 mit genügender Kraft rückwärts gedrückt und mit dem Dampfhaspel das Übergewicht gehalten werden. Die Treibscheibe f der Maschine läuft leer mit. Der Vorgang des Einlassens ist beendet, sobald das alte Seil auf w_2 aufgewickelt und der Punkt e des neuen Seiles über dem unteren Förderkorbe angekommen ist: er kann dann mit K_2 verbunden werden. Ehe das obere Seilende mit dem oberen Korbe verbunden werden kann, ist es wieder mit einem festen Punkte zu verbinden, da sonst beim Abnehmen dieses Endes von den Haspeln das ganze Seil über die Seilscheiben rutschen würde.

Das erste Auflegen eines Seiles geschieht in ähnlicher Weise, nachdem das Seilende s über die verschiedenen Scheiben geschlungen und bis zur Hängebank geführt ist. Hier wird es mit dem Förderkorbe verbunden und in den Schacht eingelassen.

Die zum Seilauflegen erforderliche Reibungswinde kann im Betriebe des Schachtes manche sonstige Verwendung finden.

Diese Art kann durch eine einfachere der Maschinenbau-A.-G. Union (Essen) ersetzt werden. Diese benutzt eine besonders geformte Treibscheibe, Fig. 76.

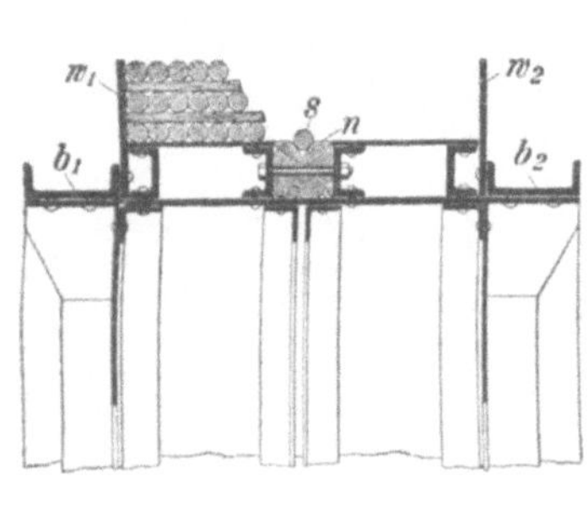

Fig. 76.
Breiter Kranz einer Treibscheibe
nach Firma Union-Akt.-G. Essen.

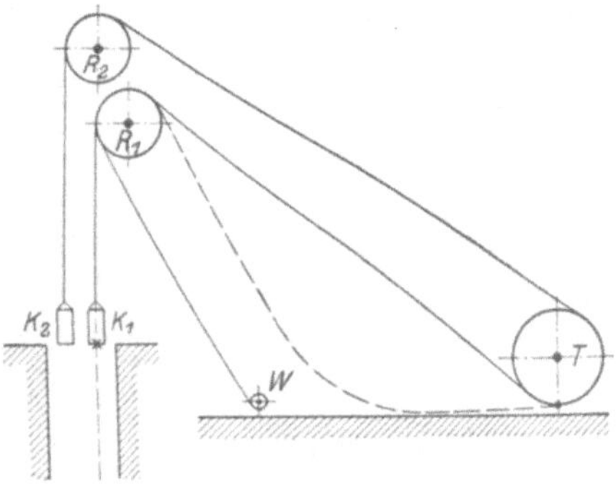

Fig. 77.
Seilauflegen bei Treibschreibenförderung
nach Firma Union-Akt.-G. Essen.

Neben der Seilrille befindet sich eine trommelartige Erbreiterung, die zur Aufnahme des neuen Förderseiles in mehreren übereinander lagernden Windungen bestimmt ist. Damit die Windungen sich nicht gegenseitig beschädigen, sind Brettchen zwischen je zwei Windungen gelegt.

Die Benutzung geschieht in folgender Weise: Fig. 77. Beide Körbe sind über Tage festgelegt. Das neue Seil befindet sich auf dem Wickelhaspel W. Das freie Förderseilende wird über die Seilscheibe R_1 mit Hilfe eines Handkabels gelegt und dann am Umfange der Treibscheibe T am Seilboden derselben befestigt und mit der Fördermaschine auf den trommelartigen Teil gewickelt. Das hierdurch frei werdende innere Förderseilende wird dann am Förderkorbe K_1 angeschlagen und mit der Fördermaschine in den Schacht gelassen. Hierauf wird dieses Seil an der Hängebank festgeklemmt. Nunmehr wird der Rest des Seiles von der stillstehenden Trommel T abgewickelt und durch das Handkabel über die Scheibe R_2 gezogen und schließlich am Korbe K_2 befestigt.

In entsprechender Weise findet ein Seilwechsel statt. Die Vorteile dieser Art sind: Wegfall eines besonderen Haspels und größere Schonung der Seile wegen des größeren Trommeldurchmessers. Der Mehraufwand durch die verbreiterte

Scheibe erscheint auch insofern nicht unvorteilhaft, als er das zu leichte Scheibengewicht vergrößert. Dies ist bei Expansionsbetrieb erforderlich. (Nach Glückauf 1903, S. 829.)

D. Ausführung der Seilträger.

1. Trommelformen.

Zylindrische Trommeln. Trommeln, Fig. 78, bestehen aus den auf der Welle sitzenden Naben N und den äußeren Kränzen K, die durch strahlenförmige Speichen S miteinander verbunden sind. Die Kränze K sind durch den zylindrischen Seillauf L miteinander verbunden. Die Speichen sind noch durch Stangen s miteinander verstrebt. Neben der Trommel sitzt auf

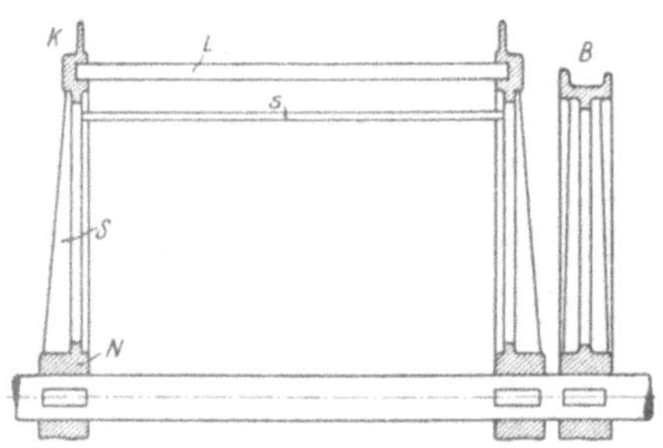

Fig. 78.
Gußeiserne kleine Seiltrommel mit gesonderter Bremsscheibe.

der Welle fest eine Bremsscheibe. Die Stirnseiten dieser kleinen Trommel sind aus einem Stück gegossen, der Seillauf besteht aus Holzbohlen. Die Nabe ist fest auf der Welle verkeilt. Zwischen dem Kranze K und der Nabe N gehen tangentiale Kraftwirkungen hin und her. Die radialen Speichen erleiden bei dieser Kraftübertragung Biegungsbeanspruchungen, so daß für größere Trommeln an Stelle des biegungsunfesten Gußeisens Schmiedeeisen für die Speichen verwendet wird.

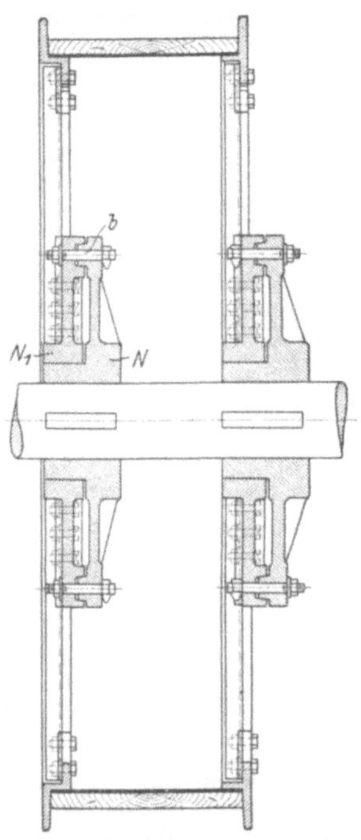

Fig. 79.
Lostrommel mit gußeisernen Naben und Kränzen und schmiedeeisernen Speichen. Bolzenreibungskupplung, nach Firma Sieg-Rheinische Hütten-Akt.-G., Friedrich-Wilhelmshütte a. d. Sieg.

Fig. 79 zeigt ebenfalls gußeiserne Naben und Kränze, die aber durch Speichen aus U-Eisen verbunden sind. Der hölzerne Seillauf

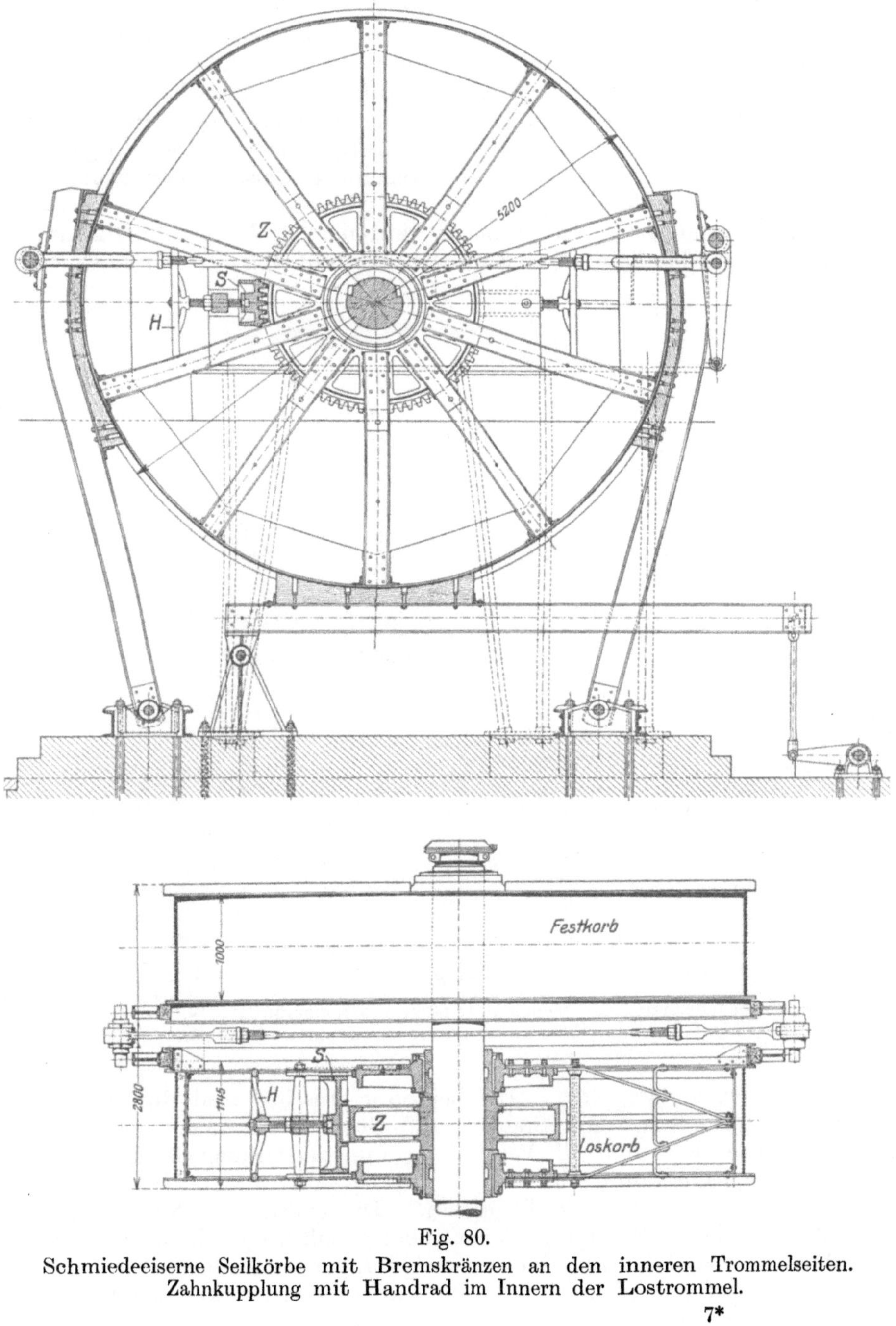

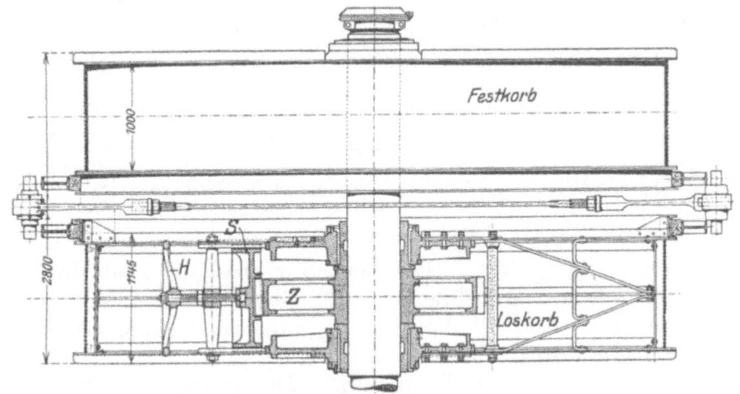

Fig. 80.
Schmiedeeiserne Seilkörbe mit Bremskränzen an den inneren Trommelseiten.
Zahnkupplung mit Handrad im Innern der Lostrommel.

7*

ruht auf einem Mantel aus Blech. Die Naben sind zweiteilig und bestehen aus den Teilen N, die fest auf der Welle verkeilt sind und den Teilen N_1, die mit der Trommel fest verbunden sind. Beide Nabenteile sind durch Bolzen miteinander verbunden. Eine solche Trommel heißt Lostrommel; sie kann nach Lösung der Bolzen gegen die Welle verdreht und in neuer Lage auf ihr befestigt werden. Der Vorgang, das Umstecken genannt, soll im Abschnitt Umsteckvorrichtungen D. 2 besonders behandelt werden.

Bei den meisten Ausführungen werden auch die Trommelkränze aus dem zuverlässigen Schmiedeeisen hergestellt, Fig. 80. Der Loskorb

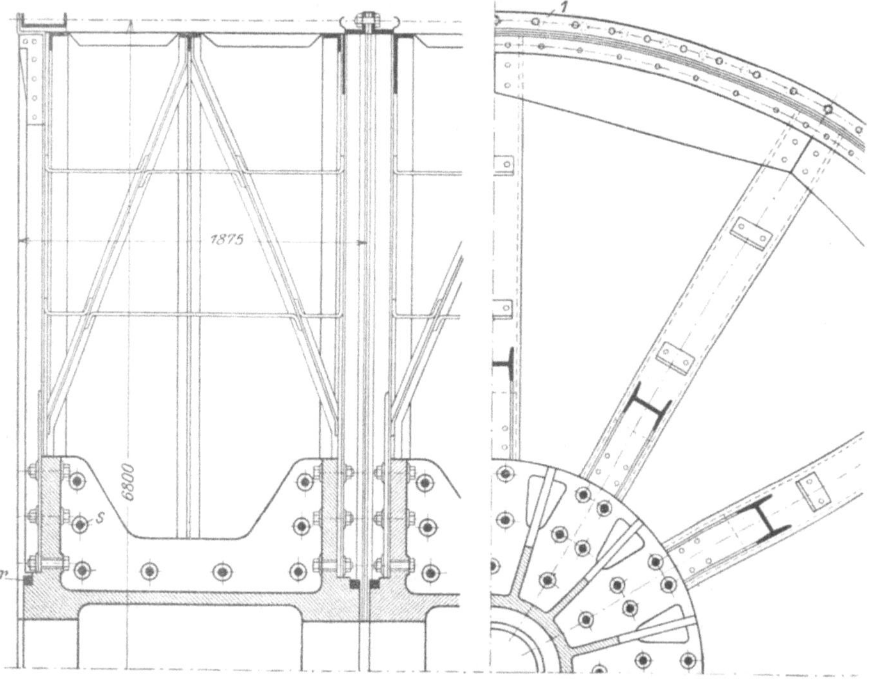

Fig. 81.
Große schmiedeeiserne Trommeln mit seitlichen Bremskränzen. Bolzenkupplung
mit Noniusteilung an den inneren Trommelumfängen.

ist im Schnitt dargestellt. Die beiden Stirnseiten sind durch verschiedene schmiedeeiserne Stangen und Stäbe miteinander verstrebt. Im Aufrisse sieht man die Verbindung und Verstärkung des Kranzes und der Speichen untereinander.

Fig. 81 zeigt 2 große Trommeln. Die gußeisernen Naben sind groß und schwer. Sie werden daher meist geteilt hergestellt und durch Schrauben s und Schrumpfringe r miteinander verbunden. Eine der Naben ist auf der Welle verkeilt, die andere sitzt lose auf der Welle.

Die Körbe sind an ihrer Zusammenstoßstelle am äußeren Umfange miteinander verbunden.

Das Seil läuft hier auf dem glatten Blechmantel, im Gegensatz zu den vorigen Beispielen, wo es in gewindeartig eingedrehten Rillen des Holzbelages lief. Zum Belag wird verwendet Buche, Eiche und Esche. Häufig wird der Seillauf aus Profileisen gefertigt, Fig. 82, das spiralig auf den Blechmantel genietet wird.

Blechmantel und Seillauf müssen sehr sorgfältig an allen Stellen mit gleichem Durchmesser ausgeführt sein, damit sich die beiden Seile gleichartig abwickeln. Bei verschiedenen Durchmessern ergeben die beiden Trommeln bei der gleichen Zahl der Drehungen verschiedene Teufen, so daß die Körbe nie gleichzeitig an den Anschlagspunkten stehen können.

Die Bremskränze B werden selten wie in Fig. 78 mit gesonderten Bremsscheiben auf die Welle gesetzt, sondern zu allermeist mittels konsolartiger Stützen an den Trommelkränzen unmittelbar befestigt. Jede Trommel erhält dann einen Bremskranz, der selten in der Mitte, Fig. 80, meist an der Außenseite, Fig. 81, angeordnet ist.

Über übliche äußere Abmessungen sowie Gewichte zylindrischer Trommeln vgl. Abschnitte II A. 2 und B. 1.

An Materialstärken kommen etwa vor, für die Speichen U-Eisen Nr. 20—30, Diagonalen 25×150 mm, $\measuredangle$ Eisen zu den Verstrebungen 80×80 mm und U-Eisen Nr. 12 Blechmantel 8—10 mm, Holzbelag 70—90 mm, Bremsringe U-Eisen 235 mm hoch.

Die Welle wird aus Martinstahl hergestellt und durchbohrt, um die Güte des Materiales festzustellen. Sie erhält oft erhebliche Abmessungen.

Die Naben werden mit meist 2 stählernen Tangentialkeilen auf der Welle befestigt.

Die Seiltrommeln sind durch starke Kräfte beansprucht, die offenbar häufig unterschätzt werden und sich rechnerisch nicht feststellen lassen, soweit sie durch die Massenwirkungen des Förderbetriebes bedingt sind. Der Bemessung und Herstellung ist die größte Beachtung zu schenken. Besonders die Nietverbindungen leiden sehr durch die stoßweise und in wechselnder Richtung erfolgenden Beanspruchungen. Es ist zu erwägen, ob nicht geschweißte Verbindungen, die heute mit genügender Zuverlässigkeit hergestellt werden können, vorzuziehen sind. Der Bremsring und seine Verbindung mit dem Korbe ist meist zu schwach gewählt. Man bedenke die starke und auf 2 einzelne Punkte beschränkte Kraftwirkung bei Backenbremsen (10 t je Backe!), die Verbiegungen der Bremsringe hervorruft und die sich minutlich wiederholt. Die gleichmäßiger auf einen größeren Umfang verteilte Einwirkung der Bandbremse ist in dieser Beziehung günstiger. Wegen Vermeidung der Verbiegungen durch Ersatz der Radialbremse durch Achsialbremse vergl. VI D 1.

Das D. R. P. 182711 (1907) von O. Kammerer, Charlottenburg, lenkt die Aufmerksamkeit auf eine bessere technische Durchbildung der Trommeln. Die

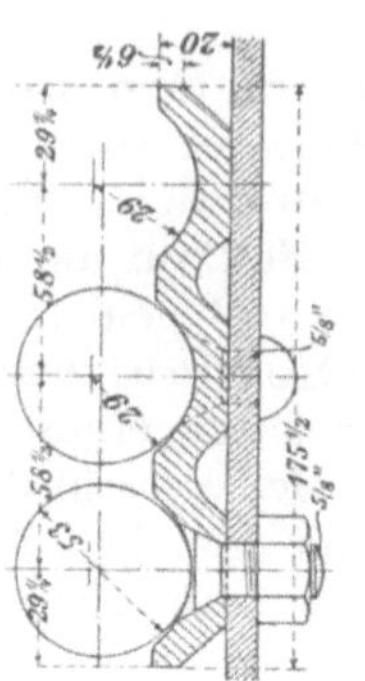

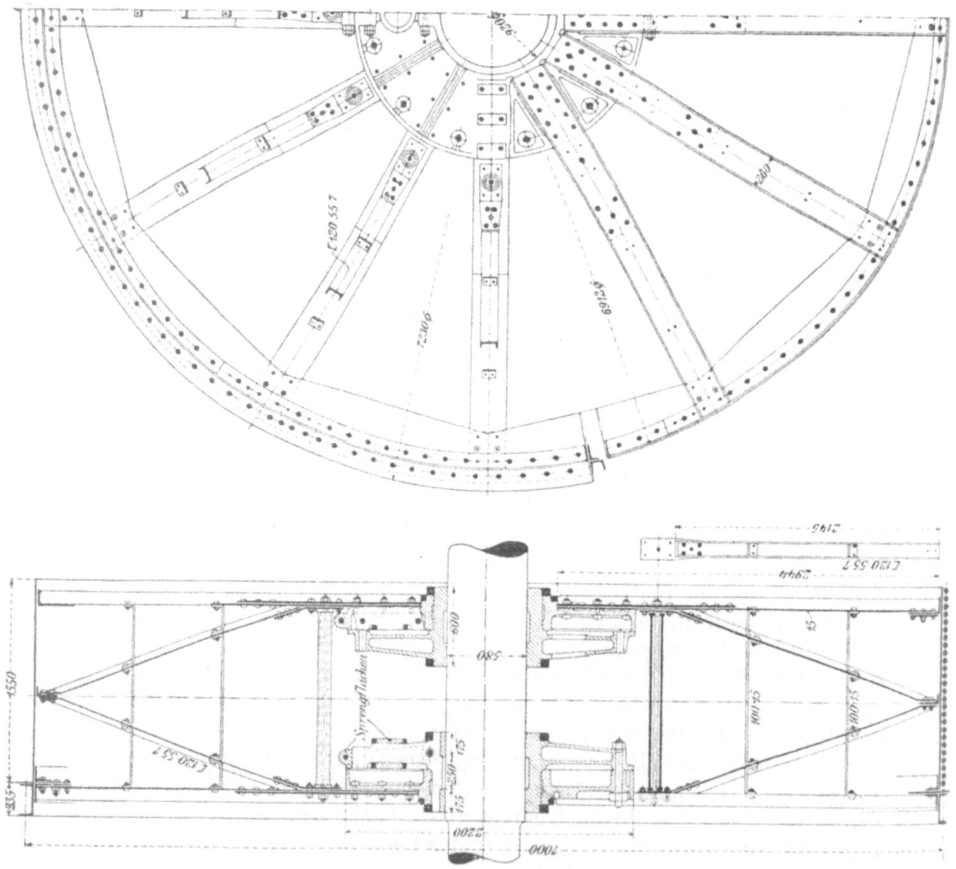

Fig. 82.
Schmiedeeiserner Loskorb mit glattem Seillaufe. Bolzenkupplung der Naben. Nebenfigur: Seillauf aus Profileisen.

Bauteile der Trommel, Fig. 83, sollen darnach ein räumliches Fachwerk mit ausgebildeten Knotenpunkten bilden, so daß in diesen Gliedern nur Zug und Druck-, aber keine Biegungsspannungen auftreten. Den Kranz stützen Oberbalken b. Unterbalken d verbinden die Naben; beide werden durch Längsstreben c und Speichen a verbunden. Die Speichen münden tangential in die Naben.

Es sind meist zwei Trommeln nebeneinander angeordnet. Hintereinanderliegende Trommeln sind nur vereinzelt ausgeführt worden; man vgl. Fig. 251 u. 263.

Ein zweitrümmiger Förderbetrieb läßt sich aber auch mit einer Trommel durchführen, Fig. 84. Es seien 1 und 2 die Befestigungen der Seile I und II. Das unterschlägige Seil I wickelt sich auf und nimmt die Stelle ein, die das oberschlägige

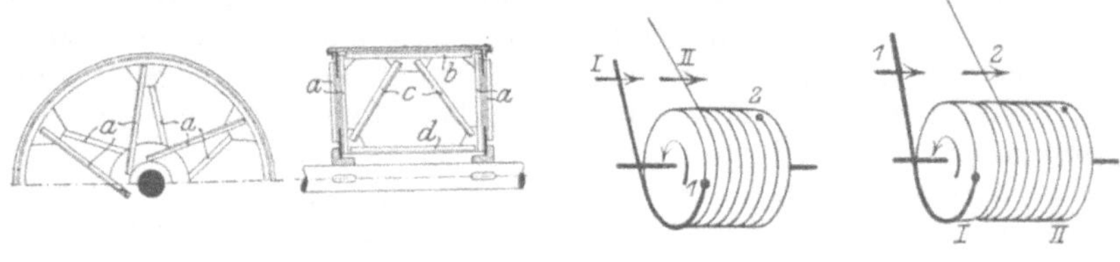

Fig. 83.	Fig. 84.	Fig. 85.
Fachwerktrommel nach **Kammerer**, Charlottenburg.	Zylindrische Trommel mit doppeltem Seillaufe.	Umstecktrommeln nach Böttcher, Herne, mit kurzer Länge.

Seil II freigibt. Ein Sohlenwechsel ist dabei nicht möglich. Die in Fig. 85 gegebene Anordnung von **Böttcher, Herne** (DRP. 27 643, 1883) ermöglicht durch Anordnung einer schmalen Festtrommel I und einer breiteren von beiden Seilen gemeinsam zu benutzenden Lostrommel II eine Verringerung der Trommelbreite bei Möglichkeit des Umsteckens. Der Förderkorb 2 steht auf der Hängebank

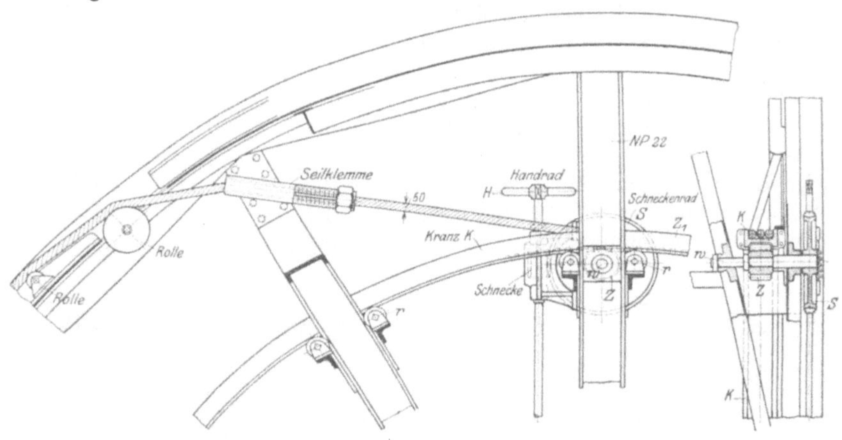

Fig. 86.

Innenkranz für Vorratswindungen nach **Fritsch, Kattowitz**.

fest. Sein Seil beansprucht die Breite der Lostrommel II. Nach Abkupplung der Lostrommel zieht die Maschine den Förderkorb 1 aus dem Füllort zur neuen Sohle, wobei das aufgewickelte Seil auf der Festtrommel I Platz findet. Alsdann findet die Einkupplung der Lostrommel statt, und bei dem Betriebe laufen beide Seile gemeinsam über die Lostrommel II.

Zur Aufnahme von Vorratswindungen müssen die Trommeln entsprechend breiter, als ohne dies nötig wäre, gemacht werden. Um diesen Übelstand zu vermeiden, ordnet Fritsch (Antonienhütte, jetzt Kattowitz) im Inneren der Trommel eine besondere kleine Trommel aus U-Eisen an (DRP. 86 664, 1895). Der Innenkranz K, Fig. 86, faßt drei Seilwindungen. Er ruht auf mehreren in den Speichen gelagerten Rollen r. An der Innenseite ist er mit einer Verzahnung Z_1 versehen, in die ein in einer Speiche gelagertes Zahnrad Z eingreift. Auf der Welle dieses Zahnrades Z sitzt ein Schneckenrad S, das durch Schnecke und Handrad H gedreht werden kann. Soll das Vorratseil auf die Trommel übergewunden werden, so wird nach Lösung der Seilklemme an der Trommel der Kranz K durch das Handrad H entsprechend gedreht und das Seil nach außen befördert. Nach Seilabhauen und Seilnachlassen von der Trommel wird das Trommelende, wo das Seil nach dem Schachte abgeht, von Seil entblößt. Das Vorratseil wird aber am anderen Ende aus der Trommel herausgeholt, so daß das Seil durch Umlegen auf der Trommel in seine richtige Lage gebracht werden muß. Diese Notwendigkeit läßt die Benutzung dieser Vorrichtung doch als umständlich erscheinen.

Die Seilbefestigung geschieht in einfacher Weise. Das Seil wird über Rollen durch ein Loch im Trommelmantel zu einer Seilklemme geführt. Diese ist an einer Speiche fest und im vorderen Teile geschlitzt, so daß sie durch die vordere Mutter fest gegen das Seil gepreßt werden kann. Diese Befestigung ist genügend, da die Befestigungsstelle infolge der auf der Trommel verbleibenden Sicherheitswindungen nur durch geringe Kräfte beansprucht ist. Von der Seilklemme aus geht das Seil zu dem inneren Seilkranze.

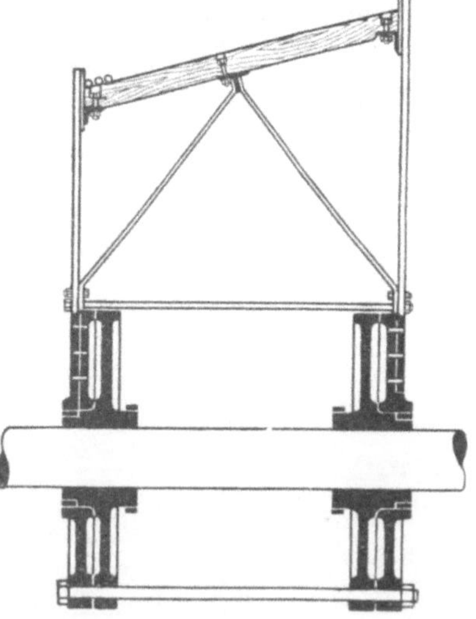

Fig. 88.
Kegeltrommel mit glattem Seillaufe.

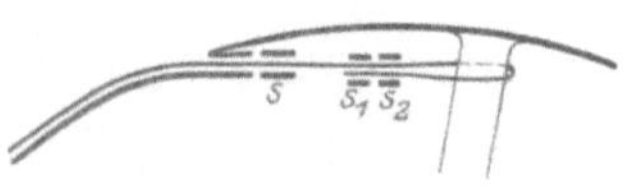

Fig. 87.
Seilbefestigung an Trommel-speiche.

Ist kein innerer Seilkranz vorhanden, so geschieht die Seilbefestigung in noch einfacherer Weise, Fig. 87. Das Seil wird durch ein mit Einführung versehenes allmählich von außen nach innen leitendes

Loch des Mantels gesteckt und um die nächste Speiche geschlungen.
Hinter der Einführung wird ein Knoten am Seile gebildet durch Auf-
bringen einer Seilklemme s, desgleichen wird die Schlinge an der Speiche
durch einige Seilklemmen s_1, s_2 geschlossen.

Kegelförmige Trommeln. Der Aufbau der kegelförmigen
Trommeln ist der gleiche wie der der zylindrischen Formen mit dem
Unterschiede der größeren Abmessungen dieser Körbe.

Fig. 88 zeigt eine der seltenen konischen Trommeln mit glattem
Seillaufe auf der Kegelfläche.

Fig. 89 ist ein Schnitt durch eine große Spiraltrommel für 800 m
Teufe und vollständigen Seilgewichtsausgleich. Sie gehört zu der in

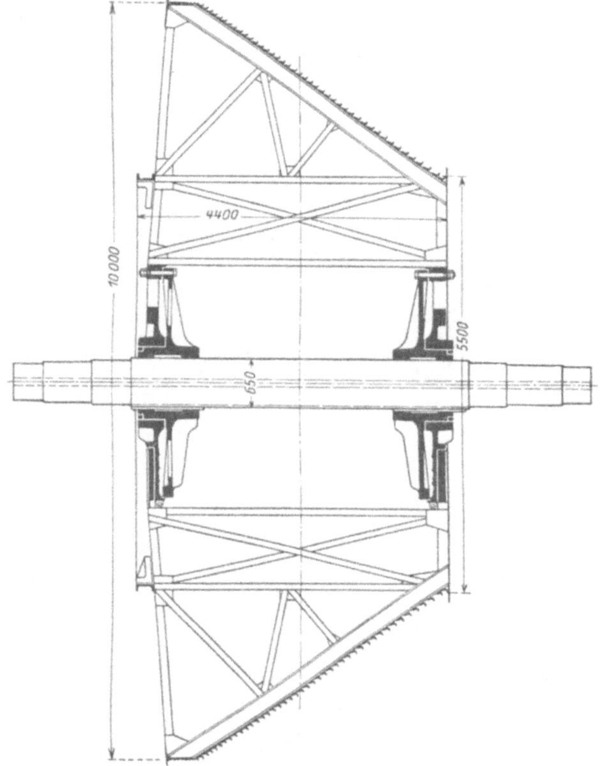

Fig. 89.
Große Spiraltrommel.

Fig. 251 skizzierten Tomsonmaschine (1898). Die zweite Trommel
ist auf einer parallelen Welle angeordnet. Die kurze Welle jeder Einzel-
trommel muß dennoch einen Durchmesser von 650 mm erhalten. Der
schmale zylindrische Teil der Trommel ist zur Aufanhme des Vorrat-
seiles bestimmt. Jede Trommel wiegt 75 000 kg. Eine ähnlich große
Trommel mit noch steilerer Steigung für eine Teufe von 1000 m ist
zu finden Zeitschr. deutsch. Ing. 1902, Tafel 29. Sie gehört zu der

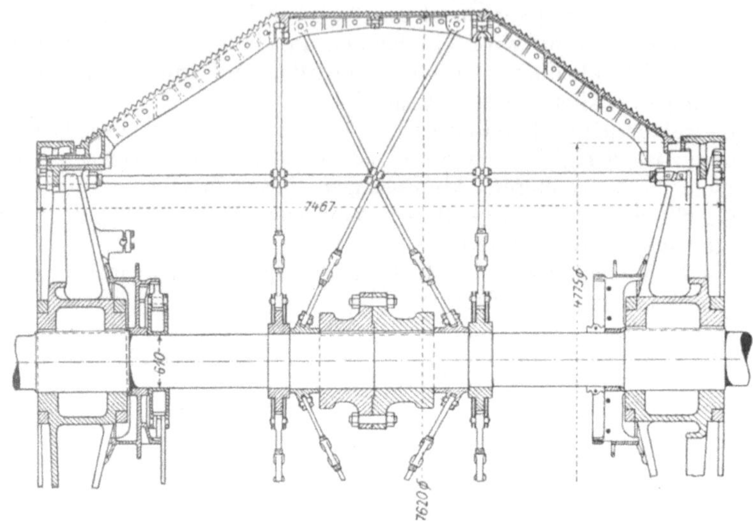

Fig. 90.
Große Spiraltrommel mit zylindrischem **Mittellauf**, nach einer amerikanischen Ausführung.

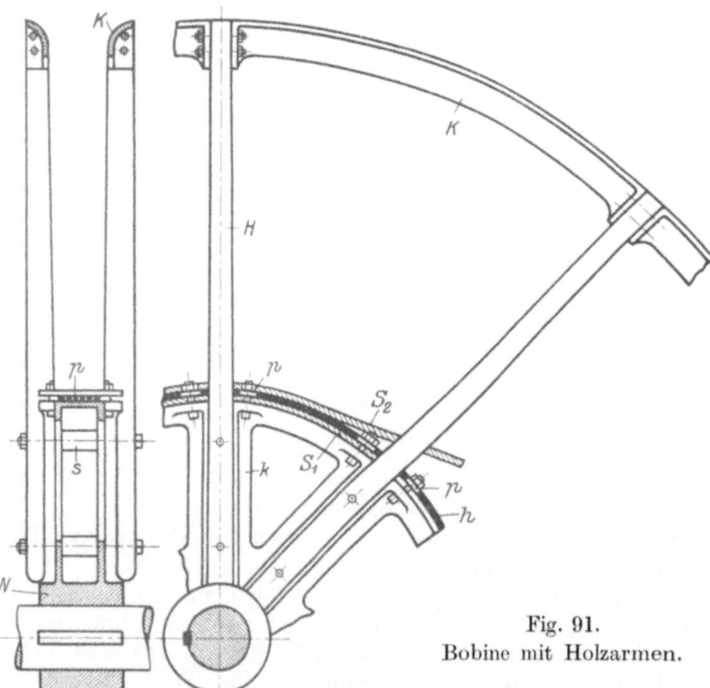

Fig. 91.
Bobine mit Holzarmen.

in Fig. 263 gegebenen Maschinenanlage Ronchamp, ebenfalls mit hintereinanderliegenden Trommeln. Die in Abschnitt III E. 3, Beispiel 3—5 gegebene Berechnung einer Spiraltrommel gehört zu letzterer Maschine.

In Fig. 90 ist eine amerikanische Ausführung (1900) ungewöhnlicher Bauart zu sehen (Tamarack Mining Cy., Nord Michigan). Sie nimmt das Seil von 38 mm Durchmesser für eine Teufe von 1850 m auf. Eine völlige Seilgewichtsausgleichung hätte außerordentlich große Enddurchmesser ergeben. Daher ist der mittlere Teil zylindrisch gestaltet und wird von beiden Seilen gemeinsam benutzt. Durch diese letztere Maßnahme wird die erforderliche Breite um $\frac{1}{3}$ geringer.

Auf der Zeche Scharnhorst (Westfalen) ist eine Trommel ähnlicher Form in Betrieb, die, für eine Teufe von 600 m bestimmt, einen Ausgleich des Seilgewichts bis 450 m ergibt, während das Seil von 450—600 m sich auf den mittleren, gemeinsam benutzten zylindrischen Teil aufwickelt. Eine Zeichnug ist zu finden Glückauf 1900, Tafel 20.

Die amerikanische Trommel, Fig. 90, zeigt die Sonderbarkeit einer verhältnismäßig schwachen, in der Mitte geteilten und durch Kupplung verbundenen Welle. Eine solche würde dem Drucke, den die Naben der Trommel ausüben, nicht ohne große Durchbiegung standhalten. Da der Kranz der Trommel sehr stark gehalten ist, wird er dazu herangezogen, die Welle durch Zugstangen vor Durchbiegung zu sichern.

Bei solchen trapezförmig begrenzten Trommeln ist ein Umstecken nicht möglich.

Über den Seilgewichtsausgleich durch Spiraltrommeln ist in Abschnitt III. E und über die Feststellung der äußeren Abmessungen in Abschnitt II B. 1 nachzulesen.

Bobinen. Die Bauart der Trommeln für Bandseile ist im wesentlichen die gleiche wie die der Trommeln für runde Seile. Wegen der Aufeinanderwicklung der Flachseile erscheinen sie jedoch ungleich einfacher und leichter, Fig. 91. Die Nabe N ist zu einer Trommel von 3—4 m Durchmesser erweitert, die den Kern der Aufwicklung bildet. In die Nabe sind Holzspeichen H eingesetzt, die am äußeren Umfange durch gußeiserne Segmente K verbunden sind. Der axiale Zwischenraum zwischen den Speichen erweitert sich etwas nach außen, um eine Einführung des Seiles zu erzielen.

Fig. 92 zeigt 2 auf gleicher Achse sitzenden Bobinen für ein Bandseil von 140 mm Breite, 17 mm Dicke, 2000 kg Nutzlast und eine Teufe von 900 m (1878). Der Seilgewichtsausgleich dieser Bobinen ist in Abschnitt III D. 3, Beispiel 3 behandelt. Bobinenförderungen können durch Umstecken der einen Bobine für Förderung aus mehreren Sohlen verwandt werden. Die linke Bobine ist die Fest-, die rechte die Losbobine. Die Bobinenarme sind hier aus U-Eisen gefertigt und mit Holzbalken bekleidet. Der Kranz besteht ebenfalls aus Walzeisen. Die Losbobine ist mit einem angeschraubten gußeisernen Bremskranze B ausgerüstet. Auf der Welle sitzt noch eine Bremsscheibe mit 2 Bremskränzen B_1 und B_2. Davon dient einer der Dampfbremse, der andere der Handbremse. Die Loskorbbremse B dient dem Umstecken.

Die Köpfe der die Arme und die Holzauskleidung verbindenden Schrauben müssen sorgfältig versenkt sein, damit keine Beschädigung des Seiles eintritt. Zur weiteren Schonung des Seiles müssen die Bobinen

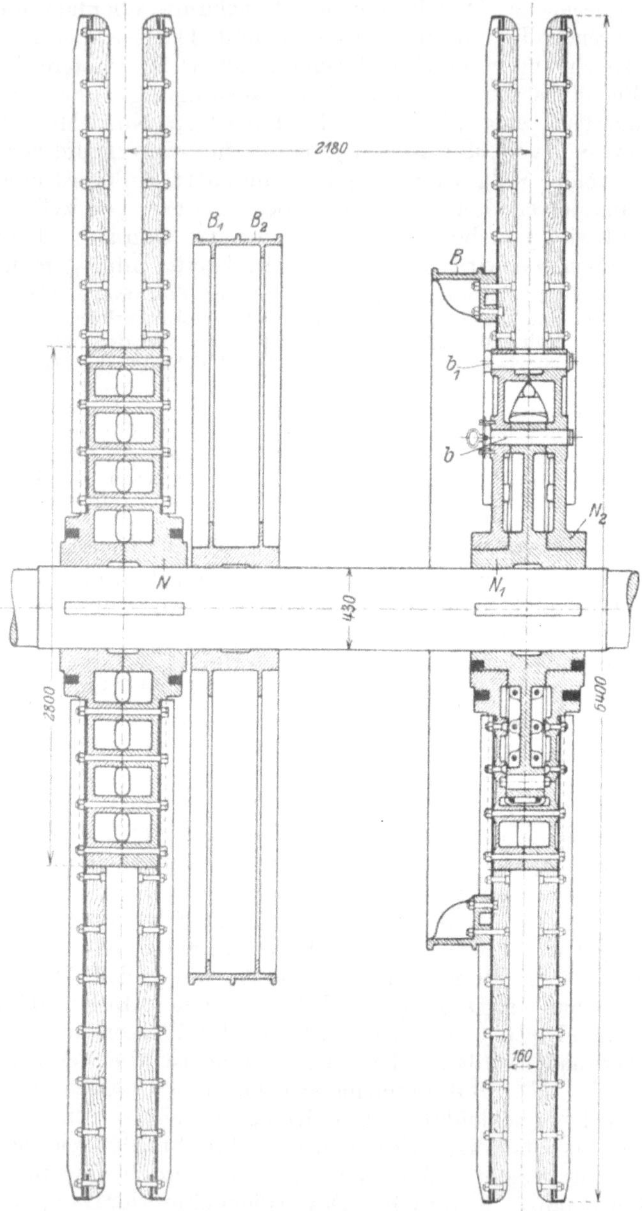

Fig. 92.
Fest- und Losbobine mit schmiedeeisernen Speichen. Bolzenkupplung.

so genau auf der Welle gestellt sein, daß das Seil von den Seilscheiben ohne seitlichen Zwang auf die Bobine aufläuft. Bei Erneuerung des Holzbelages ist zu beachten, daß die zwischen ihm übrigbleibende Seilrille der gestellten Bedingung genügt.

Übliche Breiten der Kerntrommel sind 100—150 mm für Seile von 90—140 mm Breite. Der Kerndurchmesser wird etwa 3—4 m bei 20 mm Drahtseil-, und 2 m bei 30 mm Hanfseilstärke gewählt, der äußere Durchmesser je nach der Teufe bis 8 m.

Die Seilbefestigung geschieht nach Fig. 91 und Fig. 93 in verschiedener Weise. In Fig. 91 wird die erste Seilwindung S_1 durch Platten p und Schrauben mit dem Kerne verbunden. Die Zwischenräume zwischen den Platten p werden mit Hanf ausgelegt, so daß die zweite Windung S_2 eine gute Auflage findet. Nach Fig. 93 wird das Seil S um einen am Kerne festen Bolzen s geschlungen und das untergeschlagene Ende in eine Vertiefung des Kernmantels gelegt, so daß das überliegende Seil eine glatte Auflage hat. Da über der untersten Windung mehrere Sicherheitswindungen lagern bleiben, so ist der Bolzen s und die Verbindungsstelle wenig beansprucht, so daß auch diese einfachere Verbindung als sicher angesehen werden kann.

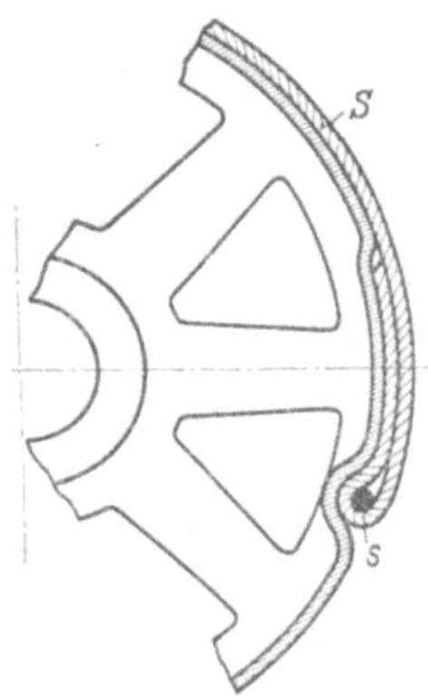

Fig. 93.
Bandseilbefestigung auf
dem Nabenkern.

2. Das Umstecken der Seiltrommeln.

Das Umstecken von zylindrischen und kegelförmigen Trommeln sowie der Bobinen geschieht in gleicher Weise durch Benutzung geteilter Naben. Der eine Teil sitzt fest auf der Welle, der andere fest an der Lostrommel, und beide sind durch irgend eine leicht lösbare Kupplung miteinander verbunden.

In Fig. 92 sind die Wellennabe N_1 und die parallele Lostrommelnabe N_2 durch eine Anzahl durchgesteckter Bolzen miteinander verbunden. Nach Herausnahme der Bolzen kann die Wellennabe gegen die durch die Loskorbbremse B festgehaltene Trommelnabe N_2 verdreht und in einer neuen Lage befestigt werden, sobald die Löcher von beiden Naben wieder aufeinanderpassen. Auf einer solchen Nabe können etwa 24 Löcher für die Bolzen b angeordnet und daher eine Mindestverdrehung von 1/24 des Umfanges erreicht werden. Das ergibt bei großen Trommeln mit etwa 24 m Mantelumfang eine kleinstmögliche Seilauf- oder -abwicklung von 1 m.

Eine cylindrische Lostrommel mit Bolzenkupplung zeigt Fig. 82.

Das Umstecken muß auch für die Zwecke des Seilkürzens angewandt werden, da die Seilkürzvorrichtungen am Förderkorbe Seilkürzungen nur um kleine Beträge vornehmen lassen, wenn sie nicht zu umfangreich werden sollen. Daher muß eine feinere Versteckbarkeit gefordert werden. Diese kann auch mit Bolzenkupplungen erreicht werden, wie spätere Beispiele zeigen werden. Da aber die Bolzenkupplungen Übelstände zeigten, so wurden sie von Zahnkupplungen eine Zeitlang verdrängt.

Die Bolzen sind durch die Kraftübertragung auf Abscherung ihrer Querschnitte beansprucht. Die Kraftübertragung findet mit kleinen Hebelsarmen, also großen Kräften statt. Es müssen daher viele Bolzen angewandt werden. Dabei ist aber nicht zu erreichen, daß sich die übertragene Kraft dauernd gleichmäßig über alle Bolzen verteilt. Es zeigt sich beim Herausnehmen der Bolzen, daß einzelne verbogen sind und das Herausnehmen schwierig ist, ebenso das Wiedereinsetzen.

Zahnkupplungen, Fig. 80, meiden diese Übelstände und ergeben infolge der an größerem Umfange in dichter Folge angeordneten Zähne eine feinere Versteckbarkeit. Die Wellennabe ist am Umfang als Zahnrad Z ausgebildet. Mit den Speichen des Loskorbes ist ein Zahnsegment S verbunden, das durch Handrad H und Schraubentrieb radial verschoben und dadurch ein- und ausgekuppelt werden kann. Es sind mehrere Zähne im Eingriff, deren auf Abscherung in Anspruch genommener Wurzelquerschnitt durch genügende Länge der Zähne ausreichend groß gemacht werden kann. Schwierigkeiten beim Kuppeln können nicht entstehen.

Bolzenkupplungen erreichen eine feinere Versteckbarkeit durch eine eigentümliche Anordnung der Lochteilungen in Wellen- und Trommelnabe, die als Noniusteilung bezeichnet werden kann. Fig. 81 zeigt eine Ausführungsform von Hoppe, Berlin (1900). Die Kupplung geschieht hier am äußeren Umfange der Trommeln, indem Schraubenbolzen durch die Winkeleisen der Zusammenstoßstelle gezogen werden. Die Löcher des linken Flantsches sind ausgezogen, die des rechten punktiert. Danach befinden sich auf $^1/_{12}$ Umfang im linken Flantsch 10 Teilungen, im rechten Flantsch nur deren 9, wobei die Anfangs- und Endlöcher zusammenfallen. Auf jeden $^1/_{12}$ Umfang entfällt also ein Verbindungsbolzen. Betrachten wir die am Punkte 1 liegenden Löcher, so erkennen wir, daß diese um den Unterschied der Teilungslängen der Flantsche gegeneinander verschoben sind, also um

$$\frac{1}{12}\left(\frac{1}{9}-\frac{1}{10}\right)=\frac{1}{12}\cdot\frac{1}{90}=\frac{1}{1080}$$ des Trommelumfanges, im gegebenen

Falle um etwa 20 mm. Nach einer Verschiebung der Kränze um 20 mm passen die Löcher 1 aufeinander und können wieder miteinander verbunden werden. Es sind aber 12 auf den ganzen Umfang verteilte Bolzen zu lösen und wieder zu verbinden, so daß das Umstecken noch umständlich bleibt.

Bei der Umstecknabe von Graf und Konrad D.R.P. 213633 (1909) Dortmund, Fig. 94, sind Trommelnabe N_2 und Wellennabe N_1 in ähnlicher Weise mit verschieden großen Lochteilungen versehen. Da diese Teilungen auf dem kleineren Nabenumfang angebracht sind, wird es erforderlich, die Noniusteilung über den ganzen Umfang zu legen, also mit einem Versteckbolzen zu arbeiten, um die gewünschte Feinheit der Verstellung erreichen zu können. Da nun aber die Scherfestigkeit eines Bolzens unzureichend für die Kraftübertragung erscheint, wird eine besondere Anordnung der Kraftübertragung erforderlich, Fig. 95. Der lose Kranz L greift mit einem Ansatze A in

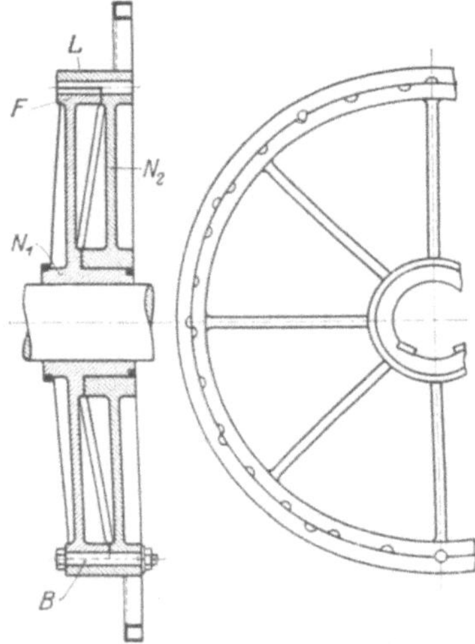

Fig. 94.

Umstecknabe mit Bolzenkupplung und Noniusteilung nach Ingenieurbureau Graf & Konrad, Dortmund.

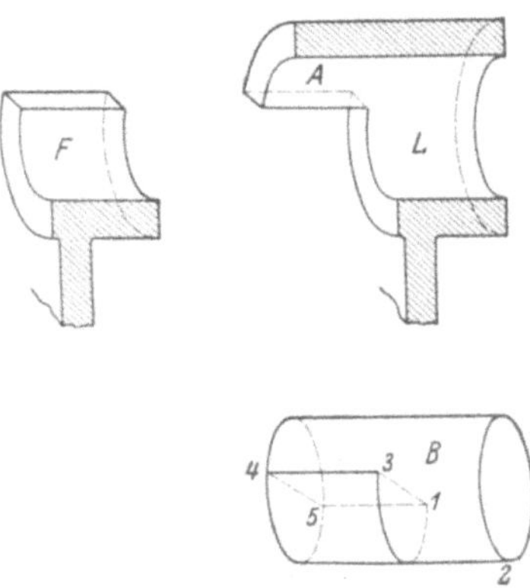

Fig. 95.

Einzelheiten zur Graf- & Konradnabe.

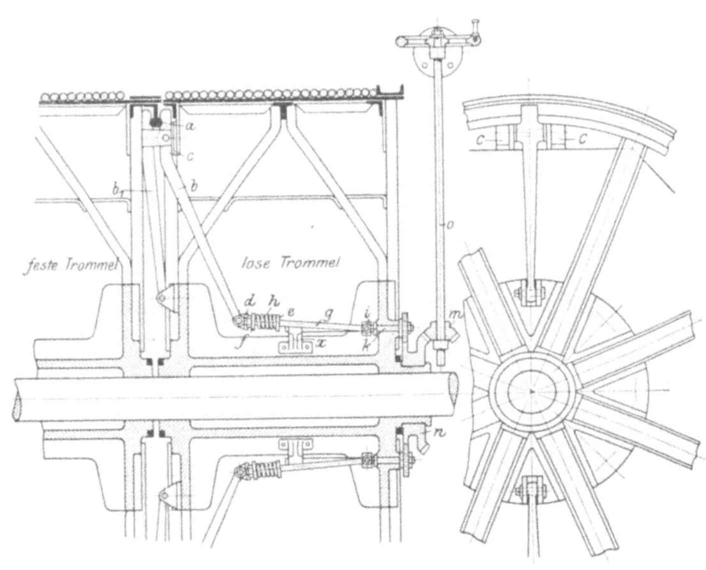

Fig. 96.

Reibungskupplung an den inneren Trommelumfängen, von außen zugänglich, nach Firma Fr. Gebauer, Berlin.

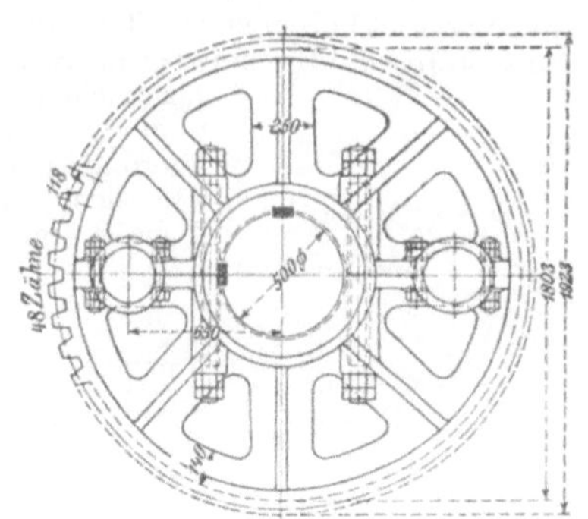

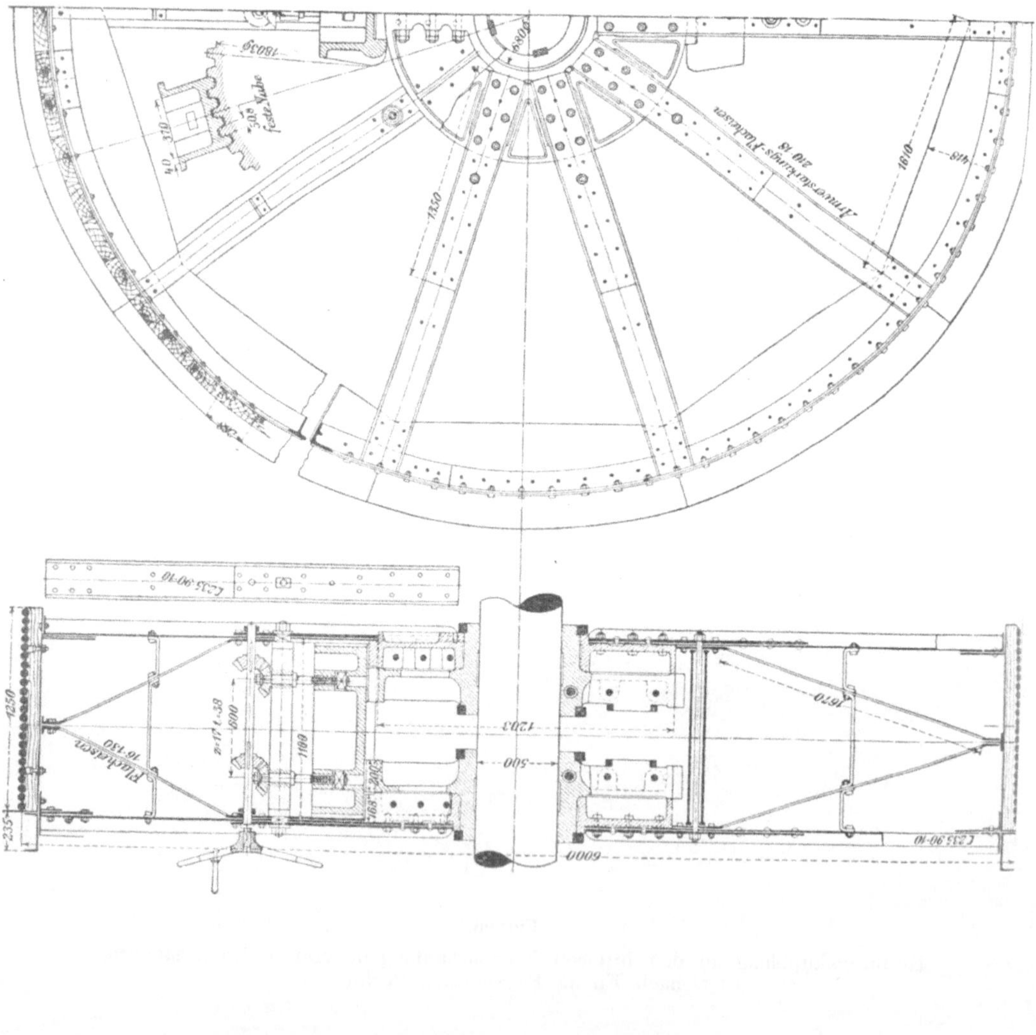

Fig. 97.

Schmiedeeiserne Lostrommel mit hölzernem Seillaufe. Von außen zugängliche Zahnkupplung.

den festen Kranz F ein. Zwischen beiden befindet sich der Kuppelbolzen B.
Bei der Kraftübertragung werden auf Abscherung in Anspruch genommen
die Querschnitte 123 und 1345. Der Gesamtquerschnitt kann durch entsprechende Länge 34 des kuppelnden Teiles genügend groß gemacht werden.
Bei gewöhnlicher Anordnung würde der in der Ebene 123 liegende Kreisquerschnitt beansprucht werden. Die gewöhnliche Anordnung könnte als einschnittige
Verbindung bezeichnet werden. Durch ihre Umformung in eine mehrschnittige
könnte ebenfalls der Abscherquerschnitt vergrößert werden. Einfacher ist aber
die Graf und Konradsche Anordnung.

Die Bedienung der Umsteckung ist durch die erwähnte Anordnung sehr
erleichtert.

Eine andere Art, die Bolzen zu schützen, zeigt Fig. 79. Trommel
und Wellennabe greifen bei b mit keilöfrmigen Flächen ineinander. Der
Anpressungsdruck wird durch Schrauben erreicht. Diese Schrauben erhalten
nur Zugspannungen, sind aber nicht auf Abscherung beansprucht, daher
nicht den im Eingang erwähnten Schäden ausgesetzt. Bei der gewählten
Anordnung ist eine Umsteckung nur im Betrage der Lochteilung möglich, da die
Preßschrauben durch die Naben hindurchgehen.

In Fig. 96 ist zwecks feinster Verstellbarkeit eine Reibungskupplung am
Umfange zwischen den Trommeln angebracht. An der linken Festtrommel ist
der Kupplungsring a fest, an der rechten Lostrommel die Kupplungsbacken
b und b_1, die durch Schrauben und Rädertriebe gegen den Kupplungsring
gepreßt werden können. Der Kuppelhebel b ist bei c in der Lostrommel gelagert.
Wird sein unteres Ende nach rechts bewegt, so wird sein oberes Ende reibungerzeugend gegen den Kuppelring a gepreßt. Mit b ist ein zweiter Hebel b_1, der
in der Nabe der Lostrommel gelagert ist, gelenkig so verbunden, daß er beim
Anziehen von b von der anderen Seite her ebenfalls und mit dem gleichen Drucke
gegen a gepreßt wird. Dadurch wird ein Rückdruck auf die Trommeln selbst vermieden.
Das Anziehen des Hebels b geschieht von außen her durch ein Handrad, die
Kegelräder m n, zwei Stirnräder und die durch letztere gedrehten in der Trommel
gelagerten Schraubenspindeln, deren Bewegung durch die Stangen g auf den
Hebel b übertragen werden. Damit eine gleichmäßige Anpressung der doppelt
angeordneten Kupplungspaare erfolgt, sind Federn f in das Anzugsgestänge
eingeschaltet.

Bei Vorrichtungen mit feiner Verstellung können die Nachstellvorrichtungen an den Förderkörben, die stets eine Gefahrenquelle
bilden, fortgelassen werden, da die Seillängungen sich an der Seiltrommel ausgleichen lassen.

Das Umkuppeln ist meist mühsam und nicht ungefährlich,
wenn die Arbeiter in die Trommel hineinkriechen müssen, um das Umstecken vorzunehmen. Man betrachte darauf hin die Fig. 80.

Der in der Trommel Arbeitende kann innerhalb derselben abstürzen oder durch die beim Umlegen in Bewegung zu setzende Nachbartrommel erfaßt und verletzt werden.

Daher ordnen andere den Kupplungsantrieb so an, daß er von
außen zugänglich ist, Fig. 97. Durch das äußere Handrad und die
inneren Triebe (Kegelräder, Schraube) wird das Zahnsegment bewegt.
Vor der Einkupplung ist es nötig, festzustellen, ob die Zähne aufeinanderpassen. Hierbei kann der Arbeiter den bewegten Teilen nahe
kommen und gefährdet werden.

In Fig. 98 (Fabrik Blansko, Mähren) ist die Wellennabe N außerhalb der
Trommel neben der Trommelnabe N_1 angeordnet. Die Kuppelzähne sitzen auf
den aneinanderstoßenden Stirnflächen der Naben. Die Kuppelung geschieht durch
axiale Bewegung der Wellennabe. Diese kann leicht nach dem Vorbild aus

rückbarer Wellenkupplungen durch den Muffenring R und den Winkelhebel W
von dem seitlich der Maschine festgelagerten Handrade H und Schraubentriebe
geleistet werden. Der Bedienende hat dabei seinen festen Stand seitlich der Maschine,
den er zwecks Beobachtung des Vorganges nicht zu verlassen braucht.

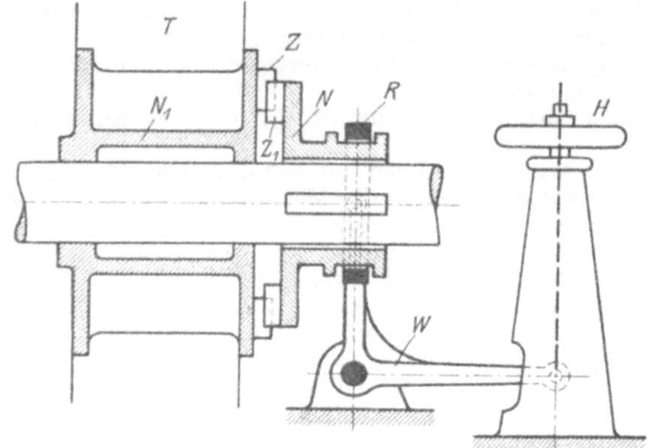

Fig. 98.

Seitenzahnkupplung, durch feststehendes Handrad betätigt, nach Maschinenfabrik
Blansko, Mähren.

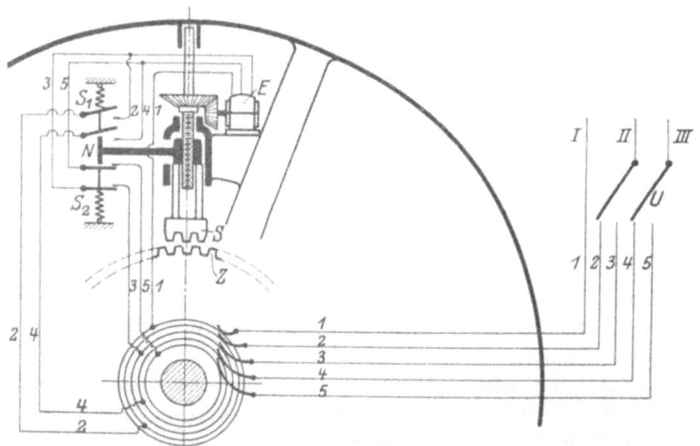

Fig. 99.

Elektrisch betätigte Zahnkupplung nach Blazek, von den Öster. Siemens-Schuckert-
werken.

Eine weitere Vereinfachung und Sicherung des Umsteckvorganges erreicht
die elektromotorisch angetriebene Zahnkupplung von Blâzek, Patent der
Siemens-Schuckert-Werke (1910), Fig. 99. Z sei das mit der Wellennabe verbundene Zahnrad, S das in der Lostrommel gelagerte Kupplungssegment. Es wird
durch einen in der Lostrommel gelagerten Elektromotor, Kegelräder und Schraubentrieb bewegt. Der Motor wird mit Drehstrom betrieben und muß umgesteuert werden.

Daher führen vom Umschalter U aus, der an die drei Netzleitungen I, II, III angeschlossen ist, 5 Leitungen nach 5 Schleifringen auf der Welle. Die Leitungen 1, 2 und 4 dienen der einen Drehrichtung, die Leitungen 1, 3 und 5 der entgegengesetzten. Der Umschalter U wird durch den Maschinisten von seinem Stand aus betätigt. Von den 5 Schleifringen aus gehen feste Leitungen über Ausschalter S_1 und S_2 nach dem Motor E. Die Leitung 1 geht unmittelbar zum Motor, die Leitungen 3, 5 über den Schalter S_2, die Leitungen 2, 4 über den gerade geöffneten Schalter S_1. Das Segment S ist gerade in seiner höchsten Stellung angelangt und hat dabei durch die mit ihm verbundene Nase N den oberen Schalter S_1 ausgeschaltet, wodurch der Betriebsstrom 2, 4 unterbrochen wurde und der Motor zum Stillstand kam. Durch Umlegen des Umschalters U kann wieder gekuppelt werden, da der Strom 3, 5 durch den unteren Schalter S_2 geschlossen ist. Diese abgehende Bewegung wird am Ende durch Öffnen des unteren Schalters S_2 unterbrochen. Beim Abwärtsgang schließt sich der obere Schalter durch seine Feder wieder, so daß die Vorrichtung zum erneuten Auskuppeln bereit ist. Der Maschinist hat nur den Umschalter U zu bewegen. Da die Einkupplung nur bei Aufeinanderpassen von Segment und Zahnrad möglich ist, sind an der Los- und Festtrommel einander entsprechende Zeichen angebracht, die aufeinanderpassen, wenn Lücke und Zahn zum Einkuppeln voreinander stehen. Daher kann der Maschinist ohne jede Hilfe von seinem Stand aus das Auskuppeln, Umlegen und Einkuppeln erledigen.

Umsteckvorrichtungen werden meist auch dann angeordnet, wenn ein Sohlenwechsel nicht vorgesehen ist. Findet eine regelmäßige Förderung aus verschiedenen Sohlen statt, so daß täglich öfters umgesteckt werden muß, dann ist die letzte, bequem, sicher und schnell arbeitende Umsteckvorrichtung zu empfehlen.

3. Treibscheiben.

Die kein Seil aufspeichernden Treibscheiben zeichnen sich durch ihre geringe Breite und Leichtigkeit vorteilhaft vor den Trommeln aus. Die Länge des Seillaufes ist auf die Seilrille zusammengeschrumpft. Es ist meist nur eine Scheibe vorhanden, die auf die Welle festgekeilt wird. Scheiben erreichen mit Bremskranz etwa 1 m Breite. Die Durchmesser werden wie bei zylindrischen Trommeln 7—8 m, die Gewichte 20—27 000 kg. Fig. 100 zeigt eine kleinere Scheibe mit gußeisernem Kranze, Fig. 101 eine größere mit schmiedeeisernem Kranze. Neuerdings macht man die Kränze häufig aus Stahlguß, damit sie schwerer werden und mehr Schwungwirkung erzielen. In einem Falle hat man die Scheibe 45 t schwer gemacht. Schwere Scheiben waren bei Expansionseinstellung durch pseudoastatische Regler nötig. Die jetzt verwendeten statischen Regler gestatten leichtere Scheiben (vgl. VI A. 12).

Die Grundsätze des Aufbaues sind die gleichen wie bei Festtrommeln. Der Seillauf ist meist ausgefüttert. Fig. 102 zeigt eine Anordnung des Kranzes von Dickmann, Essen, DRP. 215 638, 1910, wonach eine bequeme und sichere Einbringung des aus einzelnen Stücken bestehenden Holzfutters f angestrebt ist. Auf dem Scheibenkranze S sind Ringe k und k_1 befestigt, die einen keilförmigen nach innen erweiterten Schlitz zur Aufnahme des keilförmigen Holzes frei lassen. Die Lücke ist breiter als das Holz, so daß dies von außen ein-

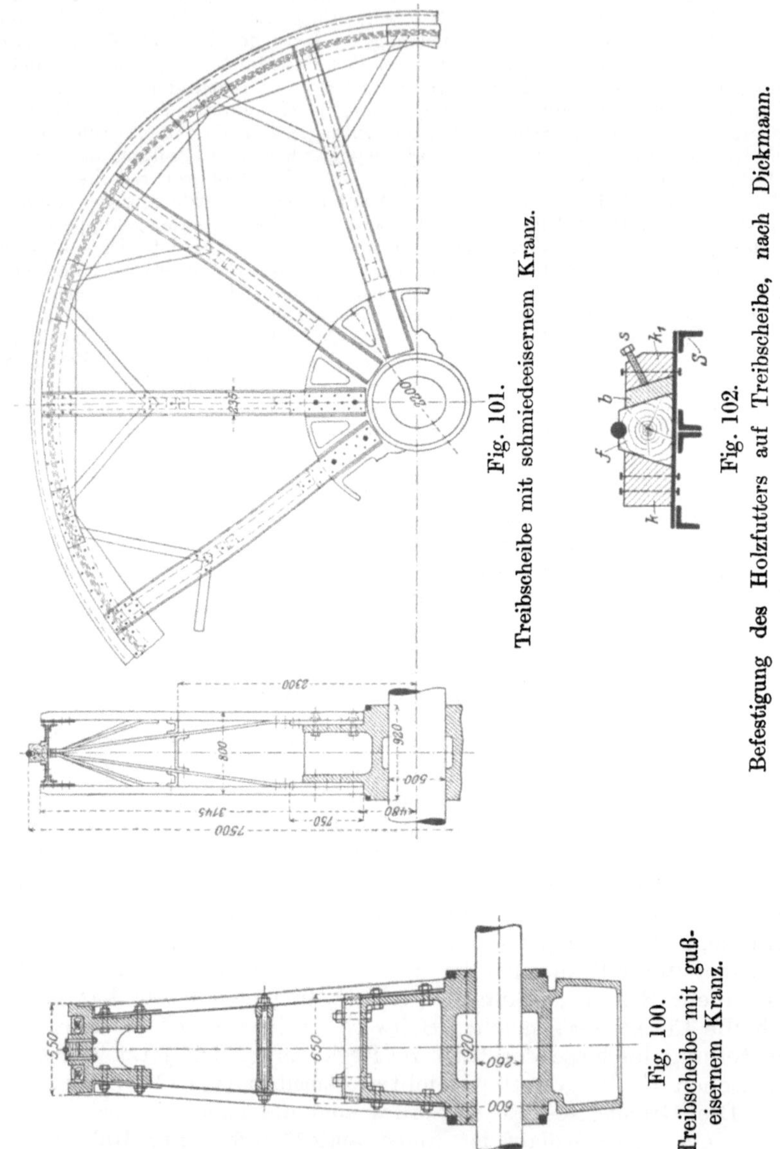

Fig. 101.

Treibscheibe mit schmiedeeisernem Kranz.

Fig. 102.

Befestigung des Holzfutters auf Treibscheibe, nach Dickmann.

Fig. 100.

Treibscheibe mit gußeisernem Kranz.

gebracht werden kann. Der Spielraum zwischen f und k_1 wird durch eiserne Beilagen b ausgefüllt, die durch Preßschrauben s in ihrer Lage gesichert werden. Man vergleiche auch Fig. 62 sowie Fig. 76, die an ihrer Stelle erörtert sind.

Fünfter Teil.

Der Fördermaschinenbetrieb.

Von Diplom-Ingenieur Karl Teiwes.

A. Eigentümlichkeiten des Fördermaschinen-
betriebes.

Für die meisten Betriebsmaschinen ist ein gleichmäßiger Gang erforderlich und leicht einzuhalten. Fördermaschinen zeigen einen stetigen Wechsel der Geschwindigkeit, aus schwerer Ruhe flott steigend zu sausendem Schwunge und dann rasch abfallend zu gehorsamem Anhalten. Einem Aufzuge von kurzer Dauer folgt nach etwa gleichlanger Pause ein anderer in umgekehrter Richtung. Auf und ab fahren gleichzeitig die Förderschalen im Schachte, denn die allermeisten Förderungen sind aus wirtschaftlichen und sicherheitlichen Gründen doppeltrümmig eingerichtet. Auf gleicher Welle sind zwei Seiltrommeln vorhanden, die trotz gleicher Drehung durch geschickte Anordnung das eine Seil aufwinden und das entgegengesetzt gewundene abwickeln. Der doppeltrümmige Betrieb dient dem Ausgleiche der großen toten Lasten, dem Seilgewichtsausgleich und der besseren Ausnutzung der Zeit und der Fördereinrichtungen.

Und wie verschiedenartig sind die Betriebsweisen der geduldigen Maschine. Jetzt ist die Förderung zu heben, dann sind schwere Lasten im Schachte zu senken, zum dritten gar das kostbare Gut der Mannschaft ein- und auszufahren. Bei Förderung soll sie rasch fahren, bei Seilfahrt gemächlicher, bei Revisions- und Schachtreparaturfahrt schrittweise zögernd, und bei jeder Endfahrt soll sie die Förderkörbe genau an den Haltepunkten zur Ruhe bringen.

Heute soll aus 1000 m Teufe gefördert werden und morgen aus 800 m. Da muß das zu lange Seil gekürzt werden, indem durch Verdrehen der Trommeln gegeneinander der Seilüberschuß auf die eine der Trommeln aufgewunden wird.

Ähnliche Aufgaben haben viele Hebezeuge zu lösen. Was aber die Fördermaschine vor allen auszeichnet, sind nicht in erster Linie die großen zu hebenden Nutzlasten, sondern die großen Teufen und in deren Gefolge die großen Geschwindigkeiten, Geschwindigkeitsänderungen, große und zum Teil veränderliche tote Lasten. Die großen Anlagekosten der Schächte und Maschinen erfordern gebieterisch eine große Betriebsgeschwindigkeit. Aus dieser und der absetzenden Bewegung bei großen bewegten Massen entspringen viele Gefahren für die fahrende und bedienende Mannschaft und für einen ungestörten Förderbetrieb. Die größte Gefahr droht beim Überfahren der Haltepunkte. Hierbei kann der aufgehende Korb unter die Seilscheiben gerissen, der abfahrende Korb hart auf vorhandene feste Aufsetzvorrichtungen aufgestaucht oder bei nicht vorhandener fester Begrenzung seines Weges in den Schachtsumpf getaucht werden.

Reißt ein Förderseil, so ist der fallende Korb stark gefährdet, und die entlastete Maschine beschleunigt ihren Gang, unbekümmert um die Gefahren, die sie dadurch auch dem zweiten Korbe bereitet.

Gefahrvoll ist der Beruf des Bergmannes. Betritt er des Morgens die schwankende Schale, um durch den dunklen Schacht zur Arbeit zu fahren, so umfängt ihn die geheimnisvolle Stimmung der Grube, und ein hoffendes Glückauf erschallt von der versinkenden Schale zum scheidenden Tageslichte empor.

B. Das Kräftespiel an der Seilwelle.

1. Herkunft und Wirkung der Kräfte.

Fig. 24 zeigte das Schema einer zweitrümmigen Förderung ohne Seilgewichtsausgleich. Zwei Seile sind in entgegengesetzter Wickelung so um die Seiltrommeln t gelegt, daß der eine Korb Kl im Schachttiefsten, am Füllort, der andere Kr um die Schachtteufe T höher an der Hängebank steht. Die zu hebende Last N strebt eine linkssinnige Drehung der Trommelwelle an. Zwecks ihrer Hebung muß durch Maschinenkräfte die Welle rechtssinnig gedreht werden. Diese Maschinen und Lastenkräfte sind immer bestrebt, eine Bewegung der Maschine zu erwirken. Sie wirken je nach ihrer Schaltung treibend, wenn sie eine gewünschte oder vorhandene Bewegung fördern, und gegentreibend, wenn sie einer solchen Bewegung entgegenwirken. Sie werden im allgemeinen gegeneinander, im besonderen auch parallel geschaltet. Ein Ruhezustand der Maschine ist unter ihrer alleinigen Wirkung kaum zu erreichen, da ihre Einregelung auf völlige Gleichheit schwer möglich ist. Wird vor Fahrtende die treibende Maschinenkraft abgesperrt, so bewegt sich die Last weiter aufwärts bis in die Nähe der Hängebank, wo sie durch eine Reibungsbremse zum Stillstand gebracht und gehalten wird. Die Massenkraft kann keine selbständige Bewegung hervorrufen, sondern strebt Geschwindigkeitsänderungen entgegen. Sie ist ein Widerstand gegen Bewegungsänderungen und wirkt als solcher bei Fahrtbeginn hemmend, bei Fahrtende treibend.

2. Die Lastenkräfte.

Die Lasten bestehen außer aus der Nutzlast N noch aus den toten Lasten der Förderwagen W, der Förderschale G und dem Seile S. Diese toten Lasten wären bei jedem Aufzuge nutzlos mitzuheben, wenn nicht besondere Einrichtungen beständen. Durch die zweitrümmige Förderung wird die tote Last L = W + G ausgeglichen, indem den zu hebenden Lasten gleiche zu senkende entsprechen.

Die Förderleistung wird dabei verdoppelt, indem das leere Senken der toten Last vermieden ist. Der Ausgleich des wechselnden Seilgewichtes ist schwieriger und nicht allgemein durchgeführt. Im Laufe eines Aufzuges verändern sich die wirksamen Seilgewichte beträchtlich. Das aufgehende gegentreibende Seilgewicht wird kleiner, das abgehende treibende größer, so daß sich das von den Lasten auf die Trommelwelle ausgeübte Drehmoment stetig verkleinert und bei tiefen Schächten gegen Fahrtende in ein treibendes Moment übergehen kann. Die Maschinenführung ist dabei erschwert, da sie die Maschinenkräfte der Veränderung der Lasten anpassen muß. Ein Seilgewichtsausgleich ist daher das unerläßliche Mittel, das Kräftespiel an der Seilwelle zu beherrschen. Wird der obere Korb mit einzuhängenden Lasten beladen, so üben diese während des ganzen Zuges eine treibende Wirkung aus, die durch andere hemmende Kräfte beherrscht werden muß.

3. Die Maschinenkräfte.

Im Beispiel der Fig. 24 werden die Maschinenkräfte durch eine Dampfmaschine erzeugt. Die auf den Dampfkolben ausgeübten Kräfte wirken durch das Kurbelgetriebe drehend auf die Trommelwelle. Das von einer gleichbleibenden Stangenkraft P auf die Welle ausgeübte Drehmoment ist während eines Kolbenhubes sehr verschieden wegen der wechselnden Hebelsarme, unter denen die Stangenkraft auf die Welle einwirkt. Das Drehmoment oder auch die ihm entsprechende Umfangskraft U ist zu Beginn und Ende des Kolbenhubes gleich Null und erreicht in der Mitte einen Höchstwert. Dem schwankenden Drehmoment entspricht bei gleichbleibendem Lastmoment eine während des Verlaufes jedes Hubes schwankende Drehgeschwindigkeit. Um diese gleichmäßiger zu gestalten, werden Fördermaschinen durchweg als Zweikurbelmaschinen mit um 90⁰ versetzten Kurbeln ausgeführt. An Stelle des Dampfes kann auch Druckluft oder Druckwasser die Kraftmaschine betreiben. Bei elektromotorischem Antriebe wirkt eine gleichbleibende Umfangskraft unmittelbar an der Trommelwelle. Die Drehgeschwindigkeit der Welle ist daher gleichmäßig, der Gang der Körbe ein ruhiger, während bei Kurbelmaschinen ein Geschwindigkeitswechsel, ein „Tanzen" der Körbe beobachtet wird. Auch Wasserräder und Wasserturbinen dienen gelegentlich dem Trommelantriebe.

Diese Antriebskräfte müssen nun je nach Bedarf in ihrer Größe oder Richtung verstellt werden können, so daß sie sich den verschiedenen Lastmomenten anpassen und nach Bedarf treibend oder gegentreibend wirken. Diesen Bedürfnissen dient die Steuerung bzw. die Umsteuerung, die je nach Art der Kraftmaschine sehr verschieden gestaltet ist. Eine treibende und gegentreibende Kräfte sicher regelnde Steuerung ist für die Sicherheit des Förderbetriebes unentbehrlich. Die Steuerungen sollen daher in den Abschnitten VI. A. u. B. eingehender erörtert werden.

4. Die Massenkräfte.

Bei jedem Förderzuge sind die ruhenden Massen (Nutzlast, tote Last, Seil, Trommeln) bei der Anfahrt zu beschleunigen, bei der Endfahrt zu verzögern. Daher ist zu Anfang ein Überschuß treibender Maschinenkräfte über die zu hebende Last hinaus anzuwenden und zu Fahrtende verzögernde Kräfte. Meist wird als verzögernde Kraft die zu hebende Last benutzt, indem zu einem geeigneten Zeitpunkte der Endfahrt die treibende Maschinenkraft abgestellt wird, worauf die Last verzögernd auf die bewegten Massen wirkt und in der Nähe der Hängebank zur Ruhe kommt. So wird die während der Anfahrt überschüssig aufgewandte Kraft während der Endfahrt nutzbar gemacht. Nur selten wird die Maschinentriebkraft so spät abgestellt, daß während der Endfahrt gegentreibende oder hemmende Kräfte angewendet werden müssen.

Die Massenkräfte erschweren die Führung der Maschine, indem sie sich jeder angestrebten Bewegungsänderung entgegenstellen, also immer anders wollen als sie sollen, wodurch die Endfahrt gefährdet wird.

Eine Verminderung der Massenkräfte kann nur durch Verminderung der Massen erreicht werden. Trommelmaschinen haben eine große, Treibscheibenmaschinen eine kleine Masse (vgl. Abschn. II. A. 2).

Für Maschinen mit Kurbelgetriebe sind gewisse Massen zur Erreichung einer gleichmäßigen Drehgeschwindigkeit nicht zu entbehren. Bei Antrieb durch rundlaufende Motoren können die Massen so weit als sonst tunlich beschränkt werden.

5. Die Bremskräfte.

Ist eine Maschine durch entsprechende Schaltung der Maschinenkraft zum Stillstand gebracht worden, so kann sie in diesem Zustande nicht verharren, sondern geht alsbald in den entgegengesetzten Bewegungszustand über. Ist die Maschine etwa frei ausgelaufen, so ist im Augenblick des Stillstandes die Massentriebkraft erschöpft, und die gehobene Last sinkt zurück. Wurde Gegendampf angewendet, so müßte er im Augenblick des Stillstandes auf Triebdampf geschaltet werden mit einer der Last genau gleichen Größe, was praktisch nicht erreicht werden kann. Bei mit Gegendampf gesenkter Last müßte im Augenblick des Haltens die Gegendampfspannung auf die genaue Lastgröße geregelt werden.

Zur Erhaltung des Ruhezustandes muß daher eine an der Trommel wirkende Reibungsbremse Bb Fig. 24 zu Hilfe genommen werden. Die Bremsung durch Reibung wirkt immer nur hemmend, nie treibend. Sie wird nicht nur zur Erhaltung des Ruhezustandes benutzt, sondern auch zur Herbeiführung desselben, indem sie nach Bedarf bei bewegter Maschine aufgeworfen wird. Erst durch ihre Mithilfe können die erwähnten anderen Kräfte zum Gleichgewicht geschlossen werden. Sie ist in ihrer Wirkung unabhängig von der Maschinengeschwindigkeit.

Die Reibungsbremse kann durch kein anderes Mittel ersetzt werden. Ältere Dampfbremsen wirkten immer mit der vollen Kraft, die durch Bremskolben und Dampfdruck gegeben war. Sollte die Bremse ihre segensreiche Wirksamkeit voll entfalten können, so mußte ihre Wirkung in gleicher Weise sicher regelbar gemacht werden, wie dies bei den Maschinenkräften möglich ist. Dies Ziel ist neuerdings in den Bremsen mit regelbarem Anpressungsdruck erreicht worden.

Es gibt noch einige Arten, hemmende Kräfte auf die Maschine wirken zu lassen, die von der Wirkung der Reibungsbremse verschieden sind. Die erstere sei als echte, die folgenden als unechte Bremsung bezeichnet.

So ist die später (VI. B. 3) zu beschreibende Staudampfwirkung zwar dem Gegendampf zu vergleichen, unterscheidet sich von diesem aber dadurch, daß sie hemmend, aber nie treibend wirken kann. Ihre Hemmwirkung ist von der Maschinengeschwindigkeit abhängig.

Bei einer bestimmten elektrischen Fördermaschine entsteht innerhalb des Elektromotors eine hemmende Kraft, wenn die Maschinengeschwindigkeit größer ist, als der augenblicklichen Stellung des Steuerhebels entspricht.

Diese Kraft ist proportional der Geschwindigkeitsüberschreitung. Sie kann nie treibend wirken.

Wird durch die Trommelwelle irgend ein Pumpwerk angetrieben, das Luft oder Wasser durch einen Strömungswiderstände bietenden Kreislauf treibt, so wirkt der Strömungswiderstand hemmend auf die Welle. Dieser Widerstand ist etwa dem Quadrate der Geschwindigkeit, bei geeigneter Einrichtung dem Quadrate der Überschreitung einer vorgeschriebenen Geschwindigkeit, proportional. Er wird gelegentlich beim Einhängen von Lasten verwendet, um zu große Geschwindigkeiten kräftig abzubremsen. Sonst wird die Wirkung dieser „Kataraktbremsung" nicht unmittelbar bei der Fördermaschine verwendet, sondern bei einigen ihrem Betriebe dienenden Apparaten. (Abschn. V. F.)

C. Die Schaltung der Kräfte.

1. Willkürliche und gesetzmäßige Änderung der Kräfte während eines Aufzuges.

Im Verlaufe eines Aufzuges müssen die genannten Kräfte gegeneinander ausgespielt werden, um die eine durch die andere zu beherrschen. Die Lasten wechseln mit den Aufzügen und gelegentlich recht bedeutend. Bei mangelndem Seilgewichtsausgleich erleidet die Seillast während des Aufzuges Veränderungen, die beim Zusammentreffen mit anderen ungünstigen Umständen die Sicherheit erheblich gefährden können. Diese Lasten entziehen sich während des Aufzuges jeder Beeinflussung, desgleichen die durch sie bedingten Massenkräfte. Daher müssen Maschinen und Bremskräfte beliebig geschaltet und geregelt werden können, um die anderen Kräfte im Zaume zu halten. Steuer- und Bremshebel in der Hand des Maschinenwärters sind daher die Symbole der menschlichen Herrschaft über die Elementarkräfte.

2. Schaltung von Hand oder selbsttätig durch besondere Sicherheitsvorrichtungen.

Doch die gebändigten Gewalten sind jederzeit bereit, die Fesseln zu sprengen, wenn die ermattete Aufmerksamkeit des Führers die Zügel schleifen läßt. Drum hat man viele Anstrengungen gemacht, die Herrschaft über die Maschine Apparaten zu übergeben, sobald sie beginnt, sich ungebärdig zu benehmen. Die Entwickelung stieg dabei von einfacher Endbegrenzung des Aufzuges durch Bremseingriff bei Überfahren der Hängebank bis zur fast selbständigen Steuerung des ganzen Aufzuges vor.

Die Abschnitte VI. A, B und C werden die Einrichtungen zur Beherrschung der Kräfte, die Abschnitte V. E und F sowie VI. D die Bemühungen zur selbständigen Schaltung dieser Kräfte schildern.

D. Anzeige- und Warnvorrichtungen.

1. Teufenzeiger.

Die Kenntnis des jeweiligen Korbstandes ist für die sichere Führung der Maschine erste Voraussetzung. Daher schreiben alle Bergpolizeiverordnungen Teufenzeiger vor. Im OBB. Breslau lautet die Vorschrift (§ 203): „An jeder Fördermaschine muß ein zuverlässiger und bei Sohlenwechsel sich selbst richtig einstellender Teufenzeiger sowie eine helltönende Glocke angebracht sein, welche die Annäherung der Fördergefäße an die Hängebank rechtzeitig anzeigt."

Jeder Teufenzeiger ist ein mit der Trommelwelle verbundenes Getriebe, das ein verkleinertes Bild der Korbbewegung gibt. In einfachster Form ist er eine kleine Trommel, die von der Trommelwelle bewegt eine dünne Schnur auf- und abwickelt, wobei ein leichtes Gewicht vor einer Skala den Korbstand anzeigt.

Die übliche Form besteht aus 2 langen stehenden, unverschieblich gelagerten Schraubenspindeln, die, von der Welle aus in verschiedener Drehung bewegt, undrehbare Wandermuttern bewegen, die eine auf-, die andere abwärts. Bei richtiger Einstellung zeigen diese auf der Skala den Stand der Körbe an. Auf der Skala sind die wichtigen Endpunkte Hängebank und Füllort hervorgehoben. Die vorgeschriebene Warnglocke wird von den Wandermuttern angeschlagen.

Bei älteren Teufenzeigern wurden beide Spindeln von der Trommelwelle angetrieben. Bei Sohlenwechsel verschieben sich die Korbstände gegeneinander, ohne daß dies am Teufenzeiger in die Erscheinung träte. Beim folgenden Treiben gibt nur die Wandermutter des Festkorbes den Korbstand richtig an. Sicherheitsapparate werden meist durch die Wandermuttern betätigt, wenn sich diese der Marke Hängebank nähern. Diese Betätigung würde für den einen Korb nicht geschehen.

Zur Vermeidung möglicher Gefahren ist daher eine selbstättige Umstellung bei Sohlenwechsel erforderlich. 1896 nahm die Masch.-F. Kulmitz, Saarau i. Schl., ein Patent auf getrennten Antrieb der beiden Teufenzeigerspindeln, von denen eine vom Festkorbe oder der Trommelwelle, die andere vom Loskorb angetrieben wird. In der späteren Fig. 227 werden die Spindeln in dieser Weise getrennt angetrieben. In Fig. 103 wird die rechte Spindel von der Trommelwelle durch verschiedene Kegelräder und die eine Hohlwelle durchsetzende untere Welle und das Radpaar 3′ 2′ angetrieben, die linke Spindel von der Nabe der Lostrommel aus durch Kettenscheiben 4 und 5, die Hohlwelle und das Radpaar 3 2.

Sind 2 Lostrommeln vorhanden, so muß die eine Spindel von der einen, die andere von der anderen angetrieben werden.

Um ein unbemerktes Annähern an die Hängebank unmöglich zu machen, läßt die Vorrichtung von Weidig, Schlettau a. S., gegen Fahrtende ein deutlich sichtbares Signal erscheinen. Die Wandermutter w hebt gegen Fahrtende die Stange s an, Fig. 104, und diese hebt durch den Hebel h und die Zugstange z den im Gestell gelagerten Gewichtshebel g, der mit Fahrtende eine wagerechte Lage annimmt. Ein Übersehen dieser deutlichen Bewegung erscheint ausgeschlossen. Auf Grube Dudweiler ist eine ähnliche Einrichtung vorhanden. Bei dieser erscheint gegen Ende der Vorwärtsfahrt ein Schild mit der Aufschrift: „Rückwärts", am Ende der Rückwärtsfahrt mit der Aufschrift: „Vorwärts". Dadurch sollen Versehen in der Auslegung des Steuerhebels bei Beginn der nächsten Fahrt vermieden werden. Diese Vorrichtung leitet über zu den Anfahrtsreglern, die meist vom Teufenzeiger betätigt werden (Abschnitt VI. E. 4).

Mit dem Teufenzeiger wurde früher häufig eine selbsttätige Bremseinrückung beim Überfahren der Marke Hängebank verbunden („Übertreibapparat"). Die Wandermutter w_1 stößt beim Überfahren der Hängebank gegen den durch den Fallgewichtshebel F gesperrten Anschlagshebel a, bringt die Einklinkung der Hebel dadurch zum Ausgriff, worauf das

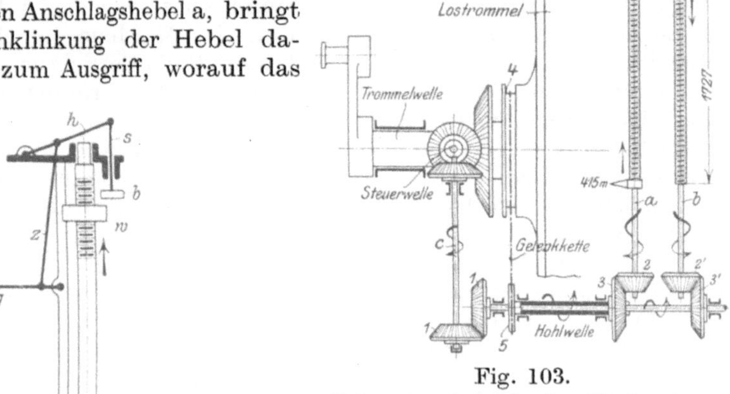

Fig. 103.
Getrennter Antrieb der Teufenzeigerspindeln durch Fest- und Loskorb.

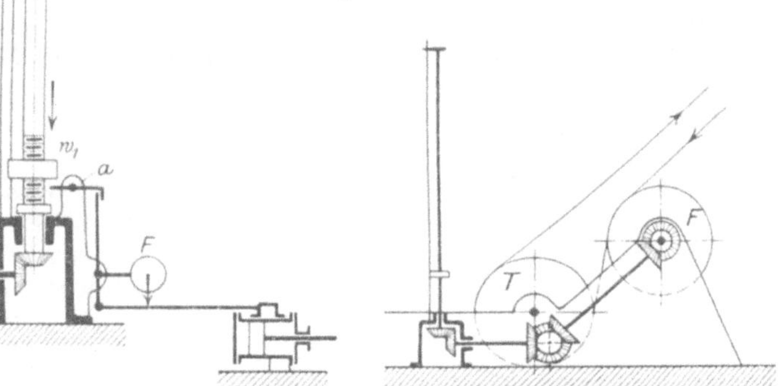

Fig. 104.
Teufenzeiger mit Warnungstafel nach
Weidig und Übertreibapparat.

Fig. 105.
Teufenzeigerantrieb durch die
Führungsscheibe der Treib-
scheibenförderung.

fallende Gewicht F den Schieber der Dampfbremse verschiebt und so die Bremse aufwirft. Die Sicherheitsapparate (Abschnitt VI. E.) sind eine Erweiterung dieser Bestrebungen.

Bei Treibscheibenförderungen rutscht häufig das Seil gegen die Treibscheibe und somit der Korbstand gegen die Wandermuttern, die von der Scheibenwelle angetrieben werden. Anzeigen des Korbstandes und Betätigung der vom Korbstande abhängigen Sicherheitsvorrichtungen sind dann falsch und gefährlich. Daher muß hier der Antrieb der Spindeln durch das Förderseil selbst geschehen.

Es wird zu dem Zweck eine Reibrolle durch Federdruck gegen das Seil gepreßt und von der Welle der Reibrolle die Bewegung auf die Spindeln übertragen.

In Fig. 105 wird die Bewegung der Führungsscheibe F durch Kegelräderübertragung auf die Teufenzeigerspindeln weiter geleitet.

Auf Zeche Grimberg wurde der Teufenzeiger von der Achse der Seilscheibe angetrieben. Beim Anhalten der Maschine rutschte die Seilscheibe gegen das verlangsamte Seil, so daß die Vorrichtung wieder beseitigt werden mußte. Es wird also gegebenenfalls erforderlich sein, wenn keine genügende Umschlingung auf der den Teufenzeigerantrieb vermittelnden Scheibe zu erreichen ist, eine besonders leichte Scheibe zu verwenden. Bei allen mit Reibscheiben arbeitenden Teufenzeigerantrieben ist zu beachten, daß Abnutzungen dieser Reibscheibe die Anzeigen falsch machten.

Nach D. R. P. 246533 (1911) von Brown, Boveri & Cie sollen beim Einfallen der Hauptbremse auch alle Führungsscheiben des Koepeseiles, sowie die Seilscheibe im Schachtturm gebremst werden. Diese Maßnahme ist wohl geeignet, das Vorrutschen des Seiles gegen die Treibscheibe zu mindern. Bei mehreren gebremsten Führungsscheiben ist aber ein Nacheilen des Seiles gegen die Treibscheibe zu erwarten, so daß auf unbedingtes Vermeiden von Seilrutschungen nicht zu rechnen sein wird.

Zur Ermöglichung einer leichten Neueinstellung des Teufenzeigers ist in seinen Antrieb eine leicht lösbare Kupplung, am besten Reibkupplung, einzuschalten. Man vgl. auch das über Seilrutschen in IV. C. 3 gesagte.

Zur Erkennung der Größe der eingetretenen Rutschung ist es nötig, am Koepeseile eine Marke anzubringen, die bei Fahrtende mit einer am festen Gestell befindlichen Marke übereinstimmt. Diese Marke dient auch zum genauen Einfahren der Körbe.

2. Geschwindigkeitszeiger.

Die Beobachtung des Seillaufes ergibt nur eine sehr ungefähre Beurteilung der Korbgeschwindigkeit. Daher müssen besondere Geschwindigkeitsmesser und -zeiger vorhanden sein, die den Maschinisten jederzeit bequem die herrschende Geschwindigkeit erkennen lassen, daß er danach und nach dem Stand der Körbe die nötigen Maßnahmen treffe. Die Fliehkraftregler der Dampfmaschinen haben die Aufgabe gelöst, auf wechselnde Geschwindigkeiten mit Bewegungen ihrer Muffe zu antworten, also Geschwindigkeiten anzuzeigen. Die Fliehkraftregler finden daher auch hier ausgedehnte Verwendung. Neuerdings machen ihnen andere nicht auf Fliehkraft beruhende Meßvorrichtungen den Rang streitig.

Die Sicherheitsapparate und Steuerungsregler bedienen sich gleichfalls geschwindigkeitsmessender Vorrichtungen, um Steuerungseingriffe

je nach der vorhandenen Geschwindigkeit vorzunehmen. Solchen
Reglern werden meist größere Verstellkräfte zugemutet. Bei Fliehkraftreglern ist alsdann die Genauigkeit der Anzeige nicht allzugroß.

Fliehkraftregler werden für verschiedene Regelzwecke mit stark
voneinander abweichenden Eigenschaften gebaut. Da diese verschiedenen Formen bei Fördermaschinen Verwendung finden, sollen
ihre Eigenschaften kurz erörtert werden (E. 1). Die eigentlichen feineren
Geschwindigkeitsmesser finden gesonderte Behandlung (E. 2), desgleichen die erwähnten Sondervorrichtungen (E. 3). Zum Schlusse
werden die Vorrichtungen zur Geschwindigkeitsvergleichung besprochen
werden (F.).

E. Geschwindigkeitsregler bei Fördermaschinen.

1. Formen und Eigenschaften der Fliehkraftregler.

Man unterscheidet im wesentlichen 2 Gruppen von Reglern: die statischen
und die pseudo-astatischen, denen sich eine dritte Gruppe angliedert, die eine
statische Anfangs- und eine pseudo-astatische Endbewegung der Reglermuffe
aufweisen.

Die statischen Regler sollen den Geschwindigkeitsänderungen proportionale
Muffenbewegungen zeigen und von einer sehr kleinen bis zu einer hohen Geschwindigkeit wirken. Sie allein kommen für
die Messung veränderlicher Geschwindigkeiten in Frage. Fig. 106
zeigt den Zusammenhang der
Muffenbewegung und der Drehzahl

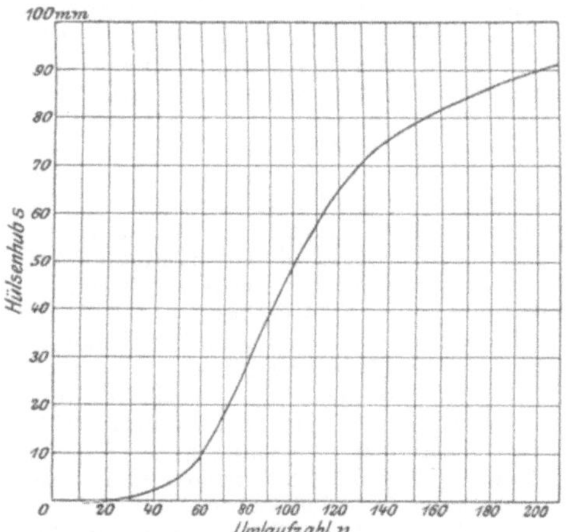

Fig. 106.

Abhängigkeit des Muffenhubes von der
Drehzahl bei einem statischen Fliehkraftregler.

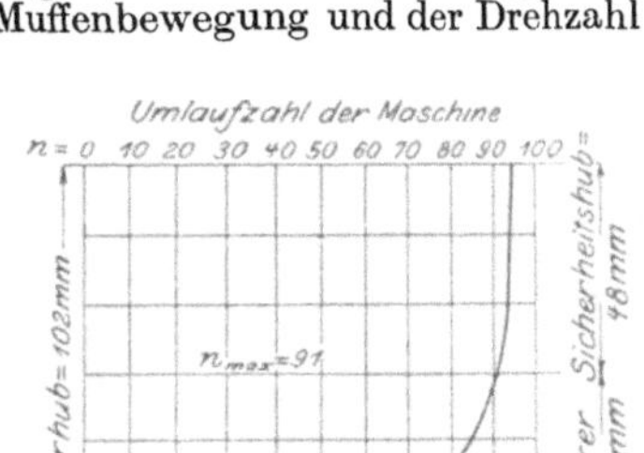

Fig. 107.

Muffenhubkurve eines statischen
Reglers mit pseudo-astatischer
Endbewegung.

der Reglerspindel. Man erkennt, daß sehr kleine Geschwindigkeiten nicht angezeigt
werden, da sie keine Muffenbewegung hervorzurufen vermögen. Diese Regler
bilden den Hauptbestandteil der Sicherheitsapparate.

Die pseudo - astatischen Regler sollen bei geringen Abweichungen von einer als normal angesehenen Geschwindigkeit starke und dem Geschwindigkeitsunterschiede proportionale Ausschläge machen. Bei niedrigen Drehzahlen bleibt ihre Muffe in der untersten Lage. Die Muffenbewegung beginnt erst kurz vor Erreichung der normalen Drehzahl und erreicht ihr Ende bei geringer Überschreitung dieser Drehzahl. Diese Regler werden verwendet, um Kraftmaschinen auf möglichst gleichbleibende Drehzahl einzuregeln, da sie innerhalb enger Geschwindigkeitsschwankungen große Kraftänderungen einstellen. Sie dienten bei Fördermaschinen zur selbsttätigen Einstellung kleiner Füllungen bei Erreichung einer bestimmten Geschwindigkeit, sind aber dann durch statische Regler verdrängt worden.

Statische Regler mit pseudo-astatischer Endbewegung erscheinen für manche Zwecke günstig. Fig. 107 zeigt die Muffenbewegung eines solchen Reglers. In den niederen Geschwindigkeiten zeigt er diese an und kann entsprechende, der Geschwindigkeit proportionale Regeleingriffe vornehmen, während bei Überschreitung einer bestimmten Höchstgeschwindigkeit eine unverhältnismäßig große Muffenbewegung energische Regeleingriffe zur Verhütung der weiteren Geschwindigkeitsüberschreitung vornehmen kann. Sie können geeignete Verwendung bei Sicherheitsapparaten finden (z. B. Grunewald).

Im folgenden seien typische Formen der ersten und dritten Gruppe vorgeführt, wobei sich aus diesen Formen noch der Unterschied zwischen Gewichts- und Federreglern ergeben wird.

Der Antrieb der Reglerspindel geschieht von der Maschinenwelle aus mit meist großer Übersetzung (1 : 5 bis 1 : 20). Zur Bewegungsübertragung dienen Zahnräder oder auch Gelenkketten. In diesen Antrieb wird meist eine veränderliche Übersetzung eingeschaltet, um bei der geringeren Maschinengeschwindigkeit der Seilfahrt die gleiche Spindelgeschwindigkeit des Reglers zu erhalten, so daß es möglich ist, mit den sonst gleichen Einrichtungen die veränderte Grundgeschwindigkeit der Seilfahrt in ähnlicher Weise zu regeln wie die der Förderung. Zur Geschwindigkeitsanzeige können diese Regler dann nicht benutzt werden. Sie eignen sich überhaupt nicht zur empfindlichen Geschwindigkeitsanzeige, da sie auf Ausübung genügender Verstellkräfte eingerichtet sind. Für die Geschwindigkeitsanzeige kommen besser besondere hierfür eingerichtete Regler zur Verwendung. In den Antrieb der schweren Regler wird meist eine Reibungskupplung eingeschaltet. Bei raschen Geschwindigkeitsänderungen setzen die Reglermassen diesen einen entsprechenden Widerstand entgegen, der zum Bruche im Gestänge führen könnte. Die Reibungskupplung verhütet durch Ermöglichung einer Verschiebung der Getriebeteile gegeneinander Brüche in denselben.

Fig. 108 ist ein statischer Regler, S seine von der Maschine angetriebene Spindel, die durch Querarme a die an diesen drehbar im Punkte 1 befestigten Schwungkugeln G dreht. An den Mittelpunkten m der Kugeln greifen gelenkig die Schubstangen s an, die die eintretenden Vertikalbewegungen auf die Muffe oder Hülse M übertragen, an der sie ebenfalls gelenkig befestigt sind. Die Muffe ist häufig durch ein Gewicht G' belastet. Sie bewegt den Zeiger z, der der Geschwindigkeitsanzeige oder der Fortleitung der Regelbewegung dient.

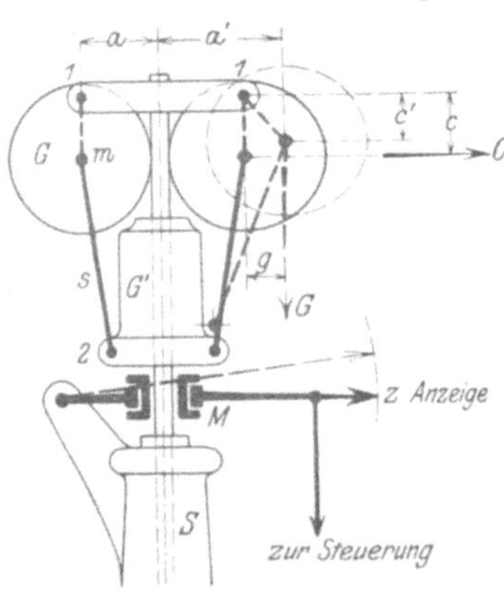

Fig. 108.
Statischer Gewichtsregler.

Die Bewegung und die Einstellung der Kugeln kommen unter dem Einflusse zweier sich entgegenwirkender und im Laufe des Betriebes veränderlicher Kräfte zustande. Diese sind die Fliehkraft C der bewegten Kugeln und die Gewichtskräfte der Kugeln G bzw. der Muffenbelastung G'. Beide suchen die Kugeln um den Drehpunkt 1 in verschiedenem Sinne zu drehen. Die ungefähre Wirkung ist leicht ersichtlich: bei wachsender Spindelgeschwindigkeit gehen die Kugeln mehr nach außen und infolge ihrer pendelartigen Aufhängung in die Höhe, wodurch die Muffe entsprechend gehoben wird. Jede Geschwindigkeitsveränderung hebt vorübergehend das Gleichgewicht der Kräfte auf, das sich durch veränderte Kugeleinstellung wieder herstellt. Beim Ausschwingen der Kugeln wächst die infolge der gewachsenen Spindelgeschwindigkeit vergrößerte Fliehkraft wegen der mit wachsender Spindelentfernung wachsenden Umfangsgeschwindigkeit noch weiter, ihr Hebelarm c aber nimmt bis c′ ab, so daß ein allzustarkes Anwachsen des Fliehkraftmomentes verhütet wird. Gleichzeitig wächst das Gewichtsmoment der Kugeln, da bei gleichbleibenden Gewichten ihr Hebelarm g stetig wächst. In höherer Lage tritt ein der neuen Geschwindigkeit entsprechendes Kräftegleichgewicht ein. Die Muffe bleibt dann in Ruhe.

Die geschilderte Wirkung ist bei allen Reglern zu finden. Die erwähnten Unterschiede im Zusammenhange der Muffenbewegungen mit den Geschwindigkeiten beruhen auf den verschiedenen Anordnungen der Reglergetriebe, welche die mit verändertem Ausschlage einhergehenden Veränderungen der Fliehkraft- und Gewichtsmomente bedingen. Man denke sich bei einer gegebenen Drehzahl die Kugeln zwangsweise durch äußere Kräfte in eine höhere Lage gebracht. Statische Regler verlangen, daß hierbei das neue Fliehkraftmoment erheblich hinter dem neuen Gewichtsmoment zurückbleibe, so daß eine große Geschwindigkeitssteigerung zur Erreichung der neuen Lage erforderlich ist, und daß dies Verhältnis der Momente im ganzen Hubbereich des Reglers erhalten bleibe. Pseudo-astatische Regler hingegen verlangen, daß hierbei das neue Fliehkraftmoment nur wenig hinter dem neuen Gewichtsmoment zurückbleibe, so daß eine geringe Geschwindigkeitserhöhung zur Erreichung der neuen Lage ausreicht.

Danach läßt die Fig. 108 einen statischen Regler erkennen, denn die starke Verminderung der Hebelsarme der Fliehkraft beim Ausschwingen der Kugeln erfordert entsprechende Steigerung der Geschwindigkeit zur Erreichung dieser Ausschläge. Ferner bemerken wir ein verhältnismäßig geringes Wachstum des Spindelabstandes a′ bei wachsenden Ausschlägen, erreicht durch einen kleinen Pendelarm l m im Verhältnis zum anfänglichen Spindelabstande a, wodurch ein zu rasches Wachstum der Fliehkraft selbst bei wachsenden Ausschlägen vermieden wird. Beim Stillstande der Spindeln hängen die Kugeln senkrecht unter 1, so daß zunächst kein Gewichtsmoment vorhanden ist. Dies ermöglicht Ausschläge bei verhältnismäßig geringer Geschwindigkeit. Doch zeigen die mitgeteilten Muffenhubkurven, daß die Muffe erst bei einer bestimmten Drehzahl sich zu heben beginnt. Das rührt von der Eigenreibung des Reglers her, die durch eine bereits entwickelte Fliehkraft überwunden werden muß. Die Nichtanzeige geringer Geschwindigkeiten macht diese schweren Regler zur Geschwindigkeitsmessung ungeeignet und vermindert ihren Wert für Sicherheitsapparate.

Wird an Stelle der Gewichtsbelastung der Muffe eine **Federbelastung** gewählt, daß heißt, läßt man die steigende Muffe eine Feder zusammendrücken, so erhält man einen stark statischen Regler, da hier das Belastungsmoment bei bestimmten Ausschlägen wegen wachsender Feder-

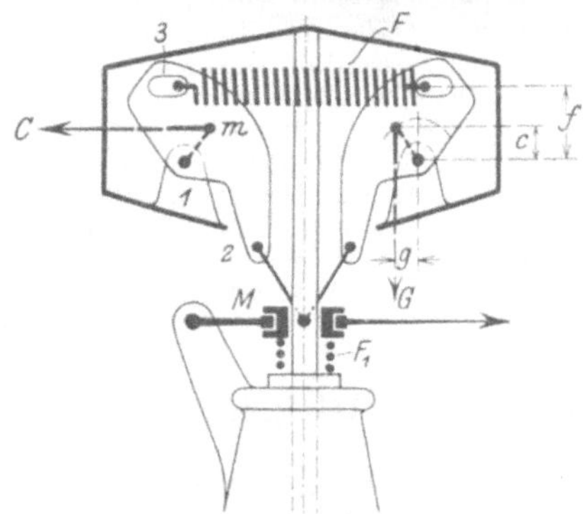

Fig. 109.

Statischer Federregler mit pseudo-astatischer Endbewegung, nach Stumpf, Berlin.

spannung und wachsendem Hebelarme unverhältnismäßig wächst. Solche Federregler sind daher für statische Regler zu empfehlen. Ihre weiteren Vorzüge vor den Gewichtsreglern werden später besprochen werden.

Der statische Regler mit pseudo-astatischer Endbewegung, Fig. 109, erhält seinen statischen Charakter durch Verwendung der im Ruhezustande entspannten Feder F, deren Hebelsarme f während eines großen Muffenhubteiles nur wenig abnehmen, so daß wachsende Drehzahlen zur Erzwingung der Ausschläge erforderlich sind. Die Hebelsarme c der Fliehkraft C wachsen zunächst etwas an, um dann zum Schlusse wieder etwas kleiner zu werden. Die Hebelsarme f der Federkraft aber nehmen in der Endbewegung so stark ab, daß von einer bestimmten Geschwindigkeit ab eine geringe Geschwindigkeitsvermehrung einen starken Ausschlag erzielt. Die gewählte und hier notwendige Getriebeanordnung ergibt in der Ruhelage eine der Hebung entgegenwirkende Gewichtswirkung G am Hebelsarm g. Diese würde ein Heben bei geringer Geschwindigkeit verhindern. Daher ist das Gewicht G in dieser Lage durch den Druck einer um die Spindel M angeordneten Feder F_1 ausgeglichen, die gegen die Reglermuffe nach oben drückt. Nach entsprechender Muffenhebung wirkt diese dann entspannte Feder F_1 nicht mehr mit. Während dieses ersten Teiles des Muffenhubes wirkt die Hauptfeder F nicht mit, da sie erst nach Durchlaufen eines toten Ganges von den Schwungkugeln gespannt wird.

Das Ergebnis dieser Anordnungen ist eine größere Empfindlichkeit in den niederen Geschwindigkeiten, als sie statischen Reglern sonst eigen ist. Der Regler wurde 1899 von Prof. Stumpf, Berlin, angegeben.

Federregler eignen sich für statische Regler besser als Gewichtsregler, während diese, soweit nur die Gewichtswirkung in Frage kommt, sich besser für pseudo-astatische Regler eignen. Dennoch werden auch hierfür fast durchweg Federregler verwendet. Bei raschen Geschwindigkeitsänderungen setzen die ausschwingenden Massen diesem Ausschwingen ihren Massenwiderstand entgegen. Hierdurch tritt zunächst eine Verzögerung der Stellbewegung ein, andererseits gehen die schwingenden Massen nach Erreichung der neuen Gleichgewichtslage über diese hinaus und erreichen sie erst nach wiederholtem Hin- und Herpendeln um dieselbe. Sie eignen sich daher nicht als Geschwindigkeitszeiger, auch nicht zur Vornahme der Regelbewegungen, die hierbei über das Ziel hinausschießen würden, da solche raschen Geschwindigkeitsänderungen im Förderbetrieb die Regel sind. Zur Erreichung einer genügenden Kraftentfaltung während der Verstellungen müssen Gewichtsregler mit einem schweren Muffengewicht ausgestattet und die zu dessen Hebung erforderliche Fliehkraft durch eine hohe Drehzahl der Reglerspindel erreicht werden. Alsdann treten die erwähnten Einstellschwingungen in erhöhtem Maße auf. Bei Federreglern kann ein beliebiger Belastungswiderstand durch eine massenlose Feder bewirkt werden. Sie können also für große Verstellkräfte ohne Massenvermehrung gebaut werden und stellen mit weniger Pendelung ein. Sie eignen sich daher sowohl für Geschwindigkeitsmesser wie für Geschwindigkeitsregler, insbesondere für Fördermaschinenbetrieb.

Doch ist andererseits zu beachten, daß die Wirksamkeit des Federreglers ganz auf bestimmten Eigenschaften der Feder aufgebaut ist und diese im Laufe des Betriebes Veränderungen erfahren. Zuverlässiger sind daher in der Unveränderlichkeit der Wirkungen die Gewichtsregler.

2. Geschwindigkeitsmessung durch Fliehkraftregler.

Fig. 110 zeigt einen Fliehkraftregler für Meßzwecke, und zwar einen Federregler, bei dem die Gewichtswirkung der Schwungmassen durch symmetrische Anordnung aufgehoben ist. Beim Ausschwingen heben sich die Gewichtswirkungen von G_1 und G_3, G_2 und G_4 gegenseitig auf, während die Fliehkräfte sich summieren. Die Aufhebung der Gewichtswirkung läßt den stark statischen Charakter der Federbelastung rein und übersichtlich hervortreten. Für jeden Pendelarm ist eine Belastungsfeder F vorhanden, die mit einem Hebelsarme f

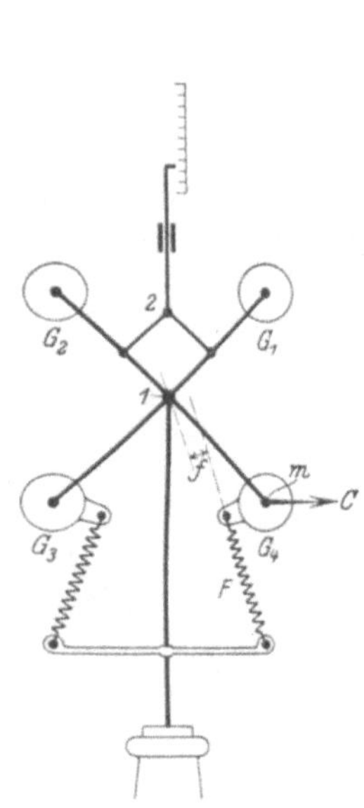

Fig. 110.
Federregler als
Geschwindigkeitsmesser.

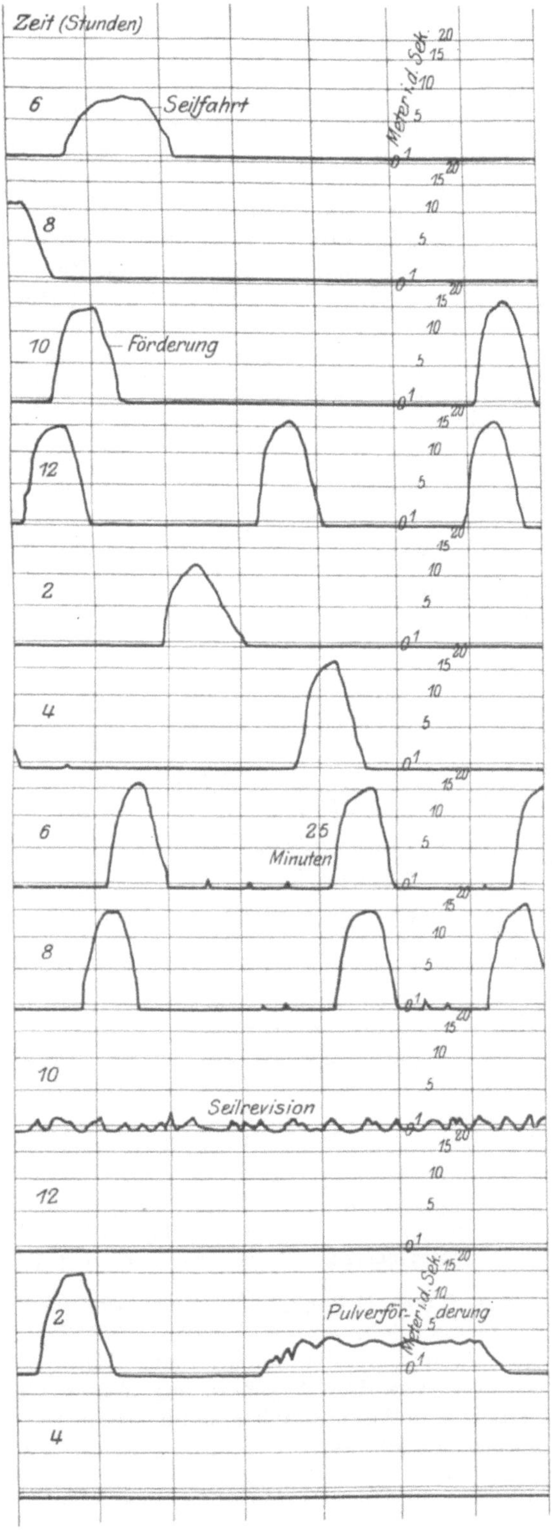

Fig. 111.
Diagrammblatt eines Ge-
schwindigkeitsmessers
nach Firma Dr. Th. Horn,
Leipzig-Großzschocher.

der Fliehkraft C entgegenwirkt. Spannung und Hebelsarm wachsen mit dem Ausschlage, der Hebelsarm der Fliehkraft nimmt ab. In der Ruhelage ist die Feder ungespannt, daher Ausschläge schon bei geringer Geschwindigkeit. Zur Erreichung ruhiger Ausschläge ist eine Luftdämpfung der Bewegung vorhanden.

Die Ausschläge werden auf einen Zeiger und Schreiber übertragen. Fig. 111 zeigt einen Ausschnitt aus einem Diagrammblatt von Th. Horn,

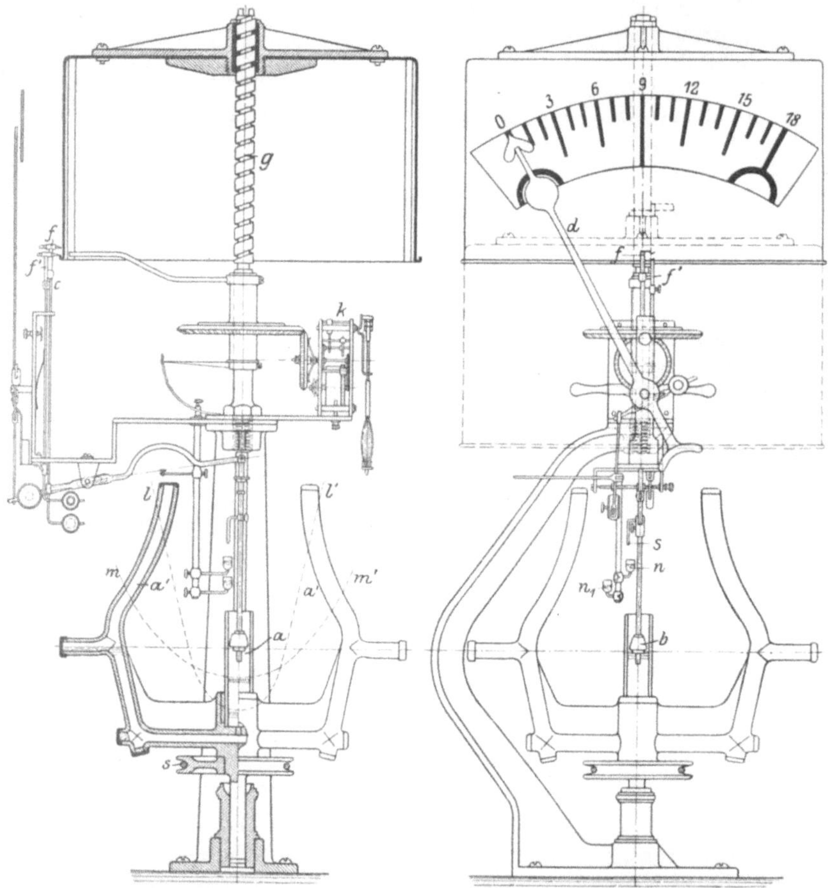

Fig. 112.
Quecksilbergewichtsregler nach Obering. J. Karlik, Prag-Weinberge.

Größe 1200 × 214 mm für 24 Stunden. Die Probe läßt die Blatteinteilung erkennen. Man ersieht, daß Geschwindigkeiten von 1 m/sec gut erkannt werden können, und daß die Teilung unten größer ist als oben, was dem Erkennen der kleinen Geschwindigkeiten förderlich ist. Solche Tachographen werden von Dr. Th. Horn, Leipzig-Großzschocher, gebaut.

Fig. 112 zeigt einen Gewichtsregler, und zwar den Quecksilber-regler von Obering. J. Karlik, Prag-Weinberge. Als Schwungmasse wird Quecksilber verwendet, das sich in besonders geformten Röhren bewegt. Das Dreirohr genannte Gefäß besteht aus kommunizierenden Röhren, den 2 äußeren etwa U-förmigen Röhren a′ und dem inneren geraden Rohre a. In der Ruhelage sind die Röhren bis zur gestrichelten Höhenlinie mit Quecksilber gefüllt und das mit dem Schwimmer b verbundene Zeiger- und Schreibwerk zeigt die Geschwindigkeit Null an. Durch Rolle und Schnur s wird die Reglerspindel von der Maschine angetrieben. Mit wachsender Geschwindigkeit steigt das Quecksilber in den Seitenröhren in die Höhe und sinkt im Mittelrohr. Der mitsinkende Schwimmer zeigt die jeweilige Geschwindigkeit an. Die Wirkung ist an sich die gleiche wie bei den beschriebenen Gewichtsreglern. Das in den horizontalen Rohren und Rohranteilen befindliche Quecksilber erzeugt eine Hubkraft, das in den senkrechten Rohranteilen stehende dagegen bildet durch seine Schwere die Gegenkraft. Die ursprünglich nach außen gerichtete Fliehkraft pflanzt sich in der Flüssigkeit weiter und treibt die Gewichte in die Höhe. Da das Queck-silber zu Anfang in allen Röhren gleich hoch steht, sind die Gewichte wie bei dem Hornschen Regler völlig ausgeglichen, und es können in den unteren Geschwindigkeiten entsprechende Ausschläge auftreten. Die Form der Seitenrohre bedingt die Eigenschaften des Reglers. Sie wurde mathematisch entwickelt aus der Bedingung, daß die Schwimmer-bewegungen den Geschwindigkeitsänderungen proportional sein sollen. Die Berechnung findet sich Österr. Zeitschr. für Berg- und Hütten-wesen 1910, S. 148, von Horel. Diese Proportionalität erleichtert die Benutzung der Diagramme; sie kann von anderen Reglern nicht erreicht werden, da diese ihre Getriebe nicht so beliebig formen können wie der Quecksilberregler die Seitenrohre. Die Diagrammfläche ent-spricht hier der Teufe, bei anderen Reglern erst nach Umzeichnung des Diagrammes auf gleichmäßige Skala.

Die Schwimmerbewegungen werden durch vergrößernde Über-setzungen auf den vor einer großen Skala spielenden Zeiger d über-tragen, ferner durch verkleinernde Übersetzung auf den Schreibstift f, der auf der gleichmäßig gedrehten Trommel die Diagramme in violetten Linien verzeichnet. Die Diagrammfläche ist nicht durch Skalen geteilt, sondern ein feststehender Schreibstift f′ schreibt rote Grundlinien auf das Blatt. Blattgröße und Aufnahmefähigkeit sind die gleichen wie bei Horn. Fig. 113 zeigt einen Ausschnitt aus dem Diagrammblatt einer Dampffördermaschine, Fig. 114 aus dem einer elektrisch angetriebenen Maschine.

Um die Diagramme eines Tages auf einem handlichen Blatt unterbringen zu können, werden dieselben in Form einer flachsteigenden Schraubenlinie auf dem Trommelmantel beschrieben. Zu dem Zwecke bewegt sich die Trommel gleichmäßig drehend und zugleich senkend. Ihre Bewegung wird durch das Uhrwerk k so geregelt, daß alle 2 Stunden eine Umdrehung und ein Sinken um eine Ganghöhe stattfindet. Die

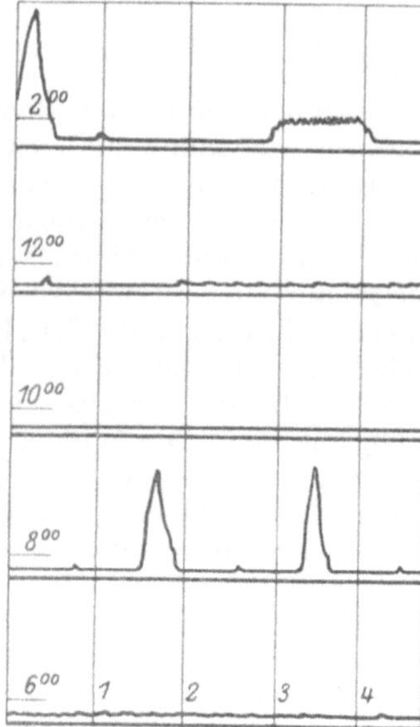

Fig. 113.

Diagrammblatt eines Karlikschen
Geschwindigkeitsmessers. Dampffördermaschine.

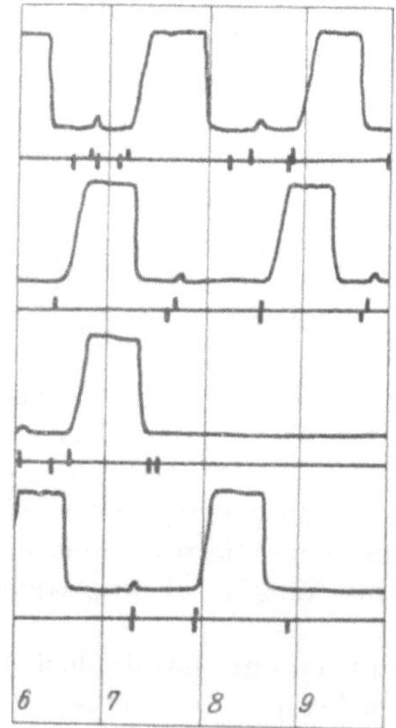

Fig. 114.

Diagrammblatt eines Karlikschen Geschwindigkeitsmessers.   Elektrische
Fördermaschine.   Signalaufzeichnung.

Trommel besitzt ein steiles
Muttergewinde, so daß sie durch
ihr eigenes Gewicht getrieben
sich an dem Spindelgewinde g
abwärts schraubt.

Der Regler wird immer mit
einer Alarmvorrichtung ausgerüstet, die bei Überschreiten einer
als zulässig erachteten Höchstge-

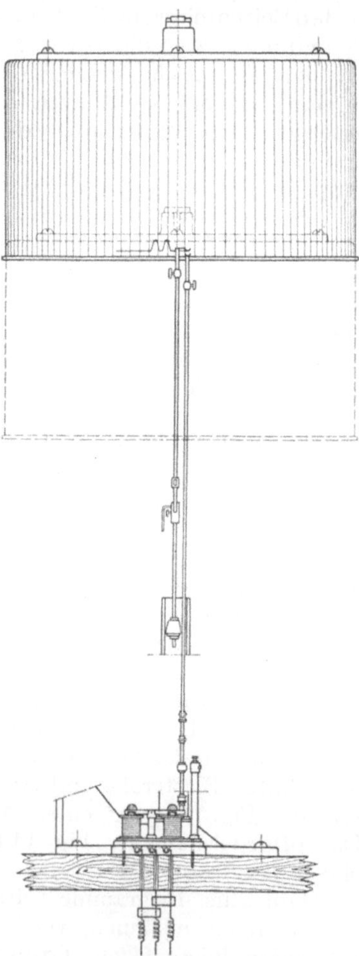

Fig. 115.

Signalaufzeichnung bei einem
Karlikschen Geschwindigkeits
messer.

schwindigkeit durch Kontakt einen offenen elektrischen Stromkreis schließt, wodurch eine Glocke zum Ertönen gebracht wird. Der Kontakt geschieht durch Eintauchen eines vom Schwimmer bewegten Stiftes s in eines der gezeichneten Quecksilbernäpfchen n, n_1. Auf einer drehbaren Spindel sind um einen kleinen Winkel gegeneinander versetzte Arme mit Quecksilbernäpfchen in verschiedener Höhenlage angebracht. Durch Drehen der Spindel kann das eine oder andere Näpfchen in die Bahn des Schwimmerstiftes gebracht werden. Das höhere dient der geringeren Höchstgeschwindigkeit der Seilfahrt, das niedere der größeren der Förderung.

Bei dem Hornschen Apparat können solche Vorrichtungen selbstverständlich auch angebracht werden.

Neuerdings hat Karlik eine Aufzeichnung der von Füllort und Hängebank kommenden Signale auf dem Diagrammpapier eingerichtet. Fig 115 läßt zwei Magnetspulen I und II erkennen, die einen zweiarmigen zwischen den Spulen gelagerten Hebel je nach Stromschaltung am einen oder am anderen Ende anziehen. Dieser Hebel bewegt die die Grundlinie der Diagramme schreibende Feder f' des Reglers. Die eine Spule II wird bei Zeichengebung von dem Füllort nach der Hängebanke von Strom durchflossen, die andere I, bei Zeichengebung von der Hängebank nach der Maschine. Im ersten Falle verzeichnet die Grundfeder einen nach abwärts gehenden Strich, im zweiten Falle einen nach aufwärtsgehenden auf das Papier.

Fig. 114 zeigt einen Diagrammstreifen mit Signalaufzeichnung. Die Hornschen Geschwindigkeitsmesser werden auf Wunsch mit einer ähnlichen Einrichtung ausgerüstet.

Diese Geschwindigkeitsmesser dienen zunächst der Anzeige der Geschwindigkeit. Ihre Bedeutung als Geschwindigkeitsschreiber wird allerseits hoch eingeschätzt. Die Diagramme geben ein Bild des ganzen Maschinenganges und daher eine Kontrolle desselben. Bei vorgekommenen Unfällen gibt das Diagramm dokumentarische Auskunft über die zur Zeit des Unfalls vorhanden gewesene Geschwindigkeit. Dem Maschinisten bringt die Vorrichtung keine Nachteile, da dieselbe nicht nur seine Schuld sondern ebenso seine Unschuld nachweist. Bis zu gewissem Grade kann der zeitliche Verlauf des ganzen Grubenbetriebes erkannt werden: die Förderzüge, die Pausen, das Korbumsetzen, die Seilfahrt sowie die Schacht- und Seilrevision, und ob diese Züge alle sachgemäß ausgeführt worden sind.

Die Aufzeichnung der Signale dient bei gleichen Anlässen ebenfalls zum Nachweise der Vorgänge, denen gegebenenfalls der Unfall zugeschoben wird, während die Beteiligten nicht immer Interesse an einer richtigen Darstellung derselben haben.

Ein Vergleich des Quecksilberreglers mit einem Schwungkugelregler ergibt etwa: der verführerischen Einfachheit des Quecksilberreglers und seiner gleichmäßigen Skala steht das festere Gefüge des Schwungkugelreglers und eine das Erkennen kleiner Geschwindigkeiten erleichternde weitere Skalenteilung der unteren Lagen gegenüber.

3. Nicht auf Fliehkraft beruhende Geschwindigkeitsmessung.

Außer durch Fliehkraft können Geschwindigkeiten auf mannigfache Weise durch die von einer Geschwindigkeit abhängigen Zustandsänderungen angezeigt werden.

So kann man durch die Maschine einen konstant erregten Nebenschlußgleichstrommotor betreiben, dessen Spannung der Geschwindigkeit proportional und durch Instrumente leicht zu messen ist.

In einem anderen Falle betreibt die Maschine einen kleinen Ventilator, dessen erzeugter Luftdruck, durch einen Druckmesser gemessen, die Geschwindigkeit anzeigt.

Eine gewisse Ähnlichkeit hiermit zeigt die hydraulische Geschwindigkeitsmessung, Fig. 116. Die Maschine bewegt den Kolben K, der durch eine enge Öffnung o hindurch einen Flüssigkeitsumlauf von der einen zur anderen Zylinderseite bewirkt. Mit wachsender Kolbengeschwindigkeit wächst der Flüssigkeitsdruck, und die Zusammendrückung der durch den seitlichen Druckkolben k beeinflußten Meßfeder f zeigt am Zeiger z die Geschwindigkeit an. Da der Überströmwiderstand etwa mit dem Quadrate der Geschwindigkeit wächst, der Federausschlag einfach proportional der Kraftwirkung ist, ergeben diese Messer für kleine Geschwindigkeiten sehr kleine, für große unverhältnismäßig große Ausschläge, sind also ziemlich ungeeignet. Neuerdings sind sie durch Abänderung für Geschwindigkeitsvergleichung äußerst brauchbar gemacht worden (nächster Abschnitt). Der Gedanke findet sich zuerst deutlich ausgesprochen in DRP. 159 137 (1902) und 165 338 (1904) von E. Schwarzenauer, Heidelberg, führt aber auf eine Ausführung von 1873 zurück.

Ein auf elektrischer Spannungsmessung beruhender Geschwindigkeitsschreiber wurde bei den „Untersuchungen an elektrisch und mit Dampf betriebenen Fördermaschinen" (Glückauf 1911, S. 1629 u. f.) verwendet, nachdem durch Nachprüfung der Fliehkraft-messer in einzelnen Fällen Fehler bis 20 v. H. nachgewiesen waren.

Fig. 117 zeigt die Vorrichtung. Eine Meßleitung führt den Strom der von der Fördermaschine angetriebenen Meßdynamo dem oberhalb der isolierenden Glimmerplatte f angeordneten Voltmeter zu. Die „Funkenschreibvorrichtung" befindet sich unterhalb dieser Platte. Die Drehspule ed erhält den Meßstrom über die die Meßbelastung bildenden Spiralfedern b_1 b_2. Innerhalb der Spule befindet sich ein Dauermagnet. Die bei Stromfluß erfolgenden Spulendrehungen werden durch den mit ihr verbundenen Zeiger a auf der Skala s angezeigt. Die Diagramme werden auf dem gleichmäßig bewegten Papierbande l aufgezeichnet. Das Band läuft von der Rolle m über l, i, n, r. Das Aufschreiben erfolgt auf eine eigentümliche Weise. Der Zeiger a ist am unteren Ende messerartig gebildet. Die Fläche des Messers liegt in der Zeichenebene. Sie schwingt mit geringem Abstande zwischen

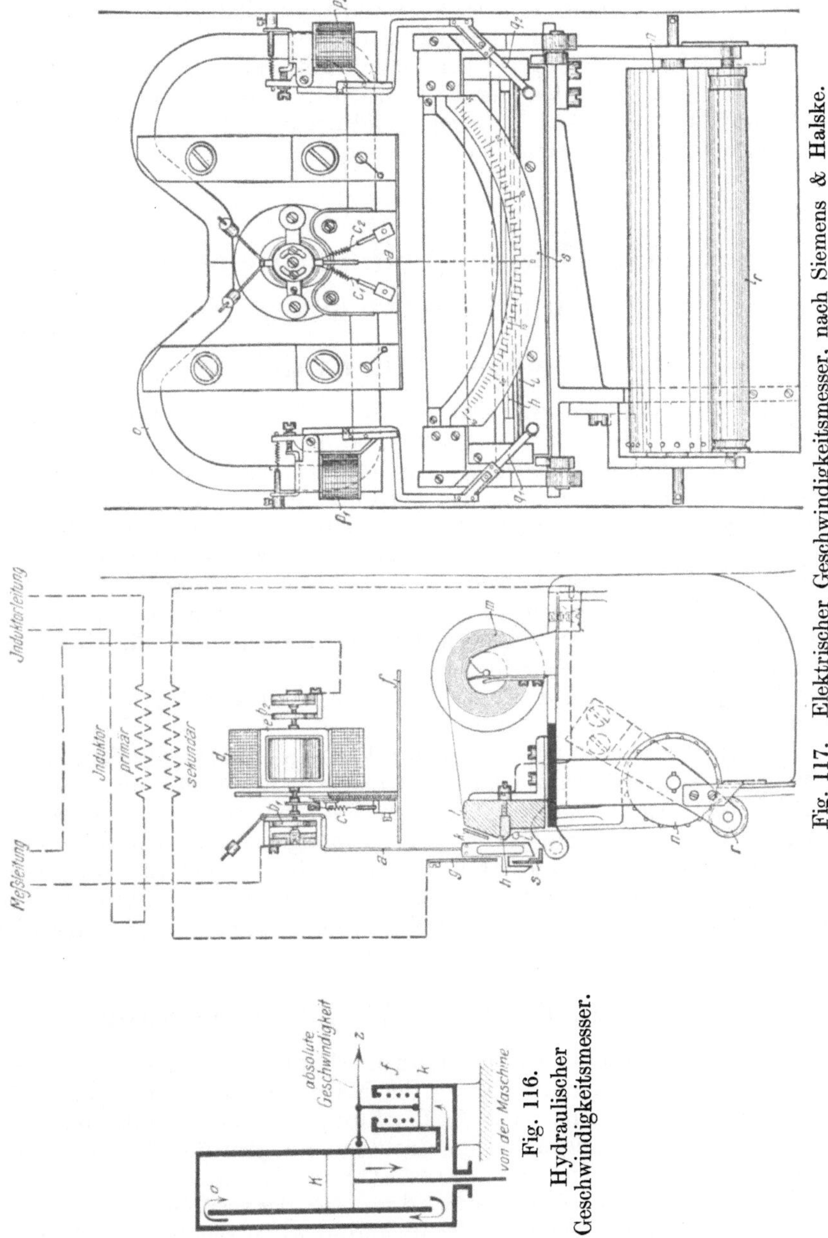

Fig. 117. Elektrischer Geschwindigkeitsmesser, nach Siemens & Halske.

Fig. 116. Hydraulischer Geschwindigkeitsmesser.

einem Metallblech g und einer geraden in eine Schieferbettung 1 eingelegten Metallschiene h.   Diese Metallteile sind Elektroden einer
sekundären Induktorleitung.   Die Zeigerschneide überbrückt den Luftspalt der Induktorleitung mit der Folge, daß da wo der Zeiger jeweils
steht, ein Funke zwischen den Elektroden überspringt und das Papier
durchschlägt.   So wird auf dem gleichmäßig bewegten Papier das
Geschwindigkeitsdiagramm aufgezeichnet.

F. Geschwindigkeitsvergleichung für Regelzwecke.

1. Bedeutung und Einteilung.

Die Geschwindigkeitszeiger lassen wohl die jeweilige Geschwindigkeit erkennen   Für die Maschinenregelung ist aber nicht in erster
Linie die absolute Maschinengeschwindigkeit maßgebend, sondern mehr
ihre Abweichung von der für den betreffenden Fahrtpunkt zulässigen
Geschwindigkeit.   Insonderheit kann eine selbsttätige Maschinenregelung nur von den Unterschieden gegen die zulässige Geschwindigkeit abhängig gemacht werden.   So weisen denn auch die Sicherheitsapparate und Steuerungsregler neben bei Überschreitung der absoluten
Höchstgeschwindigkeit wirkenden Bauteilen solche auf, die der Geschwindigkeitsvergleichung dienen.

Die Geschwindigkeitsvergleichung geschieht auf 2 grundsätzlich
verschiedene Arten.

Die Apparate der ersten Gruppe (Fig.118—121) vergleichen einen
von der Maschinengeschwindigkeit abhängigen Körperzustand (Muffenlage eines Fliehkraftreglers, Flüssigkeitsdruck eines hydraulischen
Reglers) mit einem vom Teufenzeiger abhängigen Vergleichszustande.

Die Apparate der zweiten Gruppe (Fig. 122 und 123) hingegen
schaffen eine neue Vergleichsbewegung in Abhängigkeit vom Stande des
Teufenzeigers, die mit der wirklichen Maschinenbewegung verglichen wird.

2. Messung durch Zustandsvergleichung.

In Fig. 118 dient ein statischer Fliehkraftregler der Geschwindigkeitsmessung und eine von der Maschine angetriebene Welle W
mit einer Kurvenscheibe t der Vergleichung der von der Maschinengeschwindigkeit abhängigen Reglerausschläge mit den für die einzelnen
Fahrtpunkte vorgeschriebenen Ausschlägen bzw. Geschwindigkeiten.
Der Punkt 2 eines Zwischenhebels wird vom Regler verstellt, der Punkt 1
im entgegengesetzten Sinne von der Maschine, so daß sich bei vorschriftsmäßigem Maschinengange die Bewegungen im Punkte 3 aufheben und
dieser in Ruhe bleibt.   Ein Senken von 3 bedeutet zu große, ein Heben

zu kleine Geschwindigkeit der Maschine an. Die Ausschläge des Punktes 3 können entweder der Anzeige dienen, oder zur Regelbewegung ausgenutzt werden. In grundsätzlich gleicher Art ist diese Anordnung Gegenstand der DRP. 113 305 (1899) und 128 686 (1901) von Radovanovic, Zürich, und des DRP. 146 467 (1902) von E. Schwarzenauer, Heidelberg. Diese Anordnungen haben aber keine Erfolge aufzuweisen, da die Fliehkraftregler in den niederen Geschwindigkeiten versagen und diese für die Regelung der gefährdeten Endfahrt gerade in Betracht kommen.

Im Anschluß an diese Anordnung kann eine verwandte Fig. 119 betrachtet werden (DRP. 108 797, 1899, von W. Schwarzenauer, Spandau). Die Spannung der Belastungsfeder F des Reglers kann in Abhängigkeit vom Korbstande verändert werden, indem ihr unterer Endpunkt in einer kurvenförmigen Rille r geführt und durch diese

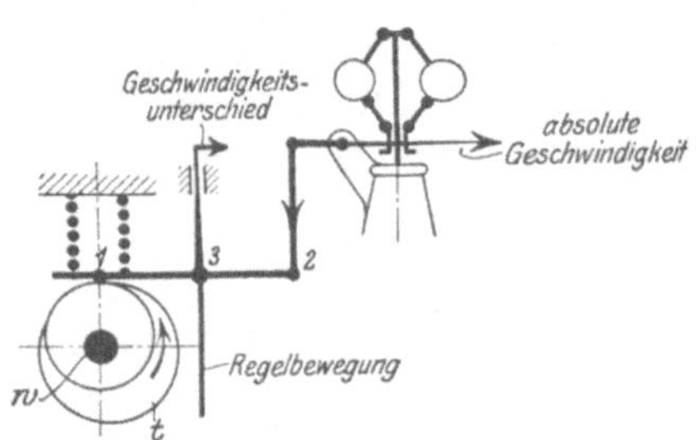

Fig. 118.
Geschwindigkeitsvergleichung mittels
Fliehkraftreglers.

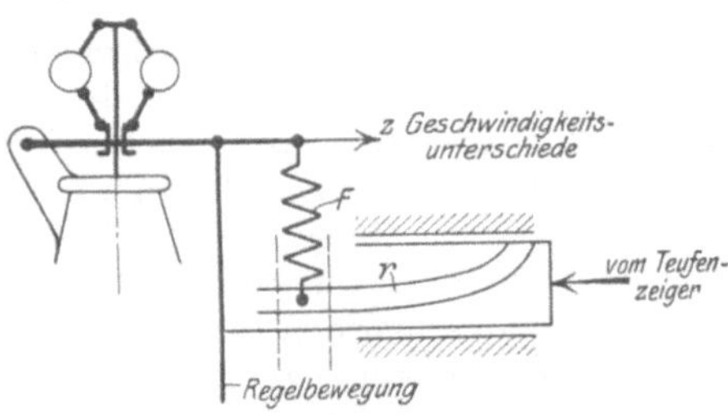

Fig. 119.
Geschwindigkeitsvergleichung mittels
Fliehkraftreglers nach W. Schwarzenauer,
Spandau.

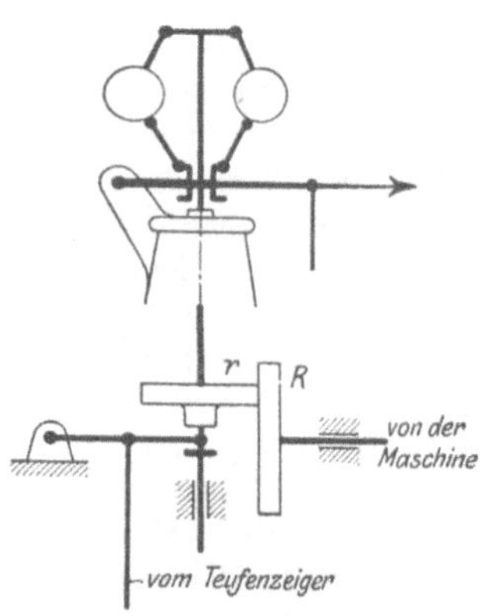

Fig. 120.
Geschwindigkeitsvergleichung
mittels Fliehkraftreglers nach
W. Schwarzenauer, Spandau.

in seiner Höhenlage verändert wird. Die Kurvenscheibe wird vom Teufenzeiger verschoben und bewirkt gegen Fahrtende eine Entspannung der Feder, die schließlich in eine Druckspannung übergeführt wird. Der Grundgedanke ist, die Spannung der Feder so zu verändern, daß sie im Verein mit der Gewichtswirkung der Kugeln der bei richtig eintretender Maschinengeschwindigkeit vorhandenen Fliehkraft stets das Gleichgewicht hält. Bei vorschriftsmäßig verlaufendem Maschinengange bliebe dann der Zeiger z stets in Ruhe, während Zeigerbewegungen Geschwindigkeitsunterschiede gegen die vorgeschriebene Geschwindigkeit anzeigen.

Derselben Patentschrift ist die Anordnung der Fig. 120 entnommen. Hier wird versucht, der Reglerspindel immer die gleiche Drahtzahl zu verleihen von Anfang bis Ende des. Förderzuges. Zu dem Zweck ist in das Antriebsgestänge von der Maschine nach dem Regler eine veränderliche Übersetzung eingeschaltet, die vom Teufenzeiger, also in Abhängigkeit vom Korbstande, so verändert wird, daß der Regler bei Einhaltung der vorgeschriebenen Maschinengeschwindigkeit immer die gleiche Drehzahl beibehält, sein Zeiger also immer den gleichen Stand hat, während Zeigerbewegungen die Geschwindigkeitsunterschiede zwischen vorgeschriebener und vorhandener Maschinengeschwindigkeit anzeigen. Die Einrichtung ist: Die Scheibe R wird von der Maschinenwelle angetrieben und treibt ihrerseits durch das Reibrad r die Reglerspindel an. Das Reibrad r wird nun vom Teufenzeiger unter Zwischenschaltung eines Kurventriebes radial an der Treibscheibe R verschoben, und zwar mit zunehmender Teufe nach innen, bei Fahrtende wieder nach außen, so daß bei den großen Maschinengeschwindigkeiten eine kleine, bei den kleinen Maschinengeschwindigkeiten eine große Übersetzung eingeschaltet ist, demnach der Regler bei jedem Korbstande die gleiche Geschwindigkeit zeigen könnte. Die Einrichtung hat aber den grundsätzlichen Fehler, daß sie auch bei stillstehender Maschine die gleiche Reglergeschwindigkeit erzielen muß, natürlich aber nicht kann. Das läßt erkennen, daß es bei den niederen Maschinengeschwindigkeiten nicht möglich ist, die Übersetzung so weit zu steigern, daß ein Sinken der Reglerkugeln verhütet wird. Gegen Fahrtende sinken auf alle Fälle die Reglerkugeln, einerlei ob die Maschinengeschwindigkeit zu klein oder zu groß ist; das heißt die Vorrichtung versagt in dem Augenblicke, wo sie am nötigsten gebraucht wird. Sie ist bei einem neueren Sicherapparat in Anwendung gekommen. Im DRP. 158 610 (1901) von E. Schwarzenauer sind einige Vorschläge gemacht, die Bewegungen des Reglerhebels zu Steuerungseingriffen auszunutzen. Auf die eigentümlichen Schwierigkeiten, die Reglerbewegung zur Steuerung auszunutzen, sei an späterer Stelle eingegangen. (Abschnitt V F. 4.)

Allen mit Fliehkraftreglern arbeitenden Vorrichtungen ist gemeinsam, daß sie für gleiche Geschwindigkeitsüberschreitungen bei den hohen Geschwindigkeiten kleine Verstellwege, bei den niederen Geschwindigkeiten kleine Verstellkräfte erzeugen, in beiden Fällen also unempfindlich sind und bei sehr kleinen Geschwindigkeiten infolge der Nebenwiderstände überhaupt versagen.

Die Anordnungen der Fig. 119 und 120 machen den erfolgreichen Versuch einer Abhilfe, wobei aber die ganz geringen Geschwindigkeiten ebenfalls versagen.

Im Anschluß hieran sei ein hydraulischer Regler Fig. 121 betrachtet. Er beruht auf dem Grundgedanken der Fig. 116. Der von der Maschine bewegte Kolben K treibt das Öl durch eine gesteuerte Drosselöffnung O. Die Steuerung geschieht durch den Schieber s, der durch die

Teufenzeigerscheibe z in Abhängigkeit vom Korbstande bewegt wird. Bei Annäherung der Körbe an die Anschlagspunkte wird die Öffnung verkleinert, so daß trotz verminderter Geschwindigkeit der gleiche Öldruck aufrecht erhalten bleiben kann. Die Form der Teufenzeigerscheibe z schreibt auch hier der Maschine für jeden Korbstand eine bestimmte Geschwindigkeit vor, wenn eine Änderung des Öldruckes und des Standes des federbelasteten Reglerkolbens K_1 vermieden werden soll. Die Bewegungen des Zeigers z zeigen die Geschwindigkeitsunterschiede an. Bleibt eine einen gewissen Öldruck erzeugende Geschwindigkeitsüberschreitung längere Zeit bestehen, so verändert sich der Zeigerausschlag nicht weiter. Bei Angleichung der Geschwindigkeiten geht der Zeigerausschlag wieder zurück. Ob eine Angleichung erreicht werden kann, soll im Abschnitt 4: Vergleich der Methoden, untersucht werden. Man erkennt hieraus sowie aus dem ganzen Aufbau eine grundsätzliche Gleichheit mit dem Regler nach Fig. 119. Ein wesentlicher und praktisch bedeutungsvoller Unterschied besteht aber darin, daß eine gewisse Geschwindigkeitsüberschreitung, die bei an sich hoher Geschwindigkeit, also während der Mittelfahrt, eintritt, wesentlich geringere Ausschläge des Zeigers bewirkt als bei an sich kleinen Geschwindigkeiten, daß also die Empfindlichkeit bzw. Verstellwirkung bei den niedrigen Geschwindigkeiten der Endfahrt größer ist als bei den ungefährlichen Geschwindigkeitsüberschreitungen der Mittelfahrt. Dies erklärt sich daraus, daß eine an sich gleiche Geschwindigkeitsüberschreitung bei den höheren Geschwindigkeiten nur eine geringe Mehrbelastung des größeren Drosselquerschnittes, bei den kleineren Geschwindigkeiten aber eine ganz erhebliche Mehrbelastung des kleinen Drosselquerschnittes hervorruft.

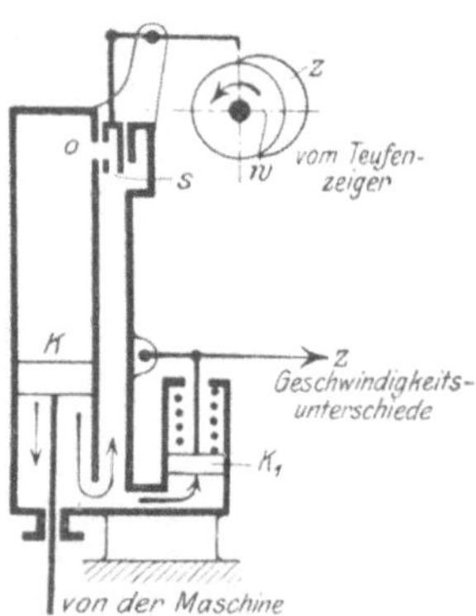

Fig. 121.
Hydraulische Geschwindigkeitsvergleichung.

Dieser Regler erscheint hiernach hervorragend zur Verwendung bei Steuerungsreglern geeignet.

Die Wirkung aller mit Flüssigkeitsdrosselung arbeitenden Vorrichtungen hängt von dem Zustande der verwendeten Flüssigkeit ab. Dieser kann aber merkliche Veränderung erfahren. Das Öl kann, wenn auch nur sehr langsam, verschmutzen, es kann dicker werden oder es kann Luft aufnehmen. Alle diese Änderungen müssen eine Veränderung der Druckanzeige hervorrufen. Die praktischen Erfahrungen werden hierüber Auskunft zu geben haben.

Der Grundgedanke dieser Geschwindigkeitsvergleichung ist in dem schon erwähnten Patent von E. Schwarzenauer angegeben, wenn auch der Gedanke der Vergleichung nicht so scharf ausgesprochen ist. In praktischer Anwendung findet er sich bei den Steuerungsreglern von G. Schönfeld, Berlin, und J. Iversen II, Berlin. Bei letzterem mit einer unwesentlichen Abänderung: die Maschinengeschwindigkeit wirkt nicht auf einen Kolben K, sondern auf eine Rotationspumpe, die den Ölumlauf bewirkt (vgl. Abschn. VI E. 6).

3. Messung durch Wegvergleichung.

In Fig. 122 wird die Vergleichsbewegung durch ein fallendes Gewicht dargestellt, dessen Bewegung durch die Hemmnisse eines Flüssigkeitskataraktes beeinflußt wird. Beabsichtigt ist eine Regelung der Endfahrt, die mit abnehmender Geschwindigkeit erfolgen soll. Das fallende Gewicht würde sich aber mit beschleunigter Geschwindigkeit bewegen. Daher müssen ihm vom Korbstand abhängige Hindernisse in den Weg gestellt werden. Der schwere Kolben K fällt in dem mit Öl angefüllten Zylinder abwärts und bewirkt dabei einen Ölumlauf, in welchen eine stellbare Drosselöffnung o eingeschaltet ist. Eine von der Maschine angetriebene Teufenzeigerscheibe t verengt bei Annäherung der Körbe an die Anschlagsbühnen den Drosselquerschnitt, so daß das sinkende Gewicht größere hydraulische Widerstände erfährt, also langsamer sinkt. Durch entsprechende Bemessung der Teufenzeigerkurve kann eine ganz bestimmte Vergleichsbewegung durch das fallende Gewicht geschaffen werden. Die

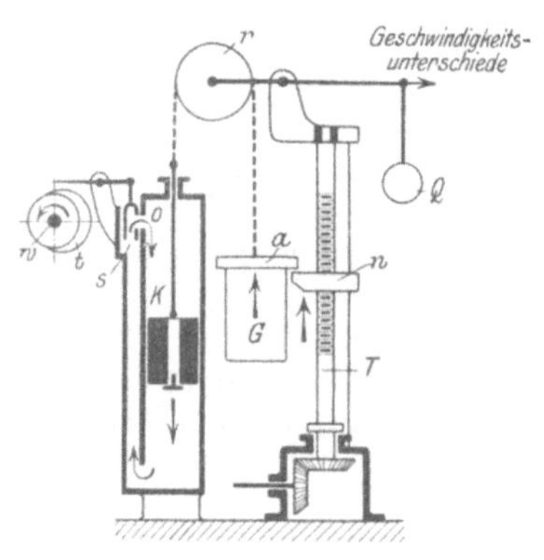

Fig. 122.

Hydraulische Wegvergleichung nach
J. Iversen, Berlin.

Vergleichung mit der wirklichen Bewegung geschieht dadurch, daß letztere, die durch den Anschlag a in Abhängigkeit von der Endbewegung der Teufenzeigernase n dargestellt wird, mit ersterer durch eine über eine Rolle r geführte Schnur verbunden wird. Unterschiede der Bewegungen bewirken Ent- und Belastungen der Rolle, die dadurch in Ausschläge umgesetzt werden, daß die Rolle r auf einem beweglichen durch Gegengewicht Q ausgeglichenen Hebel befestigt ist.

Bewegt sich die Nase n etwa schneller als das Gewicht K, dann geht die Rolle r in die Höhe und löst eine entsprechende Steuerverstellung aus. Die Wirkung wird desto größer, je länger die Geschwindigkeitsüberschreitung andauert, da alsdann die Wegunterschiede zwischen wirklicher und Vergleichsbewegung wachsen. Findet durch den Regeleingriff eine Angleichung der Bewegungen statt, so bleibt die gegebene Steuereinstellung erhalten bis ein erneuter Unterschied der Geschwindigkeiten eintritt. Die Aufrechterhaltung der durch den Eingriff erhaltenen

Steuerstellung wird als ein Vorzug dieser Regler gerühmt. Man vergleiche aber dazu das im nächsten Abschnitt 4 über diesen Punkt Gesagte.

Die Vorrichtung stammt von J. Iversen, Berlin (DRP. 228 104, 1907) und ist der Hauptbestandteil seines älteren Fahrtreglers. Jüngere Ausführungen benutzen einen der vorigen Gruppe angehörigen hydraulischen Regler.

Auf unmittelbarer Wegvergleichung beruht die Vorrichtung Fig. 123. Sie ist eine Umformung mit übersichtlicherer Wirkung der in dem DRP. 191 363 (1907) von Carl Schüller, Aschersleben, gegebenen verwickelten Anordnung (letztere in der späteren Fig. 237 dargestellt). Ein Elektromotor E mit gleichbleibender Drehzahl dreht die Reibscheibe R. Von dieser gleichmäßigen Bewegung wird die Vergleichsbewegung der Spindel s abgeleitet, indem deren Reibrad r auf der Reibscheibe in Abhängigkeit vom Korbstande radial verschoben wird. Die Verschiebung der Spindel s geschieht durch die von der Maschine angetriebenen Welle w und Teufenzeigerkurve t. Es ist ersichtlich, daß durch die Form der Kurve der Spindel s für jeden Korbstand eine ganz bestimmte Geschwindigkeit erteilt werden kann. Ein Vergleich zeigt den Vorteil gegenüber der in Fig. 120 angestrebten Lösung, wo von einer bis null veränderlichen Maschinengeschwindigkeit die gleichbleibende Geschwindigkeit der Reglerspindel abgeleitet werden sollte. Die Spindel s kann sich in der Hülse h verschieben, überträgt aber ihre Drehung auf dieselbe. Der Hülsenteil h′ trägt ein Schraubengewinde S, das in das Gewinde der Spindel s_1 eingreift. Diese Spindel s_1 wird von der Maschine gleichsinnig mit der Vergleichsspindel s angetrieben. Es stellt also dar: die Drehung von s die zulässige Geschwindigkeit, die Drehung von s_1 die wirkliche Geschwindigkeit. Solange beide

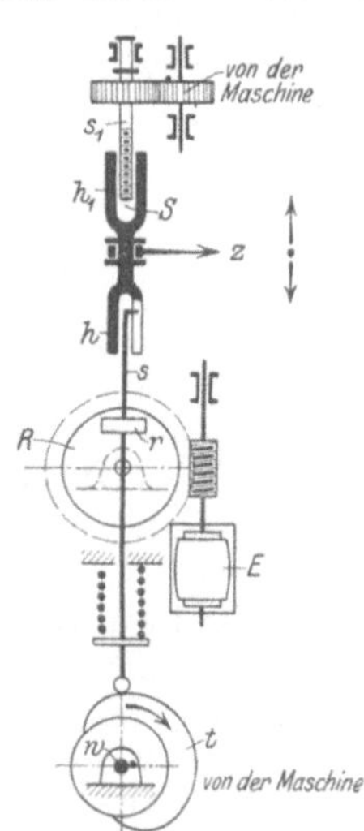

Fig. 123.
Mechanische Wegvergleichung.

gleich sind tritt eine Bewegung zwischen s_1 und h_1 nicht auf. Sind jedoch die Geschwindigkeiten verschieden, so dreht sich h_1 gegen s_1 und die Hülse schraubt sich nach der einen oder anderen Seite hin so lange, bis die Geschwindigkeiten wieder gleich geworden sind. Nach der Angleichung der Geschwindigkeiten bleibt die Einstellung von h bestehen. Ob eine Angleichung der Geschwindigkeiten erreicht werden kann, soll im nächsten Abschnitt 4 in Gemeinschaft mit der Untersuchung dieser Frage für die vorhergehende Gruppe erörtert werden. Ein mit h verbundener Zeiger z zeigt also die Geschwindigkeitsunterschiede, ihre Richtung und ihre Dauer an. Man beachte hier wie im vorigen Beispiele, daß eine so lange dauernde Verstellung stattfindet, als der Geschwindigkeitsunterschied besteht. Der Teil h kann auch entsprechende Verstellkräfte ausüben. Die Größe der nötigen Verstellkräfte wirkt in keinerlei Weise auf den Eintritt und Ablauf der Regelbewegungen ein. Es herrscht also hier, vorausgesetzt, daß der Reibradantrieb R, r die nötigen Kräfte hergibt, eine absolute Genauigkeit und Empfindlichkeit der Anzeige bei beliebiger Kraftäußerung und jeder Geschwindigkeit. Hierdurch unterscheidet sich dieser Regler auf das vorteilhafteste von allen mit Fliehkraftreglern arbeitenden Vorrichtungen, Doch ist darauf aufmerksam zu machen, daß nach eingetretener Abnutzung der Scheibe r, der ganze Zugverlauf verlangsamt wird, was freilich durch Erhöhung der Drehzahl des Elektromotors ausgeglichen werden kann, und daß der ganze Verlauf von der als gleichmäßig und in bestimmter Größe vorausgesetzten Drehzahl des Elektromotors E abhängt. Ferner ist zu überlegen, ob es ratsam ist, für den Hauptteil der Fahrt einen ganz bestimmten Verlauf festzulegen und bei Unterschieden regelnd einzugreifen. Das letztere wäre nur dann anzuraten, wenn tatsächlich eine rasche und genügende Angleichung stattfände.

4. Vergleich der Methoden.

Es ergeben sich die Unterschiede:

Innerhalb der ersten Gruppe: gegen Fahrtende geringe Wirskamkeit der Fliehkraftregler und gesteigerte Wirksamkeit der hydraulischen Regler; andererseits ein fester, störungsfreier Aufbau der Fliehkraftregler und Abhängigkeit der hydraulischen Regler vom Ölzustande.

Zwischen der ersten und zweiten Gruppe, unter der Voraussetzung möglicher und eintretender Angleichung: die Regelbewegung der ersten Gruppe geht mit wachsender Angleichung, solche als eintretend vorausgesetzt, zurück und erreicht bei Vollendung der Angleichung ihren alten Stand, da bei Gleichheit der Vergleichszustände die vorhandene Meßfeder oder das Meßgewicht in die Nullage zurückgeht; dagegen wächst bei der zweiten Gruppe die Steuerverstellung auch noch mit wachsender Angleichung und erreicht ihren Höchstwert bei Erreichung der Angleichung.

Es scheint also folgende Wirkung vorzuliegen: erste Gruppe rückgängige, zweite Gruppe dauernde Steuerverstellung.

Daher wäre die Frage berechtigt:

Rückgängige oder dauernde Steuerverstellung? Jede Regelbewegung ist ein Beweis für die Verbesserungsbedürftigkeit der vorhandenen Steuerstellung. Beschränken wir die Betrachtung auf den Fall unzulässig wachsender Geschwindigkeit, so sind die Regelbewegungen so gerichtet, daß ein unbegrenztes Wachsen der Geschwindigkeit verhindert wird; des weiteren wird angestrebt, die gewachsene Geschwindigkeit auf die zulässige Höhe zurückzuführen. Die Regelbewegung ist nur abhängig von der Höhe der erreichten Geschwindig-

keitsüberschreitung, nicht aber von dem ihr zugrunde liegenden Kräfte-
verhältnisse. Die Hoffnung, daß die eintretende Regelbewegung gerade
die zur Erreichung und Sicherung der zulässigen Geschwindigkeit
dienliche Steuereinstellung bewirke, ist völlig grundlos. Eine wirkliche Regelung müßte Nachdruck legen auf die eben erwähnten Vorgänge: zunächst
auf Erreichng der zulässigen Geschwindigkeit, das heißt Zurückführung
der unzulässigen Geschwindigkeit auf die zulässige, dann auf die Fort-
dauer dieser Geschwindigkeit. Beides erfordert verschiedene Steuer-
einstellungen. Zur Erreichung des ersten Zweckes ist jede Steuerverstellung geeignet, die eine entsprechende Kraftverminderung einstellt, ohne daß es auf eine ganz bestimmte Steuerstellung ankäme.
Dieses erscheint leicht erreichbar, und darauf gründen sich die Hoff-
nungen aller Erfinder. Die folgende Darstellung wird zeigen, daß schon
dies einfach scheinende Ziel nicht von allen Anordnungen erreicht
wird, sondern einige sich begnügen müssen, ein unbegrenztes Anwachsen
der Geschwindigkeit zu verhindern. Die schwierigere Aufgabe ist, bei
Erreichung der Geschwindigkeitsrückführung den richtigen Geschwin-
digkeitszustand zu sichern. Hierzu ist vom Augenblicke der Ge-
schwindigkeitsgleichheit ab eine ganz bestimmte Trieb- und Hemmkräfte ins völlige Gleichgewicht setzende Steuereinstellung nötig. Dies
erreicht keine der Vorrichtungen, da bei der ersten Gruppe mit rückgängiger Steuerverstellung die treibenden, bei der zweiten Gruppe
mit bis zur Angleichung fortschreitender Verstellung die hemmenden
Kräfte bei Erreichung der Angleichung das Übergewicht haben.

Wir erkennen also, daß keine der Gruppen das Erforderliche leistet.

Die folgenden Ausführungen sollen die zu erwartenden Regel-
vorgänge im einzelnen verfolgen.

Der Regelvorgang der verschiedenen Gruppen.

Erste Gruppe. Der theoretisch zu erwartende Regelvorgang der
ersten Gruppe ist bei der schon hervorgehobenen grundsätzlichen
Gleichheit derselben mit der Regelwirkung von Fliehkraftreglern dem
bei von Fliehkraftreglern beherrschten Betriebsmaschinen analog,
wenn wir an Stelle der gleichmäßig vorgeschriebenen Geschwindigkeit
der Betriebsmaschine die „zulässige" Geschwindigkeit der Fördermaschine setzen, was nach Entwicklung der Geschwindigkeit vergleichenden Regler möglich geworden ist. Zur Erleichterung des Überblickes denken wir uns den betrachteten Regelvorgang während einer
mit gleichmäßiger Geschwindigkeit vorgeschriebenen Mittelfahrt eintretend, unter welcher Voraussetzung völlige Gleichheit mit dem Regel-
vorgange der Betriebsmaschine besteht.

Fig. 124—126 stellt die Diagramme der Vorgänge dar. In Fig. 124
sei die gestrichelte Linie die zulässige Geschwindigkeit, die im Punkt a
überschritten wird. Die eintretende Kraftverminderung beschränkt
den Anstieg der Geschwindigkeit, bis bei b die Kraftverstellung zu
einem neuen Kräftegleichgewicht geführt hat, so daß bei dieser bestehen bleibenden Steuereinstellung die erreichte höhere Geschwindig-

keit beibehalten wird, wenn nicht sonstige, außerhalb des Regelvor
ganges liegende Änderungen eintreten. Es kann hier gar keine Angleichung stattfinden, und die bis dahin gemachte Annahme eintretender
Angleichung war für diese erste Gruppe falsch. Die an Betriebsmaschinen
auftretenden Diagramme sehen nun noch etwas anders aus, nämlich
etwa wie Fig. 125, bei welcher die neue, höhere Geschwindigkeit
erst nach einigen Schwingungen in der Diagrammlinie erreicht wird.

Fig. 124.

Schwingungsfreie statische Regelung
der ersten Gruppe.

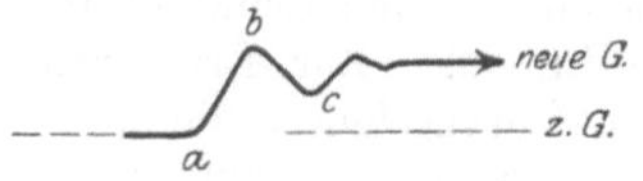

Fig. 125.

Schwingende statische Regelung der
ersten Gruppe.

Diese Gestaltung tritt auf, wenn im Reglergetriebe Massen vorhanden
sind, die bei den eintretenden Reglerbewegungen die Bewegung über
das Ziel hinausschießen lassen, wobei etwa bei b eine Kraftverstellung
erreicht ist, die eine Abnahme der Geschwindigkeit zur Folge hat. Dies
ist keine vorteilhafte Erscheinung, auch wenn hierbei etwa die alte
Geschwindigkeit wieder erreicht werden würde, da die hierbei rückgehende Kraftverstellung wieder auf Geschwindigkeitsvermehrung hin-
wirkt, so daß die Geschwindigkeit wieder steigt, wegen der Massen-
schwingungen des Reglers über die neue Geschwindigkeit hinaus usw.
Wegen der Dämpfung der Reglerschwingungen durch Reibung werden
die Schwingungen meist bald schwächer, so daß sie alsdann in die
neue Geschwindigkeit einmünden. Man vergleiche hierzu das über
Reglerschwingungen im Abschnitte V E. 1 Gesagte, wo der Unterschied zwischen Gewichts- und Federreglern klargelegt wurde. Eine
spätere Figur zeigt einen im Abschnitte VI E. 6 beschriebenen hydraulischen Steuerungsregler, bei welchem der Reglerkolben nicht durch
eine Feder, sondern durch ein Gewicht belastet ist. Diese Anordnung
läßt Reglerschwingungen erwarten. Die mit diesem Regler aufge-
nommenen selbsttätigen Fahrten ergaben
Diagramme von der in Fig. 126 gezeigten
Form. Die gestrichelte Linie z. G. stellt etwa
die in der Mittelfahrt vorgeschriebene Geschwindigkeit dar. Das Diagramm zeigt
Schwingungen, die in ihrem unteren Teile
wesentlich unter die Geschwindigkeit herunter-
gehen, bei welcher der Regelvorgang einsetzte
(Punkt c bzw. a). Die Schwingungen sind heftig

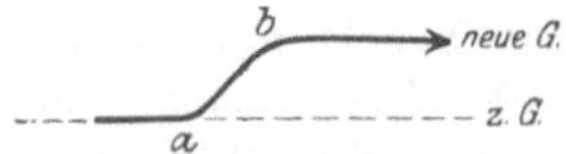

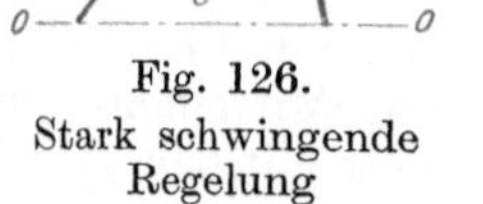

Fig. 126.

Stark schwingende
Regelung
eines Steuerungsreglers.

und ungedämpft. Sie erklären sich aus der unmittelbaren Gewichtsbelastung des Kolbens. Bei Druckerhöhung der Reglerflüssigkeit wird der
Reglerkolben in seine äußerste Lage gedrängt, da seine Gewichtsbelastung
dem erhöhten Drucke keinen wachsenden Widerstand, der eine neue
Gleichgewichtslage ermöglichte, entgegenstellen kann. Ein wachsender

Gegendruck des Gewichtes wäre leicht zu erreichen, wenn bei Bewegung des Gewichtes sein Hebelsarm wüchse, wie dies bei den Meßgewichten von Neigungswagen bekannt ist. Im vorliegenden Falle scheint also mehr das unveränderliche Meßgewicht als die Massenwirkung schuld an den Reglerschwingungen zu sein. Besser ist auf alle Fälle eine Reglerkolbenbelastung durch eine Meßfeder, deren wachsender Widerstand jeder Druckerhöhung eine bestimmte Kolbenstellung zuweist. Die Reglerbewegung ist dann eine statische, im erwähnten Falle aber eine astatische.

Die neue, höhere Geschwindigkeit der Fig. 125 kommt in Fig. 126 gar nicht zur Ausbildung. Sie wird durch den Endlauf der Maschine verdeckt, indem vom Punkte d ab trotz Sinkens der Geschwindigkeit der hydraulische Regler auf kräftige Bremsung verstellt, da während dieser Zeit die sinkende Geschwindigkeit immer über der jeweils „zulässigen", durch die Drosselsteuerung eingestellten bleibt. Eine unbedingte Gewähr dafür, daß bei diesem Endlaufe die Körbe vor den Anschlagspunkten zur Ruhe kommen und daß die eintretende Verzögerung unterhalb der gefährlichen bleibt, erscheint nicht gegeben, auch wenn nach frisch erfolgter Einstellung des Apparates befriedigende Ergebnisse erzielt werden.

Zur Bekämpfung der Reglerschwingungen sind Massen in seinem Getriebe zu vermeiden, daher Gewichtsbelastung besser durch Federbelastung zu ersetzen, was bei hydraulischen Reglern anderer Herkunft auch geschieht. Auch kann an Einschaltung einer Dämpfung in die Reglerbewegung gedacht werden. Solche Dämpfung ist wie die feinen, schwingungsfreien elektrischen Meßinstrumente zeigen, ohne Beeinträchtigung der Empfindlichkeit möglich. Schließlich wäre noch die Frage aufzuwerfen, ob den zweifellosen Vorzügen der hydraulischen Regler nicht doch auch merkliche Nachteile gegenüberstehen. Geschwindigkeitsdiagramme von hydraulischen Reglern mit Federbelastung sind bis zur Zeit nicht bekannt geworden.

Die Fig. 126 hat eine scheinbare Ähnlichkeit mit der nächsten Fig. 127 eines Reglers der zweiten Gruppe. Es wird sogleich gezeigt werden, daß Ursachen und Art der Schwingungen jedoch ganz verschieden sind.

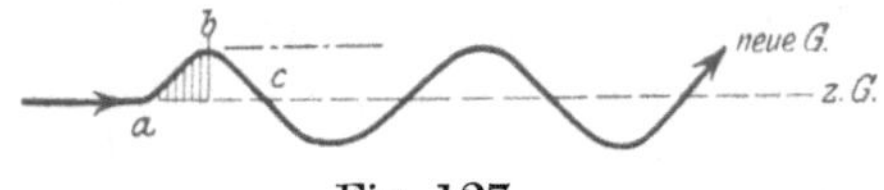

Fig. 127.
Astatische Regelung der zweiten Gruppe.

Zweite Gruppe. Hier soll das nach Anordnung der Fig. 123 zu erwartende Diagramm dargestellt werden. Tatsächliche Diagramme können wegen mangelnder Ausführung nicht aufgezeigt werden.

Bei a beginne, Fig. 127, der unzulässige Geschwindigkeitsanstieg, der eine Kratfverminderung zur Folge hat. Bei b ist das Wachstum der Geschwindigkeit beendet. Es hat bis dahin eine Steuerverstellung stattgefunden, deren Grösse der schraffierten Fläche a b entspricht, nämlich entsprechend der bis dahin erfolgten Wegvoreilung der Maschine. Im Punkte b ist die Steuerstellung eine solche, daß sie die in diesem

Punkt erreichte Geschwindigkeit aufrecht erhalten will, wenn der Punkt b ohne Reglerschwingungen erreicht wurde. Dies ist bei der Vorrichtung der Fig. 123 nicht ganz sicher. Längsschwingungen der die Regelbewegung darstellenden Hülse h, h_1 können zwar nicht auftreten. Dagegen ist eine schwingungsfreie Anzeige der zulässigen Geschwindigkeit durch das Reibrad r nicht sicher zu erwarten. Für das Folgende sei jedenfalls die Annahme der schwingungsfreien Einstellung gemacht. Die (gestrichelte) gleichbleibende Geschwindigkeit tritt im Punkte b aber nicht ein (Fig. 127), da die Steuerverstellung infolge der vorhandenen höheren Maschinengeschwindigkeit in gleichem Sinne weitergeht, entsprechend der weitergehenden Wegvoreilung der Maschinen gegenüber der Vergleichsbewegung. Die Folge ist ein Sinken der Geschwindigkeit von b bis c, wo die alte Geschwindigkeit und gleichzeitig die größte Steuerverstellung erreicht ist (entsprechend der Fläche a b c). Die Maschinengeschwindigkeit sinkt daher weiter, die Steuerverstellung geht infolge Wegnacheilung der Maschine zurück, bis die treibenden Kräfte überwiegen und die Geschwindigkeit wieder steigt und sofort ins unbegrenzte, wenn nicht die Reibungswiderstände der Maschine eine Dämpfung der Schwingungen bewirken. Die hier auftretenden Geschwindigkeitsschwingungen sind also nicht die Folge von Reglerschwingungen sondern die der eigenartigen Regelerbewegungen. Die Schwingungen erfolgen um die alte Geschwindigkeit als Achse, während in den vorigen Beispielen die Schwingungsachse die erhöhte, neue Geschwindigkeit war. Treten Reglerschwingungen hinzu, so überlagern sie die Grundschwingungen, die alsdann heftiger werden.

Wir sind daher berechtigt zu folgender

Beurteilung der Methoden:

Die eigentliche Geschwindigkeitsvergleichung ist durch mechanische und hydraulische Regler sowohl der ersten wie der zweiten Gruppe einwandsfrei gelöst. Übel bestellt ist hingegen noch die Ausnutzung der Regelbewegung zwecks Geschwindigkeitsangleichung. Die Kraftverstellungen führen nicht stetig zur Angleichung, sondern pendeln heftig um diese oder eine erhöhte Geschwindigkeit herum, bei der ersten Gruppe infolge Reglerschwingungen, bei der zweiten infolge der Eigenart der Regelbewegung. Die Pendelungen der ersten Gruppe erscheinen vermeidbar, die der zweiten unvermeidbar. Bei pendelfreier Einstellung trägt die Regelung der ersten Gruppe bei nicht erreichbarer Angleichung einen statischen Charakter; die Regelung der zweiten Gruppe ist von Haus aus astatisch.

Weitere Bemühungen haben sich zu wenden an den Charakter der Regelung und sich das Ziel zu stecken: statische, schwingungsfrei zur Angleichung führende Regelung.

Zurzeit ist noch zu urteilen:

Nur die willkürliche Regelung durch einen aufmerksamen Wärter kann einen einwandfreien Verlauf des Förderzuges ergeben. Wenig aussichtsvoll sind alle Bemühungen, den Wärter durch selbsttätige Steuerung ausschalten zu wollen.

G. Signalgebung.

1. Bergpolizeiliche Vorschriften.

Bei der örtlichen Trennung von Maschinen- und Schachtbetrieb ist eine verläßliche, Irrtümer ausschließende Signalgebung notwendig. Diese Notwendigkeit findet ihre Anerkennung in den Bergpolizeibestimmungen. In OBA. Bezirk Breslau ist vorgeschrieben: § 40, eine Signalanlage zwischen Anschlagspunkt und Hängebank sowie zwischen Hängebank und Maschinenwärter mit in doppelter Richtung möglicher Zeichengebung. Der Maschinenwärter darf die Maschine nicht in Gang setzen, bevor er das Signal hierzu erhalten hat. Die Signale wurden ursprünglich als Schlagsignale durch Benutzung von Signalhämmern gegeben. § 41 regelt die Bedeutung der Schlagsignale für den ganzen Bezirk und fordert Signaltafeln an der Maschine. § 42 schreibt für Hauptförderschächte neben den Signalen Sprachrohre vor.

Der Signalgebung wird allermeist die ihr gebührende Beachtung geschenkt. Die einfachere mechanische Betätigung ist heute meist durch elektrische Übertragung ersetzt, die zunächst die Hammersignale durch Glockensignale nachahmte. Die Lautsignale haben den Nachteil, daß sie eine Aufzeichnung zwecks Nachprüfung eines nicht genügend verstandenen oder beachteten Signales nicht zulassen. Daher werden häufig zu den Lautsignalen noch Blicksignale hinzugefügt, die bis zur Ausführung des Befehles dem Wärter vor Augen bleiben. Bei anderen Apparaten erscheinen die Blicksignale in Form der Befehle: Vorwärts, Langsam usw., und die Lautsignale dienen nur zur Weckung der Aufmerksamkeit. Über Aufzeichnung von Signalen vgl. V. E. 2.

Hier sei auf einige Literaturstellen verwiesen:

1. Ein neuer Schachtsignalapparat der deutschen Telephonwerke Berlin, von Berginspektor Menzel. Glückauf 1909, Nr. 51.

2. Kommandoapparate mit Hör- und Sichtsignalen. Kohle und Erz 1911, S. 457.

3. Elektrische Signalgebung von Siemens & Halske auf Grube Knurow. Preuß. Zeitschr. für Berg- und Hüttenwesen 1911, S. 144.

4. Signalisieren und telephonieren vom fahrenden Förderkorbe aus, von Dr. Weise, Glückauf 1911, S. 155.

Im folgenden sei eine Hauptschachtsignalanlage mit Licht- und Lautsignalen nach einer Beschreibung der Firma Bergisch-märkische Installationsgesellschaft Düsseldorf gegeben.

2. Beschreibung einer elektrischen Schachtsignalanlage.

Bei der in Fig. 128 gegebenen Schachtsignalanlage wurde von dem Prinzip ausgegangen, die Handhabung genau so einfach zu gestalten, wie dies bei mechanischen Signalanlagen der Fall ist, und ebenso auch die Schaltung und den Bau der Apparate so zu halten, daß eine große Betriebssicherheit erreicht wird. Von diesem Grundsatz ausgehend sind auch statt nur eines Schachtkabels deren zwei vorgesehen, damit im Fall eines Schadens zum mindesten eine Anlage in Betrieb bleibt.

Jede Sohle erhält einen Signalgeber, einen Kontrollwecker und einen Seilfahrtschalter. Die Hängebank ist mit einem Signalwecker für die ankommenden Signale und einem Kontrollwecker für die abgegebenen Signale ausgerüstet. Ferner

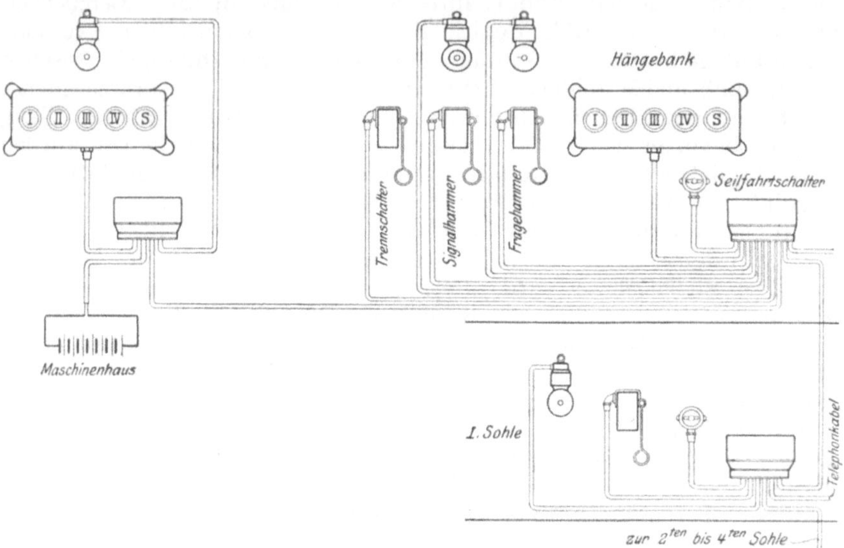

Fig. 128.

Elektrische Schachtsignalanlage der Firma Bergisch-Märkische Installationsgesellschaft, Düsseldorf.

ist auf der Hängebank noch ein Trennkontakt für die Ausschaltung der Lichtsignale angebracht. Für die Weitergabe der Signale nach dem Maschinisten besitzt die Hängebank einen Signalhammer und für die Signale nach dem Schacht den Fragehammer. Im Maschinenhause befindet sich nur ein Signalwecker. Zur Sichtbarmachung der Signale ist außerdem für die Hängebank und den Maschinisten je eine Glühlampen-Tafel vorgesehen, welche für jede Sohle und außerdem für Seilfahrt je ein Glühlampenfeld besitzt. Die Schaltung der Signalanlage geht aus der Figur hervor. Danach führt von jedem Signalhammer der Sohle eine Leitung nach der Tafel der Hängebank, welche soviel Relais enthält, als Sohlen vorhanden sind. Beim Maschinisten ist gleichfalls eine Tafel, jedoch ohne Relais, aufgestellt. Ferner ist eine besondere Lampe mit roter Glasscheibe (S) vorgesehen, welche von jeder Sohle aus nach Belieben gleichzeitig mit dem Signal betätigt werden kann. Die Lampe hat den Zweck, dem Maschinisten anzuzeigen, daß Personen befördert werden sollen (Seilfahrt). Für die Betätigung der roten Lampe dienen die Seilfahrtschalter, durch welche die rote Lampe parallel zu der betr. Sohlenlampen-Leitung geschaltet wird. Bei der Betätigung des Signalgebers an den Sohlen fließt der Strom über einen Trennschalter zu dem Relais der betr. Sohle und der Glühlampen-Tafel, von dieser zum Signalgeber der Sohlen, über sämtliche Sohlenglocken zur Signalglocke der Hängebank und zur Batterie zurück. Sämtliche Glocken schlagen an, und das Relais zieht seinen Anker an. Hierdurch wird ein Strom eingeschaltet, von der Batterie über die Relaiswicklung, den Relaisanker mit zugehöriger Lampe, die Lampe beim Maschinisten und zur Batterie zurück. Der Maschinist erhält somit durch die Tafel schon das Signal der Sohle, führt aber den Befehl erst aus, nachdem das Glockenzeichen von der Hängebank zur Ausführung gegeben wird. Die Lampen brennen so lange, bis durch Betätigen des Trennschalters der Stromkreis unterbrochen wird. Das Relais läßt seinen Anker los und die Lampen erlöschen. Das Erlöschen der Tafellampen bildet gleichzeitig eine Kontrolle für den Maschinisten, daß der abgegebene Befehl richtig ausgeführt ist. Ist der Seilfahrtschalter eingeschaltet, so fließt ein Zweigstrom von der Batterie über das Relais der Seilfahrtlampe zum Seilfahrtschalter und über die Glocke zur Batterie zurück. Die Seilfahrtlampe brennt gleichzeitig mit der Sohlenlampe so lange, bis die Abstellung erfolgt. Die Weitergabe des Signals an den Maschinisten erfolgt durch Betätigung der Signalglocken mittels des Signalhammers. Der Strom fließt von der Batterie über die Kontrollglocke, den Signalhammer zur Glocke im Maschinenhaus und zur Batterie zurück. Wird der Seilfahrthammer der Hängebank eingeschaltet, so fließt ein Zweigstrom über das Relais der Hängebank und den Seilfahrtschalter.

Die zur Verwendung gelangenden Apparate sind ganz besonders für rauhen Grubenbetrieb gebaut und mit schwerem Gußeisengehäuse versehen. Alle stromführenden Teile sind auf Porzellan oder Eisen-Hartgummi befestigt, und die Entfernung von diesen Teilen ist so bemessen, daß eine unbeabsichtigte Verbindung mit Erde nicht eintreten kann. Ganz besonderer Wert ist auf den Bau des Signalgebers gelegt; die Kontakte dieser Schalter arbeiten in Öl. Die Übertragung der Zugkraft an den Schaltstangen zum eigentlichen Kontakt ist derart, daß eine Zwischenstellung oder unsicherer Kontakt sicher ausgeschlossen ist.

Der Anschluß der Leitungen an die Apparate geschieht vollständig wasserdicht mittels den Apparaten angefügter Endverschlüsse. Für die Verteilungder Kabeladern in den Sohlen, der Hängebank und im Maschinenhaus sind Verteilerkasten mit Trennklemmleisten vorgesehen. Die Klemmen erhalten die Bezeichnung der einzelnen Kabeladern und erleichtern somit die Revisionen.

Zum Betriebe der Signalanlage ist eine Akkumulatorenbatterie von 22 Zellen vorgesehen. Der zur Ladung erforderliche Gleichstrom wird einem Drehstrom-Gleichstrom-Umformer entnommen. Die Verteilung des Stromes geschieht mittels einer Schalttafel, deren Schaltung so getroffen ist, daß eventuell auch der Strom zum Betriebe der Signalanlagen dem Umformer direkt entnommen werden kann. Zur Überwachung der Stromverhältnisse sind je ein Volt- und Ampèremeter in Präzisionsausführung vorgesehen. Das Voltmeter besitzt außerdem eine Ohmskala, mit welcher die Isolation der Anlagen kontrolliert werden kann.

Sechster Teil.

Der Antrieb durch Dampfmaschine.

Von Diplom-Ingenieur Karl Teiwes.

A. Die Beherrschung der Maschinentriebkräfte.

1. Innere und äußere Steuerungsteile und ihre Formen.

Nach den Zylinderseiten führende Öffnungen können durch Schieber oder durch deckelartige Platten verschlossen oder geöffnet werden. Danach unter-

scheidet man nach den inneren Steuerungsteilen Schieber- und Ventil-
steuerungen. Für die Art der Dampfverteilung ist die Form der inneren
Steuerungsteile gleichgiltig. Von größter Wichtigkeit hingegen ist die Art ihrer
Bewegung. Sie geschieht von der Maschinenwelle aus durch die äußeren
Steuerungsteile. Diese sind im wesentlichen Exzenter und unrunde
Scheiben und wirken bewegend sowohl auf Schieber als auch auf Ventile.

In Fig. 129 ist ein einfacher Schieberantrieb dargestellt. Der ebene
Schieber, Fig. 130, ist seitlich am Zylinder in lotrechter Ebene beweglich. Seine
Platten p überdecken die Zylinderkanäle K, K' genau, so daß die e in der

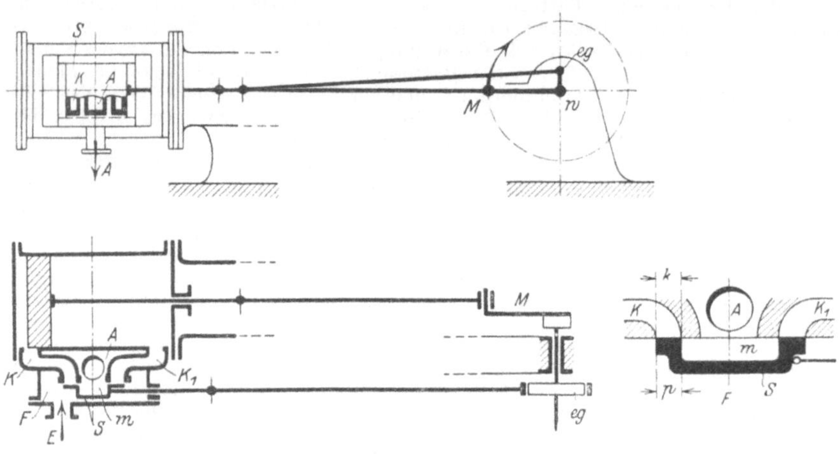

Fig. 129.

Fig. 130.

Antrieb eines Normalschiebers.

Normalschieber.

gezeichneten Mittelstellung des Schiebers abgeschlossen sind sowohl von dem
Frischdampfraum F als auch von dem Abdampfraum A. Dem ersteren strömt der
Arbeitsdampf zu, aus dem letzteren entweicht der verbrauchte Abdampf ins Freie.
Die Schieberplatten p sind durch die Muschel m miteinander verbunden. Der
Hohlraum der Muschel dient bei Verschiebung des Schiebers aus der Mittellage
dazu, einen der Zylinderkanäle mit dem Abdampfraum A zu verbinden. Durch
eine solche Verschiebung wird gleichzeitig der andere Zylinderkanal mit dem
Frischdampf verbunden. Der auf seiner Gleitfläche abdichtende Schieber trennt
ständig den Frischdampfraum von dem Abdampfraume.

Der Schieber wird durch Vermittlung von Schieber- und Exzenterstange
durch ein Exzenter eg angetrieben. Der Schieber ist im Aufrisse nur halb gezeichnet,
um die Zylinderkanäle sichtbar zu machen. Das Exzenter ist im Aufrisse durch eine
kleine Kurbel dargestellt. Der Dampfkolben steht in der linken Endlage, der
Schieber dabei in seiner Mittellage, so daß sich im Aufrisse das Bild zweier senkrecht
aufeinander stehender Kurbeln, der Maschinenkurbel M und des Exzenters eg
ergibt. Für die Dampfverteilung entscheidend ist die gegenseitige Bewegung
von Schieber und Dampfkolben, die sich am besten nach dem gegenseitigen Laufe
von Exzenter und Maschinenkurbel beurteilen läßt. Danach ist der Schieber
dem Kolben immer um einen halben Hub in dessen Bewegungsrichtung voraus.
In den Kolbenendstellungen sind die Zylinderkanäle geschlossen, da der Schieber
in der Mittellage steht. In allen anderen Stellungen ist der eine Kanal mit dem
Frischdampfraume, der entgegengesetzte mit dem Abdampfraume verbunden, und
zwar herrscht während des Kolbenrechtsganges links Frischdampfeinströmung,
rechts Abdampfabströmung, während des Kolbenlinksganges rechts Frischdampf,
links Abdampf, so daß während des ganzen Hin- und Rückganges Triebdampfwirkung stattfindet. Man erhält also Volldampf oder Vollfüllung.

Der Schieber der Fig. 129 heißt Normalschieber. Das ihn antreibende Exzenter e_g heiße im folgenden Grundexzenter und die von ihm ausgehende Bewegung die Grundbewegung. Normalschieber gestatten eine einfache Umsteuerung (Abschnitt VI A 4). Sie wurden daher früher für Fördermaschinen häufig verwendet und kommen auch heute noch bei kleinen Dampf- und Lufthaspeln vor.

Der behandelte Schieber ist seiner Form nach ein Flachschieber. Er wird durch den Dampfdruck auf die Schiebergleitfläche gepreßt, so daß bei höheren Drücken und größeren Ausführungen große Kräfte zur Schieberbewegung aufzuwenden sind. Das den Schieber antreibende Exzenter ist seiner Natur nach nicht zur Übertragung großer Kräfte geeignet. Es ist daher rätlich, nach Schieberformen zu suchen, die von einseitigem Dampfdrucke entlastet sind. Bei Besprechung der Umsteuerungen wird sich ergeben, daß mit der Umsteuerbewegung eine Bewegung der Steuerorgane verbunden ist. Damit diese Umsteuerung von Hand geleistet werden kann, ist eine möglichste Verringerung der Schieberreibung ebenfalls erwünscht.

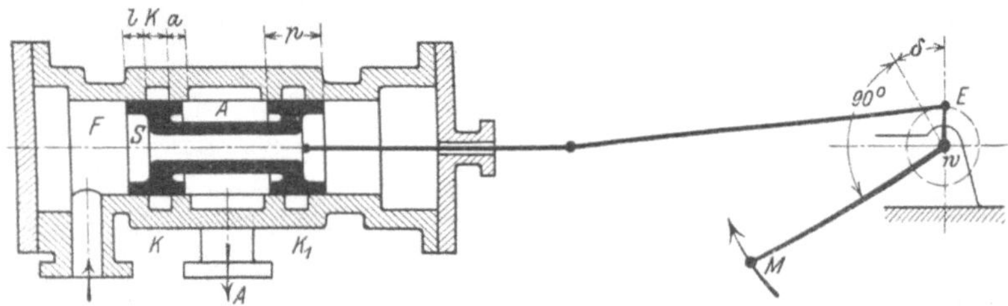

Fig. 131.
Kolbenschieber mit Überdeckungen.

Fig. 131 zeigt einen Kolbenschieber S, der, allseitig von Dampf umgeben, im Dampfe schwimmend, nach keiner Seite eine Anpressung an die zylindrische Gleitfläche erfährt. Er entsteht aus dem Flachschieber, wenn dieser sowie seine Gleitfläche um die Schieberschubrichtung als Achse zu einem vollständigen Zylinder aufgerollt wird. Schieber werden heute bei Fördermaschinen selten verwendet. Bei Anwendung ist die Form des Kolbenschiebers die gegebene.

Der Normalschieber, Fig. 130, weist wegen der erzielten Vollfüllung einen sehr großen Dampfverbrauch auf. Er ist daher trotz seiner leichten Umsteuerbarkeit von Schieberformen verdrängt worden, die Expansion zulassen. Soll Expansion erreicht werden, Fig. 131, dann müssen die Schieberplatten p länger gemacht werden als die Kanalbreite K, damit der stets bewegte Schieber den Zylinderkanal während eines entsprechenden Hubteiles vom Frischdampf abgesperrt halten kann. Daher wird an die Außenseite die Einlaßdeckung l, an die Innenseite die Auslaßdeckung a angesetzt. Der in der Mittelstellung stehende Schieber muß um die Größe der Einlaßdeckung nach rechts verschoben werden, ehe die Eröffnung der linken Dampfeinströmung stattfindet. Werden Ein- und Auslaßdeckung gleich groß gemacht, dann treffen Einströmung links und Ausströmung rechts zeitlich zusammen. Was für den Beginn der Dampfströmung gilt, gilt auch für den Abschluß derselben. Wenn der nach links zurückkehrende Schieber die linke Dampfeinströmung schließt, so wird auch rechts der Auslaß geschlossen, d. h. der Kompressionsbeginn rechts fällt mit dem Expansionsbeginne links zusammen. Hieraus erhellt der große Nachteil aller Einschieber- oder, allgemeiner, Einexzentersteuerungen, daß die sonst wirtschaftlichen kleinen Füllungen unter der hohen Dampfkompression der Gegenseite leiden. Bei älteren Fördermaschinen trat dieser Übelstand weniger zutage, da diese meist mit großen Füllungen arbeiteten. Neuere Maschinen weisen verwickelte Vorrichtungen zur Vermeidung dieses Übels auf.

Der Dampfeintritt soll spätestens im Hubwechsel, besser schon früher stattfinden, damit der erste Teil des Hubes zur Füllung, der übrige zur Expansion

ausgenützt werden kann. Der Steuerungsantrieb eines Schiebers mit
Überdeckungen ist daher gegenüber dem des Normalschiebers dahin abzu-
ändern, daß dieser Schieber der Grundbewegung des Normalschiebers um mehr
als die Größe der Einlaßdeckung voraneilt. Sein Exzenter E geht daher nicht
um 90° der Maschinenkurbel in der Drehungsrichtung voraus, sondern ist um
einen Winkel δ, den Voreilungswinkel, in der Laufrichtung vorgedreht. Der
Voreilungswinkel entspricht der Größe der Überlappung. Kleine Füllungen
erfordern große Überdeckungen, Voreilungswinkel, Schieberwege und Exzentri-
zitäten, schaffen also ungünstige Verhältnisse.

Die Dampfverteilung durch Ventile ist grundsätzlich von der durch
Schieber nicht verschieden und ebenfalls von der äußeren Steuerbewegung
abhängig; doch gestalten sich manche Verhältnisse günstiger, so daß sie im Förder-
maschinenbau die Schieber fast völlig verdrängt haben.

In Fig. 132 ist eine Ventilsteuerung mit Exzenterantrieb dargestellt. Es sind
hier im Gegensatz zu den meisten Schiebersteuerungen 4 Steueröffnungen und dem-

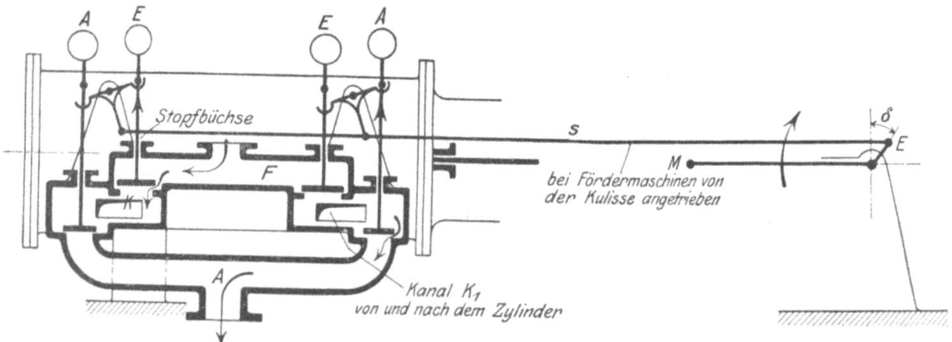

Fig. 132.

Vier Ventile durch ein Exzenter gesteuert.

entsprechend 4 Steuerorgane vorhanden, Einlaß, Auslaß, rechts und links. Bei
solcher Trennung liegt die Möglichkeit vor, jedes der Organe mit einem besonderen
Antriebe zu versehen, der den besonderen Forderungen des betreffenden Organs
angepaßt ist. In diesem Falle würde eine echte Ventilsteuerung vorliegen, wie
solche bei den meisten Ventilbetriebsmaschinen angewandt wird, und wie sie
für Fördermaschinen in der Form der Nockenventilsteuerung noch vorgeführt
werden soll (Abschnitt A 8). Hier, Fig. 132, liegt eine unechte Ventilsteuerung vor,
indem alle Ventile von einem Exzenter E in gleicher Weise bewegt werden. Einlaßventil links und Auslaßventil rechts werden gleichzeitig angehoben und gleichzeitig gesenkt, so daß die beim Schieber geschilderte Abhängigkeit von Expansion
links und Kompression rechts hier in ganz gleicher Weise vorliegt. In Fig. 133 ist dier
Steuerwirkung genauer zu erkennen. In der Mittellage des Ventilhebels v sind die
Anschläge m der Ventilstangen noch von dem Hebel entfernt, so daß die Eröffnung
der Ventile erst nach Durchlaufung dieser Abstände e beginnt. Geöffnet sind die
Ventile nur während des Hebelausschlages o, also nur während eines Teiles des
Hubes. Zwecks rechtzeitiger Eröffnung erhält das Exzenter E, Fig. 132, einen
entsprechenden Voreilungswinkel δ. Die Abstände a und e entsprechen in ihrer
Bedeutung genau den Überdeckungen a und l des Schiebers der Fig. 131.

Besteht nun kein Unterschied in der Steuerwirkung, so sind doch günstigere
Antriebsverhältnisse vorhanden. Während der Schieberbewegung ist die Schieberreibung ständig zu überwinden. Beim Ventilantrieb ist Arbeit nur während des
Hubteiles o zu verrichten. Der größte Teil des Hubes geschieht ohne Ventilbewegung als Leerhub.

In Fig. 132 sind die Ventile seitlich vor dem Zylinder angeordnet. Dieselbe Anordnung besteht in Fig. 134, die bezüglich dieser Anordnung als Querschnitt durch den Zylinder der Fig. 132 betrachtet werden kann. Der Ventilantrieb geschieht jedoch durch eine zur Maschinenachse parallele Steuerwelle w, die von der Maschinenwelle in gleichem Takte angetrieben wird. Jedes Ventil erhält hierbei

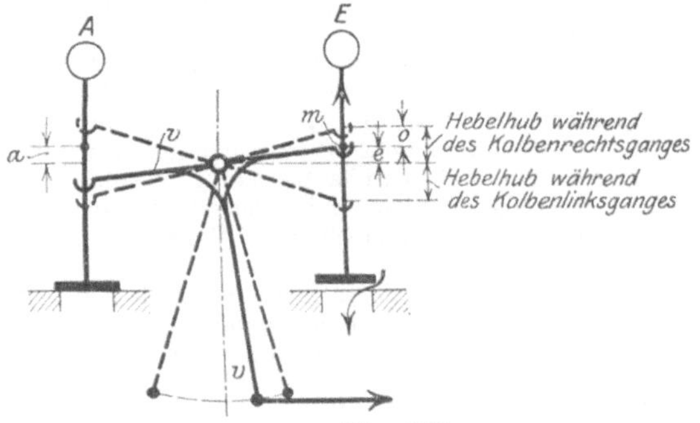

Fig. 133.
Hebel zur Ventilsteuerung.

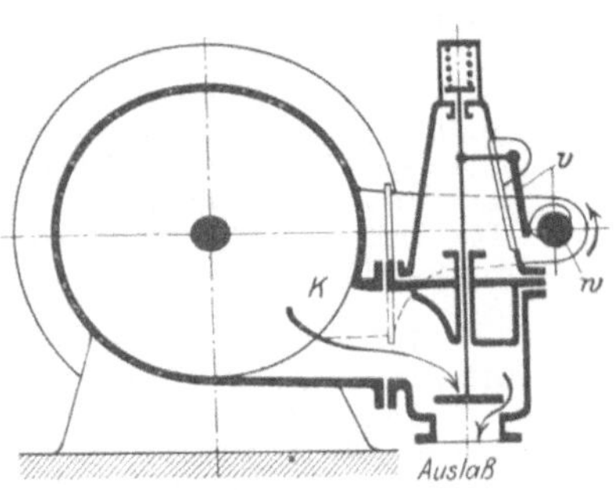

Fig. 134.
Seitliches Ventil durch unrunde
Scheibe angetrieben.

einen besonderen Antrieb, bei Betriebsmaschinen meist durch Exzenter, bei Fördermaschinen meist durch unrunde Scheiben, da deren Steuerwirkung freier gestaltet werden kann. Läuft die Erhebung der Steuerwelle w auf den senkrechten Teil des Ventilwinkelhebels v auf, so wird durch dessen wagerechten Arm das Ventil angehoben. Die Dauer der Ventileröffnung hängt dabei von der Länge der Unrundung ab, kann also beliebig vorgesehen und für Einlaß- und Auslaßventil nach deren Bedürfnis verschieden gestaltet werden. Danach erhält die Einlaßscheibe eine geringe, die Auslaßscheibe eine größere Länge der Unrundung. Diese echten Ventilsteuerungen gestatten jede beliebige Dampfverteilung.

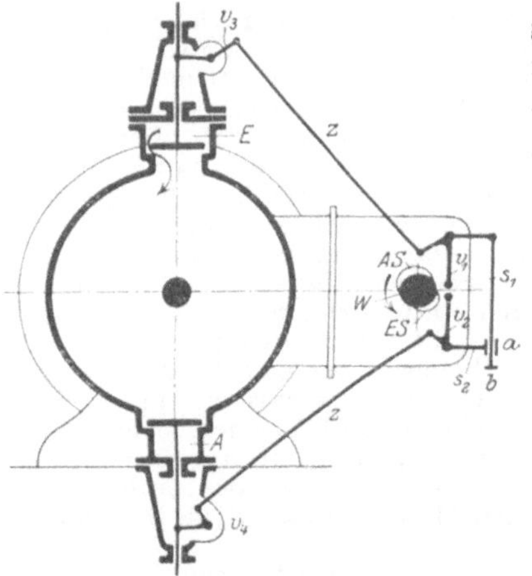

Fig. 135.
Zentrale Ventile durch unrunde Scheiben
gesteuert mit Zwangsschlußsteuerung
nach Richter.

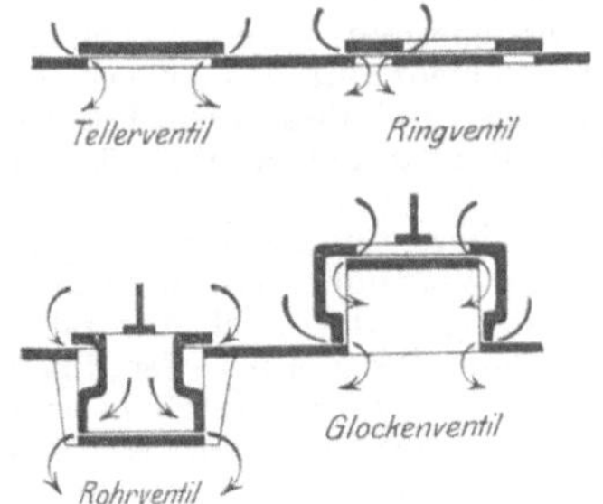

Fig. 136.
Ventilformen.

Der Schluß der Ventile geschieht nicht zwangläufig, sondern wird nach Ablauf der Unrundung durch ein Gewicht, Fig. 132, oder besser und meist angewandt durch eine Feder, Fig. 134.

Während der Ventilhebel auf dem von Erhebung freien Grundkreis der Scheibe läuft, ist das Ventil geschlossen. Es findet dann auch keine Bewegung des übrigen Steuergestänges statt, so daß hier der Ventilhebel mit der Ventilstange fest verbunden werden kann, im Gegensatz zu dem Exzenterantrieb der Fig. 132, bei welchem nur eine einseitige Verbindung zwischen diesen Teilen statthaft ist. Zur sicheren Schließung des Ventiles Fig. 134 bleibt zwischen Grundkreis und Ventilhebelanschlag ein Spielraum von etwa $\frac{1}{2}$ mm.

In Fig. 135 sind die Ventile nach Art der Betriebsdampfmaschinen angeordnet, das Einlaßventil im Scheitel, das Auslaßventil im Boden des Zylinders. Der Antrieb der Ventile geschieht dann durch kleine Winkelhebel v_1, v_2, die in der Nähe der Steuerwelle W verlagert sind und ihre Bewegung durch Zugstangen z auf zweite Ventilhebel v_3, v_4 übertragen, die in den Ventilhauben gelagert sind. Die Scheiben ES für Einlaß und AS für Auslaß sind nicht in gleicher Ebene sondern hintereinander gelegen und wirken auf die entsprechenden Ventilhebel ein.

Die letztere Ventilanordnung geschieht in der Absicht, die schädlichen Räume zu verringern, die bei seitlicher Anordnung beträchtlich ausfallen.

Beim Anheben eines Tellerventiles, Fig. 136, ist der auf seiner Fläche lastende Dampfdruck zu überwinden. Das würde bei größeren Ausführungen zu ähnlichen Schwierigkeiten führen wie bei dem Schieber. Daher werden Steuerventile immer entlastet. Eine gewisse Entlastung kann durch das Ringventil erreicht werden, indem die wirksame Druckfläche durch Herausschneiden eines Teiles und Abdecken durch einen zweiten Sitz verringert wird. Gleichzeitig wird der Durchflußspalt vergrößert. Die Entlastung steigt mit der Größe des inneren Ringdurchmessers. Werden innere und äußere Sitzfläche in verschiedene Ebenen verlegt, so können äußerer und innerer Sitzdurchmesser annähernd gleich gemacht und das Ventil weitgehend entlastet werden. Eine völlige Entlastung wird meist nicht angestrebt, sondern ein Druck in der Schließrichtung des Ventiles zur Erzielung einer genügenden Abdichtung belassen. Wird die innere Sitzfläche nach abwärts verlegt, so entsteht das Rohrventil, Fig. 136, wenn nach aufwärts, das Glockenventil. Das Rohrventil wird heute fast allgemein verwendet.

Ein Vergleich der Schieber- und Ventilsteuerung zeigt einige Unterschiede. Der Schieber wird meist als ungeteiltes Steuerorgan verwendet, so daß er einfacher erscheint als Ventile. Beim ungeteilten Schieber entfällt die Möglichkeit, beliebige Dampfverteilung zu geben, die aber auch bei den immer in Vierteilung vorhandenen Ventilen nicht durchweg ausgenützt wird (Fig. 132). Der Schieber bedarf im allgemeinen größerer bewegender Kräfte als das Ventil. Der Schieber ist mit seinem Antriebe dauernd verbunden. Dieser zwangläufige Antrieb gewährt der Schiebersteuerung eine größere Sicherheit gegenüber der Venitlsteuerung. Bei dieser geschieht nur das Anheben des Ventiles durch Maschinenkraft. Der Schluß des Ventiles geschieht beim Rückgange des treibenden Hebels durch eine Fremdkraft, und zwar bei älteren Maschinen durch ein Gewicht, bei neueren durch eine gespannte Feder. Diese Schlußkräfte sind von beschränkter Größe, so daß sie bei größeren Bewegungswiderständen versagen können. Im Bereiche der meist gebrauchten Ventilerhebungen findet eine Abnützung der Ventilstange in der Stopfbüchse statt, so daß nach Nachziehen der Packung oder bei gelegentlicher größerer Ventilhebung das geöffnete Ventil hängen bleiben kann. Durch Hängenbleiben des Einlaßventiles kann bei zu hebender, durch Hängenbleiben des Auslaßventiles bei zu senkender Last eine Beschleunigung der Maschine eintreten, die bei Endfahrt immer gefährlich ist.

Um Hängenbleiben der Ventile zu vermeiden, wendet man in einzelnen Fällen Zwangsschlußsteuerungen, neuerdings packungslose Spindeldichtungen an, die ein Hängenbleiben von vornherein unwahrscheinlich machen.

Zwangsschlußsteuerungen lassen hinter dem sich senkenden Ventilhebel einen zweiten Antrieb in gemessener Entfernung nachfolgen, der bei Hängenbleiben des Ventiles dieses niederdrückt, kurz vor Schluß des Ventiles aber seitlich ausweicht, so daß der Leerlauf des weitergehenden Ventilhebels nicht gestört wird. In Fig. 137 ist eine solche Anordnung von Ehrlich, Gleiwitz, zu sehen (D. R. P. 133 188, 1903). Die Ventilhebel a, b sind lose auf ihrer Welle. Sie werden vom

Hebel e durch Anschläge d gehoben. Der Hebel e hat einen oberen Fortsatz f mit zwei durch Lenker g, g′ geführten Klinken h, h′. Beim Niedergange des Hebels a folgt die Klinke h diesem, weicht gleichzeitig infolge der Lenkerführung seitlich nach außen aus, so daß sie beim Aufstizen des Ventiles die Möglichkeit verliert, den entsprechend gestalteten Ventilhebel zu berühren (linke Seite).

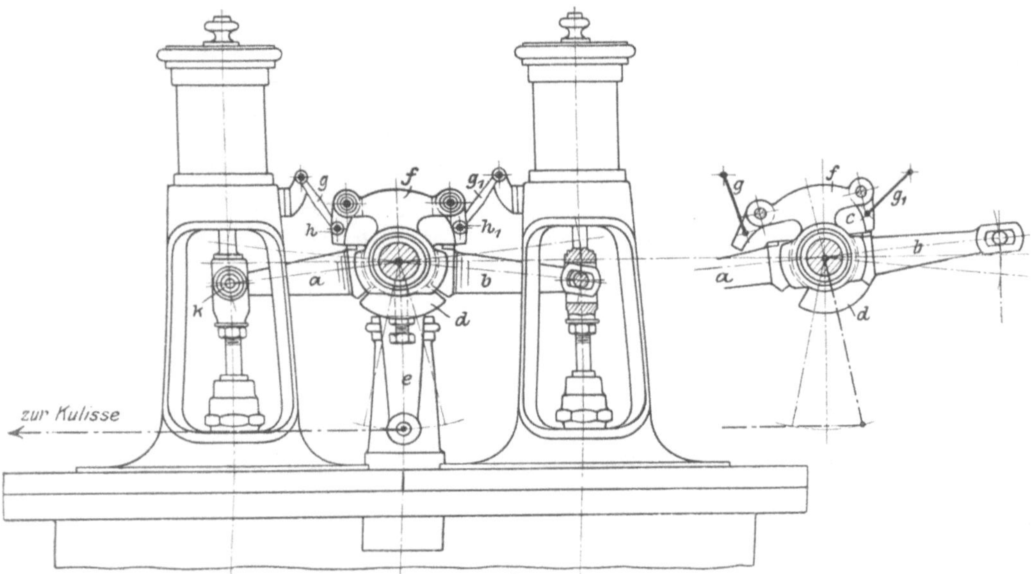

Fig. 137.
Zwangsschlußsteuerung nach Ehrlich.

Diese Zwangsschlußsteuerung eignet sich für vor dem Zylinder nebeneinander liegende Ventile mit Exzenterantrieb.

In Fig. 135 ist die Zwangsschlußsteuerung von Richter für übereinander-liegende Ventile mit Antrieb durch unrunde Scheiben dargestellt. Von der Steuer-welle W aus werden durch Winkelhebel v_1, v_2 die Ventile bewegt. An den Hebel v_1 des Einlaßventiles ist eine Stange s_1 angehängt, an den Hebel v_2 des Auslaß-ventiles ein kleiner Fortsatz s_2 befestigt, durch dessen Bund a die Stange s_1 frei hindurchgeht. Am Ende des Kolbenhubes wird das Auslaßventil geöffnet. Der Bund a bewegt sich dabei nach abwärts und stößt auf den Bund b, wenn das Ein-laßventil, das mit dem Hebel v_1 fest verbunden ist, während des Hinhubes hängen geblieben war und leitet den Schluß des Einlaßventiles ein. Entsprechend geschieht der Schluß des Auslaßventiles durch das Einlaßventil.

Zwangsschlußsteuerungen sind wenig zur Anwendung gekommen.

Eine packungslose Spindeldichtung läßt Fig. 187 erkennen. Die mit Labyrintheindrehungen versehene Spindel läuft in einer langen sauber ein-gepaßten Führung. Labyrinthdichtungen sind bei den Wellen der Dampfturbinen üblich und haben sich gut bewährt.

2. Die Steuerwirkung bei einfachem Exzenterantrieb.

Einfache Schieber bzw. Ventilsteuerungen und ihnen in der Steuerwirkung gleiche Abänderungen, wie Kulissen- und Lenkersteuerungen, wurden früher für Fördermaschinen vorwiegend verwendet und werden heute noch wegen ihrer

Einfachheit und Handlichkeit für Dampf- und Lufthaspel angewandt. Im folgenden sei ihre Steuerwirkung geschildert.

Wir knüpfen an den Schieber mit Überdeckungen der Fig. 131 an, der von einem Exzenter angetrieben wird, das der Maschinenkurbel um $90 + \delta^0$ in der Drehrichtung voraneilt. Die gleiche Steuerwirkung würde offenbar durch die Anordnung der Fig. 138 erzielt werden, bei welcher die Schiebergleitbahn ss um den Wellenmittelpunkt entgegen der Drehrichtung der Maschine um den Winkel $90 + \delta$ gegen die Kolbengleitfläche verdreht ist und der Schieber S durch die Schieberstange st von einem Exzenter E angetrieben wird, welches der Maschinen-

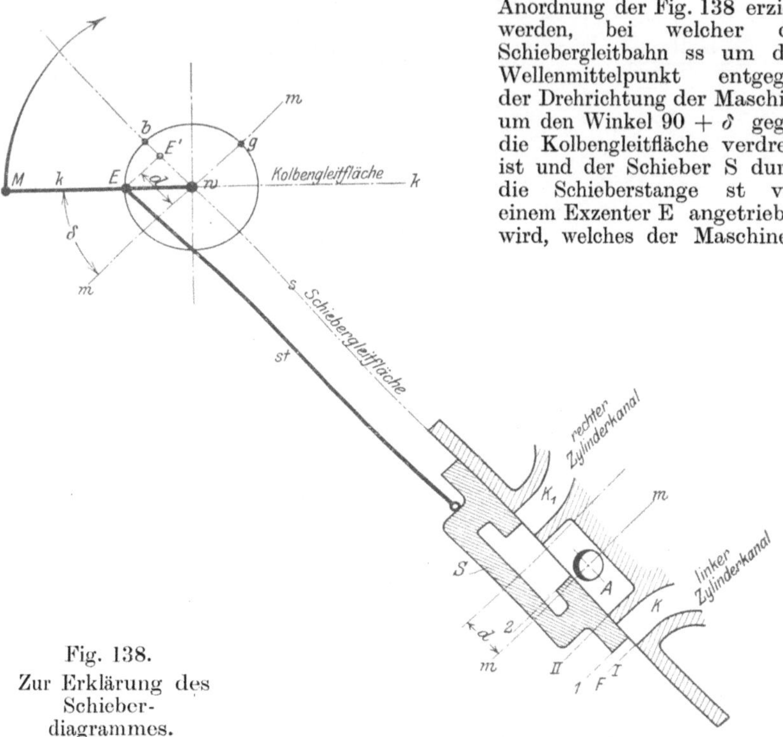

Fig. 138.
Zur Erklärung des
Schieber-
diagrammes.

kurbel M parallel läuft. Bei solcher Anordnung ist der Schieber in seiner Mittelstellung, wenn sein Exzenter E die durch w auf ss Senkrechte mm schneidet. In der gezeichneten linken Endstellung des Kolbens hat der Schieber, wie erforderlich, seine Mittellage im Sinne der Eröffnung des linken Dampfeinlasses überschritten und wird diesen Einlaß weiter öffnen. Der Schieber bewegt sich um seine Mittellage mm genau so hin und her, wie die Projektion E' des Exzenters auf der Schiebergleitfläche um den Wellenmittelpunkt w hin- und herschwingt. Die Kolbenstellungen erhält man für die verschiedenen Kurbelstellungen, wenn man die Maschinenkurbel M auf die Kolbengleitfläche k k projiziert. Zur Beurteilung der Steuerwirkung der linken Zylinderseite müssen wir den Lauf der Schieberkante 1 zur Kanalkante I beobachten, die die Einströmung steuert, und ferner den Lauf der Schieberkante 2 zur Kanalkante II, die den Auslaß steuert.

In Fig. 139 ist die Schieberkurbel E gleich der Maschinenkurbel M gewählt. Bei der Kolbentotlage M haben danach alle Schieberpunkte eine Ausweichung d nach rechts aus ihrer Mittellage erfahren, so auch die Schieberkante 1, deren Lauf wir uns durch den des Punktes E' darstellen. Tragen wir in der Schiebergleitrichtung vom Mittelpunkte w aus die Einlaßdeckung e, dann die Kanalweite k ab, so erkennen wir, daß in der Kolbentotlage der linke Kanal dem Dampfeinlaß ein wenig (v) geöffnet ist. Ist die Kurbel auf ihrem rechtssinnigen Laufe bis b gelangt, dann ist der Dampfeinlaß ganz geöffnet, bei Stellung f ist der Schluß vollendet und es beginnt die Expansion. Der Dampfkolben hat dabei die Stellung M′ erreicht. Nach Überschreitung ihrer Mittelstellung g wird die Schieberkante 2 nach Überfahren der Kanalkante II die linke Zylinderseite mit dem Auspuff verbinden. Zur Erkennung dieser Steuerwirkung verfolgen wir jetzt die Ausweichungen des Schiebers aus seiner Mittellage g nach links hin, nachdem wir Auslaßdeckung a und Kanalweite k ebenfalls nach dieser Seite hin aufgetragen haben. In der Schieber- bzw. Exzenterstellung h wird der Auslaß geöffnet, in der Stellung i ist er wieder geschlossen.

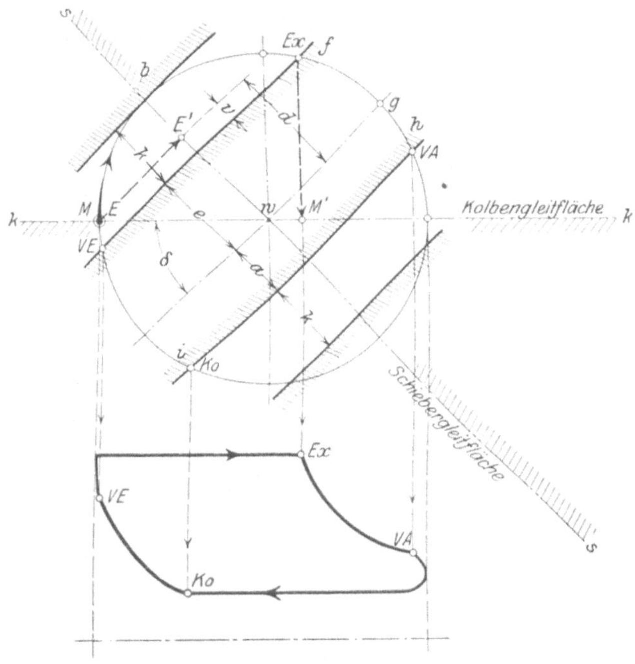

Fig. 139.
Schieber- und Dampfdiagramm.

Nach diesem Ergebnisse läßt sich leicht das zu erwartende Dampfdiagramm unter das Schieberdiagramm zeichnen. Man erkennt auch aus dieser Darstellung, daß zur Erreichung größerer Expansion große Überdeckungen, Voreilungswinkel und Schieberwege erforderlich sind, und daß sie mit großer Kompression einhergeht.

Wird zum Schieberantrieb ein Exzenter verwendet, das in der umgekehrten Drehrichtung um $90^0 + \delta$ voreilt, so bewirkt dies eine Dampfverteilung, die den umgekehrten Maschinengang fördert. Bei den später besprochenen Kulissenumsteuerungen kann während der Vorwärtsfahrt die Steuerwirkung des Rückwärtsganges eingestellt werden. Die Dampfwirkung geht alsdann der vorhandenen Bewegung entgegen und bewirkt eine Hemmung der Maschinenbewegung. Sie heißt daher Gegendampf. Man vergleiche hierzu Abschnitt VI B. 1.

Die Steuerwirkung einer durch ein Exzenter angetriebenen Ventilsteuerung ist in genau gleicher Weise nach Fig. 139 zu beurteilen. An Stelle der Kanalbreiten treten die Ausschläge des Ventilhebels der Fig. 133, an Stelle der Schieberwege die Hebung der Ventile und an Stelle der Überdeckungen die Totgänge e und a an der Ventilspindel.

3. Die Steuerwirkung bei Einzelantrieb durch unrunde Scheiben.

Hier sei, Fig. 140, die umgekehrte Aufgabe gestellt, zu einem gegebenen Dampfdiagramm die Form und Lage der unrunden Scheiben zu entwerfen. Die kleinere Einlaßerhebung wirke auf das gezeichnete Einlaßventil, die längere, in anderer Ebene liegende Auslaßerhebung auf das parallel hinter dem Einlaßventil liegende, sich in der Zeichnung mit ihm deckende Auslaßventil. Das schematisch angeordnete Kurbelgetriebe s, c drehe die Steuerwelle w linkssinnig. Die gegen

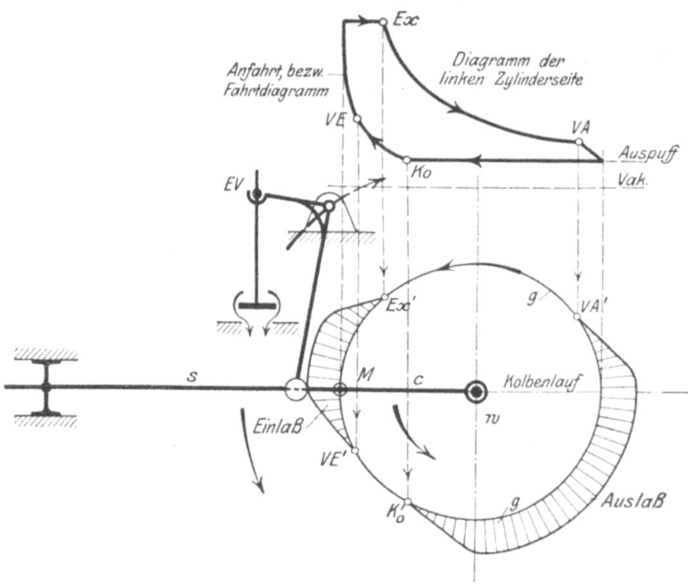

Fig. 140.
Steuerwirkung unrunder Scheiben.

den ruhenden Ventilhebel auflaufenden Unrundungen öffnen die Ventile. Dieselbe Ventilbewegung würde sich ergeben, wenn die unrunden Scheiben festgehalten und der Ventilhebel in umgekehrter Richtung um die Steuerwelle herumbewegt würde (gestrichelter Pfeil). Diese Vorstellung ergibt einen leichten Überblick über die Steuerwirkung. Man denke also die Scheiben feststehend und von der gezeichneten Lage ausgehend die Kurbel linkssinnig, den Steuerhebel in gleichem Maße rechtssinnig gedreht, so ergibt sich für die Kurbel- und Kolbenstellung VE' Beginn der Dampfeinströmung (Voreinströmung), für die Stellung Ex' Dampfabschluß, also Expansionsbeginn, für VA' Beginn der Ausströmung (Vorausströmung) und endlich für die Kolbenstellung Ko' Beginn der Kompression wegen Abschlusses der Dampfausströmung. Läuft der Hebelanschlag auf dem Grundkreis g, dann ist das betreffende Ventil geschlossen. Damit das Ventil sicher geschlossen wird, bleibt in der Schlußlage der Hebelanschlag etwa $\frac{1}{2}$ mm vom Grundkreis entfernt.

Es ergibt sich als Regel für die Bestimmung der Scheiben: Man suche die Punkte VE' usw. auf dem Grundkreis senkrecht unter den entsprechenden Punkten des Dampfdiagrammes VE usw., und zwar auf dem dem jeweiligen Kurbellaufe entgegengesetzten Halbkreise.

In Fig. 141 ist die Gestaltung der Scheiben für große Füllung gegeben. Dabei ist die Erhebung für das Einlaßventil klein gewählt. Die Folge ist eine Drosselung des Dampfes beim Einströmen. Durch weiteres Verringern der Ventilerhebung läßt sich die Fläche des Arbeitsdiagrammes beliebig verringern. Diese Dampfverteilung ist für langsamen Gang, Umsetzen usw. zu verwenden. (Manövrierdiagramm).

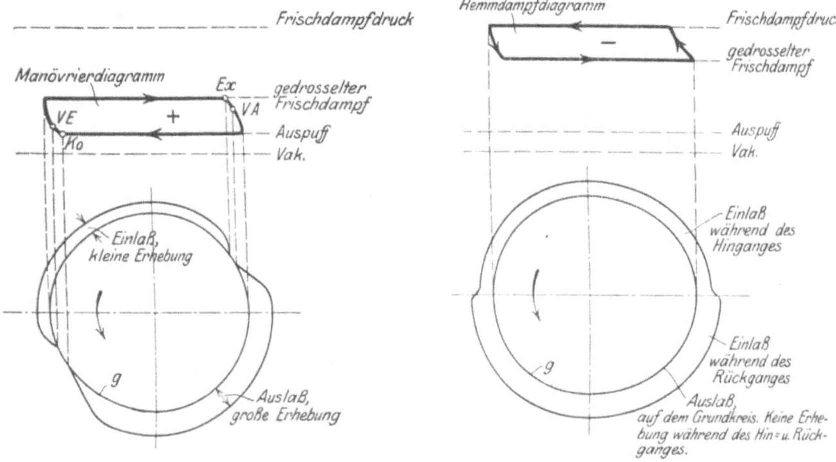

Fig. 141.
Unrunde Scheibe für Manövrierdiagramm.

Fig. 142.
Steuerscheibe für Hemmdampf-
diagramm.

Eine formlich ähnliche, in ihrer Wirkung aber entgegengesetzte Dampfverteilung zeigt Fig. 142. Hier wirken die beiden gezeichneten Scheiben auf das Einlaßventil ein, während der Anschlag des Auslaßventilhebels auf dem Grundkreise läuft, also keine Erhebung des Auslaßventiles bewirkt. Infolge der geringen Erhebung während des Kolbenhinganges tritt gedrosselter Dampf ein, während auf dem Rückgange das ganz geöffnete Einlaßventil den vollen Dampfdruck dem Kolbenlauf entgegenwirken läßt. Die Wirkung ist eine Hemmung etwa vorhandener Maschinenbewegung. Sie soll in dem späteren Abschnitte: Beherrschung der Maschinenhemmkräfte im Zusammenhange mit anderen dem gleichen Zwecke dienenden Steuerungen weiter besprochen werden. Sie ist unter der Bezeichnung Staudampf bekannt geworden.

4. Umsteuerungen ohne Änderung des äußeren Antriebes. (Innere Umsteuerungen.)

Die Betrachtung der Fig. 129 ließ erkennen, daß das Exzenter der Maschinenkurbel M um 90° in der Drehrichtung voran sein muß, wenn eine die Bewegung fördernde Dampfverteilung stattfinden soll. Bei umgekehrter Drehrichtung geht der Schieber aus seiner Mittelstellung nach links und verbindet dabei die rechte Zylinderseite mit dem Frischdampf-, die linke mit dem Abdampfraum, eine Dampfwirkung, die der Maschinenbewegung gerade entgegenarbeitet. Dagegen würde für diese umgekehrte Drehrichtung eine die Maschinenbewegung fördernde Dampfwirkung eintreten, wenn man den Triebdampf durch den inneren Raum A zuführen und den Abdampf durch den äußeren Raum F abführen könnte. Eine solche Vertauschung des Frischdampf- und Abdampfraumes kann durch einen diese Räume steuernden Wechselschieber erreicht werden. In Fig. 143 ist S der vom Maschinenexzenter bewegte Dampfverteilschieber und U der vom Steuerhebel bewegte Umsteuerschieber, der die durch den Verteilschieber voneinander getrennten Schieberkastenräume I und II steuert. In der gezeichneten Stellung verbindet e r den äußeren Raum I mit dem Frischdampf und den inneren II mit dem Auspuff, so daß die Dampfwirkung der Fig. 129 eintritt. Wird e r in die punktierte Lage gestellt, so wird I mit dem Auspuff, II mit dem Frischdampf verbunden und die Dampfverteilung ist jetzt eine den umgekehrten Maschinengang fördernde.

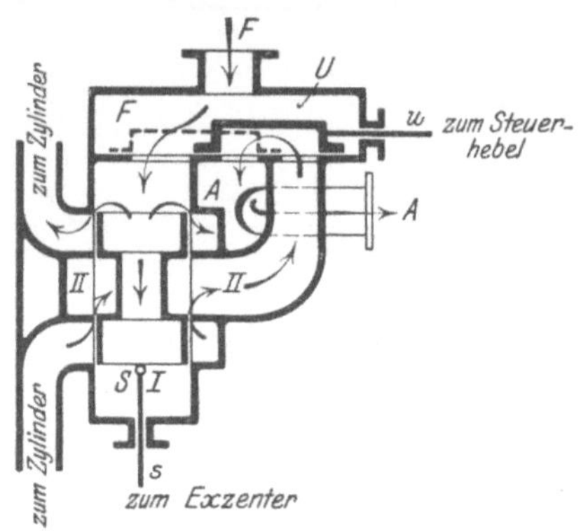

Fig. 143.
Umsteuerung durch Vertauschung von
Ein- und Auslaß.

In Fig. 144 wird der gleiche Zweck durch Bereithalten zweier in ihrer Verteilwirkung entgegengesetzter Schieber S_1 und S_2 erreicht, die durch Drehen der Schieberstange s mit den Zylinderdampfkanälen in Zusammenhang gebracht werden. Der untere Schieber S_1 bewirke etwa den gleichen Maschinengang wie in Fig. 129. Die Wirkung des durch Drehung um 90° über die unteren Kanäle gebrachten Schiebers S_2 kann an den oben punktiert gezeichneten Zylinderkanälen erkannt werden. Daraus ist ersichtlich, daß der obere Schieber bei der umgekehrten Bewegung die gleiche Dampfverteilung hervorruft, also den umgekehrten Maschinengang fördert.

Es sind noch ähnlich wirkende andere Umstellungen in Gebrauche, so z. B. können die Zylinderseiten L und R durch einen Wechselschieber so umgestellt werden, daß L nach der rechten und R nach der linken Zylinderseite geht, wodurch bei sonst ungeänderter Dampfverteilung eine Umsteuerung erfolgt.

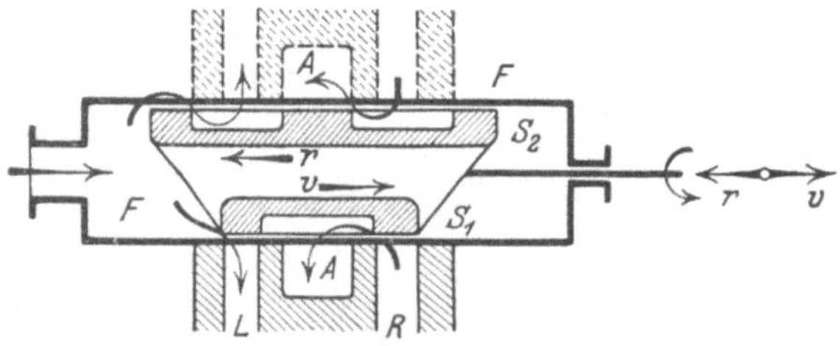

Fig. 144.
Umsteuerung durch Vertauschung der Schieberform.

Die verwendeten Verteilschieber S sind Normalschieber (ohne Überdeckungen) und werden von einem Grundexzenter e_g, (Fig. 129) angetrieben, ergeben also dampfverschwendende Vollfüllung. Denkt man sich in Fig. 131, die einen Schieber mit Überdeckungen und Antrieb unter Voreilung darstellt, den Raum A mit F vertauscht, zwecks Erzielung einer Umsteuerung, so erkennt man, daß der für die erste (rechtssinnige) Drehrichtung richtig vorgeeilte Schieber bezüglich der umgekehrten (linkssinnigen) Drehrichtung nacheilt und bei Kolbenendstellung keinen Dampf, wie erforderlich, von A nach dem linken Zylinderkanal K strömen läßt.

Der umgekehrte Gang wäre zwar nicht gerade ausgeschlossen, geschähe aber unter sehr ungünstiger Dampfverteilung. Hieraus ist zu erkennen, daß nur die

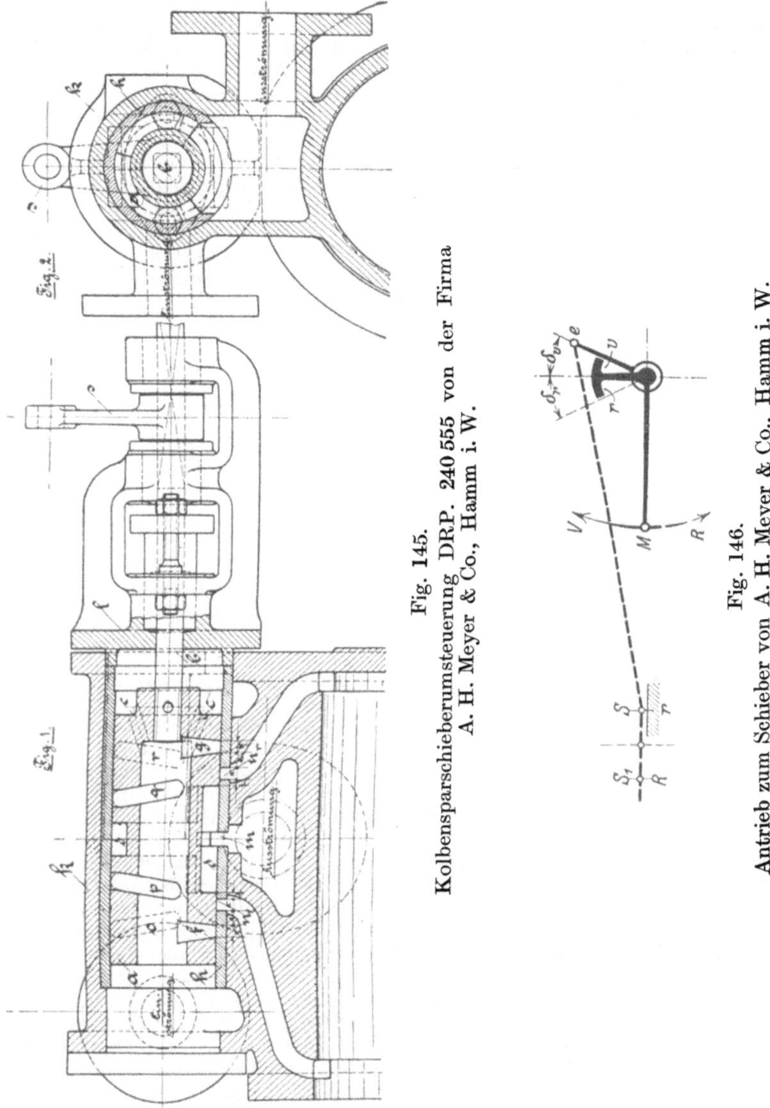

Fig. 145.
Kolbensparschieberumsteuerung DRP. 240 555 von der Firma A. H. Meyer & Co., Hamm i. W.

Fig. 146.
Antrieb zum Schieber von A. H. Meyer & Co., Hamm i. W.

keine Voreilung besitzenden Normalschieber für diese einfachen Umsteuerungen brauchbar sind. Früher wegen ihrer Einfachheit bei Fördermaschinen angewandt, werden sie heute nur noch bei kleinen Haspeln zur gelegentlichen Arbeitsleistung verwendet.

Für Lufthaspel verwenden A. H. Meier & Co. Maschf., Hamm i. W., eine „Kolbensparschieberumsteuerung" DRP. 240 555 (1910), die dieses einfache Umsteuerverfahren für Schieber mit Überdeckungen, also für Expansionssteuerung, möglich macht. In Fig. 145 ist ein Schieber nach Fig. 144, aber mit Überdeckungen ausgestattet, verwendet, der durch den Hebel s um 90° gedreht werden kann. Von einer der Maschinenseiten geht dann eine Umsteuerwirkung aus. Nach Fig. 146 wird dieser Schieber durch ein Exzenter e angetrieben, das lose auf der Maschinenwelle sitzt und durch auf der Maschinenwelle feste Anschläge v oder r bewegt werden kann. Für Vorwärtsgang V haben Exzenter e und Schieber S die richtige Voreilung δ_v. Nach der Umstellung des Schiebers ist aber die Stellung des Exzenters falsch. Es müßte so gedreht auf der Welle befestigt sein, daß bei Kolbentotlage der Schieber S nach links über seine Mittelstellung in Stellung S_1 gelangt. Es müßte also der Maschinenkurbel M um 90 — δ nacheilen. Dies wird hier erreicht, indem das lose Exzenter bei eintretendem Rückwärtsgange R so lange an seiner Stelle verharrt, bis der Anschlag r gegen es stößt und es dann mit der Nacheilung 90 — δ, also richtig antreibt. Diese Steuerung gestattet gegenüber den ersteren erhebliche Ersparnis an Betriebskraft wegen der erzielten Expansion.

5. Kulissenumsteuerungen.

Im Gegensatz zu den inneren Umsteuerungen stehen die im folgenden ausführlicher zu behandelnden äußeren Umsteuerungen, die eine mannigfachere und günstigere Steuerwirkung gestatten. Es werden behandelt werden: Kulissen-, Lenker- und vereinigte Kulissen-Lenkersteuerungen, die als gemeinsames Kennzeichen Antrieb durch Exzenter besitzen, und endlich die wichtige Gruppe der Nockensteuerungen, die auf dem Grundsatz der Scheibensteuerung beruhen.

Zunächst sei eine Steuerung mit einem Exzenter, alsdann solche mit 2 verschiedenen Exzentern behandelt.

In Fig. 147 ist eine ältere Kulissensteuerung (1877) von Krause dargestellt (Z. d. Ing. 1878). Die Besonderheit dieser Steuerung, die Abschnappvorrichtung, bestehend aus einem Exzenter e_x, Stangen s und den Hebeln i a und der in Fig. 148 größer dargestellten Ausbildung des Einlaßhebels, sei zunächst als nicht vorhanden angesehen und an deren Stelle ein einfacher Hebelantrieb wie auf der rechten Seite, Fig. 147, gezeichnet angenommen. Das Grundexzenter e_g treibt einen bei D gelagerten Zwischenhebel 12, Kulisse genannt. Die Ventilstange S ist am Ventilhebel in c drehbar. Am anderen Ende steht sie mit der nach einem Kreisbogen aus dem Mittelpunkte c gestalteten Kulisse in Verbindung, und zwar derart, daß ihr Angriffspunkt an der Kulisse durch ein vom Handhebel bewegtes Stellwerk aus der gezeichneten Lage r in die obere Lage v verschoben werden kann. Bei dieser Verschiebung ändert sich der zwischen S und Kulisse wirksame Hebelsarm durch den Wert Null hindurchgehend in die entgegengesetzte Wirkung.

Man übersieht, daß in der gezeichneten Steuerstellung r bei Rückwärtsgang R eine diese Bewegung fördernde Dampfverteilung stattfindet, entsprechend den durch ausgezogene Pfeile angedeuteten Bewegungen. Wird die Stange S in die Stellung v gebracht, dann findet für den Vorwärtsgang V die gleiche Ventilbewegung wegen der doppelten Änderung der Bewegungsrichtung durch Exzentergang und Kulisse statt, also eine den Vorwärtsgang fördernde Dampfverteilung.

Erhält die Ventilstange S die Zwischenstellung m, dann erfolgt eine Dampfverteilung im Sinne des Rückwärtsganges, aber wie ersichtlich mit verkleinerten Ventilhüben, also mit Drosselung des Triebdampfes im Einlaß- und Auslaßventil. In der Mittelstellung der Steuerung wird keinerlei Bewegung auf die geschlossenen Ventile übertragen.

Die Steuerwirkung ist also bei allmählicher Verstellung der Stange S von r bis v: In allen Stellungen Vollfüllung, wie sie der Steuerwirkung des Grundexzenters e_g entspricht, und zwar zunächst für Rückwärtsgang mit ungedrosseltem, später immer mehr gedrosseltem Dampfeintritt, also kleiner werdender Kraftentfaltung bis zur Nulleistung, dann allmählich wachsend bis zur größten Kraftentfaltung

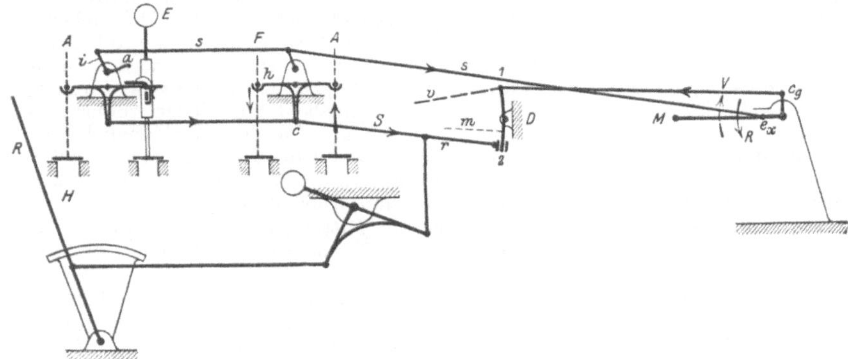

Fig. 147.

Kulissensteuerung von Krause.

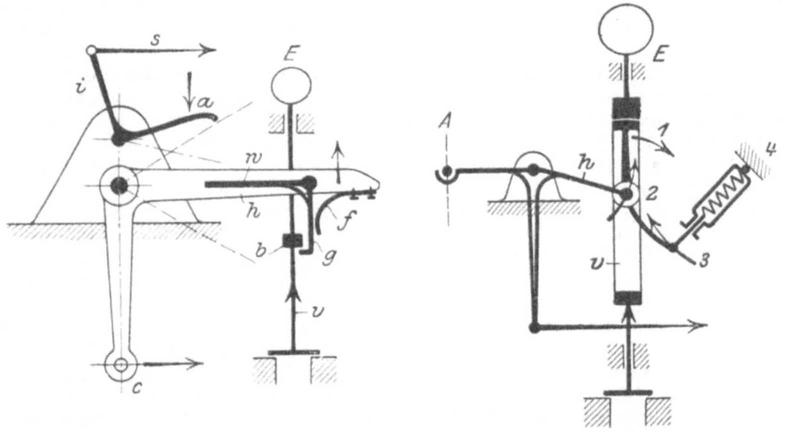

Fig. 148.

Ventilhebel mit gesteuerter Abschnappung zur Steuerung von Krause.

Fig. 149.

Abschnappsteuerung von Hoppe, Berlin.

im Vorwärtsgange. Dieser Steuergang entspricht durchaus den Bedürfnissen des Betriebes und dem natürlichen Gefühle des Maschinenwärters. Schlimm dagegen ist es mit der Wirtschaftlichkeit der mit Vollfüllung und Drosselungsregelung arbeitenden Dampfwirkung bestellt. Auch wird die Ruhe des Ganges durch mangelnde Kompression beeinflußt.

Das Expansion gestattende Exzenter mit Voreilung (und entsprechender Änderung an den Ventilhebeln) gestattet nicht diese einfache Umsteuerung. Es kann durch einen Zweiexzenterantrieb (Goochsche und Stephensonsche Kulisse, später) brauchbar gemacht werden, leidet dann aber unter einer zu starken mit den kleinen Füllungen einhergehenden Kompression.

Die vorliegende Steuerung, Fig. 147, erreicht nun durch eine in den Einlaß
ventilantrieb eingebaute Abschnappvorrichtung ohne sonstige Änderung der
Steuerwirkung beliebige und einstellbare Füllung, Fig. 148. Das Einlaßventil
wird nicht unmittelbar von dem Ventilhebel h angehoben, sondern durch
den Winkelhebel w, der auf h drehbar gelagert ist und dessen senkrechter Arm g
unter den Bund b der Ventilstange v greift. Dieser Arm g wird ständig durch eine
an h feste Feder f gegen die Ventilstange gedrückt. Wird nun dem sich hebenden
Winkelhebel w ein Hindernis a in den Weg gestellt, so macht er eine linkssinnige
Drehung, wodurch sein unterer Arm seitlich nach rechts ausweicht und den Bund b
der Ventilstange losläßt. Das Einlaßventil schließt sich dann rasch durch Ge-
wichts- oder Federbelastung, während der Ventilhebel h ungehindert seiner durch
das Exzenter e_g gegebenen Bewegung weiter folgt. Das dem Winkelhebel w ent-
gegengestellte Hindernis ist ein von einem besonderen Exzenter e_x gesteuerter
Anschlag a. Die Bewegung des Anschlages a macht die Steuerwirkung unübersichtlich, hat aber eine günstige noch zu erläuternde Wirkung.

Zuvor sei eine mit dem einfacheren Mittel nicht gesteuerter Abschnappung arbeitende Ausführung, Fig. 149, von Hoppe, Berlin (1898) vorgeführt.

Auf dem Ventilhebel h ist im Punkte 2 eine Klinke 1 2 3 drehbar befestigt,
die mit ihrem oberen Ende 1 unter einen Bund der Ventilstange v faßt und mit ihrem
unteren Ende 3 auf einem nach links steigenden Kreisbogen geführt ist, während
ihr Drehpunkt 2 sich auf einem nach rechts steigenden Bogen bewegt. Bei eintretender Hubbewegung des Ventilhebels h vollführt die Klinke daher neben der
Hebung, die auf das Ventil übertragen wird, eine rechtssinnige Drehung, so daß
ihr Mitnehmer 1 nach rechts ausweicht und bei einer bestimmten Höhenlage
von dem Anschlage der Ventilstange abgleitet, so daß das Ventil geschlossen
wird, unbeschadet der weiteren Bewegung des Ventilhebels. Wird diese Vorrichtung
in Verbindung mit der Kulissensteuerung der Fig. 147 verwendet, dann findet
bei mittleren Lagen des Steuerhebels ein späteres Ausklinken des Ventiles, also
größere Füllung, statt, da infolge der kleineren Erhebung des Ventilhebels h
die der Ausklinkung entsprechende Höhenlage erst bei späterer Kolbenstellung
erreicht wird. Bei Niedergang des Ventilhebels h schlägt der Anschlag 1 gegen die
rechte Seitenfläche der gesunkenen Ventilstangen v und gleitet bis zum Wieder-
einschnappen an ihr herab. Hierbei gleitet der untere Punkt 3 nicht auf dem gezeichneten Bogen, sondern weicht von diesem nach rechts ab. Dies wird ermöglicht
durch die federnde Gestaltung des Führungslenkers 3 4. Durch Abänderung der
Bahn 3 kann der Zeitpunkt des Expansionsbeginnes abgeändert werden. Wird
z. B. der Punkt 4 nach abwärts verstellt, so wird die Bahn 3 steiler, und das Abschnappen erfolgt später.

Die Steuerwirkung einer Abschnappvorrichtung mit festem Anschlag a, wie sie aus Fig. 148 durch Feststellung der Klinke a erhalten werden
könnte, erklärt sich an Hand des Diagrammes, Fig. 150, das z. T. an die Betrachtungen
des Abschnittes A. 2 anschließt. Die Kolbenstellungen ergeben sich als Projektionen M'', M''' der kreisenden Kurbel M auf die Wagerechte, die Ventilbewegungen
durch das um 90° der Kurbel voreilende Grundexzenter e_g als Projektionen e_g''
des mit M kreisenden Punktes e_g auf die durch W gehende Senkrechte. Die schraf-
fierte Wagerechte durch den Punkt III gebe die Lage eines festen Anschlages a
an. Dann ist ersichtlich, daß es in der Kurbellage III zum Abschnappen kommt,
da hier der sich hebende Ventilhebel den festen Anschlag erreicht. Der Stellung M'''
des Kolbens entsprechend ist eine kleinste Füllung von 0,2 vorhanden. Erhält
der Steuerhebel eine Zwischenstellung, so erscheinen die Ventile wie durch ein kleineres
Exzenter, das durch den Kreis 4 dargestellt sei, angetrieben. Bei der Steuerstellung
4 erreicht der Ventilhebel den Abschnappanschlag a in der Hubmitte, daher
0,5 Füllung. Bei jeder weiter nach innen liegenden Steuerstellung erreicht der Hebel
den Anschlag überhaupt nicht mehr, und es erfolgt Vollfüllung. Der Regelbereich des
festen Anschlages ist also ziemlich eng zwischen 0,2 und 0,5 Füllung gelegen.

Die Steuerung der Abschnappung erfolgt in Fig. 147 durch das Exzenter e_x,
das den Anschlag a bewegt. Diese Bewegung erfolgt für Vor- uud Rückwärtsgang

in gleicher Weise, so daß eine Umsteuerung dieser Exzenterbewegung nicht nötig ist.

Die Wirkung einer gesteuerten Abschnappung ist in Fig. 150 durch den oberen kleinen Kreis dargestellt. Das den Anschlag bewegende Exzenter e_x bewegt sich gleichartig mit der Maschinenkurbel M. Seine Bewegungen müßten also, wenn sie durch die Maschinenkurbel M mit dargestellt werden sollten, als Projektionen auf die Wagerechte gefunden werden. Da diese Bewegungen aber mit den auf der Senkrechten erscheinenden Ventilhebelbewegungen durch e_g verglichen werden sollen, so stellen wir sie am besten durch eine entsprechend kleine und gelagerte Kurbel 1 w, die senkrecht zur Maschinenkurbel steht, dar. Läuft nun 1 w gleichsinnig mit MW um, so stellen die Senkungen des Punktes 1 bzw. e_x die Abwärtsbewegung des Anschlages a dar. Die Lage von w ergibt sich aus der Erwägung, daß der Anschlag a in seiner bei Kolbenhubmitte eintretenden tiefsten Lage eine bestimmte Entfernung d von der wagerechten Lage des Ventilhebels hat.

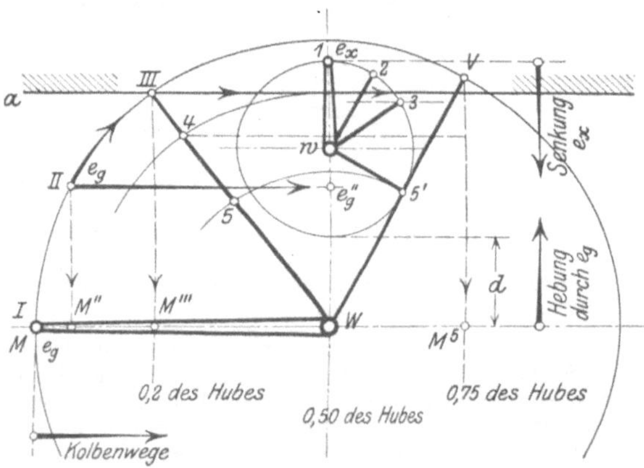

Fig. 150.
Die Steuerwirkung bei ungesteuerter und bei gesteuerter Abschnappung.

In der Kurbelstellung III hat der in 3 befindliche Anschlag (3 w ⊥ III W) die Bahn des Ventilhebels eben gekreuzt, so daß eine Abschnappung mit 0,2 Füllung erfolgt ist. Bei einer dem Kreise 4 entsprechenden Steuerstellung erfolgt in der Kurbelstellung III noch keine Abschnappung, da die Ventilerhebung hier geringer ist als bei voll ausgelegter Steuerung. Die Abschnappung erfolgt erst bei einer späteren Kurbelstellung, wo der Ventilhebel höher und der Anschlag tiefer steht. Bei noch weiter zurückgenommener Steuerung 5 wird das Zusammentreffen von Ventilhebel und Anschlag noch wesentlich später erfolgen, die Füllung also noch größer werden. Bei dieser Steuerstellung 5 erfolgt die Abschnappung im Punkte 5′ bei der Kurbelstellung V mit einer Füllung von 0,75. Bei weiterer Rücknahme der Steuerung erfolgt kein Abschnappen mehr, sondern Vollfüllung mit entsprechender Drosselung. Man ersieht hieraus, daß der Regelbereich bei gesteuerter Abschnappung wesentlich weiter (0,2—0,75) ist als bei ungesteuerter. Diese beiden Vorrichtungen sind veraltet. Von ihnen gehen aber zwei neuere, sehr brauchbare Kulissen-Lenkersteuerungen (von J. Iversen-Berlin) aus, deren gesteuerte Abschnappung und ganze Wirksamkeit soweit mit der der geschilderten Vorrichtung zusammen-fällt, daß sie als Fortbildung derselben betrachtet und verstanden werden können. Die notwendige Betrachtung einer gesteuerten Abschnappbewegung wurde daher gleich an dieser Stelle gegeben. Die Iversensteuerungen vermeiden die Fehler dieser Einrichtung von Krause, deren Steuerwirkung an sich mit einfachen Mitteln Erstaunliches leistet und von neueren Anordnungen nur wenig überholt ist. Ihr Nachteil liegt in dem höheren Dampfverbrauche einer ohne Voreilung arbeitenden

Steuerung, als deren Folge mangelnde Vorausströmung und Kompression erhöhten Dampfverbrauch bewirken. Die mangelnde Kompression stört auch die Ruhe des Ganges.

Ungesteuerte sowohl wie gesteuerte Abschnappung können noch durch einen Fliehkraftregler beeinflußt werden. Zu 1 vergleiche VI A. 11; zu 2 VI A. 7.

Die gebräuchlichsten Kulissensteuerungen lassen die Steuerwirkungen zweier verschiedener entgegengesetzt arbeitender Exzenter in wechselnden Anteilen durch Kulisse vereint auf die Steuerorgane der Maschine einwirken. Es sei daher die Möglichkeit und Wirksamkeit solcher Vereinigung zweier Bewegungen zunächst erörtert.

Die Bewegungen der Exzenter e_1 und e_2, Fig. 151, vereinigen sich im Punkte 4 des Hebels (Kulisse) 12. Die vereinigte Bewegung wird durch den Hebel 6 5 auf

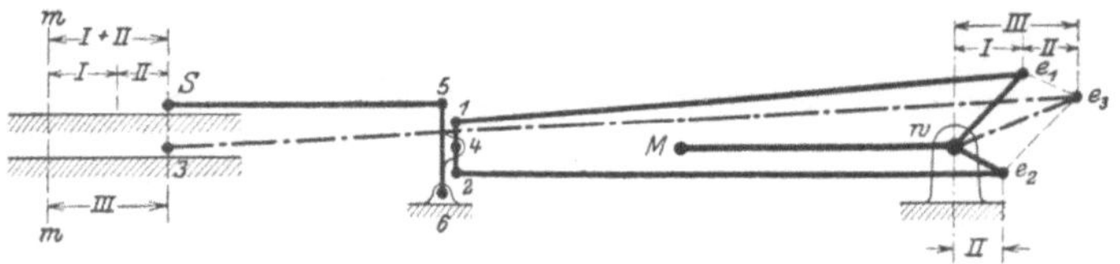

Fig. 151.

Zusammensetzung zweier Exzenterbewegungen und Ersatzexzenter.

den Schieber S übertragen. Liegt, wie hier angenommen, der Punkt 4 in der Mitte von 12 und auch von 65, dann wird die Bewegung jedes der Exzenter in gleicher Größe auf den Schieber S übertragen, da der Hebel 12 diese Bewegungen auf ½ verkleinert und der Hebel 65 sie wieder auf die ursprüngliche Größe bringt. Der Punkt 1 hat die Ausweichung I, der Punkt 2 die Ausweichung II aus seiner Mittellage erfahren, der Schieber demnach die Ausweichung I und II aus seiner Mittellage m m. Bilden wir aus den wirkenden Exzentern e_1, e_2 das Parallelogramm e_1 we_2 e_3, so zeigt sich, daß der Endpunkt e_3 der Diagonale we_3 eine Ausweichung aus der Mitte gleich I + II erfahren hat, also gerade so wie der Schieber S. Verbinden wir daher einen Schieber 3 direkt mit einem Exzenter w e_3, so wird er genau so angetrieben wie der Schieber S durch die beiden Exzenter e_1 und e_2. w e_3 heißt daher das Ersatzexzenter.

Die Wirkung ist hier für eine beliebige Exzenterstellung nachgewiesen, gilt also auch für jede andere Stellung. Das Ersatzexzenter dient also in bequemster Weise dazu, die vereinigte Wirkung zweier Exzenter zu verfolgen.

Die sehr verbreitete Goochsche Kulissensteuerung in Verbindung mit einem Schieber mit Überdeckungen zeigt Fig. 152. Für größere Fördermaschinen wird sie mit Ventilen ausgeführt bei gleicher Steuerwirkung (vgl. Fig. 132). Die Exzenter c_1 (Vorwärtsexzenter) und e_2 (Rückwärtsexzenter) wirken durch die Kulisse 12 und die Schieberstange s auf den Schieber S ein. Die Kulisse ist im Punkte 4 bogenförmig durch die Stützstange 46 geführt. Ihre Punkte können wagerechte Bewegungen machen. Steht die Schieberstange wie gezeichnet, so daß ihr Endpunkt 7 mit dem Punkt 1 zusammenfällt, dann wird nur die Bewegung des Vorwärtsexzenters e_1 auf den Schieber übertragen, und es erfolgt eine den Vorwärtsgang fördernde Dampfverteilung mit einer den Überdeckungen und dem Voreilungswinkel entsprechenden Expansion. Eine Einwirkung des Rückwärtsexzenters e_2

findet nicht statt. Dieses bewegt die Kulisse schwingend um den Punkt 17. Wird die Schieberstange in die untere Lage R gestellt, so findet in gleich übersichtlicher Weise bei der Rückdrehung R der Welle eine diesen Rückwärtsgang fördernde Dampfverteilung statt. Schwieriger ist die Beurteilung der Steuerwirkung in einer oberen oder unteren Zwischenstellung Zw. Hierbei wirken beide Exzenterbewegungen mit verschieden großen Anteilen auf die Schieberbewegung ein, und zwar ist ersichtlich, daß in der unteren Zwischenstellung Zw das Rückwärtsexzenter den größeren Einfluß ausübt. Die Wirkungen der Exzenter gehen über den Zwischenhebel 12, und zwar bildet der Punkt 1 den

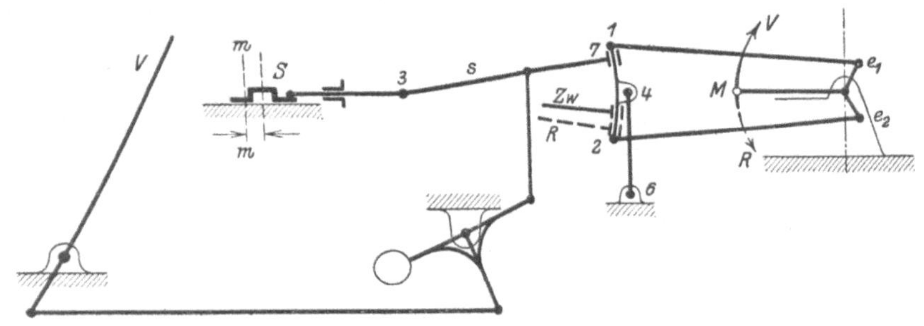

Fig. 152.
Goochsche Kulissensteuerung.

Hebeldrehpunkt für die Bewegungen durch das Rückwärtsexzenter e_2 und 2 den Drehpunkt für die Wirkungen von e_1. Zur Feststellung der gemeinsamen Wirkung sind daher die beiden Exzenter unter Berücksichtigung des jedem entsprechenden durch die Stangenstellung gegebenen Übersetzungsverhältnisses zu einem Ersatzexzenter zusammenzusetzen.

Das Diagramm Fig. 153 zeigt die Wirkung. Es stehe in Fig. 152 die Schieberstange Zw in der Mitte der Punkte 4 und 2. Dann wirkt das Rückwärtsexzenter mit $^3/_4$, das Vorwärtsexzenter mit $^1/_4$ seiner Größe. Es ergibt sich daher das Ersatzexzenter $w\,e_3$, das ist Rückwärtsgang mit verkleinerten Steuerbewegungen und größerem Voreilungswinkel. Letzterem entspricht eine kleinere Füllung (vgl. Fig. 139), da der Schieber, der Kurbel mehr voreilend, die Dampfzufuhr früher abschließt. Mit Hilfe des Ersatzexzenters e_3 und des Diagrammes Fig. 139 kann die Wirkung genauer untersucht werden. Zu beachten ist, daß durch den Steuerhebel hier wohl Hub- und Voreilungswinkel verändert werden, daß die Überdeckungen aber durch den Schieber oder die Ventile unveränderlich gegeben sind, so daß, da die Überdeckungen den Exzentern e_1 bzw. e_2 angepaßt sind, in den Zwischenstellungen ungünstige Beeinflussung der Dampfwirkung eintritt. Wird der Steuerhebel in seine Mittellage gestellt, die Schieberstange also in die Mitte zwischen 1 und 2 (Fig. 152), so wirken beide Exzenter mit $^1/_2$ ihrer Stärke ein und es ergibt sich die Wirkung eines Ersatzexzenters $w\,e_5$. Hierbei kommen die

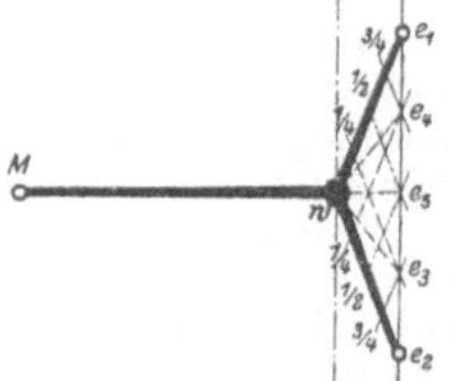

Fig. 153.
Steuerwirkung der Goochschen Kulissensteuerung.

Dampfwege so wenig und so kurze Zeit zur Eröffnung, daß eine die Maschinenbewegung fördernde Dampfwirkung nicht zustande kommt. Man beachte dieses Ersatzexzenter e_5, das zwischen den Wirkungen der Vor- und Rückwärtsexzenter steht. Wird die Schieberstange weiter gehoben, so kommt das Vorwärtsexzenter zur überwiegenden Wirkung, etwa im Ersatzexzenter e_4 bis zum Schlusse bei ganz gehobener Stange die alleinige Wirkung des Vorwärtsexzenters e_1 zutage tritt. Die Endpunkte der Ersatzexzenter durchlaufen bei dieser Darstellung eine Kurve, Scheitelkurve genannt. Bei der Goochschen Kulissensteuerung ist die Scheitelkurve, wie aus der Symmetrie der Wirkungen ersichtlich, eine Gerade. Dies hat zur Folge, daß für alle Steuerstellungen die in der Kolbentotlage M eintretende Voreröffnung der Einlaßöffnungen gleich bleibt.

Fig. 154 zeigt die Stephensonsche Kulissensteuerung. Sie ist die älteste Kulissensteuerung, von dem Engländer Stephenson 1814

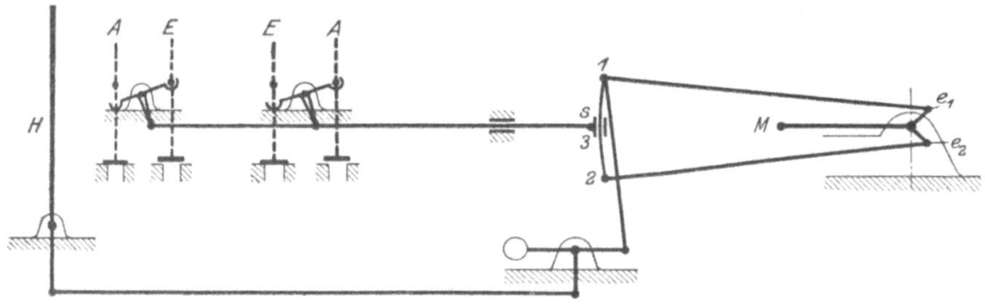

Fig. 154.
Stephensonsche Kulissensteuerung.

für seine erste Dampflokomotive angewandt. Sie weist eine einfachere Gestaltung auf und wird heute für Haspel verwendet, während die Goochsche Steuerung für größere Fördermaschinen vorgezogen wird. Hier wird nicht die Ventilstange, sondern die Kulisse in der Höhenlage durch den Steuerhebel verstellt. Wird die Kulisse gesenkt, bis der Punkt 1 mit dem Kulissenstein s zusammenfällt, so ist nur das Vorwärtsexzenter wirksam, bei gänzlicher Hebung nur das Rückwärtsexzenter. Bei Zwischenstellungen treten annähernd dieselben Verhältnisse ein, wie sie bei der Goochschen Steuerung geschildert wurden.

Die Steuerwirkung solcher Kulissensteuerungen ergibt die Dampfverteilung des einfachen durch Exzenter angetriebenen Schiebers (vgl. Abschnitt A. 2). Sie lassen weitgehende Expansion zu, ergeben dabei jedoch übergroße Kompressionen. Sie ergeben richtige Voreinströmung und Vorausströmung wie Fig. 139.

Die Kulissensteuerungen weisen einen höheren Dampfverbrauch auf als andere nicht mit dem Überstande hoher Kompressionen arbeitende Steuerungen, da die dampfsparenden kleinen Füllungen vom Wärter nicht eingestellt werden, sondern die einen besseren Gang ergebende Drosselungsregelung vorgezogen wird.

6. Lenkersteuerungen.

Die letztbeschriebenen Kulissensteuerungen arbeiten mit 2 Exzentern, die eine Voreilung besitzen. Jedes Exzenter liefert einen Bewegungsanteil zur Steuerbewegung. Die Betrachtung eines Exzenters mit Voreilung, Fig. 155, lehrt, daß in diesem zwei einfachere Bewegungen, eine Grundbewegung e_g und eine Voreilbewegung e_v vereinigt sind, indem nach Fig. 151 die in entsprechender

Weise durch äußere Getriebe vereinigten Bewegungen von e_g und e_v tatsächlich
die gleiche Steuerbewegung hervorbringen würden wie das Exzenter e_1 mit Voreilung. Der Ersatz der Exzenterbewegung e_1 durch e_g und e_v nach Fig. 151 erscheint nun freilich töricht, da e_1 diese Bewegung durch einfachere Mittel ergibt.
Dennoch ist der Gedanke praktisch durchführbar, da sich bei solcher Trennung
in e_g und e_v die Möglichkeit ergibt, in die Grundbewegung eine Umsteuervorrichtung,
etwa eine Kulisse nach Fig. 147, einzufügen, wobei die nicht umzusteuernde Voreilbewegung e_v hinter der Umsteuerung mit der umgesteuerten Bewegung e_g
zusammenzusetzen ist. Hierbei würden etwa die gleichen Mittel wie bei der
Goochschen Steuerung, Fig. 152, aufgewandt und die gleiche Wirkung erzielt werden.

Nach der Umsteuerung wird
e_g durch e_g' ersetzt, e_v bleibt
ungeändert, und es erfolgt die
Wirkung des Ersatzexzenters
e_2, also Rückwärtsgang.

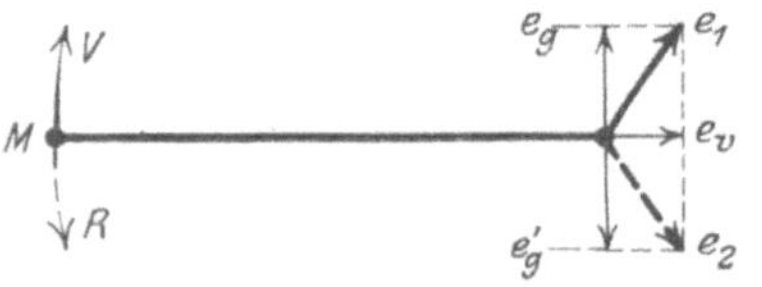

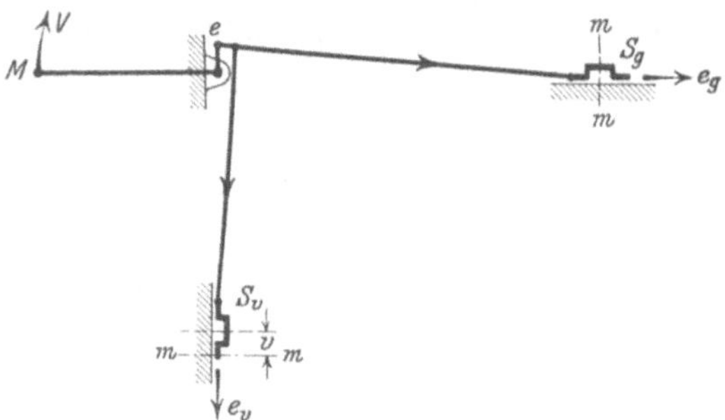

Fig. 155.

Zerlegung einer Exzenter-
bewegung in Grund- und
Voreilbewegung.

Fig. 156.

Ableitung einer Grund- und einer Voreilbewegung von einem Exzenter.

Ein Bedürfnis zu solcher Anordnung liegt nicht vor. Genauere Betrachtung der Bewegung eines Grundexzenters e_g zeigt aber, daß von
diesem nicht nur die Grundbewegung, sondern auch die Voreilbewegung abgeleitet werden kann, durch deren geeignete Zusammensetzung sich brauchbare einfache Umsteuerungen ergeben.

Fig. 156 zeigt ein der Maschinenkurbel M um 90° voreilendes Exzenter e.
Von diesem aus kann eine Grundbewegung e_g auf einen wagerecht gleitenden
Schieber S_g übertragen werden und eine Voreilbewegung e_v auf einen senkrecht
gleitenden Schieber S_v. Letzterer befindet sich um v aus seiner Mittellage mm,
ersterer in seiner Mittellage. Nach Umwandlung der senkrechten Bewegung in
eine wagerechte, etwa durch einen Winkelhebel, ließen sich diese Bewegungen
durch die Mittel der Fig. 151 am Steuerorgan vereinigen. Eine einfachere Art
der Vereinigung zeigt Fig. 157. Der dem Schieber S_v entsprechende Punkt 2
bewegt sich nicht auf einer Senkrechten, sondern auf einer durch einen flachen
Kreisbogen dargestellten schiefen Ebene. Die senkrechte Bewegung e_v erzeugt
dabei eine wagerechte Bewegung e_v'', die durch die Stange e_2 als Voreilbewegung e_v'
auf den Schieber übertragen wird. Dieser weist demnach eine Voreilung v auf.
Die Grundbewegung e_g wird durch dieselbe Stange e_2 im Punkte 3 auf den Schieber
übertragen, indem sich so auf einfache Weise die Bewegungen e_g' und e_v' vereinigen. Diese Anordnung bietet die Möglichkeit, die Voreilung zu verändern.
Die Größe dieser Voreilung ist durch die Neigung der schrägen Bahn des Punktes 2
gegeben. Wird diese steiler gestellt, so wird die Voreilung kleiner. Diese Bahn-
einstellung kann durch Lagenänderung des zunächst als fest angenommenen
Drehpunktes 6 des Lenkers L geschehen. Wird in das Gestänge der Grundbewegung e_g eine Kulisse eingeschaltet, so kann der Antrieb unsteuerbar gemacht
werden. Von dieser Möglichkeit und der der willkürlichen Änderung der Voreilung
macht die Kulissen-Lenkersteuerung von Iversen (nächster Abschnitt) Gebrauch.

In Fig. 158 endlich ist eine **Lenkerumsteuerung** gezeichnet in Anwendung auf eine Ventilmaschine mit einer der Maschinenachse parallelen Steuerwelle W. Die Richtung des Kolbenlaufes ist senkrecht zur Zeichenebene. Um aber den Zusammenhang der Ventilbewegung mit dem Kolbenlauf verfolgen zu können, ist mit der Steuerwelle W die punktiert gezeichnete, in der Zeichenebene liegende, Maschinenkurbel M verbunden gedacht. Das Exzenter e eilt dieser Maschinenkurbel um 90^0 nach. Seine Bewegungen werden durch die Stange e 3 auf das Ventil v übertragen. Auf das Ventil wirken nur senkrechte Bewegungen ein. Die horizontal gerichtete Grundbewegung e_g wirkt

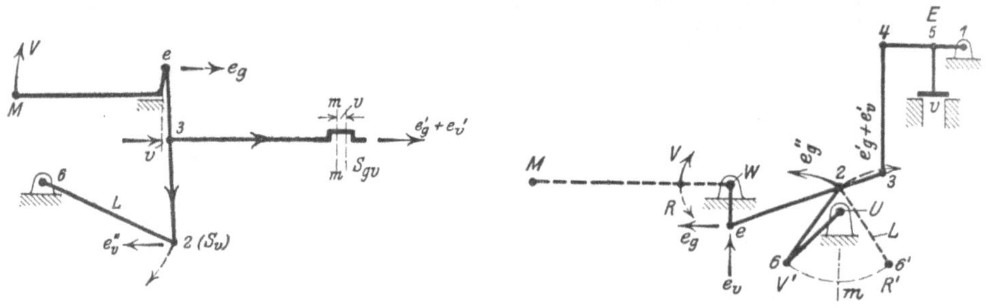

Fig. 157.

Lenkersteuerung für Schieber.

Fig. 158.

Lenkersteuerung für Ventile.

daher zunächst gar nicht auf das Ventil, sondern dreht nur die Ventilstange 34 um ihren oberen Drehpunkt 4. Die Stange e 3 wird aber im einem inneren Punkte 2 durch einen Lenker L auf einem ansteigenden Bogen geführt. Der Lenker L selbst kann aus seiner Lage 6 2 in die Lage 6'2 gebracht werden durch Drehung einer Umsteuerwelle U. In der ausgezogen dargestellten Lenkerlage V' bewegt sich der Punkt 2 bei dem mit V bezeichneten Maschinengange ansteigend. Diese Vertikalbewegung wird durch die Stange e 3 auf den Punkt 3 übertragen und dadurch das Ventil geöffnet. Diese Lenkerstellung dient also dem Vorwärtsgange. Bei der umgekehrten Lenkerstellung R' und dem umgekehrten Maschinengange R wird 2 auf dem punktiert gezeichneten rechts steigenden Bogen geführt, das Ventil also ebenfalls geöffnet. Die Lenkerstellung R' dient dem Rückwärtsgange.

Hier wird also die wagerechte Grundbewegung e_g durch einen Lenker in die nötige senkrechte Bewegung übergeführt und umgesteuert. Die senkrechte Voreilbewegung e_v wird durch die hierin hebelartig wirkende Exzenterstange e 23 unmittelbar übertragen und durch die Lenkerumstellung nicht verändert. Es bleibt als Ergebnis: Umsteuerwirkung bei Expansionssteuerung mit einem Exzenter und einem Lenker. Wird der Lenker innerhalb der Lagen 6 6' verstellt, so bleibt innerhalb des Bereiches 6 m Vorwärtsgang, innerhalb 6' m Rückwärtsgang, aber die Grundbewegung wird wegen der flacheren Bogenführung in der Nähe der Mittellage kleiner auf das Ventil übertragen, in ganz ähnlicher

Weise wie bei der Goochschen Steuerung die Wirkung der einzelnen Exzenter. Die Steuerwirkung ist ganz die gleiche und muß nach Fig. 153 beurteilt werden.

Diese Steuerung ist eine Übertragung der für stehende Schiffsmaschinen mit Schiebersteuerung viel angewandten Klugschen Umsteuerung auf Ventilmaschinen mit Steuerwelle.

Damit bei Kolbentotlagen durch die Lenkerverstellung keine Verstellung des Ventils stattfindet, muß der Mittelpunkt der Welle U mit dem Punkte 2 zusammenfallen. Die schematische Fig. 158 ist in dieser Beziehung falsch angeordnet in der Absicht, den Lenker 26 und den

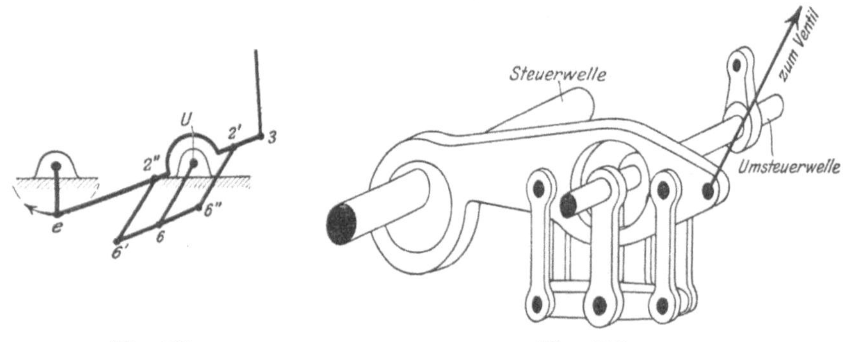

<table>
<tr><td align="center">Fig. 159.
Schema der
Radovanovicsteuerung.</td><td align="center">Fig. 160.
Radovanovicsteuerung, Ausführung.</td></tr>
</table>

Umstellhebel U 6 getrennt darstellen zu können. In der Fig. 159 ist gezeigt, wie die Steuerwelle U durch den Punkt 2 gelegt werden kann, ohne mit dem Körper der Exzenterstange e 3 zusammenzustoßen. Die Exzenterstange geht bogenförmig um die störende Umsteuerwelle herum. Der Punkt 2 kann dann, als nicht mehr körperlich vorhanden, nicht unmittelbar durch einen Lenker 26 geführt werden. Die Führung wird aber durch die Führung zweier benachbarter Punkte 2' und 2" ersetzt, die durch die parallelen Lenker 2' 6' und 2" 6" geführt werden, die ihrerseits durch die der Exzenterstange parallele Stange 6' 6" mit dem Punkte 6 verbunden sind und von ihm ihre Stellungen angewiesen erhalten.

Fig. 160 zeigt die Ausführung dieser von Radovanovic, Pilsen (1893), angegebenen Steuerung bei Lenkermittelstellung. Diese elegante Anordnung einer Lenkerumsteuerung hat vor der Kulissenumsteuerung den Vorzug leichterer Beweglichkeit, da im Gestänge nur Zapfenreibung auftritt. Sie ist in Österreich verbreitet und in Deutschland von Humboldt, Kalk, ausgeführt worden.

Die Zwillingstandenmaschine, spätere Fig. 263, ist mit dieser Steuerung versehen. Fig. 189 zeigt die betr. Ausführung.

7. Vereinigte Lenker- und Kulissensteuerungen nach J. Iversen, Berlin.

Die in Fig. 161 dargestellte, von A. Borsig, Tegel, gebaute ältere Iversensteuerung (etwa 1906) knüpft an die Anordnung der Fig. 157 an. Das um 90° voreilende Exzenter e überträgt seine Bewegung durch eine in der Mitte gegen Änderung der Höhenlage gestützte Stange s, deren Endpunkt e′ Bewegungen von gleichem Charakter wie e selbst macht, das heißt er macht Grundbewegungen e_g und Voreilbewegungen e_v.

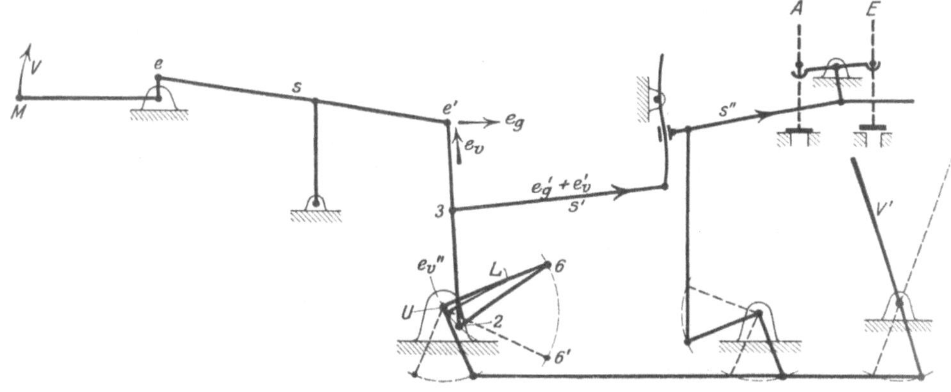

Fig. 161.
Iversensteuerung I.

Die Stange e′ 2 überträgt, wie in Fig. 157 die Exzenterstange e 2, ihre Grundbewegung unmittelbar auf den Punkt 3, ihre Voreilbewegung erst nach ihrer Umwandlung durch den Lenker L in eine horizontale. Die nach einer Kulisse gehende Stange s′ zeigt die vereinigte Voreil- und Grundbewegung $e_g′ + e_v′$, desgleichen die Exzenterstange s″ und der Schieber bzw. die Ventile. Durch den Steuerhebel und das anschließende Gestänge werden nun Ventilstange s″ und Lenker L gleichzeitig in gleichem Sinne verstellt. Wird die Kulissenstange s″ in die Nähe der Mittellage gehoben, dann werden die durch die Stange s′ übertragenen Steuerbewegungen verkleinert, also sowohl die Grundbewegung als auch die Voreilbewegung, so daß sich zunächst nur die Wirkung einer Hubverkleinerung der Steuerbewegung zeigt. Da aber gleichzeitig der Lenker L in gleichem Maße sich seiner Mittelstellung genähert hat, hat die durch die Lenkerstellung bedingte Voreilbewegung eine entsprechende Verkleinerung erfahren. Das Ergebnis ist, daß an der Kulissenstange s″ die Grundbewegung in einfachem, die Voreilbewegung in quadratischem Verhältnisse zur Steuerhebelbewegung verkleinert wird, so daß sich bei Annäherung an die Mittelstellung im Verhältnis zur Grundbewegung eine sehr kleine Voreilbewegung ergibt. Fig. 162 zeigt dies in einem Steuerungsdiagramm, das, mit dem entsprechenden Diagramm der Goochschen Steuerung Fig. 153 verglichen, den großen Unterschied der Steuerwirkung zeigt. Bei ausgelegtem Steuerhebel ergibt sich nach der Größe der eingeschalteten Übersetzungen eine Grundbewegnug e_g und eine Voreilbewegung e_v, also Steuerwirkung entsprechend dem Exzenter e_1 mit Voreinströmung, Vorausströmung, geringer Expansion und erforderlicher Kompression. Bei $\frac{1}{2}$ ausgelegtem Steuerhebel ist e_g auf die Hälfte, e_v auf $\frac{1}{4}$ gesunken, daher besteht die Wirkung des Ersatzexzenters e_3 mit geringerer Voreilung, also größerer Füllung als in den Endlagen. Mit Annäherung des Steuerhebels an die Mittellage nimmt die Voreilung unverhältnismäßig ab, so daß hier nahe Vollfüllung mit gedrosseltem Frischdampfe stattfindet, so daß Manövrierdiagramme erzielt werden. Bei der Goochschen Anordnung, Fig. 152, liegen in der Nähe der Mittellage kleine Füllungen mit gedrosseltem Drucke, die zum Manövrieren unbrauchbar sind. Man erkennt hieraus den großen Fortschritt der Iversensteuerung gegenüber den anderen Kulissen- und Lenkersteuerungen.

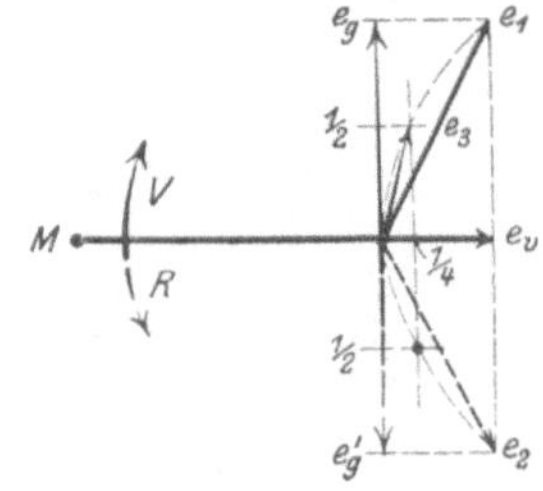

Fig. 162.
Steuerwirkung der Iversensteuerung I.

Wird der Steuerhebel in die andere Endlage gelegt, so wird die vereinigte Grund- und Voreilbewegung umgesteuert. Die Umsteuerung der Voreilbewegung ist sonst nach vorhergehenden Betrachtungen falsch, hier aber richtig, da durch die gleichzeitige Lenkerumlegung dessen Voreilbewegung umgesteuert wird, und diese doppelte Umsteuerung läßt die Voreilbewegung der Stange s″ zum Schluss ungeändert.

Iversen wendet diese Steuerung auf Ventilmaschinen an und schaltet in das Getriebe der Einlaßventile eine von der Maschinenwelle etwa nach Art der Fig. 147 angetriebene Abschnappvorrichtung ein, so daß bei ausgelegtem Steuerhebel wesentlich kleinere Füllungen erzielt werden als durch das Ersatzexzenter e_1. Dieses wird so gewählt, daß Vorein- und Ausströmung und Kompression richtig erfolgen. Die Iversensche Anordnung kann als Fortbildung der Krauseschen, Fig. 147, aufgefaßt werden, indem zur Grundbewegung e_g noch die regelbare Voreilbewegnug e_v hinzugefügt und ihre Umsteuerung durch die Kulisse durch die vorhergehende Umsteuerung durch den Lenker für den Rückwärtsgang unschädlich gemacht wurde.

Auf gleichen Grundsätzen beruhend, ist die neuere Iversensteuerung baulich einfacher gestaltet. In Fig. 163 ist a eine von der Maschinenwelle angetriebene Steuerwelle. Diese treibt durch eine kleine Kurbel den Zapfen b im Gleichschritt mit der (schematisch angedeuteten) Maschinenkurbel M. Der Kurbelzapfen b ist von einem Kulissensteine c umgeben, der in dem Schlitze einer Scheibe d gleiten kann. Die Scheibe d ist am Umfange zylindrisch gestaltet und bildet das Drehlager für

eine Kulisse e, die die Scheibe d umfaßt. Die Kulisse e ist im festen
Punkte B drehbar gelagert. Die Scheibe d kann durch einen mit dem
Steuergestänge verbundenen Arm D um den Zapfen b verdreht werden.
Mit dieser Verdrehung ist eine Verstellung der Kulissenstange h verbunden in der Art, daß D und h sich gleichartig aus ihrer Endlage durch
die Mittellage nach der anderen Endlage bewegen. Das Getriebe ist
einmal in der Mittellage (ausgezogen) und einmal in der Endlage für
Vorwärtsgang (punktiert) gezeichnet. Zum Verständnis der Wirkung
beachte man die gegenseitige Beweglichkeit der Teile, die drehende
zwischen d und e, die gleitende zwischen d und c. Bei Drehung der

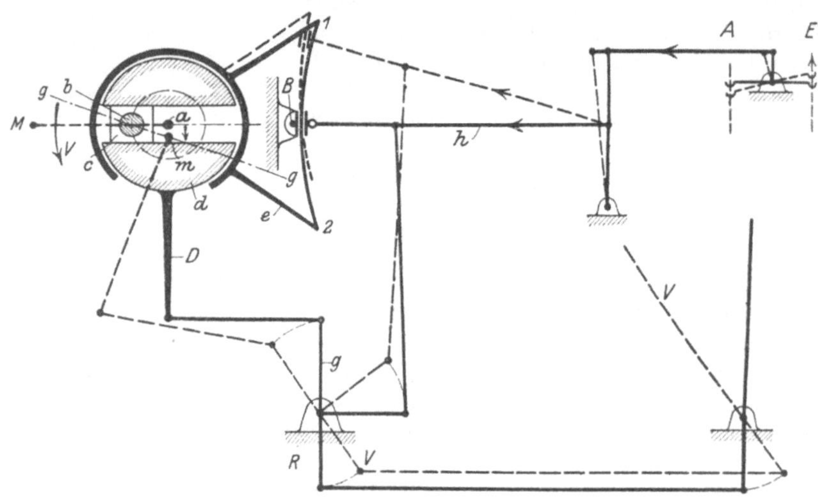

Fig. 163.

Iversensteuerung II.

Steuerwelle a beschreibt b den punktierten Kreis. Der Stein c bewegt
dabei den wagerechten Hebelsarm der einen Winkelhebel bildenden
Kulisse e, so daß deren Endpunkte 1 und 2 wagerechte Bahnen mit
dem Charakter einer Exzentergrundbewegung e_g beschreiben und bei
geeigneter Stellung der Kulissenstange auf die Ventile übertragen und
zwar würde der Punkt 1 eine den Vorwärtsgang V, der Punkt 2 eine
den Rückwärtsgang fördernde Dampfverteilung ergeben. Die Umsteuerung erfolgt durch die Kulissenstange. Bei auf Vorwärtsgang
ausgelegter Steuerung ist die punktierte Lage der Gestänge gegeben.
Die Scheibe d ist rechtssinnig um den Kurbelzapfen b verdreht worden.
Dadurch wurde der Mittelpunkt m dieser Scheibe, der vorher mit dem
Wellenmittelpunkt a sich deckte, nach unten verschoben und hiermit auch
der wagerechte Kulissenarm, so daß die Kulisse in die punktierte Stellung
gelangt ist. Sie zeigt also jetzt die Steuerwirkung einer Voreilung, durch
welche das Einlaßventil E in der Kurbeltotlage M bereits ein wenig an-

gehoben ist. Für den weiteren Maschinengang gleitet der Zapfen b nicht mehr in einem horizontalen Schlitze Ma, sondern in dem in der Richtung gg schräg stehenden Scheibenschlitze. Wenn in der Steuermittelstellung

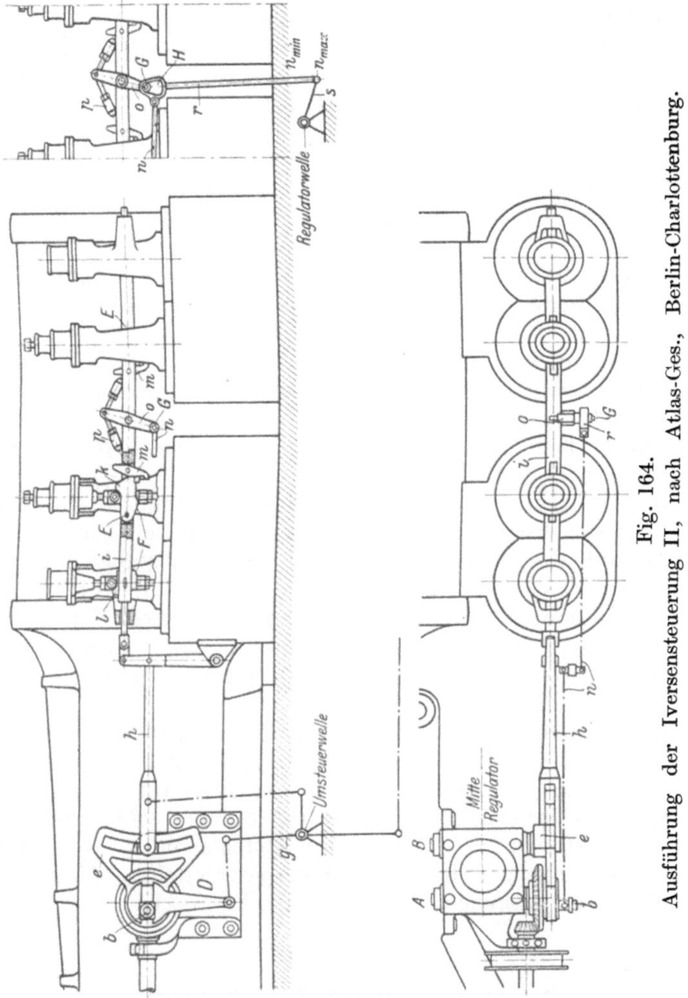

Fig. 164. Ausführung der Iversensteuerung II, nach Atlas-Ges., Berlin-Charlottenburg.

(ausgezogen) der Stein in dem wagerecht stehenden Scheibenschlitze gleitet, dann üben die wagerechten Bewegungen dieses Zapfens keine Einwirkung auf die Scheibe und die Kulisse aus, und die Kulisse schwingt in reiner Grundbewegung. Steht der Scheibenschlitz aber, wie punktiert, schräg, dann übt die wagerechte Zapfenbewegung, die einer Voreilbewegung e_v gleicht, Antriebe auf die Scheibe und Kulisse aus, die als Voreilbewegung zu der geschilderten Grundbewegung hinzukommen. Diese zuzügliche Voreilbewegung ist desto größer, je schräger der Schlitz gestellt wird. In der Nähe der Mittellage ist die Voreilung daher sehr gering, da sie, durch die geringe Schrägstellung des Schlitzes in mäßiger Größe erzeugt, an der Kulisse infolge der geringen Hebelsarmwirkung bei in Nähe der Mittellage stehender Kulissenstange abermals verkleinert wird. Die völlig gleiche Wirkungsweise mit der vorhin beschriebenen älteren Iversensteuerung ist hieraus ersichtlich. Beim völligen Umsteuern erfolgt ebenfalls eine zweimalige Umsteuerung der Voreilbewegung, so daß sie, wie nötig, ungeändert bleibt.

In Fig. 164 ist eine Ausführung der „Atlas" G. m. b. H., Berlin, dargestellt. Die Steuerwelle A wird von der Maschinenwelle durch Kegelräder angetrieben. Die Ventilschubstange i hebt die Ventile durch Schubkurven k an. Hierdurch wird ein dem Exzenterantriebe sonst nicht eigenes rasches Öffnen der Ventile erreicht. Die Schubkurven für die Einlaßventile sind durch von der Welle gesteuerte Anschläge p ausklinkbar, so daß kleine, der aus anderen Rücksichten gewählten kleinen Voreilung nicht eigene, Füllungen erzielt werden. Man vergleiche das Diagramm Fig. 150 einer gesteuerten Abschnappvorrichtung. Die Steuerung der Abschnappklinke p geschieht durch den Bolzen b und das Gestänge n G o. Stößt p beim Zusammenstoß gegen die Klinke m, so schnappt die um E drehbare Schubkurve k ab und läßt das Ventil sinken. Zum Verständnis der Wirkung beachte man, daß sich der Klinkenhebel o mit der Schubstange i mitbewegt.

Die Kurvenstücke k besitzen außer der oberen Kurve noch eine untere F, die beim Rückschub der Stange i ein etwa offen gebliebenes Ventil schließt; also Zwangsschlußsteuerung. Auf der Nebenzeichnung ist noch die selbsttätige Füllungsverstellung durch einen Fliehkraftregler zu sehen.

In der gezeichneten Stellung (hoher Geschwindigkeit der Maschine entsprechend) wirkt die Stange n ohne toten Gang, also ohne Wirkungsverlust auf die Abschnappklinken p ein, so daß geringe Füllung erfolgt. Bei kleinerer Geschwindigkeit steht die Stange r höher und die Abschnappsteuerstange n wirkt erst nach Durchlaufen eines toten Ganges auf die Abschnappung ein, die daher später erfolgt. Man vgl. auch andere Reglereinwirkungen in Abschnitt VI A. 11.

8. Die Nockensteuerungen.

In den Abschnitten VI A 1 und 3 wurde die Anordnung und Steuerwirkung unrunder Scheiben erläutert. Die in den vorigen Abschnitten beschriebenen Exzentersteuerungen, bei denen besondere und verwickelte Einrichtungen zur Erzielung der im Fördermaschinenbetriebe brauchbaren Dampfdiagramme nötig waren, lassen die hervorragende Brauchbarkeit unrunder Scheiben, begründet in der völlig freien, den Bedürfnissen entsprechenden Diagrammbildung, deutlich erkennen.

Hier ist noch zu erörtern, wie die Steuerung mit unrunden Scheiben für Veränderung der Dampfwirkung, von Verkleinerung der Füllung bis zur umgekehrten Kraftwirkung, brauchbar gemacht werden kann.

Da der Umfang der Unrundung bei den Einlaßscheiben die Füllung bedingt (Fig. 140), sind zum Zwecke der **Füllungsänderung** unrunde Scheiben wechselnden Umfanges nebeneinander anzuordnen, die durch Verschiebung auf der Steuerwelle mit dem Ventilhebel in Eingriff gebracht werden müssen. Zur Ermöglichung der Verschiebung müssen die einzelnen Scheiben allmählich ineinander übergehen. Die Einlaßnocken bilden dann etwa kegelförmige, die Auslaßnocken zylindrische Körper. Fig. 165 zeigt in V eine **Einlaßnocke**, die bei der eingezeichneten Drehrichtung das Ventil immer zur selben Kolbenstellung öffnet, aber je nach der Stellung der Nocke zum Ventilhebel eine größere oder kleinere Füllung ergibt. Die eigentliche Nocke befindet sich auf einer zylindrischen Muffe M, die auf der Steuer

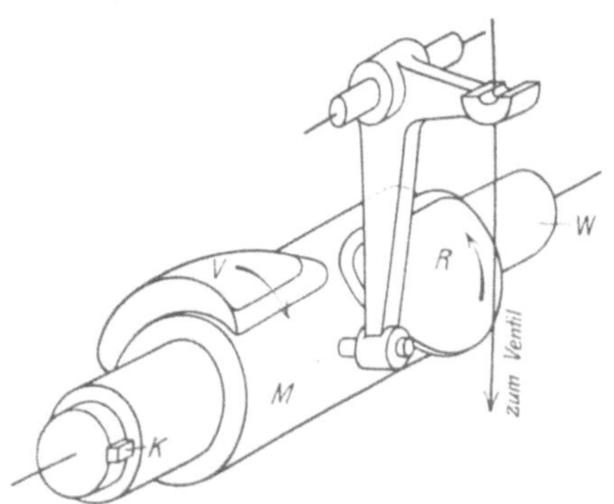

Fig. 165.
Steuerhöcker und Ventilhebel.

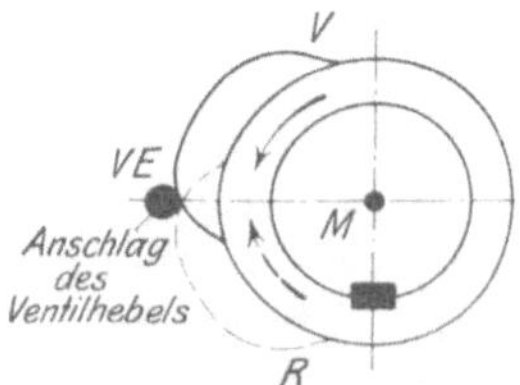

Fig. 166.
Umsteuerung durch unrunde Scheiben.

welle W längsverschieblich ist. Die Steuerwelle überträgt ihre Drehung durch einen Längskeil k auf die Muffe. Der Umfang der Muffe entspricht dem Grundkreise g der Fig. 140. Die Verschiebung der Höcker geschieht durch ein vom Wärter beherrschtes Getriebe, das mit Hebel, Muffenring und Zapfen die sich drehende Muffe in ähnlicher Weise verschiebt, wie dies bei Reglern oder auch bei ausrückbaren Kupplungen bekannt ist.

Zum Zwecke der **Umsteuerung** muß auf der Steuerwelle noch ein zweiter Höcker angebracht werden, der so wirkt, daß bei umgekehrtem Gange der Maschine und somit der Steuerwelle genau die gleiche Bewegung der Ventile erzielt wird wie durch den ersten Höcker bei der ersten Drehrichtung. Die Scheiben des Rückwärtsganges R, Fig. 166, sind daher das Spiegelbild der Scheiben des Vorwärtsganges V, gespiegelt an der Verbindungslinie des Punktes V E mit dem Mittelpunkt M der Steuerwelle. Die Einlaßscheiben des Rückwärtsganges bilden in Fig. 165 den Höcker R. Bei der Verschiebung der Höcker wird ein seitlicher Druck auf den Ventilhebel ausgeübt. Damit das Auflaufen der Höcker auf den Ventilhebel sowohl in seitlicher wie in tangentialer

Richtung möglichst unbehindert von statten gehe, ist die Berührungs-
stelle der Hebels mit einer Kugel ausgerüstet, die sich wieder in einem
Kugellager dreht, Fig. 167 (Ausführung der Friedrichs-Wilhelmhütte,
Mülheim-Ruhr).   Ferner muß das Ansteigen der Höcker in mäßigen
Grenzen gehalten werden.

Die Formung des Auf- und Ablaufes der unrunden Scheibe
muß sorgfältig geschehen, wenn Stöße und die in ihrem Gefolge auftretende Abnutzung der Steuerflächen vermieden werden sollen. In Fig. 168
sind Auf- und Ablauf tangential an den Grundkreis angeschlossen
und durch eine obere Abrundung miteinander verbunden. Der tangentiale Übergang dürfte
sich im allgemeinen em-
pfehlen, da er einen stoßfreien Übergang ver-
bürgt.   Die Formung
nach Fig. 168 läßt daher

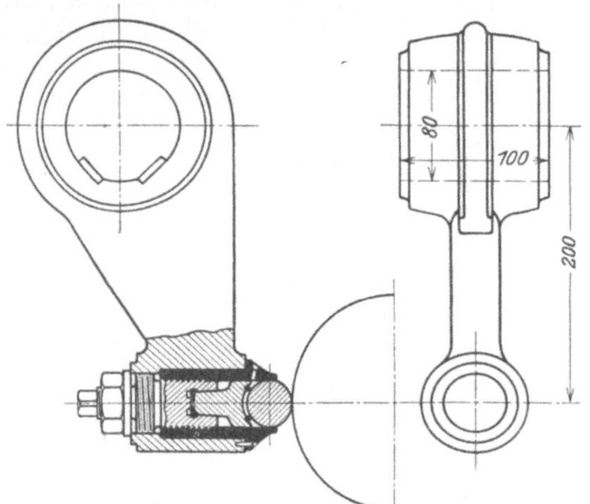

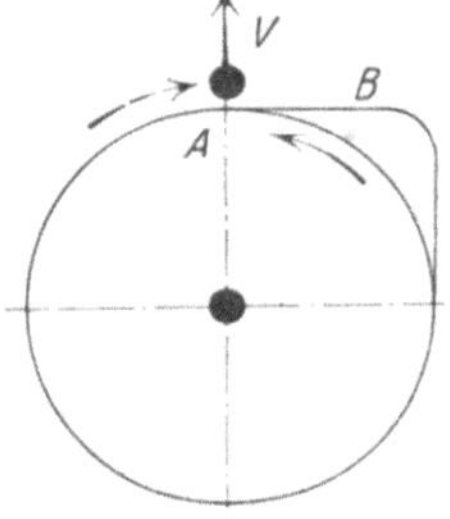

Fig. 167.

Ventilhebel für Nockensteuerung nach
Friedrichs-Wilhelmhütte, Mülheim-Ruhr.

Fig. 168.

Form der unrunden
Scheiben.

ein stoßfreies Arbeiten erwarten. Genauere Betrachtungen zeigen aber,
daß sich diese Anschauung für raschlaufende Steuerwellen nicht als
richtig erweist.   Wir betrachten zunächst die Geschwindigkeitsverhältnisse auf der gerade steigenden Strecke A bis B, indem wir zur
Erleichterung des Überblickes die unrunde Scheibe festhalten und den
Ventilhebel V im Sinne des gestrichelten Pfeiles gegen die Scheibe
drehen.   Man erkennt, daß die anfangs tangentiale Hubfläche mit
wachsender Drehung steiler ansteigt, so daß bis zum Punkte B nicht nur
die Geschwindigkeit, sondern auch die Beschleunigung des bewegten
Ventilhebels wächst.   Im Punkte B tritt ein plötzlicher Wechsel der
Verhältnisse ein.   Zwar geht die Stange V noch aufwärts, aber mit
merklich verringerter Geschwindigkeit.   Auf die Stange ist keine Beschleunigung mehr zu übertragen, sondern durch die Ventilbelastung
eine große Verzögerung, wenn vermieden werden soll, daß im Punkte B
die Stange, durch ihre Schwungkraft nach oben gehend, sich von der

Hubfläche löst, um dann später mit einem Stoß auf dieselbe zurückzufallen. Für Fördermaschinen liegen nun die Verhältnisse wegen der
geringen Drehzahl der Steuerwelle nicht allzu ungünstig, doch ist auch
hier auf eine, einen richtigen Übergang von dem geradlinig steigenden
Teile nach der Abrundungskurve enthaltende Formung zu achten, sowie
darauf, daß die von der Scheibe bewegten Massen möglichst gering
sind und durch eine starke Feder gegen die Anhubkurve gedrückt
werden. In Fig. 166 ist eine andere Formung dargestellt. Der Anhub
geschieht nicht tangential, sondern steigend aus dem Grundkreise heraus.
Es ist ersichtlich, daß die Möglichkeit von Stößen hier näher gerückt
ist. Mit Rücksicht auf eine rasche, Drosselung vermeidende Eröffnung
des Einlaßventiles ist solche Formung verständlich, besonders für die
kleinen Füllungen.

In Zeitschr. deutsch. Ing. 1905, S. 1581 u. 1624 ist eine wertvolle
Untersuchung der Bewegungsverhältnisse von Steuergetrieben mit unrunden Scheiben von W. Hartmann zu
finden, die einem nachdenklichen Studium empfohlen werden kann.
Diese weist für die rasch laufende Steuerwelle einer Gasmaschine
nach, daß im Punkte B ganz erhebliche, durch Federbelastung nicht
erzielbare Verzögerungskräfte auf das Hubgestänge ausgeübt werden
müßten, wenn das geschilderte stoßende Abheben des Gestänges
vermieden werden soll. Ferner wird an einem Beipsiele gezeigt, daß
schon ganz geringe Abweichungen in der Form, wie sie durch un-
genaue Formung oder Abnützung entstehen, zu überraschender Verschlechterung der Gangverhältnisse des Getriebes führen.

Die Höcker werden nach sauberen Modellen in Stahlguß hergestellt.
Eine weitere Bearbeitung des Gußstückes ist bei der Härte desselben
schwierig. Die Höcker sehen denn auch vielfach wenig schön aus. Zur
Verhinderung zu rascher Abnützung im Betriebe werden sie gehärtet.

Die Bewegungsübertragung von der Steuerwelle nach den
Ventilen kann verschieden geschehen. In Fig. 134 wird von der in der Höhe
der Maschinenachse liegenden Steuerwelle w das tiefer liegende Ventil
durch einen Winkelhebel v angetrieben. In Fig. 169 liegt die Steuerwelle
w höher und treibt durch 2 Hebel 1 und 2 das seitlich liegende
Ventil an. Die sich berührenden Teile dieser Hebel sind besonders
geformt, so daß das Anheben des Ventiles zunächst durch Drucküber-
tragung im Punkte 3 beginnt, während der Druckpunkt bei wachsendem
Ausschlage nach links vorrückt. Durch diese in den Antrieb eingeschaltete wechselnde Übersetzung, die anfangs groß, zu Ende klein
ist, soll ein allmähliches, stoßfreies Anheben der Ventile bewirkt werden.
Die stoßende Wirkung solcher Scheibensteuerung wird hierdurch nicht
ohne weiteres ausgeschaltet. Das stoßfreie Anheben kann durch die
Form der Anhubkurve gewährleistet werden, so daß der Nutzen dieses
verwickelten Antriebes nicht ersichtlich ist. Die eingeschaltete wechselnde
Übersetzung beeinträchtigt dagegen den Überblick über die Wirkung
der Kurvenform der unrunden Scheibe und erschwert somit deren
richtige Formung.

Fig. 135 zeigte den üblichen Antrieb im Mantel angeordneter Ventile. Kleine in der Nähe der Steuerwelle gelagerte Winkelhebel v_1 bewegen durch Zugstangen kleine in der Ventilhaube gelagerte Winkelhebel v_3. Der Berührungspunkt zwischen Ventilhebel und Scheibe kann beliebig angeordnet werden. In Fig. 134 ist er in der Wellenmitte innen, in Fig. 135 in gleicher Höhe außen, in Fig. 169 oben gewählt. Zur Steuerung der 4 Ventile eines Zylinders sind im allgemeinen 8 Höcker erforderlich. Es ist jedoch möglich mit 4 Höckern auszukommen und die Bewegung der Ventile für die linke und rechte Zylinderseite vom gleichen Höcker abzuleiten, da die Steuerwirkungen für verschiedene Seiten

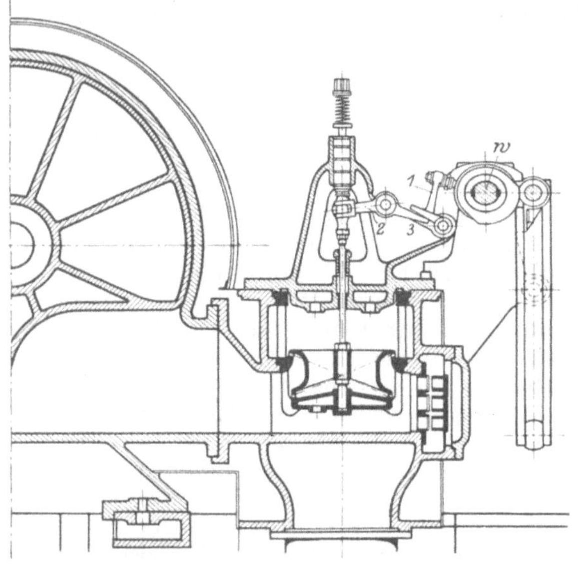

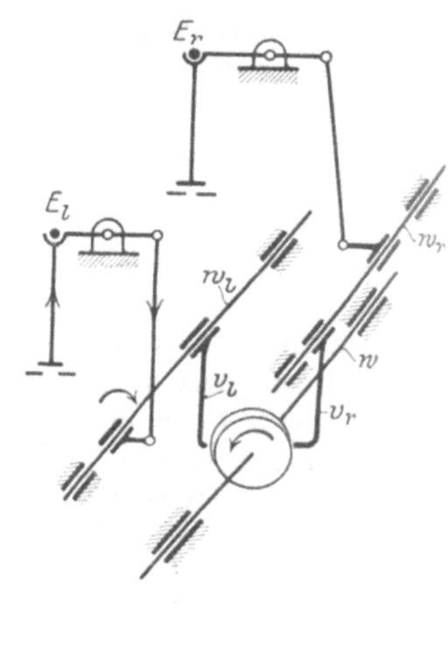

Fig. 169.   Fig. 170.

Einschaltung von Wälzhebeln in den Ventil-   Antrieb zweier Ventile durch
antrieb, nach Maschinenbauanstalt Breslau.   eine unrunde Scheibe.

an sich gleich und nur um 180° gegeneinander versetzt sind. In Fig. 170 wirkt die auf der Steuerwelle w sitzende unrunde Scheibe zunächst auf den Ventilhebel v_l, die Nebenwelle w_l und das linke Einlaßventil E_l ein und nach einem Hube, also 180° Wellendrehung, in gleicher Weise auf v_r, w_r, E_r. Der größeren Einfachheit der einen Scheibe entspricht aber ein verwickeltes Getriebe, das für die Einlaßventile noch zweier Nebenwellen, desgleichen zweier weiteren für die Auslaßventile bedarf. Die Abnutzung der doppelt beanspruchten Scheiben wird doppelt ausfallen. Die Verschiebung der Nocken erfordert den gleichen Kraftaufwand wegen der gleichen Anzahl der Anlagepunkte, so daß ein Vorteil der Einrichtung nicht recht ersichtlich ist. Fig. 171 zeigt eine Ausführung mit 8 Höckern, Fig. 172 eine mit 4 Höckern.

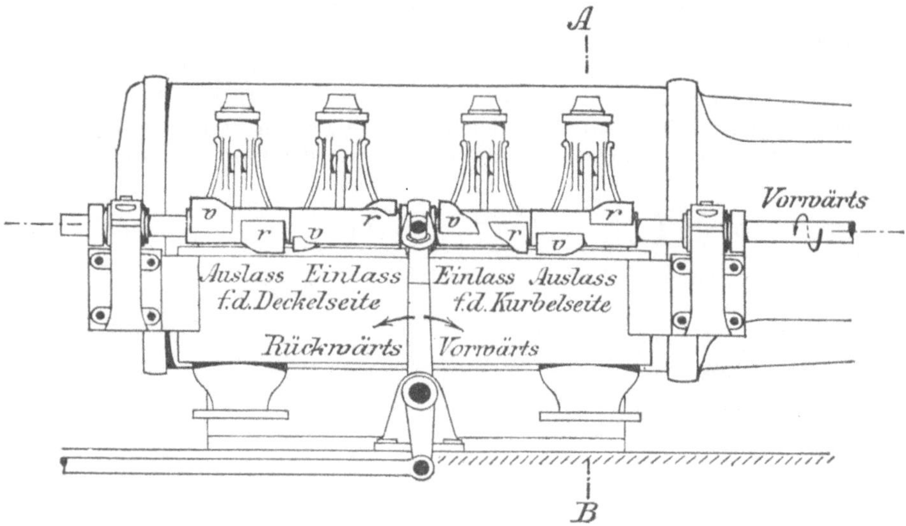

Fig. 171.
Ventilsteuerung mit 8 Höckern.

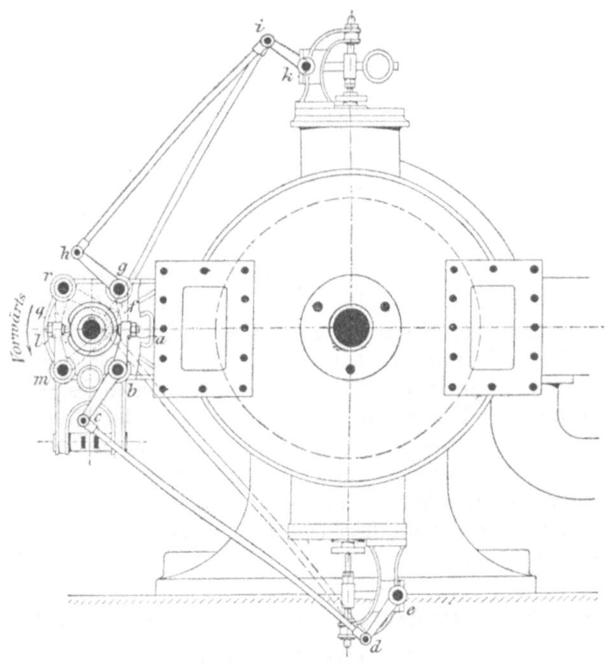

Fig. 172.
Ventilsteuerung mit 4 Höckern.

Diese beiden Figuren lassen auch die Art der Verschiebung der Nockenmuffen durch ein äußeres Hebelgestänge erkennen.

Der drehende Antrieb der Steuerwelle geschieht durch ein Rädergetriebe von der Trommelwelle w aus. In Fig. 173 sind die beiden Kegelräder K_1 und K_2 gleich groß, so daß die Steuerwelle w_1, wie erforderlich, die gleiche Drehzahl macht wie die Maschinenwelle. Die

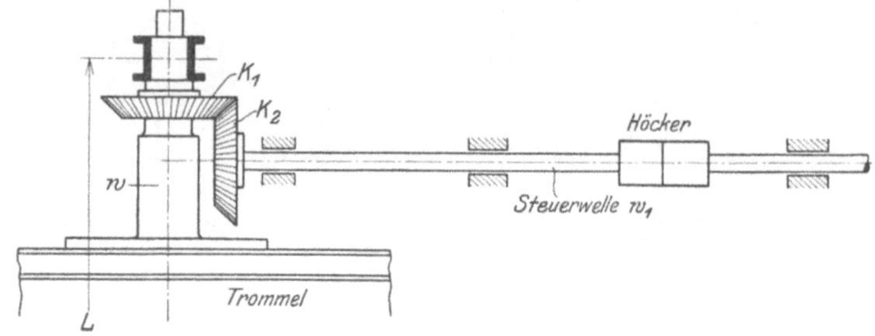

Fig. 173.
Antrieb der Höckerwelle durch gleiche Kegelräder.

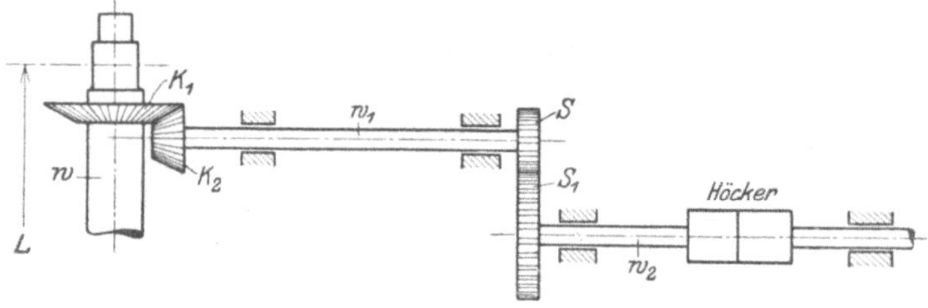

Fig. 174.
Antrieb der Höckerwelle durch 2 Räderpaare.

starken Trommelwellen machen große Zahnräder erforderlich, so daß die Länge L der Trommelwelle durch das zweite Kegelrad merklich vergrößert wird. Zur Beseitigung dieses Übelstandes wird häufig das zweite Kegelrad K_2 nur ½ so groß gemacht wie das erste, Fig. 174, und die Geschwindigkeit der Welle w_1 durch ein zweites Radgetriebe S, S_1 mit umgekehrter Übersetzung wieder in eine der Maschinenwelle w entsprechende an der eigentlichen Steuerwelle w_2 übergeführt. Diese Zwischenübersetzung ermöglicht auch, die Steuerwelle w_2 weiter von den Zylindern abzurücken, was bei seitlich angeordneten Ventilen erforderlich ist, oder auch die Steuerwelle w_2 höher zu legen als die Maschinenmitte.

9. Die verschiedenen Nockenformen und ihre Dampfdiagramme.

Die Nockensteuerung hat eine reiche Entwicklung der Formen aufzuweisen, die sich in der Steuerwirkung und in der Aneinander-

reihung der Wirkungen unterscheiden. Sie seien im folgenden vorgeführt, mit Ausnahme der Abschnappsteuerung der Isselburger Hütte,
deren Behandlung sich in Abschnitt VI A. 11 findet.

Die ersten Nocken ahmten die Dampfverteilung der bekannten
Kulissensteuerungen nach, Fig. 175, so daß von der in der Mitte m m
liegenden Nullstellung aus wachsende Füllungen in Vor- und Rückwärtsgang eingestellt werden. Zum Verständnis dieser und der folgenden
Figuren ist zu beachten, daß die Anschlagspunkte der Ventilhebel
in der wagerechten Mittellinie und vorn über der Zeichenebene angenommen wurden. Die Drehrichtung des Vor- und Rückwärtsganges
ist durch die Buchstaben
V und R und die ent-
sprechenden Pfeile gegeben.
Die Einlaßnocken sind
mit E, die Auslaßnocken
mit A bezeichnet. Der
Maschinenkolben befindet
sich in der einen Totlage
und die Nocken steuern
die Ventile dieser Zylinderseite. Die durch gleiche
Zahlen gegebenen Höcker-
querschnitte erzielen
gleiche Steuerwirkung. 1

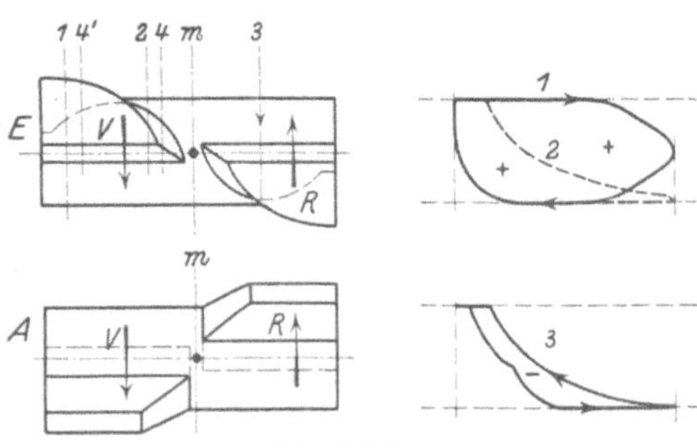

Fig. 175.
Alte Höckerform.

bedeutet Anfahrstellung mit großer Triebdampfwirkung, 2 Fahrtstellung
mit wirtschaftlichem Dampfverbrauch infolge Expansion, 3 Gegentriebwirkung zur Bewegungshemmung und 4 Manövrierstellung beim
Einfahren der Körbe. Wird der Steuerhebel während der Vorwärtsfahrt über die Mittelstellung hinaus geschoben (3), dann tritt die im
Abschnitte VI B. 1 näher besprochene Gegendampfwirkung Diagramm 3
auf. Obgleich die Kraftschaltung dieser Höcker: bei großer Hebelauslage 1 große Kraft, nach der Mitte zu allmählich bis null abnehmend,
über die Mitte hinaus (3) Gegenkraftwirkung, durchaus einem natürlichen Gefühl entsprach, bot sie doch für die Endfahrt Unbequemlichkeiten, indem zwecks Einhebens oder Umsetzens der Körbe aus der
Gegendampfstellung 3 heraus, wenn mit Gegendampf, oder aus der
Mittelstellung m heraus, wenn mit freiem Auslaufe gefahren wurde,
der Steuerhebel auf eine Triebdampfstellung 4 oder 4' gestellt werden
mußte. Je nach der Kurbelstellung muß auf kleine oder große Füllung
gegangen werden, um Triebdampf in den wirkenden Zylinder hinein
zu bekommen. Dabei ist die bei vollem Dampfdruck eintretende
Kraftentfaltung viel zu groß, wenigstens bei mit Expansion arbeitenden
Maschinen, so daß die Gefahr besteht, daß die Körbe zu hoch getrieben werden. Daher muß die betreffende Hebelstellung sehr vorsichtig gesucht werden, damit nach Inbewegungsetzung der Maschine
der Steuerhebel sofort wieder zurückgezogen werden kann, um nur
den gerade zur gewünschten Bewegung erforderlichen „Dampfspritzer“

zu geben.   Eine solche Steuerungsweise ist zeitraubend, dampfver-
geudend, da auch häufig Gegendampf noch gegeben werden muß, und
ermüdend, daher auf alle Fälle unsicher und ungünstig.

Zum „Manövrieren" ist Vollfüllung mit geringem und regelbarem
Druck erwünscht.   Dies kann durch Nocken mit Vollfüllung und
von null ansteigender Erhebung erreicht werden, denn bei geringen
Ventilerhebungen tritt eine entsprechende Drosselung des eintretenden
Dampfes ein.

Fig. 176, Prinz-Rudolf-Hütte, Dülmen, weist daher in der
Mitte solche „Manövriernocken" auf, die das Diagramm 4 ergeben.

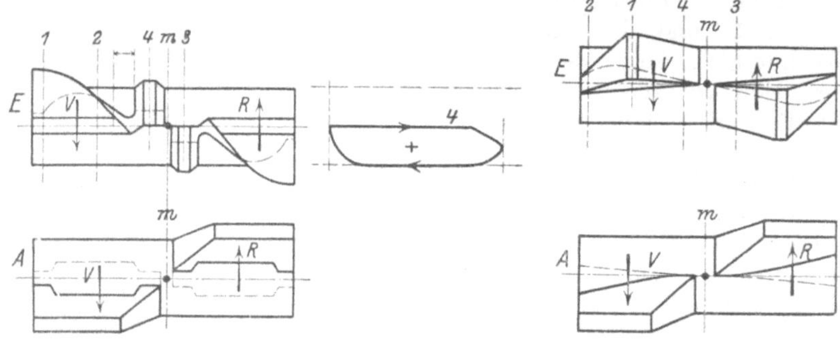

Fig. 176.

Fig. 177.

Alte Nockenform mit zwischengelagerten Manövrier-   Umgekehrte Nockenform.
nocken, nach Prinz-Rudolph-Hütte, Dülmen.

Auf den ansteigenden Flächen können noch stärkere Drosselungen,
also geringere Kraftentfaltungen eingestellt werden.   An die Manövriernocken schließen sich die Nocken der Fig. 175 an.   Bei den Auslaßnocken A ist im Gebiete der Manövriernocken mäßige Vorausströmung
und Kompression angeordnet, um eine gute Korbeinstellung zu
ermöglichen, während im Gebiete der für die Mittelfahrt verwendeten
Nockenteile Vorausströmung und Kompression größer bemessen sind,
zur Erzielung eines sanfteren Ganges.   Im Gebiete der zur Anfahrt
benutzten großen Füllungen ist ebenfalls mäßige Voreinströmung und
Kompression vorgesehen, um das Anfahren aus jeder Kurbelstellung
zu erleichtern.

Im Gegensatz zur alten Nockenform kam eine neue als „umgekehrte" bezeichnete Form, Fig. 177, in Aufnahme.   In der Mitte sind
die großen Füllungen der Manövriernocken angeordnet, an die sich die
umgekehrten Nocken mit nach außen allmählich abnehmender Füllung
anschließen.   Diese Form (1898, Friedrich-Wilhelms-Hütte) ist aus dem
Bedürfnis nach Manövriernocken hervorgegangen.   Der Anschluß der
umgekehrten Nocken an die Mittelnocken mochte als das Natürliche
erscheinen.   Es ergibt sich wohl eine geschlossenere Form als bei
Fig. 176, aber eine unnatürliche Steuerungsart, indem nach Anfahrt 1

weiter auf kleinere Füllungen 2 ausgelegt werden muß. Sie gewann eine ziemliche Verbreitung, nachdem nach dem Vorgange der Gute-hoffnungshütte (1906) es gelungen war, die Nocken durch einen Flieh-kraftregler und ein einfaches Gestänge bei Erreichung der Höchst-geschwindigkeit nach außen auf kleinere Füllung verschieben zu lassen. Es bietet keine Schwierigkeit und geschieht heute allgemein, die Nocken durch den steigenden Regler nach innen zu verschieben, womit die bessere Nocke Fig. 176 wieder zu Ehren gelangt ist (vgl. Abschn. VI A. 10). Für die neueren Bestrebungen, die Steuerung durch eine Sicherheits-vorrichtung zu beeinflussen, sind die umgekehrten Nocken gänz-lich unbrauchbar, wegen der unstetigen Steuerwirkung beim Überführen des Steuerhebels aus der äußersten Fahrtstellung nach der Mittel-stellung zu, welche Überführung notwendig ist, wenn Gegendampf ein-

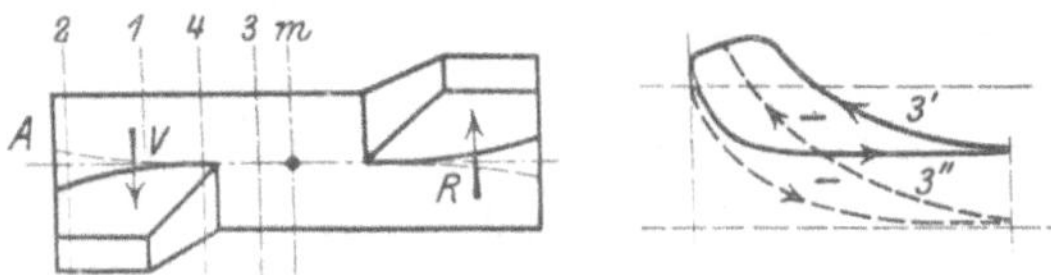

Fig. 178.

Auslaßnocke der Staunocken nach Grunewald, Aachen. Einlaßnocke wie Fig. 177.

gestellt werden soll. Gegen Fahrtende muß immer der Steuerhebel gegen die Mittellage m m zu geführt werden, um je nach Bedarf Gegen- oder Triebkraft einstellen zu können und zur Vorbereitung auf den nächsten Zug. Jede andere Hebelführung verwirrt und ist daher eine Quelle der Gefahr. Dem Vernehmen nach wird die umge-kehrte Knaggenform heute nur noch von einer Firma ausgeführt. Die umgekehrte Nockenform sollte auch den Wärter veranlassen mit Expansion zu fahren, sobald die Maschine nach Leistung der Be-schleunigungsarbeit der großen Füllungen nicht mehr bedarf. Bei der alten Form ist der Wärter geneigt, den Steuerhebel in der Endauslage, wo sich meist eine Kerbe befindet, zu belassen und mit dem Drossel-ventil zu regeln. Bei der umgekehrten Form fühlt sich der Wärter aus Gründen der Bequemlichkeit veranlaßt, sobald als möglich den Steuer-hebel in die bequeme Endlage zu bringen, um den Rückwirkungen der Steuerung auf seinen Handhebel zu entgehen. Bei Verwendung einer Hilfssteuerung ist auch diese Begründung hinfällig.

Weitere Bestrebungen knüpfen an die Erfahrung an, daß die gewöhn-liche Gegendampfwirkung schlecht regelbar und dampfverzehrend ist und suchen andere Hemmdampfwirkungen mit besseren Eigenschaften zu er-reichen. Der Hemmdampfverbrauch kann nur durch Geschlossen-halten der Auslaßventile vermieden werden (vgl. Abschnitt VI A. 3 und VI B. 3). Das Geschlossenhalten der Auslaßventile während des Hemmens ist daher das Wesentliche aller Hemmdampfwirkungen ohne Dampfverbrauch. Diese „Staudampfnocken" wurden von Grune-wald, Aachen (1907), eingeführt. Als Einlaßnocken wurden die umgekehrten Nocken der Fig. 177 verwandt. Die Auslaßnocken, Fig. 178, aber weisen in der Mitte erhebungsfreie Teile auf, so daß bei Benutzung dieser Stellungen auf dem Kolbenhingange gedrosselter Triebdampf wirkt, während auf dem Kolbenrückgange die bei geschlossenem Auslaßventil eintretende Kompression eine Hemmwirkung ausübt. Bei Überschreitung des Frischdampfdruckes, Diagramme 3′ und 3″ öffnen sich reichlich zu bemessende Sicherheitsventile, die den komprimierten Dampf in die Frischdampfleitung zurückführen. Hierbei kann die Frischdampfspannung im Zylinder beträchtlich überschritten werden. **Die Regelung der Hemmwirkung** geschieht durch **Drosselung des Triebdampfes des Hinganges.**

Um die hohen Kompressionsspannungen, die bei den Einstellbewegungen der Endfahrt sehr stören, zu vermindern, sind in Fig. 179

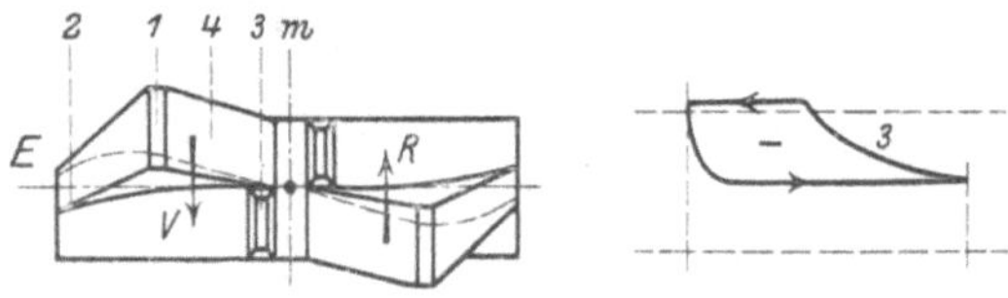

Fig. 179.

Einlaßnocken der Staunocken nach Grunewald-Schönfeld. Auslaßnocke wie Fig. 178.

im Gebiete der Staunocken neben den Einlaßerhebungen des Kolbeneinganges im Sinne der Erzielung einer kräftigen Voreinströmung Einlaßerhebungen angeordnet, so daß, Diagramm 3, etwa bei Erreichung der Frischdampfspannung im Rückhube die Einlaßventile geöffnet werden. Der Resthub geschieht alsdann ohne weitere Spannungserhöhung mit der Frischdampfspannung. als Gegenspannung. Diese Form greift in das Gebiet der nächsten Anordnung von Schönfeld über. Sie heißt nach Übereinkunft der Beteiligten „Grunewald-Schönfeld“.

Die Anordnung von Schönfeld (1909) zeigt in Fig. 180 außen normale Knaggen, daran nach innen anschließend Staunocken 3 und an der Mittellage Manövriernocken 4. Demnach zeigt die Auslaßnocke zwischen den Auslaßerhebungen des normalen Ganges und den Erhebungen der Manövriernocken 4 ein von Erhebungen freies Feld 3, so daß die Auslaßventile während der Staustellungen geschlossen bleiben. Hier zeigt sich die grundsätzliche Übereinstimmung mit Grunewald. Die entsprechenden Einlaßerhebungen im Felde 3 zeigen Eröffnung des Einlaßventiles auf Hin- und Rückhub, auf Hinhub mit kleiner, auf dem Rückhube mit wachsender Erhebung. Die Wirkung ist gedrosselter Triebdampf auf Hinhub, wachsende Gegenspannung auf dem Rückhube durch Kompression und Frischdampfeinströmung. Die Dampfspannung soll etwa gegen Mitte des Rückhubes die Frischdampfspannung erreichen, die dann bei geöffnetem Einlaßventil bis Hubende anhält. Diese Gestaltung des Diagrammes ist gewählt worden,

um ein möglichst gleichmäßiges Drehmoment der Zweikurbelmaschine
zu erreichen.   Die Regelung geschieht durch Drosselung des Triebdampfes des Hinganges.   Ob aber bei den wechselnden Verhältnissen
die gewünschte Form des Staudampfdiagrammes sich immer einhalten
läßt, muß fraglich erscheinen.   Ein wesentlicher Unterschied der eigentlichen Staunocken nach Grunewald-Schönfeld und nach Schönfeld
ist nicht zu erkennen.

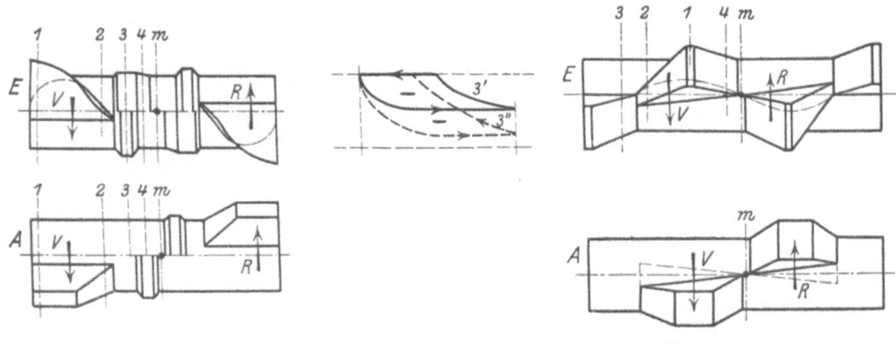

<table>
<tr><td>Fig. 180.</td><td>Fig. 181.</td></tr>
<tr><td>Staunocken nach G. Schönfeld, Berlin.</td><td>Steuernocken nach Dubbel, Berlin.</td></tr>
</table>

Die Nocken Fig. 181 von Dubbel (1907) zeigen von der Mitte ausgehend umgekehrte Nocken, an die sich außen Gegendampfnocken anschließen. Diese ergeben aber verlustlosen Gegendampf, da, wie die Auslaßnocken zeigen, die Auslaßventile während Benutzung dieser Nockenteile
geschlossen bleiben.   Es tritt während des Rückhubes mehr oder weniger
gedrosselter Frischdampf dem Kolben als Gegendampf entgegen, während
der Hingang unter Expansion des Restdampfes des schädlichen Raumes
erfolgt.   Die Stauwirkung ist den beschriebenen ähnlich.

Beim Auslegen des Steuerhebels aus der Mitte heraus werden hier
aufeinanderfolgend   eingestellt: Manövrierdiagramme 4,   Anfahrts-
diagramme 1, Fahrtdiagramme 2, Hemmdampfdiagramme 3, mit
wachsender Hemmwirkung.   Die Verschiebung von 1 bis zum äußeren
Ende ergibt eine stetige Änderung von höchster Triebkraft bis zur
höchsten Hemmkraft.

Die Steuerung ist offenbar in Rücksicht auf die Beeinflussung
durch einen Steuerungsregler gewählt.   Sie könnte wegen der stetigen
Kraftänderung zwischen 1 und 3 als günstig erachtet und einem Regler
anvertraut werden.   Es ist aber zu beachten, daß eine völlig selbsttätige Regelung bisher nicht geglückt und auch wohl überhaupt nicht
möglich ist.   Es handelt sich daher bei einem Regler immer um
Eingriffe in die Handregelung, die stets die Grundlage der Maschinenführung bleiben muß.   Soll die Steuerung gegen Fahrtende zwischen
Stellung 2 und 3 gehalten werden, so daß durch Hand- oder Maschinenregelung bei Geschwindigkeitsunterschieden zwischen der wirklichen

und der gewünschten Bewegung durch Verschiebung im einen oder
im anderen Sinne geregelt werden kann, dann ist die Triebwirkung
durch die kleinen Füllungen bei 2 eine für die Endbewegung durchaus
ungünstige und die für diese Endbewegung vorgesehenen Manövriernocken bei 4 sind völlig überflüssig und dienen bloß dem Übergange
von m bis 1. Nimmt aber der Maschinenwärter die Steuerung gegen
Fahrtende in die Mittellage m zurück, so verstellt der etwa einwirkende
Regler bei zu hoher Geschwindigkeit auf größere Kraftentfaltung.
Die doppelte Nullstellung dieser Form muß daher als sehr bedenklich bezeichnet werden.

Ein Rückblick auf diese Entwicklungen läßt zunächst das
Bestreben erkennen, durch die Steuerung auch die hemmenden
Maschinenkräfte zu beherrschen. Dies muß als genügend gelungen
bezeichnet werden, wenn auch gegen diese Hemmwirkung einiges einge-
wandt werden kann (vgl. VI B. 3). Des weiteren gingen die Bestrebungen
dahin, die Nocken zur Beeinflussung durch einen Steuerungsregler
geeignet zu machen. Die Steuerungsregler wollen in die Handregelung
eingreifen bei Überschreitung der zulässigen Geschwindigkeit in einer
Richtung durch Kraftverminderung bis Schaltung wachsender Hemmkräfte, bei Unterschreiten der Geschwindigkeit in der entgegengesetzten
Richtung. Keine der mitgeteilten Nockenformen zeigt die
hierzu nötige vollständige Stetigkeit der Kraftänderung
bei fortlaufender Verstellung. Alle haben an irgend einem
Punkt eine nicht zu beseitigende Unstetigkeit, mit alleiniger Ausnahme der vielgeschmähten alten Nockenform, die aber wegen der
erwähnten Mängel der Steuerwirkung in der Mittelstellung wieder
zur Handsteuerung schlecht brauchbar ist.

Über die heutige Verwendung der einzelnen Knaggenformen ist,
soweit der Verfasser erfahren konnte, zu sagen: Es bauen die Formen
Fig. 178 und 179 (Grunewald und Grunewald-Schönfeld) Gute-
hoffnungshütte und Ehrhardt u. Sehmer, Fig. 180 (Schönfeld)
Donnersmarckhütte, Zabrze und Wilhelmshütte, Eulau. Fig. 176
(Übergangsform) Prinz-Rudolph-Hütte, Dülmen. Das Kgl. Hütten-
amt Gleiwitz baut nach Fig. 180, aber unter Weglassung der mittleren
Manövrierknaggen.

Man ersieht daraus, daß die wesentlichen Teile: Manövrier- und
Staunocken, verschiedene Wertschätzung erfahren. Staunocken könnten
entbehrt und durch regelbare Bremswirkung ersetzt werden, wobei
freilich die Maschinenregelung durch zwei verschiedene Hebel, Steuer-
und Bremshebel, bewirkt werden müßte. Die Manövriernocken weg-
lassen heißt die Errungenschaften des leichten Manövrierens wieder
aufgeben, alles anwenden ergibt unstetige, verwirrende Wirkung.

10. Steuerung der Gleichstromdampffördermaschine.

Die Steuerung der neueren Gleichstrommaschine unterscheidet
sich von der älteren, jetzt zum Unterschiede als Wechselstrommaschine

bezeichneten Dampfmaschine durch den Wegfall eines besonderen Aus-
laßorganes, indem der verbrauchte Dampf am Ende des Kolbenhubes
durch im Zylinder angeordnete Schlitze entweicht, wenn der Kolben diese
Schlitze am Hubende überlaufen hat.

Der Dampf tritt demnach (Fig. 182) etwa durch das im linken Zylinderdeckel angeordnete Einlaßventil ein und tritt, dem Kolben in seiner Bewegungsrichtung folgend, am Hubende durch die rechts vom Einlaßventil
liegenden Schlitze aus. Beim Rückgang des Kolbens wird der Auslaß bald
geschlossen und der Restdampf komprimiert. Damit der hierbei die
Schlitze nach links überlaufende Kolben die Auslaßschlitze nicht mit
der rechten unter Frischdampf stehenden Zylinderseite in Verbindung
bringt, ist der Kolben entsprechend lang gestaltet, desgleichen der
Zylinder, in dessen Mitte dann die der Auslaßsteuerung beider Zylinderseiten dienenden Auslaßschlitze erscheinen.

Infolge des frühzeitigen Kompressionsbeginnes steigt die Kompression hoch an. Bei Auspuffbetrieb muß der schädliche Raum entsprechend groß bemessen werden, um schädliche Kompressionsspannungen zu vermeiden, bei Kondensationsbetrieb wird auf sehr geringe
Kondensatorspannung Wert gelegt. Je geringer die Anfangsspannung
des der Kompression unterworfenen Restdampfes ist, desto weniger
hoch wird die Kompressionsspannung ansteigen und die Gleichmäßigkeit des Maschinenganges stören. Hohe auftretende Kompressionsspannungen wurden bei Besprechung der Kulissensteuerungen als Mangel
dieser Steuerungen bei Expansionsbetrieb bezeichnet, da sie die Gleichmäßigkeit des Ganges stören. Dies trifft wohl für die älteren Maschinen,
die mit geringer Dampfspannung arbeiten, zu, bei welchen ein die Anfangsspannung übersteigender Endkompressionsdruck unregelmäßige
Kraftwirkung bedingt. Für Maschinen mit sehr hoher Eintrittsdampf-
spannung und großer Expansion sind hohe Kompressionsenddrücke
nicht nur zulässig, sondern sogar nötig, um eine genügende Gleichmäßigkeit der Kraftwirkung im Kurbelbetriebe zu erreichen. Dies erklärt die Möglichkeit der Anwendung der Gleichstrommaschine als
Fördermaschine und das Betriebsergebnis einer ausgeführten Maschine,
wonach diese Fördermaschine sich durch besonders ruhigen Gang auszeichnet, ein Ergebnis, das uns in Erinnerung an die Kulissensteuerungen
älterer Maschinen anfangs unmöglich erscheinen wollte.

Dennoch bildet die durch die Schlitzsteuerung bedingte hohe End-
kompressionsspannung einen großen Nachteil der Gleichstromfördermaschine, da sie, bei kleinen Füllungen und raschem Maschinengange
(Mittelfahrt) wohl erwünscht, auch bei den langsamen Manövrierfahrten
und dann in störendster Weise auftritt und jede sichere Einstellung der
langsam laufenden Maschine unmöglich macht. Erst die durch besondere
bauliche Mittel erreichte Beseitigung dieses Mißstandes macht die Gleichstrommaschine als Fördermaschine brauchbar.

Fig. 182 zeigt eine von Prof. Stumpf, dem Erfinder der Gleichstrommaschine, angegebene Gleichstromfördermaschinensteuerung. Sie
ist gekennzeichnet durch zusätzliche kleine Auslaßventile, die, durch be-

sondere Nocken geeignet gesteuert, es ermöglichen, bei Manövrierfahrten den Abdampf bis Hubende nach dem Auspuffwulste strömen zu lassen, so jede störende Kompression vermeidend. Diese zusätzlichen Ventile

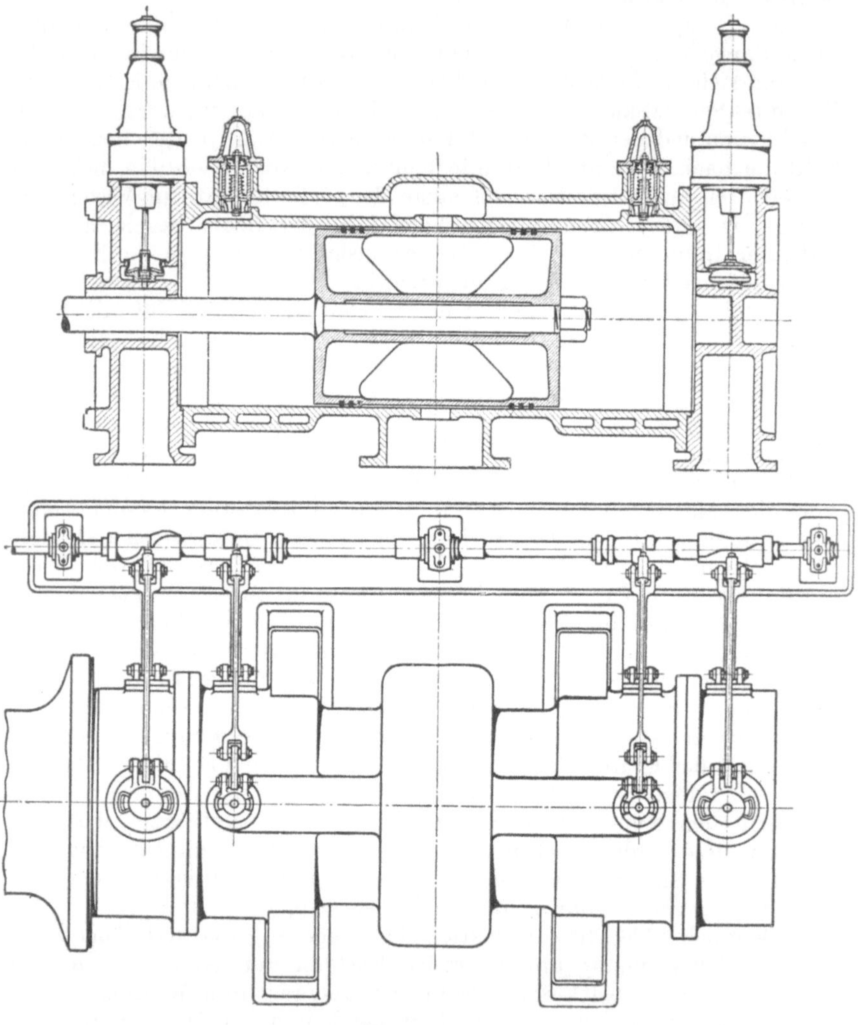

Fig. 182.
Steuerung einer Gleichstromfördermaschine nach Stumpf, Berlin.

können klein bemessen werden, da sie nur bei langsamer Fahrt in Wirksamkeit treten. Die Einlaßventile werden gleichfalls durch Nocken gesteuert, so daß bei vorgesehenen Manövriernocken durch geeignete Steuerstellung die nötigen Manövrierdiagramme erzielt werden können.

Bei weiter ausgelegtem Steuerhebel (Anfahrt und Mittelfahrt) bleiben die Auslaßventile geschlossen, und es findet reine Gleichstromwirkung statt.

Die Auslaßschlitzsteuerung dieser Bauart kann nicht abgestellt werden, der Dampfzylinder wird also immer am Hubende mit dem Auslaß durch große Öffnungen verbunden. Dies macht die Bildung von Staudampfdiagrammen unmöglich und verlustreich, die ja auf dem völligen Schluß des Auslasses beruhen. Gegendampf kann hingegen angewandt werden.

Beschreibung und Beurteilung einer ausgeführten Gleichstromfördermaschine ist enthalten im späteren Abschnitte VI. F. 6.

11. Selbsttätige Einstellung der Expansion.

Zur Erzielung eines geringen Dampfverbrauches ist bei ausreichend bemessenen Maschinen Einstellung einer entsprechenden Expansion erforderlich, sobald die ersten Umdrehungen der Maschine geschehen sind. Zwecks Anfahrt wird der Steuerhebel auf volle Kraft, also meist voll ausgelegt. Zur Erleichterung der Handhabung klinkt der Wärter hier den Hebel in die vorhandene Kerbe ein. Im weiteren Verlaufe fühlt er sich meist nicht veranlaßt, den Steuerhebel auf kleine Füllung zurückzunehmen, sondern verringert die Kraftzufuhr je nach der Sachlage durch das leicht zu handhabende Drosselventil. Diese Drosselungsreglung bei großer Füllung ist ‘ als Regelung die denkbar vorzüglichste und ergibt bei guter Beherrschung der Maschinenkräfte einen ruhigen Gang der Maschine, deren etwaige zu hohe Endgeschwindigkeit durch Gegendampf gehemmt wird. Ungünstig ist diese Betriebsweise aber durch ihren sehr großen Dampfverbrauch.

Man hat sich daher bemüht, die Einstellung der Expansion durch selbsttätige Regelungseingriffe zu erzwingen. Die Regelung kann abhängig gemacht werden von den beiden den Betriebszustand bestimmenden Tatsachen, dem Korbstand oder der Korbgeschwindigkeit, oder gemeinsam von beiden. Es ist zu urteilen: Weder Korbstand noch Korbgeschwindigkeit geben einen genügenden Anhalt für die Bestimmung der erforderlichen Füllung. Aussichtsreicher erscheint die gleichzeitige Benutzung von Korbstand und Geschwindigkeit. Die ersten beiden Arten sollen hier, die letzte im Abschnitte Steuerungsregler VI E 6 behandelt werden.

Abhängig von der Teufe regelt die in Fig. 183 gezeigte, in Deutschland Richtersche Expansionsvorrichtung genannte Anordnung. Sie ist von der Wilhelmshütte, Eulau i. Schl., viel ausgeführt worden und führt auf eine Ausführung der Prager Maschf. Akt.-G. von 1873 zurück. Der Steuerhebel H verschiebt die Nocken auf der sich drehenden Steuerwelle w. Am Ende der Steuerwelle ist auf eine Verlängerung derselben ein Gewinde aufgeschnitten, so daß die Mutter M im Laufe des Treibens nach links geschoben wird. Die Mutter bewegt dabei einen Hebel Z, der sich lose auf der Steuerhebeldrehachse drehen kann. In eine Nut dieses Hebels Z wird die Klinke des Steuerhebels beim Auslegen eingelegt, so daß jetzt im Laufe des Treibens der Steuerhebel in seine Mittellage zurückgelegt und die Füllung entsprechend verkleinert wird. Erscheint die eingestellte Füllung gegen Fahrtende nicht mehr entsprechend, so klinkt der Wärter aus und steuert nach Bedarf. Diese Vorrichtung hat eine gewisse Berechtigung bei mangelndem Seilgewichtsausgleiche, da sich hier das Kraftmoment der Gewichte in Abhängigkeit von der Teufe ändert. In Rücksicht auf die Massenkräfte aber verschiebt sich das Bild der Kräfte wesentlich. Bei vorhandenem Seilgewichtsausgleich ist eine Abhängigkeit der nötigen Füllung vom Korbstand auch nicht in roher Annäherung vorhanden.

Fig. 184 zeigt eine Ausführung der Vorrichtung.

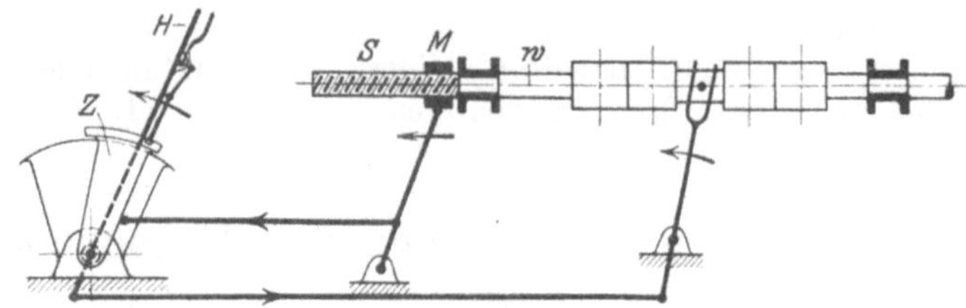

Fig. 183.

Schema der selbsttätigen Expansionseinstellung nach Richter.

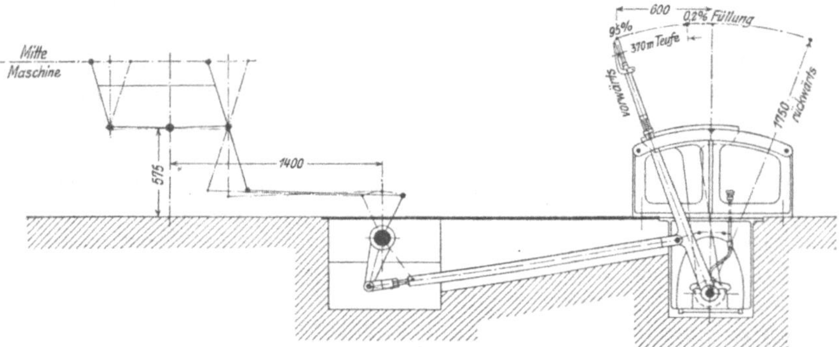

Fig. 184.

Richters Expansionseinstellung, nach Wilhelmshütte, Eulau i. Schl.

Die Einwirkung eines Geschwindigkeitsreglers auf die Expansion erscheint sachgemäßer. Als Regler können die im Abschnitte V E beschriebenen Fliehkraft- oder sonstigen auf Geschwindigkeitswechsel ansprechenden Vorrichtungen verwandt werden. Über Füllungsverstellung durch einen hydraulischen Regler wird von v. Hauer aus dem Jahr 1878 berichtet. Die üblichen Verwendungen von Fliehkraftreglern seien in einigen Beispielen vorgeführt. Der Regler kann unmittelbar die Verstellungen vornehmen, wenn der Verstellwiderstand gering ist, er muß mittelbar durch Krafteinschaltung wirken bei großen Verstellwiderständen. Erstere Einrichtungen sind an französischen und belgischen Maschinen seit langem in Anwendung (1878).

Die unmittelbar wirkenden Einrichtungen benutzen meist eine Abschnappsteuerung, wobei durch geringe Kräfte eine Verstellung einer der beteiligten Klinken geschehen kann. Fig. 185 zeigt die in Belgien angewandte Timmermannssteuerung. Die Ventilbewegung wird durch die von einer Kulisse bewegte Stange a eingeleitet. Der Hebel b c hebt durch die Klinke l die Einlaßventilstange v. Die Klinke l steht durch eine Stange f_1 mit einer drei-

eckigen Platte g in gelenkiger Verbindung. Die Platte g wird durch den Regler R und den Hebel h bei Erreichung der Höchstgeschwindigkeit entsprechend gesenkt. Sie wird durch eine Geradführung parallel bewegt. Bei Hebung der Ventilstange v durch den Hebel c erfolgt bei bestimmter Höhenlage das Abschnappen der Klinke l, die während der Hebung sich infolge ihrer Verbindung mit der Stange f_1 nach rechts bewegt. Wird die Platte g gesenkt und f_1 steiler gestellt, so wird durch diese Bewegung l etwas nach rechts gedrängt und im Verlaufe der Hebung früher ausgeklinkt. Wachsende Maschinengeschwindigkeit verringert demnach die Füllung.

Die Isselburger Hütte wendet neuerdings die grundsätzlich gleiche Anordnung auf Nockensteuerung an, um deren sonstige gute Eigenschaften durch die selbsttätige Expansionsverstellung noch zu heben (DRP. 202 246, 1907). Fig. 186 zeigt die schematische Anordnung. Das Öffnen des Einlaßventiles E wird durch

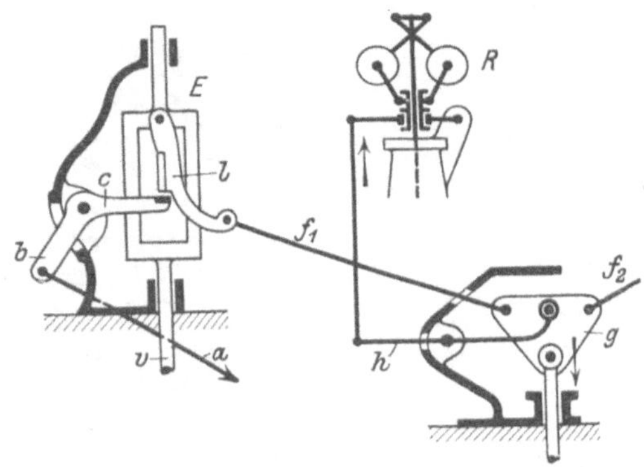

Fig. 185.

Timmermanns Abschnappsteuerung, durch Fliehkraftregler beeinflußt.

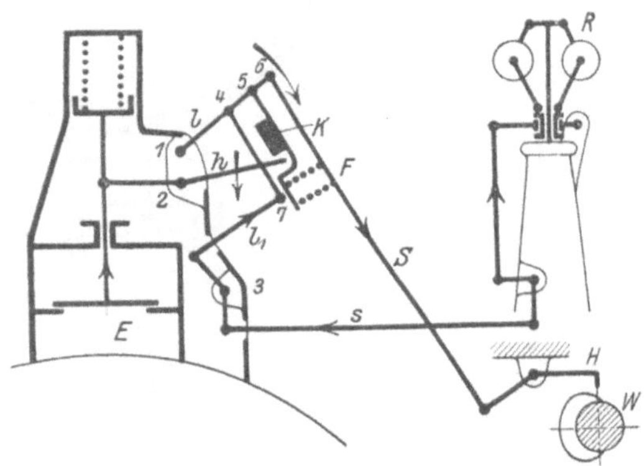

Fig. 186.

Abschnappnockensteuerung, durch Fliehkraftregler beeinflußt, nach Isselburger Hütte, Isselburg.

Niederdrücken des oberen Ventilhebels h bewirkt und dieses durch die im Punkte 5 drehbare Klinke K. Die Bewegung der Klinke K5 ist das Wesentliche. Ihre Abwärtsbewegung geschieht durch den oberen Hebel l, die Stange S, den unteren Hebel H und die Steuerwelle W. Die Klinke wird aber ferner durch den Punkt 7 und die Feder F beeinflußt. Durch Verstellung des Lenkers l_1 kann sie nach rechts gedrückt werden, bei Linksbewegung von 7 wird sie durch die Schlußkraft der Feder ebenfalls nach links bewegt. Der Lenker l_1 wird durch den Fliehkraftregler

R nach Maßgabe der Maschinengeschwindigkeit eingestellt. Beim Ab-
wärtsgange der Stange S nimmt die Klinke K den Ventilhebel h mit,
das Ventil öffnend. Sie wird aber durch die nach außen gerichtete

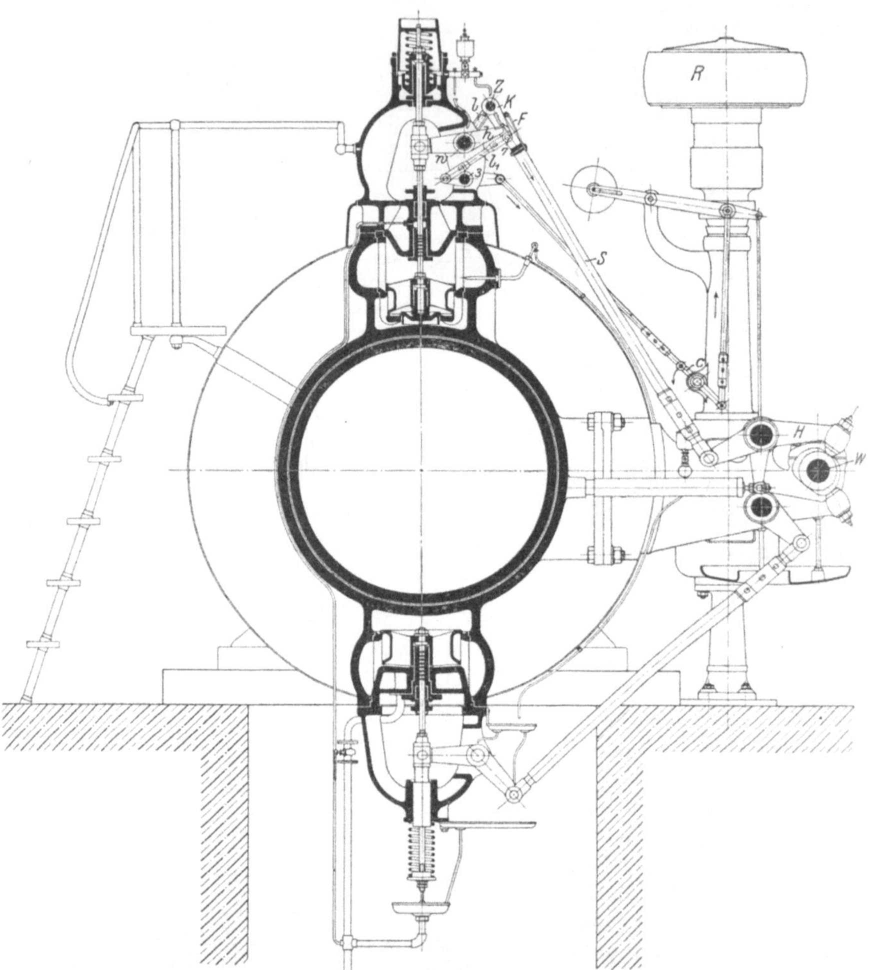

Fig. 187.

Ausführung der Abschnappnockensteuerung der Isselburger Hütte, Isselburg.

Bahn des Punktes 6 gleichzeitig nach außen gedrängt, so daß vor Beendigung des Stangenniederganges ein Abschnappen von h und Ventil-
schluß erfolgt. Beim Aufgange der Stange S muß die Klinke wieder
einschnappen. Sie muß zu diesem Zwecke dem hochgegangenen Hebel h
nach rechts ausweichen können. Dies geschieht unter Zusammendrückung der Feder F und zeitweiser Trennung vom Punkte 7. Der

Eingriff des Reglers erfolgt bei wachsender Geschwindigkeit durch Rechtsschieben des Lenkerpunktes 7. Hierdurch wird die Klinke K nach außen gedrängt, so daß beim nächsten Stangenniedergange die Abschnappung früher erfolgt.

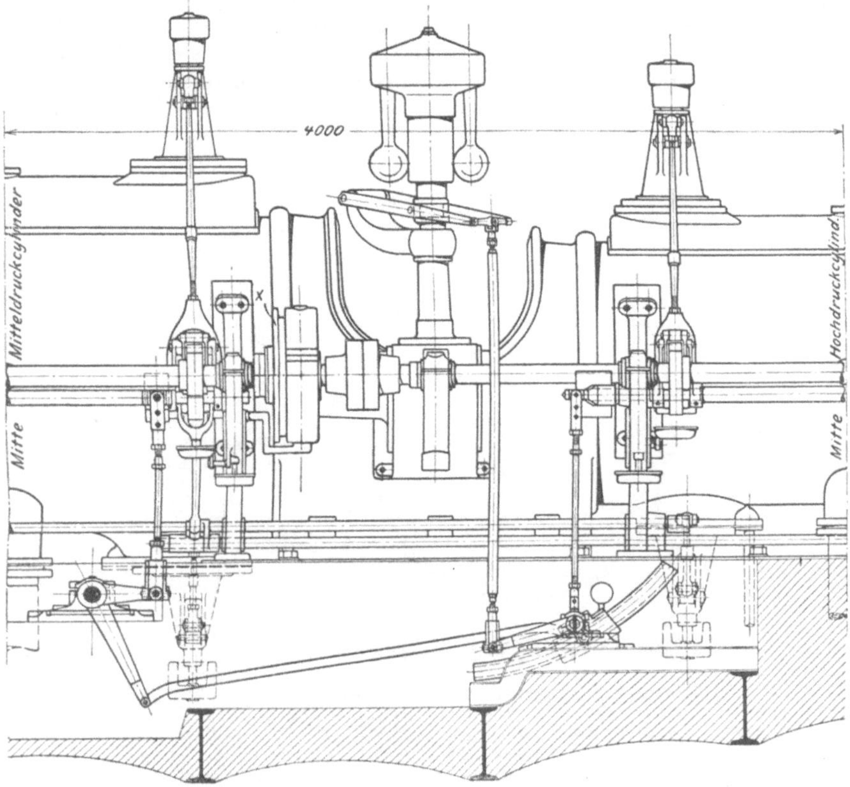

Fig. 188.
Radovanovic-Steuerung, durch Fliehkraftregler beeinflußt.
Ausführung der Masch.-Bau-Anstalt Humboldt, Kalk b. Cöln.

Fig. 187 zeigt die Ausführungsform. Die Punkte 1 und 2 sind gleichachsig angeordnet und durch die Welle w dargestellt. Die Punkte 4, 5, 6 sind ebenfalls gleichachsig im Zapfen Z gelagert. Dadurch ergibt sich eine einfachere Anordnung. Da beim Abschnappen ein rasches Sinken des Ventiles erfolgt, ist dasselbe mit einer Dämpfung der Schlußbewegung ausgerüstet, indem ein kegelförmiger Verdrängerkolben Öl durch eine sich verengernde Öffnung hindurchpreßt. — Abschnappsteuerungen ergeben drosselungsfreie Dampfdiagramme.

Die unmittelbare Verstellung einer Lenkersteuerung zeigen Fig. 188 und 189. Sie ist eine Radovanovic-Steuerung

nach der früheren Fig. 160. Die Steuerung der Hochdruckeinlaßventile
geschieht hier unabhängig von der der übrigen Ventile; Hochdruckauslaß-
ventile und Niederdruckventile werden durch eine eigene gemeinsame
Umsteuerwelle beeinflußt. Letztere Steuerwelle ist nur vom Steuerhebel, erstere vom Steuerhebel und Fliehkraftregler abhängig. Durch
die Handsteuerung erfolgt zu Beginn das völlige Umsteuern der Steuerwellen mit 85 v. H. Füllung. Nach dem Anfahren stellt der Wärter
die Wellen auf 50 v. H. Füllung und überläßt in dieser Stellung die

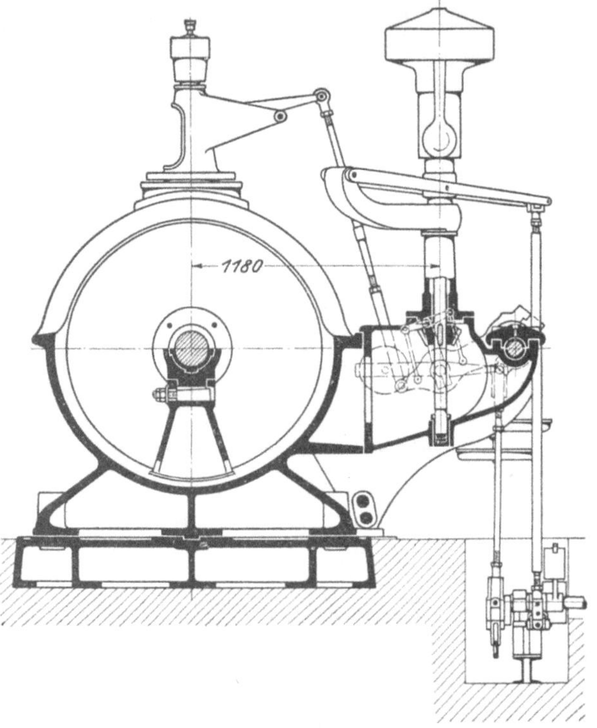

Fig. 189.
Seitenriß zu Fig. 188.

Maschine sich selbst bis gegen Fahrtende. Wachsende Geschwindigkeit
bewirkt durch den Regler Verkleinerung der Hochdruckfüllung, während die Niederdruckfüllung ungeändert auf 50 v. H. Füllung stehen
bleibt. Die Ausströmungsverhältnisse von Niederdruckzylinder und
Hochdruckzylinder sind daher günstig trotz kleiner werdender Füllungen
im Hochdruckzylinder. Die gleichbleibende Niederdruckfüllung bei
Hochdruckfüllungsverkleinerung führt aber zur Aufzehrung des Auf-
nehmerdampfes, so daß dem Aufnehmer in den Pausen Frischdampf
zugeführt werden muß.

Fig. 188 zeigt die getrennten Umsteuerwellen links und rechts vom Regler. Der Regler dreht einen im Fundament verlagerten zweiarmigen Hebel (Kulisse). Die Einschaltung der Kulisse in den Reglereingriff wird aus den alsbald folgenden anderen Beschreibungen erhellen. Um die unmittelbare Verstellung der Steuerwellen bewirken zu können, ist auf jeder Maschinenseite je ein starker Federregler vorgesehen. Die Steuerung gehört zu der in Fig. 263 dargestellten Zwillingstandemmaschine der Maschinenbauanstalt Humboldt, Kalk (1902).

Bei Abschnappsteuerungen wirkt der Regler hinter der Umsteuerung auf die Klinke ein. Seine für Vor- und Rückwärtsgang gleichbleibende Regelbewegung bewirkt in erforderlicher Weise die Klinkenverstellung. Wirkt der Regler unmittelbar oder mittelbar auf den Steuerungsantrieb selbst ein, so ist für Rückwärtsgang die entgegengesetzte Regelbewegung erforderlich als für Vorwärtsgang, um gleiche Kraftänderungen zu bewirken. Daher ist mit der Steuerumstellung eine Umsteuerung des Reglereingriffes zu verbinden. Die folgenden Beispiele zeigen die gangbaren Wege.

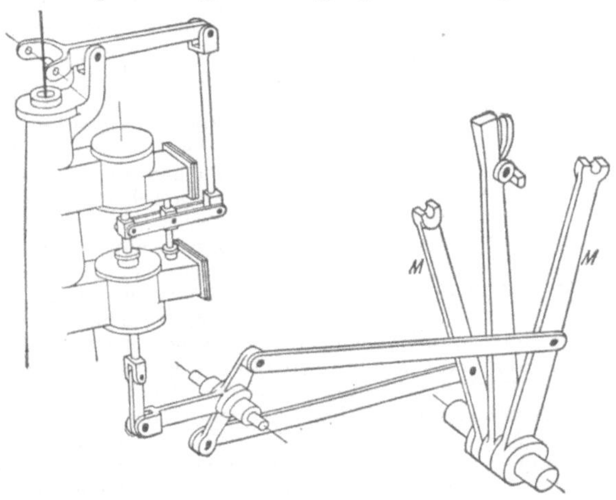

Fig. 190.
Reglereinwirkung nach Dubbel, Berlin.

Bei schwergängigen Steuerungen muß ein Servomotor zwischen Regler und Steuerung eingeschaltet werden. Der Dampfkolben des Servomotors durchläuft dem Steuerhebelausschlage proportionale Wege (vgl. den späteren Abschn. VI A. 13 mit Beschreibung des Servomotors).

In Fig. 190 (DRP. 204 179, 1907) von Dubbel, Berlin, dreht der nicht gezeichnete Regler den oberen Hebel und hierdurch mit Hilfe des an die Reglersäule angebauten Servomotors einen Doppelwinkelhebel, von dessen entgegengesetzt wirkenden Armen durch Stangen die beiden auf der Steuerbockwelle losen Mitnehmer M in entgegengesetzter Richtung bewegt werden. Einer derselben stößt dabei den ausgelegten Steuerhebel in die Mittellage, so daß bei Erreichung einer bestimmten Geschwindigkeit die Kraftentfaltung vermindert wird. Bei kleineren Lasten tritt dieser Zeitpunkt früher ein als bei größeren. Als Regler ist ein pseudoastatischer Regler vorgesehen.

Fig. 191 ist eine von Trill (1905) angegebene von der Prinz-Rudolph-Hütte gebaute ältere Ausführung (D R P. 185 540) in einer das Verständnis erleichternden einfacheren Anordnung. Hier wirken im Gegensatz zur obigen Anordnung Steuerhebel und Regler gemeinsam auf die Steuerstellung ein. Diese gemeinsame Wirkung wird durch kulissenartige Hebelanordnungen ermöglicht. In der Ruhelage und Hebelmittelstellung stehen alle vertikalen Teile genau lotrecht. Gezeichnet ist die Stellung der Getriebe nach Auslegung des Steuerhebels H, wodurch die Punkte 3 und 4 nach rechts verschoben wurden mit der Folge, daß der Dampfkolben in seine rechte Endstellung ging, während der Schieber s wieder in seine Mittellage zurückgekehrt ist. Die Steuerung ist ganz ausgelegt. Bei Erreichung einer entsprechenden Geschwindigkeit schiebt der Regler R durch die Stange S und den Winkelhebel K die Punkte 1 und 4 nach links, wodurch der Dampfkolben und die Steuerung aus der äußersten Lage nach der Mitte auf kleinere Kraftwirkung verschoben werden. Für die Einwirkung des Reglers bilden die Punkte 2 und 5 feste Punkte, für die Einwirkung des Steuerhebels die Punkte 1 und 5. Der Maschinenwärter kann jederzeit im Sinne der Kraftverringerung eingreifen, nicht aber im Sinne der Kraftvermehrung, da der voll ausgelegte Hebel keine weitere Bewegung in diesem Sinne gestattet.

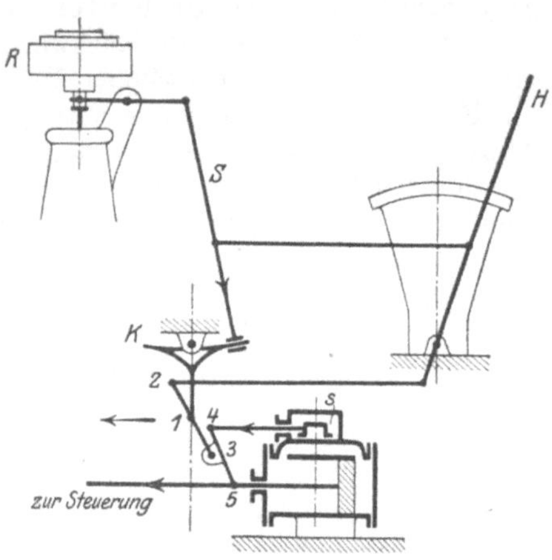

Fig. 191.
Reglereinwirkung nach Trill in vereinfachter Form.

Diese Einrichtung setzt die alte Knaggenform voraus. Bei Anwendung von Manövriernocken nach Fig. 176 verschiebt der voll eingreifende Regler die Steuerung nur bis vor die Manövriernocken, also nur im Sinne stetiger Kraftverminderung. Gegentriebkraft kann nicht eingestellt werden, doch kann in der Nähe der kleinen Füllungen (in Fig. 176 durch die Pfeilstrecke hervorgehoben) die Bremskraft mit wachsender Wirkung eingeschaltet werden, die die geringe Triebkraft der kleinen Füllungen überwiegt.

Bei Rechtsverschiebung des Steuerhebels H wird die Reglerstange S auf den rechten Arm der Kulisse K geschoben, bei Linksverschiebung dagegen auf den linken Arm. Die Reglereinwirkung wird daher umgekehrt, so daß bei nach links ausliegendem Steuerhebel und Dampfkolben bei wachsender Geschwindigkeit Dampfkolben und Steuerung nach rechts, also ebenfalls auf kleinere Füllung, gestellt werden.

Eine getrieblich einfachere Anordnung ist die der Gutehoffnungshütte (seit 1906), Fig. 192. Der Steuerhebel verstellt durch den Hebel c die Steuerung, indem er im dargestellten Falle den Dampfschieber nach rechts und infolge innerer Dampfeinströmung den Dampfkolben nach links verstellt. Der steigende Regler schiebt den Punkt b der kulissenartig angreifenden Verbindungsstange nach oben, wodurch infolge gleichbleibender Auslage des Punktes b von seiner senkrechten Mittellinie der Hebel c eine größere Schrägstellung erfährt. Dadurch wird der Dampfschieber weiter nach rechts und die Steuerung weiter nach links ausgelegt auf die am Nockenende angeordneten kleinen Füllungen. Diese Regleranordnung ist das Verwendungsgebiet der umgekehrten Nockenform.

Bei umgekehrter Steuerhebelauslage schiebt der Regler die Steuerung in die äußerste Rechtslage. Bei dieser Getriebeanordnung wirkt der Reglereingriff als Multiplikator der Steuerhebelbewegung, daher für Vor- und Rückwärtsgang ohne weiteres in richtiger Weise, während die vorerwähnten Anordnungen die Reglerbewegung als Summanden aufnahmen, so daß sie je nach der Steuerhebeauslage in ihrer Richtung umgeändert werden mußte.

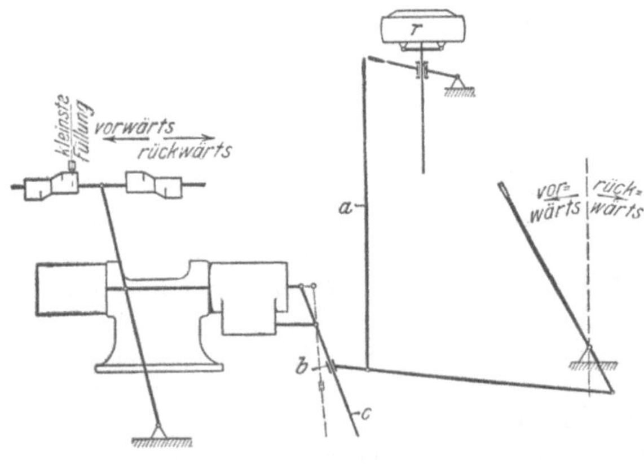

Fig. 192.

Reglereinwirkung nach Gutehoffnungshütte-Oberhausen, Rhld.

Die Verwendung der umgekehrten Knaggen hat den Nachteil, daß der Wärter durch Zurücknehmen des voll ausgelegten Steuerhebels imstande ist, der Reglereinwirkung entgegen die Steuerung auf große Füllung zu stellen, was weder im Interesse der Wirtschaftlichkeit noch der der Sicherheit liegt.

Die Prinz-Rudolph-Hütte, Dülmen, verwendet neuerdings eine Anordnung dieser Art, bei welcher aber der Steuerhebel durch den Regler nach der Mittellage verschoben wird (vgl. die spätere Fig. 239 und Beschreibung VI. E. 6 in Verbindung mit dem Sicherheitsapparat E. Koch).

Auch andere Sicherheitsvorrichtungen machen neuerdings von dieser einfachen Reglereinwirkung Gebrauch.

Die gleiche Einwirkung läßt sich auch bei der Anordnung der Gutehoffnungshütte erzielen, wenn b an dem Hebel c festgemacht und dafür die untere nach dem Steuerhebel gehende Verbindungsstange am Steuerhebel entlang verschieblich gemacht wird.

Die wirtschaftliche Bedeutung der selbsttätigen Expansionseinstellung durch den Regler läßt ein Vergleich der ohne und mit Reglereingriff erzielten Dampfdiagramme erkennen. Fig. 193 ohne Regler zeigt die vom Wärter bevorzugte Drosselungsregelung mit erhöhtem Dampfverbrauche, Fig. 194 mit Regler der G. H. H. zeigt vorzügliche Füllungsregelung ohne Dampfdrosselung mit sparsamem Dampfverbrauche. Die Dampfersparnis wurde in den gegenübergestellten Fällen mit 10 v. H. festgestellt. Sie muß erheblich größer

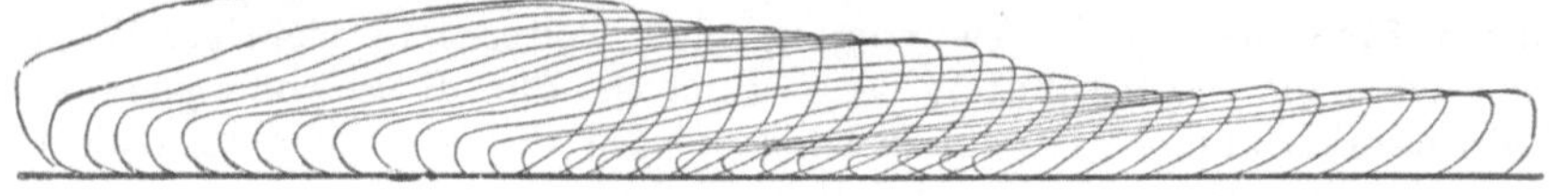

Fig. 193.
Dampfdiagramme einer Maschine ohne Regler.

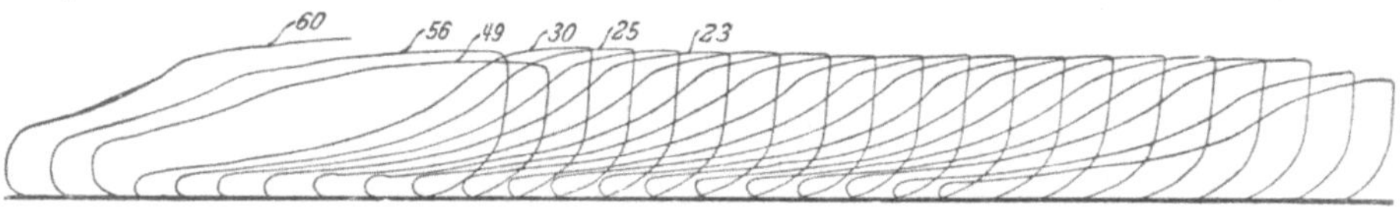

Fig. 194.
Dampfdiagramme einer Maschine mit Reglereingriff.

ausfallen, wenn bei genügenden Maschinenabmessungen eine noch kleinere Füllung zur Arbeitsverrichtung ausreicht und durch den Regler eingestellt wird (vgl. Fig. 195).

Eine Erhöhung der Betriebssicherheit durch den Regler wird durch Begrenzung der Höchstgeschwindigkeit erreicht. Doch wirkt die Füllungsverkleinerung bzw. Kraftabsperrung nur bei zu hebender Last. Beim Lasteinhängen versagt die sichernde Wirkung und kann ins Gegenteil umschlagen, wenn der Regler bei Ausklinksteuerungen Nullfüllung einstellen kann, da alsdann das Mittel des Gegendampfes nicht mehr wirksam gemacht werden kann. Daher ist bei Ausklinksteuerungen Vorsorge getroffen, daß der Wärter den Reglereingriff durch einen Fußtritt ausschalten kann, ein freilich bedenkliches Auskunftsmittel, da es im Gefahrfalle die nötige Geistesgegenwart des Wärters voraussetzt. Bei belgischen und französischen Maschinen wird die kleinste einstellbare Füllung auf 15 v. H. bemessen, so daß noch wirksamer Gegendampf gegeben werden kann.

Die mittelbare Einwirkung auf Konensteuerung ist günstiger, da hier nach Füllungsverkleinerung vom Regler auf Gegenkraft geschaltet werden kann. Es ist dabei zu beachten, daß die Reglerverstellung in den Grenzen der stetigen Kraftänderung der Nocken zu halten ist.

Bei Ausklinksteuerungen muß nach Erreichung einer gewissen kleinen Füllung bei weiterer Geschwindigkeitssteigerung der Regler auf eine regelbare Bremse einwirken, so daß Hemmwirkungen erzielt werden. Es sind dann zeitweise schwache Triebkräfte den Hemmwirkungen parallel geschaltet.

Allen diesen Einrichtungen haftet der Übelstand an, daß die Steuereinwirkung des Wärters von dem gleichzeitigen Stande der Reglermuffe abhängig ist, so daß für den Wärter eine gewisse Unsicherheit in der Beurteilung der Steuerwirkung besteht.

Die Schaltung von Gegenkräften durch solche Einrichtungen ge-, schieht bei Überschreitung einer Höchstgeschwindigkeit. Sie können daher nicht als eigentliche Sicherheitsvorrichtungen angesehen werden, da sie eine Endfahrt mit übermäßiger Geschwindigkeit in keiner Weise hindern.

12. Einwirkung der Kraftänderungen auf die Gleichmäßigkeit des Ganges.

Sehr kleine Füllungen lassen Geschwindigkeitsschwankungen während der einzelnen Umdrehungen befürchten, die ein Tanzen der Körbe und ein Schlagen der Seile hervorrufen. Ersteres ist für die fahrende Mannschaft unangenehm, letzteres kann gefährlich werden, wenn das Seil dabei aus der Rille springt. Das Seilschlagen wird hervorgerufen durch die Spannungswechsel im Seile, die eine Folge der Kraftschwankungen in der Maschine sind. Verbundmaschinen und Zwillingstandemmaschinen verhalten sich hier günstiger als Zwillingsmaschinen, da sie bei gleicher Größe der Gesamtexpansion in den einzelnen Zylindern eine wesentlich größere Füllung ergeben wie letztere, daher ein gleichmäßigeres Drehmoment entwickeln.

Das größere Schwungmoment der Trommelmaschinen gestattet kleinere Füllungen, etwa bis 5 v. H., als Scheibenmaschinen. Bei einer Zwillingstandemmaschine mit Treibscheibe konnte eine Füllung von 5 v. H. im Hochdruckzylinder nicht durchgeführt werden wegen heftigen Seilschlagens, bei einer anderen Zwillingstandemmaschine mit leichter Treibscheibe mußte sogar 25 v. H. Füllung im Hochdruckzylinder zugelassen werden, um einen ruhigen Lauf zu erreichen. In einem Falle wurde die Treibscheibe mit einem Gewichte von 45 t ausgeführt, zur Erreichung genügender Schwungmassen. Rationelle Dampfausnutzung und Trommelmaschinen vertragen sich also besser miteinander, als es nach anderen Betrachtungen über die Schädlichkeit der Massenwirkungen scheinen wollte (Abschnitt II A. 4 und 5), während elektrischer Antrieb und Treibscheibe naturgemäß zusammengehören.

Die Füllung allein ist nicht maßgebend für die Ruhe des Ganges, sondern auch die übrige Gestaltung des Dampfdiagrammes nimmt entsprechenden Einfluß. So muß z. B. bei großer Maschinengeschwindigkeit eine entsprechende Kompression vorgesehen werden, um die Triebkraft der hin- und hergehenden Massen abzufangen, wogegen bei geringer Geschwindigkeit eine große Kompression stört, während alle fortlaufend bewegten Massen die Gleichmäßigkeit fördern. Maßgebend ist der unter Berücksichtigung aller dieser Einflüsse sich ergebende Ungleichförmigkeitsgrad der Maschine, der nach Versuchen von von Chrznanowski den Wert $^1/_{10}$ nicht überschreiten darf, wenn ein gefährliches Seilschlagen vermieden werden soll. Die Untersuchungen sind niedergelegt in der Doktordissertation des Genannten. (Dülmen 1910).

Die Füllungsänderungen beeinflussen ebenfalls die Ruhe des Ganges. Beim Übergang auf Füllungen, die an sich kein Seilschlagen bewirken, kann ein Seilschlagen eintreten, wenn die Änderung der Triebkräfte plötzlich erfolgt, da hierbei der Ungleichförmigkeitsgrad der betreffenden Umdrehung unter den oben genannten Wert sinken kann.

Veränderte Krafteinstellung findet statt beim Übergang von der Anfahrt zur gleichmäßigen Mittelfahrt und von dieser zum kraftlosen Endlauf und gegen Fahrtende durch Gegenkräfte. Diese Übergänge müssen entsprechend vermittelt werden. Die Einstellung durch den Wärter geschieht meist unvermittelt. Beim raschen Stillsetzen der Maschine durch Gegen- oder Staudampf wird ein Seilschlagen kaum zu vermeiden sein. Stillsetzen mit regelbarer Bremse ist wesentlich günstiger.

Bei der Kraftbeeinflussung durch Regler hat man anfangs ungünstige Erfahrungen gemacht. Man verwandte pseudo-astatische Regler, wohl in der Absicht, die Dampfverteilung der Beschleunigungsdauer scharf von der geringeren Füllung der gleichmäßigen Fahrt zu trennen. Legt man ein trapezförmiges Geschwindigkeitsdiagramm wie in Fig. 16 zugrunde, so muß im Punkte 2 die Füllung der Lastgröße entsprechend verringert werden, während kein Grund vorzuliegen scheint, während der Anfahrt die zur Erzielung der nötigen Beschleunigung gewählte Dampfzufuhr zu verändern. Der pseudoastatische Regler, der erst bei Erreichung der eingestellten Geschwindigkeit, dann aber rasch und mit großem Hub eingreift, entspricht völlig diesen Bedürfnissen. Veränderte Last erfordert in der Beharrungszeit eine veränderte Füllung und daher eine veränderte Reglergeschwindigkeit zur Einstellung dieser Füllung. Auch dieser Bedingung genügt der pseudoastatische Regler, der Kraftverstellung von Leerlauf bis Vollast innerhalb enger Geschwindigkeitsschwankungen einstellt, vorzüglich. Man beachte aber den völlig anderen Betrieb der Fördermaschinen. Mit jedem Zuge hebt sich die Reglermuffe aus ihrer niedersten Lage plötzlich in eine hohe Lage. Das wird ihr bei keiner Betriebsmaschine zugemutet. Die Reglermassen, insbesondere bei Gewichtsreglern, schießen über die einzustellende Lage hinaus, verstellen auf Nullfüllung, fallen auf große Füllung zurück und treiben dies Spiel innerhalb ihrer Regelgrenzen, also während der ganzen Beharrungszeit, weiter. Es wird die dampfsparende Wirkung nicht erreicht und der Betrieb durch starkes Seilschlagen gefährdet. Die Wärter suchten in solchen Fällen den Unannehmlichkeiten dadurch zu entgehen, daß sie durch ihre

Handsteuerung den Eintritt der den Regler betätigenden Maschinengeschwindigkeit verhinderten, also vorsichtiger und mit größerem Zeitaufwande fuhren, dabei wohl meist mit Drosselung regelten, so daß sich ein in jeder Beziehung unwirtschaftlicher Betrieb aus dem Vorhandensein des Reglers ergab.

Um das Tanzen des Reglers zu verhüten, wird eine starke Bewegungsdämpfung in die Reglerbewegung eingebaut. Fig. 195 zeigt den Einfluß eines pseudoastatischen Reglers. Auf 2 Anfahrtsfüllungen folgt plötzliche Einstellung einer kleinen Füllung, die dann gleichmäßig beibehalten wird. Der Regler arbeitete, offenbar infolge starker Dämpfung und großer Schwungmassen in der Maschine, ruhig, der plötzliche Übergang von größerer zu sehr kleiner Füllung machte es aber bei Treibscheibenmaschinen erforderlich, deren Schwungmassen durch Zusatzgewichte erheblich zu vergrößern, wodurch die wirtschaftlichen Vorteile der Vermeidung unwirtschaftlicher Zwischenfüllungen ins Gegenteil verkehrt werden können.

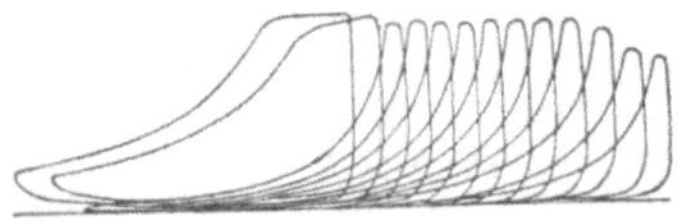

Fig. 195.

Dampfdiagramme einer Maschine
mit pseudo-astatischem Regler.

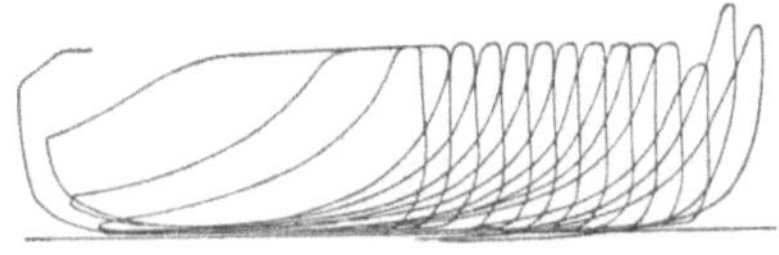

Fig. 196.

Dampfdiagramme einer Maschine mit
stark statischem Regler von einer Maschine
der Isselburger Hütte, Isselburg.

Heute werden nur noch stark statische Regler verwendet, mit denen allerseits beste Erfahrungen gemacht worden sind. Fig. 196 zeigt die Diagramme einer Maschine der Isselburger Hütte. Die großen Anfahrtsfüllungen gehen allmählich in die kleine Füllung der Mittelfahrt über, die ziemlich gleichbleibend ist. Der statische Regler arbeitet ohne Bewegungsdämpfung. Er verzögert zwar durch die ihm eigene allmähliche Einstellung den Eintritt der wirtschaftlichen Füllung, erreicht aber dafür durch die allmähliche Kraftänderung einen ruhigen Seillauf, wie er bei Handsteuerung im allgemeinen nicht erreicht wird.

Um bei kleinen Lasten die Höchstgeschwindigkeit nicht zu groß werden zu lassen, könnten die in Abschnitt V E. 1 erwähnten statischen Regler mit pseudoastatischer Endbewegung entsprechende Verwendung finden.

13. Erleichterung der Umsteuerung.

Bei der Umsteuerung sind Schieber zu bewegen oder Ventile zu heben und die Reibungswiderstände im Umsteuergetriebe zu überwinden. Diese Widerstände machen die Umsteuerung von Hand schwierig und für den Maschinisten ermüdend. Durch Entlastung der Steuerorgane (Abschn. VI A. 1) sucht man die Widerstände zu vermindern. Das Einschalten von größerer Übersetzung führt zu keinem Ziele, da alsdann der von Hand zu überwindende Verstellweg zu groß, die Handhabung dabei unbequem und unübersichtlich wird.

Bei Bewegung des Steuerhebels aus der Mittellage heraus treten erhöhte Widerstände auf, bestehend aus den Beschleunigungswiderständen der zu bewegenden Massen und dem Widerstande nicht völlig entlasteter Steuerventile. Nach Öffnen der Ventile, also nach einer kleinen Auslage des Hebels, sind die Ventile völlig entlastet, der Steuerhebel geht leichter. Auch ist die Reibung aus der Ruhe größer als die bei ausgelegten und alsdann immer etwas bewegten Steuerteilen.

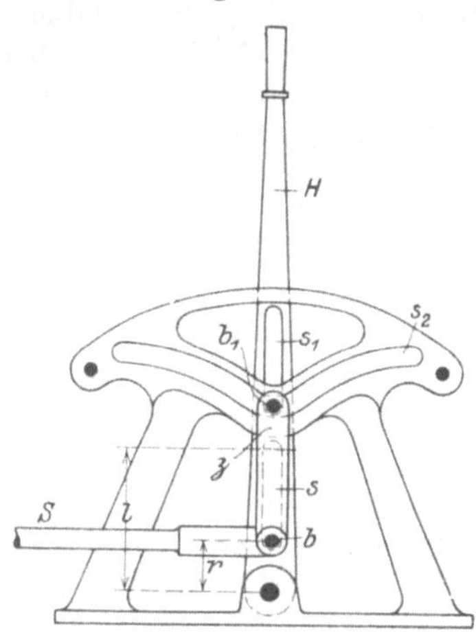

Fig. 197.
Steuerhebel nach Benninghaus,
Sterkrade.

Man hat daher in einzelnen Fällen eine erhebliche Erleichterung der Umsteuerung erzielt durch Verwendung von Steuerhebeln mit veränderlicher Übersetzung, die bei Bewegung aus der Mittellage heraus eine große Übersetzung aufweisen, die sich bei weiterer Auslage verkleinert, so daß die nötigen Verstellungen leicht und ohne zu großen Handhebelausschlag geschehen. Fig. 197 ist der Umsteuerhebel von Benninghaus (1899). Der Steuerhebel H bewegt die zur Steuerung gehende Stange S. Diese kann am Steuerhebel entlang verschoben werden, wobei sie sich mit ihrem Bolzen b im Schlitze s des Hebels führt. Diese Gleitbewegung der Stange S wird vom Ausschlage des Hebels H abhängig gemacht. Ein Bolzen b_1 wird vom Hebel H angetrieben, indem er sich in dem Schlitze s_1 des Hebels und dem Schlitze s_2 des Steuerbockes führt. Beim Auslegen des Hebels wird b_1 demnach nach oben verschoben und überträgt diese Bewegung durch die Zugstange z auf die Steuerstange S. In der Mittellage des Hebels arbeiten also die Bewegungswiderstände an dem kleinen Hebelarme r und sind leicht zu überwinden, während die bei ausgelegter Steuerung verminderten Widerstände an einem größeren Hebelarme l angreifen. Dieser Hebel hat den Nachteil starken Verschleißes, ein Mißstand, der durch andere Formen beseitigt werden könnte. Für die heute mehr angewandten großen Maschinen und die schwergängigen Nockensteuerungen reicht das Hilfsmittel nicht aus, so daß solche Hebel ihre Bedeutung verloren haben; sie könnten sie aber wiedergewinnen im Anschluß an die neueren Bestrebungen, leichter gängige Steuerungen zwecks Vermeidung einer besonderen Vorsteuerung zu verwenden.

Nockensteuerungen erfordern fast durchweg eine Hilfskraft zur Umsteuerung. Da es sich um genaue Einstellung handelt, mußten hier die gleichen Schwierigkeiten wie bei der Steuerung der Maschine selbst auftreten und zur Beherrschung der Bewegungen den Triebkräften hemmende Kräfte zugesellt werden. Andererseits mußte die Einstellung durch einen einzigen Hebel, den Steuerhebel, beherrscht werden können, dessen Stellung für die Stellung des Hilfskolbens maßgebend sein mußte. Diese schwierige und wichtige Aufgabe erfährt eine äußerst interessante Lösung durch eine allgemein Stellhemmung, in ihrer Anwendung auf Fördermaschinen Servomotor genannte Anordnung.

In das Steuergestänge, Fig. 198, ist der Kolben eines Ölzylinders eingeschaltet, dessen Ölumlauf von einer zur anderen Kolbenseite durch einen gesteuerten Schieber s beeinflußt wird. Drosselschieber s und Dampfschieber S werden gemeinsam bewegt. In der gezeichneten Mittelstellung sperrt S die Triebkraft des Dampfzylinders ab und s

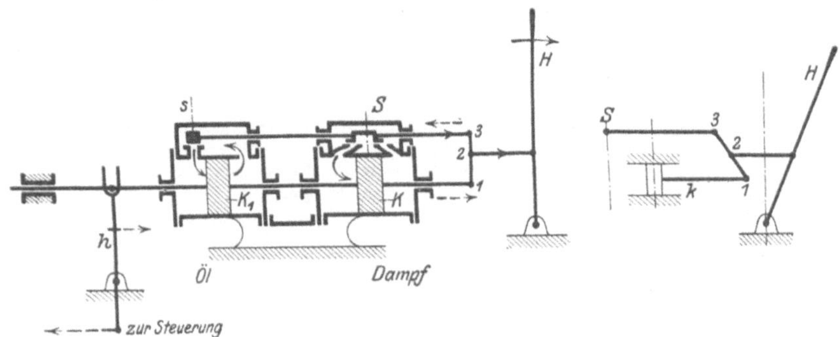

Fig. 198.
Schema eines Servomotors.

den Ölumlauf, so daß eine Bewegung nicht möglich ist. Der Dampfschieber wird durch den Steuerhebel H bewegt. Dieser greift aber nicht unmittelbar am Schieber an, sondern an einem Schieber- und Kolbenstange verbindenden Zwischenhebel 13. Die Lage des Punktes 3 und der Schieber ist daher abhängig von der Lage des Steuerhebels und der Stellung der Kolbenstange bzw. der Steuerung. Für alle vom Handhebel ausgehenden Bewegungen dient der Punkt 1 als Drehpunkt, für die von der Kolbenstange ausgehenden Antriebe der Punkt 2. In 3 vereinigen sich die Bewegungen, und zwar nach der gewählten Anordnung so, daß die vom Handhebel ausgehenden Bewegungen des Punktes 3 durch die infolge der Schieberverschiebung auftretende Kolbenbewegung wieder rückgängig gemacht, die Schieber also immer selbsttätig in ihre abschließende Mittellage gebracht werden. In diesem Augenblicke kommt die eingeleitete Bewegung zum Stillstande. Die Kolbenstellung, bei der dieser Stillstand erfolgt, entspricht dabei ganz der gegebenen Steuerhebelstellung. Die Kolben folgen daher den Bewegungen des Steuerhebels fast so, als ob sie unmittelbar durch ihn bewegt würden. In der Figur sind die durch den Handhebel zu gebenden Bewegungen ausgezogen, die hierauf erfolgenden Bewegungen punktiert dargestellt. In der Nebenfigur ist die Lage der entscheidenden Teile bei ausgelegtem Steuerhebel gegeben: der Kolben in der rechten Endlage, der Schieber in der Mittellage.

Den Vorteilen des Servomotors stehen auch Nachteile gegenüber. Die Feinfühligkeit der Einstellung erleidet naturgemäß

Einbuße. Im Ölzylinder herrschen zeitweise starke Pressungen, die zur Vermeidung von Ölaustritt ein starkes Anziehen der Stopfbüchsen erfordern. Der Handhebel hat dann zwei Stopfbüchsenwiderstände zu überwinden. Wenn auch die Schieber als entlastete Kolbenschieber ausgebildet werden, so macht die Handhabung des Steuerhebels doch gelegentlich Schwierigkeiten. In einzelnen Fällen hat der Servomotor

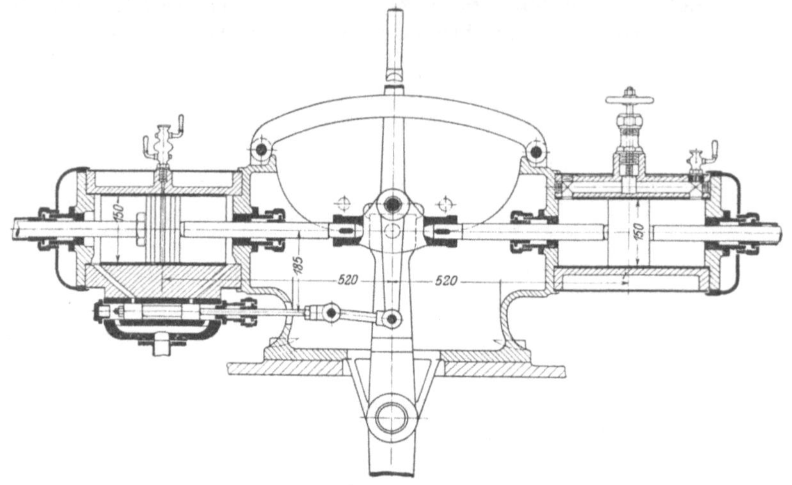

Fig. 199.
Ausführung eines Servomotors nach Gutehoffnungshütte, Oberhausen.

zu Unfällen Veranlassung gegeben, da die Schieberstange nicht zu bewegen war. Diese Übelstände werden stark gemildert, wenn man auf die Steuerung des Ölumlaufes verzichtet und die Drosselöffnung im Ölumlaufe von Hand fest einstellt. Es entfällt dann eine, und zwar die schwierigere Stopfbüchse.

Fig. 199 zeigt eine solche Ausführung der Gutehoffnungshütte (1902). Die Dampfeinströmung nach dem linken Dampfzylinder erfolgt aus dem inneren Raume heraus. Rechts liegt der Ölzylinder. Das äußere Gestänge hat eine Vereinfachung erfahren, indem der Steuerhebel auf der Kolbenstange verlagert ist. Steuerhebel und Kolben bewegen sich gleichsinnig.

B. Die Beherrschung der Maschinen-
hemmkräfte.

1. Die Wirkungsweisen des Gegendampfes.

Aktiver Gegendampf. Wird bei irgendeiner Umsteuerung während der Fahrt der Steuerhebel auf umgekehrte Fahrt ausgelegt, so tritt eine den umgekehrten Gang fördernde Dampfverteilung ein, die den vorhandenen Gang hemmt. Diese Gegendampfwirkung ist je nach der Steuerung verschieden. Der besseren Übersichtlichkeit wegen seien 2 Gegendampfdiagramme für Steuerung mit unrunden Scheiben gegeben, im Anschluß an die Erklärungen des Abschnittes VI A. 2 und der Fig. 140. Darnach steht die Steuerscheibe fest und der Anschlag a bewegt sich und zwar mit Triebdampfwirkung im Sinne des gestrichelten und mit Gegendampfwirkung im Sinne des ausgezogenen Pfeiles.

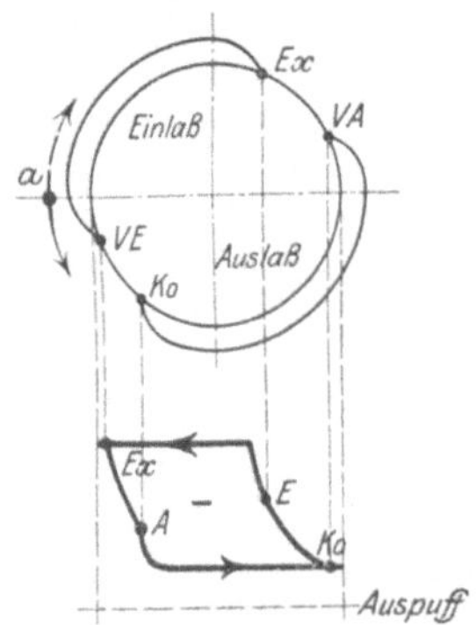

Fig. 200.
Gegendampfdiagramm bei großer Füllung.

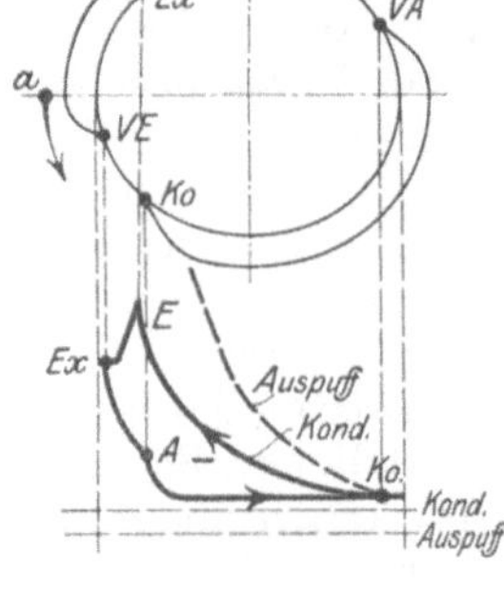

Fig. 201.
Gegendampfdiagramm bei kleiner Füllung.

Fig. 200 zeigt Gegendampf bei großer Füllung. Am Nocken ist die Dampfwirkung bei Triebdampfbewegung angezeichnet. Wird aber die Scheibe umgekehrt gedreht, dann tritt die im Dampfdiagramm bezeichnete Gegendampfwirkung ein. Wir lassen nun den Ventilhebelanschlag a im Sinne des ausgezogenen Pfeiles laufen. Es erfolgt, dem Kolbelaufen von links nach rechts folgend, bei Ex Absperrung des Frischdampfes und dessen Expansion bis A, wo die Ausströmung geöffnet wird. Der Hinhub geschieht also mit geringer treibender Spannung. Auf dem Rückhub erfolgt bei Ko Abschluß der Ausströmung, also im weiteren Verlaufe Kompression, bei E Öffnung des Dampfeinlasses mit raschem Anstiege der Gegendampfspannung bis zur Frischdampfspannung, die bis Ende des Kolbenhubes besteht. Die größeren Gegenspannungen des Rückhubes bewirken die Hemmung der Maschinenbewegung. Nach erreichtem Stillstande würde die Maschine in die entgegengesetzte Bewegung übergehen, wenn nicht eine andere Steuereinstellung erfolgte. Diese letztere Eigenschaft macht den Gegendampf von vornherein ungeeignet zur selbsttätigen Steuerung durch Sicherheitsapparate.

In Fig. 201 ist die Gegendampfwirkung bei kleiner Füllung dargestellt. Die Kompression Ko des Rückhubes steigt wegen der späteren Eröffnung des Einlaßventiles über die Frischdampfspannung an und sinkt nach Einlaßeröffnung auf dieselbe zurück. Diese hohen Kompressionsspannungen sind dem Zylinder und Gestänge gefährlich und der Korbeinstellung hinderlich. Man sucht sie durch nach der Frischdampfleitung oder ins Freie öffnende Sicherheitsventile zu bekämpfen. Bei Auspuffbetrieb steigt die Kompression wegen der höheren Anfangsspannung des Zylinderdampfes rasch zu gefahrbringender Größe an (gestrichelt). Diese hohen Kompressionsspannungen sind aber auch zur Hemmung der Maschine sehr undienlich, da sie eine zeitweise sehr starke Verlangsamung der Maschine bewirken, wodurch allerhand Übelstände hervorgerufen werden, als Seilschlagen, Ausspringen des Seiles aus der Seilrille, Eingreifen der Fangvorrichtung des aufgehenden Korbes, gefährliche Seilspannung im niedergehenden Seile, Seilrutschen bei Treibscheiben.

Ein weiterer Übelstand ist die Unübersichtlichkeit der Hemmwirkung bei Versuchen, dieselbe zu regeln. Im allgemeinen nimmt die Hemmwirkung mit der Füllung ab, in der Nähe der kleinen Füllungen nimmt sie aber wieder zu, wegen der stark steigenden Kompression. Auch diese Eigenschaft macht den Gegendampf für Steuerungsregler unbrauchbar, die einer eindeutigen der Reglerbewegung proportionalen Regelung bedürfen.

Die Notwendigkeit, Gegendampf zu geben, deutet meist einen unwirtschatflichen Betrieb an, da die durch den Gegendampf zu vernichtende Arbeit durch vorherigen Dampfverbrauch geleistet wurde. Hierzu kommt, daß beim Gegendampfgeben selbst Dampf verbraucht wird. Wird auf dem Kolbenhingange bei A der Auslaß geöffnet, so strömt der den Zylinder füllende Dampf zum großen Teil ins Freie. Die abströmende Dampfmenge beträgt bei älteren Maschinen mit großem schädlichen Raume 10—15 % des Hubraumes.

Aus allen diesen Gründen ist Gegendampf neuerdings stark in Mißkredit geraten.

Kompressionsgegendampf. Da der Maschinenwärter bei Endfahrt meist das Drosselventil schließt, so tritt, wenn alsdann noch zwecks Maschinenhemmung auf Gegendampf gesteuert wird, eine von der beschriebenen verschiedene Wirkung ein. Auch beim Einhängen von

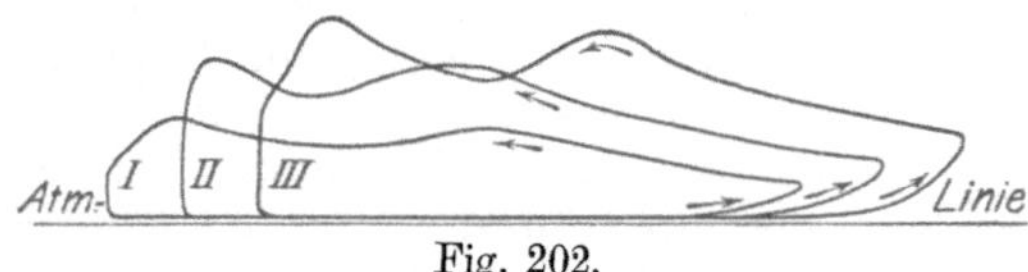

Fig. 202.
Dampflose Gegendruckdiagramme.

Lasten wird bei geschlossenem Drosselventil auf Gegendampf gesteuert. Alsdann bleibt die eigentliche Gegendampfwirkung aus, und es erfolgt vom Punkte Ko des Rückhubes ab nur eine Kompression des aus dem Auspuff angesaugten Dampfluftgemisches, das des weiteren durch das später offene Einlaßventil in den Raum zwischen Zylinder und Drosselventil gedrückt wird. Diese Hemmwirkung ist anfänglich geringer als bei Gegendampf, kann aber nach einigen Umdrehungen stark und unvermutet anwachsen, da sich in dem Sammelraum ein wechselnder Gegendruck wegen der stetigen Lufteinpressung durch die Maschine einstellt. Die Fig. 202 zeigt 3 aufeinanderfolgende Gegendruckdiagramme einer Zwillingsmaschine (mitgeteilt von J. Iversen, Berlin, in Zeitschr. deutsch. Ing. 1907, S. 1566). Man erkennt den mit jeder Umdrehung steigenden Gegendruck. Die Einsenkungen in der oberen Drucklinie entstehen dadurch, daß der Kolben des zweiten Zylinders, der um ½ Hub dem ersten voraus ist, nach Hubumkehr keine Luft mehr in den Sammelraum liefert, sondern sogar noch (bis E in Fig. 200) aus demselben entnimmt, welche Druckschwankung sich durch das offene Einlaßventil bis in den ersten Zylinder fortpflanzt. Die Schwankungen der Hemmwirkung sind dem Einflusse des Wärters entzogen und treten selbsttätig ein. Merkt der Führer den zu großen Gegendruck, so muß er, um ihn zu vermindern, den Steuerhebel in die Triebdampfstellung zurücklegen, wobei die angesammelte Luft die Maschine antreibend durch den Auspuff wieder entweicht. Beim Wiederauslegen auf Gegendampf beginnt dann die Gegendruckwirkung wieder mit geringster Kraft.

Die Handhabung dieser Gegendruckwirkung stellt große Anforderungen an die Geschicklichkeit und Aufmerksamkeit des Maschinisten. Sie ist ungeeignet zur Handsteuerung und gänzlich unbrauchbar zur Steuerung durch Sicherheitsapparate.

Die erste Gegendampfwirkung kann als aktiver Gegendampf, die letzte als Kompressionsgegendampf bezeichnet werden. Der Kompressionsdampf hat einige Beziehungen zum später zu behandelnden Staudampfe (Abschn. 3).

2. Gegenwirkung durch Luftkompression bei Einlaßmaschinen.

Beim Lasteinhängen kann die niedergehende Last zum Antrieb eines Luftkompressors dienen, dessen Nutzwiderstand die Hemmkraft bildet. In Fig. 203 ist das Einlaßventil einer kombinierten Förder- und Einlaßmaschine auf Schacht St. Joseph zu Montrambert, Loire (1905). Dortselbst müssen zum Versatze steiler Kohlenabbaue Berge von übertage eingelassen werden.

Die Maschine ist mit Nockensteuerung versehen und kann mit Druckluft oder Dampf betrieben zum Lastfördern dienen. Beim Einlassen wirkt sie als Luftkompressor, indem durch die gesteuerten Auslaßventile auf dem Hingange Luft angesaugt wird, während auf dem Rückhube die ungesteuerten Einlaßventile infolge besonderer Ausbildung als selbsttätige Druckventile wirksam sind. Zu dem Zwecke bestehen die Einlaßventile, Fig. 203, aus einem besonders geformten Körper B, der durch das Druckventil A abgedeckt wird. Die Steuerkonen, Fig. 204, steuern beim Einlassen mit den Teilen 6 oder 7 die Auslaßventile auf Ansaugen, während die Einlaßventile durch die Teile 2 oder 3 nicht beeinflußt werden. Die Nockenteile 6 und 7 für die Auslaßventile sind so geformt, daß diese Ventile über die Dauer des Hinganges hinaus geöffnet bleiben können, so daß von der eingesaugten

Luft ein entsprechender Teil auf dem Rückhube wieder ausgestoßen
wird und die Hemmwirkung ausübende Kompression erst später beginnt. Dadurch kann die Hemmwirkung leicht der Last angepaßt
werden. Zu Beginn des Einlassens bleiben die Auslaßventile während
einer Umdrehung offen, so daß ein rasches Anfahren erzielt wird.

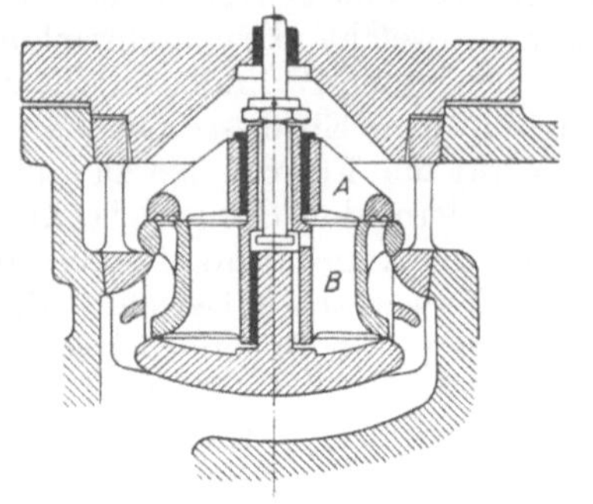

Fig. 203.

Fig. 204.

Einlaßventil einer Einlaßmaschine.

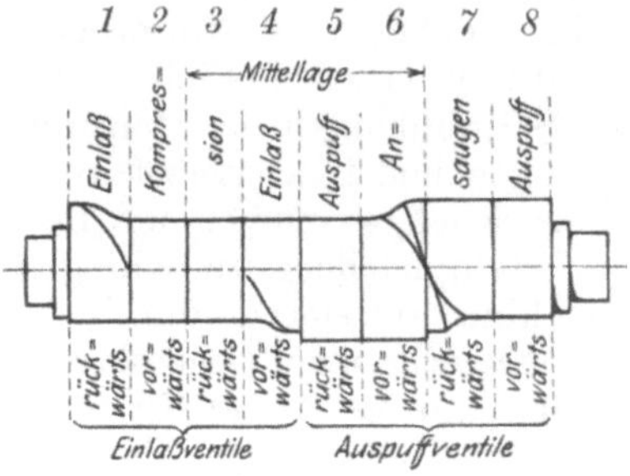

Steuernocken einer Einlaßmaschine.

Durch den größten Ausschlag des Steuerhebels gelangen die Teile 1
und 5 bzw. 4 und 8 zur Wirkung. Alsdann arbeitet die Maschine als
Fördermaschine. Zur Sicherheit ist noch eine Druckluftbremse vorgesehen.

3. Die Staudampfwirkung durch Staunocken.

Besser als Gegendampf eignet sich Staudampf zur Ausübung von
Hemmkräften. Die Wirkung ist bereits in Abschnitt VI A. 3 und bei der
Aufführung der Nockenformen, Abschnitt VI A. 9, beschrieben worden.
Danach sind beim Staudampfgeben die Auslaßventile geschlossen, so
daß kein Dampf entweichen kann. Daher verbraucht das Hemmen
mit Staudampf keinen Dampf wie mit Gegendampf. Dennoch ist der
Betrieb mit Staudampf im allgemeinen unwirtschaftlich, da er einen
zu großen Dampfverbrauch während des ersten Teiles der Fahrt anzeigt.
Für den Staudampf wird geltend gemacht, daß er einen Teil der überschüssig geleisteten Arbeit wieder nutzbar mache, indem er durch die
Hemmarbeit überhitzt in die Frischdampfleitung zurücktrete, so daß
er einen Teil der Arbeit in Form von Wärme wieder zurücktrage. Nun
geschieht die Krafterzeugung in der Fördermaschine mit höchstens
5 v. H. Wärmeausnutzung. Würde also die gesamte Bremsarbeit in
Wärme umgewandelt und verlustlos an den Frischdampf übergeführt,
so würden 5 v. H. der Verluste zurückgewonnen.

Die Staudampfwirkung hat gewisse Ähnlichkeit mit der Hemmwirkung durch Luftkompression. Auch hier wirkt die Fördermaschine
als Kompressor. Der Staudampf kann daher nie treibend wirken,

sondern nur hemmend. Ferner läßt er sich in seiner Stärke regeln, indem während des Hinganges die Triebdampfwirkung durch die regelbare Erhebung des Einlaßventiles geregelt werden kann. Diese Regelung geschieht durch Dampfdrosselung. Nun ist aber die eintretende Drosselwirkung nicht allein abhängig von der Größe der Einlaßöffnung, sondern auch von der Strömungsgeschwindigkeit des Dampfes, also von der Kolbengeschwindigkeit der Maschine. Dieselbe Steuerstellung bewirkt bei großer Maschinengeschwindigkeit eine große, bei kleiner nur eine unmerkliche Drosselung. Bei der letzten Umdrehung der Maschine etwa wird sich eine Drosselwirkung überhaupt nicht geltend machen.

Die Regelung der Staudampfwirkung ist also keineswegs so fein, wie dies zunächst scheinen möchte und versagt gegen Fahrtende. Sie kann bei geeigneter Nockenform gegen Fahrtende durch aktiven Gegendampf ersetzt werden.

Zur Hemmung zu großer Maschinengeschwindigkeit und beim Einlassen von Lasten ist der Staudampf sehr wohl zu brauchen und dem Gegendampf überlegen. Für Beeinflussung durch Sicherheitsapparate ist nur Staudampf geeignet. Die ständige Benutzung von Staudampf ist unwirtschaftlich. Sie wird empfohlen, weil sie eine Abkürzung der Zugdauer gestattet (vgl. Abschn. II A. 3 und 4), dürfte aber nur dann rätlich sein, wenn besondere Gründe eine Beschleunigung des Betriebes erfordern und diese durch andere Mittel nicht erzielt werden kann.

Die Staudampfwirkung versagt völlig, wenn das Drosselventil geschlossen ist. Gegen Ende der Fahrt sperrt aber der Maschinenführer häufig den Dampf ab, da er lieber mit dem Drosselventil als mit der Steuerung arbeitet. Eine Sperrung des geöffneten Einlaßventiles zur Verhütung dieser Handhabung darf aber nicht stattfinden, da die Sperrung der Dampfzufuhr etwa bei Versagen der Steuerung notwendig wird.

4. Die Staudampfwirkung bei Verbundfördermaschinen.

Die Kraftentfaltnug der Verbundfördermaschine ist vom Aufnehmerdruck abhängig, und zwar wächst sie mit dem Aufnehmerdrucke. Dieser übt auf den Hochdruckkolben eine hemmende, auf den größeren Niederdruckkolben eine treibende Wirkung aus; die treibende Wirkung ist daher dem Unterschiede der Kolbenflächen und dem Aufnehmerdrucke proportional. Im Betrieb ist ein möglichst gleichmäßiger Aufnehmerdruck erwünscht, um die Triebwirkung in Abhängigkeit von der Steuerstellung beurteilen zu können. Der Aufnehmerdruck wird bei Steuerverstellungen gleich bleiben, wenn die Veränderungen der gleichzeitig in Hoch- und Niederdruckzylinder eingestellten Füllungen in Rücksicht auf das Raumverhältnis der

Zylinder richtig gewählt sind. Solche Steuergestaltungen sind bei Nockensteuerungen unschwer einzuhalten, schwer dagegen bei Kulissensteuerungen, die daher eine schlechtere Beherrschung der Verbundmaschine ergeben.

Regelt der Maschinist eine Verbundmaschine bei ausgelegter Steuerung durch Dampfdrosselung, eine gelegentlich geübte Art, dann sinkt die Aufnehmerspannung, da der Niederdruckzylinder mehr Dampf entnimmt, als der Hochdruckzylinder liefert. In den Förderpausen findet Kondensation und Spannungsverminderung im Aufnehmer statt. Beim Anlassen einer Verbundfördermaschine ist daher immer eine verminderte Aufnehmerspannung vorhanden. Diese wirkt beim Anfahren dann besonders ungünstig, wenn die Anfahrt im wesentlichen durch den Niederdruckkolben zu leisten ist. Sie geschieht langsam, oder bei Totlage des Hochdruckkolbens tritt gar ein Versagen ein. In diesem Falle wird es nötig, dem Aufnehmer gedrosselten Frischdampf zuzuführen. Steht der Niederdruckkolben bei der Anfahrt in der Totlage, dann kann es erwünscht sein, zwecks Verminderung des Gegendruckes auf den Hochdruckkolben, den Aufnehmer von Dampf zu entlehren, oder besser dem Hochdruckzylinder einen Auspuff ins Freie zu gestatten.

Verbundfördermaschinen bedürfen daher einer zusätzlichen Anfahrtssteuerung. Sie besteht aus einem Schieber oder aus Ventilen, die, vom Wärter bewegt, dem Niederdruckzylinder Frischdampf zuführen und gleichzeitig die Auspuffleitung des Hochdruckzylinders mit der Luft verbinden. Die Verbundwirkung ist dann vorübergehend aufgehoben. Der große Dampfverbrauch dieser Betriebsweise macht es nötig, nach dem Anfahren alsbald auf die Verbundwirkung überzugehen. Deshalb muß das Gestänge der Anfahrtsteuerung bei Auslegung des Hebels eine Feder zusammendrücken, deren Rückdruck den Wärter veranlaßt, die Anfahrtssteuerung zurückzunehmen, sobald sie nicht mehr erforderlich ist. Der Aufnehmer ist mit einem Sicherheitsventil auszurüsten, das bei Überschreitung eines zulässigen Höchstdruckes abbläst, oder besser in die Frischdampfhilfsleitung ein auf diesen Druck eingestelltes Druckminderventil einzubauen. (Vgl. Zeichnung und Beschreibung eines Druckminderventiles in Abschn. VI D. 8 und Fig. 219.)

Dieser Betrieb ist offensichtlich unwirtschaftlich. Grunewald, Aachen, schlug 1905 folgende Anordnung mit Stauschieber vor, die vielfach ausgeführt wurde, heute aber wohl kaum neu gebaut wird.

Fig. 205 zeigt in schematischer Weise die Verbindung des Hochdruck- und Niederdruckzylinders mit einem Aufnehmer. Der Stauschieber S wird durch den Steuerhebel mitbewegt und hat die Hauptaufgabe, bei den in der Endfahrt einzustellenden Staustellungen den Niederdruckzylinder vom Aufnehmer und Hochdruckzylinder abzusperren, so daß er keinen Dampf dem Aufnehmer entziehen kann. Die Steuernocken der Zylinder sind die umgekehrten Nocken der Fig. 177. Die Staustellungen des Schiebers S liegen in der Nähe der

Steuerhebelmittelstellung. Während der Staustellungen erhält also der Hochdruckzylinder infolge Wirkens der Manövriernocken gedrosselten Frischdampf bei Vollfüllung, auf dem Rückhube öffnen die Auslaßventile nach dem Aufnehmer, da der Hochdruckzylinder nicht vom Aufnehmer abgesperrt ist. Ist hierbei die Spannung des gedrosselten Triebdampfes geringer als die Aufnehmerspannung, so wird eine Hemmwirkung erzielt. Gleichzeitig wird der Aufnehmerdruck erhöht. Es findet also eine selbsttätige Erhöhung der Hemmwirkung bei längerer Dauer statt, was schon an anderer Stelle als ungünstig, besonders bei Reglereingriff bezeichnet wurde. Durch Veränderung der Triebdampfspannung kann die Hemmwirkung verändert werden.

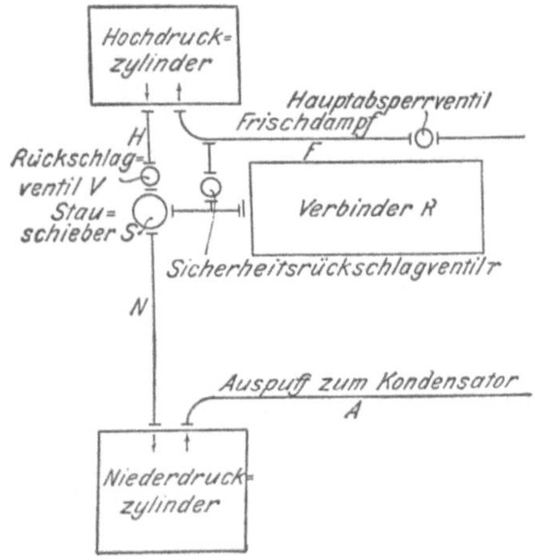

Wird der Steuerhebel aus der Staustellung heraus etwas weiter ausgelegt, dann öffnet der Stauschieber die Verbindung des Niederdruckzylinders mit dem Aufnehmer, so daß diesem zunächst gedrosselter Aufnehmerdampf zuströmt, er also eine schwache Triebwirkung äußert, die durch weitere Auslegung des Steuerhebels vergrößert wird. Manövrier- und Hemmdampfdiagramme können also in ähnlicher Weise in der Nähe der Mittellage eingestellt werden wie bei den meisten der neueren Nockenformen.

Fig. 206 zeigt einen Schnitt durch den Stauschieber S. Sein Antrieb geschieht von der Umsteuerwelle W aus, unter Einschaltung eines Kurbeltriebes, dessen Kurbel bei Mittellage der Steuerung in ihrer unteren Totlage steht, und dessen Schubstange den Stauschieber bewegt. In der Steuermittellstellung hat der Schieber seine tiefste Lage, in welcher sowohl Hoch- wie Niederdruckzylinder vom Aufnehmer abgesperrt sind. In dieser Lage hat der Schieber eine Verbindung des Frischdampfraumes F mit dem Aufnehmer hergestellt, so daß die hohe Aufnehmerspannung durch Dampfkondensation nicht schwinden kann. Beim Auslegen der Steuerung nach rechts oder nach links wird der Schieber in gleicher Weise gehoben und daher, wie geschildert, zunächst die Stauwirkung im Hochdruckzylinder, dann Manövrierwirkung in Hoch- und Niederdruckzylinder, dann unbehinderte Kraftwirkung eingestellt.

Die erste Absicht dieser Anordnung war, die Manövrierfähigkeit der Maschine zu erhöhen und die Zugdauer abzukürzen. Die Abkürzung der Endfahrt kann einfacher durch Benutzung von Staunocken ge-

Fig. 205.

Schema der Anordnung eines Stauschiebers.

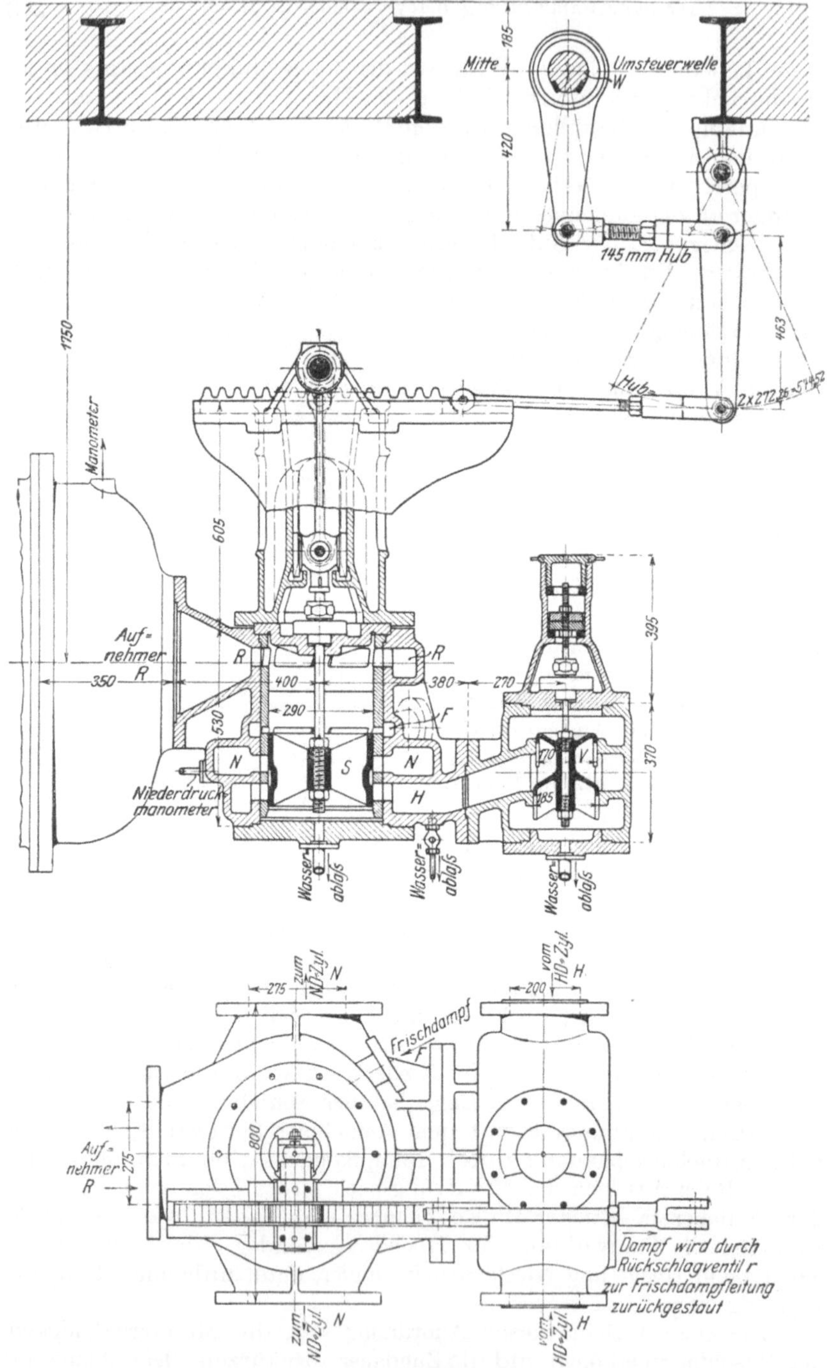

Fig. 206.
Stauschieber nach Grunewald, Aachen.

schehen, die später im Anschluß an die Stauwirkung seines Stauschiebers von Grunewald entwickelt wurden. Die Beschleunigung der Anfahrt durch den hohen Aufnehmerdruck kann durch einfaches Dampfeinlassen in den Aufnehmer während der Förderpause erreicht werden, oder besser durch genügende Abmessungen der Maschine, wobei dann auch während der ganzen Beschleunigungsdauer mit günstiger Füllung gearbeitet werden kann. Bei Verbundstaumaschinen muß der ganze Kurbeltrieb für die nur kurze Zeit wirkenden hohen Kolbendrücke berechnet werden.

Stauschieber sind angewandt worden bei Verbundmaschinen und bei Zwillingstandemmaschinen. Sie haben das Verdienst, die Aufmerksamkeit nachhaltig auf die Frage der Beherrschung der Maschinentrieb- und -Hemmkräfte gelenkt und eine entsprechende Entwicklung der Fördermaschinensteuerungen veranlaßt zu haben.

Nähere Ausführungen von Grunewald sind in Zeitschr. deutsch. Ing. 1907, 1736 und 1770 zu finden.

C. Vergleich der Steuerungen.

1. Kulissen- und Nockensteuerungen.

Die an die Fördermaschinensteuerung zu stellenden Anforderungen sind: Sie sollen bei möglichster Einfachheit eine wirtschaftliche und sichere Führung der Maschine ermöglichen. Ein Rückblick auf die vorgeführten Steuerungen zeigt, daß keine der Steuerungen alle diese Bedingungen erfüllt. Die als einfach zu bezeichnenden älteren Kulissensteuerungen genügen nicht der Bedingung der Wirtschaftlichkeit, und alle Zutaten zur Erreichung dieser Wirtschaftlichkeit, Abschnappung, Verschleppung (nicht erörtert), vereinigte Kulissenlenkersteuerung mit Abschnappung, zerstören die Einfachheit. Einfachheit ist aber zur Vermeidung von Betriebsstörungen zu fordern. Die Nockensteuerungen erscheinen bei weitgehender Freiheit der Diagrammbildung, in welchem Punkte sie den Kulissen- und Lenkersteuerungen überlegen sind, genügend einfach, leiden aber unter dem Nachteile der großen Verstellwiderstände, so daß sie eines Servomotors bedürfen, der ein neues Glied in die Kette der Störungsmöglichkeiten einfügt.

2. Nockensteuerung und Iversensteuerung.

Die Mechanik der Nockensteuerung ist wenig befriedigend, der Ventilantrieb unruhig und an den entscheidenden Stellen verschleißreich. Die Leichtigkeit der Diagrammbildung hat zu manchen gekünstelten Anordnungen von Höckern geführt. Zweifellos überlegen ist aber die Nockensteuerung allen anderen bezüglich der Beherrschung der Maschinenhemmkräfte (Staudampf), während die Kulissensteuerung in der Form der Iversensteuerungen den Vorsprung in der Beherrschung der Triebdampfwirkung eingeholt hat. Wieweit die Beherrschung des Staudampfes als Vorzug der Nockensteuerung anzusehen ist, hängt von der Wertschätzung des Staudampfes ab. Verfasser ist der Ansicht, daß die Hemmwirkung ebenso wirtschaftlich, und betrieblich günstiger durch die regelbare Bremswirkung ersetzt werden kann. (Vergl. VI D. 1.) Von diesem Standpunkt aus ist ein Vergleich zwischen der Nockensteuerung und ihrer Mitbewerberin, der Iversensteuerung, möglich. Sie leisten danach in der Steuerwirkung das gleiche. Daß die Kulissenlenkersteuerung mit Abschnappung einfacher sei als eine Nockensteuerung, soll nicht behauptet werden. Sie nimmt aber mit Recht den Vorzug der leichten von Hand regierbaren Umsteuerung für sich in Anspruch. Die Gleitflächen ihrer Getriebe berühren sich in genügender Ausdehnung und sind glatt bearbeitet, so daß ein geringer Verschleiß eintritt und die beabsichtigte Steuerwirkung auch im Betrieb erhalten bleibt, im Gegenstaz zu den Nockensteuerungen, deren Nocken infolge der Punktberührung zwischen Ventilhebel und Nocke einem störenden Verschleiß unterliegen, wodurch, wie an anderer Stelle (VI A. 8) gezeigt wurde, sehr starke Beeinträchtigung der Ruhe ihres Ganges und auch einige Beeinträchtigung der Steuerwirkung stattfindet. Wenn diese Erscheinung im praktischen Betriebe nicht besonders auffällt, so liegt dies daran, daß die Höcker von vornherein nicht sehr ruhig arbeiten.

Die zwangsweise Einstellung der Expansion erhöht die Wirtschaftlichkeit, vermehrt aber die Zahl der Steuerungsglieder.

Bei Abschnappsteuerungen ist der Reglereingriff einfacher zu gestalten als bei anderen.

Die Abschnappsteuerungen ergeben schärfere Diagramme ohne Drosselung des eintretenden Dampfes (vgl. Fig. 196 und 194). Die erzielbare Dampfersparnis kann aber in Erwägung der übrigen großen Verlustquellen nicht hoch eingeschätzt werden.

3. Steuerung und Fahrventil.

Die Steuerung dient der Beherrschung der Maschinenkräfte. Sie bestimmt die Gangrichtung der Maschine und gestattet jederzeit Trieboder Hemmkräfte zu schalten. Die Regelung dieser Kräfte geschieht durch Füllungsänderung und durch Drosselung bei den Triebkräften, durch Drosselung bei Staudampf, durch Füllungsänderung bei Gegendampf.

Die Füllungsänderung kann nur bei mittlerer und großer Fahrgeschwindigkeit angewandt werden, während kleine Geschwindigkeiten große Füllungen in Verbindung mit Drosselung verlangen.

Die Füllungsänderung geschieht durch die Steuerung, die Dampfdrosselung geschah bislang durch ein besonderes Drossel- oder Fahrventil, neuerdings bei besonderer Ausbildung der Steuerung durch das Steuerventil selbst (vgl. VI A. 9).

Bei Benutzung eines besonderen Drosselventiles hat der Wärter im regelrechten Betriebe drei Hebel zu bedienen, den Steuerhebel, den Drosselhebel und den Bremshebel.

Eine Vereinfachung dieses Betriebes wird bei Anwendung der Steuerungsdrosselung erreicht, bei welcher durch den Steuerhebel in der Nähe der Mittellage Manövrierdiagramme mit gedrosseltem Dampfdrucke erzielt werden. Im laufenden Betriebe sind dann nur zwei Hebel, Steuerhebel und Bremshebel, zu bedienen. Es ist ersichtlich, daß der übersichtlichere und erleichterte Betrieb eine Erhöhung der Betriebssicherheit bedeutet.

Bei der Sonderdrosselung sowohl wie bei der Steuerdrosselung hängt der erzeugte Minderdruck von der Größe der Drosselöffnung und von der jeweiligen Maschinengeschwindigkeit ab. Einer gegebenen Drosselstellung entspricht daher kein bestimmter Minderdruck, sondern bei großer Kolbengeschwindigkeit ein geringer, bei kleiner Geschwindigkeit ein größerer Druck.

Bei Bedienung durch einen geschickten Wärter sind solche Vorrichtungen wohl ausreichend, wenn auch verbesserungsfähig, bei selbsttätiger Schaltung durch eine Sicherheitsvorrichtung aber können sie ihrer Aufgabe, einen bestimmten Minderdruck einzustellen, nicht genügen.

Sie müssen dann durch richtige Druckminderventile ersetzt werden, bei welchen jeder bestimmten Einstellung ein bestimmter Minderdruck entspricht (vgl. Beschreibung und Skizze eines Minderventiles in VI D. 8). Für die Steuerungsdrosselung durch das Steuerventil ist dieser Grundsatz bisher nicht durchgeführt worden und wohl auch nicht praktisch durchführbar; für das Sonderdrosselventil hingegen liegt eine solche Anwendung in dem Servofahrventil von Iversen vor.

Für die selbsttätige Fahrtreglung erscheint daher ein solches Sonderdrosselventil besser geeignet als die Steuerungsdrosselung.

Aber auch für die Steuerbedienung von Hand bietet die Steuerungsdrosselung Schwierigkeiten. Die Steuerventile müssen während der vollen Fahrt bei verhältnismäßig geringem Hube große Dampfmengen ungehindert durchlassen. Sie erhalten daher großen Spaltumfang. Sollen sie nun bei kleinen Fahrgeschwindigkeiten stark gedrosselten Dampf durchlassen, so dürfen sie nur um Teile eines mm angehoben werden, und ganz geringe Einstellungsänderungen rufen große Druckänderungen hervor. Auch hieraus erhellt die Schwierigkeit der Steuerungsdrosselung, ganz abgesehen von der Abhängigkeit des Minderdruckes von der Fahrgeschwindigkeit. Die erforderliche genaue Ventileinstellung ist bei einer größeren Maschine infolge der verschiedenen Ausdehnung der Baustoffe bei wechselnden Spannungen und Temperaturen unmöglich. Auch würde eine genaue Einstellung alsbald nach eingetretenem Verschleiße der Steuerteile wieder unrichtig sein.

Bei Benutzung eines Sonderdrosselventiles kommen wir wieder zum alten Dreihebelsystem zurück, von dem uns die Steuerungsdrosselung erlösen wollte. Ein Zweihebelsystem wird von der Atlas-Ges.,

Berlin, bei ihrem Iversschen Fahrtregler in Verbindung mit dem Iversschen Servofahrventil angewandt, indem ein besonderer Hebel, Fahrthebel genannt, das Druckminderventil und die Bremse nacheinander bedient. Der erste Teil des Hebelhubes bewirkt einen der Hebelstellung proportionalen Minderdruck, wobei das Drosselventil allmählich bis auf eine ganz geringe, das Umsetzen der Maschine erlaubende Öffnung geschlossen wird. Der zweite Teil des Hebelhubes bringt alsdann die Bremse mit allmählich wachsendem Drucke zur Wirkung. Beim Aufwerfen der Bremse, von Hand oder durch den Apparat, wird also immer vorher die Triebkraft bis auf eine ganz geringe Größe abgestellt, wodurch die Bremswirkung sicher gestellt ist. Bei getrennter Bedienung von Bremse und Drosselventil kann es vorkommen, daß die Triebkraft abzustellen vergessen wird und sich im Notfalle Triebkraft und Bremskraft entgegenarbeiten. Um nun neben der Hemmkraft der Bremse die des Gegendampfes heranziehen zu können, oder diese, wenn schon geschaltet, nicht durch den Schluß des Drosselventils abzuschalten, ist eine besondere Vorrichtung, Anfahrtreglung genannt, vorhanden, durch welche beim Auslegen des Steuerhebels auf Gegendampf das Drosselventil selbst wieder geöffnet wird, während jedes Auslegen auf Triebdampf das Drosselventil unbeeinflußt in der geschlossenen Stellung beläßt.

Ein Sonderdrossel- bzw. Absperrventil ist auch aus anderen Gründen nicht zu entbehren. Infolge der hohen Dampfgeschwindigkeit in den Steuerventilen wird die Dichtungsfläche angegriffen, so daß, wenn bei stehender Maschine kein dichtgeschlossenes Sonderabsperrventil vorhanden wäre, große Dampfverluste in den Förderpausen durch die undichten Steuerventile entstehen würden.

Auch die Rücksicht auf die Betriebssicherheit erfordert ein Sonderventil, da die Steuerung auf irgend eine Weise versagen kann, und es dann möglich sein muß, die Triebkraft durch das Drosselventil abzustellen.

Die hier erwähnten Einzelheiten werden später in anderem Zusammenhange vorgeführt werden.

Über die Steuerungsdrosselung ist berichtet in VI. A. 9, über Drossel- oder Fahrventile in VI. G. 1, über Steuerventile in VI. G. 2 und über das Zweihebelsystem, die Anfahrtregelung und den Steuerungsregler von Iversen in VI. E. 6.

D. Beherrschung der Bremskräfte.

1. Bedeutung. Bergpolizeiliche Vorschriften. Systematik der Bremsen.

Besser als Maschinenhemmkräfte eignen sich die durch Reibungsbremsen am Trommelumfang einwirkenden Hemmkräfte, die ein völlig gleichmäßiges Kraftmoment ergeben und heute, nachdem es gelungen ist, eine sicher regelbare Bremswirkung zu erzielen, allen anderen Hemmkräften vorzuziehen sind. Die häufige Benutzung der Bremsen hat einen vermehrten Verschleiß der Bremsklötze zur Folge, doch haben sich hieraus in einzelnen Fällen bei glattem Bremskranze keine Unbequemlichkeiten im Betriebe ergeben, da die Klötze erst nach langer Zeit auszuwechseln waren (etwa nach 2 Jahren).

Die Betriebsbeamten lassen nicht gern mit der Bremse arbeiten. Eine vermehrte Auswechslung der Bremsklötze erscheint immer lästig, da der Betrieb der Fördermaschine selbst an Sonntagen zwecks Seilfahrt, die für verschiedene Ausbesserungsarbeiten notwendig ist, weitergeht und nur in dringendsten Fällen unterbrochen werden kann. An anderer Stelle (VI. A. 9 Schlußsatz) ist auf die Nachteile der die Stetigkeit der Steuerwirkung unterbrechenden Stauknaggen hingewiesen und der Ersatz der Stauwirkung durch die regelbare Bremswirkung (VI. D. 8) empfohlen worden. Die oben erwähnten Betriebsschwierigkeiten bei stetiger Benutzung der Bremse ließen sich bei Neuanlagen leicht vermeiden, wenn man die Bremsklötze nicht radial, sondern je zwei axial mit gleichem Drucke an scheibenförmige Bremskränze anpreßt. Bei solcher Anordnung wirkt auch der stärkste Bremsdruck nicht formverändernd (vgl. IV. D. 1) auf die Bremskränze ein wie bei radialem Drucke. Es wird zunächst der Vorteil einer Schonung der Seilkörbe erreicht, und zweitens wird es möglich, gußeiserne geölte Bremsklötze zu verwenden, die, mit entsprechendem Druck angepreßt, die nötige gleichmäßige Reibung erzielen und keinem merkbaren Verschleiße unterworfen sind, also eine stetige Anwendung ohne Nachteile wie Abnutzung, Geräusch und Brandgeruch gestatten.

Die Bergpolizeiverordnungen erkennen die Wichtigkeit der Bremswirkung an. Breslau und Dortmund schreiben etwa gleichlautend vor: an jedem Seilkorb eine Bremse, deren Kranz mit dem Korbe fest verbunden sein muß, und eine Betätigung derselben vom Stande des Maschinenwärters aus.

Systematik der Bremsen.

Die Einteilung der Bremsanordnungen und -verwendungen hat nach verschiedenen sich kreuzenden Gründen zu geschehen.

Nach der äußeren Form:
1. Bandbremsen.
2. Backenbremsen.

Nach der Anzugskraft:
1. Hand-, Fußbremsen.
2. Dampf-, Druckluftbremsen.
3. Elektrische Motorbremsen.
4. Fallgewichtsbremsen.

Nach dem Betriebsfalle:
1. Für den normalen Betrieb: Manövrierbremse.
2. Beim Versagen der Betriebskraft: Notbremse.

3. Zum längeren Stillhalten der Maschine: Feststellbremse.
4. Zum Zwecke des Umsetzens: besondere Loskorbbremse.

Nach der Anzugsbetätigung:
1. Willkürliche Betätigung durch den Wärter, möglich bei
    a) Manövrierbremse,
    b) Notbremse.
2. Selbsttätige Einrückung der Ersatzkraft in Notfällen:
    a) durch Sicherheitsvorrichtungen, auf Manövrier- oder
       auf Notbremse wirkend,
    b) durch Ausbleiben der Betriebskraft auf die Notbremse
       wirkend.

Die folgenden Ausführungen befassen sich mit der allgemeinen
Anordnung der Bremsen und den besonderen Anordnungen bei Dampf-
fördermaschinen. Im letzten Teile dieses Buches wird im Abschnitt:
Sicherheitsvorrichtungen, Absatz: Bremsen, über die Sonderheiten der
Bremsanordnungen bei elektrischen Fördermaschinen berichtet werden.

2. Bremsformen.

Ältere Maschinen sind meist mit Bandbremsen, neuere mit
Backenbremsen ausgerüstet. Die kräftigere Wirkung der Bandbremse verschafft ihr auch heute noch vielfache Anwendung bei kleineren

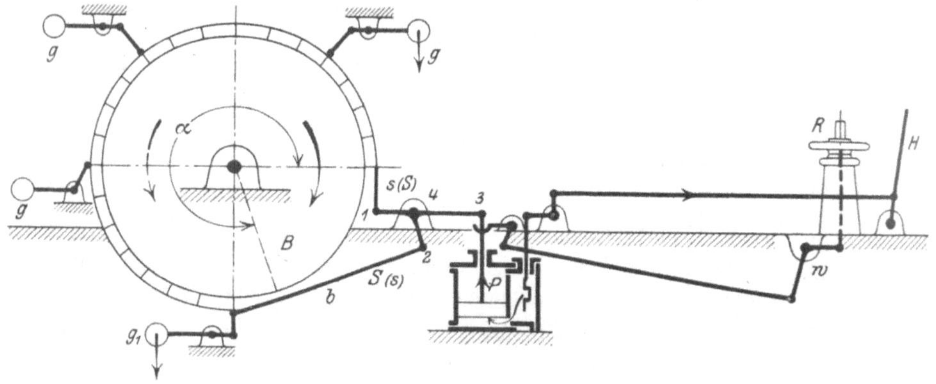

Fig. 207.
Anordnung einer Bandbremse.

Maschinen, deren Bremsung von Hand geschehen soll, während die
einfachere Gestaltung der Backenbremse vorgezogen wird, wenn
ohnedies zu mechanischer Bremsung übergegangen werden muß.

Das meist mit Holz gefütterte Bremsband b, Fig. 207, umschließt die Bremsscheibe B auf einem großen Umschlingungsbogen α. Das
eine Bandende s ist im Punkte 1, das andere S im Punkte 2 eines bei 4

gelagerten dreiarmigen Winkelhebels befestigt, an dessen drittem Arme 3 die Anzugskraft P angreift. Die Kraft P erzeugt Spannungen in den Bandenden, durch welche das Band reibungerzeugend an die Bremsscheibe gepreßt wird. Die Scheibe läuft auf das Bandende 2 auf, so daß in diesem eine große Spannung S erzeugt wird, während im Bande 1 nur eine kleine Spannung s durch die Wirkung der Anzugskraft entsteht. Beide Spannungen wirken unter gleichen Hebelsarmen auf den Bremshebel ein, so daß durch P ein entsprechendes Moment ausgeübt werden muß. Läuft die Scheibe umgekehrt, so tritt eine Vertauschung der Spannungen S und s ein, wodurch aber, da sie an gleichen Hebelsarmen wirken, keine Änderung im Kraftbedarfe hervorgerufen wird. Zur Vermeidung solcher Änderungen der nötigen Anzugskraft ist eben die gewählte Anordnung, wonach beide Spannungen s, S an den Bremshebel mit gleichen Hebelarmen angeschlossen sind, nötig.

Um bei gelüfteter Bremse ein Schleifen der Klötze zu vermeiden, wird das Band durch verschiedene Gegengewichte g abgehoben. Das untere Gewicht g_1 jedoch gleicht das Gewicht des hängenden Bandteiles aus, so daß es sich nicht zu weit von der Scheibe entfernt. Die Bremslüftung ist umständlich und die Vielgliedrigkeit des klotzgefütterten Bandes im Betriebe lästig. Die große Umschlingung ergibt eine gute Verteilung des Druckes und schließt starke einseitige Belastung des Bremskranzes und der Welle aus. Die elastische Fortpflanzung der Anzugskraft im langen Bande gewährt einen stoßfreien Bremseingriff, aber die starke Abhängigkeit der Bremswirkung von der veränderlichen Reibungsziffer kann unangenehme Überraschungen bereiten.

Die Gestaltung der Backenbremse, Fig. 208, ist einfacher. Die in tangentialer Richtung unverschiebliche Backe b wird durch die Kraft P unter Vermittlung des Hebels 132 radial gegen die Bremsscheibe B gepreßt. Die erzeugte Reibung verzehrt die Bewegung der Scheibe. Zur Erzielung der nötigen Reibung muß bei großen Maschinen die Backe b mit sehr großem Normaldrucke gegen den Bremskranz gepreßt werden. Dieser starke auf einen Punkt einwirkende Druck ist für die Festigkeit

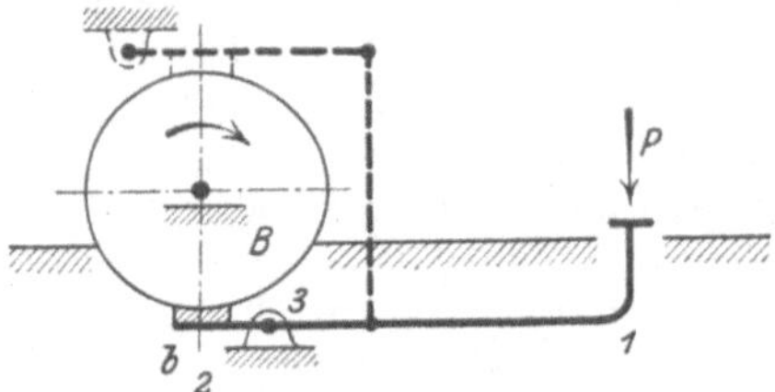

Fig. 208.
Schema einer Backenbremse.

der Scheibe ungünstig und bewirkt einen starken Verschleiß des einseitig stark gedrückten Wellenlagers. Daher werden durchweg Doppelbacken verwendet, die den Druck zu verteilen gestatten. In Fig. 208 wird die zweite, punktierte Backe vom gleichen Bremshebel angezogen. Die hierbei auftretende Druckverteilung hängt aber von der Backeneinstellung ab und ändert sich mit dieser. Bei unrichtiger Einstellung kann eine der Backen gänzlich von der Anpressung ausgeschlossen bleiben.

Daher wählt man besser folgende Anordnungen zur **Erzielung gleichen Anpressungsdruckes**. In Fig. 209 sind die Backen N und N_1 in wagerechter Führung verschiebbar. Ein Winkelhebel Pww_1 drückt bei der eingezeichneten Kraftwirkung die rechte Backe nach links, die linke durch Vermittlung der Zugstange z nach rechts an die Scheibe. Beide Backen müssen nacheinander zur Anlage kommen. Der Drehpunkt w des Winkelhebels bildet nach Anliegen der rechten Backe den Stützpunkt für das Anziehen der linken Backe und der Punkt w_1 nach Anliegen der linken Backe den Stützpunkt für das Anziehen der rechten Backe. Die Wirkung des Winkelhebels ist für beide Backen

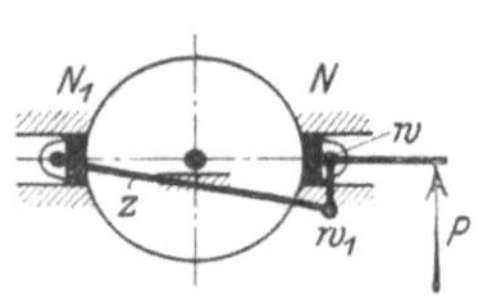
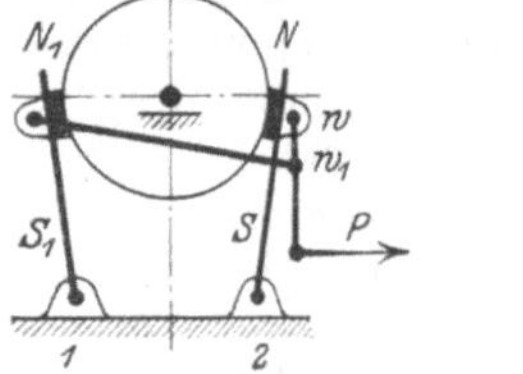

Fig. 209.
Doppelbacken mit gleichem
Anpressungsdruck.

Fig. 210.
Doppelbacken mit gleichem
Anpressungsdruck.

völlig gleich. In Fig. 210 ist eine Anordnung für eine horizontale Anzugskraft P gegeben. Die Backen gehen nicht in festen Führungen, sondern sind durch die Stützen S auf flachen Kreisbogen um die Punkte 1 und 2 geführt, wodurch auf einfachere Weise die gleiche Wirkung wie in Fig. 209 erreicht wird. Bei dieser Anordnung sind die Drucke N und N_1 nicht völlig gleich, wie die Betrachtung der am angezogenen Hebel wirkenden und im Gleichgewicht befindlichen Kräfte ergibt (Nebenfigur: $N + P = N_1$). Die Bremsscheibe wird also mit der Kraft P nach rechts gedrückt. Dieser einseitige Druck P ist belanglos, wenn am Bremshebel noch eine größere Übersetzung von P auf N stattfindet, P also klein ist, wird aber bedeutend, wenn dieser etwa gleicharmig ausgeführt wird.

Damit bei Bremslüftung die Backen abfallen, werden die Stützen S schräg gestellt, manchmal auch eine beim Bremsanzuge zusammenzupressende Feder angeordnet. Die Schrägstellung der Stützen ergibt, daß die Backen etwas unterhalb der Scheibenmitte angreifen. Zur Erreichung raschen Eingriffes bei geringer Stoßwirkung werden die Backen im gelösten Zustande auf geringen Abstand (2 mm) eingestellt. Dies erfordert Nachstellung im Betriebe, daher ist die Hubbegrenzung h (Fig. 213) mit einem stellbaren Anschlage a versehen. Eine enge Backeneinstellung ist nur bei abgedrehtem Bremskranze möglich, der auch wegen der gleichmäßigeren Reibung und geringeren Abnutzung dem unbearbeiteten Kranze vorzuziehen ist.

3. Berechnung der Bremsen.

Die Berechnung der Bandbremse nach Fig. 207 erfordert Berücksichtigung der eigentümlichen Spannungsverhältnisse des Bandes, die denen eines um eine Treibscheibe gelegten Förderseiles völlig entsprechen und bei Betrachtung von deren Reibungsverhältnissen genügend besprochen wurden (Abschn. IV C. 1).

In Fig. 211 sind die an der Bremsscheibe wirkenden Kräfte eingezeichnet, die Bandspannungen s und S, sowie die abzubremsende Umfangskraft U. Die Bandspannungen stehen mit dem Umschlingungs

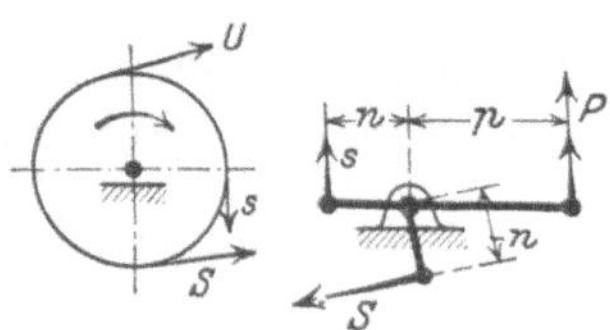

Fig. 211.

Zur Berechnung der Bandbremse.

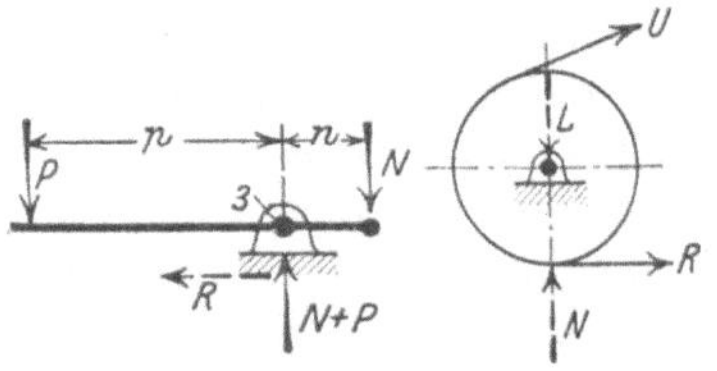

Fig. 212.

Zur Berechnung der Backenbremse.

bogen α^0 und der Reibungsziffer f in der in IV. C. I bereits mitgeteilten Beziehung

$$S = s \cdot 2{,}7183^{\,f \cdot \frac{\alpha^0}{360^0}} \text{ oder } S = m \cdot s \quad . \quad . \quad . \quad . \quad 1)$$

und ferner mit der Umfangskraft U

$$S - s = U \quad . \quad . \quad . \quad . \quad . \quad . \quad . \quad . \quad 2)$$

daher

$$m\,s - s = U, \quad s\,(m-1) = U, \quad s = \frac{U}{m-1} \left.\begin{array}{c} \\ \\ \end{array}\right\}$$

und

$$S = m \cdot \frac{U}{m-1} \qquad\qquad\qquad\qquad\qquad \Biggr\} \quad . \quad . \quad 3)$$

Die am Bremshebel wirkenden Kräfte zeigt die Nebenfigur, desgleichen ihre Hebelarme. Daher:

$$P \cdot p = s \cdot n + S \cdot n = n\,(s + S) = \frac{U}{m-1}\,(m+1) \cdot n$$

$$P = \frac{n}{p} \cdot \frac{m+1}{m-1} \cdot U \quad . \quad . \quad . \quad . \quad . \quad . \quad . \quad . \quad . \quad 4)$$

Zur Auswertung von 4 ist die Kenntnis von m aus 1 nötig. Die folgende Tabelle gibt für f = 0,5 (Holz auf Schmiedeeisen) und verschiedene Umschlingungsbogen ausgerechnete Werte (ungefähre).

$$\text{Tabelle für m.}$$

Bogen	180^0	270^0	360^0	540^0
m	5	10	20	100

Man erkennt das starke Spannungswachstum bei wachsendem Umschlingungsbogen. Man sucht diesen daher so groß wie möglich zu machen. Üblich und bequem zu verwirklichen ist $\alpha = 270^0$. Alsdann kann als normal angesehen werden

$$P = \frac{n}{p} \cdot \frac{11}{9} \cdot U = 1{,}2\,\frac{n}{p} \cdot U \quad \ldots \ldots \quad 5)$$

Die Berechnung der Backenbremse geschehe an Hand der Fig. 212. Diese zeigt die an der Bremsscheibe einer Backenbremse wirkenden Kräfte, Umfangskraft U und Reibung R. Diese Kräfte hängen mit dem erzeugenden Normaldrucke N zusammen durch

$$U = R = f \cdot N \quad \ldots \ldots \ldots \ldots \quad 6)$$

oder

$$N = \frac{U}{f} \quad \ldots \ldots \ldots \ldots \quad 7)$$

Am Bremshebel (linke Nebenfigur) wirken die Kräfte P und N nach

$$P = \frac{n}{p} \cdot N \quad \ldots \ldots \ldots \ldots \quad 8)$$

Demnach

$$P = \frac{n}{p} \cdot \frac{U}{f} \quad \text{und für} \quad f = 0{,}5$$

$$P = 2 \cdot \frac{n}{p} \cdot U \quad \ldots \ldots \ldots \quad 9)$$

Ein Vergleich von 9 mit 5 zeigt bei gleicher Reibungsziffer die günstigere Wirkungsweise der Bandbremse; daher ihre Verwendung zur Handbremsung.

Die Nebenfigur 212 zeigt noch die Beanspruchung des Bremshebels durch eine Längskraft R, die durch das feste Lager 3 aufgenommen werden muß, und die Hauptfigur den einseitigen Backendruck, dem durch die Reaktion L der Lagerschale begegnet werden muß. Bei unten angreifender Backe und Trommelmaschinen wird im allgemeinen das Trommelgewicht zur Aufnahme des Backendruckes genügen.

Bei doppelseitiger Backenanordnung nach Fig. 209 ist P nur ½ so groß zu wählen wie nach 9, da an beiden Backen ein gleicher Druck erzeugt wird. Diese Erscheinung darf aber nicht dazu verleiten, die Doppelbackenbremse für wirksamer als die einfache Backe zu halten. Dem doppelten Backendruck entspricht auch ein doppelter Anzugsweg, so daß bei sonst gleichen Verhältnissen das Übersetzungsverhältnis nur halb so groß gewählt werden kann als bei einfacher Backe.

Über die Reibungsziffer obiger Rechnungen ist zu bemerken, daß sich dieselbe auch bei gleichen Stoffen je nach dem Zustande der Bearbeitung und der Schmierung sehr ändern kann, daß also jeder Bremswirkung eine entsprechende Unsicherheit bezüglich der Größe anhaftet.

Für Fördermaschinen kommt nur die Reibung von Holz auf Eisen in Betracht, da man diese Stoffe wegen der großen Reibungsziffer wählt.

Professor Klein, Hannover, hat hierüber Versuche angestellt (Zeitschr. d. Ver. deutsch. Ing. 1903, S. 1083 und Glückauf 1903, Nr. 7).

Es wurden Gleitgeschwindigkeiten von 1—20 m/sec und spezifische Drücke von 0,5—10 kg/qcm angewendet. Hierbei hat sich die Reibung von Geschwindigkeit und spezifischem Druck unabhängig erwiesen.

Bei rauhem Schmiedeeisen war die Bremswirkung wesentlich kleiner als bei glattem. Der Bremsklotz wird offenbar durch die Unebenheiten der sich rasch vorbeibewegenden Scheibe immer wieder zurückgestoßen, so daß diese sich zeitweise ungebremst darunter fortbewegen kann. Die Reibungsziffer ist daher abhängig von der Rauhigkeit und Nachgiebigkeit der Bremse, so daß es eine einzige Reibungsziffer für rauhe Scheiben, die überall anwendbar wäre, nicht gibt. Die Reibungsziffer des Gußeisens war geringer als die des glatten Schmiedeeisens. Von Hölzern erwies sich Pappel am geeignetsten, da ihre Reibungsziffer an sich hoch ist und durch Verschiedenheit der Schmierung nicht wesentlich beeinflußt wird.

Für die Ausführung wird daher empfohlen: möglichst gut bearbeitete glatte schmiedeeiserne Bremsscheibe und Bremsklötze aus Pappelholz.

Tafel der Reibungsziffern:

$$f = 0{,}15—0{,}3 \text{ für unbearbeitetes Schmiedeeisen}$$
$$= 0{,}5—0{,}65 \text{ „ bearbeitetes „}$$
$$= 0{,}3—0{,}35 \text{ „ „ Gußeisen.}$$

Öl auf der Bremsfläche beeinträchtigt bei Buche, Ulme und Weide die Reibung beträchtlich, während bei Eiche und Pappel eine kleine Erhöhung eintritt.

Die Umfangskraft U der Rechnungen ist durch Umrechnung der gegebenen Überlast auf den Umfang des Bremskranzes zu ermitteln. Der ausgeführte Bremsdruck ist häufig ein mehrfaches (5—6 fach) des errechneten. Es ist alsdann nachzurechnen, welche Verzögerungen in Rücksicht auf die bewegten Massen, und welcher Bremsweg bei bestimmter Maschinengeschwindigkeit eintreten wird.

Berechnung der Verzögerungen: Es bezeichne für Backenbremsen (nach Hütte, 21. Aufl., II, S. 467) in Kilogramm bzw. Meter:

G′ die Summe sämtlicher bewegter Gewichte quadratisch auf den
  Bremsringumfang umgerechnet,

P die Anzugskraft (Kolbendruck, Fallgewicht),

λ das Übersetzungsverhältnis zwischen P und dem gesamten Normal-
  backendruck (bei Doppelbacken also zwischen P und 2 N bzw.
  P und 4 N),

η den mechanischen Wirkungsgrad des Bremsgetriebes $= 0{,}8$,

f die Reibungsziffer zwischen Backe und Scheibe,

v′ die Umfangsgeschwindigkeit des Bremsringes beim Einfallen der
  Bremse,

U die einseitige Überlast auf den Bremsringumfang umgerechnet.

s′ den Auslaufweg (Bremsweg) } gemessen am Bremsringumfange.
a′ m/sec² die Verzögerung.

Dann ist die am Bremsring angreifende Reibung $P \cdot \lambda \cdot \eta \cdot f$ und
die die Massen verzögernde Kraft gleich $P \lambda \eta f \pm U$, wobei das $+$ für
zu hebende, das $-$ für zu senkende Last gilt. Demnach erfolgt eine
Verzögerung der Gewichte G′

$$a' = \frac{P \lambda \eta f \pm U}{G'} \cdot g \quad \ldots \ldots \ldots \quad 10)$$

Die Größe der Verzögerung ist von der Geschwindigkeit
völlig unabhängig. Hierauf sei ausdrücklich hingewiesen. Der
Bremsweg hingegen ist dem Quadrate der Geschwindigkeit proportional

$$s' = \frac{G' \cdot v'^2}{2 g (P \lambda \eta f \pm U)} \, .$$

Als größte Verzögerungen kommen vor normal 2,5—3 bis max
5 m/sec² bei einem niedrigen Dampfdrucke, der der Berechnung zugrunde gelegt wird. Die Fallgewichtsbremse wird gleich stark oder
schwächer bemessen. Bremswege ergeben sich bei Höchstgeschwindigkeit etwa 30—50 m, bei der geringeren Geschwindigkeit der Seilfahrt
7—10 m. Bei Treibscheiben müssen die Verzögerungen wesentlich
niedriger gewählt werden wegen des sonst erfolgenden Seilrutschens.
Man vergleiche auch Abschnitt VI. D 7, wo die ungünstige Wirkung starker
Verzögerungen und raschen Bremseingriffes erörtert wird.

Für Überschlagsrechnungen können bei einer mittleren Teufe
von 500 m die mit der Maschine bewegten Massen angesetzt werden für
Scheibenmaschinen mit 50—55 t, für Trommelmaschinen mit Unterseil
mit 85—90 t, und zwar quadratisch auf die Seilmitte bezogen.

Für gleiche Verhältnisse beträgt der Bremsdruck etwa 10 t je Backe,
also 40 je Maschine, und die Gesamtreibung etwa 20 t am Bremsringe.
Die Nutzlast kann mit 5 t angesetzt werden. Daher Verzögerungen nach 10.

$$\text{Scheibenmaschine} \ \frac{20 + 5}{50} \cdot 10 = 5 \ \text{m/sec}^2 \ - \ \text{zu hoch!}$$

$$\text{Trommelmaschine} \ \frac{20 + 5}{90} \cdot 10 = 2{,}7 \ \text{m/sec}^2 .$$

Es wird am besten möglichst vermieden, die Bremse mit diesem vollen Drucke wirken zu lassen.

4. Die Anzugskräfte.

Kleinere Anzugskräfte werden am einfachsten und besten von Hand ausgeübt. Diese Betätigung gestattet eine gute den Verhältnissen entsprechende Regelung des Bremsdruckes und verhütet stoßendes Einrücken. Bei Anzug von Hand kann mit $P = 20$ kg, bei Anzug durch das Körpergewicht bei Fußbremsen mit $P = 75$ kg gerechnet werden.

Immer werden diese Kräfte durch Übersetzungsgetriebe vergrößert. Das einfachste Getriebe ist der immer verwendete Hebel Fig. 208. Zur weiteren Vergrößerung werden mehrfache Übersetzungen hintereinandergeschaltet. In Fig. 207 kann der Bremshebel 34 durch das Handrad R angezogen werden. Es sind ihm dann noch vorgeschaltet der Winkelhebel w und das Handradschraubengewinde R.

Diese Erzeugung großer Kräfte geschieht auf Kosten von Weg und Zeit. Solche Betätigung eignet sich daher nicht für eine Manövrierbremse, bei welcher ein rascher Bremseingriff erforderlich ist. Sie findet sich aber gelegentlich als Notbetätigung beim Versagen der Hauptbremse. Eine solche Einrichtung kann aber nicht als Sicherheitsbremse eingeschätzt werden. Dagegen können Handbremsen als Feststellbremsen zur Sicherung eines längeren Ruhezustandes der Maschine nützliche Verwendung finden. Allgemein ist ihre Anwendung als Loskorbbremse, deren Betätigung in der erwähnten Richtung liegt.

Schneller wirkende Notbremsen werden erhalten durch Fallenlassen eines gehobenen auf den Bremshebel wirkenden Gewichtes.

Die Manövrierbremsen größerer Maschinen werden meist durch Dampf, die elektrischer Maschinen durch Druckluft oder neuerdings unmittelbar durch einen Elektromotor angezogen.

Die Dampfbremsen werden in den folgenden Abschnitten eingehender behandelt werden. Die Erörterungen über Dampfbremsen mit regelbarem Anpressungsdrucke gelten auch für Druckluftbremsen.

Die Druckluftbremsen der elektrischen Fördermaschinen erfordern einen umständlichen Betrieb. Ein elektrisch angetriebener Kompressor liefert Druckluft in einen Windkessel, von dessen Druckschwankungen die Regelung des Kompressorvorganges abhängig gemacht ist. Die Nachteile sind: verwickelter Bau, großer Energiebedarf, unbequeme Regelung des Kompressors, vermehrte Störungsmöglichkeit.

Die Übelstände werden durch elektrische Motorbremsen vermieden. Die nach Blazek von den Siemens-Schuckert-Werken, Wien ausgeführte Bremse (1901) arbeitet mit einem Drehstrommotor, der, zwecks Bremsung angelassen, durch die Drehung seines Ankers unter Zwischenschaltung von Rädern die Bremse anzieht. Im Rotorstromkreis sind feste ihn schützende Widerstände eingebaut. Hierzu werden durch den Bremshebel des Wärters Widerstände geschaltet. An einem in den Rotorstromkreis eingeschalteten Ampèremeter erkennt der Wärter das Anzugsmoment und kann danach willkürliche Regelung der Bremsung vornehmen (Österr. Zeitschr. f. Berg- u. Hüttenwesen 1910, 362).

Die Motorbremse von Brown, Boveri & Cie. benutzt einen durchlaufenden Drehstrommotor mit einem bestimmten Höchstanzugsmoment. Zwecks Bremsung kuppelt der Wärter die Motorachse durch eine Reibkupplung mit einer Schraubenspindel, deren Wandermutter die Bremse anzieht. Je nach der Größe des Kuppelungsdruckes wird eine entsprechende Kraft auf die Bremse übertragen. (Fördertechnik 1912, Heft 1.)

5. Anordnung der Dampfbremsen.

Der Dampfkolben, Fig. 213, des Bremszylinders B C wirkt durch ein Bremsgetriebe auf die Doppelbacken geschilderter Anordnung ein. Die Schaltung der Bremskraft geschieht durch Verschiebung des Bremsschiebers s durch den Handhebel H am Wärterstande. Diese Figur zeigt einen liegenden, die Fig. 215 einen stehenden Bremszylinder und dieser Tatsache entsprechende Hebelanordnungen. Letzteres Beispiel zeigt zwei hintereinander liegende Trommeln, deren Backen durch einen Kolben angepreßt werden. Die liegende Zylinderanordnung ergibt einfachere Getriebe und läßt den Ausblick auf die Trommeln unbehindert. Sie dürfte im allgemeinen vorzuziehen sein. Die Bremskränze sind meist an den Außenseiten der Seilkörbe angebracht. Der von der Mitte ausgehende Bremsantrieb wird durch der Trommelachse parallele Wellen w nach den seitlichen Backen übertragen. Fig. 216 zeigt eine andere Art der Übertragung. Der liegende Bremskolben treibt durch wagerechte nach den Außenseiten gehende Hebel h und h_1 die Backen an. Dieses Getriebe ist sehr einfach und nutzt die Raumverhältnisse gut aus.

Neben der dem Manövrieren dienenden Hauptbremse, Fig. 207 und 216, ist noch vorgesehen eine Vorrichtung zum Feststellen der Maschine vermittels des Handrades R, das vor dem Maschinisten angeordnet ist. Hierbei wird die Dampfkolbenstange durch die Spindel S nach links gedrückt. Damit beim Spielen der Dampfbremse keine Beeinflussung des Handanzuges geschehe, ist in dem Schlitze des Verbindungsgestänges ein entsprechender toter Gang vorgesehen.

Mit der Dampfbremse in keinem Zusammenhange stehend, sondern von ihr unabhängig muß die erforderliche Loskorbbremse LB, Fig. 214, angeordnet sein. Sie wirkt meist von unten als einfache Backenbremse mit Handanzug auf den Bremskranz des Loskorbes ein, während die Manövrierbremse beim folgenden Verstecken in Tätigkeit zu treten hat.

Die beschriebenen Bremsen werden willkürlich durch den Wärter bedient.

Eine bei Eintritt bestimmter Voraussetzungen selbsttätige Wirkung findet bei der Hauptbremse durch den Eingriff regelnder

Apparate, bei der im nächsten Abschnitte zu beschreibenden Fallgewichtsbremse bei vorgesehener Einrichtung durch das Ausbleiben des Betriebsdampfes statt. Der regelnde Eingriff sei hier durch einen Sicherheitsapparat, der im wesentlichen, Fig. 213, aus Regler R und Teufenzeiger T besteht, dargestellt. Dieser löst bei zu großer Endfahrt-

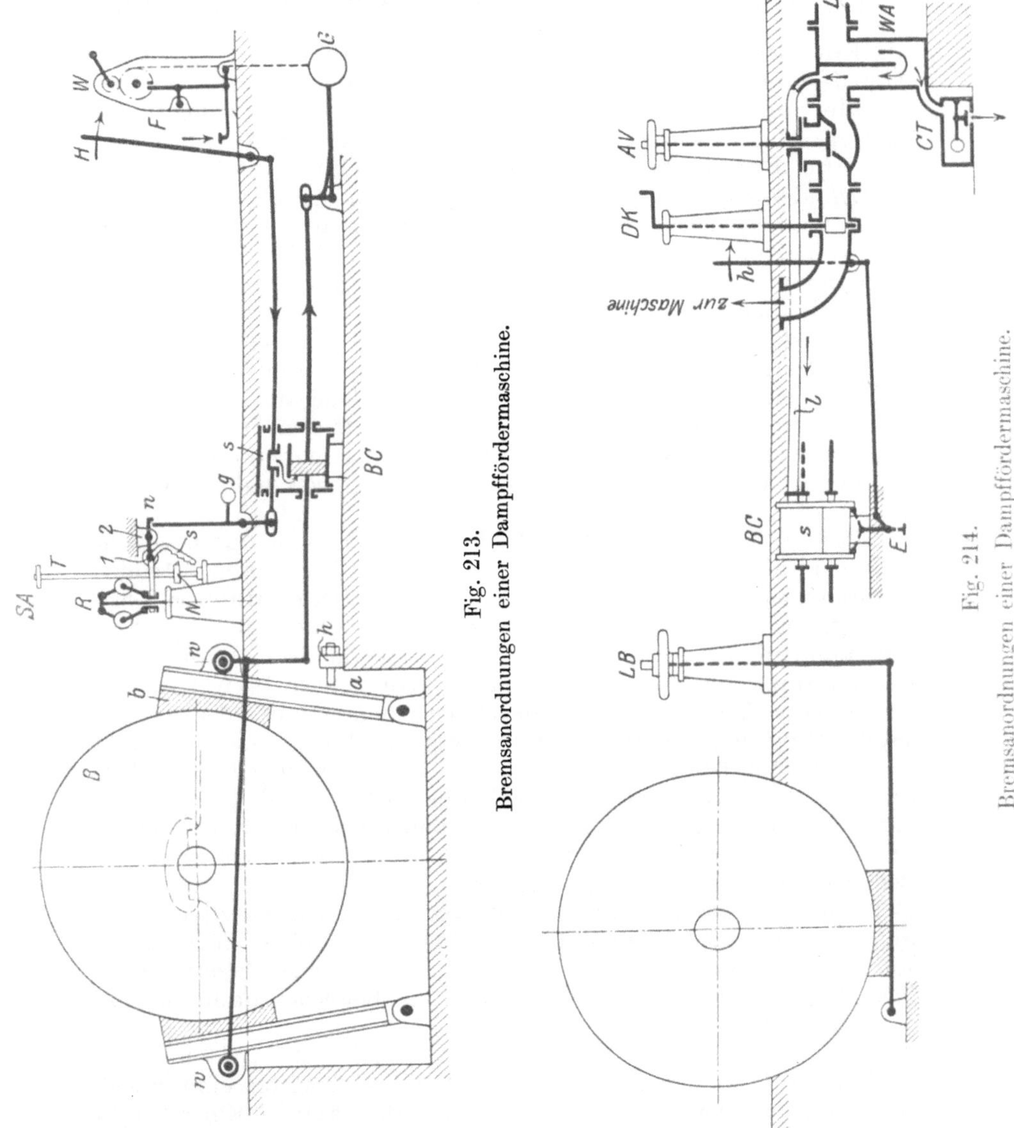

geschwindigkeit den Fallgewichtshebel g aus, dessen Bewegung den Bremsschieber s verschiebt.

Die Unabhängigkeit der Wirkungen ist durch die Gestängeschlinge gewahrt.

6. Einrichtungen zur Sicherung der Bremswirkung.

Ein Versagen der Bremswirkung muß durch geeignete Anordnung des Ganzen möglichst vermieden und diese bei Ausbleiben der normalen Anzugskraft durch bereit gehaltene Fremdkräfte ersetzt werden, Fig. 213 und 215.

Eine Beeinträchtigung der Bremswirkung erfolgt durch in den Zylinder gelangendes Kondenswasser. Solches kann aus der Dampfleitung zufließen oder im Zylinder durch Kondensation entstehen. Das auch von dem Maschinenzylinder fernzuhaltende Leitungswasser wird durch einen in die Frischdampfleitung L eingebauten Wasserabscheider W A abgefangen und durch den Kondenstopf C T selbsttätig entfernt. Die Bremsleitung l wird dann hinter dem Wasserabscheider aus der Hauptleitung abgezweigt. Zwischen Wasserabscheider und der Maschine sind noch ein Absperr- und eine Drosselklappe eingebaut. Damit beim Schlusse dieser Ventile der nötige Dampfzutritt zum Bremszylinder nicht abgeschnitten werde, muß die Bremsleitung l vor diesen Ventilen abgezweigt werden. Die Abzweigstelle ergibt sich daher zwischen Wasserabscheider und Ventil.

Das im Bremszylinder sich bildende Wasser muß durch eine im tiefsten Punkt abzweigende Leitung entfernt werden können. In diese Ableitung ist ein durch den Handhebel h gesteuerter Hahn E eingeschaltet, der vom Wärter von Zeit zu Zeit zu öffnen ist. Um Kondensation im Bremszylinder möglichst zu verhindern, wird er mit einem Dampfmantel umgeben, oder es werden (nach Dautzenberg) bei gelöster Bremse beide Kolbenseiten unter Dampf gehalten und zwecks Bremsung der Dampf einer Seite ausgelassen (Auslaßbremse).

Beim Ausbleiben der Bremskraft läßt man ein gehobenes Fallgewicht G (Fig. 213) auf die Bremsbacken einwirken. Das Fallgewicht wird mit Hilfe einer Winde W gehoben und durch eine Sperrklinke in der Schwebe gehalten. Ein Fußtritt F am Wärterstande ermöglicht im Bedarfsfalle, das Fallgewicht auszulösen. Das Fallgewicht wird etwa 2—3 mal so groß gemacht als zum Halten der ruhenden Last nötig ist. Das Spielen der Dampfbremse erfolgt wieder ohne Rückwirkung auf die Fallgewichtsbremse. Zur Vermeidung eines Stoßes ist in Fig. 215 in das Fallgewichtsgestänge eine Bewegungsdämpfung bei D eingeschaltet.

Als Ersatzkraft muß eine von der Hauptkraft unabhängige Kraft gewählt werden, am einfachsten und zuverlässigsten ein Gewicht. Beim Versagen der Hauptkraft kann ein selbsttätiges Eintreten der Ersatzkraft erreicht werden, wenn das Fallgewicht durch die Dampfkraft in der Schwebe gehalten wird, beim Ausbleiben des Dampfes also selbsttätig fällt und bremst.

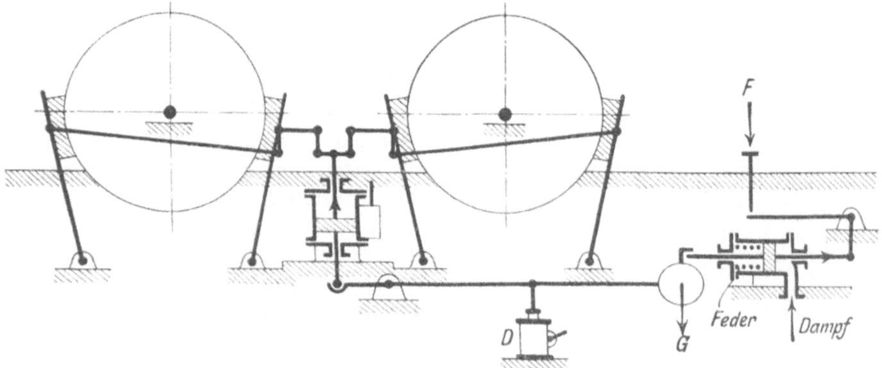

Fig. 215.
Bremsanordnung bei hintereinanderliegenden Trommeln. Selbsttätige Einschaltung des Fallgewichtes beim Ausbleiben des Bremsdampfes.

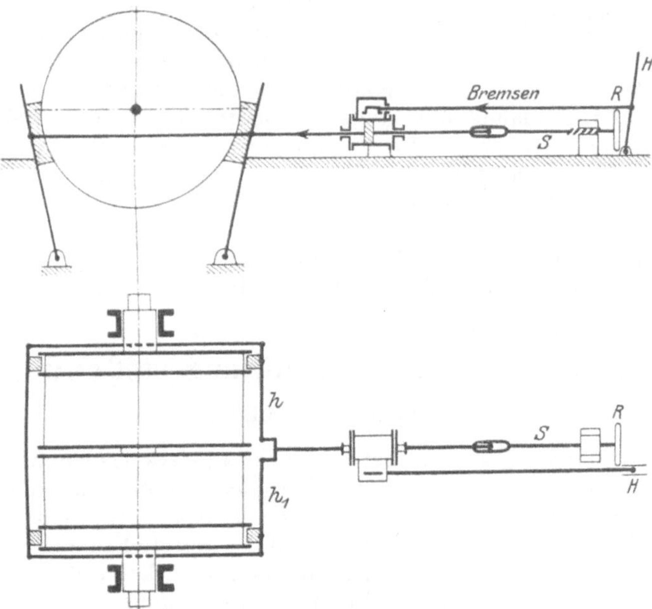

Fig. 216.
Bremsanordnung für liegende Dampfbremse.

Zur Ersparung eines größeren Dampfzylinders kann die Sperrung des Fallgewichtes nach Fig. 215 durch eine dampf- und federbelastete Klinke geschehen. Bei genügendem Dampfdrucke bleibt die Klinke im Eingriff, bei Nachlassen des Dampfdruckes rückt die Feder die Sperrung aus. Durch den Fußhebel F kann der Wärter die Sperrung ebenfalls lösen. Die Möglichkeit willkürlicher Einrückung der Fallgewichtsbremse sollte immer gewahrt bleiben.

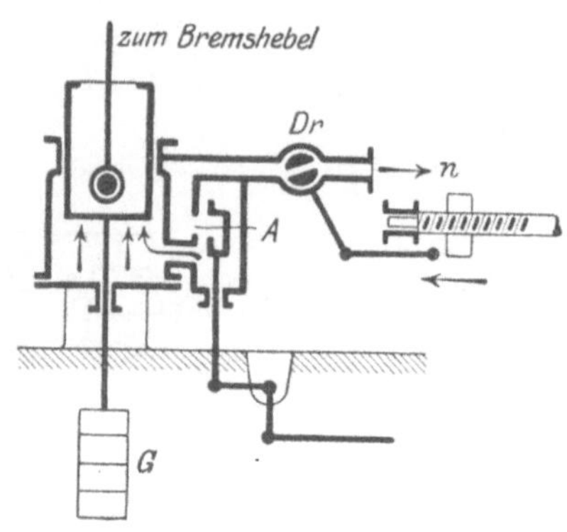

Fig. 217.

Bremse von Gilain. Gewichtsbremse, durch gesteuerten Sperrdampf gelüftet.

Bei unmittelbarer Dampfsperrung kann die Sperrung mit einer vom Wärter zu handhabenden Steuerung versehen sein, durch welche der Sperrdampf nach Abschluß der Zuleitung ins Freie gelassen wird. Bei enger Auspuffleitung findet eine Milderung des Stoßes statt. Die letzterwähnte Anordnung findet eine vereinfachte Fortbildung in der Bremse von Gilain (1905), Fig. 217. Der unter Dampf stehende Kolben des Sperrzylinders hält das Fallgewicht bei gelöster Bremse hoch. Durch Niederschieben des Schiebers erfolgt Dampfauslaß und Wirkung des Gewichtes. In die Ausblaseleitung ist ein Drosselhahn Dr eingeschaltet, der für gewöhnlich so eingestellt ist, daß der Abdampf nur langsam ausströmen kann. Beim Übertreiben öffnet der vorgehende Teufenzeiger n den Hahn ganz, so daß rasch gebremst werden kann. Wird diese Anordnung mit einem Druckregler ausgestattet (Abschn. 8), so dürfte sie bei großer Einfachheit weitgehenden Ansprüchen genügen.

Brown, Boveri & Cie. treffen eine ähnliche Anordnung für elektrische Fördermaschinen bei Verwendung von Druckluft.

7. Schäden und Verhütung stoßender Bremswirkung.

Bei großen Maschinen beträgt der Anpressungsdruck je Backe 10—20 t. Bei plötzlichem Einfallen der Dampfbremse oder gar der Fallgewichtsbremse wird im Augenblicke des Auftreffens der Massen der Druck erheblich vergrößert, so daß auch der festeste Bremskranz auf die Dauer Schaden leiden muß. Besonders leiden die Nietverbindungen unter der scharfen und wechselnden Beanspruchung. (vergl. IV D. 1.) Auch für das Bremsgestänge ist der Massenstoß schädlich. Im vorigen Abschnitte sind schon einige Mittel erwähnt, diesen Backenstoß zu mildern. In das Bremsgestänge des Fallgewichtes, Fig. 215, ist ein Ölzylinder D eingeschaltet. Der mitbewegte Kolben verdrängt das alle Räume füllende Öl durch einen Umlauf mit einstellbarer Drosselöffnung von der einen zur anderen Seite. Die auftretenden Widerstände dämpfen die zu

rasche Bewegung. Nachteilig ist hierbei die damit verbundene Verzögerung der Bremswirkung um 2—3 Sek., im Falle der Gefahr eine
wichtige Zeit. Brown, Boveri & Cie. haben daher eine Einrichtung
getroffen, welche ein freies Fallen des Gewichtes bis zum Auftreffen
der Backen, alsdann eine Abdämpfung der weitergehenden Gewichts-
bewegung gestattet. Eine Beschreibung sowie Skizze stand
nicht zur Verfügung. Fig. 218 stellt eine das gleiche erreichende
einfache Anordnung dar. Der Dämpfungszylinder D ist in das Gestänge
in der Nähe der Backe eingebaut. Beim Fallen des Gewichtes G drückt

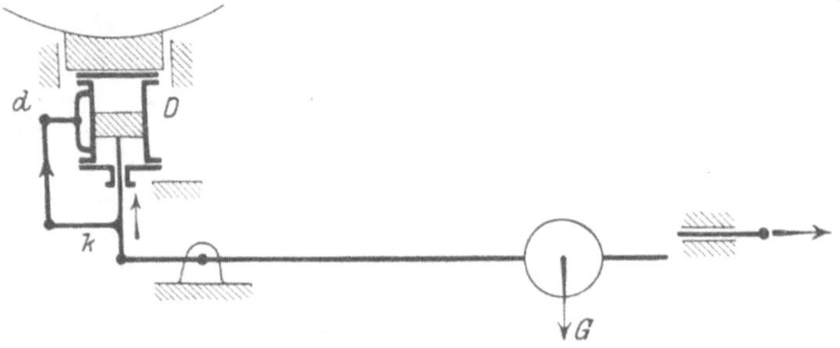

Fig. 218.
Dämpfung des Stoßes des Fallgewichtes nach Auftreffen der Backen.

der Kolben durch Vermittlung des eintretenden Öldruckes Zylinder
und Bremsbacke nach oben. Nach dem Auftreffen fällt das Gewicht
weiter, und der hydraulische Widerstand des durch die enge Drosselöffnung d nach der anderen Seite gepreßten Öles verzehrt die Schwungkraft des Gewichtes.

Der Drosselhahn d kann fest eingestellt sein oder durch die Kolbenstange k gesteuert werden. Im letzteren Falle wird der Drosselhahn
nach Auftreffen der Backe also Feststellung des Kataraktzylinders D,
durch die weitergehende Bewegung der Kolbenstange k allmählich
geschlossen, so daß sich ein wachsender Anpressungsdruck auf die
Bremsbacke ergibt, der bei völligem Abschlusse der Drosselöffnung
gleich dem Gewichte geworden ist.

Das Einfallen einer starken Bremse bei voller Maschinengeschwindigkeit wird fast allgemein als äußerst schädlich angesehen,
während die Wirkung der gleichen Bremskraft bei geringer Geschwindigkeit als unschädlich erachtet wird. Eine bestimmte Bremskraft bewirkt eine bestimmte Verzögerung, die völlig unabhängig von
der derzeitigen Maschinengeschwindigkeit ist (Abschn. 3, Gleichung 10).
Diese Verzögerung, die durch die Seile auf die Körbe übertragen werden
muß, ruft in den Seilen Spannungsänderungen hervor, im abgehenden Seile
eine Vergrößerung, im aufgehenden eine Verminderung. Die Spannungsänderungen sind der Verzögerung proportional, aber unabhängig von
der Geschwindigkeit; je 1 m/sec² Verzögerung bedingt eine Spannungs-
änderung von 10 v. H. Scharfe Verzögerungen sind daher im Interesse

der Seile zu meiden. Bei Berechnung der Bremse wird meist der geringst angenommene Dampfdruck zugrunde gelegt. Bei höheren Dampfdrücken können dann starke Seilbeanspruchungen auftreten. Es ist daher ratsam, in die Bremsleitung ein Druckminderventil einzubauen, das auf den Mindestdampfdruck eingestellt wird, für den die Bremse berechnet ist.

Bei ausgeführten Dampfbremsen ohne Druckminderventil kann eine Verzögerung bis 10 m/sek² auftreten, was eine Verdoppelung der Seilspannung bedeutet. Bei gemeinsamem Eingriffe von Dampf- und Fallgewichtsbremse können noch größere Verzögerungen auftreten. Dann ist die Verzögerung des aufwärtsgehenden Korbes durch sein Eigengewicht kleiner als die des entsprechenden Seiles. Der Korb eilt dem Seile voraus, um alsdann nach Aufzehrung seiner Bewegung ins Seil zurückzufallen, wodurch Seilbruch oder unzeitiger Eingriff der entlasteten Fangvorrichtung erfolgen kann. Diese Wirkung ist ebenfalls unabhängig von der Geschwindigkeit und würde auch bei kleinster Geschwindigkeit eintreten. Bei kleiner Korbgeschwindigkeit aber werden die Folgen unschädlicher sein, da der Korb nur um ein geringes Stück dem Seile voreilen kann, so daß der folgende Fall geringere Stoßwirkung zur Folge hat. Es herrschen über diese Verhältnisse allerorts starke Unklarheiten.

Dennoch ist das plötzliche Auftreten einer starken Verzögerung schädlich, wenn auch unabhängig von der herrschenden Geschwindigkeit. Bei plötzlichem Spannungswechsel im Seile kann dies in Längsschwingungen geraten, wodurch das Seil, bei der elastischen Dehnung über die neue Gleichgewichtslage hinausschießend, erheblich größere Spannungen erleidet, als dem eigentlichen Spannungszuwachs entspricht (vgl. Abschn. IV A. 1). Daher ist es ratsam, dies aber bei allen Geschwindigkeiten, die gewünschte Verzögerung nicht plötzlich auftreten zu lassen, sondern allmählich wachsend, so daß der neue Spannungszustand des Seiles sich ohne elastische Längsschwingungen einstellt.

Diesem Zwecke dienen schon bis zu gewissem Grade die erwähnten Bewegungsdämpfungen des Bremsgestänges, ausgesprochener aber die folgende Einrichtung einer Vakuumbremse. Zwecks Bremsung saugt ein Dampfstrahlgebläse aus dem oberen Raum eines Bremszylinders, der durch einen Lederbeutel abgedichtet ist, die Luft ab, so daß der von unten wirkende Luftüberdruck die Bremse anzieht. Da die Entlüftung allmählich fortschreitet, wird ein sanfter Druckanstieg gewährleistet. Die Bremse zeichnet sich durch stoßfreie schonende Wirkung aus (gebaut von Breitfeld, Danek & Co., Prag, 1896).

Die nächst zu besprechenden regelbaren Bremsen erreichen bei geeigneter Bedienung ebenfalls ein allmähliches Anwachsen des Anpressungsdruckes.

8. Bremsdruckregler.

Bei Dampf- und Druckluftbremsen kann eine Regelung des Bremsdruckes durch Regelung des treibenden Druckes erzielt werden. Die Erzeugung von regelbarem niederen Dampfdruck aus höher gespanntem Dampf ist eine durch die **Dampfdruckminderventile** seit langem gelöste Aufgabe. Da die Frage der regelbaren Druckminderung auch für die Steuerung der Fördermaschinen in Frage kommt (VI B. 4), sei zur Überleitung zu den Bremsdruckreglern ein Druckminderventil erörtert,

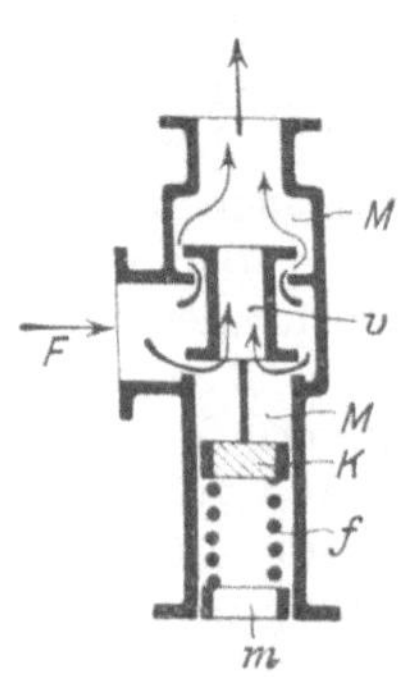

Fig. 219.

Druckminderventil.

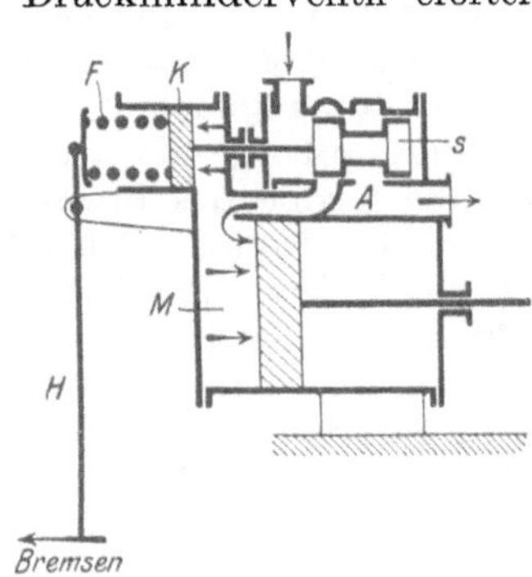

Fig. 220.

Bremse mit regelbarem Anpressungsdruck.

Fig. 219. Der Frischdampf strömt bei F ein und durch ein entlastetes Doppelventil ab. In den Räumen M herrscht der durch Drosselung erzeugte Minderdruck, der durch den oberen Stutzen abströmt. Dieser Minderdruck wirkt auf einen mit den Ventilen verbundenen Kolben K ein, und zwar im Sinne des Ventilschlusses. Von der anderen Seite wirkt aber eine durch die Mutter m einstellbare Federspannung im Sinne des Ventilöffnens auf die Ventile ein. Die Ventile werden also eine Stellung einnehmen, bei welcher der Minderdruck der Federspannung das Gleichgewicht hält. Die Federeinstellung bestimmt den Minderdruck. Bei starken Änderungen der Dampfentnahme schwankt auch der Minderdruck, aber nur in sehr geringen Grenzen. Beeinflußt man die Feder f durch einen Stellhebel, so kann man den Minderdruck beliebig einstellen.

Es ist das Verdienst von J. Iversen, Berlin, diesen Gedanken auf die Bremsdruckregelung übertragen zu haben (DRP. 166 327, 1905). Bei Bremsen wird es nötig, zwecks Regelung des Dampfdruckes im Bremszylinder eine Regelung durch Zu- und Abströmen von Dampf zu erwirken. Es muß daher der Druckregler ein zweiteiliges Steuerorgan sein. Als einfachstes Organ wird allgemein der Kolbenschieber verwandt. Fig. 220 zeigt einen Kolbenschieber s, der durch eine Stange mit dem Regelkolben K verbunden ist. Die rechte Fläche des Regelkolbens ist dem Minderdrucke des Zylinderraumes M ausgesetzt, die

Meßfeder F wird durch den Handhebel H gesteuert. In jedem Gleichgewichtszustand ist der Bremsschieber s in der abschließenden Mittellage. Eine Zusammendrückung der Feder verschiebt den Schieber zunächst nach rechts, der wachsende Minderdruck schiebt ihn aber wieder nach links bis zur Mittellage zurück, die Feder F entsprechend zusammendrückend. Eine Linksverschiebung vermindert den Bremsdruck durch Dampfauslassen. Bei Nachlassen des Bremsdruckes durch Dampfkondensation oder Undichtheit regelt die Vorrichtung selbsttätig nach.

Die regelnde Federspannung hat beim Einstellen der Kolben die Reibung von K, s und zweier Stopfbüchsen zu überwinden. Der eingeregelte Druck ist also immer um ein bestimmtes kleiner oder größer, als der Federspannung bzw. der Hebelstellung entspricht. Das ist belanglos, solange die Reibung gleichbleibt, führt aber zu Täuschungen über die Größe des Bremsdruckes bei wechselnder Reibung. Hierzu kommt die Veränderlichkeit der Reibungsziffer der Bremse, so daß mit einer dem Handhebelausschlage proportionalen Hemmwirkung nicht zu rechnen ist. Immerhin bieten diese Bremsdruckregler für den praktischen Betrieb unschätzbare Vorteile, so daß keine Fördermaschine ohne solche Bremse betrieben werden sollte, zumal die vorhandenen Bremsen leicht mit vorgeschalteten Bremsdruckreglern ausgestattet werden können.

Fig. 221 stellt die heutige Ausführung der Iversenbremse, gebaut von Atlas-Ges., Berlin, dar. Die vorher gegebene Anordnung hat den Nachteil, daß die Regelfeder F einen Rückdruck auf den Handhebel ausübt, was insbesondere bei selbsttätiger Einrückung der Bremse durch einen Regler von Nachteil ist. Die neue Anordnung vermeidet dies. Sie ist für eine Auslaßbremse bestimmt, d. h. für eine Bremse, deren beide Kolbenseiten unter Dampfdruck stehen und bei der durch Dampfauslassen gebremst wird. Der Frischdampf wirkt auf die untere Bremskolbenseite und auf die untere Seite des kleinen Regelkolbens k, während der Minderdruck auf die obere Bremskolbenseite und die obere Seite des großen Reglerkolbens k wirkt. Der Druckunterschied der Kolben wird durch eine Belastungsfeder ausgeglichen. Das Reglerkolbengestänge ist hier aber nicht unmittelbar mit dem Schieber s verbunden, sondern Schieber, Reglerkolben und Handhebel sind an einen gemeinsamen Zwischenhebel angeschlossen derart, daß Handhebel und Reglerkolben gemeinsam auf die Schieberstellung einwirken, wobei der Reglerkolben die Bewegungen durch den Handhebel rückgängig macht. Beim Verstellen des Zwischenhebels von Hand dient der mittlere Punkt am Reglergestänge als Drehpunkt, und der Schieber wird verschoben. Die Druckänderung schiebt durch den Reglerkolben den Schieber in die abschließende Mittellage zurück. Die Rückwirkung der Federspannung wirkt nicht auf den Handhebel ein, sondern wird durch einen festen Teil aufgenommen.

Der Bremsdruckregler (DRP.) von Schönfeld, Berlin, bietet eine elegante Ausführung mit einachsiger Anordnung von Schieber und Regelkolben bei grundsätzlich gleicher Wirkungsweise. Fig. 222 ist eine Ausführung desselben von Ehrhardt und Sehmer, Schleifmühle. Der Schieber s und der federbelastete Reglerkolben k sind gleichachsig ineinander gesteckt. Die innere Ringfläche des Reglerkolbens wird

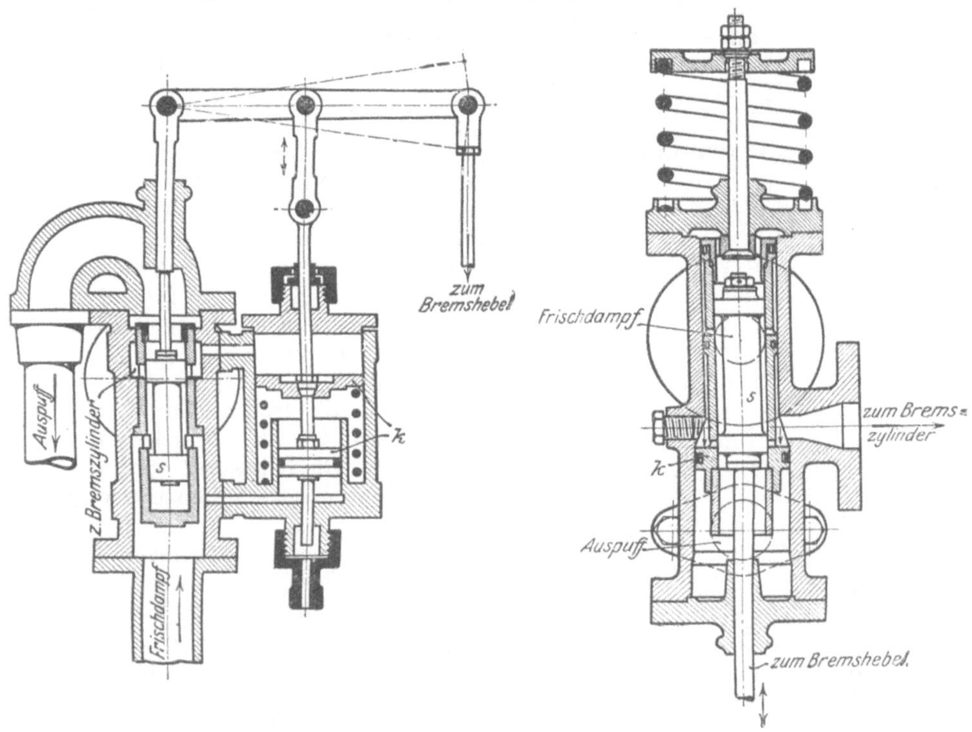

Fig. 221.
Regelbare Bremse nach Iversen, Berlin; Ausführung der Atlas-Ges., Charlottenburg.

Fig. 222.
Regelbare Bremse nach G. Schönfeld, Berlin.

durch den Minderdruck (Pfeile) belastet. Der Schieber s wird durch den Bremshebel verstellt. Die Steuerkanäle befinden sich in einer mit dem Reglerkolben verbundenen Schiebergleitbüchse. Bei Abwärtsschieben des Schiebers erfolgt Dampfeinströmen und Erhöhung des Minderdruckes, worauf der Reglerkolben, infolge der erhöhten Belastung nach unten gehend, dem vorangeeilten Schieber folgt und die Dampfeinströmung wieder abschließt. Der Bremsdruck ist der Hebelstellung proportional, Rückdruck auf den Bremshebel vermieden.

Die beiden letzten Figuren sind der Zeitschr. deutsch. Ing. 1911, S. 203 und 2004, entnommen. Daselbst findet sich noch ein Bremsdruckregler nach Patent Grüter, gebaut von Thyssen & Co., Mülheim-Ruhr, mit einer der Iversenbremse völlig gleichen Anordnung.

Eine Bremse mit dreistufiger Bremswirkung wurde von der Prinz-Rudolph-Hütte, Dülmen, gebaut. Durch entsprechende Verstellung des Bremsschiebers konnte Dampf unter einen kleinen Kolben, dann unter einen größeren Ringkolben und schließlich unter beide gleichzeitig eingelassen werden. Es wurden also 3 Druckstufen erzielt. Die Regelung ist nicht annähernd so fein wie bei den vorbeschriebenen Anordnungen, entbehrt aber der Feder, welche letztere immerhin als ein Glied angesehen werden könnte, dessen Zuverlässigkeit nicht über jeden Zweifel erhaben ist. Bei einer älteren Ausführung der Iversenbremse (Zeitschr. deutsch. Ing. 1907, S. 1559) war die Feder ebenfalls vermieden, indem die Regelbelastung des Kolbens durch einen Hebel mit verstellbarem Laufgewichte gegeben wurde. Die Bauart ist wieder verlassen worden, da die Massenwirkung des Laufgewichtes beim schnellen Verschieben zu Störungen führte.

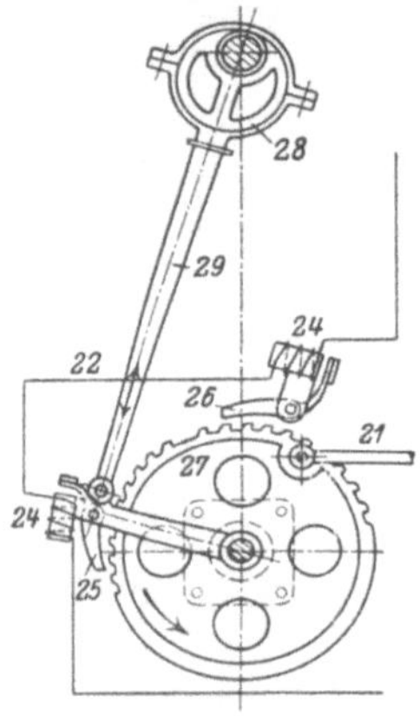

Zum Schlusse sei noch in Fig. 223 eine in Verbindung mit dem Karlik-Witteschen Sicherheitsapparate gebrauchte Regelbremse erwähnt. Bei Überschreitung einer Höchstgeschwindigkeit schließt der Apparat einen Stromkreis 22, dessen Elektromagnete 24 alsdann die Schaltklinken 25 und 26 gegen das Schaltrad 27 drücken. Die Klinke 25 wird von einem von der Maschine angetriebenen Exzenter 28, 29 auf- und abbewegt und dreht mit jedem Hube das Schaltrad 27 um einen Zahn weiter. Ein Rückdrehen wird durch die feste Sperrklinke 26 verhindert. Das Rad 27 betätigt durch die Stange 21 den Schieber eines Bremsdruckreglers. Bei andauernder Geschwindigkeitsüberschreitung wird die Bremse allmählich stärker angezogen. Bei Rückgang der Geschwindigkeit rücken bei Stromunterbrechung Federn die Klinken wieder aus, und ein durch die Anzugsbewegung gehobenes Gegengewicht löst die Bremse wieder. Diese Regelung soll während der Mittelfahrt angewandt werden. Sie verhütet ein rasches Anwachsen des Bremsdruckes.

Fig. 223.
Durch Sicherheitsapparat gesteuerte Einrückung einer regelbaren Bremse.

E. Besondere Sicherheits-Vorrichtungen.

1. Gemeinsame Gesichtspunkte.

Zur Sicherung der Maschinenführung dient die gesamte Anordnung der Maschine: die doppeltrümmige Anordnung erzielt Ausgleich der toten Lasten und ermöglicht einen Seilgewichtsausgleich. Die schädlichen Massenwirkungen können durch Wahl einer Treibscheibe verringert werden. Die Vorrichtungen zur Erkennung von Korbstand und Geschwindigkeit ermöglichen ein Urteil über die nötigen Steuerungseingriffe, die Steuerung der Maschine eine entsprechende Beherrschung der Maschinenkräfte zum Treiben und Hemmen, und die regelbare Bremse als stets verläßliches Mittel, einen Stillstand der Maschine zu erzwingen.

Mit diesen Mitteln beherrscht der aufmerksame Maschinenwärter den Gang der Maschine. Er ist ein bedeutsamer Mann für den ganzen Grubenbetrieb. Bei der Förderung kann er unberechenbaren Schaden stiften oder verhüten und bei der Seilfahrt herrscht er über Leben und Tod. Die Auswahl des Maschinisten soll daher mit größter Umsicht geschehen. Er muß seine Maschine genau kennen und das volle Bewußtsein seiner Verantwortlichkeit besitzen. Zuverlässigkeit und Kaltblütigkeit sind von ihm zu fordern. Damit er diese und die erforderliche Frische der Aufmerksamkeit bewahren kann, darf sein Dienst ihn nicht durch übermäßige Dauer ermüden. Seine Besoldung sei ausreichend, und seine wirtschaftlichen Verhältnisse seien geregelte, damit nicht seine Gedanken über den eintönigen Dienst hinweg zu den Sorgen seines Lebens schweifen. Nur ein nüchterner Mann ist den Anforderungen des Dienstes gewachsen.

Die Dortmunder Bergpolizeiverordnung schreibt über den Fördermaschinisten vor (§ 90—91): Ein Alter von mindestens 24 Jahren; er muß 2 Monate Maschinenführung bei Förderung durchgemacht haben, ehe er Seilfahrt führen darf. Bei Seilfahrt muß ein zweiter Maschinenwärter anwesend sein. Der zweite Maschinist kann entfallen, wenn bei Vorhandensein von Sicherheitsvorrichtungen die Erlaubnis vom Revierbeamten erteilt ist. Der die Seilfahrt bedienende Maschinenwärter darf nicht länger als 9 Stunden im Dienste gewesen sein.

Auch die zuverlässigste Kraft kann versagen. Daher zieht wie ein roter Faden durch die geschichtliche Entwicklung der Maschine die Bemühung, selbsttätige Regeleingriffe bei gefahrdrohendem Maschinengange zu veranlassen.

Gefahr droht beim Überfahren der Haltepunkte und beim Überschreiten bestimmter Geschwindigkeiten. Regeleingriffe können daher abhängig gemacht werden vom Stande der Körbe, von der absoluten Maschinengeschwindigkeit, oder von beiden Kriterien gemeinsam, das ist von dem Überschreiten einer für jeden Fahrtpunkt zulässigen Geschwindigkeit (vgl. Abschn. V F.). Die Regeleingriffe können im Aufwerfen einer Bremse, im Schluß des Drosselventiles oder in Steuerungsführung zwecks Veränderung der Maschinenkräfte bestehen.

Die ältesten Apparate sind die Übertreibapparate oder selbsttätigen Bremsen, die beim Überfahren der Hängebank eine Volldruckbremse aufwerfen, um die Maschine möglichst bald still zu setzen (vgl. V D. 1). Diese Anordnung ist als eiserner Bestand in alle folgenden Einrichtungen übergegangen.

Da hierdurch die äußerst gefährliche Endfahrt mit großer Geschwindigkeit nicht verhütet werden konnte, traten die stolzen Sicherheitsapparate auf den Plan, um durch gemeinsame Arbeit von Fliehkraftregler und Teufenzeiger den Wärter zur verlangsamten Endfahrt zu zwingen, damit er dem sonst drohenden Einfalle der Volldruckbremse entgehe. Eine amtliche Statistik aus 1905 besagt, daß $2/3$ aller Unglücksfälle beim Schachtbetriebe auf hartem Aufsetzen der unteren Schale beruhen. Da um diese Zeit die Sicherheitsapparate in voller Blüte standen, kann ihre Wirksamkeit nicht als ausreichend erachtet werden.

Diese auslösenden Sicherheitsapparate brachten manche Störung des Förderbetriebes, da sie bei Wirksamkeit den Förderzug plötzlich mit großer Verzögerung stillsetzten, wodurch außer der Störung die in Abschnitt VI D. 7 geschilderten Schäden auftraten. Bei Seilfahrt konnte die Mannschaft dabei gefährdet oder doch mindestens stark geängstigt werden.

Die stetig wirkenden Sicherheitsapparate stehen einer brauchbaren Lösung näher. Sie vermeiden ein plötzliches Aufwerfen der Bremse durch allmähliche Verschiebung des Bremsschiebers und leiten zur regelbaren Bremse über.

Erst nach der Schöpfung der regelbaren Bremse war die Bahn frei zur Entwicklung der Steuerungsregler. Auch für diese, die eine Beeinflussung der Steuerung auf ihre Fahne geschrieben haben, ist der regelbare Bremseingriff die ultima ratio der Regelung. Die Entwicklung der Steuerungsregler wurde eingeleitet durch die Anfahrtregler. Ausgehend von der Beobachtung, daß der auf der Hängebank stehende Korb durch falsche Anfahrtsteuerung unter die Seilscheiben gerissen werden konnte, bemühte man sich, durch besondere Getriebe nach Beendigung der Vorwärtsfahrt dem Steuerhebel nur eine Auslage auf Rückwärtsfahrt zu ermöglichen.

Diese Bestrebungen leiteten zu den Fahrtreglern über, nachdem auch der Begriff: „zulässige Geschwindigkeit" schärfer herausgearbeitet war und die Entwicklung der Methoden zur Geschwindigkeitsvergleichung zu Reglern geführt hatte (Abschn. V F), die bei geringer Überschreitung der zulässigen Endfahrtgeschwindigkeit kräftige Regelbewegungen ausführen. Hand in Hand damit ging die Ausbildung der eigentlichen Steuerung, die im Staudampf eine regelbare Hemmwirkung fand.

Auf diese Bahn fortschreitender Entwicklung wurden die Apparate durch die hohe Sicherheit der elektrischen Fördermaschinen mit Leonard-Schaltung geführt, und beachtenswerte Erfolge haben sie aufzuweisen.

2. Auslösende Sicherheitsapparate.

Den Reigen der zahllosen Apparate eröffnete im Jahre 1891 der Sicherheitsapparat von Joh. Römer (DRP. 61 480) in Freiberg. Es ist dessen großes Verdienst, der Entwicklung die Bahn gewiesen zu haben. Die nachfolgenden Apparate weisen keine grundsätzlichen Neuerungen auf, haben aber wegen einfacherer baulicher Form größere Verbreitung gefunden. Der Römersche Apparat bietet heute nur noch geschichtliches Interesse, ein Geschick, dem auch die anderen Sicherheitsapparate in Bälde anheimfallen werden. Eine Zeichnung und Beschreibung ist zu finden: Westfälisches Sammelwerk, Bd. 5, S. 445, und Glückauf 1892, S. 78.

Die größte Verbreitung hat wohl der Apparat von F. Baumann (früher Deutschlandgrube, Schwientochlowitz), gebaut von der Eintrachthütte, Schwientochlowitz, gefunden (DRP. 96 589, 1897). Die Muffe eines statischen Fliehkraftreglers, Fig. 224, verschiebt durch Winkelhebel und Stange den oberen Endpunkt eines gezahnten besonders geformten Hebels. Diese Zahnschwinge ist drehbar auf einem wagerechten in der Mitte durch einen Drehzapfen gestützten Hebel verlagert. Der Zwischenhebel selbst ist durch die senkrechte Stange eines Fallgewichtshebels gestützt. Beide greifen mit eine wagerechte Verschiebung

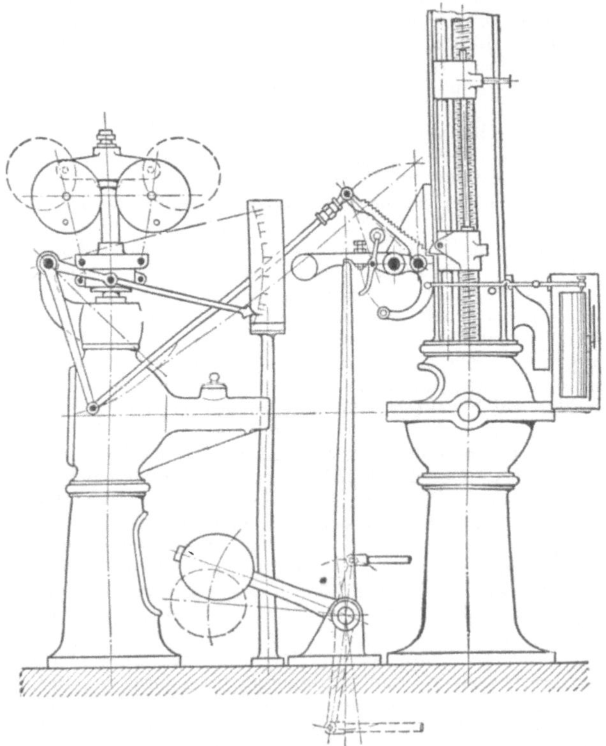

Fig. 224.
Sicherheitsapparat nach F. Baumann, Ausführung der Eintrachthütte, Schwientochlowitz.

ausschließenden Ansätzen, Nasen, ineinander, wodurch der Fallgewichtshebe seinerseits gestützt wird. Gegen Fahrtende nähert sich die Nase des Teufenzeigers der Zahnschwinge. Steht diese, infolge unzulässig hoher Endgeschwindigkeit durch die hochstehende Reglermuffe vorgeschoben, in der Bahn der Nase des Teufenzeigers, so trifft dieser auf einen der Zähne auf, drückt durch Vermittlung der jetzt etwa senkrecht auf dem Zwischenhebel stehenden Schwinge auf diesen Hebel, durch dessen rechtssinnige Drehung die gegenseitige Stützung verloren geht und die eintretende Bewegung des Fallgewichts auf den Bremsschieber übertragen wird, so daß die Bremse plötzlich mit voller Kraft einfällt. Die Form der Zahnschwinge verlangt eine ganz bestimmte Geschwindigkeitsabnahme der Entfahrt, wenn der Bremseingriff vermieden werden soll. Die hiernach als zulässig geltenden Geschwindigkeiten werden so bestimmt, daß für jeden Fahrtpunkt der diese Geschwindigkeit bis zur Ruhe abbremsende nötige Bremsweg kleiner ist als der bis zur Hängebank noch zurückzulegende Weg. Die Größe der Schwinge ist so bemessen, daß sie die Überwachung der Geschwindigkeiten bei einem Korbstande von 50 m vor den Anschlagspunkten übernimmt. Eine Abform des Apparates von Wodrada (Z. d. Ing. 1899, S. 1100) erstreckt die Länge der Zahnschwinge über die ganze Teufe, um auch während des mittleren Treibens die Überschreitung der Höchstgeschwindigkeit zu verhindern. Dies ist äußerst störend, und es wird die Verminderung der Geschwindigkeit der Mittelfahrt offenbar besser der Steuerung überlassen. Bei Baumann findet die Beeinflussung der Mittelfahrt einfacher statt, indem der Regler bei großem Ausschlage mit dem unteren bogenförmigen Teile der Schwinge gegen den linken Arm des Zwischenhebels stößt und das Fallgewicht auslöst. Bei Seilfahrt soll diese auslösende Tätigkeit des Reglers bei geringerer Geschwindigkeit geschehen, daher wird hierfür die Entfernung des unteren Schwingenendes vom Zwischenhebel verkürzt durch Einschalten eines mit dem Zwischenhebel verbundenen Hindernisses in Form eines umlegbaren kleinen Hebels, der in der Zeichnung gerade auf Seilfahrt gestellt ist. Die Regelung der Endfahrt geschieht wie bei Förderung.

Mit der Vorrichtung ist noch eine Geschwindigkeitszeig- und schreibeinrichtung verbunden.

Die Ausschläge der in der Nähe des Drehpunktes liegenden Schwingenzähne sind gering, daher auch die Empfindlichkeit der Regelung des letzten Fahrtteiles. Eine neue Schwingenform (1907) soll dem abhelfen, Fig. 213 (im Abschnitte VI. D. 5 Bremsen). Die dem Fahrtende dienenden Zähne sind am langen Hebelsarme der umgekehrt gestellten Schwinge angeordnet. Jetzt entsprechen gleichen Reglerbewegungen größere Bewegungen des der Endfahrt dienenden Schwingenteiles. Die Empfindlichkeit wird daher im kritischen Zeitpunkt erhöht, doch kann der Grundfehler aller mit Fliehkraftregler arbeitenden Apparate, Versagen bei kleinen Geschwindigkeiten, hierdurch nicht beseitigt werden.

Sicherheitsapparate sperren meist mit dem Einrücken der Bremse gleichzeitig die Triebkraft durch Schließen der Drosselklappe ab, ein bei einzuhängender Last versagendes bzw. gefährliches Mittel, da der hemmende Gegendampf ausgeschaltet oder seine Benutzung wirkungslos gemacht wird. Beim Baumannschen Apparat wird eine Drosselklappe in der Auspuffleitung geschlossen, so daß sich dem auspuffenden Dampf ein wachsender Widerstand entgegenstellt. Dieses Mittel wirkt immer hemmend. Es ähnelt etwas der später bekannt gewordenen Staudampfwirkung. Zu hohe Kompressionsdrücke werden durch eine Art Sicherheitsventil vermieden. Legt der Maschinist nach dem Einfallen des Apparates die Steuerung auf Gegendampf, um die Hemmwirkung zu unterstützen, so wirkt der hohe Kompressionsdampf beim Kolbenvorgange durch das offene Auslaßventil treibend auf die Maschine, so daß eine neue gefährliche Beschleunigung erfolgen kann.

Das Wirken des Fallgewichts soll einen schnellen Eingriff der Bremse erzielen; es läßt aber keine regelbare Bremsschaltung zu. Der Fallgewichtshebel kann durch eine Zugstange vom Wärterstande aus wieder eingeklinkt und die Bremse dadurch gelöst werden. Eine solche Vorsorge ist durchaus notwendig. Beim Römerschen Sicherheitsapparat ist der Fall vorgekommen, daß trotz Eingriffs des Apparates der untere Korb in den Schachtsumpf gefahren wurde. Der geistesgegenwärtige Maschinenführer verließ seinen Stand, um die Bremse auszulösen und konnte zum Stande zurückgekehrt noch rechtzeitig durch Handhabung der Steuerung den Korb wieder aus dem Sumpfe herausziehen, so daß die Mannschaft mit dem Schreck und einem kalten Bade davonkam. Dies Vorkommnis gibt einen deutlichen Fingerzeig für alle selbsttätigen Regeleingriffe dahin, daß dem Wärter hierdurch nie die Herrschaft über die wirksamen Kräfte genommen werden darf, und daß der geübte Wärter die beste Sicherheitseinrichtung ist, dessen Wirkung durch Verbesserung der Kräftebeherrschung unterstützt werden muß.

Die Zahnschwinge ergibt eine stufenweise Überwachung der Geschwindigkeit. Eine stetigere Wirkung kann durch Ersatz der Zahnschwinge durch eine Kurve geschehen. Fig. 225 gibt ein vereinfachtes Schema des Westphalschen Apparates (DRP. 105 098, 1900). Er regelt die Endfahrt. Die Nase des Teufenzeigers nimmt durch den Bund b die Stange S mit Punkt 1 mit in die Höhe. Der Punkt 2 des Hebels 12 wird durch einen Winkelhebel vom Regler wagerecht verstellt. Bei vorschriftsmäßiger Endfahrt wird daher der Punkt 3 des Zwischenhebels eine bestimmte Bahn (punktiert) beschreiben. Parallel zu dieser Bahn wird die Krümmung eines durch Fallgewicht gesperrten Hebels ausgeführt. Bei zu großer Endgeschwindigkeit schiebt Punkt 3 gegen den steigenden Teil der Kurve und bringt das Fallgewicht zur Auslösung. Die Auslösearbeit hat hierbei der Regler zu verrichten, dessen Verstellkräfte gegen Fahrtende sehr gering sind. Der Apparat ist daher als Rückschritt gegen Baumann zu betrachten, bei dem die Auslösearbeit vom Teufenzeiger fast ohne Rückdruck auf den Regler geleistet wird. (vergl. VF.2 und Fig. 118).

Fig. 226 zeigt im ersten Geschwindigkeitsdiagramm einen regelmäßig verlaufenen Seilfahrtzug, dem ein zweiter mit Eingriff eines auslösenden Sicherheitsapparates folgt. (Witte, in Glückauf 1902, Nr. 2). Der Wärter hatte zum Schlusse statt Gegendampf Frischdampf gegeben, wodurch die Geschwindigkeit auf das Doppelte stieg, ehe der Apparat die Bremse zur Wirkung gebracht hatte. Alsdann reichte der noch zur Verfügung stehende Schachtweg nicht aus, die Körbe rechtzeitig zum Halten zu bringen. Der niedergehende Korb wurde gestaucht und 10 Mann erlitten Verletzungen.

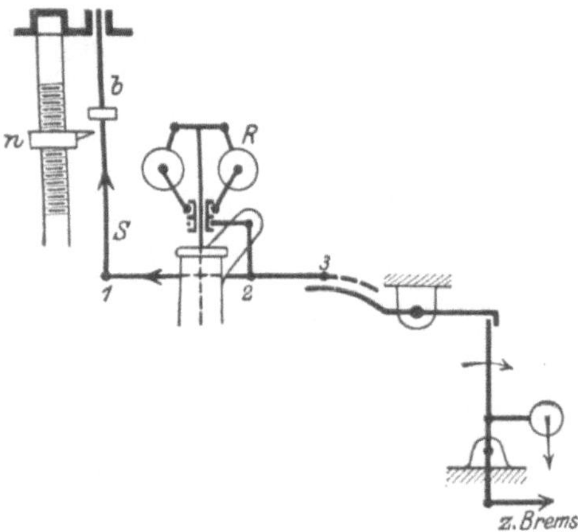

Fig. 225.

Sicherheitsapparat nach Westphal, in veränderter Form.

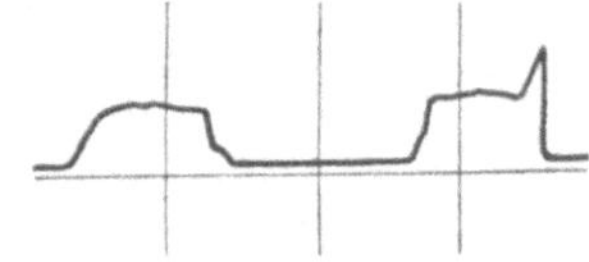

Fig, 226.

Geschwindigkeitsdiagramm eines Treibens mit Eingriff eines auslösenden Sicherheitsapparates.

Ein verspäteter Eingriff der Bremse wird diesen Apparaten mit Recht zum Vorwurf gemacht. Diese Verspätung des Bremseingriffes gegenüber dem Zeitpunkte der Geschwindigkeitsüberschreitung erklärt sich ungezwungen aus den Mängeln der angewandten Regler, die Kraftwirkungen nur nach entsprechender Geschwindigkeitsüberschreitung einstellen können, und der Zwischenschaltung vieler Getriebe zwischen Regler und Bremsbacke. Daher erscheint eine elektrische Kraftübertragung vom Regler bis zum Bremsschieber wesentlich günstiger. Wird hierbei dem Regler nur das Geben eines Kontaktes zugemutet, so kann ein sehr empfindlicher Regler zur Verwendung kommen und hierdurch die Empfindlichkeit des ganzen Eingriffes wesentlich vergrößert werden.

Dieser Weg wurde von Karlik-Witte beschritten (DRP. 147 891, 1901). Die heute nicht mehr gebauten Apparate wurden ausgeführt von Siemens & Halske, A.-G., Wernerwerk, Berlin. Fig. 227 zeigt die letzte Ausführung. Die Stelle des Baumannschen Zahnbogens vertritt eine vom Teufenzeiger gegen Fahrtende bewegte Kontaktplatte j. Sie wird durch den Bolzen m der Stange 1 linkssinnig drehend bewegt. Der Quecksilberregler d bewegt bei wachsender Geschwindigkeit den Kontaktstift h aufwärts. Auf der Kontaktplatte befinden sich die Kontakte k_1 und k_2. Beim Zusammenstoße von Kontaktstift und einer der Kontaktplatten wird einer der Stromkreise s oder y geschlossen, Fig. 228. Während der Mittelfahrt ist die

Platte j in Ruhe. Bei Überschreitung der Höchstgeschwindigkeit ertönt die Glocke z des Stromkreises y. Ein Einfallen einer Volldruckbremse ist vermieden, da der aufmerksam gemachte Wärter Gelegenheit hat, die Geschwindigkeit zu verlangsamen. Ist eine regelbare Bremse vorhanden, so kann diese durch den Schluß des Stromkreises y in der in Abschnitt VI D 8 am Schlusse geschilderten Weise bei andauernder Geschwindigkeitsüberschreitung mit allmählich wachsendem Anpressungsdruck angezogen werden, wodurch es nach Angaben der bauenden Firma gelungen ist, die Maschinengeschwindigkeit bei zu hebender sowohl wie bei zu senkender Last in der Nähe der Höchstgeschwindigkeit zu halten, wodurch der Sicherheitsapparat zu einem Fahrtregler erweitert ist. Die Regelung der Endfahrt übernimmt die jetzt bewegte Kontaktplatte k_1, deren untere Begrenzung so gestaltet ist, daß der Kontakt zwischen ihr und dem sinkenden Reglerstifte nur bei ganz bestimmter Geschwindigkeitsabnahme des Fahrtendes vermieden wird. Zu große Endfahrtgeschwindigkeit bedingt Schluß des Stromkreises s. In diesen Stromkreis sind in Parallelschaltung zwei Glühzünder u eingesetzt, deren Explosion im Zylinder t eine Aufwärtsbewegung des Membrankolbens v und dadurch eine Verschiebung des Bremsschiebers, also Einrücken der Bremse bewirkt. Die durch die Kurve zugelassenen Geschwindigkeiten sind so bemessen, daß beim Einfallen der Volldruckbremse der erforderliche Bremsweg kleiner ist als der Schachtweg bis zur Hängebank. Wechselnde Lastgröße spielt hierbei keine allzu große Rolle gegenüber der großen bewegten Masse. Nach Angaben von Siemens & Halske soll es bei Versuchen mit großer Endfahrtgeschwindigkeit nicht möglich sein, die Körbe näher als 2 m an die Anschlagspunkte heran zubringen.

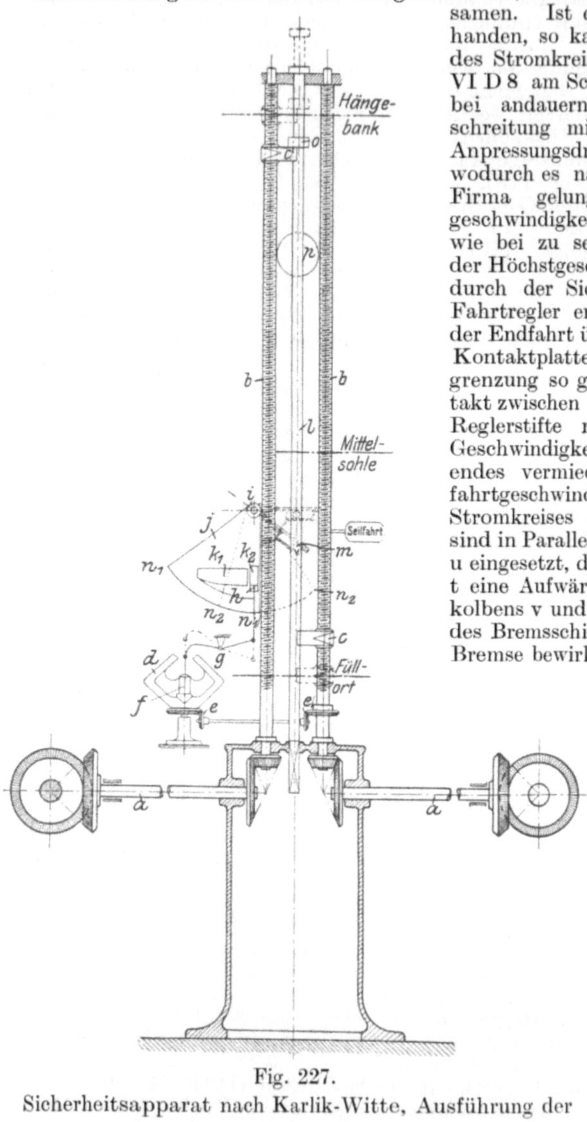

Fig. 227.

Sicherheitsapparat nach Karlik-Witte, Ausführung der Siemens & Halske-Akt.-G. Berlin.

Diese günstigen Ergebnisse werden erreicht durch die Anwendung eines nur Kontakt gebenden empfindlichen Quecksilberreglers und die elektrische Übertragung des Regelimpulses, wodurch jeder Zeitverlust beim Regeleingriff vermieden wird.

Die Vorrichtung wirkt auch als Anfahrtsregler, indem die Kontaktplatte k_1 über den der Hängebank entsprechenden Punkt hinaus verlängert ist derart, daß das Umsetzen, überhaupt jedes Überfahren der Hängebank, nur mit ganz geringer Geschwindigkeit geschehen kann, wenn ein Kontakt vermieden werden soll.

Einwand könnte erhoben werden gegen die Betriebssicherheit der die Wirkung zusammensetzenden Teile. Darüber läßt sich die bauende Firma aus: „Als Stromquelle dienen zwei Akkumulatorenbatterien, von denen eine in Reserve steht. Mehrjährige Betriebserfahrungen an einigen Apparaten sowie um-

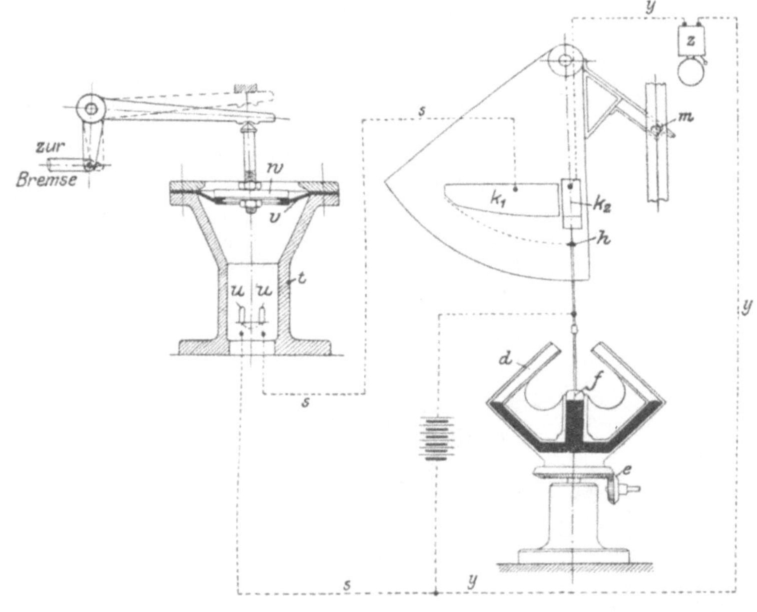

Fig. 228.
Schaltungen zum Karlik-Witteschen Sicherheitsapparat.

fangreiche Werkstattversuche haben zur Konstruktion einer sinnreichen elektrischen Kontroll- bzw. Prüfeinrichtung geführt, die jede Störung in der Stromquelle und in sämtlichen Teilen des Stromkreises einschließlich der Patronen absolut sicher anzeigt. Der ganze Stromkreis einschließlich der Patronen wird nämlich konstant von einem schwachen Ruhestrome durchflossen. Jede Störung, welcher Art sie auch sei, beeinflußt diesen Ruhestrom, wodurch ein Läutewerk in Tätigkeit gesetzt wird. Dieses Läutewerk ertönt auch nach dem Eingreifen des Apparates so lange, bis die abgeschossenen Patronen durch neue ersetzt sind, also bis der Apparat wieder betriebsbereit ist". (Druckschrift 150 von Siemens & Halske, A.-G., Wernerwerk, Berlin.)

3. Stetig wirkende Sicherheitsapparate.

Einen Übergang zu den Steuerungsreglern bilden Apparate, die bei unzulässiger Geschwindigkeit zunächst den Triebdampf absperren, in der Hoffnung, hierdurch die Geschwindigkeit zu verlangsamen und der Notwendigkeit des auslösenden Bremseingriffes zu entgehen. Bei größerer Geschwindigkeitsüberschreitung erfolgt dann der Eingriff der Volldruckbremse. Die angewandten baulichen Mittel sind etwa die gleichen wie bei den Apparaten der ersten Gruppe.

Hier seien genannt der **Hahn**sche Apparat (DRP. 88 109, 1895), gebaut von F. A. **Münzner**, Obergruna i. Sa., und der **Schimitzek**sche Apparat (DRP. 126 894, 1901). (Preuß. Z. 1904, 328 und Glückauf 1903, S. 170.)

Die stetig wirkenden Sicherheitsapparate scheuen den Bremseingriff nicht so sehr. Fig. 229 gibt den ersten dieser Apparate wieder. Derselbe stammt von **Müller** (DRP. 102 807, 1898), gebaut von der Kgl. Hütte, **Gleiwitz**. Man denke sich zunächst den Hebel N in die punktierte Lage gedreht. Bei voller Fördergeschwindigkeit hat der Regler R den gewichtsbelasteten Hebel K in die untere punktierte Lage gedreht. Der Hebel K dreht sich hierbei um den äußeren Drehpunkt des durch die Reibung des an seinem linken Ende angeschlossenen Bremsschiebers gesperrten Hebels L, der in der Mitte einen festen Drehpunkt besitzt. Gegen Fahrtende hebt der Teufenzeiger Stange und Bund H, während der Fliehkraftregler bei abnehmender Geschwindigkeit den Hebel K entsprechend hebt, so daß ein Anschlag beider vermieden wird. Bei zu großer Geschwindigkeit aber stößt H gegen K; dieser Hebel dreht sich dabei rechtssinnig um seinen Drehpunkt an der Reglerstange J, dreht dadurch den Bremsschieberhebel L gleichsinnig und verschiebt den Bremsschieber M. Die Bremse kommt wegen der

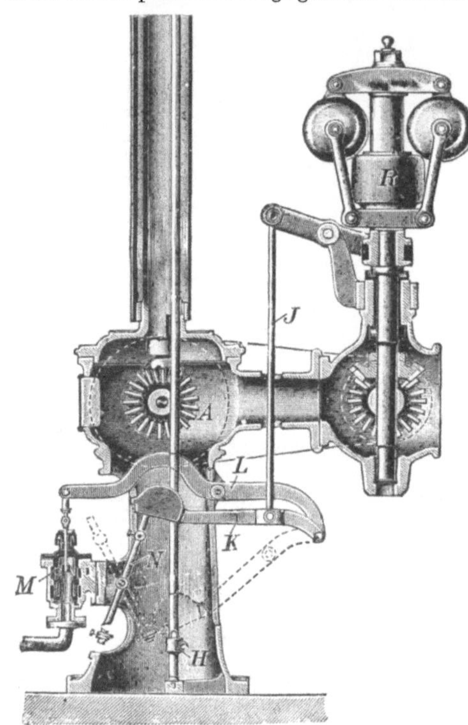

Fig. 229.

Sicherheitsapparat von Müller, nach Ausführung der Kgl. Hütte, Gleiwitz.

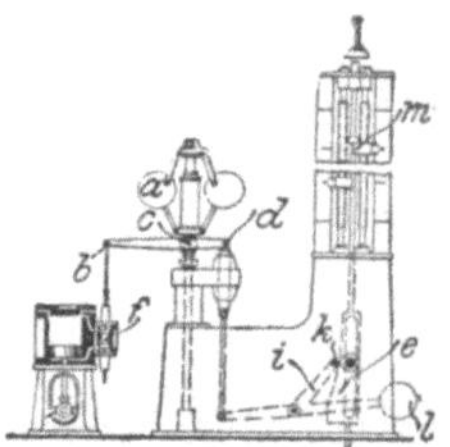

Fig. 230.

Sicherheitsapparat der Wilhelmshütte, Eulau i. Schl.

zunächst geringen, also drosselnd wirkenden Verschiebung des Bremsschiebers sanft zur Wirkung. Bei genügend ermäßigter Geschwindigkeit wird der Bremsschieber wieder zurückgeschoben und die Bremse wird von selbst gelöst. Bei Seilfahrt wird die Stütze N unter den Hebel K geschoben, wobei die Länge der Stütze so bemessen ist, daß der Regler einen bestimmten Muffenstand nicht überschreiten darf, wenn eine Verschiebung des Bremsschiebers auf Bremsung vermieden werden soll. Bei Überschreitung der Seilfahrtgeschwindigkeit erfolgt der geschilderte Bremseingriff. Beim Überfahren der Hängebank kann auch der in unterster Muffenlage befindliche Regler einen Bremseingriff nicht verhindern.

Beim **Müller**schen Apparat ist das Gesetz der Geschwindigkeitsabnahme durch die Eigenschaft des Reglers gegeben, kann also nicht beliebig gestaltet werden. Der Apparat der **Wilhelmshütte**, Eulau i. Schl. (DRP. 181 787, 1905), hilft dem durch Einschaltung einer **Kurve** ab, Fig. 231. Gegen Fahrtende wirkt

der Teufenzeiger durch die Kurve c und ein Zwischengetriebe auf den Hebel dcb
ein, der bei c an die Muffe des Reglers, bei b an den Bremsschieber angeschlossen
ist. Der Teufenzeiger drückt d aufwärts, der Regler c abwärts, so daß bei vorschriftsmäßiger Endfahrt der Punkt b und der Bremsschieber f in Ruhe bleiben,
während zu hohe Geschwindigkeit den Bremsschieber hebt, also die Bremse in
gleicher Weise wie bei Müller zum Eingriffe bringt. (Vergl. V F. 2 und Fig. 118.)

4. Anfahrt- und Endfahrtregler.

Diese sollen ein falsches Auslegen des Steuerhebels bei der Anfahrt
verhüten. Dies kann leicht erreicht werden; denn bei jeder Endstellung
der Körbe ist für die neue Fahrt eine bestimmte Auslegung des Steuerhebels erforderlich; es kann daher eine vom Korbstande abhängige
Sperrung in die Bahn
des Steuerhebels ge-
bracht werden, die eine
Auslegung nur nach der
erforderlichen Richtung
gestattet.

Der erste bekannte
Anfahrtregler von
Brucksch (1899) macht
die Sperrung nicht
vom Korbstand ab-
hängig, sondern von
der vorhergegangenen
Steuerhebel-
bewegung, wobei etwa
bei Auslegung des
Hebels auf Vorwärts-
fahrt eine Sperrung be-
tätigt wird, die ein Zu-
rücknehmen des Hebels
und Auslegen auf um-

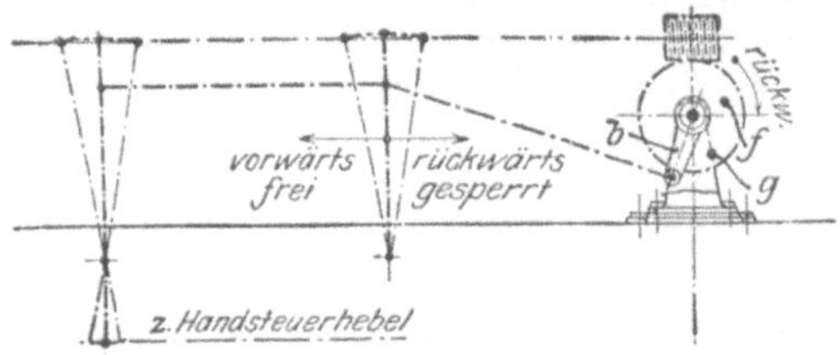

Fig. 231.
Anfahrtregler I, nach Hussmann, Essen.

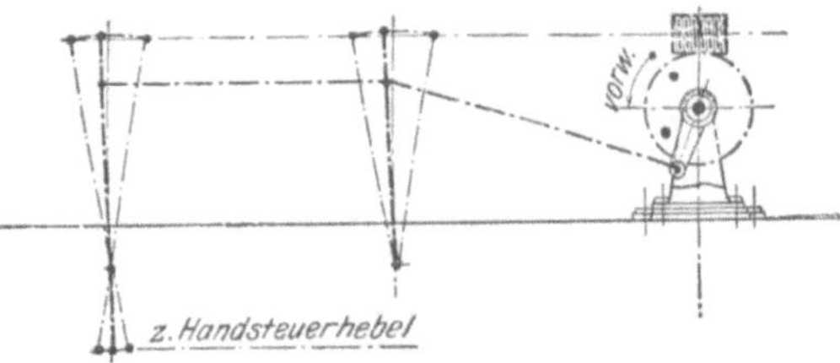

Fig. 232.
Zu Fig. 231 gehörig.

gekehrte Fahrt gestattet, aber von der Mittellage aus keine erneute
Auslage auf Vorwärtsfahrt. Die Vorrichtung hat zur Voraussetzung,
daß die Bewegung des Steuerhebels im Takte der abwechselnden Züge
erfolgt, was keineswegs der Fall ist, wenn mit Gegendampf, zum Beispiel beim Lasteinhängen, gearbeitet wird (Preuß. Zeitschr. 1900, S. 145).

Vom Korbstand abhängige Sperrungen wurden durch die
Vorrichtung von Oberingenieur Hussmann (1906) bekannt, Fig. 231,
Ausführung der Union, Essen. Die Steuerwelle der Nocken dreht
ein Schneckenrad mit 2 Vorsprüngen g und f. Die Steuernocken sind
mit der lose auf der Schneckenwelle sitzenden Kurbel b verbunden.
Diese wird durch Schnecke und Schneckenrad von der Steuerwelle gedreht.
Die Zeichnung stellt das Ende der Rückwärtsfahrt dar. Der Anschlag g
hat sich von rechts kommend der Kurbelmittelstellung genähert, wodurch gegen Fahrtende die Steuerung zwangsweise der Mittellage

genähert wurde. Eine Auslegung des Steuerhebels ist nur auf Vorwärtsfahrt möglich. Fig. 232 stellt das Ende der Vorwärtsfahrt dar.
Hier hat der von links kommende Anschlag f die Steuerung der Mittellage genähert und die Auslage auf Rückwärtsgang gesperrt. Der
Steuerhebel erreicht bei Fahrtende die Mittelstellung nicht ganz, wird
dagegen bei Überschreitung der Hängebank bis auf Gegendampf verschoben. Der Spielraum zwischen Anschlag und Mittelstellung ermöglicht bei Nockensteuerungen die Steuerung der Umsetzbewegungen
mit geringer Geschwindigkeit.

Der Anfahrtregler enthält auch die Elemente eines
Endfahrtreglers, da der Steuerhebel zwangsweise in die Mittellage
geführt wird. Bei ausgesprochener Endfahrtregelung erfolgt die Rückführung des Steuerhebels durch eingeschaltete Kurven. Es liegt dann
nahe, auch die Anfahrt durch eingeschaltete Kurven so zu regeln, daß
ein rasches volles Auslegen des Steuerhebels nicht möglich ist. Diese
Regelung hat für elektrischen Antrieb Bedeutung und ist erforderlich,
um den empfindlichen Motor vor zu hoher Strombeanspruchung durch
zu rasches Ein- und Ausschalten von Widerständen zu schützen. Von
diesem Punkte sind auch die Bestrebungen der Fahrtregelung ausgegangen, enthalten in dem DRP. 143 886 von Siemens & Halske
(1902) und dem DRP. 147 370 von Schmiede & Koch (1902),
letzteres als ausgesprochene Fahrtregelung des ganzen Zuges.

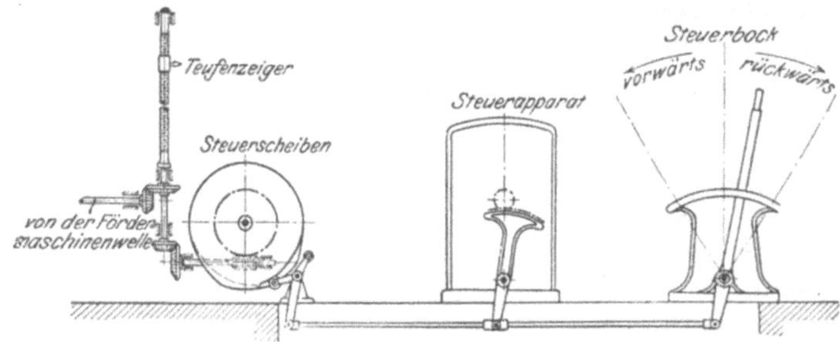

Fig. 233.
Steuerungsregler für elektrische Fördermaschinen nach den Siemens-Schuckert-
Werken.

Fig. 233 zeigt eine von den Siemens-Schuckert-Werken bei elektrischen Fördermaschinen mit Leonard-Schaltung ausgeführte
Steuerungsregelung. Der die Widerstände schaltende Steuerhebel wird für
Vor- und Rückwärtsauslage durch je eine besondere Steuerscheibe einseitig
so geführt, daß seine größte Auslage vom Korbstande bestimmt wird.
Eine Zurückziehung des Steuerhebels ist hingegen möglich. Die Steuer-
scheiben verhindern bei der Anfahrt zu rasches Auslegen und erzwingen
bei der Endfahrt ein Zurücknehmen des Steuerhebels und bei Erreichung
der Hängebank eine Sperrung auf falsche Auslage. Die hohe Bedeutung
dieser einfachen Vorrichtung wird im letzten Teile des Buches (VII. Elek-

trischer Antrieb) besprochen werden. Es entspricht bei der erwähnten
Anordnung jeder Stellung des Steuerhebels eine bestimmte Maschinengeschwindigkeit, die die Maschine bei Steuerverstellung alsbald durch
elektrische selbsttätige Trieb- oder Bremsstromschaltung annimmt. Für

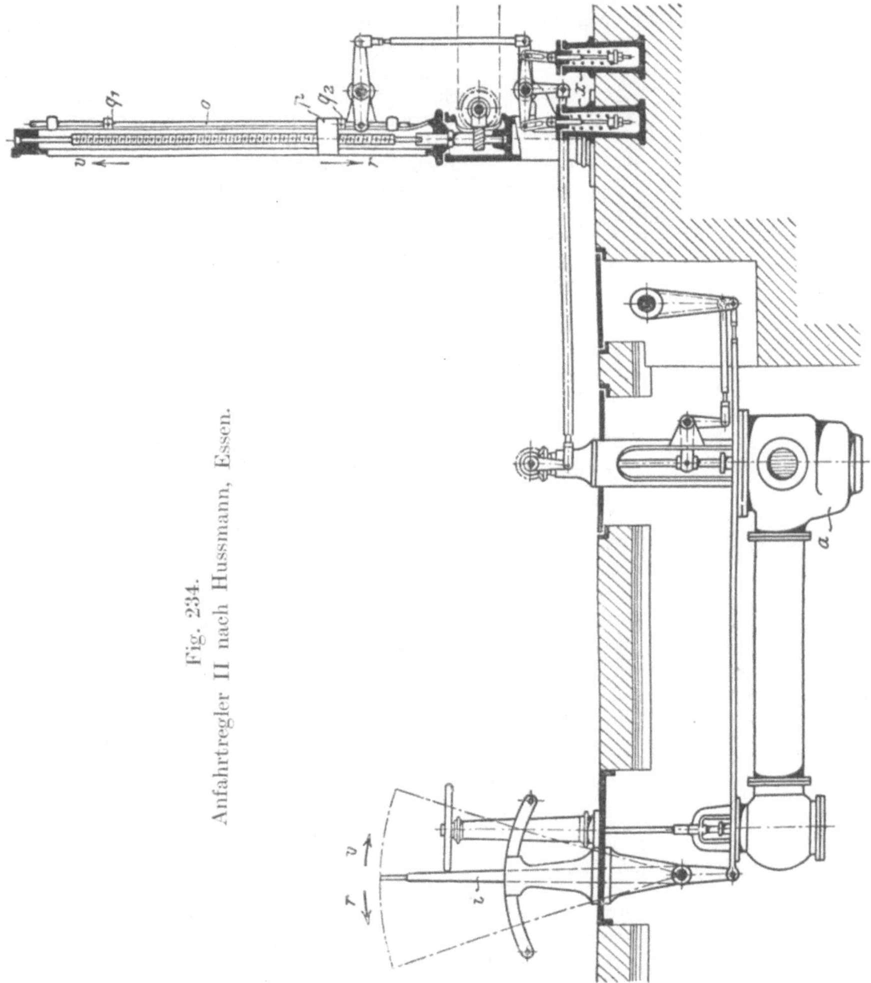

Fig. 234.
Anfahrtregler II nach Hussmann, Essen.

Dampfmaschinen versagt diese einfache Anordnung, da
keinerlei gesetzlicher Zusammenhang zwischen Steuerhebelstellung
und Maschinengeschwindigkeit besteht und eine unstetige Steuer-
hebelführung bei Ausführung eines Förderzuges stattfinden muß.
Die Vorteile der zwangsweisen Rückführung gegen
Fahrtende und Sperrung falscher Anfahrtsteuerung haben

dieseSteuerscheiben zu einemBestandteilefastaller neueren Sicherheitsvorrichtungen gemacht.

An die Hußmannsche Anordnung schließen etwa an die Steuerhebelsperrungen von Grunewald, Zeitschr. deutsch. Ing. 1907, S.1776, und der Isselburger Hütte, Zeitschr. deutsch. Ing. 1909, S. 1947. Letztere schaltet zwischen Anschlag und Steuerung eine Feder ein.

Bei Maschinen mit Kulissensteuerung muß zwecks Umsetzens der Körbe der Steuerhebel gelegentlich voll ausgelegt werden. Die geschilderte Regelung ist daher hier nicht möglich. Eine zweite Bauart von Hußmann (1906) wirkt daher auf das Drosselorgan und läßt die Steuerung selbst völlig frei.

Fig. 234 zeigt wie die Nase des Teufenzeigers durch einen federbelasteten Winkelhebel, eine wagerechte Stange und ein Kegelradpaar eine Verdrehung eines im Gehäuse a eingeschlossenen Drosselschiebers bewirkt. Bei Ende des Rückwärtsganges wirkt die Nase p auf den unteren Bunde q_2, bei Ende des Vorwärtsganges auf den oberen Bund q_1 und erzielt dabei eine verschieden gerichtete Drehung des Drosselschiebers aus seiner bei mangelnder Einwirkung durch die beiden Federn x herbeigeführten Mittellage. Der Drosselschieber erhält außerdem durch den Steuerhebel i eine Auf- oder Abbewegung, die also mit der Steuerverstellung parallel geht. Fig. 235 zeigt die Einrichtung von Schieber und Schiebergehäuse. Der lange Kolbenschieber ist in der Mitte mit Schlitzen k, das Gehäuse mit oberen Schlitzen l und unteren m versehen. Bei Auslegung der Steuerung auf Vorwärts-

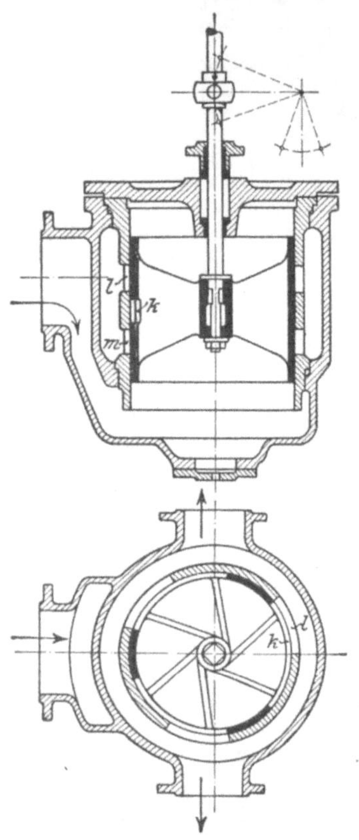

Fig. 235.

Zu Fig. 234 gehörig. Schnitt durch den Drosselschieber.

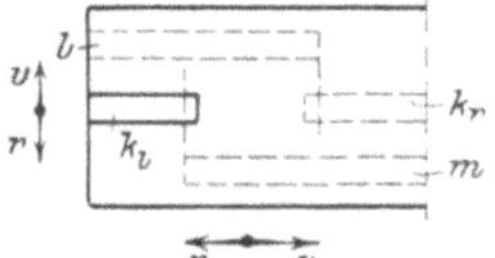

Fig. 236.

Zu Fig. 234 gehörig. Abwickelung der Mantelschlitze.

gang wird der Schieber hoch gezogen und arbeitet mit den Gehäuseschlitzen l zusammen, bei Rückwärtsauslage mit den Schlitzen m. Die wagerechte Lage der Schlitze zeigt die teilweise Mantelabwicklung, Fig. 236. Der Schlitz k hat bei Steuermittelstellung und am Ende der Rückwärtsfahrt die Lage k_l, am Ende der Vorwärtsfahrt die Lage k_r. Wird daher im ersten Falle richtig auf Vorwärts ausgelegt, dann kann der Triebdampf durch l ungedrosselt strömen, während die erneute Auslage auf Rückwärtsfahrt, die zum Umsetzen erforderlich ist, nur gedrosselten Triebdampf zur Maschine strömen läßt. Gegen Ende der Rückwärtsfahrt ermöglicht eine Auslage auf Vorwärts kräftige Gegendampfwirkung. Die elegante Anordnung wurde von der Union, Essen, gebaut.

Dieselbe Wirkung erzielt die Anordnung von Iversen (Z. d. Ing. 1907, S. 1570, Fig. 12) durch Umschaltung im äußeren Gestänge. Der Steuerhebel wirkt durch einen kulissenartigen Zwischenhebel auf das Drosselventil. Dieser Zwischenhebel wird vom Teufenzeiger gegen Fahrtende auf entgegengesetzte Wirkung verstellt, so daß am Ende der einen Fahrt eine erneute Auslegung des Steuerhebels nicht öffnend auf das wenig offene Drosselventil einwirken kann, während richtige Auslegung auf die nächste Fahrt das Ventil voll öffnet. Die Anordnung ist einfacher als die Hußmannsche. Sie ist in die neueren Ausführungen des Iversenschen Fahrtreglers übergegangen (Vgl. VI E. 6, Abschnitt Iversen).

5. Allgemeiner Überblick über die Steuerungsregler.

Die Steuerungsregler haben es sich zur Aufgabe gestellt, bei unzulässigem Maschinengange selbsttätig diejenigen Maßnahmen zu treffen, die in solchem Falle vom Maschinenwärter vorzunehmen wären, wobei sie auf Steuerung und Bremse einwirken, während die älteren Sicherheitsapparate im wesentlichen nur auf die Bremse wirkten. Solche auf die Steuerung wirkenden Apparate können in ihren Absichten weiter gehen als nur auf die Bremse einwirkende Vorrichtungen, indem sie nicht erst nach Überschreitung der entsprechenden Geschwindigkeit wirken, sondern schon bei Erreichung derselben. Es sei hier an die selbsttätige Expansionseinstellung durch Fliehkraftregler erinnert (Ab-

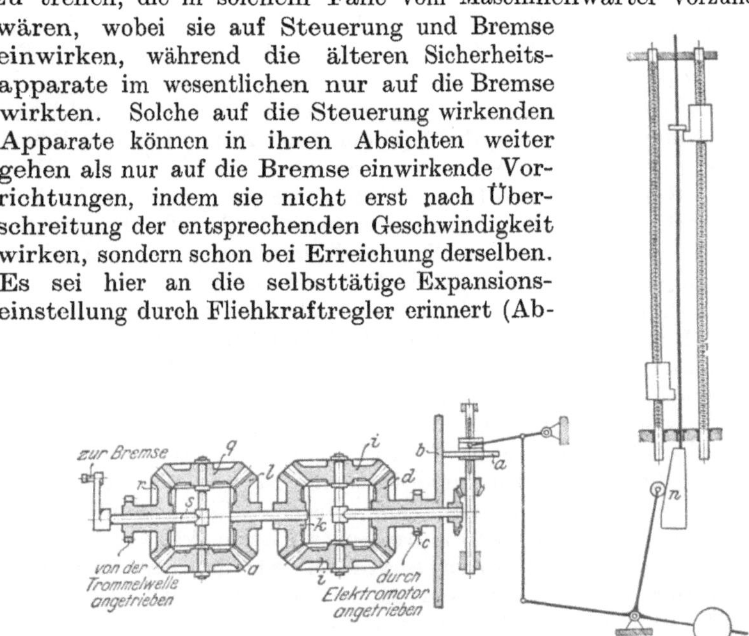

Fig. 237.
Sicherheitsapparat nach Schüller, Aschersleben.

schnitt VI A. 11). Ferner liegt die Möglichkeit vor, durch den Teufenzeiger unter Einschaltung von Kurven Steuerungseingriffe vornehmen zu lassen, da ein gewisser Zusammenhang zwischen Teufe und nötiger Steuereinstellung besteht. Man erinnere sich hier der Anfahrt- und Endfahrtregler (voriger Abschn.).

Die Eigenschaften der verwandten Geschwindigkeitsregler sind von Bedeutung (Abschn. V E.). Wertvoller und von den erfolgreichen Anordnungen verwendet sind die Regler für Geschwindigkeitsvergleichung. Es sei auf das in Abschnitt V E. und V F. hierüber Gesagte hingewiesen und ein kritischer Vergleich der Anordnungen anempfohlen. Hier seien ihre Eigenschaften als bekannt vorausgesetzt.

Zunächst sei der Schüllersche Apparat, Fig. 237, der in Abschnitt V F. in vereinfachter Form (Fig. 123) erwähnt wurde, in der vom Erfinder gegebenen Form vorgeführt, da er den für die Steuerungsregler so fruchtbaren Grundsatz der Geschwindigkeitsvergleichung in reiner Form veranschaulicht. Da er nur auf die Bremse einwirken soll, so gehört er eigentlich nicht unter vorliegende Gruppe. Es liegt aber kein Grund vor, ihn nicht in gleicher Weise, wie dies bei anderen Apparaten gezeigt werden wird, auf die Steuerung einwirken zu lassen. Von der gleichmäßig gedrehten Planscheibe b wird durch die vom Teufenzeiger und der Kurve n verschobene Reibscheibe a eine Vergleichsbewegung abgeleitet, die durch umständliche Getriebe eine Drehung des Rades l erzeugt. Da das Rad r von der Maschine angetrieben wird, bewirken Abweichungen der wirklichen von der Vergleichsgeschwindigkeit eine Drehung der Spindel s und Aufwerfen der Bremse. Ausführungen sind nicht bekannt geworden.

Die Steuerungsregler bieten eine grundsätzliche Schwierigkeit, die aber durch entsprechende Anordnung praktisch überwunden werden kann. Die durch unzulässige Geschwindigkeit hervorgerufene Regelbewegung soll die Geschwindigkeit verlangsamen. Man läßt daher die treibende Maschinenkraft vermindern oder absperren. Bei zu hebender Last muß alsdann eine Geschwindigkeitsverminderung eintreten, bei zu senkender Last dagegen versagt dies Mittel völlig, und hemmende oder bremsende Kräfte sind einzuschalten.

Man ersieht also: Verschiedenartige Förderzüge bedürfen, bei unzulässiger Geschwindigkeit ganz verschiedener Regeleingriffe, die je nach den verschiedenen Ursachen der Geschwindigkeitsüberschreitung verschieden sein müssen. Eine solche Aufgabe ist wohl von einem achtsamen und erfahrenen Wärter zu lösen, durch mechanische Apparate aber nicht, da diese nur auf die Tatsache der Geschwindigkeitsüberschreitung hin ansprechen, aber nicht auf deren ihnen unbekannte Ursachen.

Einige ältere Apparate helfen sich dadurch, daß vor dem Lasteinhängen eine regelbare Bremse mit solchem Drucke aufgeworfen wird, daß eine die Triebkraft der Last etwas übersteigende Reibung erzeugt wird, so daß jetzt der Förderzug mit Triebkraft ausgeführt werden muß, also die sicheren Verhältnisse des Lasthebens nachahmt. Hierbei kann eine Regelung leicht erfolgen, doch ist zu befürchten, daß das Aufwerfen der Bremse vergessen wird.

Neuere Ausführungen erreichen befriedigende Erfolge auf folgende Arten.

Bei unzulässiger Geschwindigkeit schaltet der Regler eine Kupplung zwischen einem Gestänge und dem Teufenzeiger, die so lange aufrecht erhalten bleibt, wie die unzulässige Geschwindigkeit besteht und so lange dauernden Regeleingriff bewirkt. Dies Gestänge wirkt auf die Steuerung ein und stellt zunächst kleinere Kraftzufuhr, im weiteren Verlaufe Gegenkraft, gegebenenfalls Bremskraft ein. Die erstere Maßnahme wird bei zu hebender Last genügen, die Geschwindigkeit soweit zu vermindern, daß die Kupplung gelöst und weitere Verstellung vermieden wird. Eine weitergehende Verstellung wird jedoch bei einzuhängender Last erfolgen, wodurch eine genügende, wenn auch durch die nutzlosen vorhergehenden Versuche verzögerte Wirkung im Sinne der Geschwindigkeitsverminderung stattfindet.

Der allmähliche Übergang über Kraftverminderung zu den Hemmkräften verzögert zwar die Regelwirkung, ist aber für einen ruhigen Maschinengang erwünscht (vgl. Abschn. VI A. 12). Nach der Geschwindigkeitsermäßigung löst sich die Kupplung. Die Steuereinstellung bleibt erhalten. Sie geht bei andauernder und notwendigerweise eintretender Geschwindigkeitsunterschreitung nicht selbsttätig zurück. Die richtige Steuereinstellung muß nach Eingreifen des Apparates dem Wärter überlassen werden.

Andere Vorrichtungen lassen einen Regler mit rückgängiger Verstellung unmittelbar einwirken. Diese sind nicht in der Lage, eine so planmäßige Versuchsreihe der Regeleingriffe bei geringer Geschwindigkeitsüberschreitung vorzunehmen, sondern bedürfen hierzu nicht zeitlich andauernder sondern wachsender Geschwindigkeitsüberschreitungen. Praktisch gleichen sie diesen theoretischen Mangel durch empfindliche Regler aus, die bei geringen Geschwindigkeitsüberschreitungen der Endfahrt kräftige Verstellungen ergeben.

Ein volles Verständnis dieser einleitenden Erwägungen kann erst die Kenntnis der Ausführungsformen bringen. Verfasser wollte es vermeiden, an letzteren Kritik zu üben; sie mögen ihre Werte in der Bewährung des Betriebes messen. Dagegen erschien eine Kritik der gemeinsamen Grundlagen erforderlich, wozu auch die grundlegenden Betrachtungen des früheren Abschnittes V F. 4 gehören.

Hier soll eine kurze Beschreibung einiger Ausführungen folgen. Die Reihenfolge der Aufführung soll kein Werturteil enthalten, sondern schließt sich an die bisher geübte entwickelnde Betrachtungsweise an.

6. Ausgeführte Steuerungsregler.

Die aus den Figuren meist genügend ersichtliche Anfahrtregelung sowie das Einwerfen der Bremse beim Übertreiben werden nicht besonders erwähnt werden.

Vorrichtung von E. Koch, Herne i. W. (DRP. 185 691, 1905, und 204 670, 226 321), gebaut von der Prinz-Rudolph-Hütte, Dülmen.

Fig. 239 gibt zunächst einen einfachen Apparat mit Einwirkung eines statischen Fliehkraftreglers auf die Füllungsänderung und Rückführung des Steuerhebels bei Fahrtende durch den Teufenzeiger. Der Apparat ist für Maschinen mit nur positiver Belastung bestimmt.

Der Einfluß des Reglers senkt die Stange c und schiebt dadurch die Steuerschieberstange b in der schräg stehenden Kulisse s nach rechts und dadurch die Steuerung nach ihrer Mittellage zu auf kleinere Füllung. Die Kulisse s wurde zu Fahrtbeginn durch den Steuerhebel schräg gestellt und verharrt während der Reglereinwirkung in dieser Lage (vgl. Abschn. VI A. 11). Gegen Fahrtende würde der Regler die Steuerung wieder auf große Füllung auslegen. Daher wird zu Beginn der Verzögerungsperiode der Steuerhebel in die Mittellage gestellt, indem die Teufenzeigerscheiben S durch ihre Führungskurve k unter Vermittelung der Rollenhebel r und des Gestänges e h auf die Stange d einwirken. An die Stange d sind Federn f eingeschaltet. Diese ermöglichen, den Steuerhebel in gewissem Spielraum anders zu bewegen, als die Zwangsführung vorschreibt, z. B. Trieb- oder Gegendampf aus der sonst gesperrten Mittellage heraus zu geben, was durchaus notwendig erscheint (vgl. Abschn. VI E. 4).

Für alle Betriebsverhältnisse bestimmt ist der in Fig. 239 gezeichnete Apparat, der auch auf eine regelbare Bremse einwirkt.

Der statische Regler wirkt durch die Stange p auf die Steuerung und durch k auf die regelbare Bremse ein; auf letztere infolge des zwischen l und s eingeschalteten toten Ganges (Schleife) erst bei entsprechender Geschwindigkeit. Der Steuerhebel wirkt durch die Stange h auf die Steuerstange r ein, der Bremshebel durch die Stange b auf die Bremsschaltung. Die verschiedenen Einflüsse vereinigen sich durch kulissenartige Hebelverbindungen. Gegen Fahrtende wirkt die Teufenzeigerkurvenscheibe mit einer Kurve führend auf die Steuerstange v, r, mit einer anderen auf den Rollenhebel o und durch diesen auf das vom Regler beeinflußte Bremsgestänge s ein.

Bei Fahrtbeginn wird durch den Steuerhebel der senkrechte kulissenartige Arm, an dem die Steuerstange v, r angreift, nach der einen oder der anderen Seite schräg gestellt und die Steuerung entsprechend ausgelegt. Bei wachsender Geschwindigkeit schiebt die Reglerstange p abwärtsgehend, infolge Führung ihres Endpunktes in einer schräg stehenden Kulisse, eine wagerechte Stange nach rechts, wodurch mit Hilfe eines Zwischengetriebes die Steuerstange v, r gesenkt und in bekannter Weise die Steuerung nach der Mittellage auf kleinere Füllung verstellt wird. Der Wärter kann hierbei verkleinernd, aber nicht vergrößernd auf die Füllung einwirken. Bei Überschreitung einer Höchstgeschwindigkeit dreht die Stange l den Hebel s nach links und hebt gleichzeitig die Bremsstange m. Diese führt sich mit einem Steine an dem Kulissenarme s. Bei ihrer Hebung und gleichzeitiger Schräglage von s wird m nach links bewegt und die Bremse mit einer der Geschwindigkeitsüberschreitung proportionalen Kraft aufgelegt. Auch hier kann der Wärter

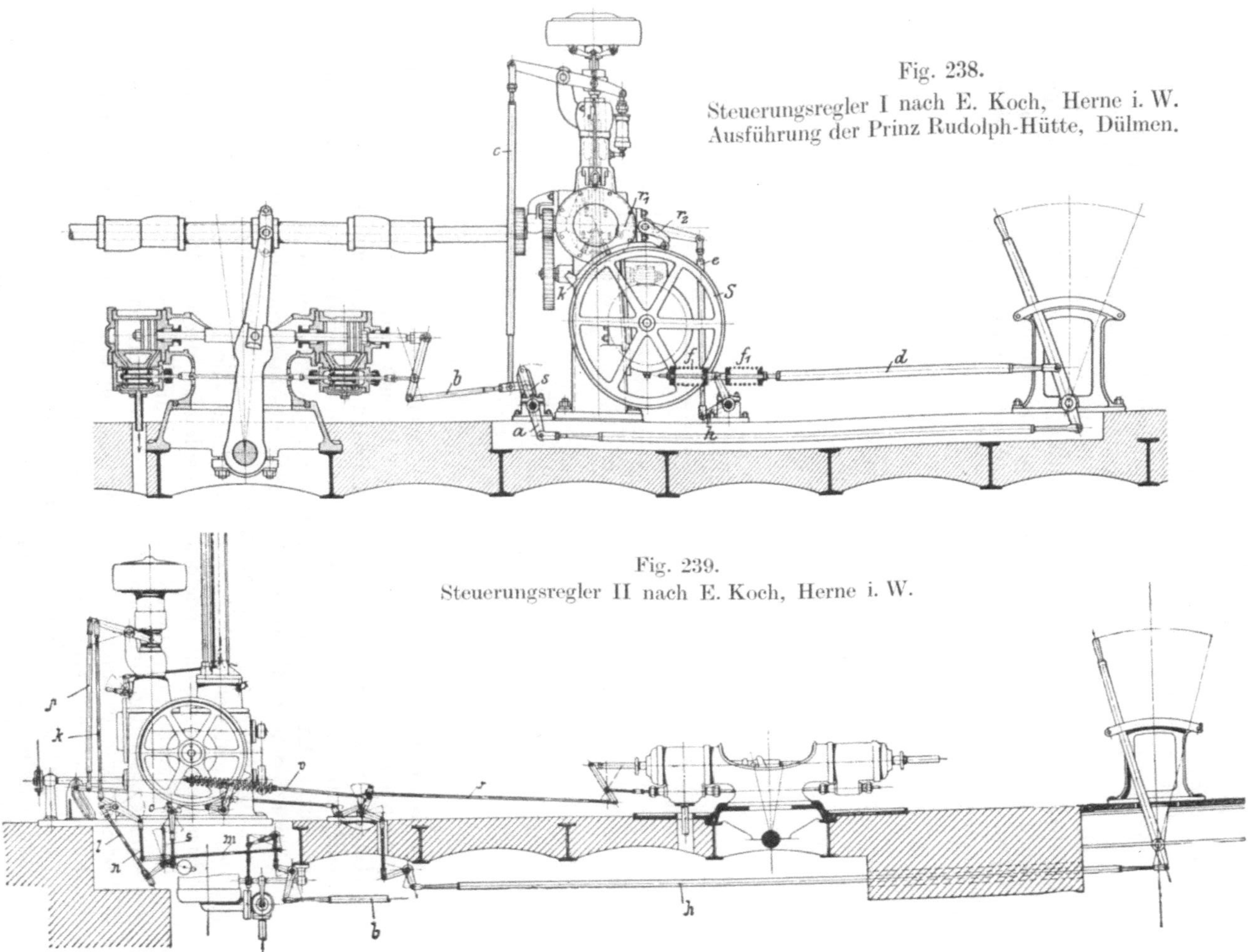

Fig. 238.
Steuerungsregler I nach E. Koch, Herne i. W.
Ausführung der Prinz Rudolph-Hütte, Dülmen.

Fig. 239.
Steuerungsregler II nach E. Koch, Herne i. W.

eingreifen, und zwar im Sinne der Bremsverstärkung. Bei abnehmen
der Endfahrtgeschwindigkeit will der rückgehende Regler die treibende Kraft verstärken und die Bremsung aufheben.

Daher tritt hier die Kurvenscheibe in Tätigkeit, die den Steuerhebel zurücklegt und die Bremse bei zu hoher Geschwindigkeit auf-
legt. Der Rollenhebel o wird durch die Bremskurve linkssinnig gedreht,
wobei vermittels eines Kurbeltriebes die Kulissenstange s nach links
gedreht wird. Bei dieser Schrägstellung übt wieder der Fliehkraftregler
nach Maßgabe der Geschwindigkeit und der Schrägstellung, also der
Teufe, seinen Einfluß auf die Bremse aus, so daß bei genügender Wirksamkeit des Reglers eine langsame Endfahrt erzielt wird.

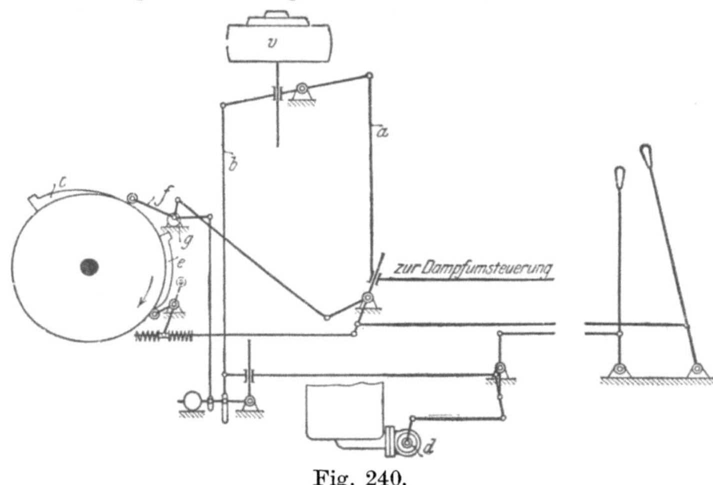

Fig. 240.

Steuerungsregler III nach E. Koch, Herne i. W.

Beim nächsten Anfahren wird, wenn die Anfahrtbeschleunigung
größer ist als die Verzögerung, die Bremse vorübergehend aufgelegt.
Um diese Möglichkeit zu vermeiden, wird in den heutigen Ausführungen
noch ein Gestänge eingebaut, das vom Steuerhebel beeinflußt, beim
nächsten Anfahren die Bremswirkung ausschaltet, so daß diese nur
während der Endfahrt bei Mittellage des Steuerhebels eintritt.

Fig. 240 a zeigt das Schema der neuen Anordnung. Der Einfluß
des Steuerhebels, der Endkurve e und der Reglerstange a auf die
Steuerung ist leicht ersichtlich, desgleichen der des Bremshebels und
der Reglerstange b (mit Schleife!) auf die Bremse (kulissenartige Zusammensetzung der Bewegungen), sowie drittens der Einfluß der
Bremskurve c durch das Gestänge fg auf die Bremse. Neu ist der
Einfluß des Steuerhebels auf das Bremskurvengestänge fg, indem der
Drehpunkt g des Hebels f in einem vom Steuerhebel verstellten Gestänge gelagert ist. Ist während der Endfahrt der Steuerhebel durch
die Endfahrtkurve e in die Mittellage gestellt worden, so hat das Gestänge fg dabei eine solche Lage erhalten, daß die Bremskurve c während

dieser Endfahrt auf die Bremse einwirken kann. Bei der nächsten Anfahrt stellt der nach der anderen Seite ausgelegte Steuerhebel das Gestänge fg in eine wirkungslose Lage. Die Vorrichtung ist bereits mehrfach ausgeführt worden.

Grunewald, Aachen.

Ein älterer Sicherheitsapparat von Grunewald (Zeitschr. deutsch. Ing. 1907, S. 1770) wollte durch vor dem Förderzuge vorzunehmende Umschaltung für wechselnde Lastgröße und Richtung eine größere Annäherung des Förderzuges an den vorgeschriebenen Verlauf erreichen, indem die Kraftzufuhr je nach Lastgröße und Richtung durch den eingestellten Apparat früher oder später abgesperrt wurde.

Die neuere Anordnung, Fig 241 (DRP. 203 429, 1908), bewirkt diese verschiedene Kraftschaltung durch gemeinsame Arbeit von Regler und Teufenzeiger und schaltet bei Erreichung der Höchstgeschwindigkeit Staudampf ein und nur zum Schlusse gegebenenfalls Bremswirkung. Ein statischer Regler R mit pseudoastatischer Endbewegung schaltet durch die rechte, nach dem Schieber des Servomotors gehende Stange bei wachsender Geschwindigkeit kleinere Füllungen. Die linke Reglerstange wirkt nach Durchlaufung einer Schleife auf eine mit dem Teufenzeiger zusammenarbeitende, Anschläge tragende Hülse q ein, die dazu bestimmt ist, bei Eintritt bestimmter Verhältnisse den Steuerhebel auf Staudampf zu stellen. Die Hülse q wird von der Wandermutter m nach Durchlaufung eines einstellbaren Leerlaufes mitgenommen, indem diese gegen die Anschläge p stößt und bis Fahrtende bewegt. Sie wird gleichzeitig durch den Regler während dessen raschen Endhubes gedreht. Sie trägt längslaufende Erhöhungen von verschiedener Längserstreckung, die bei Drehung unter den auf den Steuerhebel einwirkenden Anschlagshebel h auflaufen und ihn der Mittellage nähern, wodurch unter gleichzeitigem Weiterbestehen der Steuereinwirkung durch den Regler die Steuerung auf Stauwirkung gestellt wird, und zwar ist die Größe der Stauwirkung von der Höhenlage der Reglermuffe, also von der Geschwindigkeit mit abhängig.

Diese Anschlagserhebungen (Schubleisten) q sind so angeordnet, daß die längeren Kurven erst durch weitere Drehung in den Bereich des Anschlagshebels h gelangen. Wird die die Verdrehung bewirkende Höchstgeschwindigkeit bei schwerer Last oder bei vorsichtigem Fahren erst nach Durchlaufen eines größeren Schachtweges erreicht, dann wird auch die Rückführung des Steuerhebels auf Staustellung, wie erforderlich, später erfolgen, bei früherem Eintritte der Höchstgeschwindigkeit früher. Bei leichterer zu hebender Last und gleicher Stauwirkung wird die Verzögerung geringer ausfallen als bei schwerer Last, noch geringer bei einzuhängender Last, da hier die Last treibend wirkt. Es entspricht demnach dem frühzeitigeren Eintritte der Stauwirkung ein längerer Auslaufweg, so daß für alle Belastungsarten eine etwa gleichbleibende Zugdauer erwartet werden kann. Die in der Nebenfigur dargestellten Geschwindigkeitsdiagramme sind in dieser Erwartung entworfen.

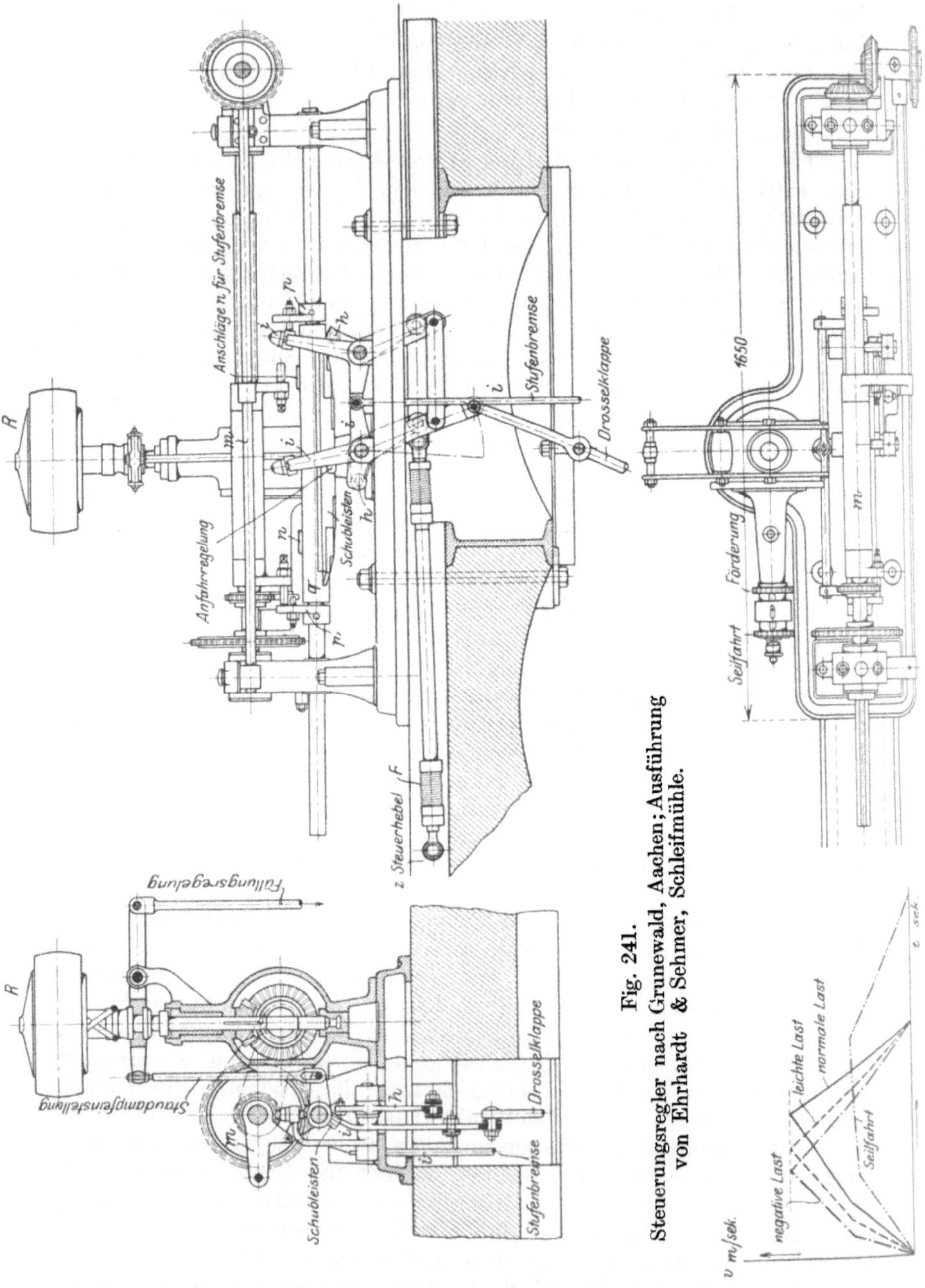

Fig. 241.
Steuerungsregler nach Grunewald, Aachen; Ausführung
von Ehrhardt & Sehmer, Schleifmühle.

Für Seilfahrt wird der Fliehkraftregler mit größerer Übersetzung angetrieben. Die Füllungsverringerung erfolgt dann bei geringerer Maschinengeschwindigkeit, und es ist eine Mittelfahrt mit gleichbleibender Geschwindigkeit zu erwarten. Gegen Fahrtende können besondere Anschläge n durch die Hebel i auf die Stufenbremse einwirken, wenn die Geschwindigkeit nicht genügend ermäßigt ist. Bei geringer Überschreitung der Hängebank werden durch besondere, von der Geschwindigkeit unabhängige Anschläge Steuerung und Bremse auf größte Hemmwirkung eingestellt. Die Reglereingriffe sind nicht zwangläufig mit der Steuerung verbunden, so daß der Wärter jederzeit die Steuerung auf größere Hemmwirkung einstellen kann. Um ihm auch eine Ermäßigung der Hemmwirkung und zum Schlusse geringe Triebkraftwirkung zu ermöglichen, sind Federn F in das Steuergestänge eingebaut, die eine Erweiterung der Hebelauslage gegenüber der durch den Reglereingriff gestatteten erlauben.

Ein Apparat, gebaut von Ehrhardt & Sehmer, Schleifmühle, ist seit Ende 1911 auf einem Schachte der Berginspektion X in Göttelborn (Saarbrücken) in zufriedenstellender Tätigkeit. Die vorliegenden Geschwindigkeitsdiagramme des Förderzuges zeigen einen guten Verlauf. Über einige Neuerungen vergl. Z. d. I., 1912, S. 1516.

Bei der bergpolizeilichen Abnahme wurden selbsttätige Förderzüge gemacht, wobei die Körbe vor der Hängebank zur Ruhe kamen.

Notbohm-Eigemann, Essen (DRP. 181351), gebaut von der Siegener Eisenbahnbedarf Akt.-Ges., Siegen.

Der ältere Apparat (1906) bewirkt in interessanter Weise diejenigen Steuerungsgriffe, die bei normaler Fahrt vom Maschinisten vorzunehmen sind und zwar wird durch später zu schildernde Mittel erreicht: Beim Beginn des normalen Auslaufpunktes wird das Drosselventil geschlossen, alsbald aber die Sperrung wieder aufgehoben, so daß das Drosselventil wieder vom Wärter bei Bedarf geöffnet werden kann; später wird auch der Steuerhebel in die Nullage gelegt und alsdann die betreffende Sperrung wieder aufgehoben, so daß der Wärter die Gewalt über den Hebel wieder erlangt; ferner wird kurz vor Fahrtende die Drosselklappe wieder geöffnet, so daß nach Bedarf Gegendampf oder Triebdampf gegeben werden kann, und beim Übertreiben wird Gegendampf und Bremse angestellt. Die Wärter arbeiten gern mit dem Apparate, der ihnen nötige Handgriffe erspart. Es ist ersichtlich, daß er in dieser Form für einzuhängende Last keine Sicherheit bietet. Daher wurde er durch Hinzufügung eines vergleichenden Geschwindigkeitsreglers, der bei andauernder Geschwindigkeitsüberschreitung Gegendampf einstellt, zu einem Steuerungsregler erweitert. Der Apparat hat eine gute Verbreitung gefunden.

Fig. 242 zeigt den älteren Teil des Apparates. In der Wandermutter c sind drei querverschiebliche Prismen e, d, f, Schieber genannt, enthalten, die je nach ihrer Querstellung aus der einen oder der anderen Seite der Mutter hervorragen und dazu bestimmt sind, entsprechende Anschläge g, z, o, n, s zu verschieben. Außer den Querschiebern sind noch Längsschieber k, i angeordnet, die mit doppelt angeordneten Keilflächen auf die Querschieber einwirken, derart, daß bei Rechtsbewegung von c gegen k der Schieber f nach vorn bewegt wird, so daß

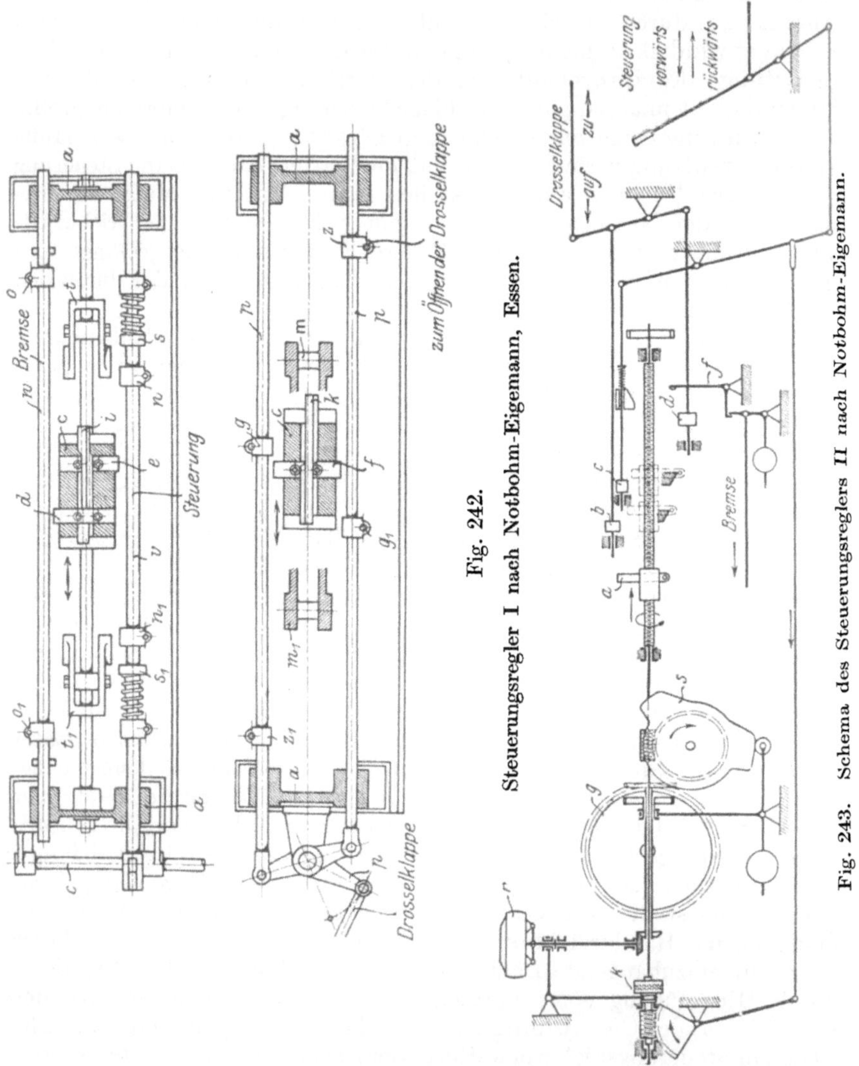

Fig. 242.   Steuerungsregler I nach Notbohm-Eigemann, Essen.

Fig. 243.   Schema des Steuerungsreglers II nach Notbohm-Eigemann.

er nachher vorn aus der Mutter hervorschaut, während bei der gleichen Verschiebung von i der Schieber e nach hinten, der Schieber d nach vorn heraustritt.   Diese geschilderten Schieberverstellungen treten ein, wenn die Längsschieber auf ihrem Wege gegen einen genügenden

Widerstand anstoßen; es werden ihnen bewegliche Widerstände m, m,
t, z^2 entgegengestellt, so daß sie nach Vornahme der gewünschten Verstellungen die Widerstände selbst beiseite schieben können.

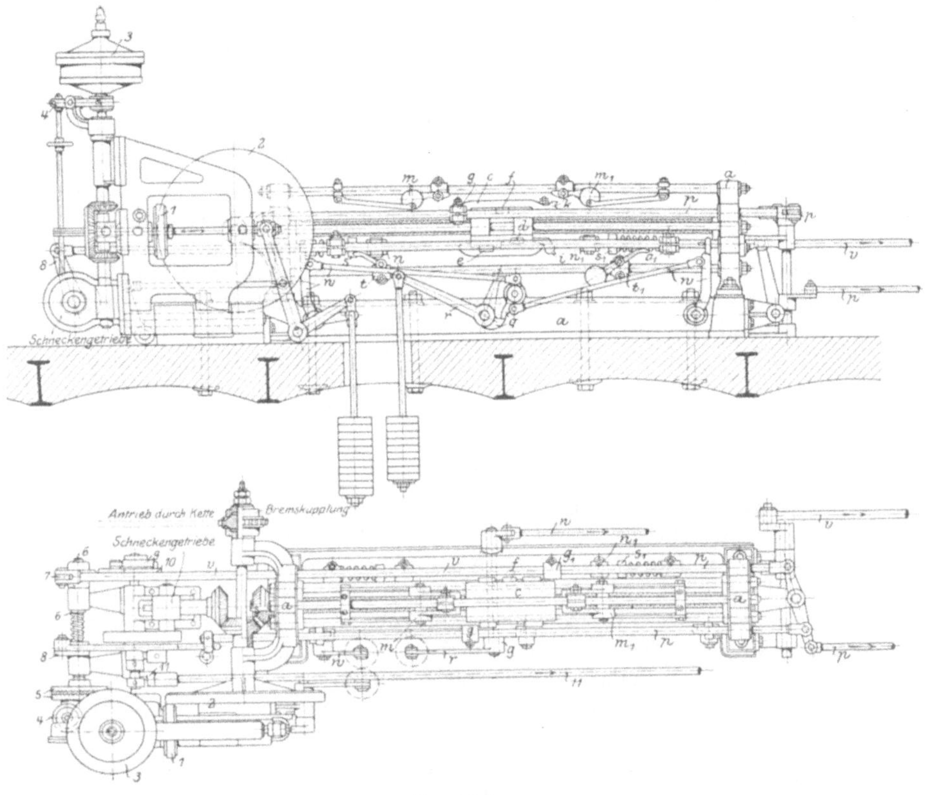

Fig. 244.
Steuerungsregler von Notbohm-Eigemann, Essen; Ausführung der Siegener Eisen-
bedarfs-Akt.-Ges., Siegen.

Die Tätigkeit ist folgende. Schieber f der rechts laufenden Wandermutter schließt durch Anschlag g und Gestänge p die Drosselklappe und
wird dann durch Anstoßen an den beschriebenen Widerstand m nach
vorn verschoben, wodurch er imstande ist, kurz vor Fahrtende durch den
Anschlag z die Drosselklappe wieder zu öffnen. Schieber e führt später
durch Anschlag n den Steuerhebel in die Nullage; alsbald tritt durch
Anschlag von i an den Widerstand t die Querverschiebung der Schieber e
und d ein, wodurch außer der Freigabe des Steuerhebels Schieber e be-
fähigt wird, beim Überfahren der Hängebank durch den Anschlag o die
Bremse anzustellen, während Schieber d, an Anschlag n vorbeigehend, den
elastischen Anschlag s gegen Fahrtende trifft, wodurch der etwa wieder
ausgelegte Steuerhebel erneut in die Nullage gedrückt und beim Über-

treiben auf Gegendampf gestellt wird. Die Feder im Anschlage s ermöglicht dem Wärter durch Rückdrücken des Steuerhebels den zum Korbumsetzen nötigen Triebdampf zu geben. Bei dem Rückwärtsgange wirken die Schieber mit entsprechend symmetrisch angeordneten Anschlägen zusammen. Die Ausführungsformen zeigt Fig. 244.

Die spätere Erweiterung, der wertvollere Teil des Apparates, ist in Fig. 243 schematisch dargestellt.

Der Regler r wird von der Reibscheibe g mit wechselnder Geschwindigkeit angetrieben, indem die ihn antreibende mit g zusammenarbeitende kleine Reibrolle durch eine von der Maschine angetriebene Kurvenscheibe s bei Beginn des Förderzuges von außen nach innen, gegen Ende von innen nach außen geschoben wird. g wird von der Maschine angetrieben. Durch diesen Antrieb soll bei vorschriftsmäßigem Maschinengange r mit gleichbleibender Geschwindigkeit laufen und bei Geschwindigkeitsüberschreitungen eine kräftige Regelbewegung hervorrufen. Diese führt zu einer Kupplung k der Teufenzeigerspindel mit einem nach dem Steuerhebel führenden Gestänge, so daß dieser Hebel bei Überschreitung der vorgeschriebenen Geschwindigkeit über die Nullage auf Gegendampf geführt wird. Über die Kritik des gewählten Reglerantriebes vergleiche V. F. 2.

Fig. 244 zeigt die Ausführungsform. Die Teile des älteren Apparates sind leicht zu erkennen, ferner der Regler 3, sein Reibungsantrieb 1, 2, die durch den Regler betätigte Kupplung 5 und die nach Kupplung die Stellbewegung auf Hebel 7 und durch Stange v auf den Steuerhebe übertragende Welle 6. Die die Reibrolle 1 verschiebenden Kurven befinden sich auf den Scheiben 9 und 10, von denen eine für Förderung, die andere für Seilfahrt eingeschaltet wird. Die Führungsbewegung wird durch eine quer unten liegende Welle und einen vorn liegenden Hebel mit Stange auf die Reibrolle übertragen.

Die hier gezeigte Reglergestaltung beruht auf dem Grundgedanken der früheren Fig. 120 nach W. Schwarzenauer.

J. Iversen, Berlin (DRP. 228 104, 1907), gebaut von Atlas, G. m. b. H., Berlin-Charlottenburg 4.

Hier sind zu unterscheiden eine ältere Ausführung (1907), eine mittlere und eine neuere (1911).

Die ältere Ausführung (Zeitschr. deutsch. Ing. 1907, S. 1565 u.f.) beruht auf der in Fig. 122, Abschnitt V F. 3, dargestellten Vergleichsbewegung durch einen fallenden Körper. Geregelt wurde die zweite Hälfte des Förderzuges durch Einwirkung der Regelbewegung auf das Drosselventil. Bei Erreichung einer geringen Drosselöffnung in der Dampfzuführung wirkte das Regelgestänge bei weiterdauernder Geschwindigkeitsüberschreitung auf eine Stufenbremse ein. Eine Einwirkung auf die eigentliche Steuerung fand nicht statt. Beim Lasteinhängen sollte von vornherein die regelbare Bremse mit entsprechendem Druck aufgelegt werden. Das war nötig, da der erste ohne Regelung verlaufende Zugteil zu zu großen Geschwindigkeiten hätte führen können. Die mittlere Ausführung (Druckschrift D 1810 der Atlas-Gesellschaft) sah eine Regelung des ersten Fahrtteiles vor nach Art des hydraulischen Reglers mit Zustandsvergleichung (Fig. 121, Abschnitt V F).

Die neuere Ausführung (DRP. 246534, 1911) ist zur alleinigen Benutzung der letzten Reglerart und zur Steuerungsbeeinflussung übergegangen. Sie soll im folgenden geschildert werden.

Die Vorrichtung benutzt das an anderer Stelle mitgeteilte (VI G 1) Servofahrventil, das ist ein Drosselventil, das durch einen Hilfskolben bewegt wird und einen vom Hebelausschlag abhängigen Dampfdruck einstellt.

Die Sonderform des verwandten hydraulischen Reglers gibt Fig. 245. Eine ventillose von der Maschine angetriebene Kapselpumpe D erzeugt einen Ölumlauf, dessen Stärke der Geschwindigkeit proportional ist. Mit Öl gefüllt sind: die untere Kammer b, die mittleren Kammern d und die obere Kammer c. Die Kammern d sind voneinander getrennt, mit der Kammer b durch Rückschlagventile und mit der Kammer c durch gesteuerte Umläufe f verbunden, b und c stehen mit einander in offener Verbindung. Die Steuerung der Umläufe geschieht durch die von Teufenzeigerscheiben C verstellten Schieber e. Die Pumpe D ist durch ihre zwei Rohrleitungen g mit je einer der mittleren Kammern d verbunden. Bei verschiedener Drehrichtung der Pumpe vertauschen diese Rohre ihre Rolle als Saug- und Druckleitung. Der Ölumlauf geschieht in Fig. 245: die Pumpe saugt durch g aus der linken Kammer d Öl ab, das durch das sich öffnende Rückschlagventil aus b nachströmt, und drückt es in die rechte Kammer d, aus der es durch den Umlauf f nach der oberen Kammer strömt und von hier nach b abläuft. Je nach der Maschinengeschwindigkeit und der eingestellten Drosselöffnung tritt in der rechten Kammer d ein entsprechender Druck ein, der den federbelasteten Reglerkolben i nach Maßgabe des Druckes in die Höhe schiebt und durch ein erkennbares Gestänge auf den Schieber eines Servomotors B einwirkt, der die Regelbewegung entsprechend weiter gibt. Beim umgekehrten Maschinengange wechselt der Öllauf seine Richtung und der Druck entsteht in der linken, durch die linke Teufenzeigerscheibe beeinflußten Kammer d, deren Kolben dabei die Regelung übernimmt, während der Nachbarkolben in Ruhe verbleibt. Der Regler stellt sich also von selbst auf verschiedene Drehrichtung ein.

Die Teufenzeigerscheiben C werden von den Wellen n durch Schneckentriebe bewegt. Bei vorgesehenem Sohlenwechsel wird die eine der Wellen vom Loskorb aus angetrieben, so daß sich die Kurvenscheiben von selbst richtig einstellen. Die Benutzung der gleichen Kurvenscheiben ist möglich, wenn die Kurven sich nicht auf die ganze Teufe sondern nur auf die Endfahrt erstrecken.

Die Stellung des Servomotorkolbens B hängt nicht allein vom Stande der Reglerkolben i ab, sondern, wie aus den Gestängen ersichtlich, auch vom Stande des Hebels l, dessen Stellung wieder von der Stellung des Fahrhebels F (Fig. 246) abhängig ist.

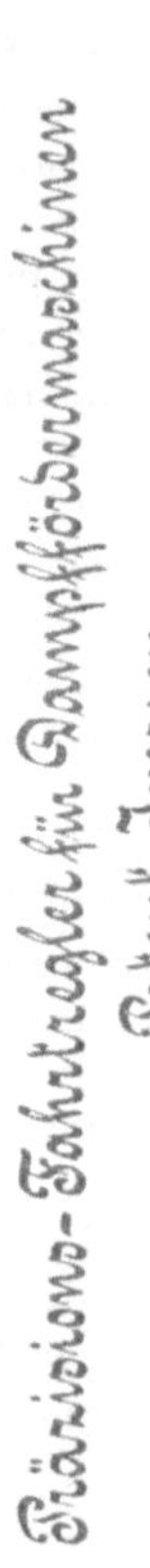

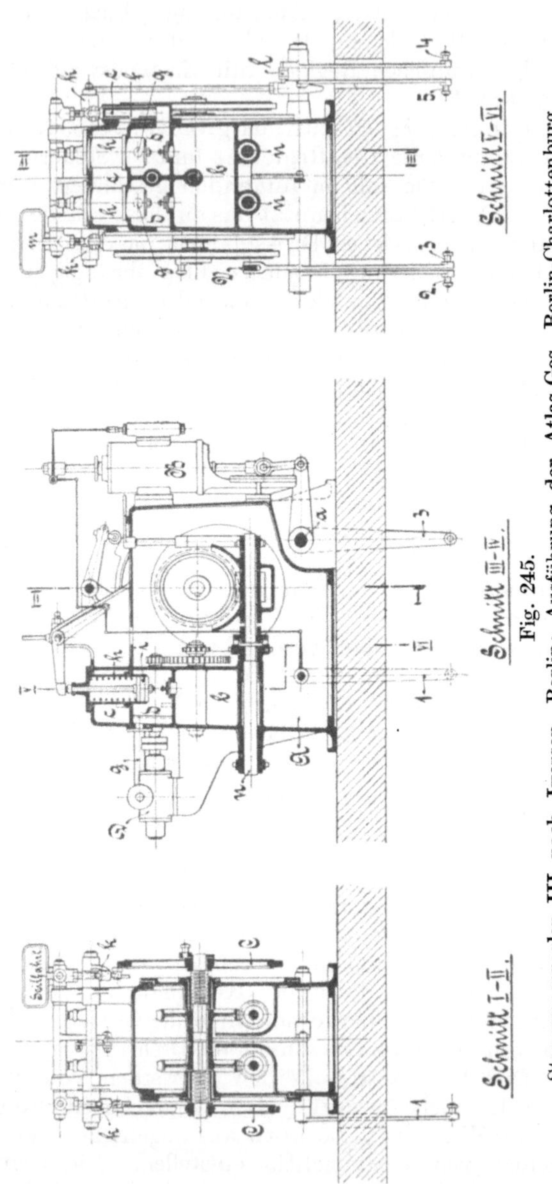

Fig. 245.

Steuerungsregler III nach Iversen, Berlin; Ausführung der Atlas-Ges. Berlin-Charlottenburg.

Der Servomotor kann durch Welle a und Stange 2 auf den Steuerhebel S einwirken und so mittelbar auf die Umsteuerwelle. Fig. 246. Diese Einwirkung geschieht durch winkelhebelartige auf ihrer Welle lose sitzende Mitnehmer M_1, M_2, wenn der Steuerhebel S in die Mitnehmer in

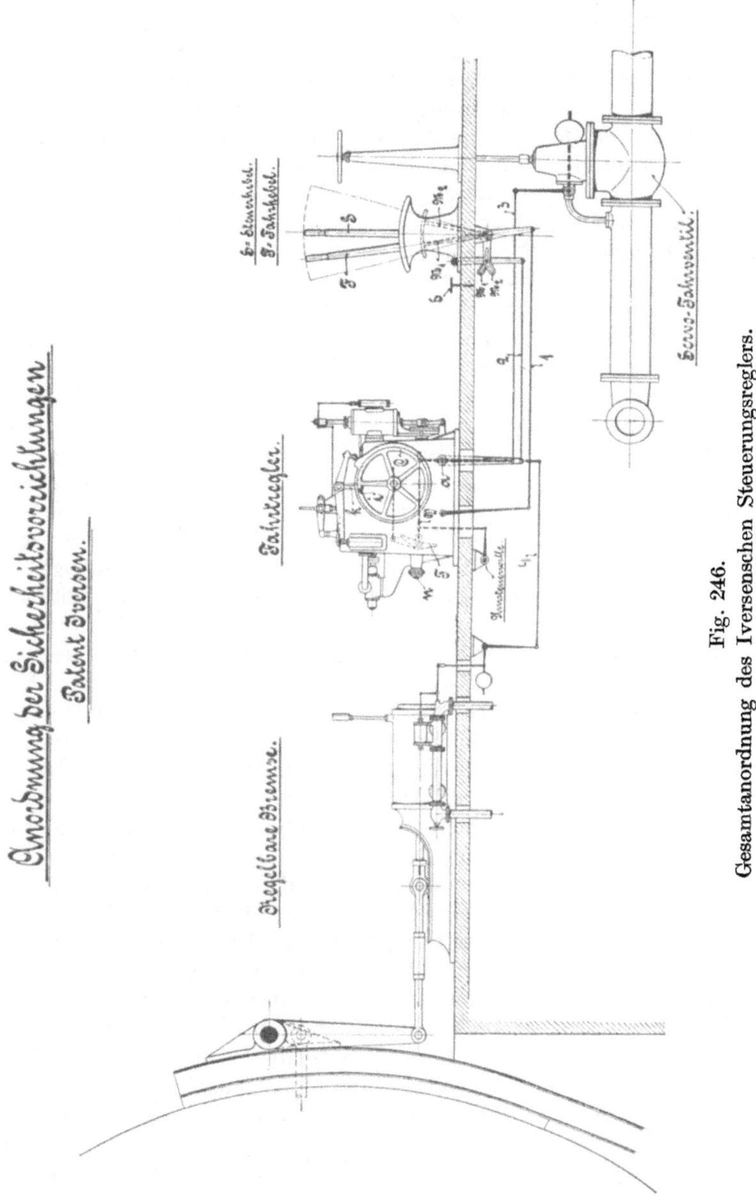

Fig. 246.

Gesamtanordnung des Iversenschen Steuerungsreglers.

seiner Endauslage eingeklinkt und die Stange 2 vom Servomotor aus
ihrer linken Endlage in die in Fig. 246 angezeichnete Mittellage gerückt
wird. Bei dem zu Fahrtbeginn erfolgenden Linksschub der Stange 2

spreizt der von der Stange bewegte Bolzenhebel durch sein Zusammenarbeiten mit den Schlitzen M_1, M_2 die senkrechten Arme der Mitnehmer
nach außen, worauf der ausgelegte Steuerhebel in die Mitnehmer eingeklinkt und bei Rechtsbewegung der Stange 2 nach der Mittellage geführt
werden kann. Diese Anordnung erinnert an die in Fig. 190 gegebene von
Dubbel, um die stets gleichgerichtete Reglerbewegung zur Rückführung
des rechts oder links ausliegenden Steuerhebels ausnutzen zu können.

Außer dem meist durch einen besonderen nicht gezeichneten
Servomotor auf die Steuerung einwirkenden Steuerhebel ist im Steuer-
bock ein Fahrhebel F verlagert, der durch Stange und Hebel 1 auf den
Reglerservomotor B einwirkt.

Der Betrieb ist folgender. Bei Fahrtbeginn wird zunächst der
Fahrhebel F nach vorn (immer in gleicher Weise) ausgelegt. Hierdurch
wird der Servomotor so verstellt, daß die am Ende des vorhergehenden
Zuges geschlossene Bremse gelüftet wird (durch die an Welle a angeschlossene Stange 4), während das Servoventil auf etwa 1 v. H. Dampf-
durchgang geöffnet bleibt. Alsdann wird der Steuerhebel entsprechend
ausgelegt, in der Zeichnung nach vorn auf Vorwärtsgang, und in den
linken Mitnehmer eingeklinkt. Durch die hierauf eintretende Bewegung
der Umsteuerwelle wird die Stange V gehoben. Ihre Endrolle schiebt
dabei an dem schräg stehenden Doppelhebel T entlang und drängt V nach
rechts, wodurch vermittels des Gestänges 3 das Servoventil geöffnet wird.
Bei falschem Auslegen auf rückwärts würde die Stange V gesenkt werden
und das Servoventil in der geringen, zum falschen Anfahren unge-
eigneten Öffnung verharren. Der Hebel T wird durch eine kleine Kurbel
von der Teufenzeigerscheibe C in Abhängigkeit vom Korbstand verstellt.
Am Ende des Vorwärtsganges steht T nach der anderen Seite schräg,
so daß nur bei Rückwärtsauslage des Steuerhebels ein Öffnen des
Servoventils stattfindet (Anfahrtregelung).

Der bei Geschwindigkeitsüberschreitung steigende Reglerdruck
schiebt dann durch den Servomotor B die Stange 2 nach rechts, wodurch in
schon dargestellter Weise der Steuerhebel auf kleinere Füllung, gegebenenfalls auf Gegendampf gestellt wird. Nach bestimmter Verschiebung
kommt auch die Bremse mit wachsendem Druck in Tätigkeit. Sie
wirkt nicht gleich mit, da erst der Bremsschieber um die Größe seiner
Überlappung verschoben werden muß. Das Servoventil wird durch
den mit vorschreitender Teufe allmählich in die andere Schräglage über-
gehenden Anfahrtregler T gegen Fahrtende bis auf 1 v. H. Dampf-
durchfluß geschlossen. Der Steuerhebel bleibt oder gelangt bei vorschriftsmäßig verlaufender Endfahrt wieder in die Endauslage, da die Regelbewegung zurückgeht. Das Einfahren in die Hängebank geschieht dann
mit dem Fahrhebel, indem kurz vor Erreichung der Hängebank durch
diesen die Bremse mit schwachem Druck aufgelegt und die geringe
Triebkraftwirkung der bei stark gedrosseltem Dampfdrucke voll ausliegenden Steuerung durch die Bremse bis zum Stillstand an der Hängebank beherrscht wird. In ähnlicher Weise geschieht das Umsetzen der
Körbe.

Der Wärter kann jederzeit durch den Fahrhebel in die Regelung im Sinne der Geschwindigkeitsverminderung eingreifen.

Beim Überfahren der Hängebank tritt eine plötzliche Bremsauslösung ein.

Bei Seilfahrt wird in den Ölumlauf neben der gesteuerten Drosselung eine feste eingeschaltet, wodurch die Höchstgeschwindigkeit verringert wird. Diese Einstellung kennzeichnet sich durch Erscheinen einer Tafel mit der Aufschrift Seilfahrt.

Durch einen Fußtritt E kann die Bremse jederzeit voll aufgeworfen werden. (Vergl. Abschnitt VI, C 3, über Drei- und Zweihebelsystem.)

G. Schönfeld, Berlin (DRP 1911), gebaut von Weinmann & Lange, Gleiwitz.

Der Apparat benutzt den in Fig. 121 Abschnitt V F. erläuterten hydraulischen Regler. In Fig. 247 ist K der Kolben, D der Drosselschieber, a die ihn steuernde Kurvenscheibe. Durch das Rohr R gelangt das Drucköl unter den Reglerkolben L. Da der Druck abwechselnd unter und über dem Kolben K entsteht, sind diese beiden Räume durch Verbindungsleitungen, in die je ein Rückschlagventil eingebaut ist, mit dem Rohre R verbunden, so daß immer der erzeugte Druck zum Reglerkolben gelangt.

Der Reglerkolben L ist durch das Gewicht G belastet. Bei Druckerhöhung bewegt der obere Hebel durch Stangen die Getriebe S und T. Das Getriebe S wird vom Steuerhebel verstellt und wirkt auf den Servomotor. Die linke Reglerstange greift durch die wagerechte untere Stange kulissenartig am senkrechten Arme des Winkelhebels S an. Bei ausgelegter Steuerung steht dieser Arm schräg und die wagerechte Stange wird beim Aufgange des Reglerkolbens an dem schrägen Arme so geführt, daß die Steuerung nach der Mittellage verschoben wird (vgl. die früheren Fig. 192 u. 239). Unzulässige Geschwindigkeit stellt also kleinere Füllung, gegebenenfalls Staudampf ein. Das Gestänge T steht mit Bremshebel und Bremse in Verbindung. Das erste Heben der rechten Reglerstange löst die Bremse noch nicht aus, wegen der Überlappung des Bremsschiebers und der infolge des in das Gestänge eingeschalteten Kniehebels zunächst nur sehr geringen wagerechten Verschiebung der zur Bremse führenden Stange.

Es erfolgt daher durch den Reglereingriff zunächst Kraftverringerung und bei Erreichung einer bestimmten kleinen Triebkraft das allmähliche Anziehen der Bremse, gegebenenfalls mit Überführung der kleinen Triebkraft in eine hemmende Kraft. Das neben den Regler gezeichnete Kraftdiagramm vernachlässigt die bei Beginn des Bremseingriffs noch bestehende geringe Triebkraft. Die Bremse kann auch durch den Bremshebel angezogen werden. Durch den Teufenzeiger kann beim Übertreiben durch den mit Auslösevorrichtung bezeichneten Hebel die Bremse rasch auf vollen Druck gebracht werden. Gelöst werden kann die Bremse durch Vorwärtsdrücken des Bremshebels; dabei wird ein Gewicht gehoben, das den Bremshebel in die Bremsstellung zurückzulegen strebt.

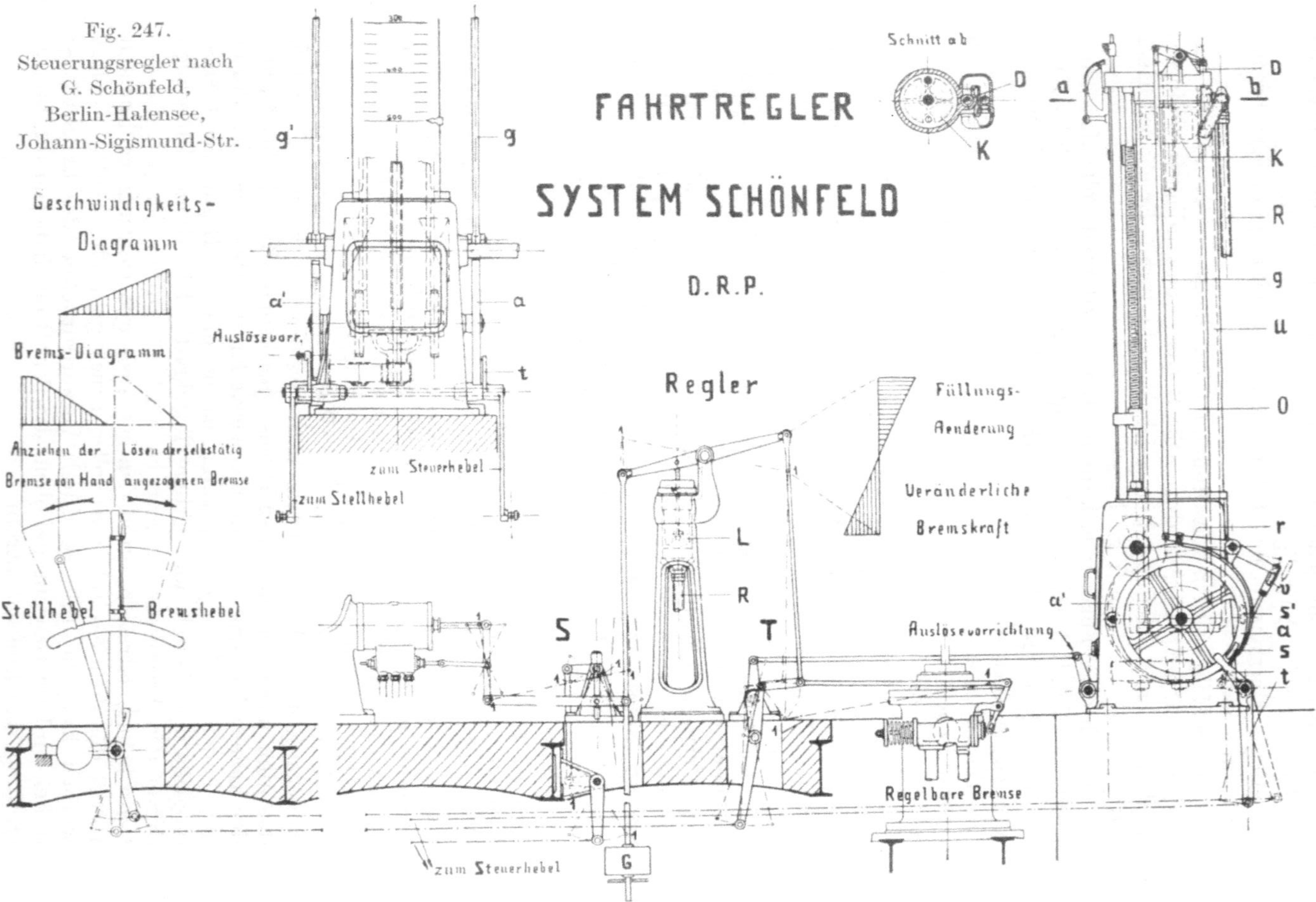

Fig. 247.
Steuerungsregler nach G. Schönfeld, Berlin-Halensee, Johann-Sigismund-Str.

Der Steuerhebel kann jederzeit im Sinne der Kraftverminderung eingreifen.

Die Anfahrtregelung geschieht durch die Hußmannschen Anschläge s und s' an den Kurvenscheiben, die mit den Anschlägen t im Steuergestänge zusammenarbeiten.

Es ist noch ein besonderer Stellhebel vorgesehen, der vor der Seilfahrt durch die Stange v eine bestimmte Einstellung des Drosselschiebers D bewirkt, so daß auch bei Überschreitung der Seilfahrtsgeschwindigkeit der Regelvorgang einsetzt. Die Kurvenscheiben a, a' stellen sich bei Sohlenwechsel selbsttätig ein.

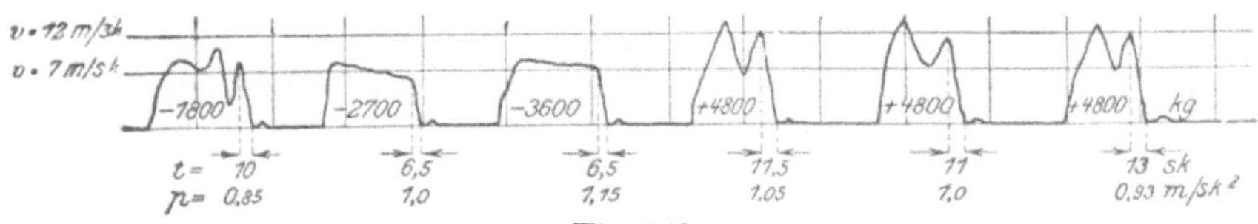

Fig. 248.
Selbsttätige Fahrten.

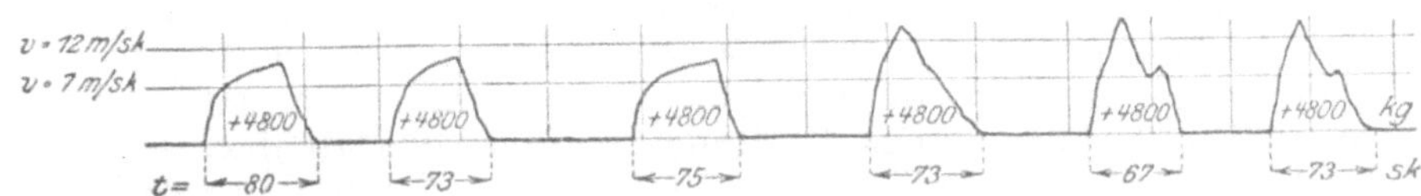

Fig. 249.
Drei Fahrten mit ausgeschaltetem Regler, drei Fahrten mit eingeschaltetem Regler.

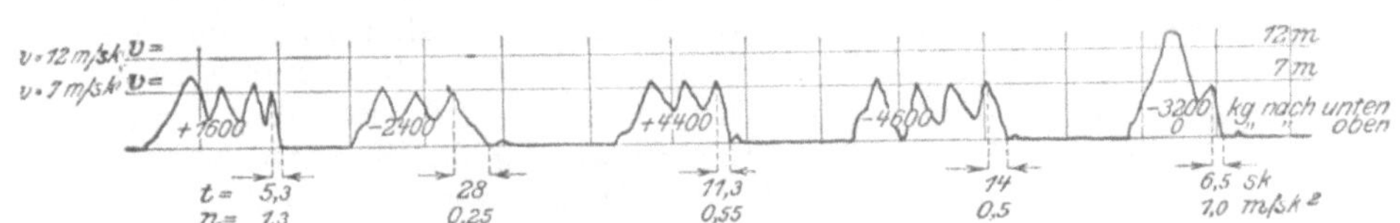

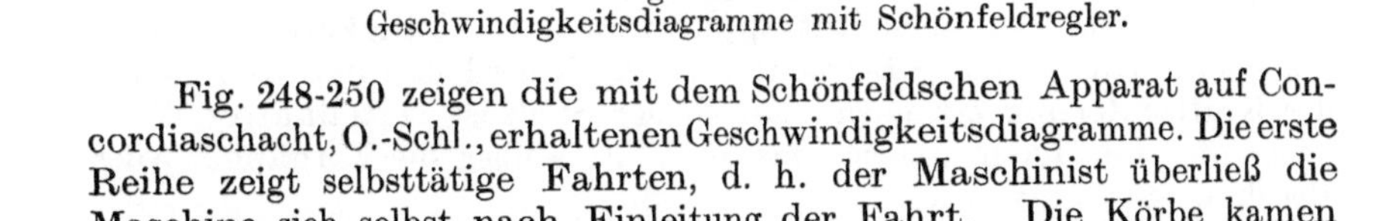

Fig. 250.
Selbsttätige Seilfahrten.
Fig. 248—250.
Geschwindigkeitsdiagramme mit Schönfeldregler.

Fig. 248-250 zeigen die mit dem Schönfeldschen Apparat auf Concordiaschacht, O.-Schl., erhaltenen Geschwindigkeitsdiagramme. Die erste Reihe zeigt selbsttätige Fahrten, d. h. der Maschinist überließ die Maschine sich selbst nach Einleitung der Fahrt. Die Körbe kamen bei positiver sowohl wie negativer Belastung mit gleichmäßiger Verzögerung vor der Hängebank zur Ruhe. Interessant ist, daß die Diagramme des Lasteinhängens ruhiger verlaufen als die des Lasthebens, wohl weil nach Eingriff des Reglers keine erneute Auslage auf Maschinenkraft erforderlich ist. Die Lastzüge zeigen das im Abschnitt V F. 4 erörterte bei jeder selbsttätigen astatischen Regelung zu erwartende Hin- und erpendeln der Regelung. Besonders zeigt sich diese Erscheinung in den selbsttätigen Seilfahrten der untersten Reihe. Die Schwankungen sind nach Ausweis neuerer Diagramme geringer geworden, seit eine Feder zur Gewichtsbelastung des Reglerkolbens hinzugefügt wurde, wodurch die ursprünglich astatische Regelung in eine statische übergeführt wurde.

Die mittlere Reihe zeigt Fahrten mit ausgeschaltetem Regler und solche unter Mitwirkung des Reglers. Es zeigt sich ein vorsichtiges Fahren bei ausgeschaltetem und ein forsches Fahren bei eingeschaltetem Apparate, ein Beweis für das Vertrauen, das der Wärter dem Apparat entgegenbringt, und für den wirtschaftlichen Vorteil solcher Apparate.

An Apparaten anderen Ursprungs sind die gleichen Erfahrungen gemacht worden.

4. Rückblick auf die Sicherheitsvorrichtungen.

Ein Rückblick auf die Vorrichtungen zeigt eine erfreuliche Entwicklung zu brauchbaren Apparaten. Die früheren Sicherheitsapparate sind rettungslos veraltet, die Steuerungsregler aussichtsreich, wenn sie sich auf das Erreichbare beschränken; sie haben sich aber noch in längerem Betriebe zu bewähren. Ihre Betriebssicherheit dürfte genügend sein, die Forderung der Einfachheit ist schlecht erfüllt. Die künftigen Bestrebungen werden sich auf Vereinfachung zu richten haben und auf weitere Verbesserung der Kräftebeherrschung der Maschine. Falsch erscheint es, unter allen Umständen „selbsttätige" Fahrten anzustreben und bei Abnahme zu verlangen. Der Wärter ist und bleibt der beste „Fahrtregler". Es genügen Apparate, die beim Versagen des Wärters die Maschine sanft stillsetzen; denn dieser Fall des völligen Versagens des Wärters kommt wohl kaum einmal im Leben einer Fördermaschine vor. Nötig wäre eine eindeutige Steuerung (vergl. VI A 9), bei welcher durch stetige Bewegung des Steuerhebels von voller Triebkraft allmählich auf volle Hemmkraft bei gleichmäßigem Drehmomente übergegangen wird, eine Aufgabe, deren Lösung wegen der in der Mitte nötigen Manövriernocken und des ungleichmäßigen Drehmomentes bei kleinen Füllungen kaum möglich scheint. Alsdann würde der Sicherheitsapparat kaum in Tätigkeit zu treten brauchen. Die genauere Betrachtung der Regler läßt Unstimmigkeiten der Kraftänderung erkennen. An dieser Stelle ist vorteilhafter Weise nochmals das nachzusehen, was in V F. 4 über die Vorgänge jeder Regelung gesagt wurde.

Die Steuerungsregler dienen nicht nur der Sicherheit, sondern auch der Wirtschaftlichkeit des Betriebes, da einerseits flotter gefahren wird, andererseits die dampfsparende Füllungsregelung nicht ausgeschaltet werden kann.

Im letzten Teile des Buches wird ein Abschnitt über die Sicherheitsvorrichtungen an elektrischen Fördermaschinen berichten. Ein Vergleich des in beiden Betriebsarten Angestrebten und Erreichten wird lehrreich sein und die Besonderheiten der einzelnen Betriebsarten schärfer hervortreten lassen.

F. Ausgeführte Fördermaschinen.

1. Überblick über die verschiedenen Anordnungen.

Es sind zu unterscheiden:

Nach dem äußeren Aufbau:
1. stehende Maschinen, Fig. 251.
2. liegende Maschinen , Fig. 252—261, 263, 271.

Die stehenden Maschinen haben einen geringen Raumbedarf im Grundriß und zeigen einen geringen Verschleiß ihrer gleitenden Teile.

Die liegenden Maschinen aber sind zuverlässiger gelagert, übersichtlicher und zugänglicher. Ihre Vorzüge haben die stehende Bauart schon lange (1875) fast völlig verdrängt.

Nach der Kraftübertragung:
1. mittelbar wirkende Maschinen, Fig. 75, 252 u. 253.
2. unmittelbar wirkende Maschinen, Fig. 41, 254—261, 263, 271.

Ältere Maschinen weisen fast alle Zahnradübersetzungen zwischen Maschinenwelle und Trommelwelle auf, um eine rascher laufende, daher kleinere und billigere Antriebsmaschine zu erhalten. Sie mögen etwa 30 v. H. billiger sein als unmittelbar wirkende. Der an sich geringere Dampfverbrauch der schnellaufenden Dampfmaschine führt zu keiner Dampfersparnis wegen der Kraftverluste im Vorgelege. Die Übersetzungen machen den Betrieb geräuschvoll und unsicher. Sie sind am Platze, wo, wie bei Nebenbetrieben, eine gedrängte und billige Bauart erfordert wird.

Nach der Kraftteilung:
1. Einkurbelige Maschinen.
2. Zweikurbelige Maschinen.

Ältere Maschinen waren, als einkurbelige, allen Tücken des Kurbeltriebes ausgesetzt, als ungleichmäßigem Gange, bei langsamem Gange gar Stehenbleiben der Maschine vor der Totlage und der Unmöglichkeit, die in Totlage stehen gebliebene Maschine wieder auf einfache Weise in Gang zu bringen.

Man ging daher bald (etwa seit 1855) zu zweizylindrigen Maschinen mit 2 um 90° gegeneinander versetzten Kurbeln über, welche Anordnung rasch zur alleinherschenden geworden ist. Die Versetzung der Kraftwirkungen ergibt ein annähernd gleichbleibendes Drehmoment und die Möglichkeit, die Maschine aus jeder Lage anlassen zu können. Maschinen mit mehr als zwei Maschinenkurbeln sind nicht bekannt geworden.

Nach der Dampfwirkung:
Die sich aus der verschiedenen Dampfwirkung ergebenden Unterschiede sind gar nicht oder wenig von außen erkennbar.
1. Volldampfmaschinen.
2. Expansionsmaschinen.

Fast die meisten älteren und mittleren Maschinen arbeiten wegen Mängel der Steuerung oder nicht ausreichend bemessener Maschinengröße mit großen Füllungen und Drosselungsregelung. Erst die neueren Maschinen sind zu weitgehender dampfsparender Expansion übergegangen in Verbindung mit zwangsweiser Einstellung der Expansion.

Die Dampfverteilung selbst kann durch verschieden gestaltete Steuerorgane geschehen; daher

Nach der Steuerung:
1. Schiebermaschinen.
2. Ventilmaschinen.

Wichtiger als die Gestalt des inneren Steuerorganes ist der äußere Antrieb desselben, durch dessen Charakter die Dampfverteilung bedingt ist; daher:

Nach dem Steuerungsantrieb:
1. Exzentersteuerungen,   Fig. 254, 255, 259.
2. Höckersteuerungen,   Fig. 256, 257, 259. 260, 261, 271.

Die Expansionsmaschine tritt in verschiedener Gestalt auf, je nachdem die Dampfdehnung in einem oder in zwei hintereinander geschalteten Zylindern stattfindet. Bei zweistufiger Dampfdehnung kann diese in 2 parallelliegenden Zylindern geschehen, oder auf jeder Maschinenseite sind je ein Hochdruck- und ein Niederdruckzylinder angeordnet, deren Kolben auf eine durchgehende Kolbenstange wirken.

Im Gebiete der einstufigen Expansion tritt neuerdings eine Anordnung, Gleichstrommaschine genannt, auf, die die dampfsparende Eigenschaft der zweistufigen Maschine bei der einfacheren Gestaltung der einstufigen Maschine aufweist.

Die einzelnen Maschinen werden im folgenden noch besprochen werden.
Wir stellen daher auf:
Nach der Art der Dampfdehnung:
1. Mit einstufiger Dampfdehnung:
   a) gewöhnliche Zwillingsmaschinen,   Fig. 254—257
   b) Gleichstromzwillingsmaschinen,   Fig. 258.
2. Mit zweistufiger Dampfdehnung:
   a) Verbundmaschinen,   Fig. 259.
   b) Zwillingstandemmaschinen,   Fig. 260, 261, 271.

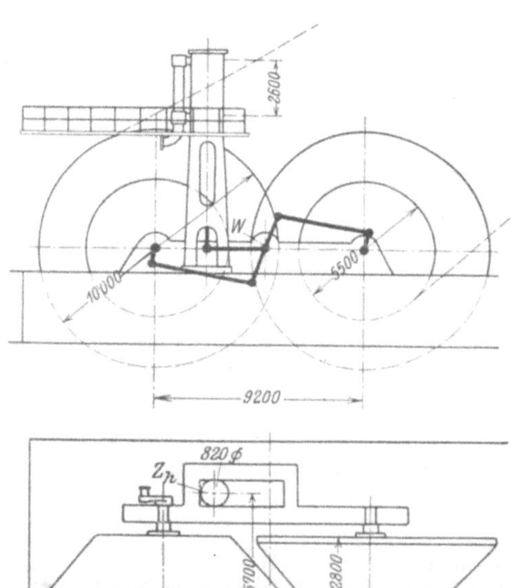

Fig. 251.
Stehende Maschine nach Tomson.

2. Stehende Maschinen.

Neuerdings (1898) ist die stehende Bauart von Tomson in der in Fig. 251 dargestellten Form wieder aufgenommen worden (Zeche Preußen bei Dortmund). Der Wärterstand ist auf der hochgelegenen Bühne angeordnet. Infolge dieser hohen Lage soll der Maschinenwärter die Hängebank übersehen können. Die Bedienung der unter Erde liegenden Betriebsvorrichtungen erfordert verwickelte Gestänge. Die für eine Teufe von 800 m bestimmte Maschine besitzt zwei mächtige auf parallelen Wellen gelagerte Spiraltrommeln (vgl. die Trommel Fig. 89) zwecks Vermeidung langer schwer belasteter Wellen. Der Antrieb der Trommeln geschieht von zwei kurzen zwischen den Trommeln gelagerten

Zwischenwellen W aus. Auf jeder dieser sitzt ein dreiarmiger Schwinghebel, an dessen längerem Arme die Schubstange und an dessen kürzeren Armen die nach den Trommelkurbeln gehenden Schubstangen angreifen. Die Trommeln drehen sich gleichsinnig; es ist also von der Möglichkeit, beide Seile als Oberseile abgehen zu lassen, kein Gebrauch gemacht (vgl. Fig. 9). Der ganze Antrieb erscheint unnötig verwickelt. Es sind 6 durch die stoßende Kraftwirkung der Kurbeltriebe schwer beanspruchte, der Abnutzung unterworfene und schwer nachstellbare Kurbellager vorhanden, dazu die 10 in gleicher Weise beanspruchten bewegten Stangenlager! Die ganze Maschine wiegt 325 t. Sie hat nur vereinzelte Ausführung gefunden.

Eine liegende Maschine mit parallelen Spiraltrommeln zeigt die spätere Fig. 263.

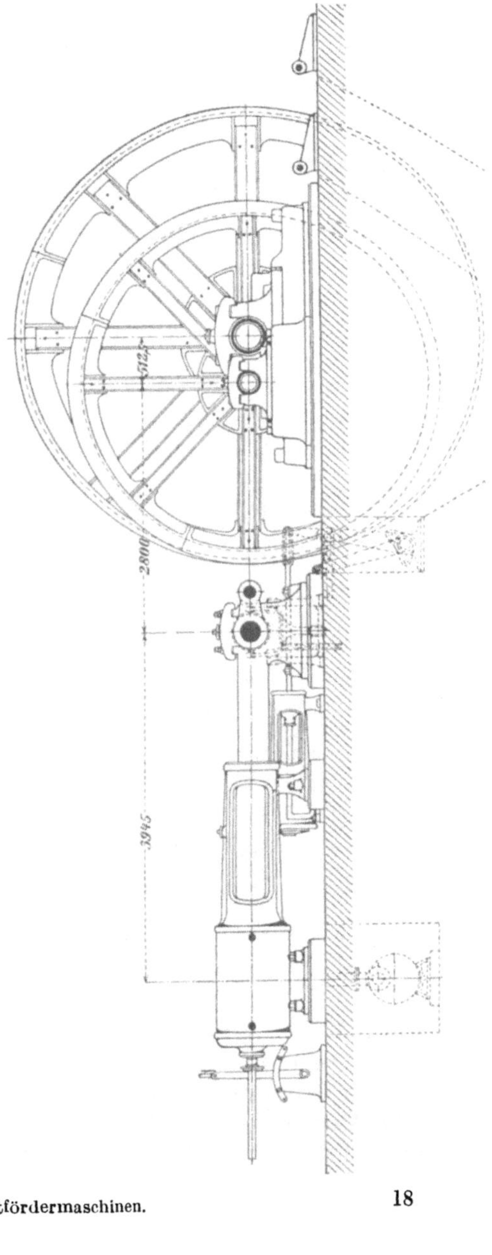

3. Liegende Maschine mit Vorgelege.

Die in Fig. 252 und 253 dargestellte liegende Maschine mit ausrückbarem Vorgelege weist neben den zylindrischen Fördertrommeln noch eine kleine Nebentrommel auf. Die ersteren dienen

Fig. 252.

Liegende Maschine mit Vorgelege; Ausführung der Kgl. Hütte, Gleiwitz.

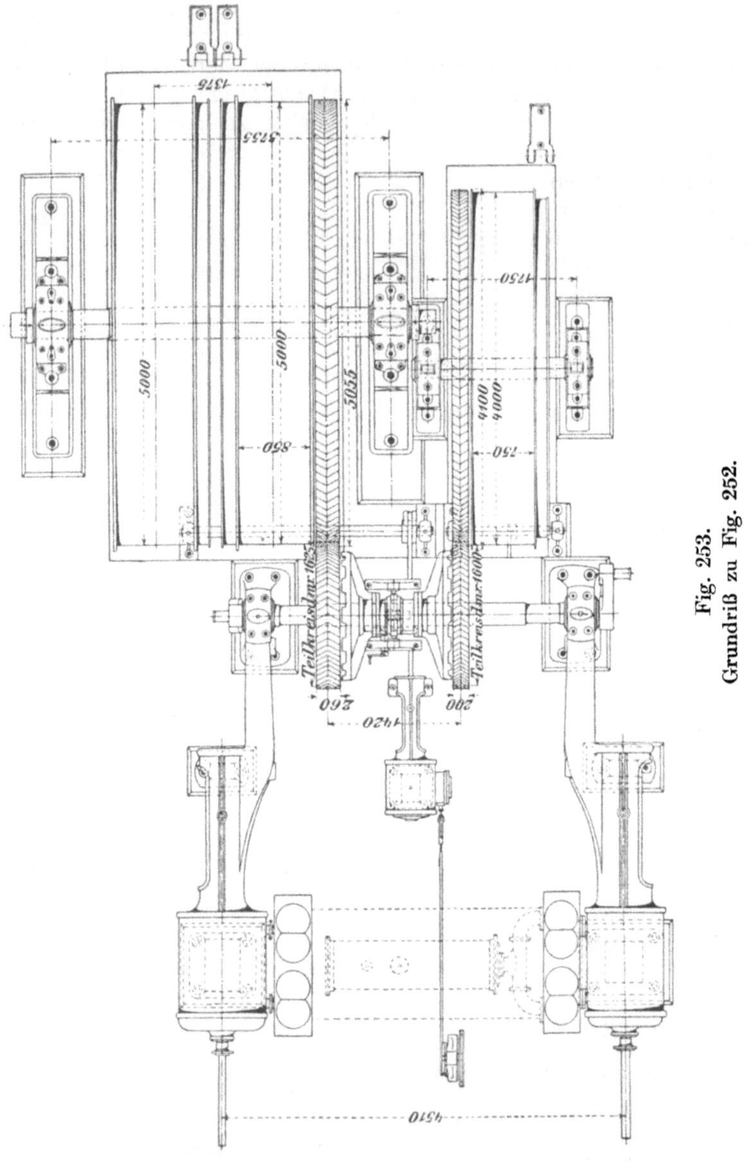

Fig. 253.
Grundriß zu Fig. 252.

der Förderung und Seilfahrt, die letztere der in einem Nebentrumme stattfindenden Arbeit des Holzeinhängens. Beim Holzeinhängen wird die
kleine Trommel durch das ausrückbare Vorgelege von der Maschine abge-
trennt und die Last durch eine handbediente Bandbremse niederge-
bremst. Zum Aufholen des Seiles wird die Trommel mit der Maschine

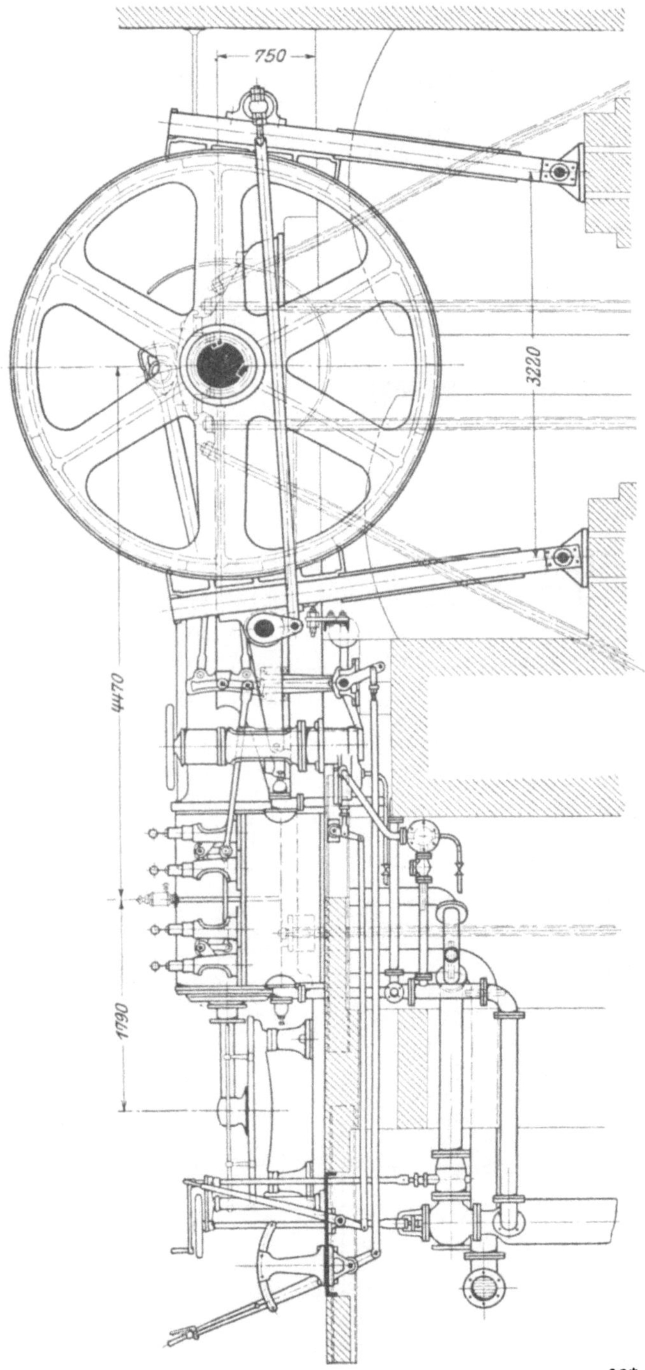

Fig. 254. Ausführung der Masch. Akt.-G. Union, Essen.
Zwillingsmaschine mit Goochscher Kulissensteuerung.

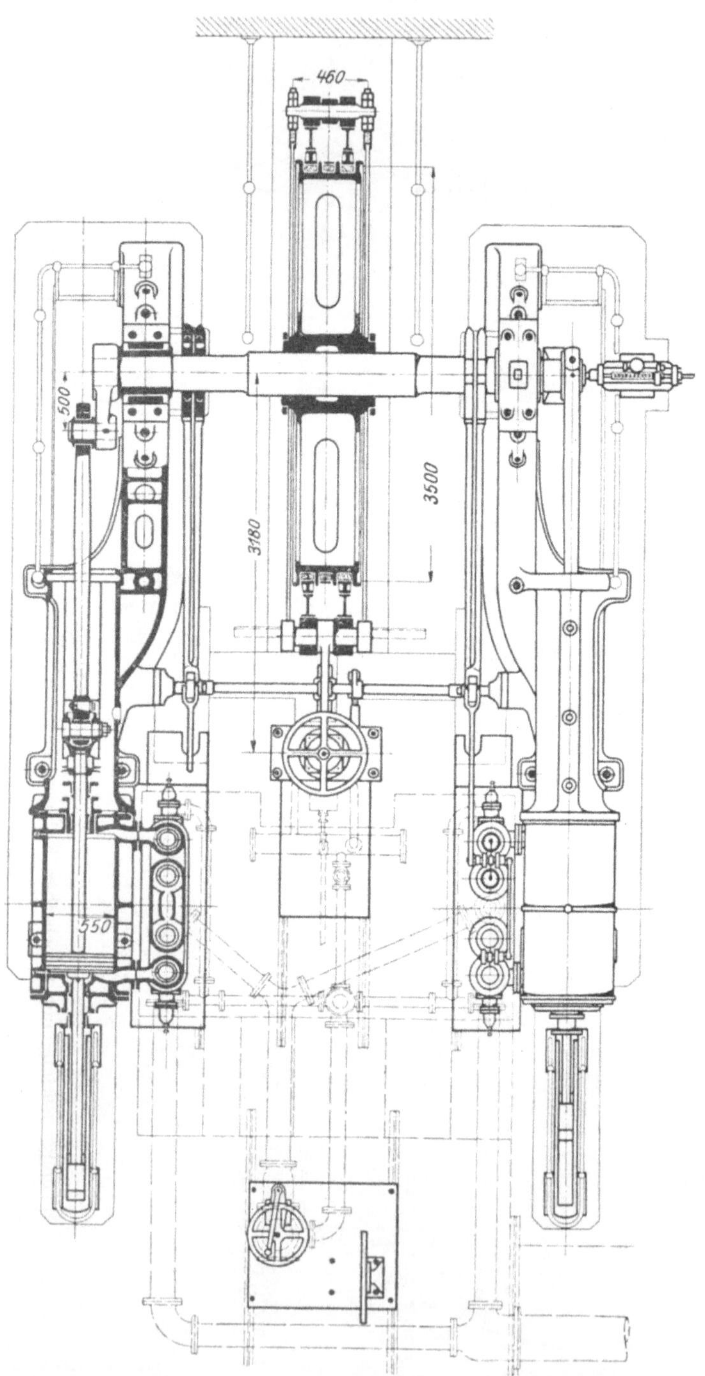

Fig. 255.
Grundriß zu Fig. 254.

verbunden. Beim Fördern wird die Hauptwelle mit der Maschine verbunden. Sie ist mit einer Dampfbremse ausgerüstet. Abmessungen: $D_h = 500$, $D_n = 755$, $s = 900$, $N = 2500$ kg, $T = 250$ m, $v = 4$ m/sek. Gebaut von Kgl. Hütte, Gleiwitz, 1897.

4. Zwillingsmaschine mit Kulissensteuerung.
(Fig. 254 u. 255.)

Die Goochsche Kulisse (vgl. Abschn. VI A. 5) arbeitet auf seitlich vor den Zylindern liegende Ventile. Die stehende Dampfbremse ist mit einer Handanzugsvorrichtung vereinigt. Verwendet wird ein Treibscheibenflachseil. Dieses ermöglicht einen kleinen Durchmesser (3,5 m) der Treibscheibe und dadurch raschen Gang der kleiner gehaltenen Maschine, wodurch außer Verringerung der Anlagekosten Dampfersparnisse erwartet werden. Angenehm bemerkbar macht sich der gleichmäßige Gang der Maschine, gleichfalls eine Folge der höheren Maschinengeschwindigkeit.

Die Dampfleitung teilt sich hinter dem Drosselventil in zwei Stränge, deren je einer nach einem der völlig gleichen Zylinder geht. Jeder Zylinder erhält also unabhängig vom anderen Frischdampf, so daß bei Öffnen des Drosselventiles und ausgelegter Steuerung von einem der Kolben die Bewegung der Maschine ausgehen kann.

Der Dampf muß vor der Maschine durch einen geräumigen Wasserabscheider gehen, der durch einen Kondenstopf selbsttätig zu entwässern ist. Die Dampfzylinder sind mit Entwässerungsvorrichtungen zu versehen, die vom Stande des Maschinenwärters geöffnet werden können.

Zahlen: $N = 2400$ kg, $T = 400$ m, $D = 550$, $s = 1000$, $n = 60$ min, $v = 11$ m/sek. Gebaut von Masch. Akt.-Ges. Union, Essen für Zeche Crone bei Hörde i. W. (1902).

5. Ältere Zwillingsmaschine mit Nockensteuerung.

Fig. 256 und 257 zeigt eine Treibscheibe für Rundseil. Die durch Nocken gesteuerten Ventile sind seitlich vor dem Zylinder angeordnet. Außer einer liegenden Dampfbremse ist eine Fallgewichtsbremse vorgesehen, die durch einen Sicherheitsapparat ausgelöst wird (Stange e); die gleichzeitig bewegte Stange d schließt die Drosselklappe. Das Gestänge a dient der Zylinderentwässerung.

Zu beachten ist die alte Rahmenform. Der breit aufliegende Rahmen geht zweigleisig unter der ganzen Maschine entlang. Zylinder, Kurbellager und hintere Führung sind auf diesen Rahmen aufgeschraubt. Die Kreuzkopfführung ist zweigleisig. Durch viele Ankerschrauben ist der Rahmen mit dem gemauerten Fundamente verbunden.

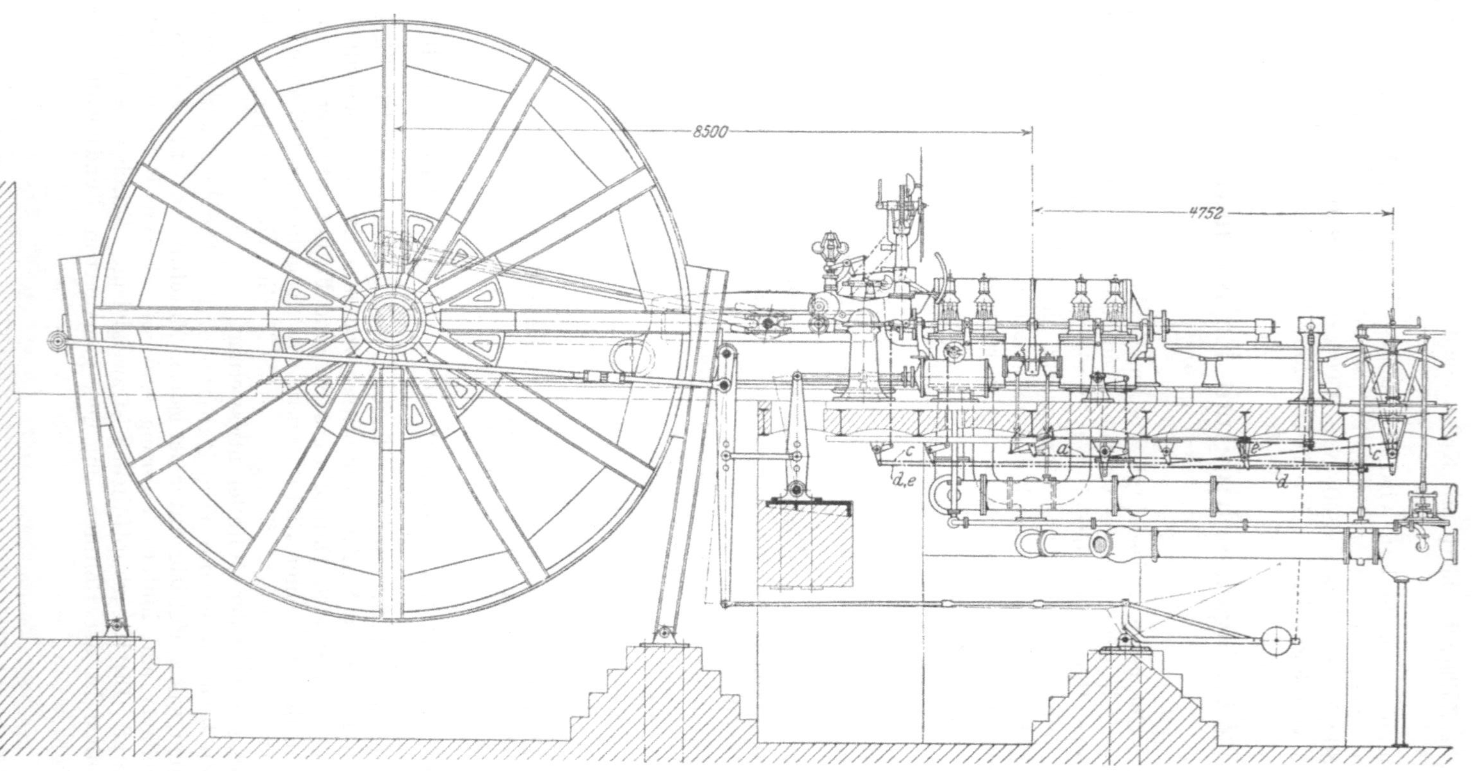

Fig. 256. Ältere Zwillingsmaschine mit Nockensteuerung. Alte Rahmenform. Seitliche Ventile.
Ausführung der Friedrich-Wilhelm-Hütte, Mülheim a. Ruhr.

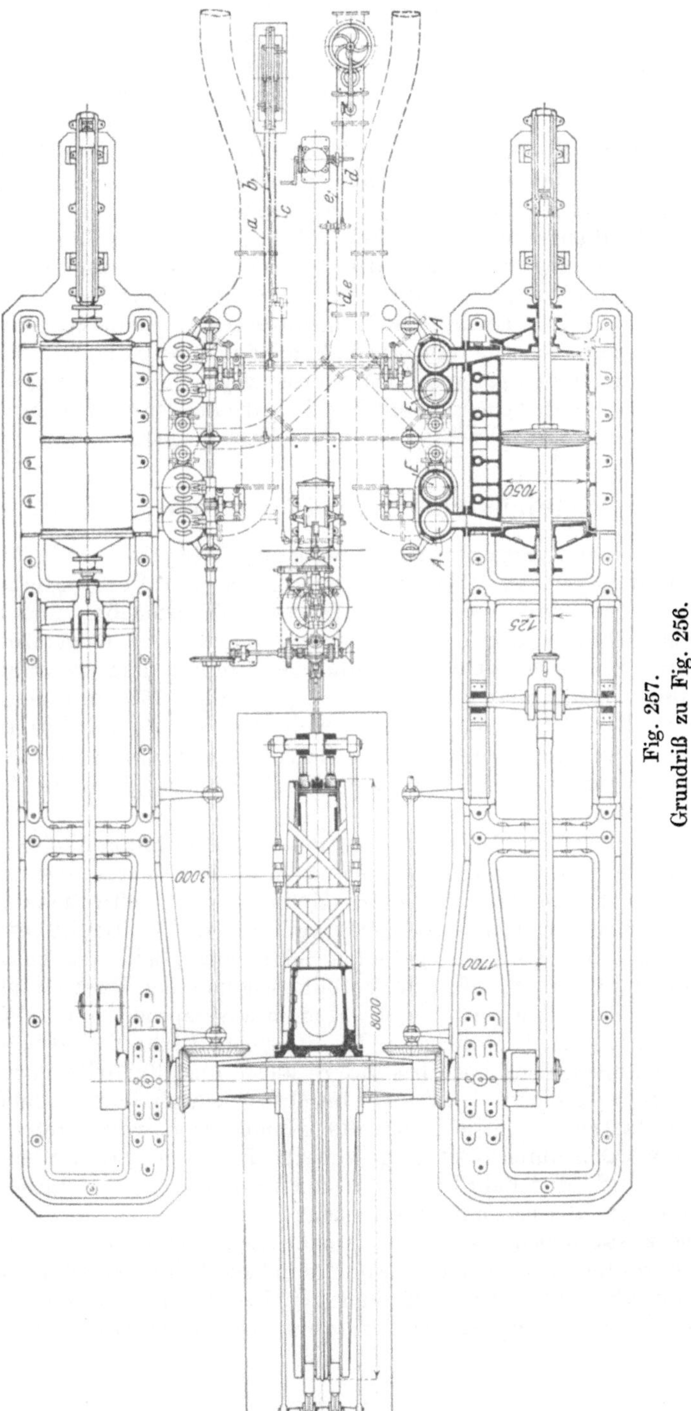

Fig. 257.
Grundriß zu Fig. 256.

Die Kreuzkopfbahn muß mit der Richtung der Kolbenstange genau zusammenfallen, damit Zwängungen vermieden werden. Die genaue Einstellung macht beim Zusammenbau Schwierigkeit, die bei neueren Rahmenformen vermieden ist. Bei Einführung der neuen Rahmenform, die in ihren ersten Ausführungen, Fig. 252, weniger fester schien und weniger Fundament faßte, setzten sich die Betriebsbeamten derselben entgegen.

Fig. 252 zeigt einen freischwebenden Bajonettrahmen mit Rundführung, die mit dem Zylinder verbunden ist. Alle zylindrischen Flächen, Kolbenführung, Kreuzkopfführung und Paßflächen werden in einer Aufspannung sauber abgedreht, sind also an jedem der Stücke gleichachsig und werden mit ihren zylindrischen Paßflächen ineinandergefügt, so daß Zylinder und Führungsmitte genau in eine Gerade fallen.

Die Vorzüge der Rundführung haben ihr heute eine ausnahmslose Anwendung verschafft. Spätere Figuren werden zeigen, daß das freischwebende schwache Bajonett keine notwendige Beigabe der Rundführung ist und in allen Ansprüchen gerecht werdender Weise umgeformt werden kann.

6. Gleichstromdampffördermaschinen.

Die Gleichstrommaschine ist eine einstufige Dampfmaschine, die nachweislich den geringen Dampfverbrauch von Verbundmaschinen aufweist. Sie wurde von Prof. Stumpf 1909 angegeben und hat als Betriebsmaschine rasche Verbreitung gefunden. Gegenüber der schlechten Steuerbarkeit der Verbundmaschine und dem umständlichen Bau der Zwillingstandemmaschine (vgl. Fig. 258 mit Fig. 271) erscheint die Gleichstrommaschine wohl geeignet als Fördermaschine.

Fig. 258 zeigt eine von der Gutehoffnungshütte für Zeche Vondern gebaute seit 1911 im Betriebe befindliche Maschine für Förderung und Seilfahrt.

Die frühere Figur 182 zeigt eine Steuerungsanordnung nach Stumpf. Aus der Beschreibung der Steuerung in VI A. 10 sei einiges wiederholt: Der Dampf tritt durch im Zylinderdeckel befindliche Einlaßventile in den Zylinder und tritt am Ende des Kolbenhubes durch den vom Kolben dann freigegebenen Schlitz aus. Beim Rückgange des Kolbens wird der Auslaß bald geschlossen und der Restdampf komprimiert. Die Steuerung zeigt also in ausgesprochenem Maße die Eigentümlichkeit einer sehr hohen Kompression. Deshalb sind bei Gleichstromfördermaschinen noch besondere kleine Auslaßventile vorhanden, die, geeignet gesteuert, den Dampf bis Hubende nach dem Auspuffwulste strömen lassen, so jede störende Kompression vermeidend. Die Ventile werden durch Nocken gesteuert. Bei ausgelegtem Steuerhebel (Anfahrt und Mittelfahrt) bleiben die Auslaßventile geschlossen und es findet die Gleichstromwirkung statt.

Die zusätzlichen gesteuerten Auslaßventile lassen die Gleichstromfördermaschine nicht einfacher erscheinen als die Zwillingsfördermaschine, sie bleibt aber wesentlich einfacher als eine Zwillingstandemmaschine, mit der sie bezüglich des Dampfverbrauches in Wettbewerb tritt.

Es soll hier nicht erläutert werden, worauf der geringe Dampfverbrauch der Gleichstrommmaschine beruht. Die Meinungen darüber sind geteilt. Man vergleiche dazu Zeitschr. deutsch. Ing. 1909, S. 1114 und S. 1561, sowie die Veröffentlichung von Stumpf in Zeitschr. deutsch. Ing. 1910, S. 1890, 2144 u. f., oder das Stumpfsche Buch: Die Gleichstromdampfmaschinen, in beiden letzten Quellen auch über Gleichstromfördermaschinen.

Fig. 258.

Gleichstromdampffördermaschine der Zeche Vordern; Ausführung der Gutehoffnungshütte, Oberhausen.

Dampfverbrauchszahlen sind von der ausgeführten Fördermaschine Fig. 258 bisher nicht bekannt gegeben geworden. Es hat sich ein Streit erhoben, ob die unter anderen Verhältnissen arbeitende Gleichstromfördermaschine ähnliche Erfolge aufweisen werde wie die Gleichstrombetriebsmaschinen.

Die Deutsch-Luxemburgische Bergwerks-Akt.-Ges., Hauptvertreterin der Zwillingstandemmaschinen, urteilt (Zeitschr. deutsch. Ing. 1911, S. 701): „Es ist nicht zu erwarten, daß mit der Gleichstromfördermaschine günstigere Betriebsergebnisse erzielt werden als mit der einfacheren und billigeren Zwillingsmaschine, geschweige denn, daß je mit der Gleichstromfördermaschine so niedrige Dampfverbrauchszahlen zu erreichen sind, wie solche seinerzeit an der von uns gebauten Zwillingstandemmaschine auf Zeche Werne mit 11,05 bzw. 11,73 kg für eine Schachtpferdestunde erreicht und amtlich festgestellt wurden." (Über diese Maschine vergl. Z. deutsch. Ing. 1907, S. 4 u. Tafel I.)

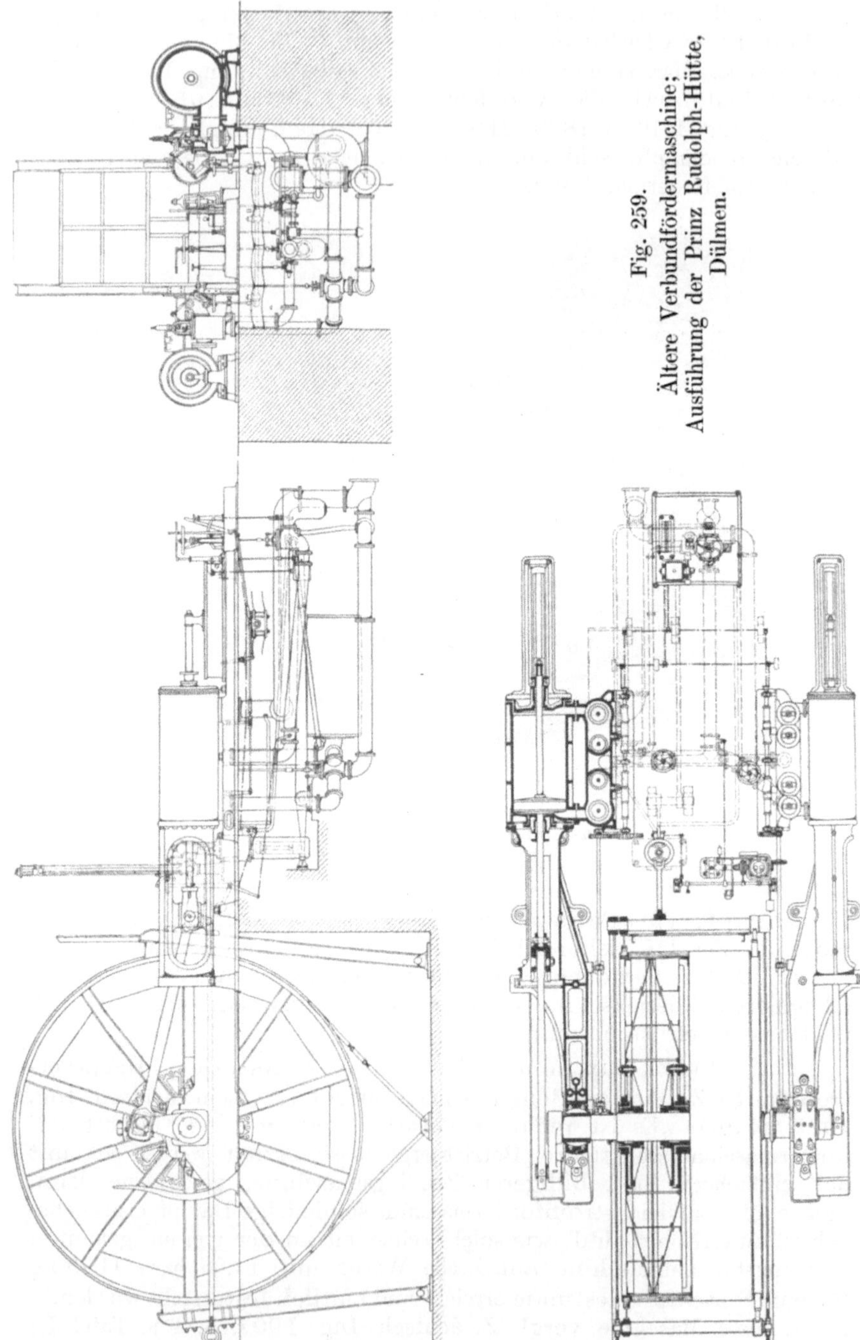

Fig. 259.
Ältere Verbundfördermaschine;
Ausführung der Prinz Rudolph-Hütte,
Dülmen.

Ergeben die Versuche den erwarteten geringen Dampfverbrauch, so sind die Gleichstrommaschinen allen anderen Bauarten vorzuziehen. Nach den Angaben der Erbauerin hat die Maschine bezüglich der Lenkbarkeit allen Anforderungen entsprochen und ist der Gang der Maschine ein sanfter.

Mitteilungen über die angewandte Kolbenschiebersteuerung wurden verweigert. Die Schieber werden durch unrunde Scheiben gesteuert. Wie die Schwierigkeiten der zeitweise nötigen Kompressionsbeseitigung überwunden sind, ist nicht ersichtlich. Eine den Nockensteuerungen an Steuerwirkungen ebenbürtige Steuerung für Gleichstrommaschinen ist bisher nicht bekannt geworden.

7. Ältere Verbundfördermaschine.

Die Einführung der Verbundmaschine als Betriebsmaschine hat wesentliche Dampfersparnisse gebracht. Bei Fördermaschinen sind die Ersparnisse nicht in dem erwarteten Umfange bei den Einfachverbundmaschinen eingetreten, dagegen haben die Zwillingstandemmaschinen die geringsten Dampfverbrauchszahlen aufzuweisen. Einfachverbundmaschinen haben sich wegen der in Abschnitt VI B. 4 geschilderten Schwierigkeiten der Lenkung wenig verbreitet.

Fig. 259 zeigt eine von der Prinz-Rudolph-Hütte, Dülmen, gebaute ältere Verbundmaschine.

Der Frischdampf strömt dem Hochdruckzylinder zu, expandiert bis auf etwa 2 Atm. und geht durch einen Aufnehmer hindurch zum Niederdruckzylinder, wo er vollends expandiert. Der Niederdruckzylinder ist also in seinem Kraftbezuge völlig vom Hochdruckzylinder abhängig. Aus dem Kreuzriß ist ersichtlich, daß von der Frischdampfleitung (obere enge Leitung) eine Abzweigung nach dem Niederdruckzylinder geht, durch welche nach Öffnung eines Ventiles diesem Frischdampf zugeführt werden kann. Dem Hochdruckzylinder kann durch Umstellung des unteren Ventiles freier Auspuff gestattet werden. Außerdem ist eine vom Führerstand aus zu handhabende Aufnehmersteuerung vorgesehen. Am Aufnehmer ist ein gut sichtbarer Druckmesser angebracht, um die Spannung beobachten zu können.

8. Zwillingstandemfördermaschine.

Die Fig. 260, 261 stellen eine Zwillingstandemmaschine dar, gebaut von der Gutehoffnungshütte (etwa 1906). Sie besitzt Nockensteuerung und ist mit dem in Abschnitt VI B. 4 beschriebenen Stauschieber von Grunewald ausgerüstet. Ein Fliehkraftregler wirkt auf die Steuerung (rechts), ein zweiter auf den Sicherheitsapparat (links) ein. An die Kreuzkopfrundführung schließt sich ein starker Bajonettbalken an, der auf seiner ganzen Länge unterhalb der Führung bis zum Kurbel-

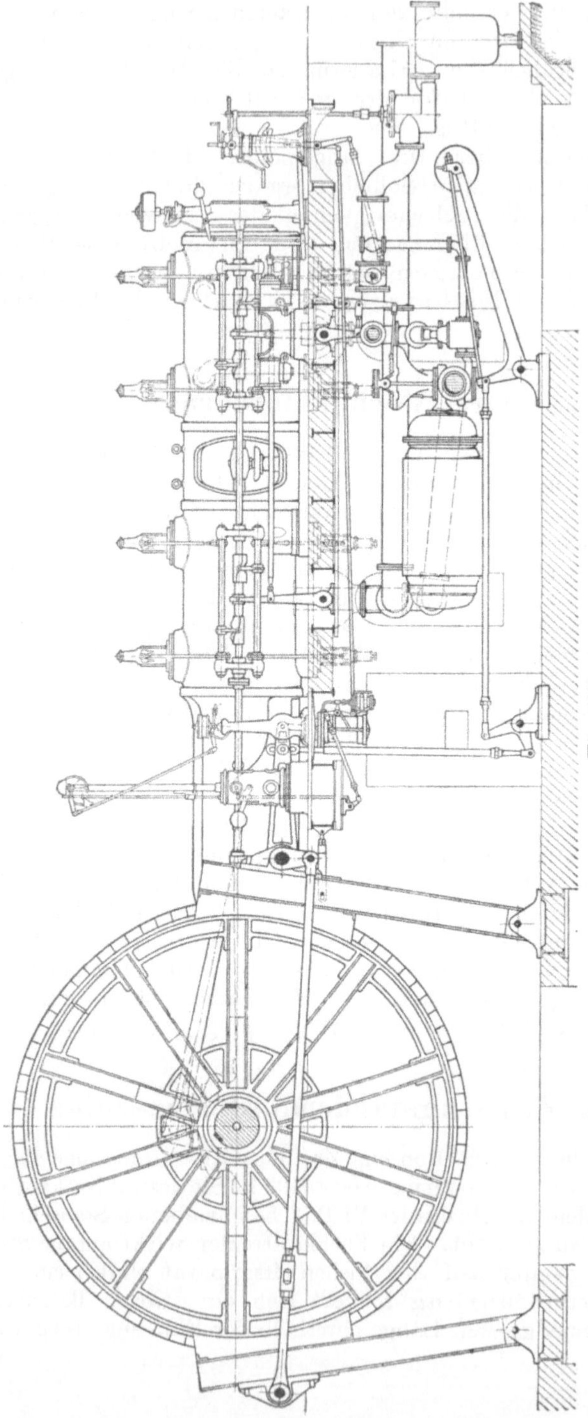

Fig. 260.

Zwillingstandemmaschine mit Nockensteuerung. Zentrale Ventile. Stauschieber. Ausführung der Gutehoffnungshütte, Oberhausen.

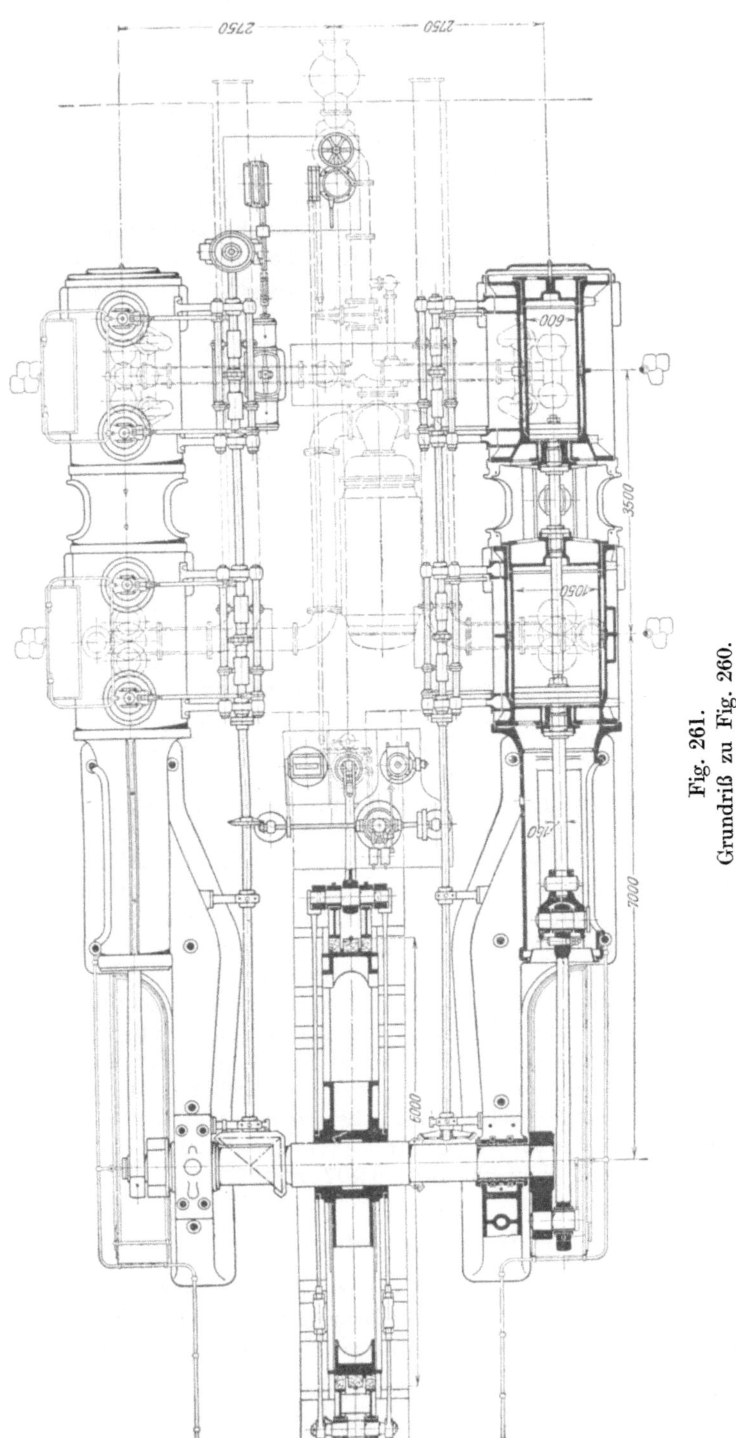

Fig. 261.
Grundriß zu Fig. 260.

lager nach unten gezogen ist und, mit breiter Fläche viel Mauerwerk fassend, mit vielen Schrauben mit dem Fundamente verbunden ist. Die Hochdruckzylinder sind hinter den an der Führung sitzenden Niederdruckzylindern angeordnet, damit sie sich bei Erwärmung frei dehnen können. Hoch- und Niederdruckzylinder jeder Seite sind durch ein Zwischenstück, Laterne, miteinander verbunden. Die Laterne weist seitliche Fenster auf, durch welche die Stopfbüchsen zugänglich werden. Der Niederdruckkolben ist schlecht zugänglich. Er muß durch die seitlichen Fenster herausgehoben werden. Besser, und bei neueren Maschinen ausgeführt ist die Laternenform Fig. 262. Ein

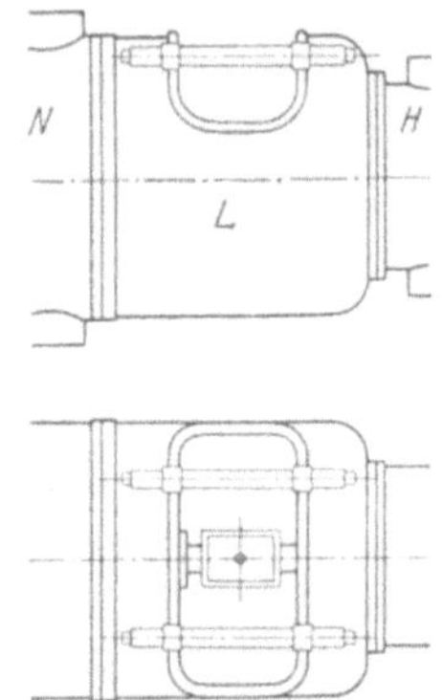

Fig. 262.
Laterne einer Zwillingstandemmaschine.

großes Fenster ist oben vorgesehen, durch welches nach Abnahme der Verstärkungsstangen der Niederdruckkolben durch einen Kran bequem nach oben herausgenommen werden kann.

Der Frischdampf fließt den Hochdruckzylindern beider Seiten zu und dann durch den gemeinsamen Aufnehmer nach den Niederdruckzylindern.

Die symmetrische Anordnung der Zylinder ergibt eine gleichmäßige Kraftwirkung beider Maschinenseiten auch bei schwankendem Aufnehmerdruck, und einer der Hochdruckzylinder erhält immer Frischdampf, so daß die Gleichmäßigkeit des Ganges und die Lenksamkeit der Maschine größer ist als bei einfachen Verbundmaschinen.

Die Absicht der Zwillingstandemmaschine ist, die Lenksamkeit der Zwillingsmaschine mit dem sparsamen Dampfverbrauche der Verbundmaschinen zu vereinigen, welches Ziel in befriedigender Weise erreicht wird. Im ganzen Umfange wird die Lenksamkeit der Zwillingsmaschine nicht erreicht, da die Kraftentfaltung der Maschine auch vom Aufnehmerdruck abhängig ist. Der Stauschieber (VI B. 4) wollte dem abhelfen und allen mit Verbundwirkung arbeitenden Maschinen eine Überlegenheit der Anzugskraft sichern, die der Zwillingsmaschine nicht zugänglich ist. Zur Sicherung der Anfahrt genügt es, die Möglichkeit vorzusehen, dem Aufnehmer gedrosselten Frischdampf zuzuführen, doch wird von der Einrichtung bei Zwillingstandemmaschinen ein weniger häufiger Gebrauch nötig sein als von der Steuerung des Aufnehmers bei Verbundmaschinen. (Beschreibung und Zeichnung der Maschine nach Z. deutsch. Ing. 1907, S. 1773.)

9. Sonderbauarten.

Bei Seilgewichtsausgleich durch Spiraltrommel erscheint eine Nebeneinanderanordnung der schweren und breiten Trommeln auf einer langen Welle untunlich. Man ordnet daher die Trommeln hintereinander auf parallelen Wellen an. Fig. 251 zeigte eine solche Anordnung mit stehender Maschine und unnötig verwickeltem Antriebe der beiden Wellen. Fig. 263 zeigt eine Anordnung mit Antrieb durch eine liegende Zwillingstandemmaschine.

Die Schubstange greift an der nächsten Wellenkurbel an, und durch eine Kuppelstange wird der Antrieb auf die zweite Trommelwelle übertragen. Um die lange Kuppelstange gegen Ausknicken zu schützen,

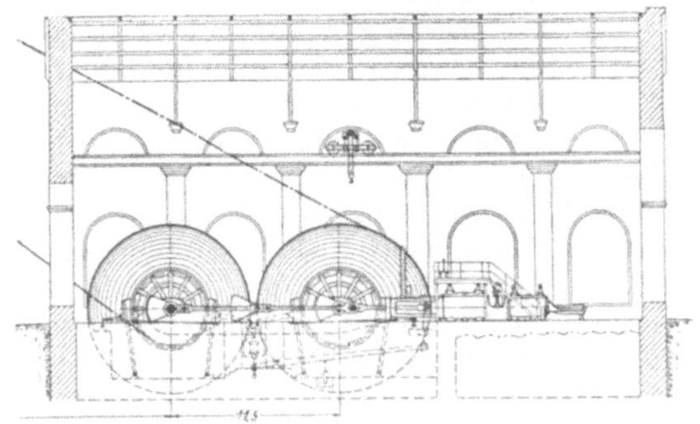
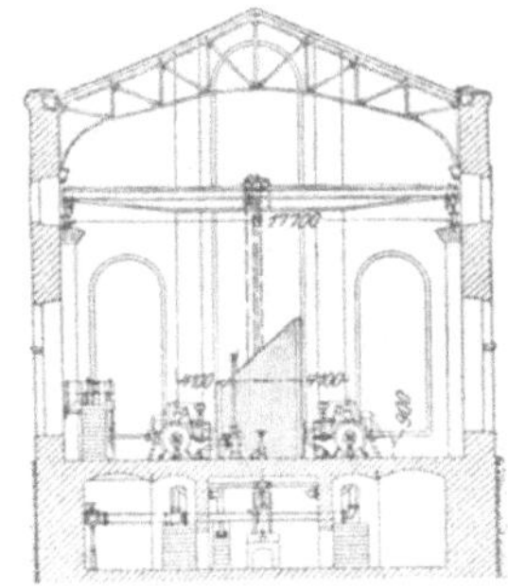
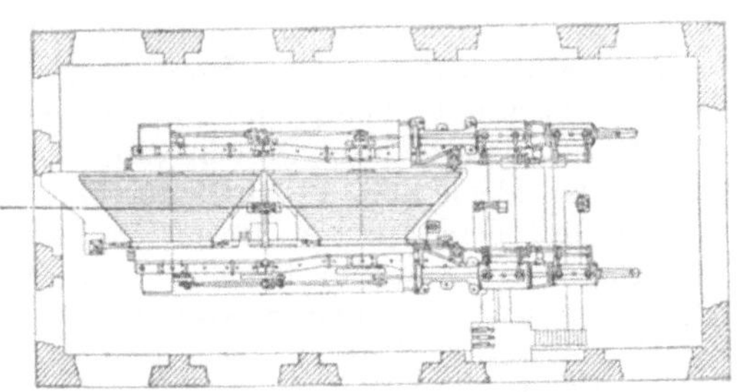

Fig. 263.
Zwillingstandemmaschine für Grube Ronchamp. Hintereinanderliegende Spiraltrommeln. Ausführung der Maschinenbauanstalt Humboldt, Kalk.

ist sie in der Mitte durch eine Zwischenkurbel gestützt. Die ganze Anordnung ist wesentlich günstiger als die der Fig. 251. Wegen der Anordnung der Trommeln vgl. man Abschnitt I C. 3, wegen der Steuerung (Radovanovic) mit Reglereingriff Abschnitt VI A. 11. Die Maschine ist dargestellt in Zeitschr. deutsch. Ing. 1902, Tafel 29 und S. 1057.

Zahlen. N = 2280 kg bzw. 4000 kg, T = 1000 m, v = 12 m/sek. Das Seil ist beschrieben in Abschnitt IV A. 4 und die Berechnung des Seilgewichtsausgleiches in Abschnitt III E. 3.

Sie wurde gebaut 1902 von der Masch.-Bau-Anstalt Humboldt, Kalk, für Grube Ronchamp (Haute Saône).

G. Bauliche Einzelheiten.

1. Fahrventile.

Das Drossel- oder Fahrventil bildet eine wichtige Ergänzung der Steuereinrichtungen. (Vergl. VI. C. 3.)

Verwandt werden meist entlastete Doppelsitzventile nach Fig. 136 als Glocken- oder Rohrventile. Sie sind leicht zu bewegen, halten aber nicht auf die Dauer dicht wegen Gestaltsänderungen und mangelnden Dichtungsdruckes. Kolben- oder Rohrschieber haben etwa die gleichen Eigenschaften. Von einem Fahrventil muß aber leichte Beweglichkeit und Dichtheit verlangt werden. Nicht entlastete Ventile sind wohl dicht, aber nicht zu bewegen.

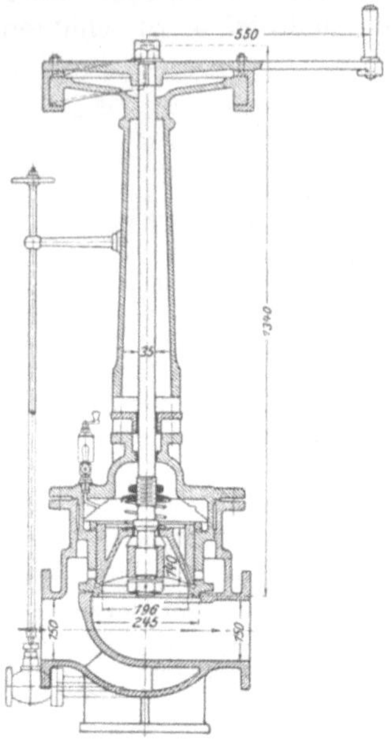

Zur Umgehung dieser Schwierigkeit verwendet Strnad, Berlin, ein unentlastetes Ventil, das aber vor dem Anheben durch die Anhubbewegung entlastet wird. In Fig. 264 ist ein einsitziges Ventil zu sehen, das mit einem Kolbenschieber verbunden ist. Der Frischdampfraum ist links, der Abströmraum rechts. Beide Räume sind getrennt durch das Ventil und den Rohrschieber. Über dem leicht eingepaßten Rohrschieber stellt sich der Frischdampfdruck ein, der das nicht entlastete Ventil dichtend auf seinen Sitz drückt. Die Ventilspindel bewegt sich mit etwas Spiel gegen das Ventil, so daß beim Anheben zunächst durch das kleine Spindelventil der obere Raum mit dem unteren Raum in Verbindung tritt, wodurch ein rascher Druckausgleich der beiden Räume stattfindet. Alsdann wird das Drosselventil leicht angehoben, da es völlig entlastet ist. Die Entlastung bleibt auch nach Öffnung bestehen, da Oberraum und Unterraum immer in Verbindung bleiben. Die Aufgabe des Rohrschiebers ist, einen kleinen leicht von Dampf zu entleerenden, also zu entlastenden Raum von dem Frischdampfraum abzusondern.

Fig. 264.
Fahrventil nach Strnad, Berlin;
Ausführung von Breitfeld,
Danek & Co., Schlan.

Die beachtenswerte Bauart wurde von der A.-G. Breitfeld, Danek & Co., Schlan, gebaut. Sie hält im Betriebe dauernd dicht, während gewöhnliche Ventile in den Förderpausen Dampfverluste ergeben.

Eine andere interessante Form ist das Servofahr- und Absperrventil Iversen, gebaut von der Atlas-Ges., Berlin-Charlottenburg, Fig. 265. Das nicht entlastete Absperrventil v dient zum sicheren Dichthalten. Das gedrosselte Dampfeinlassen geschieht durch den mit dem Ventile verbundenen Rohrschieber c. Das Ventil ist mit dem Kolben K verbunden, der einen oberen Steuerraum a bildet. Dieser obere Raum ist durch die Öffnung o mit dem Frischdampfraume, durch eine steuerbare Öffnung s und durch eine kleine Rohrleitung mit dem unteren Abströmraume D verbunden. Die Öffnung s wird von Hand durch einen Hahn o, die Öffnung selbsttätig durch die Bewegung des Kolbens k gegen die feststehende kugelförmige Spindel gesteuert.

Wird der Hahn s geschlossen, so stellt sich im Steuerraume der Frischdampfdruck ein, so daß der Steuerkolben k das Ventil schließt, da der Druck von unten offenbar kleiner ist als der von oben. Zwecks Öffnens des Ventiles wird der Hahn s geöffnet, und der aus dem Steuerraum abströmende Dampf gibt dem Frischdampfe von unten das

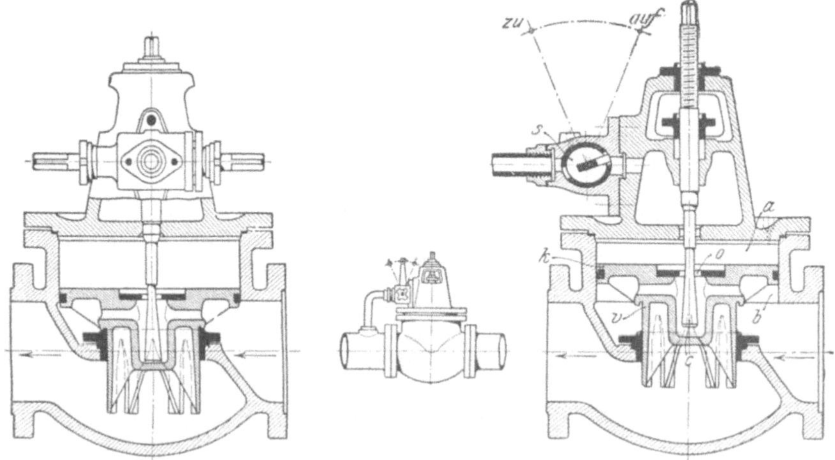

Fig. 265.

Servofahr- und Absperrventil nach Iversen, Berlin; Ausführung der Atlas-Ges., Charlottenburg.

Übergewicht, so daß das Drosselventil geöffnet wird. Durch die zwischen dem Frischdampfraum und dem Abströmraum verbleibende Verbindung strömt Dampf durch den Steuerraum dauernd hindurch, und es stellt sich je nach der Hahnstellung s in dem Steuerraum ein bestimmter Dampfdruck her, dem von unten her der Frischdampfdruck auf den Ringkolben und der Minderdruck des Abströmraumes auf die untere Ventilfläche entgegenwirken, wobei der Kolben und das Ventil bei Erreichung des Gleichgewichtszustandes eine bestimmte Stellung einnehmen. Jeder Hahnstellung entspricht daher ein bestimmter Minderdruck.

Die Bauart erreicht also wie die von Strnad eine gute Abdichtung des geschlossenen unentlasteten Ventiles und dazu eine sichere Einregelung des Minderdruckes.

2. Steuerventile.

Die früheren Fig. 134—136 zeigen schematisch den Bau und die verschiedene Anordnung der Steuerventile; Fig. 169 zeigt die Ausführung eines seitlich angeordneten, Fig. 187 und 266 zeigen über und unter dem Zylinder angeordnete Ventile. Daneben findet sich auch wohl die Anordnung: Einlaßventil im Scheitel, Auslaßventil seitlich.

An allen Zylindern sind Sicherheitsventile angeordnet, die bei Gegen- und Staudampf eine zu hohe Kompressionsspannung verhüten sollen (Abschn. VI A. 9 und B. 1). Auch wenn die Maschine mit der Steuerung stillgesetzt wird, tritt während des Auslaufes, da alle Ventile geschlossen sind, Kompression des noch im Zylinder befindlichen

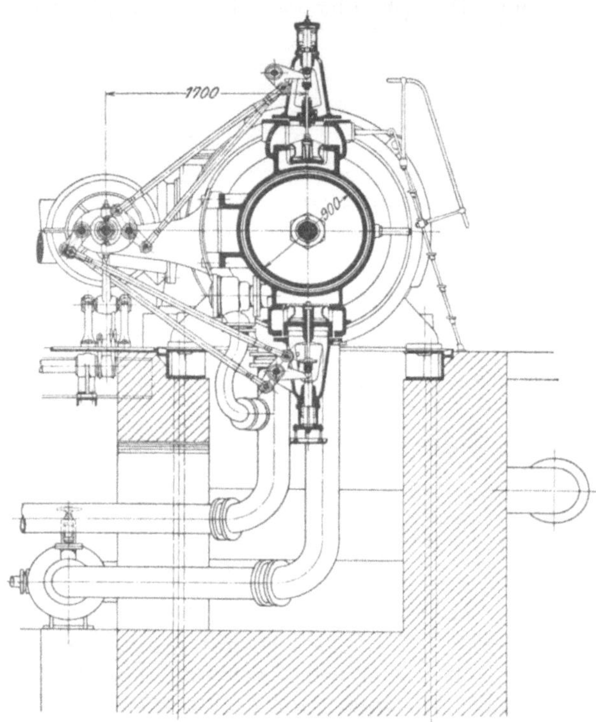

Fig. 266.
Querschnitt durch einen Dampfzylinder mit zentralen Ventilen.

Dampfes ein. Das Stillsetzen mit der Steuerung ist dem mit dem Drosselventile vorzuziehen, da bei letzterer Art der Dampf zwischen Drosselventil und Maschine sowie zwischen Aufnehmer und Niederdruckzylinder verbraucht wird, wodurch neben dem unmittelbaren Verluste noch weiterer durch die folgende Eintrittskondensation in Rohrleitung und Zylinder hinzutritt.

Reichlich bemessene Sicherheitsventile vergrößern den schädlichen Raum.

Eine Verbesserung und gleichzeitige Vereinfachung wird durch Benutzung der Einlaßventile als Sicherheitsventile erreicht. Die frühere Fig. 203 zeigt den Weg. Das das Steuerventil B oben abdeckende Kompressorventil a wirkt als Sicherheitsventil. Eine andere Art deutet die frühere Fig. 187 (von Hagemann) an. Der Boden des unteren Ventilsitzes ist durchbrochen und durch ein Ventil abgeschlossen, das bei Kompression sich hebt und durch die zwischengeschaltete Feder auf das Steuerventil einwirkt. Wird das Steuerventil durch die Steuerung angehoben, so tritt ein Druckausgleich zwischen oben und unten ein, wodurch das Sicherheitsventil entlastet wird. Es ist unter Einschaltung eines toten Ganges mit dem Steuerventil so verbunden, daß es nach seiner Entlastung ebenfalls mit angehoben wird, wodurch der Dampfdurchflußquerschnitt entsprechend vergrößert wird.

Eine weitere Form ist von Strnad (D.R.P. 212404) angegeben worden, Fig. 267 (gebaut von der Siegener Maschinenbau-Akt.-Ges). Auf das Einlaßventil a kann der Steuerkolben c einwirken, wenn der Kompressionsdruck, der sich durch die Öffnung d nach dem unteren Kolbenraume fortpflanzt, den auf der oberen Seite herrschenden Frischdampfdruck überschreitet. Das gehobene Ventil läßt dann den Kompressionsdampf in die Frischdampfleitung zurücktreten.

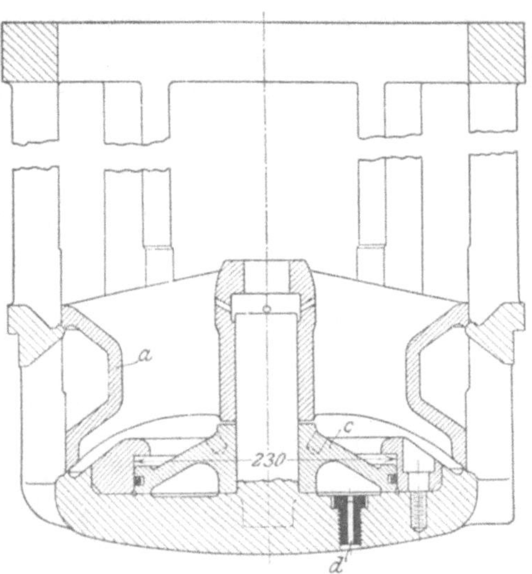

Fig. 267.

Einlaßventil mit Sicherheitsventil nach Strnad, Berlin, und Siegener Maschinenbau-Akt.-Ges., Siegen.

Eine packungslose Spindeldichtung zeigt die frühere Fig. 187. Die Ventilspindel bewegt sich in langer eingeschliffener Führung. In die Spindel sind Nuten eingedreht, in denen der sich durchschleichende Dampf durch Wirbelbildung aufgehalten wird.

Die zulässige Dampfgeschwindigkeit in den Steuerventilen wird bei Fördermaschinen allgemein höher als bei Betriebsmaschinen gewählt, wegen der geringen Dauer der die höchste Seilgeschwindigkeit aufweisenden Mittelfahrt, bei welcher zudem kleine Füllungen angewandt werden.

Bezogen auf mittlere Kolbengeschwindigkeit bei größter Seilgeschwindigkeit kann (nach Hütte, 21. Aufl., II, S. 463) zugelassen werden:

Hochdruckeinlaß . . . . 50—60 m/sek

„ auslaß . . . . 40—45 „

Niederdruckeinlaß . . . . 55—65 „

„ auslaß . . . . 45—50 „ .

3. Die Dampfzylinder.

Die älteren für gesättigten Dampf bestimmten Zylinder weisen meist einen mit Frischdampf geheizten Dampfmantel auf, um die Dampfkondensation während der Expansion zu vermeiden. Niederschlagswasser im Zylinder kühlt denselben während der Auspuffperiode durch Verdampfen aus, so daß der nächst eintretende Frischdampf eine verlustbringende Kondensation erfährt. Die Dampfmäntel sind zu entwässern.

Bei Verwendung von überhitztem Dampfe findet die erwähnte Expansionskondensation nicht statt, so daß Dampfmäntel hier entbehrlich sind. Die Zylinder sind immer sorgfältig zu isolieren.

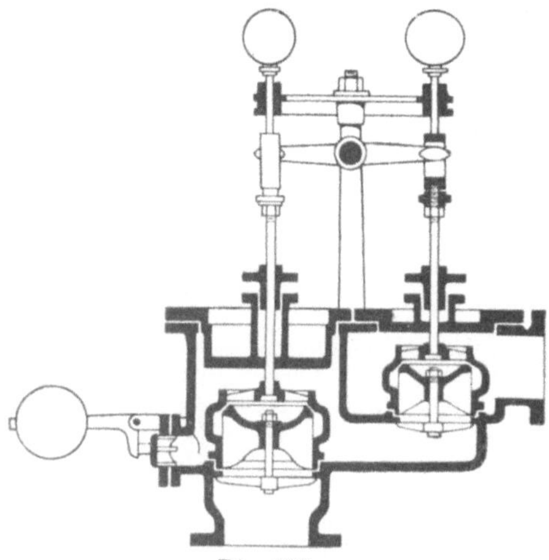

Fig. 268.

Schnitt durch den Ventilkasten vor dem Zylinder angeordneter Ventile; seitlich ein Sicherheitsventil.

Die verschiedene Gestaltung der Zylinder in Rücksicht auf die Ventilanbringung ist zu ersehen aus den Fig. 250 und 257 mit seitlich und 260 und 261 mit in der Mittellinie angeordneten Ventilen, sowie aus den Querschnitten Fig. 169 und 266.

Einen Schnitt durch einen vor dem Zylinder liegenden Ventilkasten (ältere Maschine) stellt Fig. 268 dar; an diesem seitlich ein Sicherheitsventil.

Die seitliche Anordnung der Ventile hat den Vorzug der besseren Zugänglichkeit, die zentrale Anordnung den der geringeren schädlichen Räume und der getrennten Führung des Frisch- und Abdampfes, also geringeren Dampfverbrauches. Der schädliche Raum führt zu Dampfverlust, besonders bei großen Füllungen, da hier der zum Auffüllen des schädlichen Raumes benötigte Dampf fast gar nicht zur Arbeitsleistung beiträgt. Ebenso erweist sich der schädliche Raum verlustbringend beim Gegendampfgeben (Abschn. VI B. 1).

Der Wert einer guten Zugänglichkeit des wichtigsten Maschinenorganes ist unbestritten. Den Bestrebungen, die zentrale, bei Betriebsmaschinen bewährte Ventilanordnung bei Fördermaschinen auszuführen, stellten sich viele Betriebsbeamte entgegen. Auch heute überwiegt die zentrale Ventilanordnung keineswegs, wenn sie auch in dem Bestreben, den Dampfverbrauch zu verringern, stark in Aufnahme gekommen ist.

Zentrale Ventile sind in Belgien seit langem üblich, in Deutschland seit 1878 vereinzelt, seit 1881 öfters ausgeführt worden.

Die Anwendung überhitzten Dampfes hat eine Dampfersparnis gebracht. Der Zylinder ist dann entsprechend den hohen Temperaturen zu bauen. Fig. 269 zeigt einen Heißdampfzylinder der Friedrich-Wilhelms-Hütte. Es ist auf eine symmetrische Form und gleich-

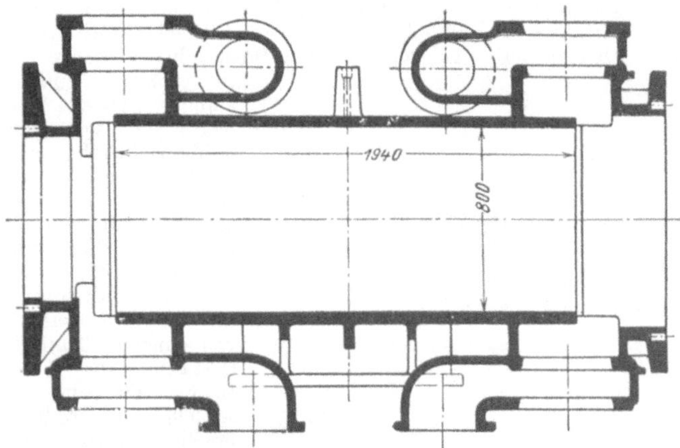

Fig. 269.
Zylinder für Heißdampf.

mäßige Materialverteilung Bedacht genommen. Daher sind auch die Dampfzufuhrkanäle nicht, wie bisher üblich, an die Zylinder angegossen, sondern werden als elastische Rohre frei um den Zylinder gelegt und mit den vorgesehenen Stutzen verbunden. Diese Anordnung gestattet eine unbehinderte Wärmedehnung des Zylinders. Ältere, diesen Verhältnissen nicht gerecht werdende Zylinderformen erhielten im Betriebe Risse.

4. Das Fundament.

Jede Kolbenmaschine bedarf eines entsprechend schweren Fundamentes zur Aufnahme der in der Maschine nicht ausgeglichenen, weil nur durch umständliche Einrichtungen ausgleichbaren Massenkräfte. Eine Rundlaufmaschine wie Turbine oder elektrische Maschine bedarf dieser Fundamentwirkung nicht. Dennoch ist auch für die elektrisch angetriebene Fördermaschine ein starkes Fundament von nöten, wenn sie, seitlich vom Schachte aufgestellt, dem starken seitlichen Seilzuge ausgesetzt ist. Unter den Trommellagern sind entsprechende Fundamentmassen anzuordnen, die Lager schwer und breit lagernd zu bauen und durch eine genügende Zahl starker Schrauben mit dem Fundamente zu verbinden.

Das Fundament soll aus besten Ziegelsteinen in Zementmörtel sorgfältig aufgemauert werden und eine möglichst geschlossene Form erhalten. Es kann auch mit Vorteil aus Stampfbeton hergestellt werden, wenn für diese Herstellung geübte Leute vorhanden sind.

Durch die Aussparungen für Treibscheibe oder Trommel, für Gänge zur Zugänglichmachung der Ankerköpfe, zur Aufnahme der Rohrleitungen und unterirdisch geführten Gestänge wird aber das Fundament zerschnitten. Doch können und müssen in der Nähe der Trommellager ungeteilte große Massen zur Anwendung kommen.

Die Maschine wird meist hoch über Erdboden gestellt, so daß die Fundamentgruben nicht oder wenig unter Erdboden reichen. Bei auf Geländehöhe stehenden Maschinen ist nötigenfalls eine Entwässerung der Fundamentgruben vorzunehmen.

Die Fundamentgruben enthalten wichtige Ausrüstungen der Maschine, verschiedene Dampfzu- und ableitungen, Wasserabscheider und Wasserableiter, Absperr- und Drosselventile, gelegentlich den Bremszylinder, sowie eine Anzahl Steuerungs- und Bremsgestänge. Diese Teile bilden meist ein verwickeltes und unübersichtliches System. Es dürfte möglich und daher empfehlenswert sein, durch planvolle Anlage dieses System zu vereinfachen und zu entwirren.

Die Anordnung der Ventile und Dampfleitungen ist von einigem Einfluß auf die Gestaltung des Fundamentes. In Fig. 169 sind die Ventile seitlich am Zylinder angebracht. Daher erhält das Fundament unter den Zylindern eine geschlossene Form und läuft als feste Längsmauer unter der Maschine her. Dampfzu- und ableitung geschehen bequem und zugänglich von der zwischen den Maschinenseiten befindlichen Grube aus.

In Fig. 266 hingegen sind die Ventile ober- und unterhalb des Zylinders angeordnet. Das Fundament muß daher unter den Zylindern in schmale Längsmauern aufgelöst werden, deren eine noch durch die Öffnungen für die Dampfleitungen durchbrochen wird. Wichtige Teile sind hierbei schlecht zugänglich.

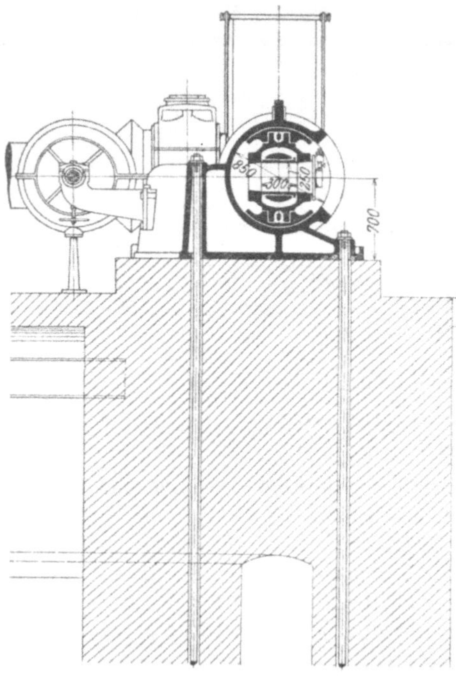

Fig. 270.
Schnitt durch Rahmen und Rundführung
einer Fördermaschine.

Die Dampfzylinder werden nicht mit dem Fundamente verbunden, da keine Kraftwirkungen zwischen beiden bestehen. Die Dampfzylinder sind fest mit dem Gestelle verschraubt und dieses mit dem möglichst ungeteilten Fundamentklotze. Zur Stützung der Zylindergewichte erhalten die Zylinder Füße, die auf im Fundamente verlagerten Gleitflächen aufruhen. Sie werden mit diesen Gleitflächen nur lose verbunden, so daß sie sich, wenn die Zylinder sich durch die Erwärmung dehnen, ungehindert auf diesen Flächen verschieben können. Ein Festschrauben der Füße würde zu einem Bruche derselben führen.

Fig. 270 endlich zeigt einen Querschnitt durch Fundament und Rundführung. Sie läßt die Befestigung des Rahmenbalkens auf dem Fundament erkennen. Letzteres setzt sich in dieser Breite bis über das Kurbellager hinaus fort. Das Lager muß eine starke Verschraubung mit dem Fundament erhalten.

5. Der Stand des Maschinenwärters.

In Deutschland ist es allermeist üblich, den Wärterstand zwischen den liegenden Zylindern am Ende derselben anzuordnen. Fig. 271 zeigt eine solche Anordnung.
Der Maschinist sieht nach den Trommeln und den vor den Trommeln stehenden

Fig. 271.
Zwillingstandemfördermaschine. Ausführung d. Firma Dinglersche Maschinenfabrik.

Anzeigeapparaten (Teufenzeiger und Geschwindigkeitszeiger, Signalzeiger). Ferner
kann er das oben abgehende Förderseil erblicken, was von Wichtigkeit ist. Das
unterschlägige Seil ist seinem Blick entzogen. Alle dem Betriebe dienenden
Vorrichtungen, Hilfssteuerung, Steuerung, Bremsantrieb, sind seinen Blicken zugänglich. Hierauf wird Wert gelegt; wohl mit Unrecht, denn bei Versagen dieser
Teile wird der strafende Blick des Wärters sie nicht zum Gehorsam zwingen.
Wohl sollen alle wichtigen Teile der Besichtigung und Instandhaltung bequem
zugänglich sein, aber der die Maschine führende Wärter hat seine ganze Aufmerksamkeit den Anzeigeapparaten und, soweit möglich, dem Gange der Seile
zuzuwenden. Jede Ablenkung ist gefährlich. Man beachte die Menge von Hebeln
und Rädern, die in der Nähe des Wärterstandes dem Wärter bequem erreichbar
angeordnet und von ihm je nach dem Stand des Förderzuges zu bedienen sind.

Gelegentlich wird der Wärterstand etwas über Flur erhöht. Dies ist besonders bei großen Seiltrommeln rätlich zur besseren Übersicht über die Förderseile.

In Frankreich und Belgien ist es üblich, den Wärterstand seitlich außerhalb der Zylinder auf einer erhöhten Bühne anzuordnen. Dies zeigt Fig. 263. Der Wärter kann über die Zylinder nach dem Teufenzeiger sehen und kann beide Seile, oberschlägiges und unterschlägiges, beobachten.

Bei seitlicher und bei erhöhter Anordnung kann die Forderung aufgestellt werden, daß der Maschinist von seinem Stand aus die Hängebank überschauen und den Betrieb an derselben beobachten kann. Diese Forderung wurde aus der Praxis erhoben (in England 1874, in Deutschland durch Tomson 1898) und in Lehrbüchern (v. Hauer 1885, Demanet 1905). Bei kleinen, nahe am Schachte stehenden Maschinen ist die Forderung wohl zu erfüllen, dagegen nicht bei großen Maschinen, die bis 50 m vom Schacht entfernt sind. Auch muß es sehr fraglich erscheinen, ob es der Sicherheit des Betriebes dient, wenn der Maschinenwärter Ausblick auf den verwirrenden Betrieb einer in flotter Förderung befindlichen Schachthängebank hat. Die Bergpolizeiverordnung für den O. B. B. Breslau schreibt vor: Der Wärter darf die Maschine erst nach Erhalt eines Signales in Bewegung setzen. Und das mit Recht: Signal, Maschinengang und Seillauf sind die maßgebenden Grundlagen der Maschinenführung.

Der Wärter verrichtet seinen Dienst meist stehend, in einigen Gegenden sitzend. Als Sonderheit sei erwähnt, daß in einem Falle (Glückauf 1898, S. 968) der Wärterstand auf Federn gesetzt wurde, in der Absicht, die beim Verlassen der Bühne eintretende Aufwärtsbewegung derselben zum Aufwerfen der Dampfbremse zu benutzen.

Die Förderseile gehen allermeist vom Maschinisten aus gesehen nach hinten ab. Um das von den geschmierten Seilen abspritzende Öl aufzufangen, wird häufig ein hohes Schutzblech vor den Trommeln aufgestellt, das aber dem zwischen den Zylindern stehenden Maschinisten den Ausblick auf die Seile hindert. Durch örtliche Verhältnisse ist in einigen Ausführungen die in Fig. 272 gezeigte Anordnung des Seillaufes nötig geworden. Alsdann muß ein Schutzdach über dem Wärterstand angebracht werden, das den Wärter vor Verletzungen bei Seilbruch schützt. Bei der üblichen Anordnung befindet sich der Maschinist im allgemeinen wohl außer Bereich des bei Seilbruch schleudernden Seiles. Bei der ungünstigen Anordnung der Fig. 272 liegt auch die Möglichkeit vor, daß betriebswichtige Teile der Maschine bei Seilbruch beschädigt werden können, so daß durch Versagen der Maschine weitere Unfälle erfolgen.

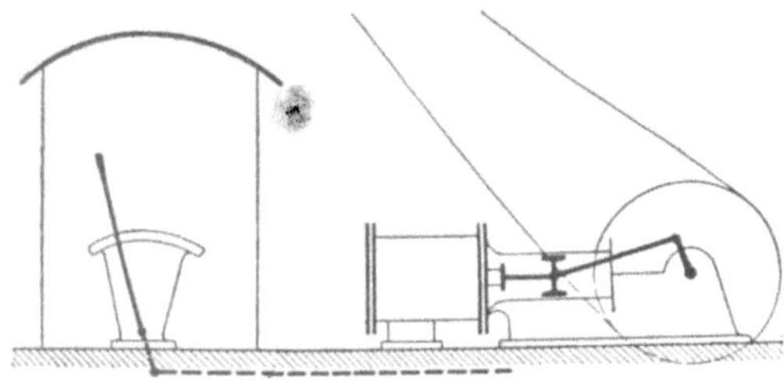

Fig. 272.
Wärterstand mit Schutzdach.

Im Anschluß an Fig. 272 sei des zur Bewegung und Hebung schwerer Maschinenteile über der Fördermaschine nötigen Laufkranes gedacht. Die zu bewegenden, auseinandergenommenen Teile sollten möglichst alle so angeordnet sein, daß sie nach Lösung von den festen Teilen sofort vom Kranhaken erfaßt und entweder seitlich verschoben oder gehoben werden können.

Jede Fördermaschine ist in je einem besonderen Maschinenraum aufzustellen, so daß ihr Betrieb in keinerlei Weise durch die Bewegungen und Geräusche anderer Betriebe gestört wird. Dies ist bei Neuanlagen mit elektrischem Betriebe zwecks Zentralisierung des ganzen Maschinenbetriebes nicht immer beachtet worden.

H. Rückblick.

1. Dampfverbrauch.

Der Dampfverbrauch von Dampffördermaschinen ist von sehr vielen Umständen abhängig, so daß Dampfverbrauchszahlen nur dann zum Vergleiche der Wirkung einer bestimmten Abänderung herangezogen werden dürfen, wenn alle übrigen einflußnehmenden Umstände in den zu vergleichenden Fällen nahe gleich sind. Diese Schwierigkeit macht es fast unmöglich, zwei Dampfverbrauchszahlen miteinander zu vergleichen.

Von größtem Einfluß ist zunächst die Beschaffenheit und Verwendung des Triebdampfes. Auf Verringerung des Verbrauches wirken: hohe Dampfspannungen und Temperaturen (Überhitzung), weitgehende Expansion, gute Kondensation oder Abdampfverwertung, Verbundanordnung (wenigstens bei gesättigtem Dampfe).

Jede Dampfmaschine arbeitet bei gegebener Dampfbeschaffenheit mit einer bestimmten Füllung am günstigsten. Die hierbei geleistete Arbeit heiße Normalleistung. Bei allen Abweichungen von der Normalleistung arbeitet die Maschine mit erhöhtem Dampfverbrauche je Leistung.

Der Fördermaschinenbetrieb bedingt große Abweichungen von der Normalleistung der betreffenden Zylinder, indem während der Anfahrt eine große Leistung erfordert wird, die in der Mittelfahrt auf $\frac{1}{2}-\frac{1}{3}$ zurückgeht und während der Endfahrt auf null. Mit der günstigsten Füllung läßt sich daher eine Fördermaschine nicht betreiben. Noch ungünstiger wirkt die Tatsache, daß auch bei ausreichend bemessenen Maschinen es häufig ganz in das Belieben des Wärters gestellt ist, ob er die vorgesehene Expansion einhalten oder mit großer Füllung, Drosselung und Gegendampf arbeiten will.

Die Art der Steuerungsanordnung ist auch von Einfluß, indem sich bei einzelnen Steuerungen Verluste durch ungünstige Diagrammgestaltung ergeben oder wegen hoher Kompression der Wärter das Arbeiten mit Drosselung vorzieht.

Weiter ist von großem Einflusse die Art des Förderbetriebes. Geringe Teufen, häufiges Umsetzen der Körbe, lange Förderpausen, geringe Lasten, mangelnder Seilgewichtsausgleich erhöhen den Dampfverbrauch je Leistung.

Von Dampfverbrauchszahlen selbst kann mitgeteilt werden:

Zwillingsmaschinen mit Auspuff. {
Ältere Maschinen (Auspuff, Vollfüllung, niedere Spannungen) 50—150 kg/Schachtpferdestunde.
Mittlere Maschinen (Kulissensteuerung, mäßige Expansion, mittlere Spannungen, Auspuff) 30—40 kg/PS/st.
(Knaggensteuerungen) 30 kg/PS/st.
}

Verbundmaschinen ergeben etwa 10 v. H. Ersparnis.

Kondensation ergibt Ersparnisse etwa:

5 v. H. für Zwillingsmaschinen.
10 v. H. für Verbundmaschinen.
15 v. H. für Tandemzwillingsmaschinen.

Überhitzung hat sich als erfolgreich erwiesen.

Neuere Maschinen:

Zwillingstandem:

1. Mit Auspuff auf Zeche Westerholt 1912, gebaut von Gutehoffnungshütte. $T = 800$ m, $v = 16$ m/sek, $p = 11$ Atm., $t = 250^0$, Treibscheibe.

13,5 kg/PS/st. bei flotter Förderung.

2. Mit Kondensation auf Zeche Werne 1907, gebaut von der Friedrich-Wilhelms-Hütte. $N = 5600$ kg, $T = 740$ m, $v = 15$ m/sek, $p = 12$ Atm., 8^0 Überhitzung (gering), Vakuum 85 v. H.

11,5 kg/PS/st. bei flotter Förderung.

Zwilling:

3. Mit Abdampfverwertung durch Dampfturbine auf Zeche Prosper II bei Bottrop 1909, gebaut von Gutehoffnungshütte. $T = 346$ m, $p = 8$ Atm., Abdampfdruck $= 1,1$ Atm., Vakuum 90 v. H., 2 maliges Umsetzen.

18,8 kg/PS/st. Verbrauch der Fördermaschine. Hiervon ist der Arbeitswert der Abdampfmenge abzuziehen, so daß sich als Dampfverbrauch der Fördermaschine ergab etwa:

7,5 kg/PS/st.

Dieses beachtenswerte Ergebnis ist aber zu günstig, da die bei der Abdampfverwertung auftretenden Verluste nicht gemessen werden konnten.

Diese Abdampfverwertung erscheint hervorragend geeignet, erstens die Wirtschaftlichkeit von älteren Förderanlagen, die bisher noch mit Auspuff arbeiten, zu erhöhen, zweitens bei Neuanlagen zugunsten der Betriebseinfachheit zur Zwillingsmaschine zurückzukehren. Der Anschluß einer Fördermaschine an die Abdampfverwertung erweist sich nach Rechnung und Versuch wirtschaftlicher als ihr Anschluß an eine Zentralkondensation.

Gleichstromfördermaschine:

Dampfverbrauch unbekannt.

Die mitgeteilten Zahlen gelten für flotten Betrieb. In der Nachschicht treten Kondensationsverluste auf, die einen höheren Anteil am Gesamtverbrauch ausmachen als bei flottem Betriebe. Wird der Dampfverbrauch für einen 24 stündigen Betrieb nach Maßgabe der Förderung berechnet, so sind 15 v. H. zu obigen Verbrauchszahlen zuzuschlagen.

Der Vorteil der Abdampfverwertung (Nr. 3) ist nicht ganz unbestritten. Es sind entsprechende Anordnungen nötig, um die Ersparnisse zu erzielen. Als Abdampfturbine muß eine Zweidruckturbine gewählt werden, deren Hochdruckrad bei Abdampfmangel den zuzusetzenden Frischdampf krafterzeugend auf die Spannung des Niederdruckrades bringt. Ferner muß die Abdampfturbine so groß gewählt sein, daß sie in Verbindung mit dem entsprechend großen Aufnehmer die größten gelieferten Abdampfmengen verarbeiten kann, so daß nie Abdampf ins Freie gelassen werden muß. Dies ist durchaus wirtschaftlich möglich, da der dann bei Abdampfmangel zuzusetzende Frischdampf fast ohne Verlust (nach Rateau $1^o/_0$) in der Zweidruckturbine verarbeitet wird.

Bei den vorgeführten neueren Maschinen ist keine, die alle Möglichkeiten ausnutzt. Nr. 2 arbeitet mit keiner nennenswerten Überhitzung, Nr. 1 mit Auspuff. Bei Nr. 3 ist das Zahlenergebnis unsicher. Bei Überhitzung und Kondensation dürften 10 kg/PS/st. zu erreichen sein.

Erweisen sich hohe Überhitzungen als genügend betriebssicher, dann ist zu erwarten, daß die einfachere Zwillingsmaschine die Zwillingstandemmaschine wieder verdrängt, da ihr Dampfverbrauch bei Verwendung hoch überhitzten Dampfes nicht größer sein wird als der von Zwillingstandemmaschinen.

2. Vergleich der Anordnungen.

Die Verbundmaschine (seit 1880) hat nie erhebliche Verbreitung gefunden. Sie wird heute wohl kaum noch eingebaut werden. Im Wettstreite stehen sich gegenüber die alte Zwillingsmaschine, die neue Gleichstromzwillingsmaschine, und die Zwillingstandemmaschine. Letztere hat in den letzten Jahren ganz erhebliche Verbreitung gefunden und wird von fast allen größeren Firmen gebaut. Sie ist aber keineswegs herrschend geworden, und Zwillingsmaschinen werden immer noch, auch für größere Leistungen, gebaut. Die Zwillingstandemmaschine ist zurzeit die wirtschaftlichste Fördermaschine. Es wäre mit Freude zu begrüßen, wenn die Anwendung hoch überhitzten Dampfes oder die von der Fördermaschine getrennte Abdampfverwertung wieder der Zwillingsmaschine zum Siege verhülfe; denn einfach its die Zwillingstandemmaschine nicht. Die Aussichten der Gleichstromfördermaschinen sind ungewiß.

Die elektrischen Maschinen stehen in scharfem Wettbewerbe mit den Dampffördermaschinen. Die elektrischen wiesen zunächst einen geringeren Dampfverbrauch auf als die zur betreffenden Zeit vorhandenen Dampffördermaschinen, da diese noch alle Mittel unausgenutzt ließen, die den Dampfverbrauch verringern. Heute sind elektrische Maschinen und Dampfmaschinen im Dampfverbrauche gleich und die elektrische Maschine arbeitet wegen der höheren Anlagekosten im allgemeinen unwirtschaftlicher als die Dampffördermaschine.

Zur Verringerung der Kraftkosten ist anzustreben, die Förderung möglichst auf einzelne Schächte zu konzentrieren, da der flotte Betrieb der wirtschaftlichere ist.

Die höhere Sicherheit der elektrischen Maschinen bestimmter Bauart bezüglich des Verlaufes des einzelnen Förderzuges ist von den Dampffördermaschinen in befriedigendem Maß eingeholt worden; doch erscheint die elektrische Maschine mit ihrer Abhängigkeit vom Netzstrome und ihrer mehrfachen Kraftumwandlung wesentlich verwickelter und unübersichtlicher und wird bei etwaiger Störung weniger rasch wieder betriebsfertig zu machen sein. Ganz übel muß es erscheinen, die elektrische Fördermaschine an fremde Netze anzuschließen. Die größere zulässige Seilfahrtsgeschwindigkeit spricht zugunsten der elektrischen Maschine, die Unabhängigkeit und geringe Störbarkeit des Kraftmittels für die Dampffördermaschine. Auf großen Grubenlagen mit mehreren Förderschächten kann daran gedacht werden, einige Maschinen an ein vorhandenes Kraftnetz anzuschließen, andere davon unabhängig als Dampffördermaschinen zu betreiben.

Bei Auswahl nehme man von angebotenen Maschinen nicht die in den Anlagekosten billigste, sondern die im Betriebe wirtschaftlichste.

Über die Anlagekosten von Fördermaschinen kann nichts mitgeteilt werden, da diese von Fall zu Fall außerordentlich verschieden sind.

In Höfers Taschenbuch für Bergmänner 3. Aufl., II. Bd., S. 617 u. f., sind Katalogpreise marktgängiger kleinerer Förderhaspel und -maschinen österreichischen Ursprunges angegeben.

Als Beispiel einer großen neueren Maschine sei angeführt: eine Zwillingstandemfördermaschine mit Treibscheibe ($D_h = 850$, $D_n = 1300$, $s = 1600$, D der Treibscheibe 7000) kostete 1907 etwa 150 000 M. (einschließlich Fundament mit 10 000 M., ausschließlich Gebäude und Kesselkosten).

Die Förderkosten je tkm sind noch schwieriger zu bestimmen. Auf diese Kosten wirkt eine große Menge in ihrer Wirkung unübersichtlicher Umstände ein. Auch bei Kenntnis der erforderlichen Unterlagen fallen die Berechnungen ganz verschieden aus, je nach dem Rechnungsverfahren, nach welchem ein größerer oder kleinerer Anteil derjenigen Anlagekosten eingerechnet werden kann, mit denen die Fördermaschine ein untrennbares Ganze bildet. Ganz verschiedene Betriebskosten ergeben sich, wenn größere oder kleinere Tilgungssätze der Anlagekosten eingerechnet werden. Auch die einen bedeutenden Teil der Kosten ausmachenden Dampfkosten lassen sich wegen Unkenntnis des Dampfverbrauches und der Selbstkosten des Dampfes selten richtig einsetzen.

In dem Buche: ,,Der Steinkohlenbergbau des Preuß. Staates in der Umgebung von Saarbrücken'', III. Teil: ,,der technische Betrieb'', 1906, S. 200—222, finden sich Zusammenstellungen der Förderkosten der verschiedenen Schächte mit einer großen Menge die Förderung betreffender Zahlenangaben. Die Förderkosten sind danach sehr und in durchaus unerklärlicher Weise voneinander verschieden, so daß sich Mittelwerte nur unter Anwendung einiger Gewalt bilden lassen. Dies ist bei den folgenden Angaben zu beachten, die nur mehr ein Bild der Größenordnung geben können. Danach kann etwa gesetzt werden je tkm Leistung bei Schächten von

200 m	80 Pfg./tkm
300 m	70 ,,
400 m	60 ,,
500 m	50 ,,

Zurzeit stehen Dampffördermaschine und elektrische Fördermaschine in lebhaftestem Wettbewerbe. Die Dampffördermaschinen sind naturgemäß wegen ihres älteren Bestandes die überwiegend vertretene Fördermaschine. Wie sich die Zukunft gestalten wird, läßt sich nicht überblicken. Ausschlaggebend wird sein, ob es gelingt, die guten Betriebseigenschaften der verwickelten und teueren elektrischen Anordnung nach Ilgner auf einfachere, unmittelbarere Gestaltungen zu übertragen. Die nachfolgenden Ausführungen des Teiles VII über elektrische Fördermaschinen werden die bisherige Entwicklung zeigen.

In Westfalen ist die Dampffördermaschine auch für Neuanlagen mit großer Teufe vorwiegend ausgeführt worden, in England herrscht gleichfalls die Dampffördermaschine.

Siebenter Teil.

Antrieb durch Elektromotoren.

Von Prof. 𝔇𝔯.-𝔍𝔫𝔤. E. Förster.

Erster Abschnitt.

A. Allgemeine Gesichtspunkte.

Das Auftreten der elektrischen Fördermaschinen im Anfang dieses Jahrhunderts hat neben der Forderung auf unbedingte Betriebssicherheit die Forderung erhöhter Wirtschaftlichkeit in den Vordergrund gestellt.

Beides, Betriebssicherheit [1]) und Wirtschaftlichkeit, sind die beiden Kernfragen, um die es sich bei jedem Vergleich, bei jeder Beurteilung einer Maschine handelt. Die Entstehung großer Kraftwerke, die Zentralisierung der Energieerzeugung hat eine sorgfältige Erwägung der Betriebs-

---

[1]) Betriebssicherheit schließt hier den sonst bisweilen getrennt betrachteten Gesichtspunkt „Manövrierfähigkeit" mit ein.

kosten, eine möglichste Verminderung der einzelnen Energieentnahme
werte zur Folge.

Die elektrischen Anlagen haben hierbei den erheblichen Vorteil
vor den Dampfförderanlagen, daß sie von Anfang an nach diesen Gesichtspunkten entworfen wurden. Wenig ist seitdem hinzugekommen. Alles
Wesentliche der heutigen elektrischen Fördermaschinen findet sich schon
bei den ersten Ausführungen. Es liegt hierbei in der Natur der elektrischen
Anlagen und in ihrer Entwicklung, daß Betriebssicherheit und Wirtschaftlichkeit derart ineinander greifen, daß sie nicht getrennt werden
können. Eine Konstruktion, die nach der einen Seite hin wirksam sein
soll, tut dies meist gleichzeitig auch nach der andern. Man kann als
Analogie die neueren Sicherheitsvorrichtungen an Dampffördermaschinen
betrachten, die ebenso Betriebssicherheit wie Dampfersparnis zu
erreichen suchen.

Zunächst erscheint der Elektromotor ungeeignet für einen Förderbetrieb: Wirtschaftlich arbeitet er nur, wenn er dauernd gleiche Arbeit
zu leisten hat. Ein wiederholtes Anfahren widerspricht den Grundsätzen eines elektrischen Betriebes, weil jedes Anlassen mit Energieverlusten verbunden ist, wie im einzelnen bei der weiteren Beschreibung
der Motorenarten erörtert werden wird.

Das größte Drehmoment wird durch die höchste zulässige
Stromstärke bestimmt. Diese darf unter keinen Umständen ein gewisses Maß übersteigen, ohne die Betriebssicherheit der Maschine zu
gefährden. Will man also eine große Überlastungsfähigkeit der Maschine
erhalten, so muß man mit geringeren Stromstärken für den normalen
Fall rechnen, also auch die durch diese Regulierung bedingten Stromverluste in Kauf nehmen.

Bei der Dampfmaschine sucht man hingegen aus wirtschaftlichen
Gründen mit kleinen Füllungen zu fahren, die Überlastungsfähigkeit ist
deshalb eine außerordentlich große, da sie bis zur Vollfüllung getrieben
werden kann.

Steigt plötzlich, etwa durch Klemmen des Korbes im Schacht, der
Förderwiderstand, so wird bei der elektrischen Fördermaschine nur bis
zu einer gewissen Grenze die Stromstärke, die gleichzeitig wächst, und
die Leistung zunehmen können; dann muß eine Sicherheitsvorrichtung
den Stromkreis unterbrechen und die Sicherheitsbremse oder Fangvorrichtung die Förderschale festhalten. Bei Dampffördermaschinen
wird dagegen eine mit Expansion arbeitende Maschine ihre Füllung und
damit ihre Leistung vergrößern, ohne daß sozusagen ein Loslassen der
Förderlast eintritt, bis an der schwächsten Stelle ein Bruch erfolgt.
Es kann dies ebenso als Nachteil, wie als Vorteil der einen oder der andern
Betriebsart betrachtet werden und ist weiterhin unter Sicherheitsvorrichtungen näher erörtert.

Das Anlassen eines Elektromotors bedingt, wie oben gesagt,
stets ein Vernichten von Energie, ist also unwirtschaftlich an sich, wenn
es oft wiederholt wird, bei kurzen Höchstleistungen. Hieraus ergeben
sich die Vorteile der Anlagen, die die aufgespeicherte Energie beim

Bremsen wiedergewinnen (s. Leonardschaltungen), sowie andererseits der auch weiterhin erörterten Anlagen, bei denen die Motoren unmittelbar am Netz liegen, keine oder nur eine teilweise Rückgewinnung ermöglichen, aber dadurch, daß die beim Anfahren vernichteten Energiemengen gegenüber den bei voller Fahrt aufgewendeten gering sind, doch zu einer wirtschaftlichen Gesamtanlage führen.

Die in den ersten Abschnitten gegebenen Erörterungen wiesen schon auf eine Verschiedenheit der Anfangsbeschleunigung hin. Für elektrische Fördermaschinen kann dieselbe höher genommen werden als für Dampffördermaschinen wegen des Fortfalls eines Kurbelantriebs und der Gleichmäßigkeit des Drehmomentes. Dies hat deshalb für die elektrische Fördermaschine eine große Bedeutung, weil es dadurch möglich wird, mit der höchsten zulässigen Ankerstromstärke während der ersten Periode zu fahren, was von erheblichem Wert für die wirtschaftliche Ausnutzung des Elektromotors ist [1]).

Der Fortfall eines Kurbelantriebs und das stets gleichmäßig wirkende Drehmoment gestatten ferner nicht nur ein sanfteres Anfahren aus jeder Stellung und ein ebensolches Ausfahren, sondern auch eine Erhöhung der Fördergeschwindigkeit an sich, sowohl für Produktenförderung wie für Seilfahrt, und zwar sind 20 und 10 m Höchstgeschwindigkeit die zurzeit bei größeren Anlagen meist zugelassenen Werte. Die Bedeutung dieser Werte für die Vergrößerung der Schachtlei·stung liegt auf der Hand. Was die Abhängigkeit der Schachtleistung von der Fördergeschwindigkeit betrifft, so sei hier als besonders lehrreich noch ein Aufsatz von Ilgner, Zeitschr. d. österr. Ing.- u. Archit.-Vereins 1904, S. 377, 388 erwähnt, der diese Abhängigkeit graphisch darstellt und für jede Teufe die vorteilhafteste Geschwindigkeit festlegt.

Faßt man die einzelnen Punkte zusammen:

    a) Energieverluste beim Anlassen,

    b) Rückgewinnung von Energie,

    c) gleichmäßiges Drehmoment,

so ergeben sich ohne weiteres folgende Vorzüge elektrischer Fördermaschinen:

1. Die Beschleunigungen und Verzögerungen kann man größer nehmen als bei Dampfmaschinen wegen des gleichmäßigeren Drehmomentes. Wichtig ist dies vor allem bei der Verwendung von Treibscheiben, die für elektrischen Betrieb vorwiegend in Betracht kommen.

2. Die Höchstgeschwindigkeit kann aus demselben Grunde größer sein als bei Dampfmaschinen.

3. Das Material, insbesondere die Seile, werden mehr geschont, da stoßweise Beanspruchungen wegfallen.

Die Anwendungsgebiete werden unter Berücksichtigung aller dieser Punkte sich also vorzugsweise finden:

---

[1]) Verhältnisse für konstante und wechselnde Beschleunigung und Abhängigkeit von der Umfangskraft, mit graphischen Darstellungen, s. Dinglers·Polytechnisches Journal 1902, S. 469 und 485 ff., und Elektrotechnische Zeitschrift 1907, S. 1185.

1. bei großen Teufen, bei denen möglichst schnell gefördert werden
   muß;
2. bei kleineren Teufen, bei denen mit mäßigen Geschwindigkeiten
   gefördert wird, und deshalb die Anfahrverluste relativ gering
   werden.

Unwirtschaftlich wird der Betrieb von Förderanlagen bei kleineren
Teufen mit großen Geschwindigkeiten, also großen Anfahrverlusten, wenn
nicht die Energierückgewinnung die Verhältnisse verschiebt oder
Energiespeicher große Belastungsstöße auf die Hauptnetzmotoren vermeiden.

Die Beurteilung der Wirtschaftlichkeit und insbesondere der Vergleich derselben mit Dampffördermaschinen ist meist außerordentlich
schwierig. Die Verhältnisse liegen, zumal bei großen Neuanlagen, so viel
anders als bei Dampfförderanlagen, daß ein Vergleich meist nur unter
ganz verschiedenen Vorbedingungen gemacht werden kann. Gleichzeitig
mit den ersten elektrischen Fördermaschinen begann man gewöhnlich
mit der Elektrisierung des ganzen Werkes. Die sämtlichen Pumpen
und alle anderen Hilfsmaschinen erhielten und erhalten gleichzeitig
elektrischen Antrieb. Es liegt der Grundgedanke vor, daß eine elektrische
Zentrale in der Anlage sich für die Einheit verbilligt, je größer sie ist,
und daß auch der Betrieb großer Anlagen sich relativ billiger stellt als
der kleiner.

Es kommt hinzu, daß es oft auch von Vorteil sein kann, minder-
wertige Kohle an Ort und Stelle zu verwerten, deren Absatz sonst nicht
lohnend ist, und daß es deshalb wünschenswert ist, auch andere Abnehmer
für die erzeugte Energie zu finden. Auf diese Weise wird die Kraftanlage
eines Bergwerks sich zur Überlandzentrale ausbilden können. Die dann
natürlich geringen Gestehungskosten der Energie verdanken aber ihre
Höhe eben diesem weiteren Ausbau der Zentrale, und das ist bei dem
Vergleich mit der Dampffördermaschine wohl zu beachten.

Die Erzeugungskosten der elektrischen Energie in großen Berg-
werkskraftwerken mit einer Jahresleistung von 5 und 10 Mill. KW-Std.
stellen sich gegenwärtig auf etwa 1,5 bis 3 Pf. für die KW-Stde., einschließlich Abschreibung und Verzinsung. Einzelne Werke geben sogar
noch weniger als 1,5 Pf. an. Einzelleistungen bis zu 4000 KW sind heutzutage auf Bergwerken schon in großer Zahl zu finden.

Soll der Betrieb aber billig und wirtschaftlich sein, so muß die Anlage
nicht nur groß werden, es muß auch eine hohe Belastung möglichst gleichmäßig eingehalten werden können.

Denn nur in diesem Fall werden Generator, Dampfmaschine,
Dampfturbine und Kesselanlage am wirtschaftlichsten arbeiten. Dasselbe gilt für das Leitungsnetz. Die Stromentnahme muß auch hier möglichst gleichmäßig sein, sonst treten Unregelmäßigkeiten ein, die anderen
Stromabnehmer werden durch Spannungsschwankungen, die sich im
Lichtbetrieb, aber auch im Kraftmaschinenbetrieb bemerkbar machen
können, beeinträchtigt.

Dieser Forderung gleichmäßiger Energie-Erzeugung und -Abgabe steht die Fördermaschine gegenüber mit der denkbar größten Unregelmäßigkeit in der Energie-Entnahme.

Leistungen von mehreren 1000 Pferdekräften müssen unter Umständen bei regelmäßigem Betrieb stündlich 30—40 mal auf kurze Zeit geleistet werden, sie werden aber auch zeitweise seltener entnommen, ja es muß auch nach längeren Betriebspausen möglich sein, schnell auf die Höchstleistungen überzugehen.

Man erkennt hieraus schon als Hauptbedingung für eine Vermeidung von Störungen und Erzielung der Wirtschaftlichkeit, daß die r e l a t i v e G r ö ß e der Energie-Entnahme wesentlich ist. Allgemeine Grundsätze, etwa Klassifizierung nach der Größe der Maschinen, wären falsch. In einem von einer großen Überlandzentrale versorgten Gebiet sind in der Nähe der Kraftwerke ganz andere Anlagen zulässig als am Rande, weil eben der relative Einfluß auf die übrigen Entnahmestellen ganz verschieden sich geltend machen wird.

Bei dem Vergleich der Wirtschaftlichkeit von elektrischen und Dampf-Fördermaschinen kommt folgender Gesichtspunkt weiterhin noch in Betracht. Große Kraftwerke arbeiten mit 12 bis 14 kg/qcm Kesselüberdruck und Dampftemperaturen von 350^0. Dabei haben moderne große Dampfturbinen einen Dampfverbrauch von etwa 6 kg für 1 KW Std., d. i. etwas mehr als 4 kg für 1 PS_1.

Dadurch haben sie schon einen großen Vorsprung vor der Dampffördermaschine, die kaum für 12 bis 14 kg/qcm und 350^0 Dampftemperatur gebaut werden kann. Dieser Umstand spricht späterhin wesentlich mit bei dem System Brown, Boveri & Co.

Es geht hieraus hervor, daß der Vergleich der Wirtschaftlichkeit durch einen Faktor beeinflußt wird — die Kesselanlage —, die an sich mit der Fördermaschine nichts zu tun hat: der große, wirtschaftlich mit höchstem Nutzeffekt arbeitende, Hochdruck-Wasserrohrkessel mit Überhitzer gegenüber dem eine große Reserve bietenden Großwasserraumkessel.

Für die Wirtschaftlichkeit ist also nicht allein die absolute Größe des Dampfverbrauchs, sondern dieselbe in Verbindung mit der Frage nach den Gestehungskosten des Dampfes maßgebend.

Bei jeder Angabe des Dampfverbrauches und bei jedem Versuch eines Vergleichs desselben mit anderen Werten müßte also stets anzugeben sein, was 1 kg Dampf kostet.

Für die folgenden Betrachtungen über die G r ö ß e d e r F ö r d e r m a s c h i n e n sei eine kurze rechnerische Erörterung zur Erleichterung eines Überschlags vorausgeschickt.

Ist die Nutzlast N mit der Höchstgeschwindigkeit v zu haben, so beträgt, ohne Berücksichtigung aller Widerstände, die von der Fördermaschine zu leistende Schachtarbeit

$$\frac{N \cdot v}{75} = 0{,}0133 \cdot N \cdot v \cdot = A_1 \text{ PS.}$$

Ist die gleichmäßige Beschleunigung b = 1 m/sec, und betragen die gesamten zu beschleunigenden Massen etwa das 11 fache der Nutzlast — bei 500 m Teufe und mittleren Verhältnissen für Treibscheibenförderung trifft dies etwa zu — so ist am Ende der Beschleunigungsperiode die zur Beschleunigung aufzuwendende Arbeit, aus der Nutzlast berechnet:

$$\frac{N \cdot 11}{9{,}81} \cdot \frac{1{,}0 \cdot v}{75} = 0{,}015 \cdot N \cdot v = A_2 = 1{,}12 \cdot A_1 \ \text{PS}.$$

Die ganze am Ende der Beschleunigungsperiode zu leistende Arbeit ist $A_1 + A_2 = 2{,}12\,A_1$. Diesen etwa 2 fachen Betrag der Förderleistung bei Höchstgeschwindigkeit bezeichnet man als Spitzenleistung, die für die größte Leistung der Fördermaschine maßgebend ist.

Will man A_2 möglichst klein halten im Vergleich zu A_1, so kann man dies nur durch Verminderung der Beschleunigung, also durch Aufgabe eines der wesentlichsten Vorzüge der elektrischen Maschinen, die durch ihr gleichmäßiges Drehmoment die Verwendung der höchsten sonst zulässigen Beschleunigung gestatten, also durch Verminderung der Schachtleistung. Brown, Boveri & Co. suchen einen Mittelweg einzuschlagen; sie steuern ihre neueren Fördermaschinen so, daß nur auf dem ersten Teil des Beschleunigungsweges die höchste Beschleunigung zur Geltung kommt. Dann wird eine kleinere, etwa die halbe Beschleunigung nur noch zugelassen. Man erhält hierdurch allerdings statt der Spitze eine abgerundete Erhöhung der Leistungskurve; aber der Nachteil wird dadurch nicht ganz beseitigt; denn gerade am Ende der Beschleunigungsperiode, wenn die Geschwindigkeiten sich der Höchstgeschwindigkeit nähern, bedingt eine Verminderung der Beschleunigung eine Vergrößerung der Fahrtdauer.

Der prozentuale Einfluß dieses Verfahrens wird um so größer, je kleiner die Strecke wird, die man mit der Höchstgeschwindigkeit durchfährt.

Für gewöhnlich wird man jedoch mit gleicher Beschleunigung bis zu Ende fahren, da auch sonst eine Verminderung des Drehmomentes der Umfangskraft, also eine ungünstigere Ausnutzung der Maschine, erforderlich würde. Um daher die auf das Netz rückwirkende Spitzenleistung zu vermindern, bleibt nur noch ein Weg für Anlagen, die den Strom unmittelbar ohne Pufferung aus einem Netz entnehmen, nämlich die relative Begrenzung der Höchstleistung dieser Anlagen, die Verwendung für nur relativ kleinere Ausführungen sowie im allgemeinen eine Verwendung geringerer Fahrgeschwindigkeiten.

Beides ergibt ein Vergleich der Anlagen in Oberschlesien, die mit direktem Netzanschluß arbeiten, mit denen, die eine Pufferung verwenden. Oberschlesien ist deshalb typisch, weil man hier einen großen Wert legt auf die Erhaltung gleichmäßiger Spannung. Beides findet sich bewiesen durch die Zusammenstellungen auf S. 66 und 67 des 5. Jahresberichtes des Oberschlesischen Dampfkesselrevisionsvereins.

Die Zusammenstellung enthält, wie vorausgeschickt werden muß, alle elektrischen Fördermaschinen, sowohl die, die von den großen Überlandzentralen Strom erhalten, wie die, die nur von kleineren oder größeren Bergwerkszentralen abhängen.

Es ergibt sich da, daß von den 25 mit Drehstrommotoren unmittelbar betriebenen Fördermaschinen je eine normal 350, 275, 235, 175 PS leistet und die übrigen alle weniger als 150 PS.

Von den mit Schwungrad-Pufferung arbeitenden 21 Anlagen leistet 1 Fördermotor 1200 PS, zwölf 500 bis 900 PS, die übrigen weniger. Die geringere Geschwindigkeit unter den gegebenen Verhältnissen bei direktem Stromanschluß an das Netz ergibt die Zusammenstellung wie folgt: Von den 25 Drehstrommotoren-Förderungen fördert 1 mit 12 m, 3 mit 8 m und die übrigen mit noch geringerer Geschwindigkeit, während von den 21 gepufferten Anlagen 9 mit 15 und 16 m, 2 mit 13,5 und 14 m, 6 mit 10 und 12 m fördern.

Den andern Fall, daß keine Rücksicht auf die sonstigen Stromverbraucher genommen wird oder genommen zu werden braucht, erläutert eine Zusammenstellung aus der Übersicht der von der Allgemeinen Elektrizitätsgesellschaft gelieferten Fördermaschinen. Allerdings muß hier ein weiterer Punkt erwähnt werden, der vielleicht mit maßgebend ist. Die Drehstrommotoren-Anlagen werden leichter, und ihr Transport über See und auf dem dann folgenden Landwege ist möglicherweise mit ausschlaggebend für ihre Wahl gewesen. Andererseits ist aber nicht zu vergessen, daß die Idee des Energieausgleiches besonders in Deutschland Anhänger gefunden hat, mehr als irgendwo sonst im Ausland. Auch kommen durch die großen schweren Vorgelege, wie weiterhin angegeben wird, Gewichte von Teilen hinzu, die gepufferte Anlagen nicht haben.

Von den 8 nach Johannesburg, Südafrika, im Jahre 1911 gelieferten Maschinen werden folgende Zahlen angegeben:

1	2	3	4	5	6	7	8
Zahl	Nutzlast	Geschwindigkeit	Teufe	höchste Motorleistungen	A_1	$2{,}12\,A_1 =$ $A_1 + A_2$	Spalte 7 mit 30 % Zuschlag
1	3640	15	435	1960 PS	728	1540	2000
4	2720—4540	10,2	646—1020	1000—1370	380—616	810—1310	1050—1700
1	1820	9,15	760	505	222	470	610
2	910—1820	7,1—7,6	610—400	420—500	85—185	180—380	234—494

In Spalte 8 sind zu Spalte 7 für Widerstände und Verluste aller Art 30 % zugeschlagen. Der Vergleich mit der höchsten Motorleistung Spalte 5 ergibt, daß diese mittleren Annahmen annähernd zutreffen.

Die kleinste dieser Anlagen ist größer, als die größte in dem obengenannten Bericht für Oberschlesien aufgeführte Fördermaschine mit direktem Drehstromantrieb.

Als besonders bemerkenswert sei an dieser Stelle noch aufmerksam gemacht auf Heft 7, 1912 der Zeitschr. Elektrische Bahnen und

Kraftbetriebe S. 136. Es findet sich an dieser Stelle eine sehr ausführliche Zusammenstellung der Betriebskosten und Förderverhältnisse zweier annähernd gleicher Förderanlagen in Südafrika, die eine mit asynchronem Drehstrommotor, die andere mit Ilgnerumformer für die größten Verhältnisse — 795 m Teufe, 6000 kg Nutzlast, 16,8 m Geschwindigkeit. Die Beschreibung und Rentabilitätsrechnung ergibt die Überlegenheit der Ilgneranlage, läßt aber gleichzeitig erkennen, unter welchen Umständen die andere vorteilhafter sein würde. Es sei hier, nur kurz des Raummangels wegen, auf diese sehr interessante Arbeit hingewiesen, die in jeder Beziehung sich mit den hier gegebenen Ausführungen deckt und sie durch Zahlen ergänzt. Die Folgezeit dürfte manche ähnliche Mitteilung und Erfahrung bringen.

Wir haben also zu unterscheiden zwischen Förderanlagen mit Pufferung und ohne Pufferung.

Nicht immer ist aber die Pufferung allein das wesentliche Moment. Die Pufferung erfolgt entweder durch eine Batterie, ein Schwungrad oder durch die Dampfmaschine selbst, bzw. durch eine Kombination von Batterie und Dampfmaschinenregelung.

Es kommt hinzu der Begriff der Kraftreserve. Die Kraftreserve, die „Aufspeicherung von Energie“ ist als Begleiterscheinung von wesentlicher Bedeutung nicht nur in wirtschaftlicher, sondern auch in betriebstechnischer Beziehung.

In wirtschaftlicher Beziehung ist eine Aufspeicherung von Energie von Vorteil, wenn es möglich ist, auf diese Weise einige Züge zu machen, ohne die Hauptanlage, Dampfmaschine, Kessel, in Betrieb zu nehmen, also beispielsweise an Sonntagen ein paar Arbeitsschichten zu verfahren. Das ist nur möglich mit einer Batterie. Bei der später noch zu besprechenden Anlage in Thiederhall genügt die Batterie, um bei einer Teufe von 200 m noch 4 bis 6 Züge mit 800 kg Nutzlast zu machen, also beispielsweise an Sonn- und Feiertagen zu Revisions- oder Reparaturfahrten.

Mit einem Schwungrad — System Ilgner — ist das natürlich nur in unmittelbarem Anschluß an den normalen Betrieb möglich. Eine Pufferung durch den Dampfgenerator selbst bietet weder die Sicherheit noch die Reserve (System Brown, Boveri & Co.). Für die Bewertung einer Förderanlage kommen noch eine ganze Zahl von weiteren Punkten hinzu, die sowohl bei der Wahl des Systems, wie bei der Beurteilung der Bewährung zu beachten sind. Es genügte hier die Aufzählung der wesentlichsten, die zum Teil später an geeigneter Stelle weiter ausgeführt werden: Platzbedarf, Entfernung von der Kesselanlage und Vorhandensein einer Kraftzentrale in größerer oder geringerer Entfernung, verfügbare Stromart — Drehstrom oder Gleichstrom. Ersterer bedingt, wenn er nicht unmittelbar zum Antrieb verwandt werden kann, was durch die Rücksicht auf die genannte Energiereserve sowie aus anderen Gründen sich ergeben kann, eine Umformeranlage. Bei Gleichstrom ist die vielfach sehr stark betonte zuverlässige und einfache Maschinenführung ausschlaggebend durch Benutzung der Ward-Leonard-Schaltung. Sehr wesentlich ist natürlich stets die Rücksicht auf die Nebenanlagen und das Verhältnis der Größe der Förderanlage zu denselben, die mögliche Verwendung des Abdampfes und anderes mehr.

Ein Vergleich von Fördermaschinen der verschiedenen Systeme untereinander ist außerordentlich schwierig, viel schwieriger als bei Dampfmaschinen, weil alle möglichen Nebenumstände auf die Wirtschaftlichkeit und den Betrieb Einfluß haben. Es ist deshalb im folgenden auch von einer Nebeneinanderstellung abgesehen, wenn nicht ein einwandfreier Vergleich möglich ist.

Nicht zum wenigsten spielt auch gerade hier, wo es sich um teilweise noch wenig ausprobierte Konstruktionen handelt, die persönliche Überzeugung des Auftraggebenden und sein Vertrauen auf die Zuverlässigkeit der ausführenden Firma, eine wesentliche Rolle. Dies gilt umsomehr, da die Betriebs- und Wirtschaftsverhältnisse häufig äußerst verwickelt und schwer zu übersehen sind, so daß eine Kostenberechnung von Anfang an kaum und im Betrieb nur mit einer unvermeidlichen Unsicherheit auszuführen ist. So erklären sich die zuweilen in der Fachliteratur zu findenden Erörterungen der Betriebskosten, die zu ganz verschiedenen Resultaten führen, je nach dem Standpunkt des Betreffenden, obgleich jeder nach bestem Wissen seine Rechnung aufstellt, vgl. Kali 1908, Heft 7, 8 und 13. Es dürfte sich daher vorläufig empfehlen, solange noch nicht einheitliche Normen für die Berechnung der Wirtschaftlichkeit aufgestellt sind, alle derartigen Angaben vorsichtig aufzunehmen.

Bemerkenswert für die Berechnung der Wirtschaftlichkeit ist das Heft 110/111 der „Mitteilungen über Forschungsarbeiten" über „Untersuchungen an elektrisch und mit Dampf betriebenen Fördermaschinen", herausgegeben vom Verein Deutscher Ingenieure, Verlag von Springer, Berlin. Diese Arbeiten sind nicht nur wegen der Ergebnisse, sondern auch wegen der Einheitlichkeit der Durchführung sehr beachtenswert. Der Schlußsatz dürfte von allgemeinem Interesse sein, da er das zusammenfaßt, was hier weiter ausgeführt worden ist:

„Zum Schluß möge nochmals betont werden, daß es nicht angängig ist, die bei den Versuchen ermittelten Energieverbrauchszahlen ohne Rücksicht auf die gesamten Förderverhältnisse zu vergleichen. Aus den sich ergebenden erheblichen Unterschieden kann nicht ohne weiteres gefolgert werden, daß einer bestimmten Bauart oder einer der beiden Energieformen der Vorzug zu geben sei. Bei der Frage, welche Antriebsart man zweckmäßig wählt, ist außer den Kosten für den Energie- oder Dampfverbrauch und außer den Anschaffungs-, Abschreibungs- und Ausbesserungskosten auch noch von maßgebender Bedeutung: wie sich die betreffende Antriebsart den allgemeinen Betriebsverhältnissen der in Betracht kommenden Zeche anpaßt."

Bezeichnend für die Schwierigkeit der Aufgabe, einen Vergleich zwischen elektrischer und Dampffördermaschine anzustellen, ist das Endergebnis dieser Untersuchungen, in dem es heißt:

„Der leitende Gedanke bei Inangriffnahme der Versuche war, Vergleichszahlen für den Energieverbrauch von elektrisch und mit

Dampf betriebenen Fördermaschinen durch betriebsmäßige Dauer versuche zu gewinnen. Dieser Zweck ist nicht erreicht worden usw.

Hierzu ist zu bemerken, daß die Versuche mit einer Sorgfalt und Genauigkeit durchgeführt sind, wie es in ähnlicher Weise wohl kaum bisher geschehen ist.

B. Allgemeine Anordnung elektrischer Fördermaschinen.

Im großen und ganzen gelten hier dieselben Gesichtspunkte wie bei Dampffördermaschinen.

Meist werden zylindrische Trommeln oder Treibscheiben verwendet. Letztere erfreuen sich deshalb gerade bei elektrischen Fördermaschinen einer besonderen Beliebtheit, weil sie für große Teufen die geringsten umlaufenden Massen ergeben, also bei großer Beschleunigung, die die Eigenart des elektrischen Betriebes erfordert, um vorteilhaft zur Geltung zu kommen, die geringste Beschleunigungsarbeit bedingen. Daß diese gering sein muß, um vorteilhafte Verhältnisse zu ergeben, geht aus den oben besprochenen allgemeinen Eigenschaften des Elektromotors hervor.

Während die Anordnung der Seilscheiben, die Lage der Maschinen zum Schacht meist ebenso wie bei Dampffördermaschinen erfolgt, hat die unmittelbare Verbindung von Elektromotor und Treibscheibe eine neue Konstruktion, den Einbau der Fördermaschine in einen Turm über dem Schacht, ermöglicht. Die Vorteile liegen auf der Hand: es wird erheblich an Platz gespart. Das Gerüst wird natürlich schwerer werden als das Seilscheibengerüst allein, dafür werden aber Platz- und Gebäudekosten für die sonst getrennt aufgestellte Fördermaschine gespart.

Die Fig. 2 zeigt das Schachtgerüst mit Fördermaschine der Grube Hausham, Miesbach, Oberbayern. Die Nutzlast beträgt 3600 kg, die Höchstgeschwindigkeit 16 m, die größte Seilbelastung 12 260 kg.

Das Seil hat trotz der notwendigen Ablenkung durch eine Leitscheibe sehr gut gehalten, so daß auf diesem Schacht die Bergbehörde die Konzession für das erste Seil von 2 auf 2½ Jahr verlängert hat. Zugunsten der Anordnung spricht auch der Umstand, daß der Umschlingungswinkel der Treibscheibe größer als 180⁰ wird.

Gleich gute Erfahrungen hat man auch andern Orts mit dieser Aufstellung der Maschinen über dem Schacht gemacht, z. B. in Ligny les Aires, die Felten-Guilleaume-Lahmeyer-Werke, Kleophasgrube-Oberschlesien, S. Sch. W., Deutschlandgrube-Oberschlesien, A. E. G. Zu der Figur ist noch zu erwähnen, daß selbstverständlich das ganze Gerüst so eingebaut bzw. in Eisenfachwerk ausgeführt wird, daß die Maschinen und die auf den einzelnen Böden untergebrachten Apparate vollständig geschützt gegen Witterungseinflüsse sind.

Zweiter Abschnitt.

Die gebräuchlichen Elektromotoren und ihre Eigenschaften.

Die Stromarten, die für Fördermaschinenantriebe verwendet werden, sind Gleichstrom und Drehstrom. Für beide gibt es verschiedene Arten der Verwendung, die im folgenden in den charakteristischen Maschinentypen besprochen werden sollen.

Insbesondere ist es wichtig, die Vorgänge beim Anlassen zu verfolgen. Das Anlassen, d. h. die Beschleunigungsperiode, spielt vor allem bei elektrischem Antrieb eine Hauptrolle, weil die Verluste bei demselben für die Wirtschaftlichkeit maßgebend sind, und weil am Ende der Beschleunigungsperiode die größte Leistung gefordert wird.

Die Leistung bei voller Fahrt ist viel geringer; diese wirtschaftlich und sicher abzugeben, ist keine schwierige Aufgabe, da hier einfache und normale Belastungsverhältnisse vorliegen.

A. Gleichstrom.

1. Der Hauptstrommotor.

Die Zugkraft ist begrenzt wie beim Nebenschlußmotor (Fig. 273). Da der Hauptstrom aber auch zugleich Erregerstrom ist, so ist das Anlaßmoment größer, als beim Nebenschluß-Motor. Die Figur ergibt die Schaltung. Bei großen Belastungen läuft der Hauptstrommotor wesentlich langsamer als bei kleinen. Bei Leerlauf geht er durch.

Durch Regulierwiderstände oder Umschaltung der Erregerwicklung kann die Umdrehungszahl konstant gehalten werden. Die erstere Methode setzt den Wirkungsgrad bei kleinen Belastungen wesentlich herab. Beide Methoden gestatten ein einfaches Regulieren, da Anlaß- und Reguliervorrichtung die gleichen sind. Anwendungsgebiet: wo große Anzugsmomente mit einfacher Regulierung vereinigt sein sollen und große Zugkräfte bei kleinen, kleine Zugkräfte bei großen Geschwindigkeiten verlangt werden (Krane, Hebezeuge).

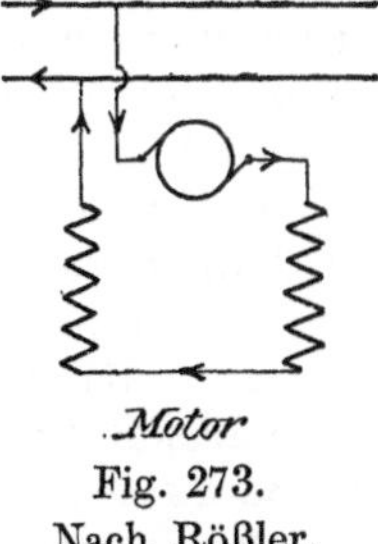

Fig. 273.
Nach Rößler,
Elektromotoren.

Wegen der Neigung, durchzugehen, muß er immer mit der Arbeitsmaschine direkt gekuppelt sein, damit er dauernd eine positive Belastung erhält. Für Fördermaschinen wird er nicht verwendet, seine weitere Betrachtung erübrigt sich also hier, da er nur für Winden und Aufzüge in Betracht kommt.

2. Der Nebenschlußmotor.

Die Erregung der Magnete erfolgt durch einen Strom, der parallel zu dem Ankerstrom gelegt ist, und den man gewöhnlich reguliert; von der Regulierung wird also nur ein kleiner Teil des Hauptstromes, etwa 1 bis 2 %, in der Erregerwicklung betroffen, demgemäß sind auch die Verluste gering. Die Schaltung ergibt sich aus Fig. 274. Wesentlich sind folgende Eigenschaften und Erscheinungen:

1. Mit Erhöhung der Feldstärke, also Zunahme des Erregerstromes, verringert sich die Umdrehungszahl. Dies tritt ein mit zunehmender

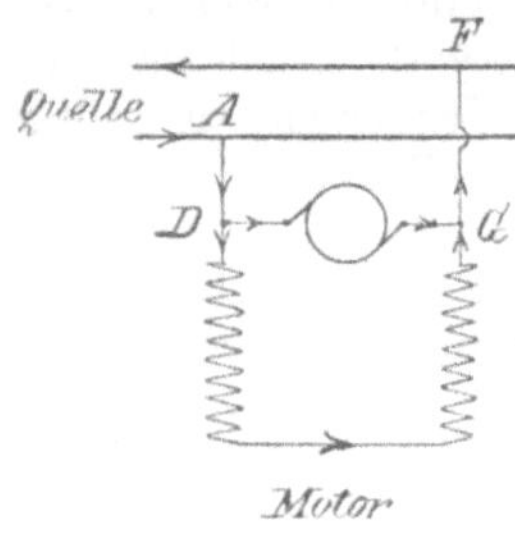

Fig. 274.

Nach Rößler,
Elektromotoren.

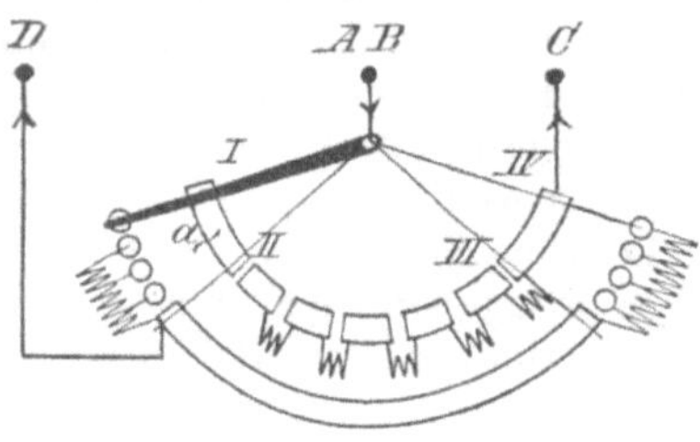

Fig. 275.

Regulierung von Nebenschlußmaschinen.
Nach Rößler, Elektromotoren.

Leistung, wenn der Ankerstrom zunimmt. Es muß also, wenn die Tourenzahl konstant erhalten werden soll, der Widerstand in der Erregerwicklung vermindert werden.

2. Bei Stromumkehrung magnetisieren sich auch die Pole um. Der Motor ist also sehr einfach umzusteuern.

3. Ein Nebenschlußmotor wird zum Generator, wenn seine Erregerwicklungen von einer fremden Quelle aus gespeist werden, und der Anker von irgendeiner Kraftmaschine gedreht wird. Hieraus ergibt sich als äußerer deutlicher Vorteil die Rückgewinnung von Energie beim Bremsen. Diese drei Sätze sind für die spätere Betrachtung der Leonardschaltung besonders wichtig.

Die Tourenregulierung kann nun auf folgende Arten erfolgen:

1. Durch Änderung des Widerstandes in der Erregerwicklung.

Die Anordnung der Regelung ist gewöhnlich die durch Fig. 275 dargestellte. Hierin bedeuten A C den Ankerstromkreis, B D den Erregerstromkreis. Beide müssen im Stillstand unterbrochen werden, was in der mit I bezeichneten Stellung der Fall ist. Es muß ferner beim Anlassen zuerst eine gewisse Erregung erfolgen und dann der Ankerstrom eingeschaltet werden. Dies geschieht durch Bewegung des Hebels von der Stellung I in die Stellung II. Da das Kontaktstück a aus Isoliermaterial besteht, so wird in Stellung II noch kein Strom durch den Anker fließen. Wird der Hebel nun nach und nach bis III bewegt, so werden allmählich

die im Ankerstromkreis liegenden Widerstände ausgeschaltet, bis bei III
der volle Ankerstrom durch die Maschine geht. Auf dem ganzen Regulier-
weg II III ist an dem Erregerstrom nichts geändert. Von III bis IV
wird nun bei vollem Ankerstrom der Erregerstrom geändert und damit
nach Satz 1 die Umdrehungszahl entsprechend reguliert, und zwar erhöht
sie sich, wenn Widerstand ausgeschaltet wird. Bei III wird also die
Höchstgeschwindigkeit, bei IV eine geringere von der Größe der Widerstände abhängige Geschwindigkeit vorhanden sein.

2. Eine weitere Regulierung wird im Prinzip durch das gleiche Schaltungsschema gezeigt, das ist die Regulierung der Umdrehungszahl durch
Vorschalten von Widerständen vor den Anker bei gleichbleibender
Erregung. Diese Regulierung ist, wie aus den einleitenden Sätzen hervorgeht, aber sehr unwirtschaftlich, weil sie Verluste prozentual vom
Hauptstrom veranlaßt, während die Nebenschlußregulierung nur in dem
schwachen Erregerstrom prozentuale Verluste hervorruft. Weiter zeigt
dieser Regulierapparat (Fig. 275) auch das Wesentliche, daß beim Ausschalten eines Motors zuerst der Ankerstrom unterbrochen werden muß
und dann der Erregerstrom. Würde es umgekehrt geschehen, so würde
ein sehr starker Funken beim Öffnen des Erregerstromes eintreten.

Im allgemeinen haben die Nebenschlußmotoren die Eigenschaft
der Selbstregulierung, wie aus der weiteren Verfolgung des ersten Satzes
hervorgeht, d. h. ihre Umdrehungszahl ist bei gleichbleibender Größe
der Widerstände und bei wachsender Ankerstromstärke, also wechselnder
Belastung, annähernd konstant; denn steigt der Ankerstrom, so steigt
auch der Erregerstrom, durch diesen wird aber die Umdrehungszahl
erniedrigt, die der Ankerstrom zu erhöhen sucht.

Die Stromaufnahme ist bei konstanter Spannung proportional
dem Drehmoment, d. i. der erforderlichen Zugkraft. Sie wird begrenzt
durch die Dimensionierung des Ankers, für den nur eine gewisse Erwärmung zulässig ist, die von der Stromaufnahme abhängt. Bei allen
Energieverlusten, die beim Anlassen auftreten, ist zu beachten, daß ihre
prozentuale Größe vom ganzen Stromverbrauch natürlich auch hier
abhängig ist, von dem Verhältnis der Anlaßdauer zu der ganzen Förder-
dauer, also davon, welche Bruchteile der ganzen Betriebszeit auf das
Anlassen und Regulieren kommen.

Man vergleiche hierzu die Anlasserverluste bei einem Kranmotor
mit geringer Hubhöhe und bei dem Motor einer Seilbahn von großer
Förderlänge.

3. Eine weitere, für die vorliegenden Fälle aber selten vorkommende
Tourenregulierung besteht darin, daß man einzelne Polpaare ab- und
zuschalten kann, also die Feldstärken in mehrere grobe Stufen teilt
und die feinere Regulierung dann durch Regulierung der übrigbleibenden
Feldmagnete erzielt.

4. Öfters verwendet wird dagegen die Tourenregulierung durch ein
Zusatzaggregat (s. Fig. 276) nach dem Prinzip der Gegenschaltung.
Der Motor C liegt hierbei im Netz. Es wird in den Stromkreis eine
Dynamomaschine B eingeschaltet, die von einem besonderen Motor A

angetrieben wird.   Die Stromspannung dieser Nebenschlußdynamo-
maschine kann durch Regulierung der Felderregung von einem negativen
bis zu einem gleich großen positiven Werte reguliert werden.   Ist diese
Maximalspannung gleich der Netzspannung, so kann sie von derselben
abgezogen oder zugeschaltet werden, so daß man zwischen Null und dem
doppelten Betrage der Netzspannung den Motor laufen lassen und demgemäß seine Umdrehungszahl einstellen kann; allerdings sind die Anlagekosten ziemlich hoch.

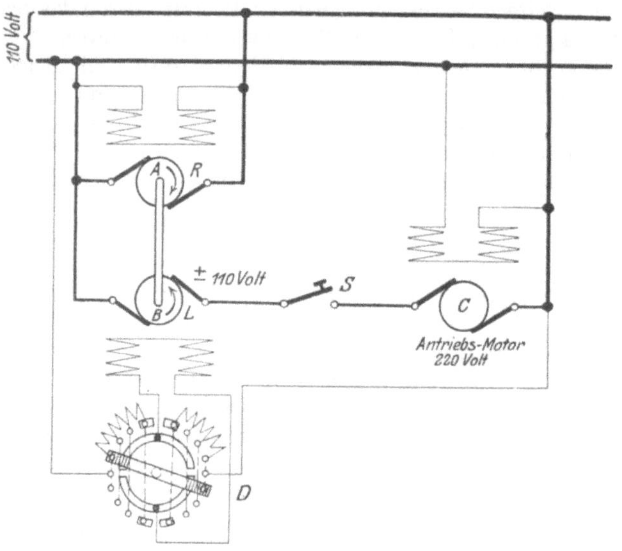

Fig. 276.
Tourenregulierung nach dem Gegenschaltungsprinzip.

D ist hierbei der Regulierwiderstand, der die Dynamomaschine
von − 110 auf + 110 über Null hinweg zu erregen gestattet.

Die Wahl von 110 und 220 ist natürlich ganz willkürlich in dem
vorliegenden Beispiele.

Neuere Dynamomaschinen und Motoren erhalten sog. Wendepole,
d. h. in die neutrale Zone zwischen zwei benachbarte Magnete werden
Pole eingebaut, die vom Ankerstrome selbst magnetisiert werden.   Sie
sind so gewickelt, daß sie ein dem Feld im Anker entgegengesetztes
Feld erzeugen.   Es wird hierdurch erreicht, daß das Drehmoment größer
wird, daß der Wirkungsgrad steigt und auch die Überlastungsfähigkeit
zunimmt.   Außerdem arbeiten diese Maschinen auch vollkommen
funkenlos, wenn die Bürsten genau im Wendepolfeld aufliegen.   Die
Eigenschaft des Nebenschlußmotors, bei zunehmender Stromstärke nicht
ganz genau die Tourenzahl einzuhalten, führt dazu, zu der Nebenschlußwicklung noch eine Hauptstromwicklung auf die Schenkel zu setzen,
und zwar so, daß sie der Nebenschlußwicklung entgegenwirkt; die Feld-

verstärkung, die bei Zunahme des Hauptstromes im Nebenschluß auftreten würde, wird bei geeigneter Wahl der Hauptstromwicklung kompensiert und dadurch eine praktisch stets gleiche Erregung erzielt.

Diese Art von Motoren bezeichnet man als Verbundmotoren, sie vereinigen die Eigenschaften der Hauptstrommaschine mit der der Nebenschlußmaschine.

Die Siemens-Schuckertwerke haben diese Maschine als Pirani-Maschine ausgestaltet und verwenden sie in folgender Schaltung, in Kombination mit einer Batterie, als Puffermaschine, um stoßweise Stromentnahme auszugleichen.

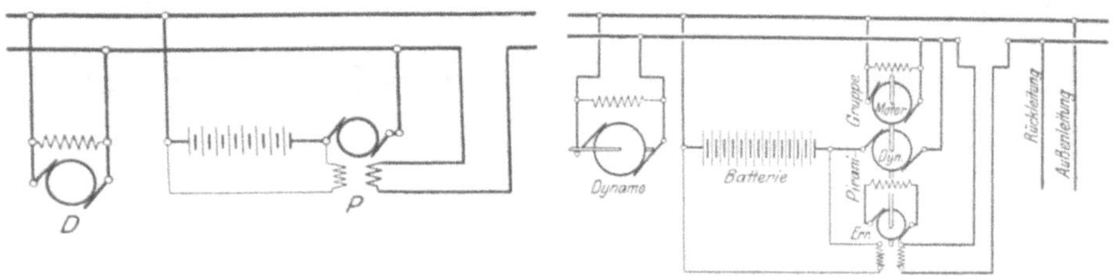

<table>
<tr><td align="center">Fig. 277.
Schema einer Pirani-Schaltung.</td><td align="center">Fig. 278.
Ausführung einer Pirani-Schaltung.</td></tr>
</table>

In der Fig. 277 ist die Maschine D, welche den Strom für das Netz liefert, die Dynamomaschine. Das Prinzip der ganzen Schaltung, die beispielsweise auf dem Ottiliäschacht der Königl. Berginspektion zu Klausthal verwendet wird (Zeitschr. d. Ver. deutsch. Ing. 1909, S. 1694) und seit Juli 1904 in bewährtem Betrieb ist, wird durch Fig. 277 dargestellt.

Der zum Ausgleich der Netzschwankungen dienenden Batterie ist die Pirani-Maschine P vorgeschaltet, welche die beiden einander entgegenwirkenden Wicklungen trägt. Wenn der Netzstrom durch seinen Mittelwert hindurchgeht, also gleich dem Batteriestrom ist, so heben sich die Spannungen beider in ihrer Wirkung auf, die Maschine wird nicht erregt, ihre Spannung ist gleich Null.

Ist der Netzstrom gering, so überwiegt die Batteriespannung, die Dynamo arbeitet derselben entgegen, sie lädt die Batterie. Dasselbe tritt ein, wenn der Netzstrom seine Richtung umkehrt; wenn also der am Netze liegende Motor als Dynamo arbeitet, was beim Bremsen der Fall ist, dann findet ebenfalls ein kräftiges Laden statt, da Netzstrom und Batteriestrom in diesem Fall in gleichem Sinn erregend wirken.

Ist dagegen die Stromentnahme aus dem Netze groß, so überwiegt die Erregung desselben, die Spannung der Maschine und Batterie addieren sich, die Batterie wird entladen. Die Entladestromstärke einer Batterie ist bekanntlich kleiner als die Ladestromstärke, es erfährt also auf diese Weise der Entladestrom eine wirksame Spannungserhöhung, die selbsttätig geregelt werden kann.

Die Ausführung erfolgt in einer von dem Schema abweichenden Weise nach Fig. 278. Die Pirani-Maschine erhält einen besonderen

Motor, der hier am Netze liegt, aber natürlich auch von einer anderen
Stromquelle aus gespeist werden kann, und die Erregung der Pirani-
Maschine wird von einer besonderen kleinen Erregermaschine aus,
die die vereinigten Wicklungen erhält, besorgt.

Es ist praktisch ferner noch erforderlich, daß die Zusatzspannung
der Pirani-Maschine verschieden groß wird, je nachdem, ob geladen oder
entladen wird.

Dies wird dadurch erreicht, daß parallel zu dem im Erregerstromkreise liegenden Regulierwiderstand eine Eisen-Aluminiumzelle gelegt
wird, die die Eigenschaft hat, den Strom nur in einer Richtung durchzu-
lassen.

Je nach dem regelbaren Stromdurchgange durch diese Zelle wird
der Unterschied zwischen Lade- und Entladespannung sich ergeben.

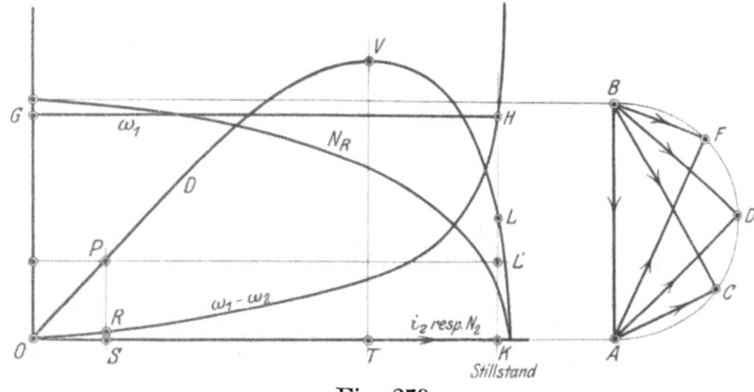

Fig. 279.

Graphische Darstellung von Schlupf, Drehmoment und Feldstärke.

Der Regulierwiderstand im Erregerstromkreis ermöglicht es, die
Pufferung, d. h. den Anteil der Batterie an der Stromlieferung, nach Bedarf einzustellen. Um ein Zahlenbeispiel anzuführen, seien nachstehende
Verhältnisse der obengenannten Förderanlage auf dem Ottiliäschachte
zusammengestellt.

Die Anlaßdynamo hat bei 600 Umdrehungen 500 Volt und 560 Amp.,
sie arbeitet in Leonardschaltung — siehe diese — auf den Fördermotor,
zusammen mit einer Pufferbatterie von 242 Zellen und 222 bis 600 Amp.
Entladestromstärke. Die Pirani-Zusatzsdynamo hat bei 600 Umdrehungen 315 Amp. und 10 bis 50 Volt. Die Zusatzdynamo sitzt in
diesem Fall auf derselben Welle, wie die Anlaßdynamo. Für die Pufferung
ist in der Hauptsache die Fig. 277 maßgebend, da es sich hier noch um
eine ältere Anlage handelt.

Da Gleichstrom als Hauptnetzstrom wohl kaum irgendwo in
größeren Anlagen zur Verfügung steht, so kommt der Gleichstrommotor
nur in Leonardschaltung, abhängig von einer zur Anlage selbst gehörigen
Dynamomaschine, in Betracht.

Alle weiteren Erörterungen über Schaltungen und Apparate sind daher unter Leonardschaltung zu finden.

Ebenso ist unter den Anlagen mit Pufferung durch eine Batterie weiteres über derartige Förderanlagen enthalten.

Gleichstrommotoren haben den für Fördermaschinen außerordentlich großen Vorteil, daß sie sich für kleine Umdrehungszahlen auch bei verhältnismäßig kleinen Leistungen, z. B. 100 PS, schon wirtschaftlich bauen lassen. Sie können deshalb unmittelbar mit der Fördertrommel oder Treibscheibe gekuppelt werden. Dadurch entsteht die für Fördermaschinen eigenartige gedrängte Konstruktion, die die S. 310 erwähnte und abgebildete Aufstellung über dem Schacht ermöglicht. Es ist dies ein Vorteil der Gleichstrommotoren, der sich bei den Drehstrommotoren nicht findet, die stets auch in den größten Ausführungen ein Vorgelege erhalten müssen.

Hierzu kommt die Gleichstrommotoren eigentümliche S. 329 ff. näher beschriebene genaue Regulierung der Umdrehungszahl, so daß alle Anlagen mit Gleichstrom, trotz mancher anderer Unbequemlichkeiten, vor allem trotz der bei vorhandenem Drehstrom erforderlichen Umformeranlagen, sich einer dauernden Beliebtheit und eines gewissen Vertrauens erfreuen.

B. Drehstrom.

Er kommt in folgenden Maschinentypen zur Verwendung:
1. asynchrone Drehstrommotoren,
2. Drehstrom-Serienmotoren und Doppelkollektormotoren, System Déri.

1. Der asynchrone Drehstrommotor und seine Regulierung.

Er beruht auf der Erzeugung von Drehfeldern durch drei oder ein Vielfaches von drei in der Phase von 120^0 gegeneinander verschobene Wechselströme, der Induzierung von Strömen in den Leitern des Rotors (Ankers) und der Wechselwirkung zwischen den Wechselströmen und den rotierenden Feldern.

Bei vollständigem Leerlauf ist die Geschwindigkeit beider gleich, in den Leitern des rotierenden Teiles wird dann auch kein Strom erzeugt.

Wir der Motor belastet, so ändert sich seine Geschwindigkeit gegen die des Drehfeldes, der rotierende Teil bleibt zurück und zwar wächst diese „Schlüpfung", die Größe der relativen Geschwindigkeit, mit der Belastung. Gleichzeitig wächst natürlich die Stromstärke in dem Rotor, den rotierenden Teilen.

Dies geschieht jedoch nur bis zu einem gewissen Grade der Belastung; nimmt sie noch weiter zu, so geht das Drehmoment zurück, der Motor bleibt stehen.

Es liegt dies an der wachsenden Streuung des Rotors, der Zunahme der Stromstärke in den Wicklungen des rotierenden Teiles und dem Anwachsen des durch sie hervorgerufenen das Drehfeld schwächenden Gegenfeldes, wie weiterhin näher gezeigt werden wird. Um dieses Stehenbleiben zu vermeiden und die Umdrehungszahl zu verändern, ändert man den Widerstand des rotierenden Teiles, in dem man einen durch Schleifringe vorgeschalteten Widerstand verändert. Dies ist außerordentlich wichtig bei Schwungradumformern, bei denen man auf diese Weise durch den vorgeschalteten Widerstand den Anteil des Drehstrommotors an der Hergabe der erforderlichen Energie einstellen kann.

Fig. 280.
Anlasser und Schlupfregler für den Drehstrommotor eines Ilgner-Umformers.
Ansicht von hinten.
(Allgem. Elektriz.-Ges.)

Ist beispielsweise die Förderung sehr stark, so stark, daß der eingestellte Tourenabfall des Schwungrades — vgl. Ilgner-Umformer — so groß ist, daß die Förderpause nicht genügt, um es wieder aufzuladen, so stellt man den „Schlupf" geringer ein, d. h. man läßt den Drehstrommotor mehr Strom aufnehmen, man erhöht seine Leistung; umgekehrt bei geringerer Inanspruchnahme der Förderanlage. Dies ist weiterhin bei der Regelung der Umformermotoren näher besprochen. Der Motorwirkungsgrad wird durch die Vergrößerung des Rotorwiderstandes natürlich heruntergedrückt.

Das Anlassen des Motors erfolgt in der Weise, daß man den Hauptstrom schließt und dadurch den feststehenden Teil, den Stator, erregt. Der an die Wicklungen des rotierenden Teiles des Rotors, durch Schleifringe angeschlossene Widerstand wird nach und nach ausgeschaltet, und dadurch erfolgt auch die Regulierung der Umdrehungszahl. Einen solchen Anlasser bezeichnet man deshalb als Schleifringanlasser und Schlupfregler.

Diese Art des Anlassens und Regelns kommt für Fördermaschinen mit direktem Drehstromantrieb allein in Frage, und es dürfte an dieser Stelle zweckmäßig sein, den Vorgang beim Anlassen und Regulieren sich zu vergegenwärtigen, Fig. 279. Es sei G H die der synchronen Umlaufzahl entsprechende Winkelgeschwindigkeit, die Kurve $\omega_1 \; \omega_2$

stelle den Schlupf dar, der im Punkte 0 gleich Null ist und im Punkte H 100 % beträgt, also den Stillstand des Motors bedeutet.

Drehmoment und Schlüpfung sind nun abhängig vom Läuferwiderstand. In der Figur sei für einen beliebigen Widerstand diese Abhängigkeit in der Weise dargestellt, daß die Abszisse den im Läufer induzierten Strom, der ja ebenfalls von diesem Widerstand abhängt, mißt und die Kurve D das Drehmoment darstellt. Soll nun bei einem Widerstande K L der Motor anlaufen, so wird das überschüssige Drehmoment L L' die Last beschleunigen, bis im Punkte P bei der Schlüpfung S R der Gleichgewichtszustand erreicht ist und nun die weitere Arbeit im Beharrungszustand erfolgt.

Die Drehmomente bei Stillstand, die Anzugmomente, nehmen bis zu einer gewissen Stromstärke zu. Der Widerstand ist also entsprechend einzustellen, so daß, wie in der Figur, das erforderliche Anzugmoment kleiner ist als das ausgeübte, also K L' $<$ K L ist. Läuft die Welle an, so könnte sie mit stetig wachsendem Drehmoment bis zum Werte T V belastet werden.

Wächst das Drehmoment darüber hinaus, so bleibt der Motor stehen.

Diese Art des Anlassens tritt ein, wenn ein Asynchronmotor als Fördermotor benutzt wird, indem gleichzeitig der Widerstand im Rotor nach und nach ausgeschaltet wird. Ebenso zeigt die Figur den Vorgang des Schlüpfens bei eintretender Belastung, wenn der Motor unbelastet — oder nahezu unbelastet — läuft, z. B. bei Ilgner-Umformern, wenn das Schwungrad voll aufgeladen ist und der Motor nun bloß noch die Leerlaufarbeit zu leisten hat. Der Rotor schlüpft dann bis zu dem unter dem betreffenden Werte des Drehmomentes liegenden Werte von $\omega_1 \omega_2$, und gleichzeitig stellt sich die Stromstärke im Rotor i_2 und das induzierte Gegenfeld auf den durch die Abszisse gegebenen Wert.

N_R stellt das resultierende Feld dar, das sich aus dem induzierenden $N_1 = A B$ und dem induzierten N_2 in der angegebenen Weise zusammensetzt. In der Figur sind B C, B D, B F die Werte von N_R; A C, A D und A F die von N_2. Letzteres ist bei Stillstand gleich N_1, bei Leerlauf ohne Schlüpfung gleich Null; infolgedessen ist N_R bei Stillstand Null und hat bei Leerlauf den größten Wert gleich N_1.

Die Eigenart des asynchronen Drehstrommotors liegt hiernach auf der Hand: Bei einer gegebenen Periodenzahl ist seine größte Umlaufzahl durch die Drehzahl und die Zahl der Pole begrenzt. Dieselbe ist, wenn 2 p die Polzahl und v die Periodenzahl ist: $n = \dfrac{120 \cdot v}{2\,p}$

z. B. bei 2 p = 36 und v = 50 ist n = 166,6. Er kann sie nicht überschreiten, also auch nicht durchgehen, ebensowenig wie ein Gleichstromnebenschlußmotor.

Sinkt die Last, so tritt eine Beschleunigung des Rotors ein, wenn das durch die Last eingeleitete Drehmoment größer ist als das aller Widerstände. Es treten dann aber umgekehrte Verhältnisse ein. Die Schlüpfung wird negativ, d. h. der Läufer eilt dem Felde vor und es findet eine Energierückgabe statt, die sich in Wärme verwandeln, unter Umständen aber in nutzbarer Stromrückgabe an das Netz bestehen kann. Die Geschwindigkeit, mit der die Last sinkt, läßt sich wieder durch Regulieren des Schlupfes auf einen bestimmten Wert einstellen, indem man die Widerstände im Läuferstromkreis entsprechend wählt, denn diese Widerstände geben eine gewisse Stromstärke im Läuferstromkreise, von der wiederum das Gegenfeld, also das schließlich maßgebende, der Drehung entgegen wirkende resultierende Feld N_R abhängt.

Der Wärmeentwicklung entsprechend müssen natürlich die Widerstände dimensioniert werden.

Da die Leistung für einen Pol einen bestimmten Höchstwert hat, so ist die Leistungsfähigkeit durch die Polzahl begrenzt. Die meist gebräuchliche Periodenzahl von 50 legt die normale Umdrehungszahl ziemlich hoch fest. Erleichtert wird die Verwendung durch die kleinere Periodenzahl, wie bereits bei den Angaben der Förderanlagen in Südafrika gesagt ist.

Es ist aber trotzdem meist der Einbau eines Vorgeleges, selbst bei sehr großen Anlagen noch notwendig.

Nach der Elektrotechnischen Zeitschrift 1911, S. 1048 ist für Transvaal eine direkt mit Drehstrom betriebene Fördermaschine von 3000 PS maximaler Leistung mit einem Zahnradvorgelege für eine Übersetzung von 120 zu 33 — später zu 22 — versehen, um die erforderliche niedrige Umdrehungszahl zu erhalten. Die Räder haben sorgfältig bearbeitete Keilzähne, sind 520 mm breit und sind von der Bergischen Stahlindustrie in Remscheid hergestellt.

Ferner hat der asynchrone Drehstrommotor die Eigenschaft, daß bei gleichbleibendem Drehmoment, wenn also die Nutzleistung der Umdrehungszahl proportional ist, der Energieverbrauch unverändert bleibt. Es ist also bei höchster Umdrehungszahl der Verlust am kleinsten, bei kleiner werdender Umdrehungszahl wird ein immer größerer Teil als Verlust zu rechnen sein. Steigt also die Motorleistung, wie aus den verschiedenen Darstellungen ersichtlich ist, bei der Beschleunigung geradlinig an, so wird die Hälfte der aufgewendeten Energie als Verlust im Widerstand zu rechnen sein.

Der Schlupf selbst steigt aber proportional dem vorgeschalteten Widerstande. Es ist daher, um die Stromaufnahme möglichst klein zu machen, vor allem bei Drehstromantrieb wichtig, die zu beschleunigenden Massen möglichst zu vermindern, also unter anderem statt der Trommeln Treibscheiben zu verwenden, wie man dies auch bei allen größeren Antrieben mit Drehstrommotoren regelmäßig zu tun pflegt. Die schon S. 307 als typisch angeführten Fördermaschinen der A. E. G. bestätigen die hier zusammengestellten Punkte: alle 8 Maschinen haben ein einfaches Vorgelege, die drei letzten arbeiten mit 25 Perioden, statt mit den sonst üblichen 50.

Einen anderen Versuch zur Verminderung des Drehmomentes beim Anfahren macht das System der British Westinghouse Co. Bei einem Schachte von 338 m Teufe in Südwales sind die Trommeln von 4,5 m Durchmesser nicht zylindrisch, sondern haben an den Enden einen

Durchmesser von 2,25 m für 7 Windungen und einen Übergangskonus von 4 Windungen, so daß das Anfahrmoment die Hälfte des Momentes ist, welches das Seil auf dem großen Trommeldurchmesser ausübt. Es werden also etwa 50 m von dem kleinen Durchmesser, dann etwa 40 m von dem Übergangsstück und erst der Rest auf den großen Durchmesser der Trommel aufgewickelt.

Das Prinzip eines Flüssigkeitsanlassers und Schlupfreglers geht aus der schematischen Skizze Fig. 287 hervor:

Über einem Flüssigkeitsbehälter, der durch Kühlschlangen gekühlt wird, steht ein kleinerer Behälter. In diesen tauchen die Elektroden, und die Flüssigkeit wird durch eine von einem Motor angetriebene Pumpe in den oberen Behälter gepumpt. Den Flüssigkeitsstand und damit den Widerstand und indirekt den Schlupf reguliert man durch Einstellen eines Schiebers, über dessen Kante die Flüssigkeit wieder zurückfällt.

Der Vorteil dieses Anlassers besteht darin, daß nicht die schweren Platten des Anlassers selbst, sondern nur ein leichter Schieber auf- und abbewegt wird und daher der Bewegungswiderstand sehr gering wird.

Ein derartiger Anlasser und Schlupfregler, der zugleich Umschalter ist, wird bei unmittelbarem Drehstromantrieb benutzt, bei dem die Fahrtregelung in der Hand des Maschinisten liegt.

Aus der Abhängigkeit des Schlupfes vom Widerstand und der Stromstärke im Rotor geht auch noch hervor, daß gleicher Widerstand nicht gleicher Umdrehungszahl entspricht. Es entfällt somit bei Drehstrommotoren die bei Gleichstrommotoren so sehr wichtige Eigenschaft, daß die Fördergeschwindigkeit der Hebelstellung direkt proportional bei allen Belastungen ist. Der Maschinenführer wird also bei Drehstromantrieb mit besonderer Sorgfalt den Geschwindigkeitsmesser zu beobachten haben. Anders ist es bei dauerndem Antrieb eines Ilgner-Umformers. Hier liegt die Aufgabe vor, die Leistung und Stromentnahme immer konstant zu halten. Der Maschinist kann hier nicht bei jeder Änderung der Leistung eingreifen, er kann nur bei dauernder Verminderung oder Vermehrung der mittleren Leistung der gesamten Förderanlage den Schlupf und damit die Leistung um einen gewissen Betrag, wie im folgenden beschrieben ist, neu einstellen. Der beim Anfahren entstehende Mehrverbrauch an Energie muß von dem Schwungrad abgegeben werden, der Motor soll sich selbst automatisch steuern.

Die Einrichtung ist folgende:

Am Stromkreise des Motorstromes liegt ein Transformator, der einen niedrig gespannten Strom für einen kleinen Motor, den „Schlupfregelmotor", liefert.

Der Motor ist, wie die Fig. 280/281 zeigt, auf dem Flüssigkeitswiderstand aufgebaut, der an den Rotorstromkreis durch Schleifringe angeschlossen ist. Wenn nun der Netzstrom steigen will, also der Motor mehr Strom aufnehmen will, so wird der Schlupfregelmotor die Elektroden voneinander entfernen und damit Widerstand in den Rotorstromkreis einschalten.

Je größer aber der Widerstand ist, um so mehr schlüpft der Motor, um so kleiner wird die Umdrehungszahl des Umformers und um so mehr Energie wird dem Schwungrad entnommen. Umgekehrt wird bei Leistungsabnahme des Motors Widerstand ausgeschaltet, also der Schlupf verringert und damit auch die Energieabgabe des Schwungrades.

Durch grobe Einstellung, (s. Handrad auf der Figur) kann man für den jeweiligen Förderzustand den Beharrungszustand verändern.

Fig. 281.

Anlasser und Schlupfregler für den Drehstrommotor eines Ilgner-Umformers. Ansicht von vorn mit Rad zur Verstellung von Hand.
(Allgem. Elektriz.-Ges.)

Für die Güte eines solchen automatischen Reglers spricht die mehr oder weniger gleichmäßige Stromaufnahme des Motors, die man durch selbstregistrierende Instrumente fortlaufend kontrolliert.

So sind die in der Zeitschr. d. Ver. deutsch. Ing. 1912, S. 336 und 337 wiedergegebenen Drehstrom-Wattkurven nicht günstig, sie entsprechen mit ihren großen Schwankungen nicht der zu fordernden Gleichmäßigkeit. Der Schlupfregler ist hierbei offenbar falsch eingestellt.

Typisch sind die Kurven, die Fig. 302 bis 307 wiedergegeben und der Umformeranlage auf Rhein-Elbe entnommen sind. (Mitteilungen über Forschungsarbeiten, Heft 110/111). Die Besprechung ist unter „Ilgner-Umfomern" zu finden. Ebenso sei hier auf Fig. 299 und deren Besprechung verwiesen.

Eine unangenehme Eigenschaft des Asynchronmotors ist die, daß er bei geringen Drehzahlen und geringer Belastung für Lastschwankungen außerordentlich empfindlich ist. Dies tritt besonders bei Seilrevisionsfahrten in Erscheinung. Man belastet daher bei diesen die Schale gewöhnlich mit $\frac{1}{3}$ der normalen Nutzlast.

Das Einhängen kann mit übersynchron laufendem Motor oder mit Gegenstrom geschehen. Im ersteren Fall ist beim Anfahren sofort der ganze Anlaßwiderstand auszuschalten, um eine unzulässige Erhöhung der Fördergeschwindigkeit zu vermeiden.

Gegen Ende der Fahrt ist man aus dem gleichen Grunde genötigt, vor dem Zurückziehen des Steuerhebels die Manövrierbremse anzuziehen.

Es ist daher eine Verriegelung zwischen Steuer- und Bremshebel nicht angängig, oder sie muß wenigstens leicht lösbar eingerichtet sein.

Hängt man Lasten mit Gegenstrom ein, so hat man die Maschine bis zum Stillstand in der Gewalt, jedoch ist dann das Einhängen nur unter Stromentnahme aus dem Netze möglich, auch müssen die Widerstände besonders hierfür bemessen werden.

Was den unmittelbaren Anschluß an das Netz betrifft, so bleibt gewöhnlich ein Transformator fort, nur bei Spannungen über 500 Volt und für Motorleistungen unter 30 PS ist er immer empfehlenswert.

2. Der Drehstrom-Reihenschlußmotor mit Kollektor- oder Kommutatormotor.

Diese Motoren bestehen aus einem Stator wie der asynchrone Drehstrommotor und einem Trommelanker mit Kommutator wie eine Gleichstrommaschine.

Der Kommutator hat 3 Bürsten für jedes Polpaar. Sie werden entweder mit einfachem oder mit doppeltem Bürstensatz angeordnet.

In ersterem Falle werden alle Bürsten zugleich verschoben. Es wird diese Anordnung bei kleinerem Regelbereich gewählt, und zwar liegt dann bei konstantem Drehmoment der Regelbereich der Umdrehungen zwischen dem 0,5- und 1,3 fachen der normalen Drehzahl. Ein solcher Fall — konstantes Drehmoment — liegt bei Fördermaschinen vor.

Oder das Drehmoment sinkt quadratisch mit der Drehzahl, z. B. bei Ventilatoren, dann liegt der Regelbereich der Umdrehungen zwischen dem 1,3- und 0,05 fachen der normalen.

Bei doppeltem Bürstensatz liegt sowohl für konstantes wie für quadratisch mit der Drehzahl steigendes Drehmoment der Regelbereich der Umdrehungen zwischen dem 1,3- und 0,05 fachen der normalen.

Diese letztere Anordnung kommt daher für Fördermaschinen allein in Frage. Man könnte die Drehzahl noch durch Feldänderung, d. h. durch Änderung der zugeführten Spannung regeln, doch machte dies einen komplizierten Regeltransformator nötig, der deshalb selten angewendet wird.

Die übliche Ausführung ist daher die mit doppeltem Bürstensatze, bei dem übrigens die gesamte Bürstenzahl gleich der mit einfachem Bürstensatz ist.

Die Regelung erfolgt in sehr einfacher Weise durch Verschieben des einen Satzes gegen den andern. Stehen die Bürsten in der Nullage zwischen beiden Drehrichtungen, so wird kein Drehmoment entwickelt. Der Motor setzt sich auch unbelastet nicht in Bewegung. Der Strom braucht nicht abgeschaltet zu werden, doch erfolgt dies gewöhnlich unter gleichzeitigem Einwerfen der Sicherheitsbremse.

Dieser Schalter wird als Ölschalter ausgeführt und dient in Abhängigkeit von der Sicherheitsbremse zugleich als Sicherheitsschalter. Der Rotor — Anker — des Motors kann nur für gewisse Spannungen ausgeführt werden; da er nun unmittelbar hinter dem Stator geschaltet wird, so bedingt das Vorhandensein höherer Spannung einen Transformator. Derselbe kann entweder als Vordertransformator vor den Stator gelegt werden, oder er wird als Zwischentransformator zwischen Stator und Rotor angeordnet. Der Stator ist in diesem Falle für die Netzspannung gewickelt.

Ein Vordertransformator wird verwendet, wenn das Anfahrmoment größer als die Hälfte des normalen Drehmomentes ist, wie das bei Fördermaschinen der Fall ist.

Von besonderem Interesse ist das Anlassen, Umsteuern und die elektrische Bremsung für die Verwendung zum Förderbetrieb.

Das Anlassen und Steuern geschieht lediglich durch den beweglichen Bürstensatz. Zu beachten ist hierbei die Eigenschaft, daß die Umdrehungszahl abhängig von der Belastung ist. Es ist also eine besondere, unter Sicherheitsvorrichtungen näher beschriebene, Begrenzung der Umdrehungszahl nötig, um bei schwach belastetem Motor oder beim Hängen ein Durchgehen zu verhindern.

Irgend welche besonderen Anlaßvorrichtungen sind nicht nötig. Es genügt lediglich die Verschiebung des beweglichen Bürstensatzes. Zum Umsteuern genügt zunächst das Verschieben der Bürsten in die der anderen Drehrichtung entsprechende Stellung. Soll jedoch der Motor auch in der entgegengesetzten Drehrichtung mit voller Umdrehungszahl laufen, so müssen zwei Phasen der Statorwicklung miteinander vertauscht werden. Sonst tritt ein starkes Feuern der Bürsten und eine beim Anlauf zu große Stromaufnahme ein.

Die elektrische Bremsung tritt ein, wenn während der Fahrt der Bürstensatz umgelegt wird, oder wenn der Motor der der Bürstenstellung entgegengesetzten Drehrichtung entsprechend angetrieben wird. Der Motor arbeitet dann als Generator. Allerdings stimmt dann die Frequenz noch nicht mit der des Netzstromes überein. Der Strom würde nur zur Erhitzung der Netzleitung führen.

Um nutzbaren Strom zu gewinnen, muß zur Verhütung der Selbsterregung ein entsprechend bemessener Widerstand zwischen Motor und Netz geschaltet werden, der beim gewöhnlichen Arbeiten des Motors natürlich auszuschalten ist. Von den besonderen Eigenschaften des Motors ist folgendes zu sagen;

Er beschleunigt sich bei zunehmender Entlastung bis zum Durchgehen.

Bei vollem Lauf hat er einen etwas geringeren Wirkungsgrad als ein asynchroner Drehstrommotor, der außerdem noch etwas billiger ist. Seine Verwendung bietet also da keine Vorteile, wo annähernd gleiche Drehzahl verlangt wird.

Da sein Wirkungsgrad bei niedrigen Drehzahlen aber besser ist, so wird er mit Vorteil angewendet bei veränderlichen Umdrehungszahlen, also im Förderbetriebe. Je häufiger also eine Änderung der Drehzahl erfolgt, um so wirtschaftlicher wird seine Verwendung.

Fig. 282.

Doppelkollektormotor von 280 PS max. Leistung. 230 Umdrehungen i. d. Min.; 500 Volt Drehstrom; 50 Perioden; 1400 kg Nutzlast; 200 m Teufe; Mines de Czeladz, Russ.-Polen. Von Brown, Boveri & Co., Baden.

Weiteres wird bei der Beschreibung von Förderanlagen mit dem Drehstrom-Serien-Motor S' 338 zusammengestellt werden.

Fig. 282 zeigt einen Doppelkollektor-Fördermotor von Brown-Boveri der Anlage Czeladz. Der Motor arbeitet mit einem Vorgelege auf die Trommelwelle.

Die Eigenarten des Steuerbockes mit seinem Längs- und Querschnitt werden ebenfalls bei den Ausführungen besprochen werden.

Der Vergleich des Drehstrom-Reihenschlußmotors mit dem Asynchronmotor ergibt folgendes:

Vorzüge des Kollektormotors.

1. Anfahrt mit höherer Beschleunigung bei geringerem Stromverbrauche.

Beim Asynchronmotor ist das Drehmoment proportional dem Strome, beim Reihenschlußmotor wächst das Drehmoment mit einer höheren Potenz des Stromes. Durch die Bürstenstellung wird außerdem die magnetisierende Komponente vom Statorstrom und Ankerstrom verstärkt, so daß ein starkes Feld entsteht.

Die Energievernichtung, die beim Asynchronmotor im Anlaß-
widerstande stattfindet, fällt beim Reihenschlußmotor weg.

2. Die Belastungsspitze wird allmählich erreicht.

Der Asynchronmotor braucht sofort die größte der Spitzenlast entsprechende Energie, der Reihenschlußmotor braucht zum Anspringen
nur etwa 30 % der Spitzenleistung und erreicht diese nur allmählich und
auf kurze Zeit.

Hierdurch wird eine erhebliche Stromersparnis unter Umständen
erreicht, die von der Art des Förderbetriebes, wie bereits gesagt ist,
abhängt.

Nachteile des Kollektormotors.

1. Er geht bei geringen oder negativen Momenten durch, bedingt
also besondere Sicherheitsvorrichtungen und entsprechend aufmerksame Bedienung, während der Asynchronmotor in einem solchen Falle
ohne weiteres als Generator mit schwach übersynchronem Lauf arbeitet.

2. Der Wirkungsgrad bei voller Geschwindigkeit ist geringer.

3. Die Anschaffungskosten sind größer, da meist auch noch ein
Transformator notwendig ist.

C. Die Leonardschaltung.

Die fast bei allen Gleichstrom-Förderanlagen verwendete Leonardschaltung beruht auf folgenden Grundsätzen:

1. Die Spannung und Richtung des von einer Gleichstrom-Neben-
schlußdynamo mit Fremderregung der Feldmagnete gelieferten Stromes ändert
sich mit der Stärke und Richtung des Erregerstromes.

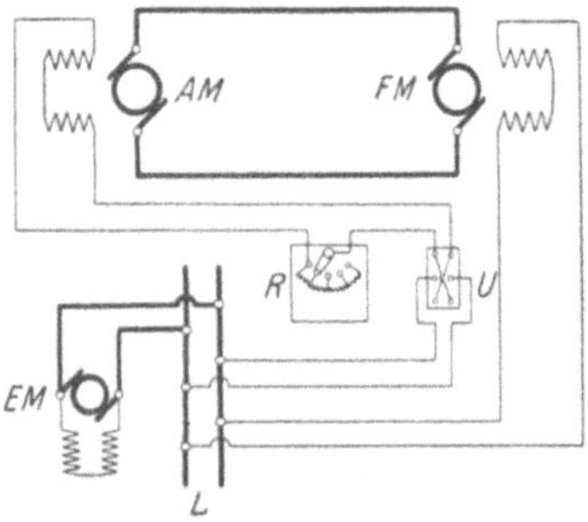

2. Die Umdrehungsrichtung und Geschwindigkeit eines Gleichstrom-
Nebenschlußmotors mit gleich-
bleibender Fremderregung ändert
sich mit der Spannung und Richtung
des zugeführten Ankerstromes.

Hierzu kommt, als für die Förderanlagen wesentlich, die weitere Eigenschaft:

Fig. 283.

Schema der Leonardschaltung.

3. Wird die Erregung der Dynamo-
maschine plötzlich unterbrochen oder geschwächt, oder wird der Motor
schneller gedreht, als der Spannung des Ankerstromes entspricht, so kehrt
sich die Richtung des Ankerstromes um, der Motor wird zur Dynamomaschine und wird „elektrisch gebremst.“

Die Ausführung für Förderanlagen ist im Prinzip folgende (nach
Fig. 283). Die Dynamomaschine A M, Anlaßdynamo oder Steuerdynamo
genannt, wird von irgend einer Kraftmaschine angetrieben. Die Erregung
derselben erfolgt von irgend einer fremden Stromquelle aus, der Erreger-

maschine E M oder der Leitung L, und ist regelbar, einmal durch den Umschalter U und dann durch den Widerstand R. Mit dem Anker der Steuerdynamo ist der Anker des Fördermotors F M direkt ohne Zwischenregulierung verbunden. Die Erregung desselben ist eine immer gleichbleibende von derselben fremden Stromquelle aus und wird, was sehr wesentlich für die Betriebssicherheit ist, nicht unterbrochen. Die Vorteile dieser Schaltung liegen auf der Hand.

Es soll ein umschaltbarer, mit wechselnder Geschwindigkeit laufender Motor von einer stets umlaufenden Dynamo angetrieben werden. Dies erfolgt nicht durch Steuerung des starken Ankerstromes, sondern durch Regelung des relativ schwachen Erregerstromes. Die Regulierapparate werden also klein und leicht zu handhaben, wie ohne weiteres klar wird, wenn man die weiterhin für Anlaßdynamo und Erregerdynamo angegebenen Werte vergleicht. Es hat beispielsweise bei einer neueren Fördermaschine der Ankerstrom bei $\pm$ 500 Volt Stromstärken bis zu 2400 Ampère und die zugehörige Erregermaschine bei 110 Volt Stromstärken bis zu 270 Ampère. Es verringern sich naturgemäß auch die Regulierungsverluste, die nur prozentual von dem Erregerstrome zu rechnen sind, so daß die Leonardschaltung außerordentlich wirtschaftlich arbeitet.

Für die später zu erörternden „Sicherheitsvorrichtungen" seien hier folgende wesentliche Momente und Gesichtspunkte erwähnt, die sich aus der „Leonardschaltung" ergeben. Ankerstrom und Erregerstrom sind gewissermaßen die Fäden, an denen die Sicherheit der ganzen Förderung hängt, ihrer steten Erhaltung, der Sicherung gegen Unterbrechung und der Sicherheit bei etwaigem Eintritt einer solchen ist besondere Aufmerksamkeit zu schenken.

Ferner kommt hinzu, daß nach dem Grundsatze 2 und 1 der Fördermotor nicht nur eine begrenzte, sondern auch eine — bis zu einem gewissen Grade — der Erregung der Anlaßdynamo proportionale Geschwindigkeit hat, die er nicht überschreiten kann. Damit ist sofort die Höchstgeschwindigkeit und die Geschwindigkeit für jede Zwischenstufe festgelegt, und zwar durch die inneren elektrischen Beziehungen. Alle die bei Dampffördermaschinen so schwierigen und komplizierten Geschwindigkeitsregelungen reduzieren sich auf die einfache Bewegungsregelung des Hebels für die Widerstandsschaltung im Erregerstromkreise.

Jede Abhängigkeit von der Last fällt fort. Dieselbe beeinflußt nur die Stromstärke. Die Geschwindigkeit wird stets gleich sein, gleichgültig, ob Lasten eingehangen oder gefördert werden — mit geringen weiterhin zu besprechenden Korrekturen. Es ist dies von allen bisher besprochenen Eigenarten elektrischer Fördermaschinen eine der wesentlichsten, die auch, abgesehen von der Gleichmäßigkeit des Drehmomentes, mit dazu beigetragen hat, größere Fahrgeschwindigkeiten zulässig erscheinen zu lassen als bei Dampffördermaschinen. Mit Rücksicht auf den zu Beginn erwähnten Leitsatz 3 ergibt sich ferner hieraus ein sehr wesentliches wirtschaftliches Moment: jede Geschwindigkeitsvermehrung des Motors, z. B. bei negativen Lasten, bewirkt eine Stromrückgabe an die Dynamo, also eine „Energierückgewinnung“, eine „elektrische Bremsung“. Es ist deshalb bei den meisten elektrischen Fördermaschinen eine Manövrierbremse nicht nötig, wenn sie auch aus Sicherheitsgründen vorhanden ist. Eine Vernichtung von Energie durch mechanisches Bremsen, also durch Umsetzen von Bewegungsenergie in Reibung und Wärme, fällt demgemäß fort. Nach dem Leonard-Prinzip geschaltete neue Fördermaschinen werden lediglich, bei jeder Belastung, mit dem Fahrhebel allein gesteuert. Die Bremse dient nur zum Festhalten in den Endstellungen.

Wie bereits erwähnt, ist aber die Geschwindigkeit des Fördermotors nicht absolut genau proportional dem Erregerstrome. Es ist dazu folgendes zu bemerken. Eine völlig genaue Abhängigkeit der Umlaufzahl des Fördermotors von der Stellung des Regulierhebels der Widerstände ist deshalb nicht vorhanden, weil von der in der Steuerdynamo erzeugten elektromotorischen Kraft ein Teil aufgebraucht wird zur Überwindung des Ohmschen Spannungsverlustes in den Ankern des Fördermotors und der Steuerdynamo und in den Kabeln, der dem Produkt des Widerstandes und der jeweiligen Stromstärke entspricht. Das Produkt aus diesem Widerstand und der Stromstärke stellt einen Ungenauigkeitsfaktor dar, der einmal positiv und einmal negativ auftritt. Beim Fördern wird dieser Wert die Spannung, also die Geschwindigkeit des Fördermotors vermindern. Beim Einhängen von Lasten muß der Fördermotor, der dann als Dynamo arbeitet und Strom in die Steuerdynamo zurückgibt, um soviel mehr Umdrehungen machen, d. h. Spannung erzeugen, als durch diesen Zuwachs die Spannung der Steuerdynamo erhöht wird. Prozentual wird dieser Ungenauigkeitsfaktor um so größer, je weiter die Spannung und damit die Fördergeschwindigkeit sinkt. Außer dem Ohmschen Widerstande wirkt auch die Remanenz in den Magneten der Steuerdynamo einem genauen Einfahren des Fördermotors in Übereinstimmung mit der Anlaßdynamo entgegen.

Diese Ursachen haben zur Folge, daß beim Anfahren der Steuerhebel bei großen Belastungen weit ausgelegt werden müßte, bevor der Förderkorb sich in Bewegung setzt. Ferner würde sich auch bei ganz ausgelegtem Hebel die Umdrehungszahl vermindern, entsprechend der Verminderung der Umdrehungszahl der Anlaßdynamo.

Weiterhin würde auch beim Verzögern und gleicher Zurückführung des Steuerhebels der Förderkorb nie genau an der gleichen Stelle zur Ruhe kommen, sondern bei großen Belastungen vor der Hängebank, bei negativen oder kleinen Belastungen dagegen würde er mit beträchtlicher Geschwindigkeit die Hängebank durchfahren. Die „stets gleiche Zurückführung“ des Steuerhebels, die sog. Retardierung, ist aber, wie wir später sehen werden, ein sehr wesentlicher geforderter Vorzug der Selbststeuerung aller mit Leonardschaltung fahrenden Fördermaschinen. Es werden daher zur Erzielung einer genauen Abhängigkeit besondere Schaltungen und Konstruktionen erforderlich, denn es ist unbedingt zu fordern, daß die theoretisch vorhandene Abhängigkeit der Geschwindigkeit von dem Fahrhebel, der die Widerstände im Erregerstrom-

kreise schaltet, praktisch für jede Last und Förderung auch vorhanden ist.

Folgende Methoden werden hierbei verwendet.

In Fig. 284 ist eine Schaltung des Steuerapparates dargestellt, bei der nach völligem Ausschalten des Erregerstromes noch ein Teil des Ankerstromes — die Haupt-Ankerstromleitung nach dem Fördermotor ist nicht gezeichnet — die Magnetwicklungen durchfließt, und zwar so, daß jede Remanenz der Magnete bei Stillstand der Maschine beseitigt ist. Diese Einrichtung bewirkt ein rechtzeitiges Stillsetzen des Fördermotors. Zur Beseitigung des Einflusses des Ohmschen Spannungsabfalles

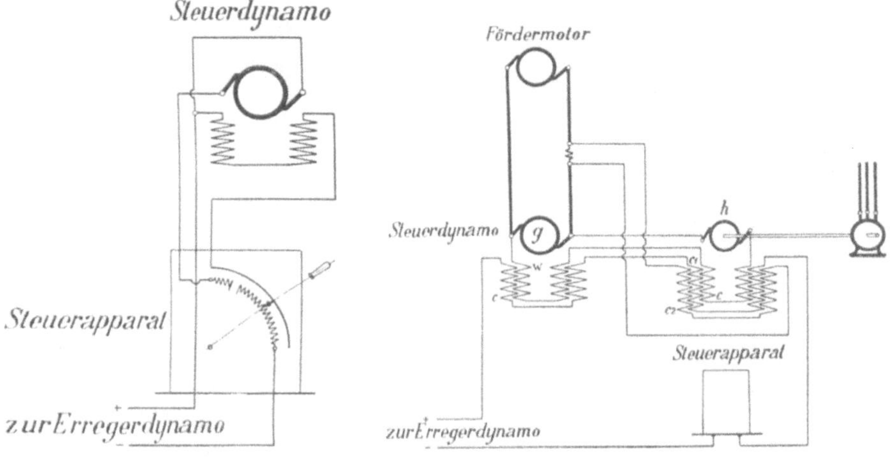

<table>
<tr><td align="center">Fig. 284.
Schaltung zur Beseitigung der
Remanenz des Magnetismus.
ETZ. 1911, S. 1050.</td><td align="center">Fig. 285.
Genauigkeitsschaltung nach Osborn, Siemens-
Schuckertwerke. ETZ. 1911, S. 1050.</td></tr>
</table>

dienen folgende Schaltungen: Schaltung von Osborn der Siemens-Schuckertwerke, Fig. 285. Die Erregung der Steuerdynamo wird durch 2 Wicklungen bewirkt; die eine führt den bekannten Erregerstrom von der Erregerdynamo, die andere den Strom von einer kleinen Gleichstromdynamo h, die von einem besonderen Motor angetrieben wird.

Die Erregung dieser kleinen Hilfsdynamo steht, wie die Figur zeigt, unter dreifachem Einflusse: unter dem Einfluß ihres eigenen Stromes, eines Nebenschlusses des Ankerstromes zwischen Steuerdynamo und Fördermotor und dem eigentlichen Erregerstrome, der durch den Steuerapparat reguliert wird. Diese drei Magnetwicklungen wirken nun so zusammen, daß die Erregerwicklung w der Steuerdynamo g in der Weise ergänzt wird, daß die genannten Einflüsse des Ohmschen Spannungsabfalles ausgeglichen werden.

Eine andere, ähnliche Schaltung haben Brown, Boveri & Co, bei der Fördermaschine auf dem Mauverschachte bei Beuthen verwendet.

Fig. 316. Auch hier wird der Erregerstrom nicht unmittelbar reguliert, sondern er wird durch eine Hilfsdynamo 12 in seiner Spannung variabel gemacht, und die Erregung dieser Hilfsdynamo wird reguliert. Das Feld dieser Hilfsdynamo steht unter dem Einflusse zweier Feldwicklungen; die eine führt den durch den Regulierwiderstand 5 eingestellten Erregerstrom, die andere einen durch den Ankerstrom induzierten, also veränderlichen Strom.

Infolgedessen wird die Spannung des Erregerstromes für Fördermotor und Anlaßdynamo auch abhängig von der Lastgröße, d. h. von der geleisteten positiven oder negativen Arbeit.

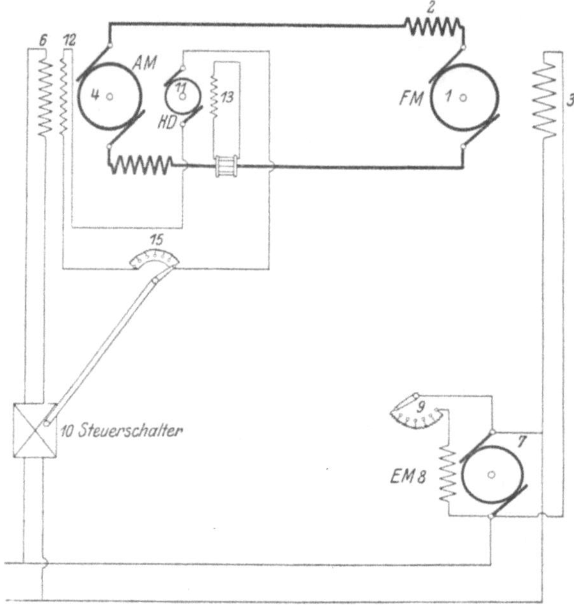

Fig. 286.
Genauigkeitsschaltung der Allgemeinen Elektrizitäts-Gesellschaft.

Bei starken Ankerströmen wird demnach die durch den Regulierwiderstand eingestellte Erregung vermehrt durch den vom Ankerstrom induzierten Strom.

Ist aber bei gleicher Regulierhebelstellung nur ein schwacher Ankerstrom oder gar ein negativer — beim Einhängen von Lasten — vorhanden, so ergibt der durch den Ankerstrom induzierte zusätzliche Erregerstrom eine Feldstärke, die man so abstufen kann, daß die Hebelstellung immer der gleichen Spannung, also auch der gleichen Geschwindigkeit entspricht. Die Hilfsdynamo wird von einem Motor 13, der im Erregerstromkreise liegt, angetrieben. Im vorliegenden Fall ist noch die Möglichkeit vorgesehen, ohne diese Hilfsdynamo mit dem Erregerstrom allein zu fahren.

Für die erforderliche Umschaltung dient der Umschalter 14. Auch hier also wieder ist als wesentlichstes Moment die Beeinflussung der Erregung durch den Förderstrom zu betrachten, die ganz anders ausfallen wird, wenn mit überhängender Last, als wenn mit voller Schalenbelastung gefahren wird.

Weiteres über diese interessante Anlage ist bei der Beschreibung des Systems zu finden.

Zu dem gleichen Zwecke wird von der Allgemeinen Elektrizitätsgesellschaft folgende unter DRP. Nr. 210429 patentierte Schaltung verwendet. Figur 286. 1 bedeutet den Fördermotor, 4 die Anlaß-, 7 die Erreger- und 11 eine kleine Hilfsdynamomaschine.

Der Fördermotor hat zu seiner normalen Erregerwicklung 3 noch eine Hilfspolwicklung 2, die vom Ankerstrome durchflossen wird.

Die normale Erregerwicklung 6 der Anlaßmaschine wird von dem Steuerschalter 10 in bekannter Weise beeinflußt. Die Wicklung 13 der Hilfsmaschine wird nun direkt von dem Ankerstrome beeinflußt. Der von der Hilfsmaschine erzeugte Strom untersützt in der Wicklung 12 die Felderregung der Anlaßmaschine durch 6. Weil mit zunehmender Stromstärke im Ankerstromkreise die Erregung der Hilfsmaschine steigt, und deshalb auch die Stromstärke in 12, so wird die Erregung der Anlaßmaschine, also auch ihre Spannung steigen und demnach die Umdrehungszahl des Fördermotors unabhängig von der Belastung konstant bleiben, wenn die Verhältnisse entsprechend gewählt werden. Da aber die zusätzliche Erregung durch 12 auf verschiedenen Stufen verschieden wirkt, so ist noch ein besonderer Regelungswiderstand 15 in dem Stromkreis der Hilfsmaschine eingeschaltet, durch den eine vollkommen gleiche Beeinflussung der Spannung erzielt wird.

Der Regelungswiderstand 15 wird selbsttätig mit dem Steuerschalter aus- und eingeschaltet. Er kann auch vor die Wicklung 13 gelegt werden, doch ist die gezeichnete Anordnung die empfehlenswertere.

Die kleine Hilfsmaschine kann auf der Welle der Anlaßdynamo sitzen, sie kann aber auch getrennt angetrieben werden.

Ersteres ist zweckmäßiger.

Alle diese Konstruktionen verfolgen den einen Hauptzweck, der der Hauptvorzug der Leonardschaltung ist, die Erzielung vollständiger Proportionalität zwischen Fahrhebelstellung und Geschwindigkeit. Je vollständiger dies erreicht wird, vor allem bei kleinen Geschwindigkeiten und kleinen oder negativen Belastungen, um so vollkommener ist die Steuerung, um so zuverlässiger wird sie den an sie gestellten Anforderungen entsprechen.

D. Die Rückwirkung auf die Zentrale.

Es dürfte, nachdem die verschiedenen Systeme von Motoren besprochen sind, zweckmäßig sein, nochmals kurz auf die schon früher gestreifte Rückwirkung auf die Zentrale einzugehen.

Es war bereits auf die Bedeutung der relativen Größe der Förderanlage neben der Zentrale aufmerksam gemacht, die z. B. in Südafrika eine stoßweise Energieentnahme von 3000 PS in Aysnchronmotoren, bei Zentralen von 100 000 PS Leistung und bei vorherrschender Abgabe des Stromes für Kraftzwecke noch als zulässig erscheinen läßt, während unsere kleinen Zentralen und schärferen Bedingungen für Fernhaltungen von Belastungsstößen zu anderen Gesichtspunkten führen. Die durch die Energieschwankungen im Netz hervorgerufenen Spannungsverluste könnten durch reichliche Bemessung der Leitungen ausgeglichen werden; die Grenze gibt jedoch die Wirtschaftlichkeit des Netzes.

Der Hauptanteil der Spannungsschwankungen wird durch den natürlichen Spannungsabfall der Drehstromgeneratoren bei Laständerungen veranlaßt. Derselbe ist bei Drehstromgeneratoren ziemlich groß, etwa 20 bis 25 % bei völliger Entlastung von Vollast auf Leerlauf.

Vorteilhaft unterstützt werden die Generatoren durch die schneller regulierenden Dampfturbinen gegenüber den Dampf- und Gasmaschinen, deren Tourenänderungen bei Belastungsschwankungen größer sind und daher die Spannungsschwankungen selbst ungünstig beeinflussen. Man hat den Einfluß auf Spannung und auf Periodenzahl zu unterscheiden.

Erstere kann durch Schnellregulatoren praktisch beseitigt werden, nicht so die letztere, die für elektrisch angetriebene Wasserhaltungen mit Kreiselpumpen unter Umständen verhängnisvoll werden kann.

In letzter Linie äußern sich die Belastungsschwankungen in der Kesselanlage, in der Beanspruchung und dem wirtschaftlichen Betriebe der Kessel: Großwasserraum- oder Wasserrohrkessel, Platzbedarf, Anschaffungs- und Betriebskosten werden die zu berücksichtigenden Fragen sein, die bei der Förderanlage und den Förderkosten zu berücksichtigen sind, um so mehr natürlich, je größer die Anlage wird im Verhältnis zu der Zentrale.

Es ist das ein ganz besonders wichtiger Faktor. der meist noch viel zuwenig beachtet wird. Demnach kann man die ganze Frage der Pufferung und Minderung von Belastungsstößen in zwei Kernfragen auflösen:

1. Welche Nachteile entstehen für andere Stromabnehmer durch die stoßweise Energieentnahme?
2. Welche Nachteile ergeben sich für den wirtschaftlichen Betrieb der Zentrale?

Die Beantwortung beider Fragen wird sich für jeden Sonderfall aus den weiterhin zu besprechenden Fördersystemen von selbst ergeben.

Was die Pufferung, die Regelung der Spannung, in Drehstromnetzen betrifft, so zeigen sich neuerdings für den Elektrotechniker auf diesem Gebiet interessante Aufgaben, die schon recht verschiedenartige Lösungen gefunden haben.

Die hierher gehörenden Konstruktionen beruhen entweder darauf, daß die Rotorströme des Drehstrommotors zur Entlastung des Hauptstromes durch einen sogenannten Hintermotor benutzt werden, oder

daß wie beim Ilgnerverfahren bei Belastungsstößen die in einem Schwungrad aufgespeicherte Energie zum Ausgleich durch einen Motor, der dann
als Generator arbeitet, herangezogen wird.

Praktische Erfahrungen liegen nur zum Teil vor. Das ganze Gebiet
ist noch sehr neu. Für Fördermaschinenbetrieb dürften die Anlagen von
besonderem Werte sein, die den elektrischen Teil möglichst wenig kom-
plizieren.

In neuerer Zeit fängt man an, die oft recht verwickelten Schaltungen
als Erschwerungen zu betrachten und die einfacheren Anlagen, schon um
der Einfachheit willen, vorzuziehen.

Es werden daher die Regelsätze und Pufferungen im Vorteil sein,
die vollständig selbständig und räumlich getrennt von der Förderanlage
aufgestellt werden können. Es gilt dies von den dann genannten Konstruktionen von Brown, Boveri und den Siemens-Schuckert-Werken.

Um nicht allzuweit in dieses zurzeit noch im Entwicklungsstadium
befindliche Gebiet elektrischer Ausgleichsanlagen abzuschweifen, genügt
es, wenn im folgenden die wesentlichen Namen und Patente genannt
werden, von denen voraussichtlich in absehbarer Zeit einige an Bedeutung gewinnen dürften. Einen Hintermotor zur Unterstützung des
Hauptmotors verwenden:

Die Siemens-Schuckert-Werke (Linsemann) DRP. 155 860,
Felten-Guilleaume-Lahmeyer-Werke (Krämer) DRP. 177 270 und
Heyland El.-Techn. Z. 1907, S. 923; 1908, S. 353.

Brown, Boveri & Co. (Scherbius) und die Siemens-Schuckert-Werke
DRP. 179 803 benutzen ferner noch besondere ganz unabhängige Rege-
lungen, die beliebig aufgestellt werden können. Eine interessante, aber
praktisch vielleicht zu schwerfällige Konstruktion von Wood der
Lancashire Dynamo Motor Co. findet sich in der Elektr. Eng. 1907 vom
8. März und der Elektr. Zeitschr. 1907, S. 1222. Auf diesem Gebiete sind
in der nächsten Zeit, sobald mit den bisherigen, wenigen Ausführungen
Erfahrungen vorliegen, erhebliche Neuerungen zu erwarten.

Dritter Abschnitt.

Die gebräuchlichen Systeme von Förderanlagen.

A. Anlagen ohne Pufferung.

1. Antrieb mit asynchronen Drehstrommotoren.

Bei derartigen Anlagen liegt der Motor unmittelbar am Netz.
Er wird umgesteuert, angelassen und belastet bis zur Höchstleistung bei
jeder Förderung, in der aus dem Schaltplane Fig. 287 ersichtlichen Weise.
In Betracht kommen die auf S. 306 ff entwickelten allgemeinen Gesichtspunkte, die Eigenschaften und Regelung eines Drehstrommotors,

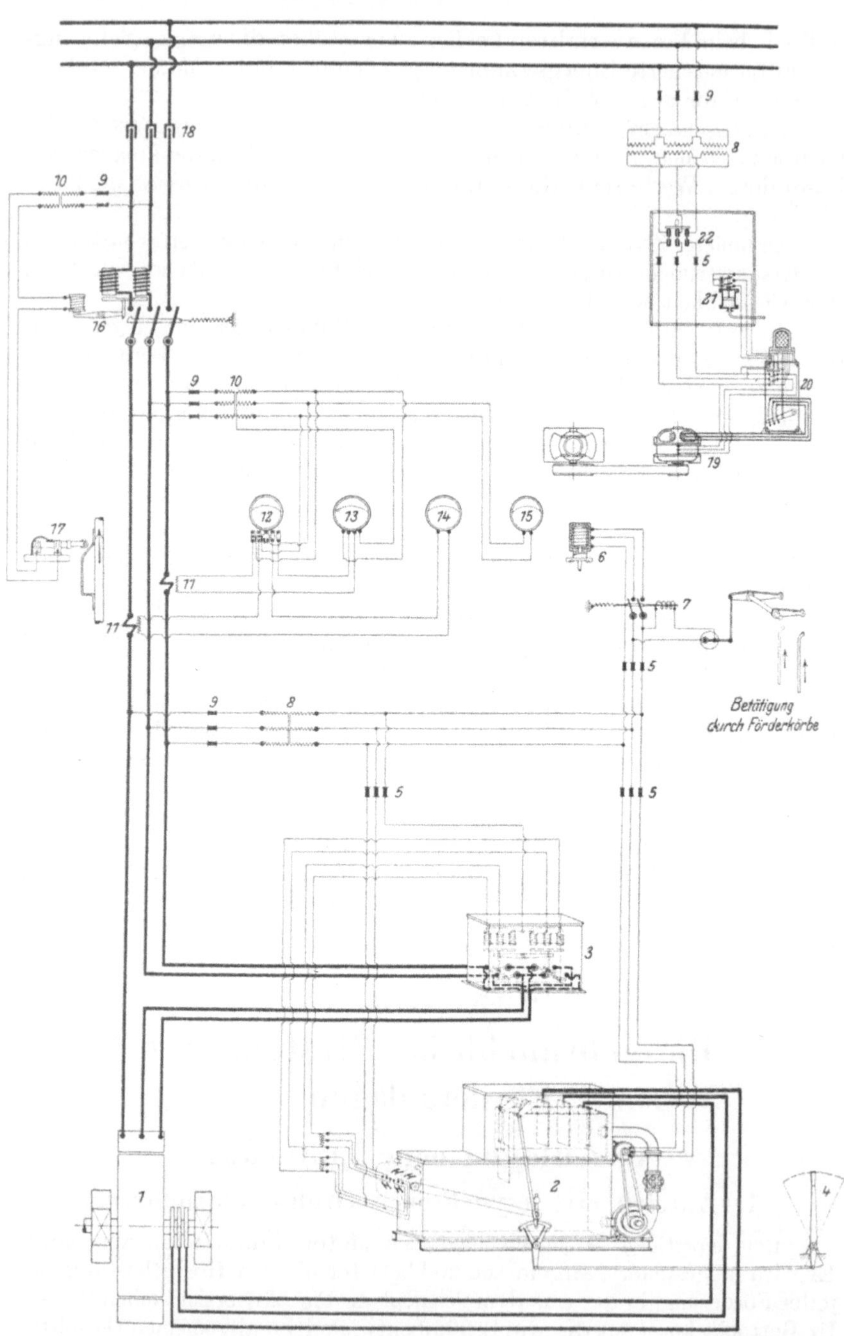

Fig. 287.

S. 317 und die S. 393 ff. besprochenen Sicherheitsvorrichtungen. Insbesondere ist in dem Schaltplane noch zu beachten die Betätigung des Elektromagneten 6 durch die Förderkörbe. Derselbe hält das S. 397 beschriebene Auslösungsgewicht der Sicherheitsbremse fest und wird gleichzeitig betätigt mit dem Endausschalter 17, der den Antriebsstromkreis unterbricht.

Ebenso ist ohne weiteres ersichtlich, daß der Elektromagnet stromlos wird, sobald der Nullspannungsautomat beim Ausbleiben des Stromes oder der Maximalausschalter bei Überlastung den Hauptstrom unterbricht. Im übrigen bedarf das Schaltungsschema keiner weiteren Erklärung.

Als typisch für eine solche Hauptschachtfördermaschine kann folgende, für die Charbonnages du Poirier, Belgien, von der A.E.G. gelieferte Bobinenfördermaschine bezeichnet werden, Fig. 288. Folgende Förderverhältnisse liegen vor:

Teufe 1200 m, Nutzlast normal 4200 kg (6 Wagen Kohle zu 450 kg, 2 Wagen Berge zu 750 kg),
mittlere Fördergeschwindigkeit 9,8 m/sec,
Gewicht des Seiles von 180 . 20 mm 11 kg/m,
Gewicht der Schale mit 6 leeren Wagen $5000 + 6 . 250 = 6500$ kg,
höchste Umdrehungszahl der Bobinen 44 in der Minute.

Der Motor ist direkt mit der Bobine gekuppelt und leistet normal 580 PS, maximal 960 PS. Es ist als besonders günstig zu bezeichnen, daß Drehstrom von niedriger Frequenz, 25 Perioden, bei 3000 Volt Spannung zur Verfügung steht. Vorläufig fördert die Maschine aus 824 m Teufe 5 Wagen Kohle und 1 Wagen Berge, hält auf der 550 m Sohle, nimmt da noch einen Wagen Kohle und 1 Wagen Berge auf. Hierbei wird stündlich 47 t Kohle und 26 t Berge gefördert. Die Maschine macht also stündlich 18 Züge.

Erläuterungen zu Fig. 287.

Schaltungsschema für Fördermaschinen mit Drehstromantrieb (Allgem. Elektriz.-Ges.)

1. Fördermotor.
2. Flüssigkeitsanlasser.
3. Gehäuseumschalter.
4. Steuerhebel.
5. Sicherungen.
6. Elektromagnet zum Lösen der Sicherheitsbremse bei Ausbleiben des Stromes oder Unterbrechung durch den Maximalschalter 16.
7. Schutz für Endausschalter auf Hängebank.
8. Transformator.
9. Hochspannungssicherungen.
10. Meßtransformator.
11. Stromwandler.
12. Zähler.
13. Wattmeter.
14. Amperemeter.
15. Voltmeter.
16. Ölschalter mit Maximal- und Nullspannungsauslösung.
17. Endausschalter für die Sicherheitsbremse.
18. Trennschalter.
19. Kompressormotor.
20. Anlaßvorrichtung für den Kompressormotor.
21. Druckhilfsschalter vom Windkessel aus selbsttätig betätigt.
22. Momentausschalter.

Fig. 288. Fördermaschine Poirier, St. Charles. (Allgem. Elektr.-Ges.)

Für 1 Zug werden ca. 16,9 KW/st gebraucht, also für 1 Schachtpferdekraft 1,51 KW/st, was für diese Verhältnisse als sehr günstig zu
bezeichnen ist. Die Förderleistung bei mittlerer Geschwindigkeit beträgt
mit 30 % Zuschlag $1,3 \cdot \dfrac{4200 \cdot 9,8}{75} = 713$ PS, also etwa 22 % über der
Normalleistung und 0,75 der Höchstleistung. Das überhängende Förder-

seil der niedergehenden Schale wird den Kraftbedarf nach dem Ende des Förderzuges zu vermindern. Zu beachten ist hier, daß es möglich war, Motor und Bobine unmittelbar zu kuppeln, was sonst selten der Fall ist. Ist hier charakteristisch die große Teufe und lange Förderzeit, die bei Annahme einer Beschleunigung und Verzögerung von 1 m für die ganze Teufe 103 Sekunden dauert, bei 97 Sekunden Pause für den Zwischenhalt und die Förderpause zusammen, so geben folgende Angaben eine Grenzleistung nach der anderen Seite an, d. h. große Förderung bei geringer Teufe und deshalb großer Zügezahl (Engineering 1910, S. 610, Zeitschr. d. Ver. deutsch. Ing. 1910, S. 1176).

Die Zeche Harton bei South Shields in England hat folgende Maschine in Betrieb genommen: Teufe 400 m, Nutzlast 4000 kg, Höchstgeschwindigkeit 12 m, Gewicht der Schale mit Zubehör ca. 5550 kg, Förderseil 4500 kg, Fördertrommel 4250 mm Durchmesser, 2450 mm breit. Stündliche Leistung 240 t, also 60 Züge, und bei einer Beschleunigung von 1 m 48 Sekunden Förderzeit und 12 Sekunden Förderpause.

Die am Umfange der Trommel zu beschleunigende Masse beträgt 72 t, also die Endbeschleunigungsarbeit mit 30 % Zuschlag

$$1{,}3 \cdot \left(\frac{72\,000}{9{,}81} \cdot \frac{1 \cdot 12}{75} + \frac{4000 \cdot 12}{75} \right) = 1{,}3 \cdot 1820 \text{ PS} = 2370 \text{ PS}.$$

Die mittlere Leistung bei voller Fahrt beträgt, ebenso berechnet,

$$1{,}3 \cdot \frac{4000 \cdot 12}{75} = 830 \text{ PS}.$$

Die Leistung ist also etwa die der oben genannten Maschine.

Im vorliegenden Fall ist der Motor unmittelbar an das Netz der Zentrale gelegt und arbeitet bei 40 Perioden mit 5500 Volt Spannung. Leider sind Angaben über den Stromverbrauch nicht gemacht; derselbe dürfte aber erheblich ungünstiger ausfallen.

Im übrigen entsprechen Bedienung und Sicherheitsvorrichtungen ganz den sonst hier beschriebenen. Die Maschine dürfte auch, obgleich als Erbauerin Siemens Brothers genannt wird, doch unter deutschem Einfluß entstanden sein.

Wie diese und die früheren Beispiele zeigen, finden sich vor allem im Ausland Antriebe mit asynchronen Drehstrommotoren. Die Gründe sind bereits bei den allgemeinen Gesichtspunkten erörtert.

Mehr Eingang scheint bei uns der Drehstrom-Reihenmotor und der Doppelkollektormotor System Déri zu finden.

Diese Motoren lassen sich zwar auch nicht für direkte Kupplung bauen und können vor allem nicht über gewisse Höchstleistungen vorläufig ausgeführt werden, aber sie haben den Vorzug, daß bei ihnen die großen Anlaßapparate wegfallen. 3. S. 323 ff.

Gemeinschaftliche Gesichtspunkte über die Zahnradvorgelege sind im nächsten Abschnitt gegeben. Schließlich sei noch zugefügt, daß An-

triebe mit Drehstrommotoren außerordentlich verbreitet sind und für
Förderhaspel usw. wohl auch vorwiegend in Betracht kommen. Wesent-
lich ist immer die Größe der Maschine und dann die Ausführung der
Steuerung, die leicht zu handhaben und sicher sein muß.

Die mancherlei Gesichtspunkte, die im vorliegenden Abschnitte für
große Fördermaschinen zusammengestellt sind, lassen sich deshalb sinn-
gemäß auch auf kleine Ausführungen übertragen. Dann wird natürlich
gewöhnlich kein Flüssigkeitsanlasser, sondern ein Metallanlasser verwendet, die Sicherheitsvorrichtungen werden einfacher und zum Teil
entbehrlich. Das Vorgelege wird wohl ausnahmslos überall zu finden
sein, gerade bei kleinen Anlagen. Die Bremse wirkt vielfach auf die Vor-
gelegewelle, so daß zwischen abzubremsender Last und Bremse eine
vermehrt elastische — wenn auch nur in sehr geringem Maße — Verbindung
erzielt wird. Von den vielen in der Literatur beschriebenen kleineren
Ausführungen sei hier nur eine der älteren, aber gerade deshalb interessanten erwähnt, die alle typischen Merkmale schon enthält, die Förderanlage auf Schacht Germania I, von der Helios A.-G., Köln, ausgeführt
1901, beschrieben Glückauf 1903, S. 97.

2. Antrieb mit Drehstrom-Reihenschluß- und Doppel-Kollektor-Motoren.

Wie beim asynchronen Drehstrommotor sind auch hier Vorgelege
erforderlich, da man diese Motoren nicht für so niedrige Drehzahlen,
wie sie der direkte Antrieb erfordert, bauen kann.

Für den Verwendungsbereich dieser Art Motoren gegenüber den
Asynchronmotoren ist ferner zu beachten, daß man ihre Spitzenleistung
bisher auf nur etwa 500 PS steigern kann. Brown, Boveri & Co. haben
infolgedessen eine typische neue Form dieser Art Fördermaschinen eingeführt. Auf der Trommelwelle sitzt ein großes Zahnrad, in das die zwei
Ritzel zweier einander gegenüber angeordneten Motoren eingreifen.
Auf diese Weise ist es möglich, bis zu 1000 PS Spitzenleistung zu kommen.

Die Steuerung erfolgt durch einen Hebel in einem geschlitzten
Steuerbocke, vgl. Fig. 282 und 321. Die Ausführungen sind verschieden. Die
Siemens-Schuckert-Werke bauen einen Steuerbock mit 2 Längsschlitzen,
die durch einen Querschlitz in der Mitte verbunden sind; führt man den
Hebel aus einem Schlitze durch diesen Querschlitz in den andern, so erfolgt eine Umschaltung des Stators. Brown, Boveri & Co. haben einen
breiten Längsschlitz, der eine Querbewegung in jeder Stellung zuläßt.
Die Querbewegung vermittelt die Steuerung des die Manövrierbremse
betätigenden Bremsmotors, (s. S. 403) und da sie auf der ganzen Schwin-
gungsebene freigegeben ist, so kann vor Öffnen der Manövrierbremse
das zum Festhalten der Last erforderliche Drehmoment stets eingestellt
werden.

In der Nullstellung wird der Hebel in den Querschlitz eingeführt
und dadurch unter gleichzeitigem Anziehen der Sicherheitsbremse der
Stator vom Netz abgeschaltet. Wesentlich ist der Beschleunigungs-

vorgang und die Sicherung gegen Überschreitung der Höchstgeschwindigkeit.

Die von den Firmen verschieden ausgeführten Anlaßkurven oder
Anlaßknaggen am Teufenzeiger geben die Auslage des Steuerhebels
nach und nach frei, so daß die Maschine innerhalb der gewünschten
Grenzen sich beschleunigt. Begonnen wird mit einer Freigabe, die dem
zum Anfahren erforderlichen Strom entspricht. Ist die Höchstgeschwindigkeit erreicht, so hat der Maschinist den Hebel entsprechend der Last
zurückzuführen.

Wird die Höchstgeschwindigkeit um ein bestimmtes Maß, etwa
10 %, überschritten, so wird durch den Tachographen ein Kontakt betätigt, der einen Bremsmagnet auslöst. Der Hebel desselben löst eine
Klinke, die ein Gewicht freiläßt und so den Steuerhebel und damit die
Bürsten in Bremslage führt. Sobald die Geschwindigkeit sinkt, wird der
Hebel freigegeben, so daß der Maschinist, unter gleichzeitigem Zurück-
bringen des Gewichtes durch einen Fußtritt, mit dem Steuerhebel
weitersteuern kann, ohne daß also der Zug unterbrochen worden ist.

Andere Konstruktionen haben einen Zentrifugalschalter auf der
Motorwelle, der bei Überschreitung der Umdrehungszahl um einen einstellbaren Betrag eine den Maschinisten warnende rote Lampe einschaltet
und danach die Sicherheitsbremse auslöst unter gleichzeitiger Unterbrechung des Statorstromes (Brown, Boveri & Co.). Die Maschine bleibt
also stehen, die Bremse muß vor Weiterfahren erst durch Hand oder
einen Hilfsmotor wieder gelöst werden.

In derselben Weise betätigt sich auch die Übertreibvorrichtung,
nur daß hier die gleiche Wirkung von den Wandermuttern des Teufenzeigers ausgeübt wird.

Typisch für eine solche Ausführung ist die Förderanlage der Oheimgrube bei Kattowitz, Fig. 321, für 800 m Teufe, 650 kg Nutzlast und 4 m
v_{max}. Die Spitzenleistung des Motors beträgt 285 PS und 425 Umdrehungen bei 220 Volt und 50 Perioden. Die Trommel wird durch ein
doppeltes Vorgelege angetrieben.

Eine moderne Anlage dieser Art von den Siemens-Schuckert-Werken
ist auf Schacht Bartensleben der Gewerkschaft Burbach in Ausführung
und teilweise bereits in Betrieb. Die Betriebsverhältnisse sind folgende:
Nutzlast 3200 kg, Teufe 500 m, höchste Fördergeschwindigkeit für
Lastfahrt und Seilfahrt 7,75 m, Köpescheibe 4 m Durchmesser. Leistung
beider Motoren zusammen 500 PS. Wenig angenehm ist bei allen diesen
Anlagen mit Zahnrädervorgelegen das Geräusch, das sie unvorteilhaft
von den unmittelbar vom Motor angetriebenen Förderanlagen unterscheidet.

Die Zahnräder werden bis zu 150 PS mit geraden Zähnen, darüber
hinaus mit Pfeilzähnen versehen. Das Motorritzel wird gewöhnlich in
Rohhaut ausgeführt.

Den Zahnreibungsverlust rechnet man für 1 Vorgelege mit 5 %.

Selbstverständlich ist zur Verminderung des Geräusches eine sorgfältige Bearbeitung der Zähne unbedingt erforderlich.

Faßt man nunmehr sämtliche verschiedenen Ausführungen zusammen, so kommt man auf folgende Forderungen, die in verschiedener Weise konstruktiv gelöst sind und von denen bald die eine, bald die andere mehr betont wird:

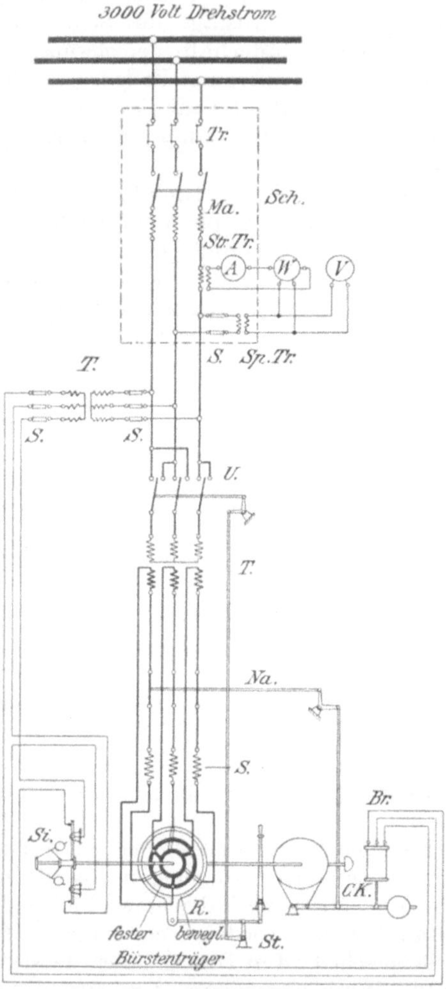

Die gegenseitige Verriegelung oder Beeinflussung der Bremse und des Fahrthebels kann zum Zweck haben:

1. vollständig freie Bewegung des Manövrierbremshebels, wenn der Fahrthebel in der Mittelstellung steht;

2. vollständig freie Beweglichkeit des Fahrthebels, wenn die Bremse ausgelöst ist.

3. Der Fahrthebel läßt sich nicht bewegen, wenn die Bremse in äußerster, angezogener, Lage sich befindet; er wird erst frei, wenn der Maschinist die Bewegung zum Lüften eingeleitet hat.

4. Bei Auslage des Fahrthebels über ein gewisses Maß ist das Anziehen der Manövrierbremse nicht möglich.

5. Die eingefallene Sicherheitsbremse kann erst gelöst werden, wenn die Manövrierbremse aufgelegt ist.

Der Zweck der einzelnen Vorgänge liegt nach dem vorhergehenden auf der Hand.

Die Betätigung der Sicherheitsbremse erfolgt:

1. durch den Führer von Hand,

2. durch den Fahrtrichtungsschalter.

Fig. 289.

Schema einer Fördermaschinenschaltung mit 100 PS-Drehstrom-Serienmotor ETZ. 1911, S. 1048.

Dieser Schalter wird vom Teufenzeiger betätigt und tritt in Tätigkeit, wenn durch Unachtsamkeit des Maschinisten die Maschine vor der Hängebank zum Stillstand kommt und durch die Last rückwärts wieder angetrieben werden könnte.

3. durch den Endausschalter beim Überfahren der Hängebank;

4. durch einen Sicherheitsschalter oder Bremsmagneten beim Ausbleiben des Hauptnetzstromes und bei Überschreitung der zulässigen Geschwindigkeit.

Hervorgehoben werden muß auch hier wieder, wie schon beim Antriebe durch Gleichstrommotoren, daß der Fahrtrichtungsschalter auch in den Endstellungen ein Anfahren in falscher Richtung zu verhindern hat. Die Bedeutung dieser Sicherheit ist mehrfach erwähnt und liegt auf der Hand.

Wiederholt soll ferner werden, daß jedes Einwerfen der Sicherheitsbremse auch ein gleichzeitiges Abschalten des Stators bewirken muß, das man etwa mit der Unterbrechung der Erregung einer Anlaßdynamo, dem sog. Notfeldschalter, bei Leonardschaltung vergleichen kann. Figur 280 zeigt das Schaltungsschema einer kleinen etwa 100 pferdigen Förderanlage mit Drehstromserienmotor, welche alle die geschilderten Vorgänge zu verfolgen gestattet.

Der Steuerhebel St bewegt den beweglichen Bürstenträger und betätigt gleichzeitig den Umschalter U.

Si bedeutet den Zentrifugalschalter, Br den Bremsmagneten, dessen Gewicht unter gleichzeitiger Unterbrechung des Hauptnutzstromes die Sicherheitsbremse anzieht. Dieselbe wird häufig, wie auch hier in dem Schema, auf der Motorwelle, also nicht auf der Trommelwelle angebracht.

Sowohl Bremsstrom wie Maschinenstrom müssen von 3000 Volt erst auf eine niedrigere Spannung durch Transformatoren T transformiert werden.

Die gestrichelte Linie umschließt die in der Schalttafel Sch angebrachten Instrumente, den Trennschalter Tr, Maximalausschalter Ma, Ampèremeter A und die Sicherungen S. Wattmeter W und Voltmeter V werden, wie üblich, mit dem Teufenzeiger vereinigt.

3. Antrieb mit Gleichstrommotoren in Leonardschaltung.

Die Leonardschaltung und ihre Anwendung ist nach Seite 326 bekannt. Erfolgt der Antrieb der Fördermaschine mit dieser, allein ohne besonderen Energiespeicher, so ist der Grund die Verwendung der einfachen und zuverlässigen Steuerung. Außerdem entsteht diese einfache Betriebsform, wenn bei Ilgneranlagen das Schwungrad ausgekuppelt wird: sie ist ferner vorhanden bei dem System Brown, Boveri & Co. (S. 379 ff.), ist also an sich nichts Eigenartiges, nur fehlt ihr das Typische einer Pufferung. Es kann also hier auf die betreffenden Abschnitte verwiesen werden, und es sollen deshalb hier nur kurz die Anlagen besprochen werden, wo weder das Zuchalten eines Schwungrades noch die Pufferung in einer Dampfturbine in Frage kommt.. Die Verwendungsbereiche aller dieser Systeme laufen ohne scharfe Abgrenzung ineinander über.

Der Gemeinschaftlichkeit der Grundzüge wegen ist eine kurze Besprechung dieser einfachsten Anordnung genügend.

Zu der Anlage gehören also:

ein Motor als Drehstrommotor mit Flüssigkeitsanlasser und Schlupfregler, oder Antrieb durch eine Dampfmaschine, bei der die „Pufferung" zurücktritt,

die Gleichstrom-Anlaßdynamo,

der Gleichstrom-Fördermotor und

die Erregerdynamo,

die im einzelnen bereits beschrieben sind. Die erforderlichen Zubehörteile sind abgesehen von den notwendigen Meßinstrumenten und dem Zähler folgende.

Vor dem Drehstrommotor befinden sich ein Trennschalter und ein automatischer Hochspannungsölschalter mit Maximal- und Nullspannungsauslösung sowie mit Handbetätigung. Im Stromkreise des Gleichstroms liegen die Steuerschalter zum Steuern der Fahrt, der Motorfeldschalter, Maximalschalter im Ankerstromkreise, Notfeldschalter und deren Verbindung und Abhängigkeit von der Bremse.

Alle diese Einrichtungen sind unter „Sicherheitsvorrichtungen" im einzelnen und in ihrem Zusammenwirken beschrieben.

Eine Erweiterung der Leonardschaltung ist hierbei noch zu erwähnen.

Die bei den verschiedenen Fahrtreglern beschriebene Freigabe und Zurückführung des Steuerhebels entspricht immer gleichen Beschleunigungen und Verzögerungen. Verriegelt man die Auslage des Steuerhebels so, daß er für die Seilfahrt nur halb ausgelegt werden kann, so verringert sich die erreichbare Höchstgeschwindigkeit auf die Hälfte.

Von der Geschwindigkeitskurve wird der obere Teil gewissermaßen abgeschnitten. Das ist für die Seilfahrt nicht wünschenswert, unter Umständen sogar gefährlich. Man schaltet daher für die Seilfahrt einen Teil des Feldes der Anlaßdynamo ab, so daß ihre Spannung geringer wird und daher auch die Geschwindigkeit des Motors. Der Steuerhebel wird voll ausgelegt. Seiner Auslage entspricht aber nun die durch diese verminderte Felderregung erzeugte Spannung und Geschwindigkeit. Die Betätigung dieses „Seilfahrtschalters" von Hand oder elektrisch aus der Ferne, etwa von der Hängebank aus, ist eine hierbei nebensächliche Ausführungsfrage. Diese Seilfahrtschaltung kann natürlich auch bei jeder anderen Verwendung der Leonardschaltung eingebaut werden.

Meist erfolgt der Antrieb durch einen Drehstrommotor; man ersetzt also den durch einen Drehstrommotor allein stattfindenden Antrieb, der einer fortgesetzten Umsteuerung bedarf, durch einen dauernd laufenden Motor, dessen Belastung vom Leerlaufe des Aggregats bis zur Vollast schwankt. Eine Pufferung, abgesehen von den relativ geringen Massen der Anker, ist nicht vorhanden.

Zu beachten ist hierbei noch der Unterschied der Stromaufnahme des Drehstrommotors gegenüber direktem Drehstromantriebe. Bei letzterem springt die KW-Kurve bekanntlich sofort von Null auf das Maximum. Der Strom der Anlaßdynamo steigt zwar auch sofort auf den Maximalwert; da aber die Spannung nur allmählich zunimmt, so wird auch die KW-Kurve der Anlaßdynamo nur allmählich ansteigen, etwa der Geschwindigkeitskurve entsprechend. Die Belastung des nur etwas schlüpfenden Motors wird also auch nur entsprechend zunehmen, so daß die Zentrale unter Anwendung von Schnellreglern leichter den Belastungsschwankungen zu folgen vermag. Bei allen weiteren Verwendungsgebieten sind diese Gesichtspunkte zu beachten, sie werden, soweit sie hier erledigt sind, nicht wieder berührt werden.

Da bis auf den Flüssigkeitsanlasser alle Apparate und Sicherheitsvorrichtungen sich bei den weiteren Verwendungsgebieten wiederfinden, kann auch auf ein weiteres Eingehen und die Besprechung eines besonderen Schaltplanes und Beispieles hier verzichtet werden.

B. Anlagen mit Pufferung.

1. Pufferung durch ein Schwungrad (System Ilgner).

Diesem Systeme liegt der aus dem Dampfmaschinenbau bekannte mechanische Grundsatz zugrunde, Unstimmigkeiten in der Energiezuführung und der Energieentnahme durch die umlaufenden Massen eines Schwungrades auszugleichen. Erfolgt dies bei Dampfmaschinen mit gußeisernem Schwungrädern bei relativ geringen Umdrehungsgeschwindigkeiten und unter Abgabe relativ geringer Energien, so handelt es sich beim Ilgner-Schwungrad um große Leistungen und sehr hohe Beanspruchungen und Geschwindigkeiten, da nur bei solchen wirtschaftliche Verhältnisse erzielt werden.

Der Ilgner-Umformer ist daher aus folgender Betrachtung des Förderbetriebes entstanden. Eine Förderanlage braucht große Energiemengen bei der Beschleunigung und vollen Fahrt, während der Verzögerung und der Förderpausen wird keine Energie gebraucht. Dies wird auf die ausgleichende Wirkung umlaufender Massen übertragen, ähnlich wie dies das Dampfmaschinenschwungrad bei jeder Umdrehung macht. Ein Motor führt der Anlage stets die gleiche Leistung zu, bei Förderung wird er vom Schwungrad unterstützt, in den Förderpausen wird seine Energie aufgespeichert.

Da die Fördermaschine selbstverständlich schwache und rege Betriebszeiten hat, so genügt das Schwungrad allein nicht, um eine gleichmäßige Stromentnahme aus dem Netze zu gewährleisten, es würde, wenn nur eine bestimmte Umdrehungszahl und eine bestimmte Leistung des Motors vorgesehen wäre, kein vollständiger Ausgleich stattfinden, es würden nur die Spitzenleistungen des Fördermotors zu wellenförmigen Entnahmewerten des Umformermotors gewissermaßen ausgezogen. Hier tritt die Schlupfregelung und die Kombination oder die Ausschaltung von Schwungrädern weiterregelnd ein, wie an den betreffenden Stellen näher ausgeführt ist (S. 321 ff. und S. 345 ff.). Durch die Änderung des Schlupfes wird die jeweilige mittlere Leistung des Motors geändert. Es wird mehr oder weniger von dem für eine Förderung erforderlichen

Energiebedarfe dem Schwungrad entnommen, weil ja die Grenzwerte der Umdrehungen dem Schlupf entsprechend einander genähert oder entfernt werden.

Bei der gleichzeitigen Ausschaltung des Schwungrades wird bei Vergrößerung des Schlupfes die ganze Förderung langsamer erfolgen, Spitzenleistung und Förderleistung in der Zeiteinheit werden kleiner, die Stromentnahme erfolgt in wellenartigen den Förderungen entsprechenden Perioden.

Es geht dies aus den weiterhin zu besprechenden Eigenarten der Ilgner-Umformer und den zugehörigen Diagrammen hervor.

Als ein wesentlicher Teil kommt zu dem Ilgner-Umformer noch die Verwendung der Leonardschaltung. Der Umformer mit Schwungrad ist sozusagen der Puffer zwischen Fördermaschine und Netz, die Leonardschaltung die Verbindung zwischen ihm und dem Fördermotor.

Die rechnerischen Grundzüge sind folgende. Wird eine Schwungmasse m, die n_1 Umdrehungen macht, auf die Umdrehungszahl n_2 gebracht, so ist

$$L = \frac{m \cdot v_1{}^2}{2} - \frac{m \cdot v_2{}^2}{2}$$

die Leistung in m/kg, die aufzuwenden ist oder die abgegeben wird, je nachdem v_2 größer oder kleiner als v_1 ist. v_1 und v_2 entsprechen hierbei n_1 und n_2 und sind die Geschwindigkeiten des Massenschwerpunktes. Die Schwierigkeit der praktischen Durchführung liegt nun in den großen erforderlichen Arbeitsbeträgen.

Für eine Trommelförderung mit 4800 kg Nutzlast, 600 m Teufe, $19 = v_{max}$ und 94000 kg der zu beschleunigenden Massen ergeben sich einschließlich der Widerstände für das Ende der Beschleunigungsperiode 4370 PS, für die Fahrt mit $v = 19$ 1650 PS. 2720 PS sind während der 20 Sekunden dauernden Beschleunigungsperiode mehr zu leisten als die Höchstleistung, rechnet man aber die ganze Fahrtdauer mit 50, die Hubpause mit 30 Sekunden, so erhält man als Mittelleistung für die reine Förderzeit 1410, für die ganze Betriebszeit 790 PS unter Berücksichtigung der wiedergewonnenen Bremsarbeit (s. Stahl und Eisen 1904, S. 129). Nimmt man nun für vorliegenden Fall ein Schwungrad von 80t Gewicht und 80 m anfänglicher Umfangsgeschwindigkeit, 12 % Tourenabfall, so kann dasselbe in 20 Sekunden abgeben

$$\frac{1}{20 \cdot 75}\left(\frac{80\,000}{9{,}81} \cdot \frac{80^2}{2} - \frac{80\,000 \cdot 70^2}{9{,}81 \cdot 2}\right) \cong 4000 \text{ PS}$$

rechnet man mit einem Wirkungsrgad von 70 %, so erhält man von dem Schwungrad 0,7 . 4000 = 2800 PS also die verlangte Differenz, aber eben nur die zwischen Arbeitsbedarf bei v_{max} und Beschleunigungsendarbeit. Während der Fahrt mit v_{max} wird aber ebenso wie in der Beschleunigungszeit nicht 1650, sondern nur 790 PS dem Umformer an Energie zugeführt. Es wird also der Abfall der Umdrehungszahl noch etwas größer als 12 % sich einstellen, dieselbe wird auch noch während der vollen Fahrt sich ver-

Additional material from *Die Schachtfördermaschinen,*
ISBN 978-3-662-34318-0, is available at
http://extras.springer.com

mindern. Erst zu Beginn der Verzögerungsperiode wird ein „Aufladen des Schwungrades", eine Beschleunigung desselben wieder eintreten können. Die konstruktiven Anforderungen an das System gehen ohne weiteres aus den Zahlen hervor: große zulässige Umfangsgeschwindigkeit — 80 bis 100 m —, also Verwendung eines besten Stahlgusses, große Gewichte, also beste Ausführung der Lager.

Die Ilgner-Umformer-Anlage umfaßt folgende Hauptelemente.

Ein Motor — meist ein Drehstrommotor — treibt ein Schwungrad an; auf der gleichen Welle sitzt die Anlaßdynamo, die in Leonardschaltung mit dem Fördermotor verbunden ist. Häufig ist auch die Erregerdynamo noch auf der gleichen Welle angeordnet, doch wird dieselbe neuerdings, wie Seite 327 und unter „Sicherheitsvorrichtungen" erörtert wird, lieber von einem besonderen Motor angetrieben.

Welche besonderen Eigentümlichkeiten der Umformeranlage noch zukommen, die Leonardschaltung mit ihrer verschiedenen Ausführung und die Sicherheitsvorrichtungen, ist an den betreffenden Stellen näher beschrieben worden. Hier soll die Anlage eines Ilgner-Umformers als Ganzes besprochen werden unter Voraussetzung dieser Elemente.

Am zweckmäßigsten wird man die Eigenarten einer solchen Anlage übersehen, wenn im folgenden zwei typische große Ausführungen nebeneinander gestellt werden. Die Einrichtung kleinerer, einfacherer Anlagen ist dann ohne weiteres verständlich. Die Berechnung einer Anlage wird dagegen von der einfachsten Annahme ausgehen und auf die Behandlung schwieriger Aufgaben nur hinweisen.

Zur Erläuterung der Arbeitsweise dienen hiernach die beiden Schaltungsschemata Fig. 290 und 291. Das erste ist von der für die Zeche „Rheinpreußen" von den Siemens-Schuckert-Werken gelieferten Fördermaschine, das andere von der Förderanlage auf Schacht Rhein-Elbe I/II der Gelsenkirchener Bergwerksgesellschaft, gebaut von der Allgemeinen Elektrizitätsgesellschaft.

Die erstgenannte Anlage fördert jetzt mit 2 Fördermaschinen je 3300—3900 kg aus 292 m Teufe bei 9 m/sec Fördergeschwindigkeit, später wird die Teufe auf 600 m und die Geschwindigkeit dementsprechend auf 18 m in der Sekunde vergrößert.

Die Umformer bestehen, wie auch Fig. 292 und 293 zeigen, zunächst aus 3 Maschinensätzen, von denen 2 ein gemeinsames Schwungrad von 15 t Gewicht und 3,6 m Durchmesser haben, das bei einer synchronen Umlaufszahl von 500 94 m in der Sekunde Umfangsgeschwindigkeit besitzt.

Die Drehstrommotoren von 375 PS Leistung können von 3 bis 15 % unter die normale Umdrehungszahl schlüpfen.

Es muß nun die Möglichkeit vorhanden sein, später mit größerer Geschwindigkeit zu fahren, sowie auch, wenn beide Maschinen zufällig zugleich fördern, nicht unter die zulässige Umdrehungszahl des Umformers zu kommen.

Für den ersteren Fall wird der 3. Umformer noch durch einen vierten Motor mit Steuerdynamo ergänzt. Die zweite Aufgabe, sowie die Forderung der Erhöhung der Geschwindigkeit schließt alle unter den verschiedensten Verhältnissen auftretenden ähnlichen Fragen ein, die, wie

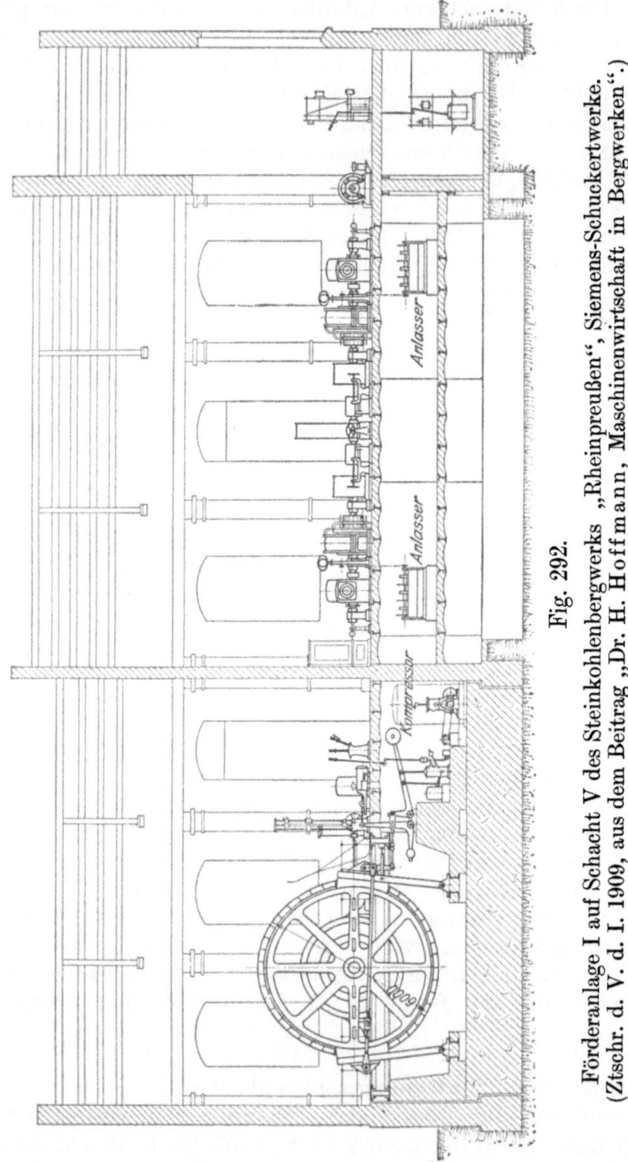

Fig. 292.

Förderanlage I auf Schacht V des Steinkohlenbergwerks „Rheinpreußen", Siemens-Schuckertwerke. (Ztschr. d. V. d. I. 1909, aus dem Beitrag „Dr. H. Hoffmann, Maschinenwirtschaft in Bergwerken".)

das Schaltschema zeigt, leicht zu lösen sind und bei allen ähnlichen Anlagen in gleicherWeise gelöst werden. DieSchaltung der Fördermotoren parallel statt hintereinander gibt die Fördergeschwindigkeit mit dem doppelten Werte. Die Schaltung der Steuerdynamos hintereinander und kreuzweise von beiden Umformern gibt eine Verteilung der Leistung

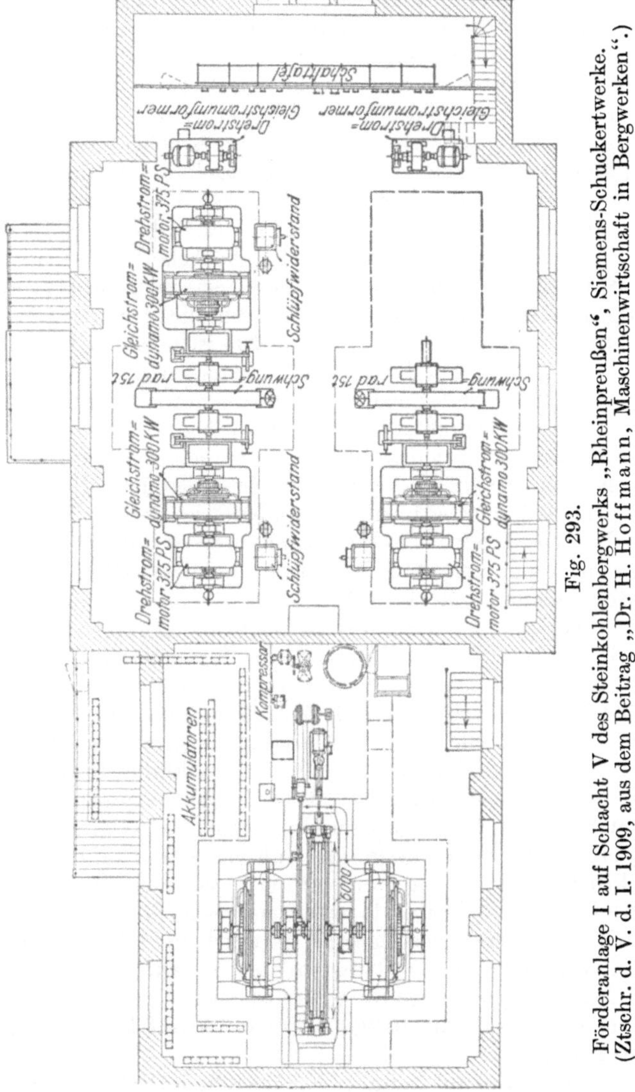

Fig. 293.

Förderanlage I auf Schacht V des Steinkohlenbergwerks „Rheinpreußen", Siemens-Schuckertwerke. (Ztschr. d. V. d. I. 1909, aus dem Beitrag „Dr. H. Hoffmann, Maschinenwirtschaft in Bergwerken".)

auf beide Umformer. Eine allzu große Energieabgabe der Umformer, also ein unzulässig hoher Abfall der Umdrehungszahl, wird dadurch verhindert, daß am Schlupfregler ein Einschalter angebracht ist, der bei Erreichung der unteren Umdrehungszahl durch einen Sperrmagneten die Auslage des Fahrhebels und damit die Fahrgeschwindigkeit begrenzt.

Derartige Sperrmagnete lassen sich bei Ilgner-Umformern zu den verschiedensten Zwecken benutzen. Wird zum Beispiel bei einer Anlage gefordert, daß auch ohne Schwungrad gefördert werden kann, um bei geringer Förderung die Leerlaufarbeit des Schwungrades zu ersparen, so wird in den Weg des Hebels, der die Kupplung des Schwungrades mit der Motorwelle bewirkt, ein Schalter so eingebaut, daß er bei Ausrücken der Kupplung die Auslage des Fahrhebels begrenzt. Ebenso wird diese Begrenzung selbsttätig bewirkt durch den Bremshebel, der eine Auslage des Fahrhebels bei anliegender Bremse verriegelt, so daß dann ein Fahren und damit zu große gefährliche Stromstärken verhindert werden.

Die gleiche Verriegelung tritt auch bei Seilfahrt selbsttätig ein durch die Umschaltung auf „Seilfahrt“, (s. Sicherheitsvorrichtungen). Die große Sicherheit des Ilgner-Umformers liegt also in seiner mehrfachen Verkettung mit der Fördermaschine, die für die verschiedensten Fälle Sicherheit bietet. Zu Fig. 290, 292 und 293 ist noch zu bemerken, daß der Erregerumformer, d. h. der Maschinensatz, der den für die Erregung von Steuerdynamo und Fördermaschine erforderlichen Gleichstrom liefert, zur größeren Sicherheit von dem Schwungrad-Umformer getrennt ist und außerdem noch eine einfache Sicherheit dadurch besitzt, daß die Erregermaschine nicht nur von einer anderen Stromquelle aus getrieben wird, sondern noch eine Akkumulatorenbatterie speist, die im Bedarfsfall auch den Erregerstrom liefern kann. Dieses vollständige Trennen der Erregermaschine von dem Umformer findet man bei allen neueren Anlagen der Siemens-Schuckert-Werke.

Wird eine Batterie als Sicherheit für den Erregerstrom vorgesehen und soll die Erregerdynamo dauernd den Erregerstrom liefern, so ist noch eine besondere Zusatzdynamo aufzustellen, welche die für die Ladung der Batterie erforderliche Zusatzspannung gibt. Schaltungen dieser Art sind bei „Gleichstrommotoren“ beschrieben worden.

Außer dem Erregerstrom ist noch die Druckluft für die Druckluftbremse zu erzeugen. Dies erfolgt stets mit einem gesonderten Motor, schon aus wirtschaftlichen Gründen, da man seine Betriebszeit ganz nach Bedarf regeln kann. Bei vorliegender Anlage wird die Druckluft dagegen dem Druckluftnetz des Werkes entnommen. Die Sicherheit wird hierbei meist eine ebenso große sein, als wenn ein besonderer Kompressor aufgestellt wird. Es verringern sich dann natürlich auch die Betriebskosten.

Das Schwungrad von 15 t Gewicht und 94 m Umfangsgeschwindigkeit hat ein Arbeitsvermögen von 4 250 000 mkg, von dem bei einem Abfall der Umdrehungszahl um 15 %, also von 500 auf 425, etwa 28 % abgegeben werden.

Die andere Anlage auf Schacht Rhein-Elbe I/II (Fig. 294, 295, 296) ist eine der größten überhaupt vorhandenen. Die Nutzlast beträgt 4400 kg, die maximale Geschwindigkeit 20 m. Die Schwungräder von 50 t haben ca. 90 m Umfangssgeschwindigkeit, die gleichmäßige Belastung der Anlage beträgt 1000 PS, die Anlaßdynamos leisten bis zu 2600 KW und die beiden Fördermotoren zusammen bis 3200 PS. Die Teufe beträgt jetzt 460 m, bei dem S. 363 beschriebenen Versuch

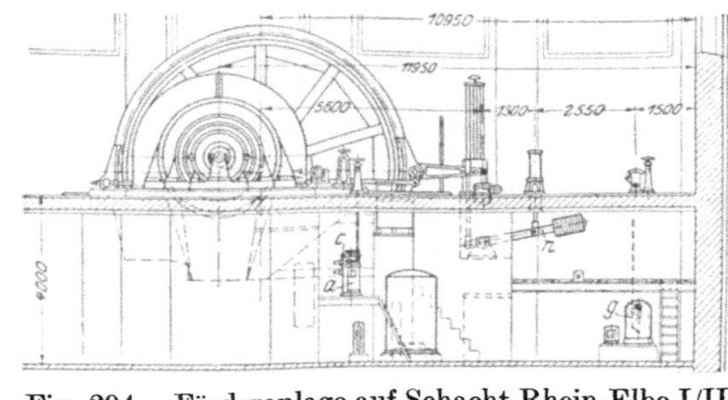

Fig. 294. Förderanlage auf Schacht Rhein-Elbe I/II.
(Ztschr. d. V. d. I. 1909, aus dem Beitrag „Dr. H. Hoffmann, Maschinenwirtschaft in Bergwerken").

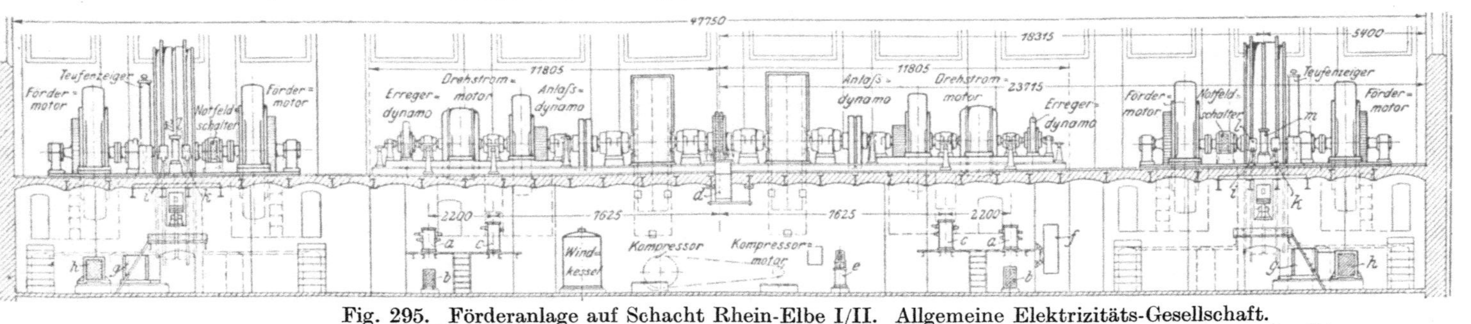

Fig. 295. Förderanlage auf Schacht Rhein-Elbe I/II. Allgemeine Elektrizitäts-Gesellschaft.
(Ztschr. d. V. d. I. 1909, aus dem Beitrag „Dr. H. Hoffmann, Maschinenwirtschaft in Bergwerken".)

Erläuterungen zu Fig. 285, 286, 287:

a Fördermotorumschalter.
b Fördermotor-Vorschaltwiderstand.
c Anlaßdynamo-Umschalter.
d Ölsammelbehälter.
e selbsttätige Anlaßvorrichtung für den Kompressormotor.
f Höchststromausschalter.
g Steuerschalter.
h Steuerschalter-Widerstand.
i Bremsbock.
k Steuerbock.
l Bremsmagnet.
m Zylinder für die Sicherheitsbremse.
n Sicherheitsbremse.

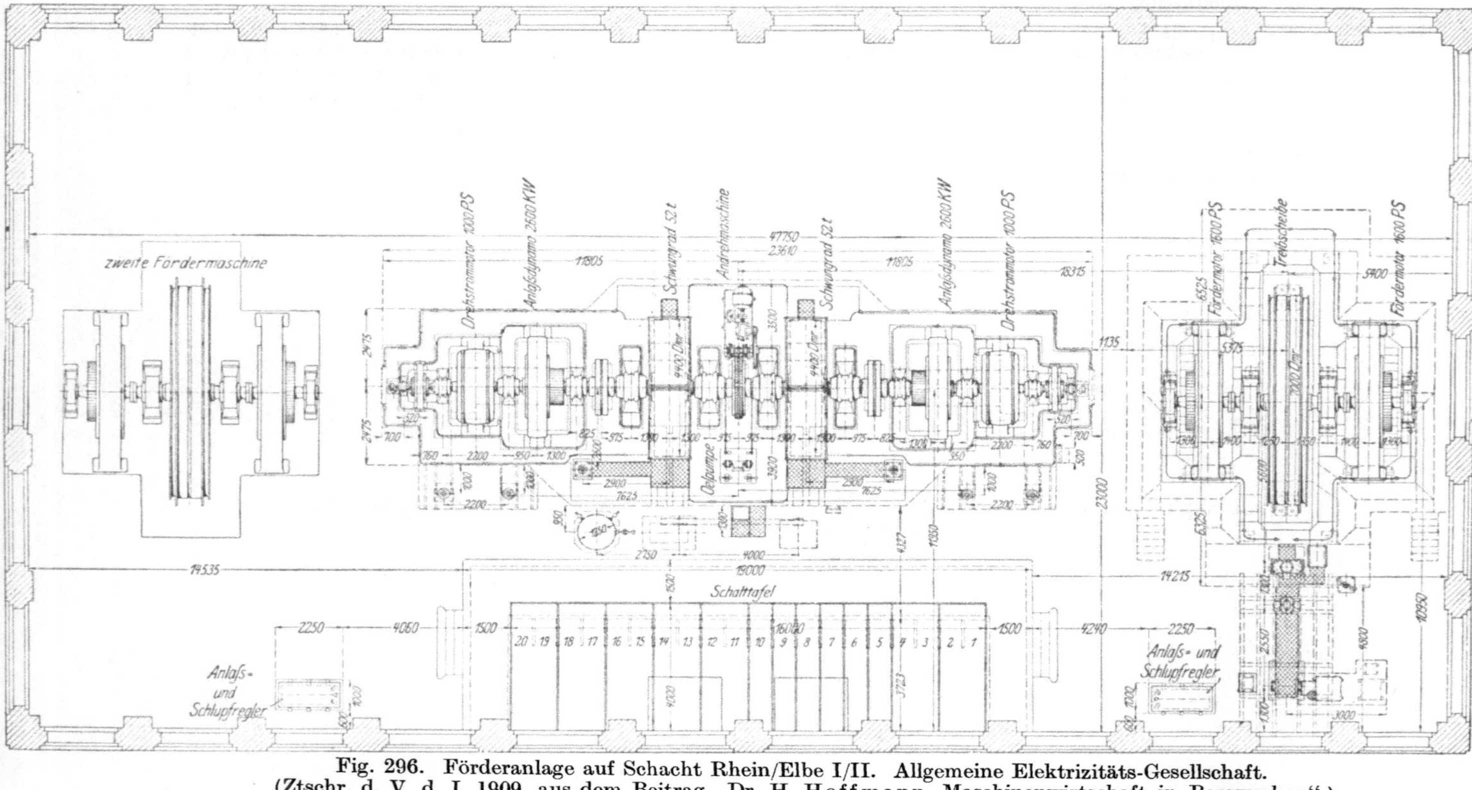

Fig. 296. Förderanlage auf Schacht Rhein/Elbe I/II. Allgemeine Elektrizitäts-Gesellschaft.
(Ztschr. d. V. d. I. 1909, aus dem Beitrag „Dr. H. Hoffmann, Maschinenwirtschaft in Bergwerken".)

wurde aus 369 m Teufe gefördert. Die Anlage genügt jedoch für eine Vergrößerung auf 1000 m.

Fig. 297.
Fördermaschine und Umformer auf Schacht Rhein-Elbe I/II. (Allgem. Elektr.-Ges.)
Aus der Broschüre der AEG. „Hauptschachtfördermaschinen" 1911, Fig. 19.

Das aus der Beschreibung ohne weiteres verständliche Schaltungsschema zeigt, daß hier die Erregermaschinen auf der Welle des Umformers
sitzen und daß Fördermaschinen und Anlaßdynamos ebenfalls in ver-

schiedener Weise, wie bei dem ersten Beispiel, geschaltet werden können.

Fig. 298. Führerstand der Fördermaschine auf Schacht Rhein-Elbe I/II. (Allgem. Elektr.-Ges.)

Zu dem besonderen Antrieb der Erregermaschine muß beim Vergleich dieser beiden Systeme noch folgendes gesagt werden: Bleibt der Hauptstrom aus, so kann das Schwungrad noch so viel aufgespeicherte Energie abgeben, daß mindestens der eine Zug noch beendet werden kann.

Sitzt die Erregermaschine auf der Umformerwelle, so ist ihr Betrieb
so lange ebenfalls gesichert; wird sie besonders angetrieben, und ist dieser
besondere Antrieb vom Hauptstrom allein abhängig, so ist die ganze
Reserve der Schwungradenergie zwecklos, denn es fehlt der zugehörige
Erregerstrom. Der besondere Antrieb des Erregerdynamos bedingt also
für volle Sicherheit noch eine besondere Reserve, am besten eine solche
in Form einer Batterie, wie sie bei der Anlage Rheinpreußen erwähnt
wurde. Sitzt die Erregermaschine auf der Umformerwelle, so muß sie

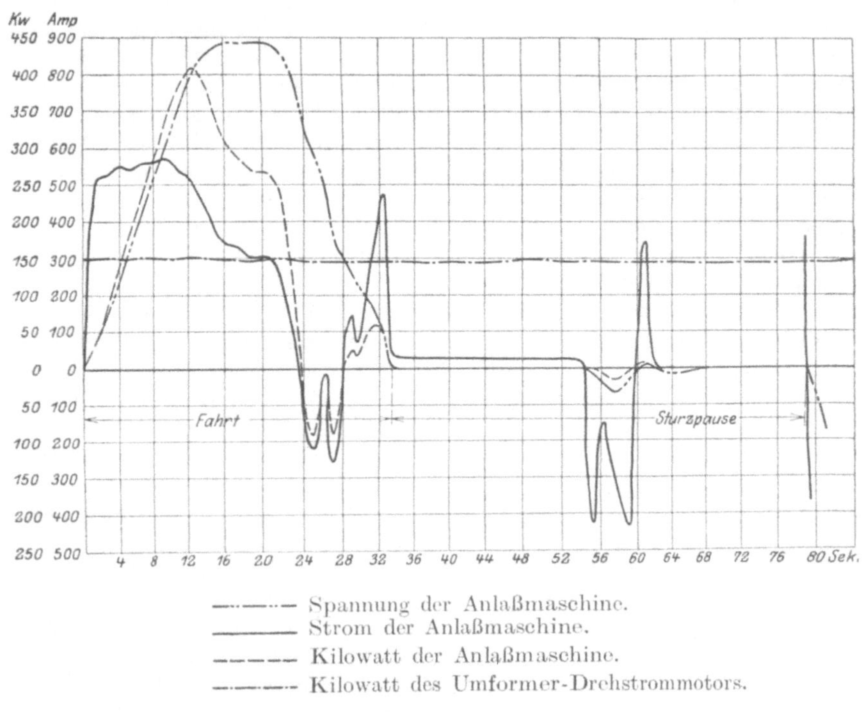

——·—— Spannung der Anlaßmaschine.
———— Strom der Anlaßmaschine.
— — — Kilowatt der Anlaßmaschine.
——··—— Kilowatt des Umformer-Drehstrommotors.

Fig. 299.

Stromkurven der Förderanlage „Laura en Vereeniging". Nutzlast 2350 kg; Teufe
193 m; v_{max} 10 m/sec. (Allgem. Elektr.-Ges.)

auch noch einen selbsttätigen Spannungsregler erhalten, da ihre Spannung
selbstverständlich sonst abhängig von der Umdrehungszahl des Umformers sein würde.

Typische Abbildungen zeigen die Fig. 297 und 298, welche Fördermaschine und Umformer sowie die Fördermaschine mit den Sicherheitsapparaten für sich wiedergeben.

Die Erklärung ergibt sich aus dem Vergleich mit dem obengenannten
Schaltungsplan. Unter „Sicherheitsvorrichtungen" sind weitere Maschinen abgebildet.

Die Stromverhältnisse beim Treiben zeigt sehr deutlich das Diagramm Fig. 299. Es handelt sich hier um eine ganz einfache Anlage mit übersichtlichen Verhältnissen.

Zunächst fällt die fast gleichmäßige Stromaufnahme des Motors auf, also eine vollständige Pufferung der Belastung, so daß das Netz nicht in Mitleidenschaft gezogen wird. Die Spannung der Anlaßmaschine kann man etwa gleich dem Geschwindigkeitsdiagramm, die Kilowatt-Linie gleich der aufgewendeten Leistung setzen. Wir sehen also eine Fahrt mit annähernd gleicher Beschleunigung, dann etwa 5 Sekunden eine Fahrt mit voller Geschwindigkeit und schließlich ein schnelles und stoßloses Verzögern. Die Stromrückgabe beginnt mit der Verzögerungsperiode, und nur zuletzt wird zum Einfahren noch Strom dem Fördermotor zugeführt. Es ergibt sich ferner, daß bis zur 20. Sekunde das Schwungrad Energie abgeben muß, von der 24. bis 28. wird vom Fördermotor Strom zurückgeliefert, ebenso dann beim Umsetzen, und bis auf die kurzen Spitzenleistungen beim Einfahren und Umsetzen wird der Motor das Schwungrad in den Sturzpausen wieder aufladen.

Für die gute Betriebsführung ist die Kilowattkurve des Drehstrommotors maßgebend.

Ist dieselbe so gleichmäßig wie hier, so ist dies ein Zeichen nicht nur für die gute Wirkung des Schlupfregelmotors, sondern auch für richtige, dem Betriebszustand angepaßte Einstellung des Schlupfes durch den Maschinenführer. Jeder Änderung des Förderbetriebes, der Förderpausen, muß der Maschinist durch Einstellung des Schlupfes nachkommen.

Das Gegenstück hierzu sind die auch an anderer Stelle erwähnten Kilowattkurven des Drehstrommotors in der Z. Ver. deutsch. Ing. 1912, S. 336 und 337.

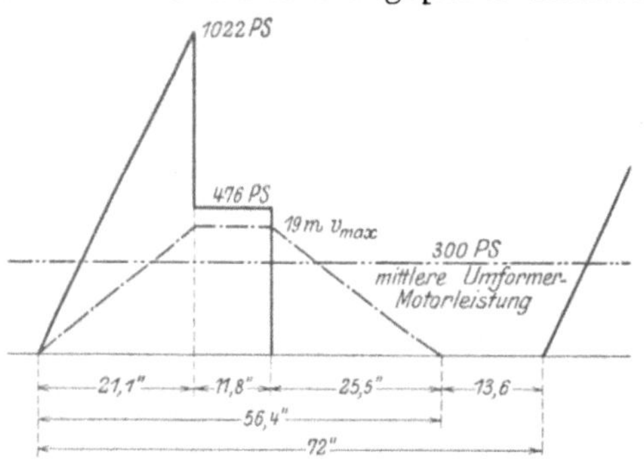

Fig. 300.
Geschwindigkeits- und Leistungsdiagramm der Förderanlage Krügershall.

Als Beispiel für die Berechnung eines Ilgner-Umformers und für die bei demselben auftretenden Verhältnisse sei die Förderanlage des Kaliwerkes Krügershall A.-G., Halle a. S., gewählt, die im Jahre 1907 von den Siemens-Schuckert-Werken geliefert worden ist. Von dieser Anlage sind sehr ausführliche Betriebsergebnisse veröffentlicht, so daß es möglich ist, Rechnung und Erfahrung zu vergleichen, Fig. 300. Die Anlage besteht aus einer mit dem Fördermotor unmittelbar gekuppelten Treibscheibe. Der Umformer hat ein abkuppelbares Schwungrad, so daß man bei Revisionsfahrten und auch bei schwachem Betrieb ohne dasselbe nur in Leonardschaltung fahren kann.

Auf der Umformerwelle sitzt außer dem Drehstrommotor und der Anlaßdynamo auch noch die Erregerdynamo.

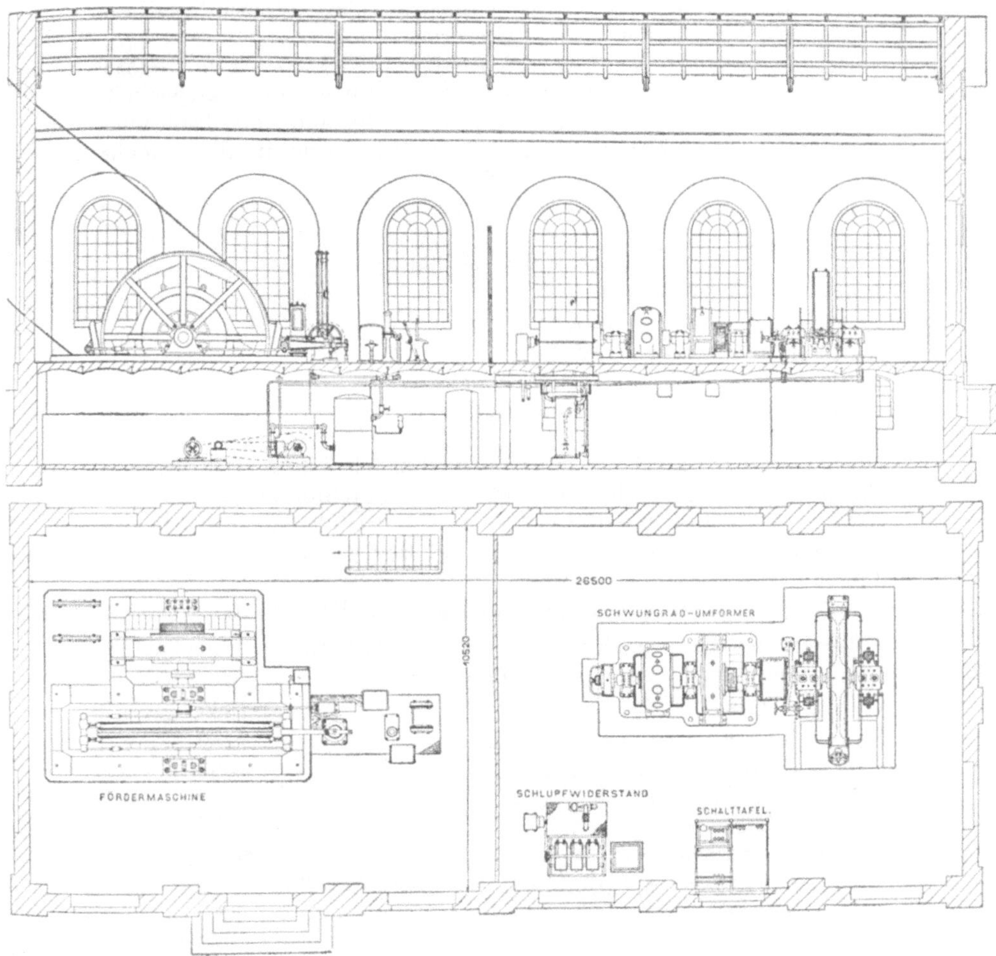

Fig. 301.

Förderanlage Krügershall. (Aus Mitteilungen d. oberschl. Bzv. deutsch. Ing. 1911, Nr. 20.)

Die Bremsen werden durch Druckluft betätigt, die von einem kleinen unter Flur stehenden, von einem besonderen Motor angetriebenen Kompressor erzeugt wird.

Abhängig vom Druck im Behälter, schaltet sich der Motor selbsttätig aus und ein, s. Sicherheitsvorrichtungen.

Im übrigen sind hier die bekannten und von den Siemens-Schuckert-Werken stets verwendeten Sicherheitsvorrichtungen, insbesondere der auf S. 407 beschriebene Retardierapparat, vorhanden.

Wie die Fig. 301 zeigt, ist also die ganze Anlage typisch für die einfachste Ausführung eines Ilgner-Umformers.

Beschrieben ist die Anlage von Philippi, Elektrizität im Bergbau, Vortrag a. d. Internat. Kongreß f. Bergbau, Hüttenwesen, angewandte Mechanik und prakt. Geologie, Düsseldorf 1910, und von Baldemus, Elektrotechn. Zeitschr. 1911, Heft 5, S. 101, sowie in der Zeitschr. „Kali" 1911, Heft 11.

Für die Anlage gelten folgende Verhältnisse:

Daten der Maschine.

Schachtteufe 667,5 m.

Leistung in 1 Stunde 75 t.

Nutzlast für 1 Wagen 750 kg.

2 Wagen zu 320 kg auf jeder Schale.

Nutzlast 1500 kg bei jedem Zug.

Förderschale je 2400 kg.

Ober- und Unterseil je 32 Durchm. und 3,65 kg/ laufendes Meter.

Treibscheibe 5 m Durchmesser und 72,5 Umdrehungen in der Minute.

Größte Fördergeschwindigkeit 19 m bei Produktenförderung, 10 m bei Seilfahrt, beliebig langsam bei Revisionen.

Bewegungsenergie bei voller Fahrt.

Die zu beschleunigenden Massen ergeben sich aus folgenden auf den Umfang der Scheibe bezogenen Massen:

Nutzlast	1500 kg
4 Wagen	1280 ,,
2 Förderscheiben	4800 ,,
ca. 1500 m Seil	5500 ,,
2 Seilscheiben	4800 ,,
1 Treibscheibe	5000 ,,
Motor-Anker, auf den Umfang der Scheibe bezogen	600 ,,
	23 480 kg

Mechanische Verluste.

Es hat sich herausgestellt, daß alle mechanischen Verluste bei unmittelbar mit der Treibscheibe gekuppeltem Motor ausgedrückt werden können durch Vergrößerung der Nutzlast, und zwar in der Weise, daß man die Nutzlast mit 0,8 einer größeren Last rechnet, die auch für die Beschleunigung alle Zuschläge einschließt; im vorstehenden Fall würde also zu setzen sein:

$$\frac{1500}{0,8} - 1500 = 375 \text{ kg mehr, statt 1500 also 1875 kg.}$$

Die Beschleunigung ergibt sich dann nach dem Diagramm mit

$$\frac{19}{21,1} = 0,9 \text{ m/sec}^2.$$

Die Verzögerung $\dfrac{19}{25,5} = 0,75 \text{ m/sec}^2.$

Die entsprechenden Wege sind danach:

$$\text{Beschleunigungsweg} \quad\ldots\ldots\ldots\quad s_1 = \frac{0,9 \cdot 21,1^2}{2} = 200 \quad \text{m}$$

$$\text{Verzögerungsweg} \quad\ldots\ldots\ldots\quad s_3 = \frac{0,75 \cdot 25,5^2}{2} = 244 \quad \text{m}$$

$$\text{Der Weg der vollen Fahrt} \quad\ldots\ldots\quad s_2 = \underline{ 223,5 \text{ m}}$$

$$667,5 \text{ m}$$

Die Bewegungsenergie der bewegten Masse beträgt bei voller Fahrt

$$\frac{23\,480 \cdot 19^2}{9,81 \cdot 2} = 432\,000 \text{ mkg/sec.}$$

Beim Auslauf wirken die obigen 1785 kg auf einen Weg von 244 m verzögernd.

Es wird also der x^{te} Teil der Bewegungsenergie von diesen $1875 \cdot 244$ aufgezehrt.

$$x \cdot 432\,000 = 1875 \cdot 244$$

$x = $ ungefähr 1. Das heißt, es wird bei dieser geringen Verzögerung von der ganzen Bewegungsenergie nichts wieder gewonnen. Die Maschine wird annähernd frei auslaufen.

Die aufzuwendende beschleunigende Kraft beträgt

$$\frac{23\,480}{9,81}\, 0,9 = 2150 \text{ kg.}$$

Die Leistung bei voller Fahrt:

$$\frac{1875 \cdot 19}{75} = 476 \text{ PS,}$$

die am Ende der Beschleunigungsperiode sich um

$$\frac{2150 \cdot 19}{75} = 546,$$

also auf $476 + 546 = 1022$ PS erhöht.

Die mittlere Leistung in Schachtpferdekräften berechnet sich wie folgt:

$$\frac{75\,000}{3600} \cdot \frac{667,5}{75} = 185 \text{ PS.}$$

Die erforderlichen elektrischen Leistungen ergaben sich aus folgender Energiebilanz für 1 Zug:

Reine Hubarbeit $\dfrac{1500 \cdot 667,5 \cdot 0,736}{75 \cdot 3600}$ . . . . $= 2,73$ KW/st

Mechanische Verluste $2,73 \left(\dfrac{1}{0,8} - 1\right)$ . . . . . . $= 0,68$ „

Verluste im Anker des Fördermotors bei einem durchschnittlichen Wirkungsgrad von 0,93:

$$(2,73 + 0,68) \left(\dfrac{1}{0,93} - 1\right) \quad . . . . = 0,026 \quad \text{„}$$

Verluste im Anker der Anlaßdynamo bei einem durchschnittlichen Wirkungsgrad von 0,93:

$$(2,73 + 0,68 + 0,026) \left(\dfrac{1}{0,93} - 1\right) . . . . = 0,026 \quad \text{„}$$

Energieverbrauch für Erregung einschließlich
    Verlust in der Erregermaschine:

a) Fördermotor ca. 15 KW während der Fahrt
    56,4 Sekunden 0,235
b) Fördermotor ca. 8 KW während der Pause
    13,6 Sekunden 0,030
c) Anlaßdynamo ca. 7 KW während der Fahrt
    56,4 Sekunden . . . . 0,110 $= 0,375$ „

Verluste durch Luft- und Lagerreibung etwa 10 % der
    abgegebenen Energie während der Fahrt

$$(2,73 + 0,68 + 0,375 + 0,026) \left(\dfrac{1}{0,9} - 1\right) . . . . = 0,42 \quad \text{„}$$

Die gleichen Verluste während der Pause von 13,6 sec. $= 0,10$ „

Kompressormotor, etwa den vierten Teil der Zeit

laufend, 5 PS, also für 1 Zug $\dfrac{72}{4}$ Sekunden

$$\dfrac{5 \cdot 0,736 \cdot 72}{3600 \cdot 4} . . . . = 0,0184 \quad \text{„}$$

$$\overline{ 4,3864 \,\text{KW/st}}$$

Verlust im Drehstrommotor und im Schlupfwider-
stand bei einem Wirkungsgrad beider zusammen

$$\text{von } 0,86: \ 219 \left(\dfrac{1}{0,86} - 1\right) \cdot \dfrac{72}{3600} . . . . = 0,715 \quad \text{„}$$

$$\overline{ 5,1014 \,\text{KW/st}}$$

Die mittlere Nutzleistung des Umformermotors bei 50 Zügen beträgt

$$4,3864 \cdot 50 \ = \ 219 \ \text{KW oder} \ \dfrac{219}{0,736} \sim 300 \ \text{PS}.$$

Für diese Leistung ist der Umformermotor zu bemessen.

Der Energieverbrauch der ganzen Anlage beläuft sich bei 50 Zügen
auf

$$5,1014 \cdot 50 \ = \ 255 \ \text{KW/st}$$

Die Ausführung der Anlage, die genau untersucht ist, und deren Versuchsergebnisse deshalb mit dieser Rechnung verglichen werden können, enthält einen Drehstrom-Umformmotor von 390 PS Dauerleistung. Nach der obigen Zusammenstellung ergibt 1 Zug $\dfrac{1500 \cdot 667{,}5}{75 \cdot 3600} = 3{,}7$ Schachtpferdekraftstunden, und demnach würde die Schachtpferdekraft $\dfrac{5{,}1014}{3{,}7} = 1{,}38$ KW/st erfordern.

In Wirklichkeit stellen sich die Zahlen etwas höher. Die Rechnung wird auch dadurch verwickelter, daß Lasten einzuhängen sind, deren Energie mit in Ansatz zu bringen ist.

Daß übrigens solche Zahlen wie 1,38 KW für 1 Schachtpferdekraftstunde wohl erreichbar sind, ergeben die Versuche in den mehrfach genannten Mitteilungen über Forschungsarbeiten, Heft 110/111, wo auf dem Schacht Emscher-Lippe (S. 52) ebenfalls 1,38 und 1,40 KW bei flotter Förderung beobachtet worden sind.

Die Berücksichtigung des Einhängens der Lasten erfolgt am sichersten nach dem von Janzen, Glückauf 1910, S. 389 angegebenen Verfahren, das auch weiterhin bei dem Beispiel von Krügershall angenommen ist und deshalb hier kurz wiedergegeben werden soll:

Dem Verfahren liegt die Erwägung zugrunde, daß bei einer Ilgneranlage sowohl die vom Netz entnommene Energie wie die von den eingehängten Lasten durch Stromrückgabe gewonnene Energie im Umformersatz aufgespeichert und nutzbar gemacht werden. Es wäre falsch, wenn man die eingehängten Lasten von den geförderten Nutzlasten einfach abziehen wollte, das würde zu ungünstige Ergebnisse liefern. Ebenso wäre eine Vernachlässigung falsch, das würde zu günstige Verhältnisse zeigen. Es ist die Energie der eingehangenen Lasten vielmehr als zugeführte Energie zuzuzählen, sie ist gewissermaßen von der anderen Seite, der Förderseite, der der Antriebsseite entgegengesetzten, in die Anlage aufgenommen. Ein Beispiel wird dies erläutern:

In einem Kaliwerk sind im Monat 30 000 KW/st der Ilgneranlage zugeführt. Aus 660 m Teufe sind 9000 t Salze gefördert und 3000 t Rückstände eingehangen.

Die Vernachlässigung der 3000 t ergibt:

$$\frac{9000 \cdot 1000 \cdot 660}{75 \cdot 3600} = 22\,000 \text{ PS/st.}$$

und

$$\frac{30\,000}{22\,000} = 1{,}36 \text{ KWst für 1 PS/st oder } \frac{0{,}736}{1{,}36} = 0{,}54 \text{ Wirkungsgrad.}$$

Das ist ein zu günstiger Wert. Der reine Abzug ergibt:

$$\frac{(9000 - 3000) \cdot 1000 \cdot 660}{75 \cdot 3600} = 14\,700 \text{ PS/st}$$

und

$$\frac{30000}{14700} = 2,04 \text{ KW st. für 1 PS/st} \quad \text{oder} \quad \frac{0,736}{2,04} = 0,36 \text{ Wirkungsgrad.}$$

Das ist ein zu ungünstiger Wert, denn er berücksichtigt nicht, daß die 3000 t Energie zugeführt haben. Es muß vielmehr so gerechnet werden:

$$\frac{3000 \cdot 1000 \cdot 660}{75 \cdot 3600} = 7330 \text{ PS/st} = 7330 \cdot 0,736 = 5400 \text{ KWst}$$

sind der Arbeitswert dieser eingehängten Lasten; mithin sind 30 000 + 5400 = 35 400 KW/st zugeführt.

Der Durchschnitt ergibt also

$$\frac{35400}{22000} = 1,61 \text{ KW/st.}$$

oder

$$\eta = \frac{22000 \cdot 0,736}{35400} = 0,457 \text{ Wirkungsgrad.}$$

Diese Erwägungen sind weiterhin zugrunde gelegt bei einer Bilanz für das ganze Betriebsjahr des Kaliwerkes Krügershall, die natürlich im Prinzip genau ebenso aufgestellt wird. Es ergibt die Zusammenstellung für ein Betriebsjahr, daß den gehobenen Lasten ganz beträchtliche eingehangene Lasten gegenüberstehen. Die als richtig anzuerkennende Rechnung würde also auf Grund der folgenden Zahlenreihen sich ergeben:

1. Schachtarbeit. Gehobene Lasten in Schacht-PS/st . . . 278 487
   Eingehangene Lasten in Schacht-KW/st 59 206
2. Energieverbrauch an der Schalttafel, KW/st 422 580
3. Energieverbrauch an der Schalttafel + Energie der eingehangenen Lasten, KW/st 481 786
4. Energieverbrauch für eine Schacht-Pferdekraftstunde,
   KW/st $\dfrac{481\,786}{278\,487} =$ 1,730
5. Wirkungsgrad der ganzen Anlage $\dfrac{0,736}{1,730} \cdot 100 =$ . . . 42,54

Hätte man die eingehangenen Lasten vernachlässigt, so würde sich ergeben:

$$\frac{422580}{278487} = 1,53 \text{ K/Wst,}$$

für eine Pferdekraftstunde also 11,5 % zu wenig, d. h. man würde sich um so viel bei der Kostenaufstellung verrechnen. Der Wirkungsgrad würde sich mit $\dfrac{0,736}{1,53} \cdot 100 = 48,1$ ergeben, also ein trügerisches Bild zeigen.

Auf eine Energierückgewinnung beim Ausgleich und Bremsen ist rechnerisch keine Rücksicht zu nehmen, da die hierbei gewonnene Energie sich bei der Ersparnis der direkt zugeführten Energie geltend macht.

Will man aber über die Größe dieser Arbeitsmengen sich ein Bild machen, so ist folgende rechnerische Betrachtung anzustellen auf Grund des oben angeführten Zahlenbeispiels.

Rückgewinnung der Energie beim Auslauf.

Wie angegeben, genügt die Bewegungsenergie im vorliegenden Falle zur Erzielung eines freien Auslaufs bei geringer Verzögerung. Soll beispielsweise mit einem Rückgewinn von 10 % gerechnet werden, so ergibt sich bei einer Bewegungsenergie von 432 000 mkg/sec^2 und einer verzögernden Last von 1875 kg einschließlich Widerstände ein Auslaufsweg $s_3 \cdot 0{,}9 \cdot 432\,000 = 1875 \cdot s_3$

$$s_3 = 207 \text{ m gegen } 244 \text{ m,}$$

eine Auslaufzeit von $\dfrac{207 \cdot 2}{19} = 21{,}8$ sec gegen 25,5 sec bisher.

Das Durchfahren der $244 - 207 = 37$ m würde noch 2 sec voller Fahrt erfordern, so daß sich die Förderpause im ganzen um $25{,}5 - 21{,}8 - 2 = 1{,}7$ sec verlängern würde.

Dem Energiegewinne stände dann noch ein Energieaufwand von 476 PS während der 2 sec gegenüber, verursacht durch die Förderung mit voller Geschwindigkeit. Da dieselbe auch noch eine Energieentnahme aus dem Schwungrade bedingt, so würde eine Korrektur hierfür einzuführen sein. Die Verzögerung würde betragen $\dfrac{19}{21{,}8} = 0{,}87$. Geht man auf die höchstzulässige Verzögerung von 1,25, so würden sich folgende Endergebnisse berechnen:

	Weg m	Zeit Sec
Volle Fahrt	324 [223,5]	17,0 [11,8]
Auslauf	144,5 [244]	15,2 [25,5]
Förderpause	—	18,7 [13,6]

Die eingeklammerten Werte sind die der ersten Annahme. Der Energiegewinn würde betragen

$$x \cdot 432\,000 = 1875 \cdot 144{,}5$$
$$x = 0{,}627, \text{ d. h. rund 63 \%.}$$

Allerdings ist hier eine sehr genaue Führung der Steuerung nötig. Dieser Fall würde den Grenzfall darstellen. Seine zuverlässige Durchführung ist nur unter Einhaltung der richtigen Verzögerung möglich, die wieder nur eintritt bei richtiger Führung des Fahrhebels. Die hierher gehörigen Anordnungen sind daher bei „Sicherheitsvorrichtungen" und bei der Beschreibung der Mittel zur Erzielung von Proportionalität zwischen Fahrhebelstellung und Fahrstrom näher erörtert worden.

Energieabgabe und Aufnahme des Schwungrades.

In der Förderanlage Krügershall hat der Umformer ein Schwungrad von 12,8 t Gewicht, 3,8 m Durchm. und 100 m/sec Umfangsgeschwindigkeit bei n = 500.

Das Arbeitsvermögen beträgt hierbei 3 700 000 m/kg bei einem GD^2 von 106 800 kg/m². Während der Beschleunigungsperiode sind

$$21{,}1 \left(\frac{1022}{2} - 300 \right) \cdot 75 = 335\,000 \ \text{m/kg}$$

mehr zu leisten, als der mittleren Leistung des Drehstrommotors entspricht; während der vollen Fahrt ebenso

$$11{,}8\,(476 - 300) \cdot 75 = 155\,800 \ \text{m/kg}$$

Das Schwungrad muß also die Summen abgeben; seine Bewegungsenergie würde am Ende der vollen Fahrt demnach betragen

$$3\,700\,000 - (335\,000 + 155\,800) = 3\,109\,200 \ \text{m/kg},$$

entsprechend einer Umdrehungszahl von 464.

Es entspricht dies einem Tourenabfall von etwa 7,2 %. In Wirklichkeit ist die Höchstzahl nur 490 und die unterste Umdrehungszahl dementsprechend 425 beobachtet worden.

Bei Neuanlagen ist aus dem berechneten Energieaufwand nur rückwärts GD^2 und unter Annahme eines D ein passendes G zu bestimmen.

Ist die Schicht zu Ende, so schaltet man in Krügershall den Motor ab und fährt mit dem Schwungrad allein noch 2 bis 3 Züge, gewinnt also einen Teil der aufgewendeten Leistung zurück.

Der Leerlauf des Schwungrades und sein Arbeitsbedarf ist ein sehr wesentliches Moment bei der Bestimmung der Wirtschaftlichkeit. Je öfter ein Auf- und Entladen des Schwungrades stattfindet, etwa so wie dies in dem Rechnungsbeispiel angenommen ist, unter möglichster Abkürzung der Förderpausen, um so weniger ist natürlich der Einfluß des Leerlaufs zu spüren.

Es erscheint dies in den oben genannten Zahlen in dem Unterschiede zwischen dem günstigsten Stromverbrauche von 1,38 KW/st für eine Schachtpferdekraftstunde, entsprechend dem höchsten erreichbaren Wirkungsgrade von $\dfrac{0{,}736}{1{,}38} \cdot 100 = 53{,}3$, und dem tatsächlichen Stromverbrauche, der für eine lange Betriebszeit berechnet ist und Zeiten verschieden intensiver Förderung einschließt.

Eine große Zeche Oberschlesiens verbucht genau den Stromverbrauch ihrer Ilgneranlage. Die Betriebsbücher zeigen einen ganz erheblichen Einfluß der Zügezahl auf den Stromverbrauch, der zwischen 1,53 und 1,86 KW/st für eine Schachtpferdekraftstunde schwankt.

Andererseits ist der absolute Stromverbrauch des Umformers häufig wieder so gering gegen den sonstigen Gesamtstromverbrauch einer Zeche, daß man auch die Ansicht vertreten findet, es sei belanglos, wenn man auch in Zeiten schwacher Förderung das Schwungrad durchlaufen ließe, statt, wie sonst üblich, dasselbe abzukuppeln und nur in reiner Leonardschaltung zu fahren.

Wirtschaftlich dürfte diese Ansicht nicht richtig sein. Vom Standpunkte der Betriebssicherheit aus dagegen ist dieser Standpunkt wohl zu vertreten, um so mehr, wenn man mehrere Umformer hat und für diese Zeiten schwachen Betriebes mit einem leichteren Umformerschwungrade fahren kann, so daß man nicht genötigt ist, auf die Vorteile des Schwungrades zu verzichten.

Selbstverständlich ist es hierzu notwendig, daß die Ausrückung während des Betriebes erfolgen kann.

Die Wirtschaftlichkeit ist also außerordentlich abhängig von der Zahl der Züge. Die Höchstzahl wird gewöhnlich durch die Leistungsfähigkeit des Schachtes selbst und die notwendigen Zeiten für Zu- und Abfahren der Förderwagen begrenzt, so daß bei einfachen Verhältnissen, d. h. wenn ein Umformer und eine Fördermaschine hintereinander geschaltet sind, bei richtiger Berechnung des ersteren die geringste Förderpause der zum Aufladen erforderlichen Zeit gleich sein muß. Werden aber, wie dies am Anfange dieses Abschnittes beschrieben wurde, zwei Fördermaschinen mit einem oder zwei Umformern so verkettet, daß es möglich ist, daß die Förderleistung einmal größer wird, als die in den Förderpausen geleistete Beschleunigungsarbeit des Umformermotors, so würde ein unzulässiger Abfall der Umdrehungszahl eintreten. Für diesen Fall tritt selbsttätig eine Verriegelung des Fahrhebels vom Umformermotor aus ein. Es werden ein oder ein paar Förderzüge mit verminderter Geschwindigkeit gefahren, bis das Schwungrad wieder auf normale Umdrehungszahl gebracht ist, falls man durch Verminderung des Schlupfes die Leistung des Drehstrommotors nicht mehr erhöhen kann oder des nur vorübergehenden Mehrbedarfes wegen nicht erhöhen will.

Für den Fall, daß die Zahl der Förderzüge sehr gering wird, gibt die Betrachtung folgender Zahlen einen sehr bemerkenswerten Aufschluß, die ebenfalls aus den „Mitteilungen über Forschungsarbeiten", Heft 110 und 111 entnommen sind. Auf dem Schacht Rhein-Elbe II sind bei den Versuchen folgende Ergebnisse erzielt worden:

Flotte Förderung: 39,2 Züge in 1 Stunde; mittlere Nutzlast für 1 Zug 4,904 t; mittlere Dauer eines Zuges 43,9 sec; mittlere Hubpause 48 sec; mittlerer Stromverbrauch für 1 Schacht-PS/st 1,67, für einen Zug 11,2 K/Wst; aufgenommene Gesamtleistung im Mittel 438,7 KW; mittlere Leistung 262,7 Schachtpferdekräfte.

Schwache Förderung: 12 Züge in 1 Stunde; mittlere Nutzlast für 1 Zug 1,119 t; mittlere Dauer eines Zuges 63,8 sec; mittlere Hubpause 320 sec; mittlerer Stromverbrauch für 1 Schacht-PS/st 8,1, für einen Zug 12,3 K/Wst; aufgenommene Gesamtleistung im Mittel 148,2 KW; mittlere Leistung 18,3 Schachtpferdekräfte.

Die Förderhöhe beträgt 369 m.

Der Zusammenhang der Werte ist einfach, beispielsweise für den ersten Fall:

$$\frac{4904 \cdot 369 \cdot 39,2}{75 \cdot 3600} = 262,7;$$

438,7 ist ein durch Meßinstrumente aufgenommener Wert

$$\frac{438,7}{39,2} = 11,2 \ ; \qquad \frac{438,7}{262,7} = 1,67;$$

Für den Umformer gelten folgende Verhältnisse: Schwungrad 4,3 m Durchm.; Gewicht 50 t; Umfangsgeschwindigkeit 81,5 m; Umdrehungszahl normal 375; Leistung des Umformermotors 1000 PS. Der Umformer braucht bei Leerlauf 105 KW.

Nimmt man an, daß bei der größeren Zügezahl die Förderpause gerade genügt, um das Schwungrad wieder aufzuladen — eine Annahme, die nach den früheren Betrachtungen nicht wahrscheinlich ist, da dann keine Sicherheit für Aufrechterhaltung des flotten Betriebes bei einer geringen Leistungsvermehrung vorhanden wäre, die aber für die folgende Betrachtung die günstigste Annahme ist: — in diesem Falle würde der Umformer bei schwacher Förderung 320—48 = 272 sec für jeden Zug leer laufen, also für die Stunde

$$\frac{105 \cdot 272 \cdot 12}{3600} = 95,5 \ \mathrm{KW}$$

mittleren Energieverbrauch ergeben.

Da der ganze Energieverbrauch nur 148,5 KW beträgt, so würden also in diesem Falle 64,6 % desselben nur für den Leerlauf des Umformers gebraucht. Selbstverständlich kann nicht der ganze Betrag gespart werden, wenn das Schwungrad bei schwacher Förderung ausgerückt würde, da in den 105 KW natürlich auch die für den Leerlauf des Drehstrommotors und der Anlaßdynamo nötige Energie steckt, aber doch ein erheblicher Teil. Es würde aber, das muß hier wieder betont werden, durch das Auskuppeln auf jeden sonstigen Vorteil des Schwungrades verzichtet werden. Im vorliegenden Fall ist übrigens ein Abkuppeln des Schwungrades nicht möglich.

Es ist an anderen Stellen ermittelt worden, daß der Umformer ohne Schwungrad etwa die Hälfte der Energie braucht wie mit Schwungrad. Dann könnten für diesen Fall also statt 64,4 % immer noch 32,2 % als Ersparnis erwartet werden.

Der als Beispiel angeführte Fall ist kein besonderer Ausnahmefall. Ähnliche Werte ergibt ein an gleicher Stelle angeführter Versuch auf dem 670 m tiefen Schacht II der Zeche Emscher-Lippe.

Selbstverständlich wird auch hier die Zeit mitsprechen, ob eine ganze Nachtschicht die schwache Förderung anhält oder nur eine kurze Zeit.

Über die Vorgänge beim Aufladen und Auslaufen der Schwungräder geben die Versuche ebenfalls interessante Zahlen. Auf der Zeche Matthias Stinnes dauert das Aufladen der 40 t schweren Schwungräder 13 Minuten und erfordert 124 KW/st. Ihr Auslauf von 375 Umläufen in der Minute bis zum Stillstande nahm 2 Stunden 26 Minuten in Anspruch.

In der Zeitschrift für Berg-, Hütten- und Salinenwesen 1912, Heft 1, S. 41 wird in dem Bericht über Förderung aus großer Teufe im Oberbergamtsbezirke Dortmund dieser Einfluß des Leerlaufes eines Schwungrades auf die Wirtschaftlichkeit als besonderer Nachteil der Ilgner-Anlagen erwähnt und gesagt, daß man deshalb dazu übergegangen sei, in betriebsschwachen Zeiten eine Akkumulatorenbatterie als Ausgleich heranzuziehen. Eine derartige Kombination ist neu, wie sie sich bewährt, ist eine andere Frage. Durch Aufstellung einer Batterie und eines Schwungradumformers dürften sich Anschaffungs-, Unterhaltungs- und Tilgungskosten so erhöhen, daß die geringe Erhöhung der Betriebskosten wohl kaum aufgewogen würde. Es käme naturgemäß dann der Fall in Betracht, daß die Batterie auch zu anderen Zwecken dient und nur nebenher als Rerserve im Förderbetriebe. Die zu Beginn ausgeführten Schwierigkeiten in der Betriebskostenausftellung dürften dadurch allerdings sehr wesentlich vergrößert werden.

Geschichtliches und konstruktive Entwicklung: Die erste nach dem System Ilgner gebaute Fördermaschine war auf der Düsseldorfer Ausstellung 1902 von der A.-G. Siemens & Halske und der Friedrich-Wilhelms-Hütte ausgestellt. Sie hatte als Reserve eine Batterie und wurde dann auf der Zeche Zollern II aufgestellt, wo sie seit Ende Oktober 1903 zur Produktenförderung mit $10 \text{ m} = v_{max}$ zunächst nur von einer 280 m Sohle, dann mit $20 \text{ m} = v_{max}$ von der 500 m Sohle in Betrieb kam.

Folgende Daten sind charakteristisch: Nutzlast 4200 kg, Leistung 150 t in der Stunde von der 280 m Sohle. Das Schwungrad hat ein Gewicht von 42 t und eine Umfangsgeschwindigkeit von 73 m bei $n = 375$.

Die Lager sind mit Wasserkühlung und Preßölschmierung versehen. 3 Züge kann man allein mit dem Schwungrade machen, dann sinkt seine Umdrehungszahl auf 50—60. Es läuft 2 Stunden aus nach Abkuppeln von der Welle.

Der Reibungskoeffizient ist mit 1 : 160 festgestellt worden.

Bei neueren Ausführungen ist Wesentliches nicht geändert worden. Nur sucht man durch Erhöhung der Umfangsgeschwindigkeit bis 110 m die Gewichte der Schwungräder zu verkleiñern. Die Lager werden neuerdings stets als Rollenlager ausgeführt. Kugellager haben sich nicht bewährt und sind stellenweise wieder entfernt und durch Rollenlager ersetzt worden. Bei einem 15 t Schwungrad hat man bei einem Reibungskoeffizienten von 1 : 500 eine Auslaufzeit von 9 Stunden erzielt; es dürfte dies eine Höchstleistung darstellen. Die Schwungräder im luftleeren Raume laufen zu lassen, hat wenig Zweck, obgleich man nach den Erfahrungen niedriger Widerstandszahlen von Dampfturbinenrädern das Gegenteil erwarten sollte. Nur in Blechgehäuse eingehüllt werden die Schwungräder stets. Sehr ausführliche Zusammenstellungen und Erörterungen bei der Berechnung und theoretischen Untersuchung von Ilgneranlagen finden sich in der Zeitschr. Elektrische Bahnen und Kraftbetriebe 1907, Heft 25, 26, 27 von Becker.

Für die Übersicht der Stromverhältnisse von Interesse sind die Fig. 302 bis 307, welche zu der Fördermaschine Rhein-Elbe II, die hier mehrfach angeführt ist, gehören und dem Heft 110 der Forschungsarbeiten entnommen sind.

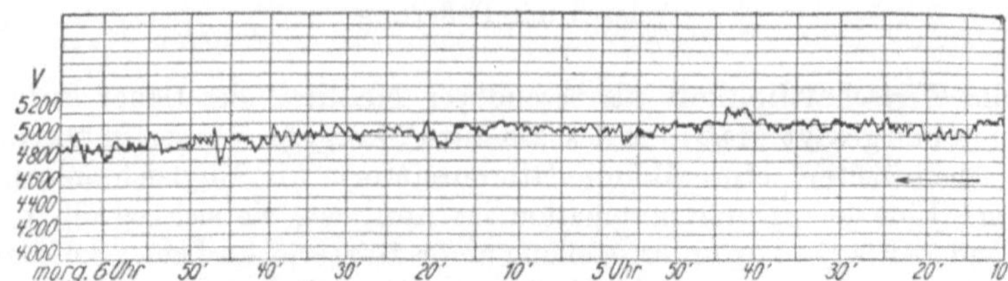

Fig. 302. Spannungskurve des Ilgner-Generators.

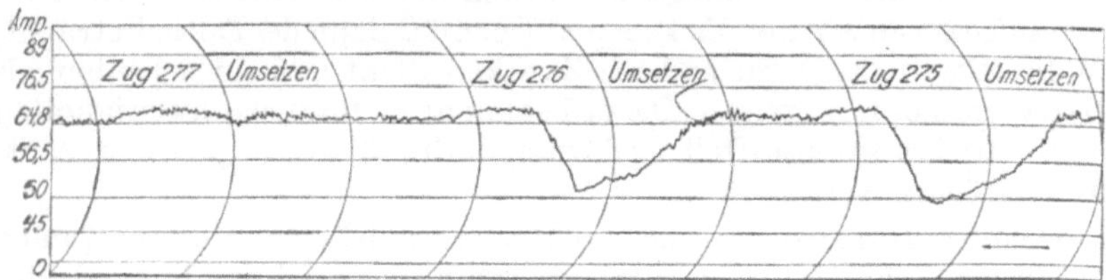

Fig. 303. Stromkurve des Ilgnermotors.

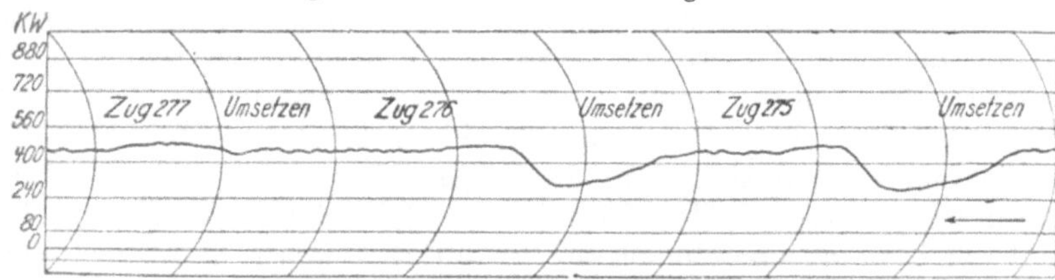

Fig. 304. Leistungskurve des Ilgnermotors.

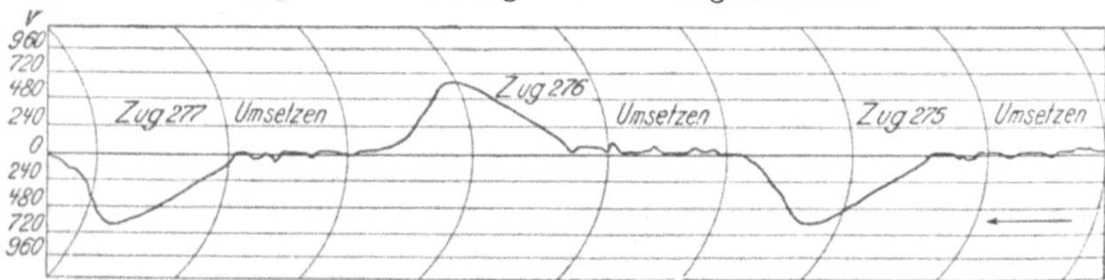

Fig. 305. Spannungskurve der Fördermotoren.

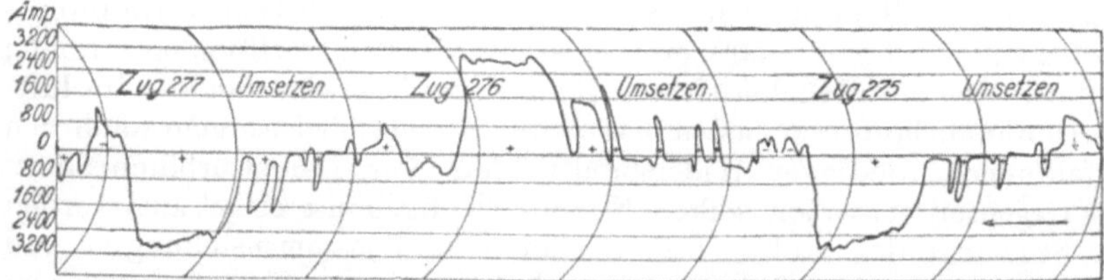

Fig. 306. Stromkurve der Fördermotoren.

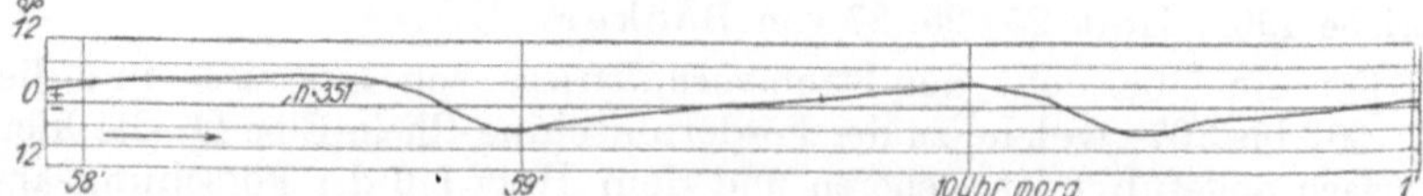

Fig. 307. Umlaufschwankungen des Ilgner-Schwungrads.
(Fig. 302—307 aus Forschungsarbeiten, Heft 110/111.)

Nach den vorstehenden Ausführungen sind sie ohne weiteres verständlich. Vor allem ist ihr zeitlicher Zusammenhang zu beachten. Man sieht, daß während des Umsetzens vor Zug 275 und 276 die Leistungskurve des Ilgner-Motors fällt. Es ist das ein Zeichen, daß der Umformer seine höchste Umdrehungszahl erreicht hat, die Stromaufnahme also deshalb geringer wird, ehe noch der neue Zug beginnt. Es könnte also bei dieser Leistung des Motors die Förderpause abgekürzt werden. An dieser Stelle sei noch erwähnt, daß den Siemens-Schuckert-Werken und der Allgemeinen Elektrizitäts-Gesellschaft das alleinige Ausführungsrecht auf Anlagen nach dem Ilgner-System zusteht.

Unter Hinweis auf die in der Einleitung gegebenen allgemeinen Gesichtspunkte und die Beschreibung von Drehstromanlagen sei hier an der Hand von Fig. 308 schematisch die Stromaufnahme einer Drehstrom-Fördermaschine mit einer Ilgner-Umformer-Anlage verglichen.

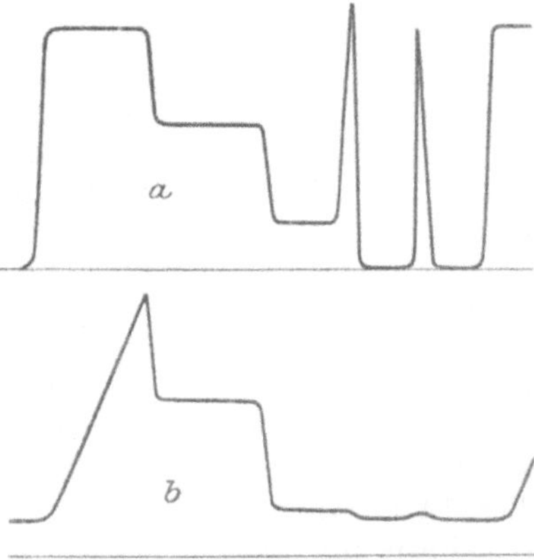

Fig. 308.

Leistungskurven einer Drehstromförderung (a) und einer Gleichstromförderung (b) mit Ilgner-Umformer.

Außer der absoluten Größe der Stromschwankungen ist zu beachten, ob diese plötzlich oder allmählich eintreten.

Fig. 308a zeigt ein typisches Stromdiagramm für eine Fördermaschine mit Drehstrommotor. Der Einfachheit wegen ist eine solche mit Seilausgleich angenommen.

Der Motor belastet die Anlage sofort bei Fahrtbeginn mit dem vollen für die Beschleunigung erforderlichen Strome. Am Ende der Beschleunigung fällt er auf den Normalwert, um zu Beginn der Verzögerungsperiode noch weiter, unter Umständen bis auf Null zu fallen.

Falls keine mechanischen Aufsetzvorrichtungen vorhanden sind oder falls der Maschinist nicht richtig steuert, muß am Ende der Fahrt für das Einheben noch ein Stromstoß gegeben werden. Beim Umsetzen — es ist hier einmaliges Umsetzen angenommen — ist ebenfalls wieder ein Stromstoß erforderlich.

Bei der gleichen Förderung mit Ilgner-Umformer und Leonardschaltung gilt das untere Diagramm, Fig. 308 b. Der Strom steigt während der Beschleunigung allmählich an, fällt dann auf den Normalwert, bleibt aber in den Förderpausen auf einem gewissen konstanten Werte stehen, wenn der Schlupf richtig eingestellt ist, oder zeigt da, wie zu Fig. 302 bis 307 gesagt ist, nur schwache wellenförmige Schwankungen. Beim Einheben und Umsetzen sind zwar auch große Stromstärken nötig, da aber diese Manöver mit geringer Geschwindigkeit, also geringer Ankerspannung vorgenommen werden, so sind die Belastungsstöße auf den

Umformermotor gering. In Wirklichkeit stellen sich infolge des Schwungradausgleichs die Verhältnisse beim Ilgner-Umformermotor noch günstiger, wie ein Vergleich von Fig. 308 b mit Fig. 299 und 304 ergibt.

Hiernach ist bei Leonardmaschinen viel eher als bei Drehstrom-Fördermaschinen zu erwarten, daß die Spannungsschwankungen in der Zentrale kompensiert werden können und eine Beeinflussung der anderen Stromverbraucher vermieden wird.

Was hier von Ilgner-Umformern mit Leonardschaltung gesagt ist, gilt bis zu einem gewissen Grad auch für andere Systeme, also auch für das System Brown-Boveri, bei dem die moderne Schnellreglung der Spannung des Generators, auf die hier nicht näher eingegangen werden kann, eine besondere Rolle spielt. Auch hier muß aber wieder betont werden, daß dieser Gesichtspunkt nicht der einzige ist, der eine Wertschätzung und einen Vergleich der verschiedenen Systeme ermöglicht, wie der im rheinisch-westfälischen Industriebezirk eingesetzte Ausschuß zur Untersuchung aller größeren Anlagen erst kürzlich wieder hervorgehoben hat. Bericht s. Glückauf 1912.

Faßt man schließlich die konstruktiven Vervollkommnungen des Ilgner-Umformers in dem Jahrzehnt seines Bestehens zusammen, so liegen sie einmal auf elektrischem Gebiete, z. B. in der Anordnung von Wendepolen und Kompensationswicklungen an den Fördermotoren und Steuerdynamos, und auf mechanischem Gebiet in der konstruktiven Ausbildung der Schwungräder und ihrer Lagerung. Die Geschwindigkeiten der Räder sind von 80 m/sec bis auf 130, ja sogar 150 m/sec gesteigert, dank den vorzüglichen Qualitäten des verwendeten Nickelstahls.

Diese Steigerung entspricht einer Vergrößerung von v^2 auf etwa das Dreifache. Die wirksame Masse kann dementsprechend auf ein Drittel verkleinert werden, und wenn das Gewicht auch nicht auf ein Drittel heruntergeht, so kann man doch annehmen, daß neue Schwungräder nur etwa die Hälfte des Gewichtes älterer Schwungräder erhalten. In gleichem Maße gehen natürlich auch die Leerlaufarbeiten zurück und steigen demzufolge die Wirkungsgrade.

Alle bisher besprochenen Ausführungen gehen davon aus, daß Drehstrom als Netzstrom zur Verfügung steht. In einer der ältesten Anlagen mit Pufferung ist Gleichstrom als Netzstrom verfügbar, und diese Anlage soll ihrer interessanten Schaltung und Steuerung wegen noch kurz beschrieben werden. Es handelt sich um die von der Elektrizitäts-A.-G. vorm. Lahmeyer & Co., Frankfurt, 1904 für die Compagnie des Mines de Ligny-les-Aires gelieferte Förderanlage.

Die Förderanlage ist in mehrfacher Hinsicht interessant. Die Fördermaschine steht auf einem Turm und ist die erste Maschine, die bei derartigen Dimensionen mit einer elektrischen Bremse ausgerüstet ist.

Die Verhältnisse sind folgende:

Teufe 400 m; Nutzlast 2200 kg: 60 sec Fahrzeit, 15 sec Förderpause, also 48 Züge in der Stunde; größte Fördergeschwindigkeit 8 m/sec. Verfügbar sind etwa 300 PS in Form von Gleichstrom von 500 V Spannung.

Die Treibscheibe trägt beiderseits fliegend je einen Motor von 250 PS Höchstleistung und macht 38 Umdrehungen in der Minute. Die Schaltung und Pufferung ist nach der schematischen Skizze Fig. 309 ausgeführt.

Auf der Welle des Anlaß-Puffersatzes sitzt ein Schwungrad von 2,8 m Durchm., einem Gewicht von 6,5 t und einer größten Umfangsgeschwindigkeit von 73 m/sec, entsprechend einer Umlaufzahl von 500 in der Minute, ferner eine Puffermaschine P von 400 A maximal bei 450 bis 640 V, die Anlaßmaschine A M für 400 A bei 0 bis 640 V und die Zusatzmaschine Z für 400 A und 0 bis 113 V.

Die Steuerung und Schaltung ist folgende: Anlaßmaschine und Fördermotor sind in einer Art von Leonardschaltung verbunden.

Im Augenblicke des Anlassens ist die Spannung der Anlaßmaschine gleich aber entgegengesetzt der Netzspannung, so daß am Fördermotor die Spannung Null herrscht.

Durch Verringerung der Gegenspannung wird der Motor angelassen. Da die Spannung der Anlaßmaschine sich noch zu der Netzspannung addieren kann, so kann der Motor also auch mit höherer Spannung als dieser Netzspannung fahren.

Die Puffermaschine P, welche zugleich Antriebsmaschine des ganzen Satzes ist, wird in folgender Weise auf konstanter Leistung gehalten. Die Zusatzmaschine wird durch eine selbsttätige Nebenschlußregulierung gesteuert, die von einem Leistungsregler beeinflußt wird. Dieser Leistungs-

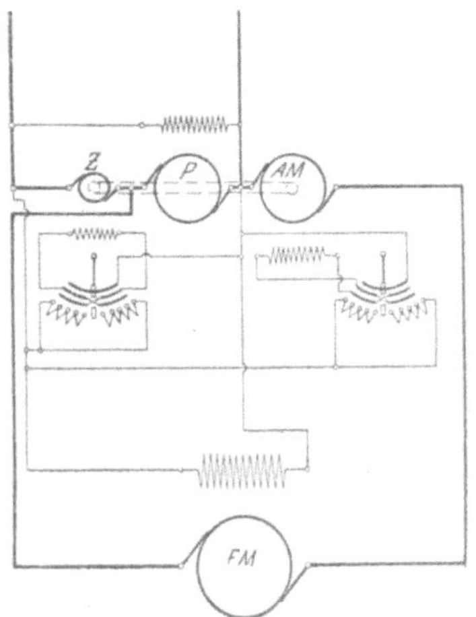

Fig. 309.
Schaltung des Anlaßpuffersatzes der Fördermaschine in Lignyles-Aires. AM Anlaßmaschine, FM Fördermotor, P Puffermaschine, Z Zusatzmaschine.
Ztschr. d. V. d. I. 1904, S. 1616.

regler ist ein Widerstandschalter im Nebenschluß der Zusatzmaschine, der unter dem Einflusse des Netzstromes und einer Feder steht.

Beide wirken so gegeneinander, daß bei einer Zunahme der Netzstromstärke Widerstände eingeschaltet und umgekehrt ausgeschaltet werden, so daß die Spannung der Zusatzmaschine sich entsprechend ändert und einmal zur Netzspannung sich addiert und einmal subtrahiert.

Bei der höchsten Spannung der Zusatzmaschine von 15 % der Netzspannung ändert sich die Umdrehungszahl des Puffersatzes um 30 %.

Hierdurch wird, wenn die Spannungen sich abziehen, also die Puffermaschine langsamer läuft, das Schwungrad zu einer Abgabe seiner Energie an die Anlaßmaschine gezwungen und damit die Stromentnahme der Puffermaschine, des Motors, konstant gehalten, umgekehrt bei Addition der Spannungen wird es aufgeladen. Die höchste Leistung der

Fördermotoren beträgt 500, die mittlere 275 PS, die der gleichmäßigen
Leistung des Netzstromes entspricht. Die Differenz wird von dem
Schwungrad entnommen. Die Umdrehungszahl des Schwungrades fällt

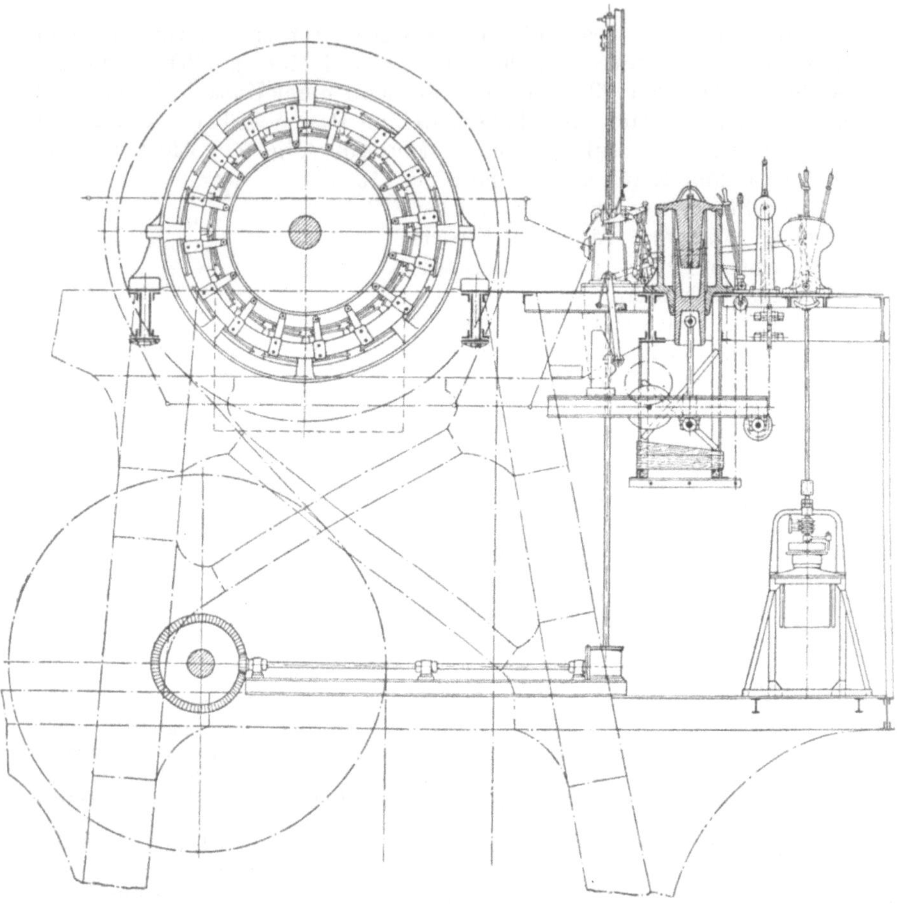

Fig. 310.
Fördermaschine und ihreSteuerung der Mines de Ligny-les-Aires,Felten-Guilleaume-
Lahmeyerwerke.   Aus Ztschr. d. V. d. I. 1904, S. 1617.

während einer Förderung von 500 auf 350, dementsprechend auch natürlich die Umdrehungszahl der Fördermotoren und die Geschwindigkeit.

Von den Sicherheitsvorrichtungen ist bemerkenswert, daß der
Anschläger an der Hängebank einen Umdrehungszeiger beobachtet und
erst ein Signal gibt, wenn das Schwungrad voll aufgeladen ist.

Es hat sich gezeigt, daß bei nur einigermaßen konstanter Förderung
die Belastung der Zentrale eine durchaus gleichmäßige ist. Die übrigen
Sicherheitsapparate ähneln im Prinzip den sonst verwendeten. Das

Schaltungsschema Fig. 309 entspricht insofern nicht ganz der Ausführung, als es nur einen Fördermotor zeigt, während die Anlage 2 hintereinander oder auch parallel zu schaltende Motoren zu beiden Seiten der Treibscheibe besitzt, wie oben gesagt ist. Fig. 310 zeigt die ganze Steuereinrichtung mit der elektrischen Bremse. Eigenartig ist der unter dem Führerstand befindliche Steuerschalter, der durch Kegelräder angetrieben wird. Er besteht aus dem Umschalter für den Erregerstromkreis der Anlaß-maschine, dem Nebenschlußregulator und einem Umschalter für den Hauptstromkreis, mit welchem die Motoren durch Umschalten der Leitungen im Ankerstromkreise für beide Fahrtrichtungen umgesteuert werden. Der Steuerschalter ist nach Art eines Kollektors ausgeführt. Die Figur zeigt die ähnlich der später zu beschreibenden Retardierung von Brown, Boveri & Co. ausgeführte Vorrichtung, um den Steuer-hebel am Fahrtende in die Nullstellung zurückzuführen.

Bei Überfahren der Hängebank wird natürlich die Bremse, die gleichzeitig Manövrier- und Sicherheitsbremse ist, ausgelöst.

2. Pufferung durch eine Akkumulatorenbatterie.

Zugrunde liegt den neueren Anlagen dieses Systems die Leonard-schaltung zwischen Anlaßdynamo und Fördermotor.

Je nach den örtlichen Verhältnissen wird der Antrieb der Anlaß-dynamo sich ergeben. Bei unmittelbarer Nähe des Kraftwerkes wird man sie auf die Welle der Antriebsmaschine setzen und dann häufig durch Zufügen einer weiteren Dynamomaschine oder eines Drehstrom-generators dieser eine wirtschaftliche Grundbelastung geben, genau so wie es S. 379 für andere Verhältnisse beschrieben ist. Ist das Kraftwerk weit entfernt, so erhält die Anlaßdynamo einen elektromotorischen An-trieb und das auf einer Welle sitzende Aggregat besteht dann aus dem Motor, der Anlaßdynamo, der Pufferdynamo und der Erregermaschine, unter Umständen auch einem weiteren besonderen Generator. Der Arbeitsvorgang ist folgender. Die Anlaßdynamo gibt nur Strom bei der Förderung, während der Förderpausen ist ihre Erregung gleich Null. Die Pufferdynamo lädt während der Förderpausen die Batterie, beim Fördern wird sie umgeschaltet und ihre Erregung durch einen von einem Stromtransformator beeinflußten Nebenschlußregulator selbstättig so geregelt, daß sie den die normale Leistung übersteigenden Energie-bedarf auf die Welle und die Anlaßdynamo überträgt.

Sie ist also gewissermaßen eine Zusatzmaschine, die die Spitzen-leistungen aufnimmt. Fig. 311 zeigt einen Schaltplan nach Ausführungen der AEG. Die Puffermaschine ist unmittelbar mit der Batterie ver-bunden und durch zwei Maximalautomaten gegen Überlastung gesichert. Dieses System wird als System Iffland ausgeführt, DRP. Nr. 161829. Alle übrigen Sicherheitsvorrichtungen werden wie bei anderen Förder-anlagen mit Leonardschaltung ausgeführt.

Hierbei gilt die Eigenschaft der Batterie als bekannt, daß ihre Lade-spannung etwa 10 % über der Entladespannung liegt. Durch Änderung der Umdrehungszahl, wie man sonst wohl Ladung und Entladung durch

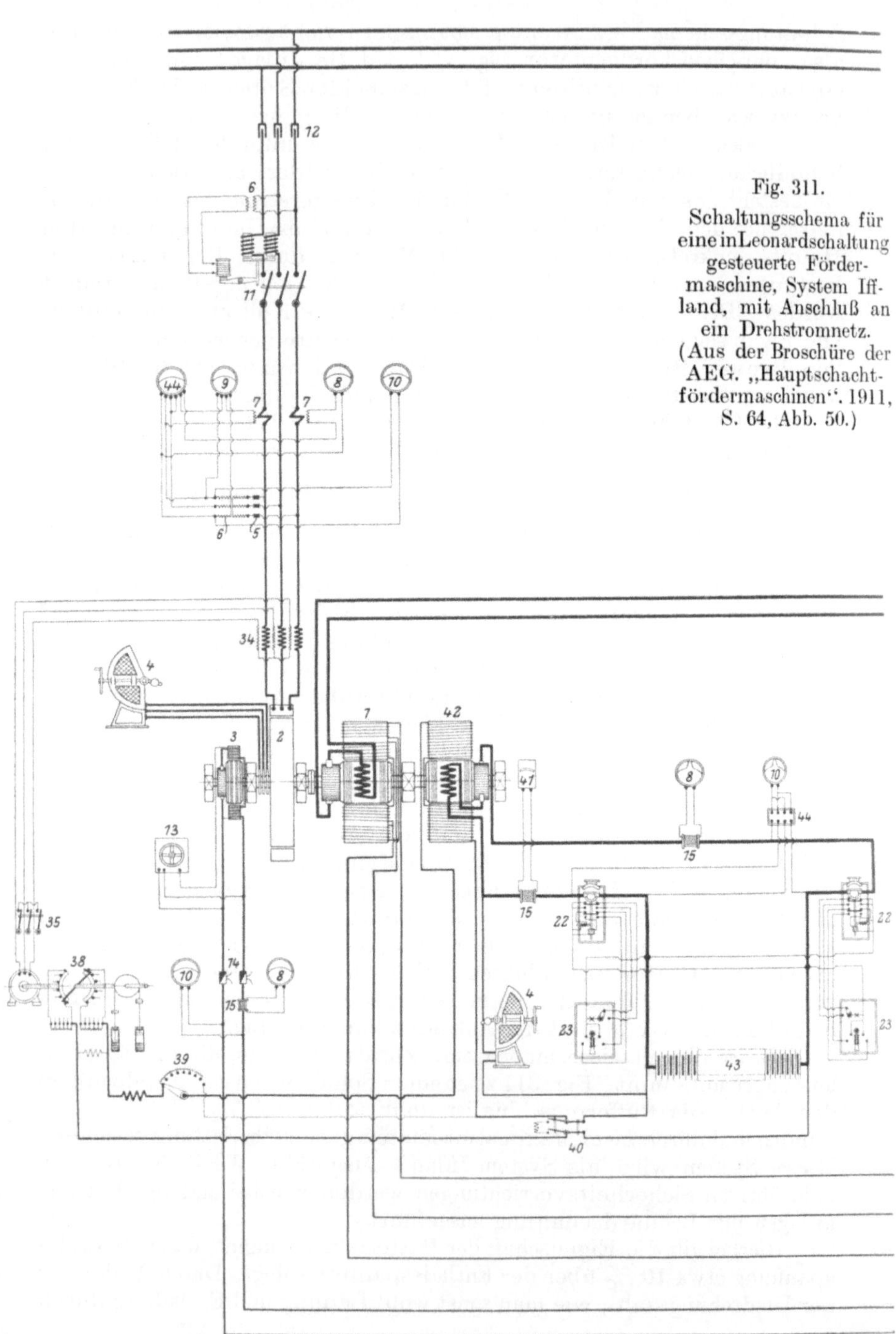

Fig. 311.
Schaltungsschema für
eine in Leonardschaltung
gesteuerte Förder-
maschine, System Iff-
land, mit Anschluß an
ein Drehstromnetz.
(Aus der Broschüre der
AEG. „Hauptschacht-
fördermaschinen". 1911,
S. 64, Abb. 50.)

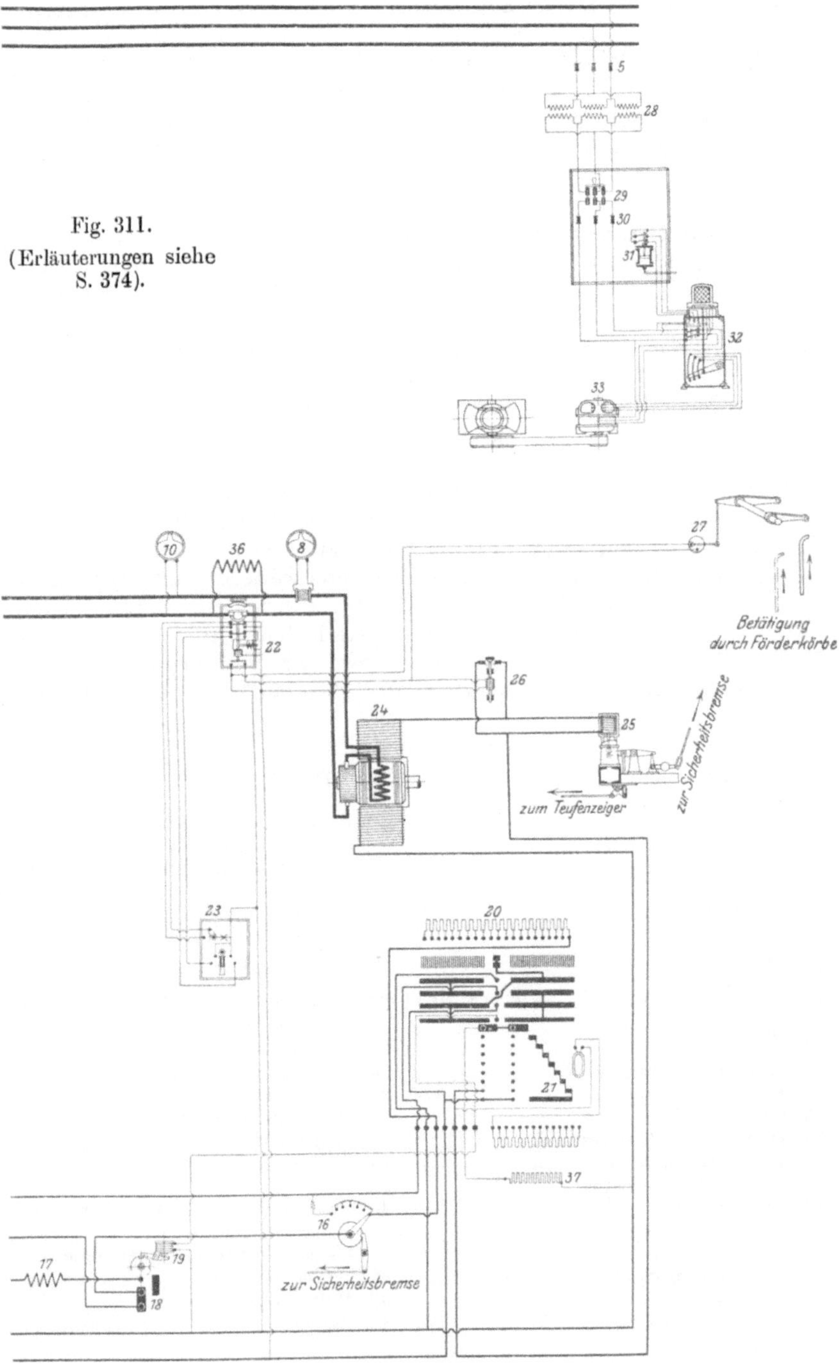

Fig. 311.
(Erläuterungen siehe S. 374).

eine Maschine bewirkt, ist hier natürlich nichts zu machen. Es kann nur durch Änderung der Erregung in der geschilderten Weise erfolgen.

In anderer Weise und nur durch eine Dynamo wird der Netzstrom geliefert durch die bereits S. 315 geschilderte Pirani-Maschinengruppe.

Bei dem dort gezeichneten Schaltplan ist eine Abhängigkeit des Fördermotors von der Dynamomaschine durch Leonardschaltung nicht vorhanden, er müßte also durch einen besonderen Anlasser gesteuert werden.

Für die erstere Anordnung ist noch die Voraussetzung zu beachten, daß jede Art der Belastung des Förderbetriebs eine besondere Einstellung des Nebenschlußregulators der Puffermaschine bedingt. Denn wenn der Förderbetrieb sehr schwach ist, wird vorteilhafter mit kleinerer Leistung des Drehstrommotors, also langsamer Ladung der Batterie gefahren, als bei flotter Förderung. Ein Hauptvorteil der Pufferbatterie ist die Reserve bei Stillstand der sonstigen Antriebsmaschinen. Besonders für die Betriebe ist dies wichtig, bei denen nur in einer Schicht gefördert wird. Für die andere Schicht genügen dann zu den Seilfahrten oder Revisionsfahrten die in der Batterie aufgespeicherten Energiemengen. Aus den nachstehend beschriebenen Anlagen dürfte dies hervorgehen.

Als ein erheblicher Vorteil von Pufferbatterien wird ferner zu nennen sein gegenüber den Ilgneranlagen, daß es unter weiterer Ausnutzung dieser Reserve möglich ist, Leerlaufverluste bei schwachem Betrieb zu vermeiden, abgesehen von den Umsetzungsverlusten in der Batterie selbst. Während eine Ilgner-Anlage bei schwacher Förderung nur durch Abkuppeln des Schwungrades die Leerlaufverluste vermindern

---

Erläuterungen zu Fig. 311.

1. Anlaßdynamo.	24. Fördermotor.
2. Drehstrommotor.	25. Elektromagnet.
3. Erregerdynamo.	26. Schütz zum Kurzschließen des Elektromagneten.
4. Flüssigkeitsanlasser.	
5. Hochspannungsicherungen.	27. Hilfsstrom-Endeinschalter an der Hängebank.
6. Meßtransformator.	
7. Stromwandler.	28. Transformator.
8. Ampèremeter.	29. Momentausschalter.
9. Wattmeter.	30. Sicherungen.
10. Voltmeter.	31. Druckhilfsschalter.
11. Maximal-Ölschalter mit Nullspannungsmagnet.	32. Automatische Anlaßvorrichtung für Kompressormotor.
12. Trennschalter.	33. Kompressormotor.
13. Nebenschlußregulator.	34. Schlupfregel-Transformator.
14. Hörnersicherungen.	35. Kurzschlußschalter.
15. Shunt.	36. Parallelwiderstand.
16. Hilfsausschaltwiderstand.	37. Schutzwiderstand.
17. Ersatzwiderstand.	38. Schlupfregler.
18. Seilfahrtseinschalter.	39. Regulierwiderstand.
19. Sperrspule.	40. Zweipoliger Umschalter mit Funkenlöschspule.
20. Steuerschalter.	
21. Motorfeldschalter.	41. Registrierendes Ampèremeter.
22. Maximalautomat mit Fernschaltkontakt.	42. Pufferdynamo.
	43. Pufferbatterie.
23. Betätigungsschalter.	44. Zähler.

kann und dann aber auch wieder vollständig auf die ganzen Vorteile des Schwungrades verzichtet, da nur der einfache Antrieb in Leonardschaltung übrig bleibt, ist es möglich, bei Batteriebetrieb den mittleren Arbeitsbedarf einzustellen oder auch zeitweise, wenn dieser sehr gering sein sollte im Vergleich zu der Kapazität der Batterie, den Betrieb ganz zu unterbrechen und nur noch mit der Batterie zu fahren. Die Vorteile der Batterie bleiben bei allen diesen Betriebsverhältnissen erhalten.

Als Nachteil einer Batterie wird immer angegeben: die erheblichen Anschaffungskosten, die Notwendigkeit einer sehr sorgfältigen und sachgemäßen Unterhaltung und der Platzbedarf.

Da Vorteile und Nachteile nur von Fall zu Fall gegeneinander abgewogen werden können, ist eine grundsätzliche Bevorzugung des einen Systems vor dem andern, vor allem der Batterie-Pufferung gegenüber dem Ilgner-Umformer nicht möglich. Die im folgenden geschilderten Anlagen sollen alle diese Eigenarten erkennen lassen.

Die Anlage Thiederhall zeigt in einfachster Weise die vollständig gleichmäßige Belastung der Antriebsmaschine und die Selbständigkeit des Fördermotors, der ohne Leonardschaltung mit dem Batteriestrome läuft.

Bei den neueren Anlagen tritt die Leonardschaltung zwischen Anlaßdynamo und Fördermaschine nach dem System Iffland ein. Von ausgeführten Anlagen ist bereits die Anlage Ottiliäschacht, S. 316, erwähnt, die mit einer Piranimaschine zu vollständiger Zufriedenheit seit 1904 in Betrieb ist. Von Juli 1904 bis zu dem Bericht 1909, Zeitschr. des Ver. deutsch. Ing. 1909 S. 1694, sind keine Platten der Batterie ausgewechselt worden, die dauernd alle Schwankungen im Energiebedarfe vom Kraftwerke ferngehalten hat.

Der Fördermotor leistet 340 PS.

Die Batterie hat 242 Zellen.

Eine bemerkenswerte ältere einfache Anlage, die sich sehr gut bewährt hat, ist die des Kaliwerkes Thiederhall A.-G., Thiede bei Braunschweig. Die Anlage ist von Siemens & Halske A.-G., Berlin, ausgeführt und etwa 12 Jahre in Betrieb.

Die Verhältnisse sind folgende. Eine 90 pferdige Dampfmaschine treibt durch einen Riemen eine Dynamomaschine von 65 KW, die eine Batterie von 260 Zellen lädt.

Auf der Trommelwelle sitzen zu beiden Seiten die beiden Fördermotoren, die durch einfache Ankeranlasser gesteuert werden. Bei Produktenförderung werden die Anker parallel, bei Seilfahrt hintereinander geschaltet, so daß die Fördergeschwindigkeiten sich zu 6 und 3 m ergeben.

Die gleichmäßige Leistung der Dampfmaschine wird durch eine Vorrichtung auf unveränderliche Füllung eingestellt; eine vom Regulator beeinflußte Drosselklappe verhindert das Durchgehen.

Die ursprünglich auf 32 Züge festgesetzte Schachtleistung erreicht jetzt 60—70. Die Teufe beträgt 200 m, die Nutzlast 800 kg, die Schachtleistung ist also

$$\frac{70 \cdot 800 \cdot 200}{3600 \cdot 75} = 41,5 \text{ PS.}$$

Die Dampfmaschine ist demnach für die ursprüngliche Leistung sehr reichlich, man kann sagen zu reichlich bemessen, da außerdem nur noch der Strom von 30 bis 40 Glühlampen der Batterie entnommen wird.

An Sicherheitsvorrichtungen zeigt die Maschine bereits eine Retardiervorrichtung, die den Manövrierhebel am Ende der Fahrt langsam in die Nullage zurückbringt. Die Manövrierbremse wird durch Druckwasser betrieben, das von einer elektrisch angetriebenen Pumpe geliefert wird. Die Batterie reicht aus, um 4 bis 6 Züge zu machen.

Die geringe für Revisionen erforderliche Geschwindigkeit von 0,113 m in der Sekunde wird dadurch erzielt, daß der Anlasser zunächst zum größten Teil eingeschaltet wird; dann wird paralell zum Anker ein Widerstand gelegt, der allmählich ausgeschaltet wird, so daß der Anker schließlich kurz geschlossen ist, also fast vollkommen abgebremst wird. Hierdurch wird es möglich, bei unbelasteter Maschine die erforderliche geringe Geschwindigkeit einzustellen, was sonst mit den gewöhnlichen Ankeranlassern nicht zu erzielen ist. Die Schaltung ist auf dem Ottiliäschachte zum ersten Male von den Siemens-Schuckert-Werken ausgeführt.

Eine genaue Beschreibung dieser noch heute nach Angabe der Zechenverwaltung ohne Störung funktionierenden Anlage befindet sich bereits in Glückauf 1900 S. 190 und Dinglers polytechn. Journal 1902 S. 335.

Sie ist historisch interessant, nicht nur, weil bei ihr zum erstenmale die Fördermotoren unmittelbar auf die Trommelwelle gesetzt wurden, während bis dahin immer nur Zahnräder oder Riemenantrieb gewählt werden mußte, sondern weil sie auch zum erstenmale eine Batterie als Ausgleich im Förderbetrieb verwendete. Ein Batterieausgleich wurde erstmalig überhaupt 1896 bei einer Straßenbahnanlage in Zürich von der Maschinenfabrik Oerlikon benutzt. Das Ausführungsjahr der Anlage Thiederhall ist 1899.

Eine der ersten Anlagen nach dem System Iffland ist von den Siemens-Schuckert-Werken auf dem Kaliwerke Friedrichshall ausgeführt.

Im Prinzip liegt ihr das Schaltungsschema Fig. 311 zugrunde, doch wird die Hilfsdynamo, Erregerdynamo, nicht von der Pufferdynamo getrieben, sondern sitzt auf der Welle des Fördermotors. Ihre Drehzahl und damit auch ihre Spannung ist also proportional der Drehzahl des Fördermotors. Im gleichen Verhältnisse wird also auch die Erregung der Steuerdynamo erfolgen.

Die Erregung der Hilfsdynamo ist ferner proportional der Stromstärke der Steuerdynamo, des Ankerstroms, also ist die von ihr erzeugte Spannung annähernd proportional dem Produkt der Spannung und Stromstärke der Steuerdynamo bzw. des Fördermotors, demnach auch annähernd proportional der jeweiligen Belastung.

Ein Regulierwiderstand im Felde der Pufferdynamo dient dazu, die mittlere Leistung der Dampfmaschine dem mittleren Verbrauche des Fördermotors, der von der Zugfolge abhängt, anzupassen.

Mit geladener Batterie allein können 20 Züge bei 4 m/sec Geschwindigkeit gemacht werden.

Die genauen Rechnungen des Betriebes über den Stromverbrauch ergeben 1,22 KW/st für 1 Schachtpferdekraft, also einen außerordentlich günstigen Wert.

Diese Anlage ist gleichzeitig typisch für Kaliwerke insofern, als sie für alle möglichen vorkommenden Fälle einen wirtschaftlichen Betrieb gestattet. Die Einrichtung ist folgende, nach Fig. 312. Eine Dampf-

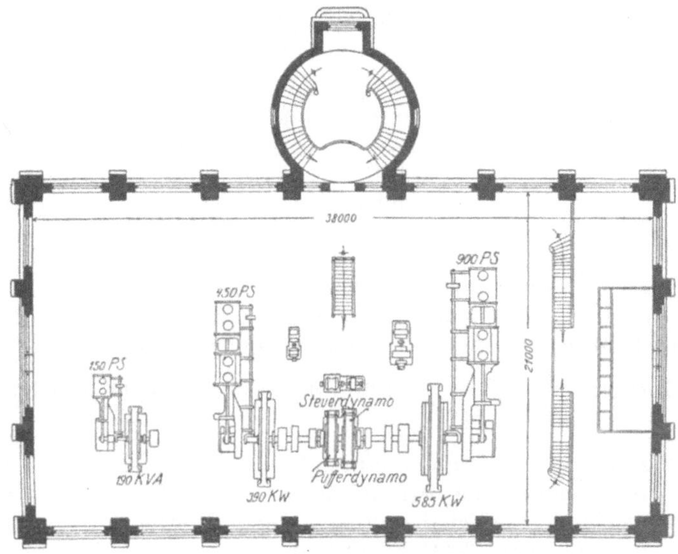

Fig. 312.
Grundriß der Fördermaschinenanlage Friedrichshall.
(Aus ETZ. 1909, S. 643, Fig. 47.)

maschine von 450 PS und eine von 900 PS treiben eine Welle, die neben den Dampfmaschin eneinen Drehstromgenerator von.585 KW und einen von 390 KW trägt. Zwischen denselben sitzt Anlaßdynamo und Puffermaschine. Durch ausrückbare Kupplungen ist es nun möglich, diese beiden entweder von der einen oder von der anderen Dampfmaschine aus anzutreiben, oder auch getrennt nur von der Batterie aus mit Strom zu versorgen, wenn die beiden Dampfmaschinen stillstehen.

Eine weitere 190 KW Drehstromdampfmaschine erzeugt den Strom in den Zeiten, in denen die Förderung stillsteht, das Werk aber zu anderen Zwecken noch Strom bedarf. Die mittlere Belastung der Drehstromzentrale beträgt 167 KW/st — hierbei sind allerdings alle drei Maschinensätze zusammengerechnet —, der Gleichstromanlage 93 KW/st. Es ergibt sich aber jedenfalls hieraus, daß die Gleichstromerzeugung einen viel geringeren Kraftbedarf hat als die Drehstromanlage, die Dampfmaschinen also durch die letztere eine günstige Grundbelastung erhalten und deshalb so vorteilhaft arbeiten. Hierzu kommt die sofort einsetzende Pufferung durch die Batterie bei jedem Zuge, so daß die Umdrehungszahl der Dampfmaschine nur bei ganz schweren Zügen um 1 bis 2 Touren zurückgeht, bei normalen Förderzügen aber ihre Umdrehungszahl beibehält. Störungen im Netz haben sich nicht bemerkbar gemacht.

Die Anlage im ganzen und der Belastungsausgleich durch die Batterie hat sich in den 6 Jahren des bisherigen Betriebes als rentabel und zuverlässig erwiesen.

Schließlich seien noch die Angaben einer der neuesten Anlagen nach dem System Iffland zusammengestellt, der Fördermaschine für die Bergwerksgesellschaft Glückauf-Saarstedt, Kaliwerke in Sehnde, Hannover.

Die Fördermaschine ist eine Turmfördermaschine mit Treibscheibe von 5 m Durchmesser für folgende Förderverhältnisse: Nutzlast 3000 kg in 4 Wagen; Teufe 750 m; stündliche Fördermenge 91 t; Gewicht eines leeren Wagens 320 kg; Gewicht einer zweietagigen Schale 3600 kg; Gewicht des Förderseiles von 45 mm Durchm. 6,6 kg für den laufenden Meter, Fördergeschwindigkeit im Höchstfalle 10 m/sec. Der direkt mit der Treibscheibe gekuppelte Fördermotor ist ein Gleichstrom-Nebenschlußmotor für 440 V und ca. 500 PS Dauerleistung bei 38,2 Umdrehungen in der Minute. Die Schachtleistung beträgt bei der Höchstgeschwindigkeit $\dfrac{3000 \cdot 10}{75} = 400$ PS, also 0,8 der Dauerleistung des Motors.

Der mit 600 Umdrehungen laufende Umformer besteht aus dem Drehstrom-Antriebsmotor, der Anlaßdynamo, der Puffermaschine und der Erregermaschine. Die Schaltung zeigt Fig. 311. Der Antriebsmotor ist ein Synchronmotor für 2000 V, 50 Perioden und 575 PS Dauerleistung.

Er ist als Synchronmotor gebaut, doch ist auch ein Asynchronmotor natürlich angängig. Die Anlaßdynamo besitzt 400 KW Dauerleistung, entsprechend

$$\frac{400}{0,736} = 543 \text{ PS};$$

dies entspricht wieder der Leistung des Fördermotors. Die Puffermaschine leistet als Dynamomaschine bei 220/320 V etwa 330/480 KW, als Motor bei 190 V ca. 350 PS dauernd. Die Erregermaschine versorgt bei einer Leistung von 22 KW den Fördermotor, die Anlaßmaschine und den Synchronmotor mit Erregerenergie von 220 V Spannung. Die Batterie besteht aus 106 Elementen für 540 Amp.-Stunden Kapazität und ist in zwei übereinanderliegenden Räumen von ca. 11,9 × 5,9 m untergebracht.

Die angegebene Kapazität genügt, um 8—9 Förderzüge mit der Batterie allein auszuführen.

Der Dauerladestrom beträgt normal ca. 756 A, der Pufferladestrom ca. 1150 A, stoßweise 1550 A; der Pufferentladestrom ca. 3100 A, stoßweise 4660 A. Eine Messung über Stromaufnahme und Rückwirkung auf das Netz liegt noch nicht vor.

Wenn Förderzeiten und Förderpausen einigermaßen gleichmäßig diesen Förderverhältnissen entsprechend eingehalten werden, läßt sich aber eine praktisch konstante Stromaufnahme herbeiführen.

Spannungsschwankungen werden durch den Förderbetrieb nur hervorgerufen, wenn nach längerer flotter Förderung ein unregelmäßiger Betrieb mit verschieden langen Pausen eintritt, wobei der vom Antriebsmotor aufgenommene Strom zwischen Vollast- und Leerlaufstrom schwanken muß.

Die Strom- und Leistungskurven dieser Anlage zeigen eine befriedigende Gleichmäßigkeit der Belastung des Drehstrommotors, also eine gute Wirkung der Puffermaschine.

3. Pufferung in der Primäranlage und unmittelbarer Antrieb der Anlaßdynamo durch die Hauptmaschine.

Das Charakteristische dieses Systems ist folgendes. Der Gleichstrom-Fördermotor ist in Leonardschaltung mit der Anlaßdynamo verbunden. Die Anlaßdynamo sitzt unmittelbar auf der Welle der Dampfmaschine oder Dampfturbine, die durch einen anderen Generator, ebenfalls auf der gleichen Welle sitzend, eine gewisse Grundbelastung erhält. Der Höchstbetrag der Grundbelastung ist durch die Höchstleistung der Turbine, der Mindestbetrag durch die Wirtschaftlichkeit der Anlage bestimmt, unter gleichzeitiger Berücksichtigung des Energiebedarfs der Förderung.

Die Art der Anlage bedingt zunächst eine geringe räumliche Entfernung des Maschinenhauses von der Förderanlage, da die zwischen Anlaßdynamo und Fördermotor verwendete Leonardschaltung sonst zu kostspielige Leitungen erforderte. Dieser Typus von Fördermaschinenbetrieb ist durch Brown, Boveri & Co. A.-G. eingeführt worden. Ganz neu ist allerdings der Gedanke nicht; die Kupplung der Anlaßdynamo mit einer Dampfmaschine ist schon in der Förderanlage Friedrichshall (S. 376) ausgeführt, also das Umformeraggregat mit seinen Widerständen und Verlusten vermieden worden. Die Anlage Friedrichshall gehört aber insofern nicht hierher, als bei ihr ein Belastungsausgleich durch eine Batterie vorhanden ist; mit den Anlagen von Brown, Boveri & Co. hat sie deshalb nur den Antrieb der Steuerdynamo durch die Hauptdampfmaschine gemeinsam. Dagegen ist eine Anlage, welche nach diesen Gesichtspunkten ausgeführt ist, bereits im Jahre 1893 von der Allgemeinen Elektrizitäts-Gesellschaft auf der Eisenerzgrube Hollertszug, Hardorf a. d. S., aufgestellt worden und in einwandfreiem Betriebe.

Bei dieser Anlage werden von der Dampfmaschine 3 Gleichstrommaschinen, 2 von je 45, 1 von 36 KW Leistung angetrieben. Es dient die eine von 45 KW Leistung für den Antrieb der Fördermaschine in Leonardschaltung, die andere für die Wasserhaltung und den Ventilator und die kleinere für den Bahnbetrieb. Die letztere arbeitet mit einer

Batterie parallel, so daß sie eine gleichmäßige Belastung der Dampfmaschine ergibt. Die Grundbelastung beträgt sonach $45 + 36 = 81$ KW und die Leistung des Förderdynamo 0,36 von der Gesamtleistung der Dampfmaschine. Dieser Wert ist mit den entsprechenden Angaben der Anlagen von Brown, Boveri & Co. Zahlentafel S. 389 zu vergleichen.

Ist auch diese Anlage nur klein, so trägt sie doch alle Merkmale dieses Systems. Wiederholt ist dann das System von der gleichen Firma, wenn auch in etwas anderer Ausführung und in größeren Abmessungen auf dem Alexanderschachte bei Zwickau, wo ein gewisser Ausgleich durch Schwungräder angewendet ist.

In der Elektrotechnischen Zeitschrift 1904 S. 827 ist ebenfalls bereits das Schema einer solchen Anlage abgebildet und beschrieben, sowie die Hauptforderung für einen einigermaßen wirtschaftlichen Betrieb, die Forderung einer genügenden Grundbelastung der Antriebsmaschine, erklärt worden.

Auch auf die Bedeutung des gleichmäßigen Ganges der Dampfmaschine ist an dieser Stelle aufmerksam gemacht worden.

Brown, Boveri & Co. verwenden statt Dampfmaschinen Dampfturbinen. Sie legen den Spitzenausgleich, wie sie angeben, teilweise in die rasch umlaufenden Massen der Turbine und Dynamo und teilweise in den Kessel. Den Massenausgleich kann man wie folgt in seiner Wirkung überschlagen. Bei der weiterhin beschriebenen Turbine auf dem Mauveschachte wird das $G\,D^2$ der Turbine etwa 600 betragen, schätzt man das GD^2 des Drehstrommotors und der Dynamo auch mit je 600, nimmt man bei 1500 Umdrehungen einen zulässigen Abfall von 1 % an, also auf ca. 1485, und rechnet die Abgabe dieser Energie nur auf die Zeit der Beschleunigung von 10 Sek., da die normale Generatorleistung der bei der Höchstgeschwindigkeit erforderlichen Förderleistung etwa entspricht, so ergibt sich

$$\frac{3 \cdot 600 \cdot (1500^2 - 1485^2)}{10 \cdot 75 \cdot 7150} = 17 \text{ PS.}$$

Das heißt also, wenn eine große Gleichmäßigkeit der Turbine verlangt wird, so ist der Einfluß der Massenausgleichung durch die umlaufenden Teile der Generatoranlage unbedeutend. Etwas günstiger wird das Verhältnis, wenn die Umdrehungszahl erhöht wird, aber im ganzen wird doch der Hauptanteil der Pufferung auf die Kesselanlage kommen.

Es ist deshalb schon wiederholt in der Literatur der Vorschlag gemacht worden, durch stählerne Scheiben, also eine Art Schwungrad, die umlaufenden Massen zu vergrößern. Es mag aber wohl diese Erweiterung der Anlage auf Schwierigkeiten konstruktiver oder anderer Art stoßen, jedenfalls zeigen die neueren Ausführungen nichts dergleichen. Nach den bisherigen Erfahrungen wird die Pufferung durch die Kessel auch als genügend betrachtet. Die Pufferung durch die Kesselanlage wird durch ein automatisches Überlastungsventil, DRP. 193697, vermittelt. Dieses Überlastungsventil gibt während der kurzen Belastungsstöße Frischdampf in die Niederdruckstufe der Turbine oder

bei neueren Ausführungen auf einen Düsensatz, der sonst gar keinen
Dampf erhält, Fig. 313 und 314. Die Wirkung dieses Ventils beruht
auf der Druckdifferenz vor und hinter dem Hauptsteuerventil der
Turbine, das als Drosselventil wirkt. Die Steuerung einer Turbine
erfolgt bekanntlich in der Weise, daß durch das Hauptsteuerventil ein

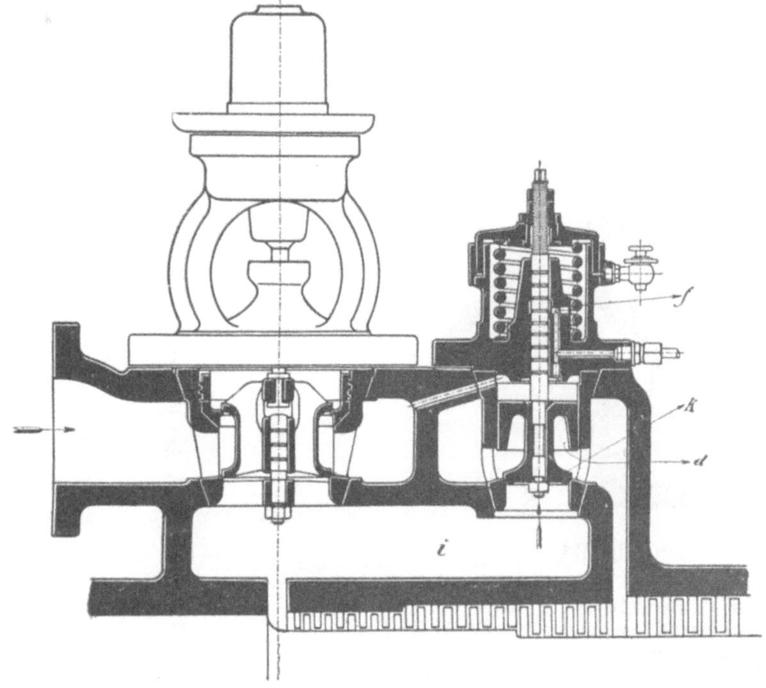

Fig. 313.

Automatisches Umlaufventil von Brown, Boveri & Co. gibt Frischdampf in
die Niederdruckstufen. (Aus der Broschüre 253 von B. B. & Co., S. 4, Abb. 3.)

gewisser Druckunterschied zwischen Leitung und Innenraum vor der
ersten Stufe eingestellt wird. Steigt die Belastung der Turbine, vermindert
sich also ihre Drehungszahl, so wird der Druckunterschied kleiner. Dann
öffnet das Überlastungsventil und läßt Dampf der Niederdruckstufe oder
der besonderen Stufe zuströmen. Diese Öffnung steht unter dem Einfluß
einer Feder, die so eingestellt werden kann, daß bei Unterschreitung
einer gewissen Druckdifferenz das Öffnen erfolgt. Aus den Umlaufs-
diagrammen der Förderturbine ist zu ersehen, daß die Schwankungen
der Umdrehungen höchstens $1\frac{1}{2}\,\%$ betragen, Fig. 315 b.

Da der Belastungsstoß nur sehr kurz ist und die Massen der Turbine
beim Ausgleich ebenfalls etwas, wenn auch nur sehr wenig, mitwirken,
so soll, nach Angabe der Firma, der Verwendung von Wasserrohrkesseln
kein Bedenken entgegenstehen. Bei den nachstehend genannten An-

lagen sind jedoch überall Großwasserraumkessel gewählt worden. Diese Pufferung durch die Kesselanlage ist zum erstenmal auf dem Mauveschachte der Kons. Heinitzgrube in Beuthen ausgeführt worden. Der

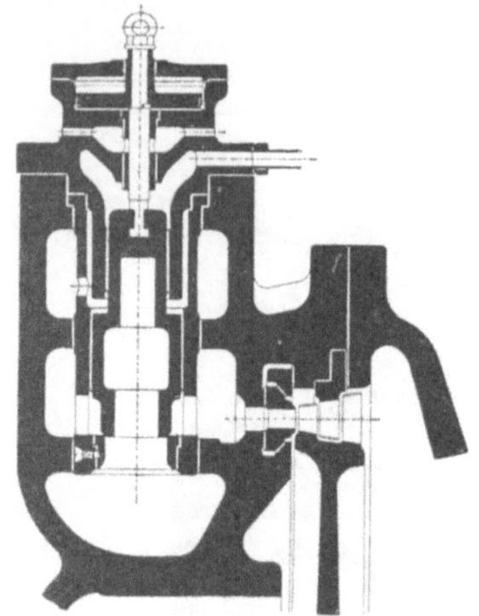

Fig. 314.
Automatisches Überlastungsventil von Brown, Boveri & Co. gibt Dampf auf eine besondere Hochdruckstufe. (Aus der Broschüre von B. B. & Co., Nr. 253, S. 4, Abb. 4.)

Besprechung des Systems soll die Beschreibung dieser ersten Anlage zugrunde gelegt werden, über die am meisten Veröffentlichungen und Erfahrungen vorliegen. Ein allgemeiner Gesichtspunkt ist noch vorauszuschicken. Die Wirtschaftlichkeit einer Dampfmaschine und Dampfturbine hängt von der Höhe ihrer Belastung ab. Bei geringer Belastung steigt der spezifische Dampfverbrauch erheblich, und da bei Förderanlagen nach diesem System eine Höchstleistung stets mit einer Pause der

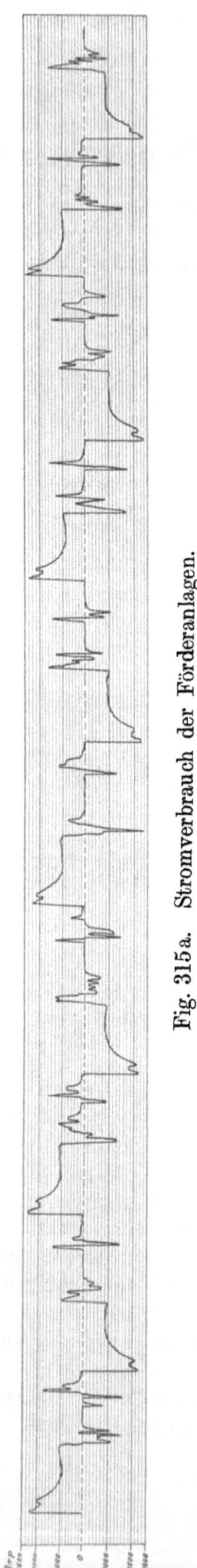

Fig. 315a. Stromverbrauch der Förderanlagen.

Fig. 315b. Geschwindigkeit der Förderturbine.

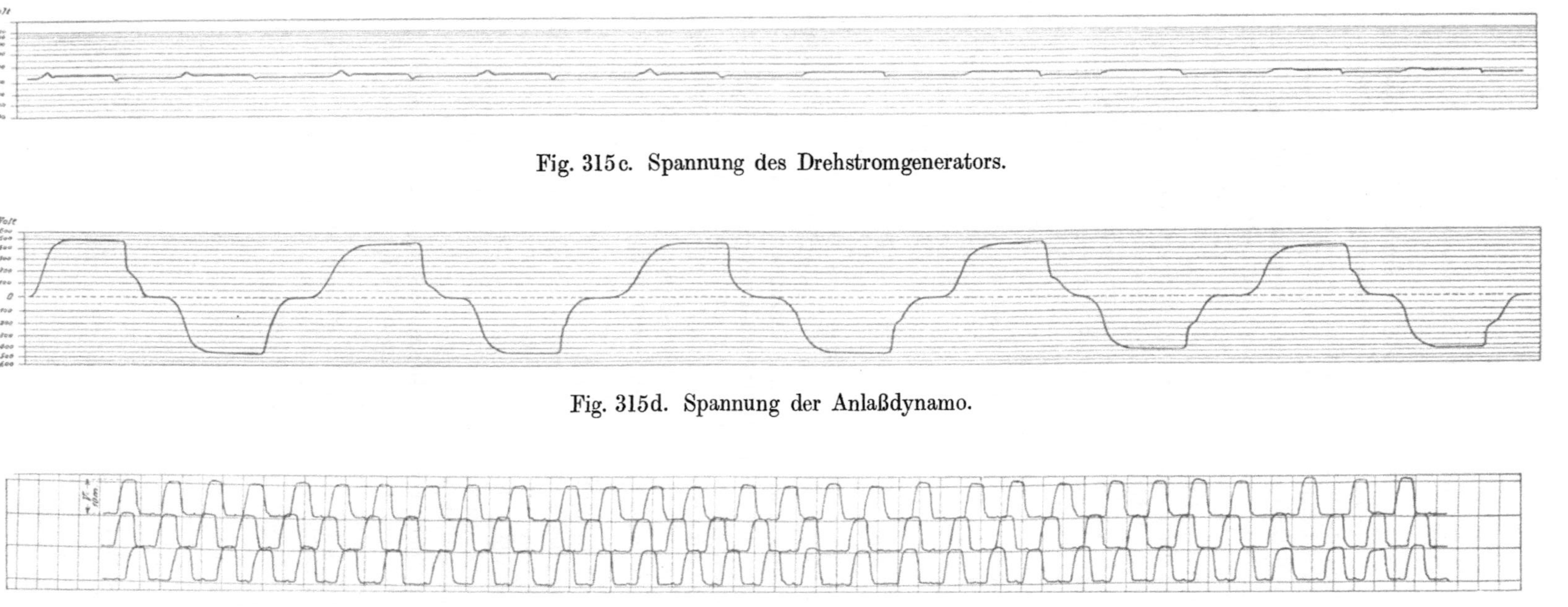

Fig. 315c. Spannung des Drehstromgenerators.

Fig. 315d. Spannung der Anlaßdynamo.

Fig. 315e. Geschwindigkeit des Fördermotors.
Betriebsverhältnisse der Hauptschachtfördermaschine „Mauveschacht". ETZ. 1910, S. 592, Abb. 102.

Förderleistung abwechselt, so würde die Turbine immer zwischen Leerlauf und Höchstleistung hin- und herpendeln. Das würde zu großen Un-
zuträglichkeiten und wirtschaftlichen Nachteilen führen, und so ist eine
gewisse „Grundbelastung" dieser Maschinensätze durch einen für andere
Zwecke Strom liefernden Generator notwendig. Außerdem würde auch
eine Kesselanlage bei derartigen Schwankungen in der Dampfentnahme
sehr ungünstig arbeiten und in der Anlage sehr teuer werden. Das
Verhältnis dieser Generatorleistung — der Grundbelastung — zu der
Förderleistung, seine größte und vor allem seine kleinste Beanspruchung,
wird für das endgültige Ergebnis der Wirtschaftlichkeit der Fördermaschine ausschlaggebend sein. Ist seine Beanspruchung beispielsweise
gering, so wird der Turbinenbetrieb sich dem Zustande des Pendelns
zwischen Höchstleistung und Leerlauf nähern, die Wirtschaftlichkeit
wird abnehmen. Es wird also für die Anwendung dieses Systems Vorbedingung sein, eine zuverlässige, dauernde und relativ möglichst hohe
Grundbelastung zu erhalten.[1]) Bei Neuanlagen von Schächten wird dies
meist auch keine Schwierigkeit machen; Wasserhaltung und Ventilatoren-
betrieb während des Tages und Lichtbetrieb während der Nacht werden
sich so kombinieren lassen, daß eine dauernde Grundbelastung in der
erforderlichen Höhe erzielt wird. Auf diesen Punkt wird in der folgenden
Zusammenstellung besonders aufmerksam gemacht werden. Wie die
Zahlentafel S. 389 in Reihe 17 zeigt, scheint bei neueren Ausführungen
allerdings gerade das Gegenteil der Fall zu sein. Da aber bei diesen noch
keine Versuche[1]) und Kostenberechnnungen vorliegen, so wird man vorläufig von einem endgültigen Urteil nach dieser Richtung hin absehen
müssen, umsomehr als auch der Bau der Turbine selbst sich wesentlich
vervollkommnet, wie Zeile 18 der gleichen Zusammenstellung ergibt.

Für die Anlagekosten nach diesem System ist ferner folgender
wesentliche Punkt ebenfalls zu beachten. Da eine Reserve vorhanden
sein muß, so wird man meist einen vollen Turbinensatz als Reserve auf-
stellen müssen, da die Reserve ebenso für die übrigen Stromentnahme-
stellen verlangt werden kann. Wesentlich kann bei der Kesselanlage
ferner werden, daß doch zweckmäßiger Großwasserraumkessel statt
Wasserrohrkessel verwendet werden, also entsprechend mehr Platzbedarf und Gebäudekosten eintreten.

Man kann demnach für dieses System folgende allgemeine Gesichtspunkte zusammenstellen, die das Typische im Vergleich zu den
übrigen Systemen ausdrücken:

1. Wegfall des Zwischengliedes eines Umformers zwischen Fördermaschine und Primäranlage, mit allen seinen Kosten und Verlusten.

2. Notwendigkeit, die Primäranlage in die Nähe der Fördermaschinen zu legen.

3. Genügend große, gleichmäßige und zuverlässig dauernde Grundbelastung der Primäranlage mit den weiterhin gegebenen Einschränkungen[1]).

---

[1]) Siehe Nachtrag.

4. Falls eine Reserve voll vorhanden sein muß, so ist ein voller Turbinensatz mit Generator und Steuerdynamo notwendig.

Es ist zu beachten, daß an der Turbine allein die ganze Sicherheit des Betriebes hängt.

Die genannte typische Anlage auf dem Mauveschacht wird durch das Schaltungsschema Fig. 316 und die Zeichnung Fig. 317 dargestellt. Zugrunde liegt wieder die bekannte Leonardschaltung. Die gestrichelten Linien des Schaltplanes zeigen die noch auszuführenden Anlagen, die dann die erwähnten Reserven ergeben, die zur Zeit des ersten Ausbaus noch nicht vorhanden sind. Der zweite Fördermotor ist für später vorgesehen, um die doppelte Nutzlast mit einem Zuge fördern zu können. Die Fördermotoren werden dann also parallel geschaltet und sind außerdem als gegenseitige Rerserven zu betrachten.

Die Betriebsverhältnisse ergeben die Figuren 315a bis e. Von besonderem Interesse sind die Linienzüge b und c, welche die Gleichmäßigkeit des Betriebs veranschaulichen.

Bei dem Schaltungsschema, Fig. 316, das im übrigen ja einfach und verständlich ist, sei auf die Kompoundierungsdynamo, deren Wirkung S. 330 beschrieben ist, besonders aufmerksam gemacht.

Die sonstigen Sicherheitsvorrichtungen wiederholen sich hier wie bei anderen Anlagen und bestehen aus folgenden nochmals kurz zusammengestellten Apparaten und Einrichtungen[1]):

Retardierapparat zum Zurückführen des Steuerhebels am Ende der Fahrt und Freigabe bei Beginn, s. S. 408.

Einfallen der Sicherheitsbremse am Ende der Fahrt. Hierzu wird die Preßluft aus dem Zylinder, der das Gewicht in der Schwebe hält, durch Öffnung eines Schiebers ausgeblasen, wie es S. 397 beschrieben ist.

Betätigung des Notausschalters, so daß Motor und Dynamo stromlos werden.

Dieser Notausschalter tritt in Tätigkeit:

1. Beim Überfahren der Hängebank.

2. Bei Überlastung des Motors, indem in diesem Fall eine sogenannte Überstromspule die Ausschaltung bewirkt. Ein solcher Fall kann eintreten, wenn der Korb im Schachte klemmt, also übermäßig große, die Dynamo und den Motor gefährdende Stromstärken auftreten. Die Überstromspule ist daher in den Stromkreis zwischen Steuerdynamo und Fördermotor eingeschaltet. Selbstverständlich darf die Auslösung nur bei ganz besonders hohen Stromstärken erfolgen; denn da gleichzeitig die Sicherheitsbremse einfallen muß, so kann ein solcher Fall außerordentliche Stöße und Beanspruchungen veranlassen.

3. Bei Ausbleiben der Erregerspannung, so daß also der Fördermotor nicht mehr in der Hand des Führers ist, durch eine sogenannte „Minimalspannungsspule".

---

[1]) Diese Anordnungen sind mehrfach ausgeführt, werden jedoch von Brown, Boveri u. Co. nicht mehr als typisch für ihre neuesten Förderanlagen anerkannt. Neuerungen unter „Sicherheitsvorrichtungen".

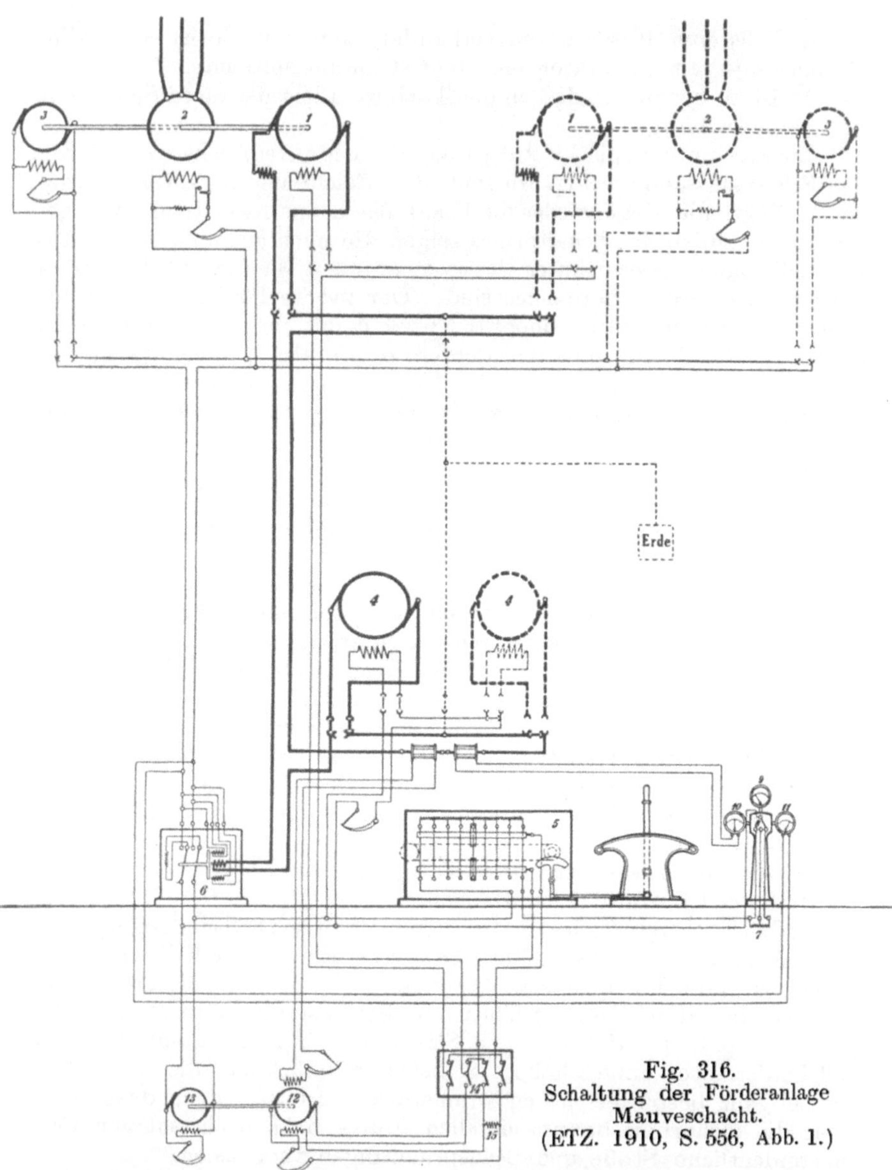

Fig. 316.
Schaltung der Förderanlage
Mauveschacht.
(ETZ. 1910, S. 556, Abb. 1.)

1. Anlaßdynamo
2. Drehstromgenerator } auf der Tur-
3. Erregerdynamo   binenwelle.
4. Fördermotor.
5. Steuerapparat.
6. Notschalter mit Kurzschlußwiderstand, Auslösung durch Maximalförderstrom, Minimalerregerspannung und Erreger-Überspannung.
7. Zusatzwiderstand für halbe Geschwindigkeit und Revisionsfahrt.

8. Schalter zum Einschalten der Widerstände 7.
9. Manometer.
10. Ampèremeter.
11. Erregervoltmeter.
12. Kompoundierungsdynamo.
13. Antriebsmotor dazu.
14. Umschalter für Fahrt mit und ohne Kompoundierung.
15. Ersatzwiderstand bei Fahrt mit Kompoundierung.

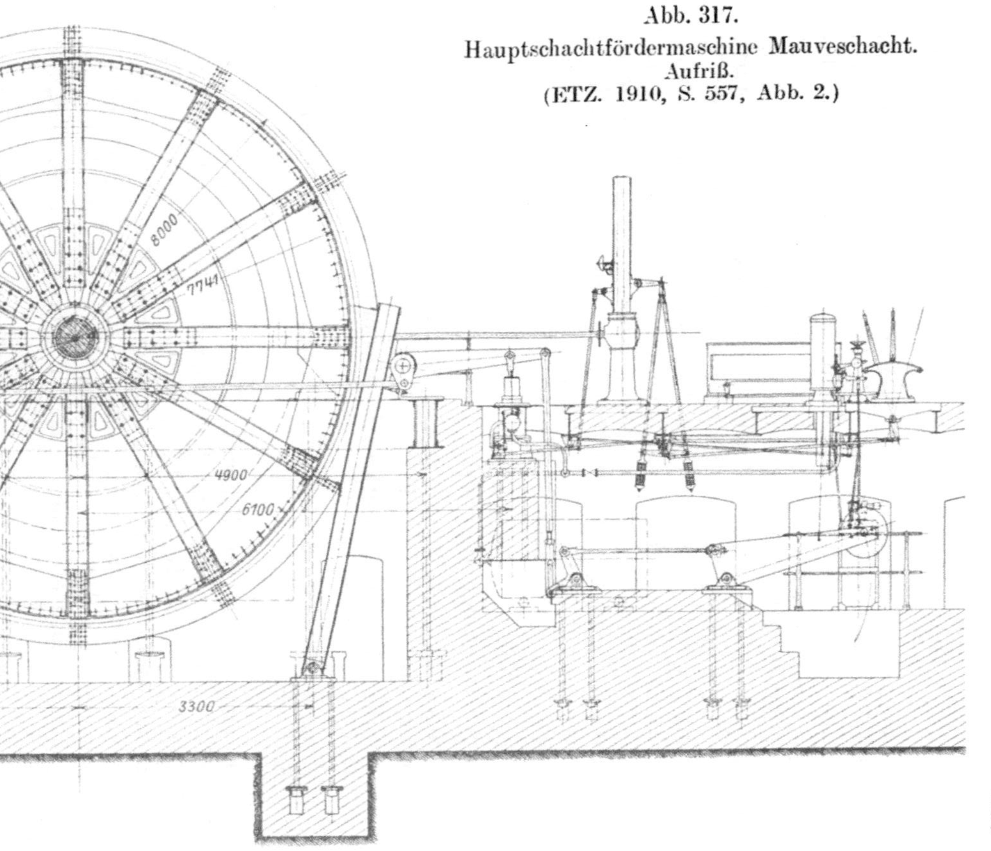

Abb. 317.
Hauptschachtfördermaschine Mauveschacht.
Aufriß.
(ETZ. 1910, S. 557, Abb. 2.)

4. Durch eine „Überspannungsspule“, wenn die Erregerspannung um 15 % ihren normalen Betrag überschreitet, was eintritt, wenn die Umdrehungen der Turbodynamo zu groß werden. Die Folge würde eine zu große Beschleunigung und Geschwindigkeit des Fördermotors sein.

In allen diesen Fällen muß sofort die Sicherheitsbremse einfallen, da die Unterbrechung des Stromes nach dem Motor die vollständige Loslösung desselben und damit des Fördergewichtes bedeutet. Die Gewährleistung der Sicherheit des gleichzeitigen Wirkens dieser Apparate, aber auch gleichzeitig die Forderung, daß dies zur Schonung der Maschinen und Teile eben auch nur im Falle wirklicher Not, dann aber auch sicher eintritt, ist eine der Hauptforderungen für die ganze Betriebssicherheit und soll deshalb hier ausdrücklich nochmals wiederholt werden (vgl. Abschnitt „Sicherheitsvorrichtungen“). In der nachstehenden Zusammenstellung sind die entsprechenden Daten der bisherigen Ausführungen eingetragen, und zwar

> unter I des Mauveschachtes der Kons. Heinitzgrube in Beuthen, O.-S., Steinkohlenbergwerk,
>
> unter II der Mines de la Mourière, la Mourière (Westfrankreich), Erzbergwerk,
>
> unter III der Gewerkschaft Rastenberg, Rastenberg i. Th., Kaliwerk,
>
> unter IV der Gewerkschaft Volkenroda, Menterode i. Th., Kaliwerk.

Die eingeklammerten Zahlen in Spalte I entsprechen später auszuführenden Erweiterungen. Die Werte sind z. T. den Veröffentlichungen und Mitteilungen von Brown, Boveri & Co, z. T. veröffentlichten Versuchen und den freundlichst zur Verfügung gestellten Erfahrungen der Zechen entnommen. Die Zechen unter III und IV geben als besondere Erfahrung noch an, daß weder das Halten des Kesseldrucks noch einer gleichmäßigen Luftleere bei vollem Förderbetriebe Schwierigkeiten mache.

Aus dieser Zusammenstellung ergeben sich folgende interessante Betrachtungen: Bei den neueren Anlagen unter III und IV ist der Anteil der Förderleistung an der gesamten Turbinenleistung erheblich vergrößert worden, die Grundbelastung ist kleiner gewählt worden, Zeile 15 und 17. Es liegt dies vor allem in der erhöhten Regulierfähigkeit der Turbine, bei der besondere Überlastungsstufen eingebaut worden sind, wie bei der Beschreibung des Überlastungsventils ausgeführt wurde.

Trotzdem schwanken die Umdrehungen nach Angabe der Zechen um nicht mehr als 1 %. Die Überlastungsfähigkeit der Turbine ist also wesentlich gesteigert worden, wie Zeile 18 ergibt.

Die Grundbelastung kann bei III und IV nach Angabe der Zechen auch bei flotter Förderung noch erhöht werden. Unter Umständen müßte dann die Fördergeschwindigkeit oder wenigstens die Spitzenleistung — Beschleunigung — etwas verringert werden.

	I Mauveschacht	II Mourière	III Rastenberg	IV Volkenroda
1. Teufe . . . . . m	540 (770)	240	613	1000
2. Nutzlast. . . . kg	3600 (7200)	5000	3000	4000
3. Förderleistung in d. Minute . . . . t	147,6 (230)	380	96	100
4. Höchste Fördergeschwindigkeit i. d. Sek. . . . . m	10	8,94	10	10
5. Zügezahl i. d. Stunde	41 (32)	76	28	25
6. Zeit f. 1 Zug bei p = 1 . . . . Sek.	64 (87)	36	72	110
7. Zeit f. 1 Zug einschl. Förderpause . Sek.	88 (112)	47	113	144
8. Schachtpferdekräfte PS	295 (657)	338	191	370
9. Förderarbeit bei voller Fahrt mit 30 Proz. Zuschlag PS	625 (1250)	777	520	694
10. Normale und höchste Leistung d. Fördermotors . . . . PS	570/1365	—	470/750	375/1100
11. Umdrehungen i. d. Minute	24	—	34,5	32
12. Anlaßdynamo KW	500/1240	665/—	450/620	480/700
13. Drehstromgenerator beim Fördern KW	1000	1000	bis 350	bis 300
14. Normale u. höchste Leistung der Turbine . . . . KW	1500/1740	—/2100	700/970	850/1200
15. Die Dauerleistung u. Höchstleistung der Anlaßdynamo ist von der Dauerleist. und Höchstleistung der Turbine . . .	0,33/0,71	—	0,64/0,64	0,56/0,58
16. Entfernung der Fördermaschine von d. Zentrale . . . m	150	350	50	130
17. Die Belastung Z. 13 ist von der Normalleistung der Turbine Zeile 14	0,66	—	0,5	0,35
18. Die Höchstleistung der Turbine beträgt mehr als die Normalleistung . . . . %	16	—	38	41

Außerordentlich schwierig wird sich nun die Frage der Betriebskosten gestalten. Es würde vor allem sehr wesentlich sein, den Förderbetrieb mit seinen sehr wechselnden Perioden und die sonstigen Strom verbrauchenden Betriebe sehr sorgfältig miteinander zu vergleichen und ihr Zusammenarbeiten festzulegen und abzuwägen.

Genaue Versuche haben bisher nur auf dem Mauveschacht stattgefunden, und es soll im folgenden gezeigt werden, zu welchen unsicheren Schlüssen man hierbei kommen kann, und wie die Rentabilität der Förderanlage hier mehr als irgendwo anders von den Nebenbetrieben, die die Grundbelastung ergeben, abhängt.

Von den drei Versuchen — 5. Jahresbericht des oberschlesischen Dampfkesselüberwachungsvereins 1910/11 — seien die bei größter und die bei kleinster Belastung der Turbine ausgeführten Beobachtungen zusammengestellt:

		I	II
Drehstrom-Grundbelastung . . . . KW		1015	562
Förderung in 1 Stunde . . . . t		133	133
Mittlere Förderleistung in 1 Stunde . . . . PS		266	
Zügezahl in der Stunde		35,7	36,3
Dampfverbrauch in 1 Stunde . . . . kg		10140	7185

Die Förderung ist also beide Mal gleich stark gewesen, die Grundbelastung ist jedoch beim zweiten Versuche nur etwa die Hälfte der beim ersten Versuch.

Für die Förderung sind 500 KW in Rechnung zu stellen nach Angabe des Dampfkesselrevisionsvereins. Man kann nun zwei Wege einschlagen, um den Dampfverbrauch der Förderung zu bestimmen.

1. Man rechnet die Grundbelastung mit dem der betreffenden Gesamtleistung entsprechenden Dampfverbrauch und schlägt den Rest auf die Förderung, oder

2. man verteilt den Dampfverbrauch anteilig auf beide Posten.

Der erste Fall scheint der richtigere, wenn er auch jedenfalls für die Grundbelastung zu günstige Werte ergibt, da die Grundbelastung von dem durch die höhere Gesamtleistung bedingten geringeren spezifischen Dampfverbrauche Nutzen hat.

Es wurden festgestellt für eine gleichmäßige Gesamtleistung von 1585 KW, ein Dampfverbrauch von 8,0 kg/KW/st und für 1055 KW 8,38 kg/KW/st.

Nach der ersten Annahme ergibt sich hiernach für Versuch I

$$10140 - 1015 \cdot 8 = 2020 \text{ kg}$$

und für Versuch II

$$7185 - 562 \cdot 8,38 = 2475 \text{ kg}$$

Dampf für die Förderung,

also für I $\dfrac{2020}{266} = 7,6$ und für II $\dfrac{2475}{266} = 9,3$ kg

Dampf für 1 Schachtpferdekraftstunde.

Durch Verminderung der Grundbelastung auf etwa die Hälfte steigt also der Dampfverbrauch der Förderung um 22 %.

Hieraus geht der erhebliche Einfluß der relativen Höhe der Grundbelastung hervor, wenn es auch anfechtbar erscheint, daß man die Förderung, die beide Mal gleich stark war, mit verschiedenem Kostenbeitrag belasten soll.

Selbstverständlich gilt dies nur für die vorliegende Turbine auf dem Mauveschacht, die schon 6 Jahre alt ist. Bei neueren Turbinen ist der Dampfverbrauch bei Vollast und Halblast fast gleich, es würden also diese Unterschiede viel geringer ausfallen, wenn nicht überhaupt wegbleiben.

Zu der zweiten Annahme ist, wie oben gesagt, die Förderung mit 500 KW zu setzen oder, da die Förderzeit etwa 60 Sekunden, die Förderpause etwa 40 Sekunden ausmacht, als gleichmäßige Belastung von

$$\frac{500 \cdot 60}{60 + 40} = 300 \text{ KW.}$$

Hieraus ergibt sich für Versuch I $\dfrac{10\,140}{1015 + 300} = 7,7$ kg Dampf für 1 KW/st und für Versuch II $\dfrac{7185}{562 + 300} = 8,35$ kg Dampf für 1 KW/st. Es würde also auch hier eine Verschlechterung des spezifischen Dampfverbrauchs der Grundbelastung sich ergeben.

Für 1 Schachtpferdekraft würde sein: für Versuch I

$$\frac{7,7 \cdot 300}{266} = 8,68 \text{ kg}$$

und für Versuch II

$$\frac{8,35 \cdot 300}{266} = 9,42 \text{ kg,}$$

also nur 8,5 % mehr für den Fall der Verminderung der Grundbelastung, gegen 22 % der ersten Rechnungsart. Aus diesem Grunde müßte man diese zweite Rechnungsmethode als die richtige bezeichnen, weil sie annähernd gleichen Verbrauch für die Förderung gibt, wenn sie gleich stark bleibt. Es bleibe jedoch dahingestellt, welche Rechnungsmethode man endgültig vorziehen soll. Es wird darauf ankommen, inwieweit man einer gegenseitigen Beeinflussung von Grundbelastung und Förderung Rechnung tragen will. Zur besseren Übersicht sind in folgender Zahlentafel die Ergebnisse beider Rechnungen nebeneinander gestellt.

	Versuch I hohe Grundbelastung		Versuch II niedrige Grundbelastung	
Rechnungsmethode	1	2	1	2
Dampfverbrauch				
kg für 1 KW/st	8	7,7	8,38	8,35
kg für 1 Schachtpferdekraftstunde	7,6	8,68	9,3	9,42

Die Spalten 1 und 2 sind zusammengehörig und mit einander zu vergleichen.

Es ergibt sich jedenfalls hieraus, daß eine einwandfreie Berechnung des Dampfverbrauchs und mithin der Betriebskosten noch nicht aufgestellt werden kann, ohne daß man von Anfang an gewisse Voraussetzungen und Annahmen zubilligt. Was die angegebenen Versuchsergebnisse betrifft, so muß auch noch erwähnt werden, daß die Dauer der Versuche eine zeitlich begrenzte war, bedingt durch die verfügbare Fördermenge. Aber abgesehen von diesen Einwänden und von den Differenzen, so bleibt der ungefähre Wert des Dampfverbrauchs stets ein außerordentlich niedriger, auf die Schachtpferdekraftstunde bezogen.

Um den Wirkungrgrad zu bestimmen, kann man folgendermaßen verfahren.

Man setzt 1 Schachtpferdekraft = 0,736 KW und rechnet den Dampfverbrauch für 1 Schachtpferdekraft um in Dampfverbrauch für eine KW/st. Man erhält dann für die 4 Ergebnisse:

$$\frac{7,6}{8} = 0,95; \qquad \frac{8,68}{7,7} = 1,13; \qquad \frac{9,3}{8,38} = 1,1; \qquad \frac{9,42}{8,35} = 1,13$$

KW/st für 1 Schachtpferdekraft und die entsprechenden Wirkungsgrade

$$\frac{0,736}{0,95} = 0,775 \, (?); \qquad \frac{0,736}{1,13} = 0,65; \qquad \frac{0,736}{1,1} = 0,67; \qquad \frac{0,736}{1,13} = 0,65,$$

demnach gleiche Wirkungsgrade für die nach der 2. Methode bestimmten Dampfverbrauchszahlen.

Auch diese Zahlen sprechen für die Güte des Systems, selbst wenn man mit Rücksicht auf die genannten Einschränkungen und Ungenauigkeiten die hohen Zahlenwerte für den Wirkungsgrad als einer Berichtigung und Nachprüfung durch längere Versuche bedürftig erachten will.

Während der Drucklegung gehen mir die neusten Versuchsergebnisse der Anlage „Rastenberg" zu, die einige interessante weitere Betrachtungen ermöglichen.

Die Versuche schließen mit folgenden Zahlen ab:

Bei einer beide Male gleichen Grundbelastung von 208 KW des Drehstromgenerators wurden das eine Mal 22, das andere Mal 14 Züge in der Stunde gemacht, entsprechend 166 und 105 Schachtpferdekräften und 360 und 310 KW Gesamtbelastung.

Es ergab sich für eine Schachtpferdekraftstunde 7,75 und 9,35 kg Dampf bei einem Dampfverbrauch von 8,7 und 9,05 kg für die Belastungseinheit bei der entsprechenden Gesamtbelastung. Aus den Versuchsergebnissen der Förderanlage „Mauveschacht" wurde berechnet, daß eine Verminderung der Grundbelastung den Dampfverbrauch für die Schachtpferdekraftstunde bei gleich bleibender Förderleistung erhöht; aus den Zahlen der Anlage „Rastenberg" dagegen ergibt sich, daß eine Verminderung der Förderleistung den Dampfverbrauch für die Grundbelastung verschlechtert. Es müßte also mit dieser Verschlechterung die Förderung belastet werden, da es nicht gerechtfertigt ist, die gleiche Drehstromleistung mit verschiedenen Dampfverbrauch zu rechnen.

Dieser Gesichtspunkt ist daher bei der Kostenaufstellung besonders zu berücksichtigen.

Für die Anlage „Rastenberg" zeigte ferner der Versuch noch das interessante Ergebnis, daß bei 15 Zügen in der Stunde die Grundbelastung bis auf 500 KW erhöht werden konnte. (Vergleiche S. 389, Zeile 13 der Zahlentafel.)

Vierter Abschnitt.

Sicherheitsvorrichtungen.

1. Allgemeines.

Der folgende Abschnitt hat vor allem den Zweck, die Richtlinien anzugeben, nach denen bei dem Einbau und bei der Anordnung von Sicherheitsvorrichtungen verfahren wird.

Wie bereits bei der Besprechung der einzelnen Anlagen wiederholt betont wurde, ist wenig neues hinzugekommen. Schon die ersten Fördermaschinen zeigten die gleichen Sicherheitsvorrichtungen wie die neuesten; sie sind hier und da etwas vervollkommnet worden, im Prinzip hat sich nichts geändert.

So arbeiten die ersten Maschinen noch heute ebenso zuverlässig wie zu Anfang. Ebenso ist bei den Konzessionen der neueren Maschinen die gleiche Last- und Seilfahrtsgeschwindigkeit zugelassen wie bei den ersten.

Die im März 1901 bestellte Hauptschacht-Fördermaschine auf Zollern II arbeitet von Anfang an mit 20 m und 10 m Geschwindigkeit, Werte, die jetzt noch nicht überschritten werden.

Welches Zutrauen die Sicherheitsapparate, insbesondere die sog. Retardierung genießen, beweist eine im Jahre 1911 von den Siemens-Schuckert-Werken bei einer Ilgner-Förderanlage auf Zeche Bonifazius der Gelsenkirchener Bergwerks-A.-G. zum ersten Male übernommene Garantie: beim Einhängen der größten Seilfahrtlast mit der größten Seilfahrtgeschwindigkeit von 10 m soll bei sich selbst überlassener Maschine der Überfahrweg über die Hängebank keinesfalls mehr als 4 m betragen.

Die elektrische Fördermaschine mußte sofort, um der Konkurrenz der Dampfmaschine begegnen zu können, nicht nur Wirtschaftlichkeit sondern auch Betriebssicherheit in vollkommenster Weise zu erreichen suchen. Daher sind alle dahin zielenden Apparate viel harmonischer mit der Gesamtanlage verbunden, als dies vielfach bei Dampffördermaschinen der Fall ist.

Seit ihrem ersten Auftreten auf der Düsseldorfer Ausstellung 1902 sind diese beiden Begriffe zum Schlagwort geworden und dienen als Grundlage jedes Vergleichs und jeder Beurteilung. Allerdings, wie wir in den bisher behandelten Abschnitten gesehen haben, in noch nicht stets ganz geklärter Weise.

Die ersten elektrischen Fördermaschinen besaßen noch in dem Baumannschen Sicherheitsapparat einen wesentlichen Anklang an die Dampffördermaschinen. Es war dies unter anderem der Fall bei der in Düsseldorf 1902 ausgestellten Fördermaschine für den Schacht Zollern II der Gelsenkirchener Bergwerks-A.-G. von Siemens & Halske, Berlin, die mit Gleichstrommotoren arbeitete. Die weiterhin beschriebene Zurückführung des Fahrhebels, die sog. Retardierung [1]), die man heutzutage als vollkommen genügende Sicherheitsvorrichtung bei Gleichstrommotoren betrachtet, war nur nebenbei vorhanden. Man wollte offenbar den alten, bei Dampfmaschinen bewährten Sicherheitsapparat nun hier bei den neu auftretenden elektrischen Fördermaschinen nicht ohne weiteres missen.

2. Stromunterbrechungen.

Zunächst ist das Ausbleiben des Stromes an irgendeiner Stelle Gefahr bringend, nicht nur des Hauptantriebstromes, sondern auch irgendeinem beigeordneten aber doch für den Gesamtbetrieb wesentlichen Stromes, z. B. für die Erregung, den Antrieb einer Hilfsmaschine, Kompressor, Betätigung einer Vorrichtung u. dgl. mehr.

Bei Betrachtung aller Ausführungen wird man also sein Augenmerk darauf zu richten haben, ob dieser Fall möglich ist und was für diesen Fall für eine Sicherheit geboten wird und zu verlangen ist.

Hieraus ergeben sich für verschiedene Zwecke besondere Sicherheitsvorrichtungen und Anordnungen.

Bei Anlagen mit Energiespeicher, also bei Ilgneranlagen, und bei Batteriebetrieb, System Iffland, bedingt das Unterbrechen des Hauptnetzstromes kein Auslösen der Sicherheitsbremse. Hier können die Züge noch ohne Störung zu Ende geführt werden.

Dies ist jedoch nicht der Fall, wo keine Energiespeicher vorhanden sind, also bei direktem Drehstromantrieb und bei Leonardschaltung ohne Schwungrad. Wenn da der Hauptnetzstrom unterbrochen wird oder ausbleibt während eines Zuges, so muß die Förderschale sofort festgehalten werden.

Das Ausbleiben des Stromes kann zweierlei Gründe haben: der Strom kann von der Zentrale aus wegbleiben oder er kann auch durch die Anlage selbst unterbrochen werden, wenn nämlich die Stromstärke aus

---

[1]) Es hat sich für diesen Vorgang die Bezeichnung Retardierung, d. i. Verzögerung, eingeführt, m. E. bedauerlicherweise, da dies ein überflüssiges, künstlich gebildetes, ersetzbares Fremdwort ist. Der entsprechende Vorgang beim Anfahren wird mit „Freigabe des Fahrhebels" allgemein bezeichnet, also könnte man, da die Hebelbewegung der Maschinenbewegung entspricht oder doch meist entsprechen soll, auch für die „Verzögerung" die Hebelbewegung, d. i. die „Zurückführung", einsetzen. Weiterhin ist deshalb nach Möglichkeit dieser die Hebelbewegung treffende Ausdruck benutzt worden.

irgendeinem Grunde, beispielsweise durch Überlastung, die zulässige Höhe übersteigt.

Die betreffenden Apparate nennt man Apparate mit Nullspannungs- und Maximalauslösung und verbindet sie je nach der Art der Anlage mit einer Auslösevorrichtung der Sicherheitsbremse oder läßt sie nur als Schutz für den Motor wirken; aus den verschiedenen Schaltplänen geht dies zur Genüge hervor.

Eine Betätigung von Hand ist meist vorgesehen.

Eine besondere Kombination findet bei Ilgneranlagen statt: wird der Fördermotor überlastet, so wird der Hauptnetzstrom automatisch unterbrochen. Dies bewirkt gleichzeitig eine Unterbrechung des Erregerstromes der Anlaßdynamo durch den sog. Notfeldschalter, so daß eine kräftige elektrische Bremsung eintritt.

Hört nun aber der Antrieb vom Motor auf, so wird die Wirkung der Bremsung weiter verstärkt, da alle Energie zum Beschleunigen der Schwungradmassen dann nur von dem zu bremsenden Fördermotor entnommen wird.

Eine übermäßige Steigerung der Stromstärke im Motor oder in der Anlaßdynamo kann eintreten, wenn bei Ilgner-Umformern das Schwungrad bei schwacher Förderung ausgeschaltet wird und die Maschine nur noch in reiner Leonardschaltung fährt, wie es an den betreffenden Stellen beschrieben ist.

Dann müßte der ganze Belastungsstoß, der beim Beschleunigen eintritt, von dem Drehstrommotor aufgenommen werden. Er würde, wie aus den Beispielen hervorgeht, über das Doppelte seiner mittleren Leistung hergeben müssen. Um das zu vermeiden, ist als einfachste Sicherheitsvorrichtung vorgesehen eine durch die Schwungradkupplung automatisch betätigte Verriegelung des Fahrhebels, der dann nur noch auf halbe Fahrt ausgelegt werden kann. Es ist ferner gleichzeitig die Schlüpfung größer einzustellen, so daß hierdurch die Stromaufnahme vermindert wird. Da der Motor, wie alle elektrischen Maschinen, auf kurze Zeit eine Überlastung verträgt, so wird der Ausschalter des Netzstromes, der natürlich vorhanden sein muß, da trotz Schlupfreglung und Geschwindigkeitsverminderung der Motor zu hoch belastet werden kann, als Zeitschalter ausgeführt.

Ein solcher Schalter schaltet also erst aus, wenn die Überlastung eine kurze Zeit gedauert hat, in der eine schädliche Erwärmung noch nicht eingetreten ist.

Statt der Verkleinerung der Hebelauslage kann auch eine automatische Verminderung der Erregung der Anlaßdynamo stattfinden, so daß die Hebelauslage wohl die gleiche bleibt, die Geschwindigkeit jedoch vermindert wird. Diese Einrichtung hat den Zweck, die großen Beschleunigungen beim Anfahren zu vermindern, was bei Seilfahrt vorteilhaft ist.

Bedenklich ist natürlich das Ausbleiben des Hauptstromes, wenn er zum unmittelbaren und getrennten Antrieb einer Erregerdynamo verwendet wird. Am Erregerstrom eines Fördermotors hängt die ganze

Sicherheit des Betriebes; hier muß also ebenfalls das Einfallen der Sicherheitsbremse gefordert werden, wenn nicht eine Reserve dieses Erregerapparates in einer Batterie, wie es die Siemens-Schuckert-Werke z. B. auf dem Johanna-Schacht bei Beuthen ausgeführt haben, vorhanden ist. Über die Bedeutung des Antriebes der Erregermaschine ist bereits bei der Beschreibung der Anlage Rheinpreußen und Rhein-Elbe S. ... gesprochen worden.

Es braucht deshalb nur hier darauf verwiesen zu werden.

Im allgemeinen bieten ja die großen Kraftwerke von Überlandzentralen, Hüttenwerken und Kohlengruben eine reichliche Sicherheit, solange aber es noch vorkommen kann, daß durch einen Schalterbrand ein ganzes großes Revier auf Stunden stromlos wird, wie es binnen Jahresfrist in zwei der größten Kraftwerke Deutschlands vorkam, wird man immer mit dem Ausbleiben des Hauptstromes rechnen müssen. Braucht man auch nicht gleich an den äußersten Fall des Zusammentreffens mit einer Katastrophe, bei der der Stillstand der Fördermaschine die Gefährdung von Menschenleben bedeutet, zu denken, so wird doch schon die Möglichkeit, in jedem Fall den einen Zug und noch vielleicht ein paar andere sicher ausführen zu können, für Anlagen sprechen, bei denen im Umformer oder in einer Pufferbatterie eine solche Reserve vorhanden ist. Hierauf ist an den betreffenden Stellen zu achten.

Das Ausbleiben des Hauptnetzstromes wird durchaus nicht zu vergleichen sein mit dem möglichen Ausbleiben des Dampfes einer Dampfmaschine.

Vor allem bei langen Leitungen, beim Anschlusse von Maschinen an vielleicht kilometerlange Leitungen, sind die Gefahren für Unterbrechung des Netzstromes größer als für Unterbrechung einer vielleicht nur einige hundert Meter langen Dampfleitung. Es ist hierbei ferner wohl zu beachten, daß die Dampfleitung der elektrischen Zentrale ja außerdem noch vorhanden ist und man eigentlich folgende Nebeneinanderstellung zu beachten hat, aus der ohne weiteres die größeren Zahl der Gefahrenquellen für Unterbrechung einer elektrischen Stromlieferung gegenüber der Dampflieferung hervorgehen:

Dampffördermaschinen: Kessel — Dampfleitung — Fördermaschinen.

Elektrische Fördermaschinen: Kessel — Dampfleitung — Primäranlage — Netz — Fördermaschine, unter Umständen mit Umformeranlage. Hierin liegt der große Vorteil der Ilgner- und Batterie-Anlagen, bei denen bei Unterbrechung des Hauptnetzstromes der erste Teil der Gefahrenquellen ohne weiteres ausgeschaltet wird.

Stromunterbrechungen, die den Bremsmotor und die Bremse betreffen, sind mit den Bremsanlagen zusammen besprochen.

3. Bremsen.

An Bremseinrichtungen sind stets zwei vorhanden: eine Manövrierbremse und eine Sicherheitsbremse.

Eine dritte, die elektrische Bremsung, tritt, wie an den betreffenden Stellen gesagt ist, stets selbsttätig in Tätigkeit, sobald der Motor durch die überhängende Last schneller bewegt wird, als seiner von der Stellung des Steuerhebels bedingten Erregung entspricht. Er schickt dann Strom zurück in das Netz oder zur Anlaßdynamo, er leistet Arbeit und wird dadurch gebremst. Diese Bremsung nimmt man als erwünschte Zugabe, aber man rechnet nicht mit ihr, indem man trotzdem Manövrier- und Sicherheitsbremse ausführt, obgleich doch tatsächlich infolge dieser elektrischen Bremsung die Benutzung einer Fahrbremse, was die Manövrierbremse sein soll, vollständig entbehrlich wird.

Zur Betätigung der Bremsen kommt Druckluft und Elektrizität in Frage, abgesehen von den ältesten Anlagen, bei denen auch Dampf oder Druckwasser verwendet wurde, und zwar in der Art, daß man durch Druckluft oder durch den Strom das Bremsgewicht lüften läßt. Hierdurch ist die Betätigung in einfachster Weise vorgeschrieben. Läßt man die Druckluft, die den Kolben, an dem das Bremsgewicht hängt, entweichen, so fällt die Bremse ein. Dies kann schneller oder langsamer erfolgen und dadurch kann man den Bremsdruck beliebig schnell und langsam anwachsen lassen. Auch die Benutzung von Bremsdruckreglern, wie Iversen, Schönfeld, findet statt.

Der Luftauslaß muß nun unter verschiedenen Verhältnissen selbsttätig und auch durch den Maschinisten betätigt werden können. Elektrisch betätigt wird der Luftauslaß gewöhnlich durch ein Gewicht, das ein kleiner Magnet hochhält. Der Stromkreis dieses Magneten kann durch irgendein Relais am Hauptstromautomaten, vom Teufenzeiger oder auch vom Maschinisten unterbrochen werden. Das fallende Gewicht öffnet dann das Ventil, die Luft strömt aus und das Bremsgewicht geht nieder. Wie bereits erwähnt wurde, ist es wünschenswert und zweckmäßig, die Bremse bei voller Fahrt nicht allzu plötzlich einzuwerfen. Die großen Geschwindigkeiten elektrischer Förderungen könnten leicht bedenkliche Folgen bei allzu schneller Bremswirkung ergeben. Die Siemens-Schuckert-Werke bauen daher in die Auspuffleitung der Bremse einen Schieber ein, der vom Fahrhebel in der Weise abhängig gemacht wird, daß er bei voller Auslage desselben, also bei großer Geschwindigkeit fast geschlossen, bei geringer Auslage und kleiner Geschwindigkeit aber geöffnet ist. Hierdurch wird bei größerer Geschwindigkeit ein größerer Auslaufweg erzielt, bei kleiner Geschwindigkeit, also in der Nähe der Hängebank, aber eine sehr schnelle Wirkung. Es muß hierzu erwähnt werden, daß, wie später bei den Retardierapparaten näher ausgeführt wird, der Fahrhebel unter allen Umständen automatisch am Ende der Fahrt zurückgedrückt wird.

Diese Einrichtung ermöglicht, daß eine ganz gleiche Betätigung der Bremse verschiedene Wirkungen hervorruft, abhängig von der Geschwindigkeit, also mittelbar auch abhängig von der Stellung der Förderlast im Schachte. Die Druckluft wird entweder einer vorhandenen allgemeinen Druckluftleitung entnommen oder durch besondere Kompressoren erzeugt. Im ersteren Fall ist die Betriebssicherheit der anderen Erzeugungsstelle maßgebend. Doch wird bei der geschilderten Anlage einer Luftdruckbremse nur das Ausbleiben der Luft störend wirken, da dann von selbst die Bremse einfällt.

Zu beachten ist dann auch bei der Betriebskostenberechnung, daß die Fördermaschine mit einem entprechenden Kostenanteil von der Druckluftzentrale zu belasten ist.

Hat die Maschine einen besonderen Kompressor, so ist dieser in bezug auf seine Betriebssicherheit gesondert zu betrachten. Er wird als schnelllaufender Kolben- oder rotierender Kompressor gebaut und erhält einen besonderen Antriebsmotor. Dieser Motor muß insofern betriebssicher sein, als seine Stromquelle ebenso zuverlässig wie die Erregung der Fördermaschine sein muß. Man nimmt deshalb gern den Erregerstrom selbst als Stromquelle für den Kompressormotor.

Auch hierzu sind verschiedene Anordnungen aus den Schaltplänen zu ersehen.

Der Kompressor arbeitet auf einen Behälter, dessen Druck ihn selbsttätig an- und abstellt, und zwar durch einen Druckluftschalter, der als Kippschalter ausgeführt ist. Eine kräftige Feder wirkt einem durch die Druckluft betätigten Kolben entgegen, so daß der Schalter, wenn der Luftdruck unter ein gewisses Maß gesunken ist, selbsttätig einschaltet, und zwar stoßfrei, da ein kleiner, einfacher selbsttätiger Anlaßwiderstand ein langsames Anlassen bewirkt. Das Vorhandensein eines Luftwindkessels bietet eine gewisse Sicherheit, indem derselbe stets eine Reserve an Druckluft aufspeichert. Infolgedessen wird es bei sehr wenig Fahrten natürlich auch nicht notwendig, den Kompressormotor oft ein- und auszuschalten. Es wird lediglich darauf ankommen, welcher Spielraum zwischen dem untersten Drucke mit dem die Bremse gelüftet werden kann, und dem höchsten Kompressordrucke festgelegt worden ist.

Eine weitere Vereinfachung sehen Brown, Boveri & Co. vor. Sie lassen, sobald der höchste Luftdruck erreicht ist, den Überschuß an Luft entweichen.

Wenn also nicht eine rechtzeitige Abstellung des Motors erfolgt, so liegt hier natürlich eine Energievergeudung vor. Die An- und Abstellung des Motors erfolgt hier durch den Maschinisten nach Maßgabe des Behälterdruckes, der durch ein Manometer dem Maschinisten sichtbar angezeigt wird.

Eine Reserve von Kompressor und Motor pflegt nicht vorhanden zu sein. Sie dürfte sich auch erübrigen, da hier höhere Beanspruchungen als die normalen und damit besondere Gefährdungen ausgeschlossen sind.

Die Anordnung des Bremszylinders geht aus der Fig. 318 hervor.

Werden Sicherheits- und Manövrierbremse getrennt, so wird, wie es beispielsweise bei Fig. 319, der von den Siemens-Schuckert-Werken auf der Zeche Matthias Stinnes gebauten Fördermaschinen, der Fall ist, der liegende Zylinder für regelbaren Bremsdruck eingerichtet. Das an seinem Kolben befestigte Gestänge drückt die Bremsbacken an, er dient

Fig. 318.
Steuereinrichtung und Teufenzeiger der Allg. Elektrizitäts-Gesellschaft.
(Broschüre der AEG. Juni 1909, „Elektrisch betriebene Fördermaschinen",
Blatt 39.)

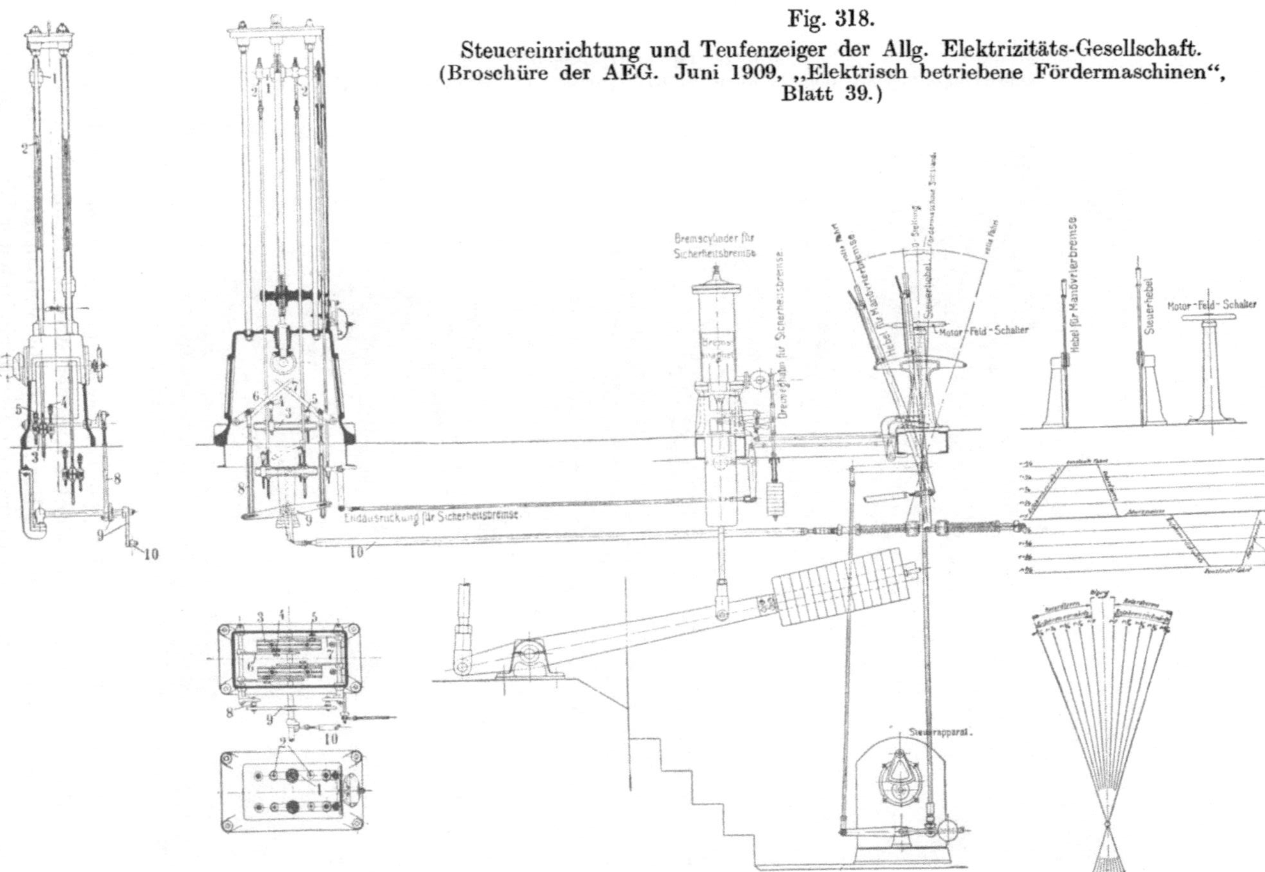

als Manövrierbremse. Der stehende Zylinder dieser Figur ist der Zylinder der Sicherheitsbremse. Das kleine Gewicht des oben geschilderten Auslaßventiles ist an dem stehenden Zylinder zu erkennen. Die Ausführung elektrische Bremsen ist aus Fig. 310 zu erkennen. Ein Hubmagnet ist

Fig. 319. Fördermaschine der Zeche Matthias Stinnes, Siemens-Schuckertwerke. (Aus Glückauf 1909, Nr. 42, Fig. 2.)

derart mit der Bremse verbunden, daß er ein kolbenartiges Gewicht, an dem die Bremse hängt, hochzieht. Wird der Stromkreis unterbrochen, so fällt das Gewicht und zieht die Bremse an. Die Abhängigkeit der Bremse von jedem beliebigen Stromkreis ist also in einfachster Weise gegeben.

Ein prinzipieller Unterschied zwischen Manövrierbremse und Sicherheitsbremse besteht nicht. Sie werden nur insofern zu unterscheiden sein, als die ersteren öfters, regelmäßig — mit der oben angegebenen Beschränkung durch die elektrische Bremsung — die letztere nur in Gefahrenfällen, bzw. am Ende jeder Fahrt zur Festhaltung der Endlage wirken sollen.

Die Betätigung der Bremsen erfolgt demnach in folgenden Fällen.

1. Von Hand in allen Fällen, in denen der Maschinenführer die Fahrt regeln will und dies mit dem Fahrhebel allein nicht tun kann.

Gleichzeitig hiermit muß dann stets der Notausschalter betätigt werden, um den Maschinenstrom nicht zu groß werden zu lassen.

Der ausgelegte Bremshebel muß stets auch den Fahrhebel, der vorher in Nullstellung zu bringen ist, verriegeln.

2. Beim Ausbleiben der Druckluft oder des Hauptstromes und bei übermäßigem Anwachsen des letzteren. Beides bewirkt bei Druckluft- und bei Magnetbremsen das Einfallen und macht das Lösen unmöglich.

3. Bei Störungen im Felde des Fördermotors von Ilgneranlagen wird ebenfalls in der beschriebenen Weise die Bremse einfallen müssen, um die Förderlast nicht loszulassen. Es muß aber stets gleichzeitig die Erregung der Steuerdynamo abgeschaltet werden.

4. Wenn die Förderschale zu hoch gezogen wird. Die Betätigung erfolgt in diesem Fall entweder durch das Fördergerippe selbst, die Wandermuttern des Teufenzeigers oder — bei den Siemens-Schuckert-Werken — durch eine seitliche Knagge an der Scheibe des Retardierapparates.

Einige weitere Kombinationen der Bremse mit Sicherheitsapparaten sind folgende.

Bei Leonardschaltung kann die Stromstärke zwischen Fördermotor und Anlaßdynamo eine gefährliche Höhe erreichen, wenn der Förderwiderstand, beispielsweise durch Klemmen im Schacht, erheblich steigt. Man schaltet dann durch einen automatischen Gleichstrom-Maximalausschalter einen Widerstand in die Leitung, wodurch der Strom sofort reduziert wird, und läßt die Sicherheitsbremse einfallen, die ja, wie oben gesagt, selbsttätig wiederum die Erregung der Anlaßdynamo unterbricht.

Hierdurch wird erreicht, daß der Maschinist die Maschine noch in der Hand behält, da der Ankerstrom nicht unterbrochen ist, und daß eine sehr kräftige elektrische Bremsung die mechanische unterstützt. Durch einen kleinen Schalter muß der Automat vom Führerstand aus sofort wieder eingeschaltet werden können.

Das Abschalten der Erregung der Anlaßdynamo durch einen vom Führerstand aus zu betätigenden „Notfeldschalter“ ist eine sehr wirkungsvolle Sicherheitsvorrichtung; sie muß bei Ilgneranlagen stets dem Führer bequem zur Hand sein, denn sowie die Spannung der Anlaßdynamo kleiner ist als die elektromotorische Kraft des Motors, und das ist bei Unterbrechung der Erregung in erheblichem Maße der Fall, tritt sofort eine kräftige Bremsung ein.

Dieser Notfeldschalter hat ein Zuggewicht, das innerhalb kurzer Zeit durch Widerstandschaltung die Erregung unterbricht. Der Schalter ist also ein Zeitschalter. Da diese Unterbrechung auch von der Sicherheitsbremse aus erfolgt, so setzt die elektrische Bremsung vor der mechanischen ein, die letztere, die doch immer mehr stoßweise wirkt, trifft also die schon langsamer laufende Maschine.

Es ist ferner noch zu erwähnen, daß bei Ilgneranlagen Netzstrom und Erregerstrom so auf den Bremsmagneten vereinigt werden können, daß bei Ausbleiben des ersteren der Erregerstrom noch zur Betätigung verwendet werden kann.

Allerdings kann das, wenn der Energiespeicher, das Schwungrad, ausgekuppelt ist, nur den Zweck haben, die Bremse so weit zu lüften, daß ein Niederfahren bis zum Füllorte möglich ist, da in diesem Fall eine Förderarbeit ja nicht mehr geleistet werden kann. Ist ein Energiespeicher vorhanden, und dann natürlich auch die notwendige Reserve des Erregerstromes, so kann man mit einer derart ausgeführten Bremse noch bis zur Erschöpfung des Energiespeichers fahren.

Bei Bremsen mit frei fallenden Gewichten kommt folgende Erwägung in Betracht. Das Gewicht ist für die Erzielung eines gewissen Bremsdruckes berechnet, da die Bremsbacken aber nicht anliegen dürfen, wenn die Bremse gelöst ist, so wird das Gewicht bis zum Anliegen der Backen stets einen gewissen Weg frei zu fallen haben. Dieser Weg vergrößert sich noch, wenn die Backen abgenutzt sind. Im Moment des Anliegens kommt also zu dem vom Gewicht herrührenden Bremsdrucke noch der der lebendigen Kraft des fallenden Gewichtes entsprechende. Es wird also die Bremswirkung mit einem sehr erheblichen Stoß einsetzen. Um dies zu vermeiden, bremst man die freiwerdende Arbeit durch Flüssigkeits- oder Luftdämpfer ab.

Dies kann aber wieder zur Folge haben, daß die Einfallzeit verlängert wird, was nicht immer zweckmäßig ist. Es würde z. B. bei der Auslösung der Sicherheitsbremse durch eine Übertreibsicherung geradezu bedenklich werden und die Betriebssicherheit wesentlich herabsetzen, wenn nicht sofort die Bremswirkung einsetzt. Allerdings muß bei der Beurteilung dieses Vorganges noch die Wahrscheinlichkeit berücksichtigt werden, die für ein Durchfahren der Hängebank mit großer Geschwindigkeit vorhanden ist. Die später zu beschreibenden Fahrtregler schließen ja eine solche fast absolut sicher aus.

Auch muß berücksichtigt werden, daß bei Leonardschaltung bei Betätigung des früher beschriebenen Notfeldschalters eine kräftige elektrische Bremsung der mechanischen vorausgehen soll, also auf irgendeinem Punkte des Förderweges bei der dann meist großen Geschwindigkeit eine weniger stoßweise Verzögerung der schließlich einsetzenden mechanischen Bremse günstig vorarbeitet.

Kurz, es wird für die Forderung der unbedingten Abkürzung der Fallzeit nicht ohne Einschränkungen eingetreten werden können.

Will man sie aber abkürzen, so wird der freie Fall des Bremsgewichtes die kürzeste Einfallzeit ergeben.

Brown, Boveri & Co. haben unter diesen Gesichtspunkten eine besondere Sicherheitsbremse ausgeführt.

Das Bremsgewicht wird in der üblichen Weise durch einen Kolben mit Druckluft hochgehalten. Nach Freigabe des Luftauslasses fällt das Gewicht frei, wie üblich. Beim Auftreffen der Bremsbacken auf die Bremsscheibe tritt ein doppeltes Abfangen der bewegten Gewichte ein: der Kolben trifft auf eine den unteren Teil des Zylinders füllende Flüssigkeit und muß sie durch Schlitze verdrängen, die durch eine vereinigte Bewegung von Kolbenstange und Bremshebel mehr oder weniger geschlossen werden unter gleichzeitiger Beeinflussung durch die Teufenzeigermuttern. Der Kolben und das Gestänge kommt auf diese Weise sehr rasch zum Stillstand. Das Bremsgewicht ist unter Zwischenschaltung einer Feder an dem Luftkolben aufgehangen. Wird nun dieser rasch in der Bremslage durch die Flüssigkeit aufgefangen, so wird das Bremsgewicht seine lebendige Kraft erst zur Zusammenpressung der Feder unter gleichzeitiger Betätigung einer hier ebenfalls vorhandenen Flüssigkeitsdämpfung abgeben. Die Feder hebt das Gewicht dann in die Anfangsstellung zur Kolbenstange zurück.

Hierdurch wird erzielt, daß der Bremsdruck von Anfang an die dem ruhenden Gewicht entsprechende Größe annimmt.

Man kann die Fallzeit bei dieser Abfangung der Bewegungsenergie noch weiterhin dadurch abkürzen, daß man die Beschleunigung des freien Falles vergrößert durch über den Kolben eintretende Druckluft, was in dem gleichen Moment erfolgt, in dem man unter dem Kolben die Druckluft austreten läßt.

Zu erwähnen ist hier noch das Lüften der Sicherheitsbremse mit dem ziemlich schweren Bremsgewicht. Es kann dies in verschiedener Weise erfolgen: entweder direkt durch Druckluft, oder, wenn keine Druckluft vorhanden ist, wie bei rein elektrischen Bremsen durch eine Winde, die durch Hand oder einen besonderen kleinen Motor betätigt wird.

Eine ganz neuartige Bremsvorrichtung haben Brown, Boveri & Co. seit kurzem mehrfach für Manövrierbremsen ausgeführt. Bei denselben kommt bisher stets komprimierte Luft zur Anwendung.

Um nun gewisse Nachteile, die in dieser vielgliedrigen Anordnung bestehen, zu vermeiden, insbesondere das Vorhandensein zweier Maschinen, des Motors und des Kompressors, sowie auch zur Ersparung der zum Ausgleich etwaiger Luftverluste durch Undichtheiten in Pausen erforderlichen Kompressorarbeit führt diese Firma einen sog. Bremsmotor in folgender Weise aus. Fig. 320.

Ein kleiner gewöhnlicher Drehstrom-Induktionsmotor treibt durch eine ausrückbare Reibungskupplung, deren Anpressungskraft regelbar ist, eine steilgängige Schraubenspindel an. Diese Reibungskupplung wird durch eine seitliche Bewegung des Fahrhebels betätigt, und zwar ist der Druck um so größer, je weiter der Fahrhebel nach der Seite ausgelegt wird. Es ist hierbei an die S. 338 näher beschriebene Steuerung der Kollektormotoren zu denken. Auf der Schraubenspindel bewegt sich eine Mutter, die mit dem Bremsgestänge verbunden ist.

Ist die Kupplung gelöst, so wird durch ein Lüftungsgewicht die
Mutter in die eine Endstellung auf der steilgängigen und daher nicht

Fig. 320.
Elektrische Bremse mit regelbarem Druck. System Brown, Boveri & Co., Baden.

Fig. 321.
Förderanlage Oheimgrube der Hohenlohewerke A.G. in Kattowitz.
Doppelkollektormotor von 285 PS. max. Leistung, 425 Umdr. in der Minute,
220 Volt Drehstrom, 50 Perioden, Nutzlast 650 kg. 800 m Teufe.
(System Brown, Boveri & Co., Baden.)

selbstsperrenden Spindel geführt. Dann ist auch die Bremse gelöst und
der Bremsmotor läuft frei mit voller Drehzahl im Leerlauf.

Wird die Kupplung angezogen, so wird die Spindel von derselben mit einer dem Anpressungsdruck entsprechenden Kraft mitgenommen und zieht dementsprechend Mutter und Bremse an.

Bei größtem Anpressungsdrucke steht der Motor still, sein abgegebenes maximales Drehmoment entspricht dem maximalen Bremsdrucke. Es ist also selbst bei plötzlichem Einschalten der vollen Bremskraft eine unzulässige Steigerung des Bremsdruckes ausgeschlossen, da die Kupplung der Spindel bei Steigerung über das rechnerische Maximum rutschen würde.

Der Bremsmotor mit der vorgelagerten, in dem gleichen verlängerten Gestell laufenden Spindel liegt vor dem Maschinisten, wie der Luftdruckbremszylinder bei gewöhnlichen Manövrierbremsen. Die Anordnung spart also alle anderen Nebenmaschinen und Nebenteile. Der Bremsmotor wird neuerdings von Brown, Boveri & Co. wiederholt ausgeführt.

Als besonderer Vorteil wird angegeben, daß er dauernd läuft, so daß also beim Bremsen eine Beschleunigung seiner umlaufenden Massen nicht erst notwendig ist.

Die Förderanlage Oheimgrube, Fig. 321, läßt die Anordnung des Bremsmotors deutlich erkennen.

4. Fahrtregelung.

Eine Forderung, die bei Dampfmaschinen erhebliche Schwierigkeiten macht, ist die Einhaltung einer vorgeschriebenen Geschwindigkeit bei der Beschleunigung und Verzögerung und vollständige Sicherheit gegen zu schnelles Fahren.

Bei elektrischen Fördermaschinen liegt bei Gleichstrommotoren diese Sicherheit in der Eigenart des Treibmittels, des elektrischen Stromes, d. h. in der unmittelbaren Abhängigkeit der Umdrehungszahl von der Spannung. Übersteigt die Spannung einen gewissen Betrag nicht, so kann auch die Geschwindigkeit über den entsprechenden Wert nicht erhöht werden; macht man die Zu- und Abnahme der Spannung nun nach einem gewissen Gesetze zwangläufig, so ist damit auch die Beschleunigung, Höchstgeschwindigkeit und Verzögerung zwangläufig festgelegt.

Deshalb ist es leichter als bei den Dampfmaschinen, den Förderzug vollständig zu regeln, da die Stromstärke, welche die Größe des Drehmomentes bestimmt, unabhängig — bis zu einem gewissen Grade — von der Spannung ist. Infolgedessen ist es auch im wesentlichen vollständig gleich, ob Lasten gefördert oder eingehangen werden, die Geschwindigkeit bleibt für jede Hebelstellung die gleiche. Allerdings muß zugefügt werden, ganz genau trifft dies nicht zu, es werden, wie unter „Gleichstrommotoren" erläutert worden ist, Korrekturen nötig, da die Höhe der Stromstärke auf die wirksame Spannung einen gewissen Einfluß ausübt. Nach Berücksichtigung dieser Korrekturen ist aber die vollständige Proportionalität zwischen Fördergeschwindigkeit und Spannung, also auch der Fahrhebelstellung vorhanden. Dies ist außerordentlich wichtig; bei der Dampfmaschine ist die Auslage der Steuerung, die Füllung der Zylinder von ganz verschiedenem Einfluß auf die Fahrtgeschwindigkeit, je nach der Last, die auf der Schale sich befindet.

Selbstverständlich ist es falsch, die Maschine nun so fahren zu lassen, daß der Maschinist nur noch Automat ist, obgleich es nicht schwierig wäre. Denn wenn der Maschinist vollständig jeder Einwirkung überhoben ist, so wird er im Gefahrenfall hilflos der sonst ohne ihn arbeitenden Maschine gegenüberstehen. Es muß ihm möglich sein, innerhalb der zulässigen Grenzen aus den Maschinen herauszuholen, was möglich ist, in einer Weise, die ihm nicht das Gefühl nimmt, Herr der Maschine zu sein. Dieses außerordentlich wichtige Gefühl wird sowohl von den neueren Dampfmaschinensteuerungen wie auch von den elektrischen „Fahrtreglern‟ gewahrt. Die drei Hauptkonstruktionen solcher Fahrtregler von der Allgemeinen Elektrizitäts-Gesellschaft, den Siemens-Schuckert-Werken und Brown, Boveri & Co. beruhen alle auf einem Zusammenbau mit dem Teufenzeiger. Hierbei sind bei den einzelnen Konstruktionen noch folgende schon bei den Dampfmaschinen erörterte Gesichtspunkte einzuhalten.

Die Teufenzeiger müssen einstellbar sein, für den Fall des Versteckens der Trommeln oder für den Fall, daß — bei Treibscheiben — das Seil rutscht. Es wird dies am einfachsten dadurch bewirkt, daß auf der geteilten Antriebswelle der Teufenzeigerspindel 2 Scheiben sitzen mit einer größeren Zahl von Löchern, durch die man je nach der gegenseitigen Stellung Kupplungsstifte steckt. Die Fahrtreglung vom Teufenzeiger bezeichnet man meist mit „Retardierung‟ oder „Rückführung des Fahrthebels‟.

Fig. 322.

Teufenanzeiger mit Retardierapparat der Siemens-Schuckertwerke. (Aus Z. d. V. deutsch. Ing. 1911, S. 2004, Fig. 28.)

Siemens-Schuckert-Werke Fig. 233 und 322. Die Teufenzeigerantriebe, die von den beiden Trommeln oder von der Köpescheibe ausgehen, treiben 2 Scheiben an, auf deren Umfange verschieb- und verstellbare Knaggen befestigt sind, die durch ein Gestänge den Fahrhebel bei Fahrtbeginn allmählich freigeben und bei Fahrtende zurückschieben. In den Hubenden ist so viel Spiel vorhanden, als zum Umsetzen der Förderschale notwendig ist.

Die Kurven der Auflaufknaggen werden bei Einfahren der Maschine zunächst aus Holz geformt, genau nach der gewünschten Geschwindigkeit ausprobiert und dann in Eisen ausgeführt. Sie sind verschiebbar, also kann auch aus verschiedenen Teufen gefördert werden. Seitlich tragen die beiden Scheiben einen Anschlag, der am Hubende die Sicherheitsbremse auslöst. Fig. 233 zeigt den Zusammenbau des ganzen Steuermechanismus.

Allgemeine Elektrizitäts-Gesellschaft, Fig. 318. Hier erfolgt die Betätigung der Retardierung durch die Wandermuttern des Teufenzeigers. Die Wandermutter 1 führt in zwei Öffnungen die Stangen 2, die oben durch Muttern verstellbare Anschläge tragen.

Bei tiefstehender Wandermutter ruhen die Stangen 2 mit ihren Bunden auf dem Teufenzeigersockel auf.

Sobald die aufsteigende Mutter 1 mit Beginn der Verzögerungsperiode die verstellbaren Anschläge berührt, werden die Stangen 2 von der Wandermutter mitgenommen und hochgehoben.

Die Stangen 2 tragen am unteren Ende, ebenfalls in der Höhe verstellbar eingerichtet, eine Traverse 3, auf der beiderseits je ein Rollenträger mit Rolle 4 und 5 angeordnet ist. Diese Rollenträger sind in Führungen auf der Traverse verschiebbar und können zu genauer Einstellung in jeder Lage festgeklemmt werden. Die Rollenträger 4 und 5 selbst sitzen auf Schraubenspindeln, durch die sie mit zwei Stellmuttern auf den Rollenträgern höher oder tiefer geschraubt werden können.

Die Rollen 4 und 5 haben verschiedene Bedeutung. Die eine steuert das zwangläufige Anlassen, die andere besorgt das automatische Zurückführen. Zu diesem Zweck arbeiten die Rollen auf zwei verschiedene Hebel 6 und 7, die auf Wellen fest aufgekeilt sind und ihre Bewegung durch diese Wellen auf das Hebelsystem 8 und 9 übertragen. Dieses wirkt wieder auf das Gestänge 10 und betätigt dadurch den Steuerschalter der Maschine.

In der Figur ist gerade das Ende der Zurückführung dargestellt. Die Rollen 4 und 5 sind gehoben worden, 4 hat hierbei 6 nach aufwärts geführt und durch 8, 9 und 10 den Steuerhebel aus der größten Auslage in die Nullstellung gebracht.

Gleichzeitig ist durch die Rolle 5 der Anlaßhebel 7 so weit gehoben, daß dem Steuerhebel nur eine geringe, genau einstellbare, dem Spielraum der Schleife 8a entsprechende Bewegungsfreiheit bleibt, die aber ausreicht, um den bei normaler Belastung erforderlichen Anfahrstrom zu schalten.

Der Steuerhebel wird durch die sinkende Wandermutter 1 und die Rolle 5 bei der Gegenfahrt nach und nach, zwangläufig, freigegeben.

Die zweite Hälfte des Teufenzeigers ist vollkommen gleich eingerichtet. Anlaß- und Rückführungshebel (Retardierhebel) stehen sich ebenfalls gegenüber, so daß der Anlaßhebel der einen und der Rückführungshebel der anderen Seite auf der gleichen Welle sitzen, an welcher die Gestänge zur weiteren Verbindung mit dem Steuerhebel angreifen.

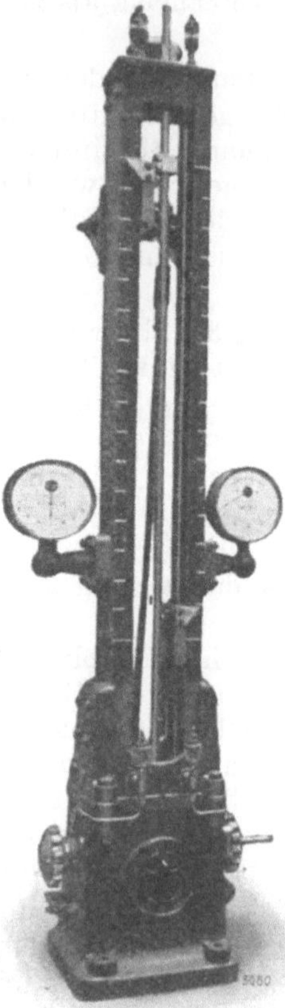

Alle 4 Hebel bewegen sich gleichzeitig auf und ab. Die strichpunktierte Lage bezeichnet die tiefste Stellung. Ein Hebel ist immer in zwangläufiger Verbindung mit einer Rolle; die übrigen Hebel bewegen sich leer mit.

Die Aufwärtsbewegung der Rückführungshebel führt den Steuerhebel stets zur Nullage zurück, die Abwärtsbewegung der Anlaßhebel gestattet seine Auslage.

Um dem Maschinisten die Möglichkeit zu geben, auch bei übernormaler Belastung anzufahren oder den Steuerhebel nach beendeter Zurückführung noch ein bestimmtes Stück auszulegen, sind in das Gestänge 10 Druckfedern eingeschaltet.

Die Wandermuttern betätigen in der üblichen Weise noch eine Warnglocke und die Endauslösung der Sicherheitsbremse bei Durchfahren der Hängebank. Steuer- und Bremshebel sind miteinander so verriegelt, daß der erstere nur bei gelöster Bremse voll ausgelegt werden kann.

Brown, Boveri & Co., Fig. 323. Die „Retardierung“, Zurückführung, wird durch die Wandermuttern des Teufenzeigers bewirkt, die auf je einen am oberen Ende des Teufenzeigers gelagerten zweiarmigen Hebel wirken und durch diesen und ein Zwischengestänge die Zurückführung des Steuerhebels in die Nullage und damit ein Ausschalten des Förderstromes bewirken. Selbstverständlich wird auch hier wie bei anderen Konstruktionen in der Endlage für den Steuerhebel genügend Bewegungsfreiheit gegeben, um den Förderkorb umsetzen zu können. Warnglocke und Endauslösung der Sicherheitsbremse sind auch hier wie bei der vorgenannten Konstruktion von den Wandermuttern abhängig.

Fig. 323.
Teufenzeiger von Brown, Boveri & Co.
(Nach Broschüre 253 von Brown, Boveri & Co., S. 18, Abb. 18.)

Zu allen diesen Retardiervorrichtungen, Anlaß- und Sicherheitsapparaten ist noch nachzutragen, daß sie mit den erforderlichen Meß- und Zeigerapparaten versehen und meist auch äußerlich geschmackvoll ausgeführt werden. Voltmeter, Ampèremeter und Wattmeter für die verschiedenen Stromkreise werden gewöhnlich an dem Teufenzeiger oder an einer besonderen Meßsäule angebracht, ebenso werden mit demselben die optischen und akustischen Signalapparate verbunden, so daß der Maschinenführer alles bequem und übersichtlich vor Augen hat. Eine weitere Beschreibung erübrigt sich, die verschiedenen Schaltpläne und Schaubilder zeigen sowohl Anordnung wie Ausführung zur Genüge.

Die Bestrebungen neuerer Ausführungen gehen dahin, dem Maschinenführer alles in seinem Stande bequem erreichbar aufzustellen, ihn also nicht zu veranlassen, beispielsweise zum Lösen der Bremse, zum Einschalten des Notfeldschalters an eine besondere Schalttafel zu gehen.

Der Maschinenführer soll nicht abhängig von seinen Apparaten sein, er soll sie beherrschen; wie bei der Dampfmaschine soll er nicht willen- und machtlos der Maschine, die sich selbst steuert, gegenüberstehen. Dieser Gedanke liegt allen neueren Ausführungen zugrunde.

Figuren-Nachweis.

Es sind entnommen worden aus:

Taschenbuch der Hütte, 21. Aufl., Berlin. Verlag von W. Ernst & Sohn:
    Fig. 3.
Heise - Herbst, Bergbaukunde II. Berlin. Verlag von Julius Springer:
    Fig. 29—33, 74, 76.
Bansen, Streckenförderung. Berlin. Verlag von Julius Springer:
    Fig. 52—56.
Dem Rheinisch-Westfälischen Sammelwerk. Berlin. Verlag von Julius
    Springer:
    Fig. 78, 88, 259, 268.
Volk, Geräte und Maschinen für Bergmännische Förderung. Leipzig.
    Verlag von Arthur Felix:
    Fig. 80, 160, 165.
Jul. v. Hauer, Die Fördermaschinen der Bergwerke, III. Aufl. Leipzig.
    Verlag von Arthur Felix.
    Fig. 91, 93.
Leist, Die Steuerungen der Dampfmaschinen, I. Aufl., Berlin. Verlag
    von Julius Springer:
    Fig. 171, 172.
Gräfl. v. Ballestremsche Verwaltung: Die Castellengogrube:
    Fig. 1.
Zeitschrift des Vereins deutscher Ingenieure:
    Fig. 12—14, 17—22, 28, 42, 51, 59, 63, 82, 83, 89, 90, 92, 97, 100, 101,
    107, 182, 184, 188—190, 192—194, 199, 202—206, 221, 222, 224, 230—235,
    237, 240, 243, 248—250, 252—258, 260, 263, 264, 266, 267, 269, 270.
Zeitschrift für Berg- Hütten- und Salinenwesen im Preußischen
    Staate:
    Fig. 68, 86, 98.
Berg- und Hüttenmännische Zeitschrift Glückauf, Essen:
    Fig. 31, 62, 75, 117, 167, 197, 226.
Österreichische Zeitschrift für Berg- und Hüttenwesen:
    Fig. 23, 99, 112, 115.
Elektrotechnische Zeitschrift:
    Fig. 2.
Kohle und Erz, Kattowitz:
    Fig. 96.

Literaturverzeichnis.

A. Bücher über Fördermaschinen.

1. Julius v. Hauer: Die Fördermaschinen der Bergwerke. III. Aufl.; bei Arthur Felix, Leipzig 1885. 855 S., 1300 Fig. Behandelt das Gesamtgebiet der bergmännischen Förderung über Tage, im Schachte, unter Tage, in Strecken und Abbauen. Eingehende Literaturnachweise.
2. Carl Volk: Geräte und Maschinen zur bergmännischen Förderung; bei Arthur Felix, Leipzig 1901. 112 S., 155 Fig. Behandelt dasselbe Stoffgebiet wie 1. in kürzerer Ausführung unter Berücksichtigung der gegen 1. neueren Entwickelung.
3. Westfälisches Sammelwerk, genauer: Die Entwicklung des Niederrheinisch-westfälischen Steinkohlenbergbaues; bei Julius Springer, Berlin 1902. In Band 5 Förderung, S. 417—475: Oldenburger: Die Motoren der Schachtförderung. 67 S., 31 Fig., 5 Tafeln.
4. W. v. Chrzanowski: Die Geschwindigkeitsregelung der Dampffördermaschinen. Horstmannsche Buchdruckerei, Dülmen 1910. 30 S., 90 Fig. (Kritik der Steuerungen. Kraftwechsel und Ungleichförmigkeitsgrad. Regulatoreinwirkung. Sicherheitsapparate).
5. Dr.-Ing. E. Förster: Sicherheitsapparate von Fördermaschinen; bei Gebr. Böhm, Kattowitz 1912.
6. Philippi: Kraftübertragung. Hirzel, Leipzig.
7. Mitteilungen über Forschungsarbeiten. Heft 110/111. Springer, Berlin.
8. Bericht des Internationalen Kongresses über Bergbau- und Hüttenwesen. Düsseldorf 1910.

B. Bücher über Schachtförderung.

1. Heise-Herbst: Bergbaukunde, II. Teil; bei Julius Springer, Berlin 1910. S. 401—484: behandelt: Schachtförderung, ohne Berücksichtigung der eigentlichen Maschinen.
2. Th. Möhrle: Das Fördergerüst; bei Siwinna, Kattowitz, ohne Zeitangabe. 99 S. 145 Fig.
3. Th. Möhrle und Wohlstadt: Fördermittel; bei Siwinna, Kattowitz, ohne Zeitangabe 162 S., 187 Fig. und 7 Tafeln. Behandelt: Seil, Körbe, Fangvorrichtungen, Aufsatzvorrichtungen, Beschickungsvorrichtungen.

C. Bücher über Förderseile.

1. Hrabak: Die Drahtseile; bei Julius Springer, Berlin 1902.
2. Westfälisches Sammelwerk. Band 5: Förderung. Bergassessor Wilh. Müller. S. 251—394. Ingenieur Oldenburger, S. 428—432.

D. Zeitschriftstellen über Fördermaschinen, insbesondere Dampffördermaschinen.

1. Zusammenfassende Aufsätze über Fördermaschinen:

Dubbel: Neuere Bergwerksmaschinen schlesischer Werke. Z. Ver. deutsch. Ing. 1897, 1241, 1378.

Wallichs: Dampffördermaschine oder elektrische Fördermaschine? Z. Ver. deutsch. Ing. 1907, 1.

Baum: Reisebericht, darin einiges über amerikanische Maschinen. Glückauf 1908, 333.

Dr. H. Hoffmann: Maschinenwirtschaft in Bergwerken. Z. Ver. deutsch. Ing. 1909, 50.

Drews: Der gegenwärtige Stand des Fördermaschinenbaues mit besonderer Berücksichtigung des elektrischen Antriebes. Dinglers polyt. J. 1909, 162 ff.

Versuchsausschuß: Untersuchungen an elektrischen und mit Dampf betriebenen Fördermaschinen. Glückauf 1911, Heft 42—52.

2. Aufsätze allgemeineren Inhaltes.

Tomson: Förderanlagen für große Teufen. Glückauf 1898, 445 u. f.

Moldenhauer: Wirtschaftliche Förderung aus großen Teufen. Glückauf 1911, 1948 u. f.

Mellin: Ergebnisse der Untersuchungen der Großbritannischen Grubensicherheitskommission über Unfälle in Schächten. Z. f. B. u. H.-W. im Preuß. Staate 1910, 168 u. f.

Dr. H. Hoffmann: Untersuchungen an Dampffördermaschinen. Z. V. deutsch. Ing. 1904, 149, 192, 256.

3. Über einzelne Dampfförder-Maschinen oder Anlagen.

Ältere Zwillingsmaschine mit Nockensteuerung. Trommeln. Z. Ver. deutsch. Ing. 1881, Taf. 44.

Ältere Zwillingsmaschine mit Vorgelege einer Eisensteingrube. Z. Ver. deutsch. Ing. 1882, Taf. 7, 15.

Unterirdische Dampf-Maschinenanlage aus 1878. mit unterird. Kesselanlage. Z. Ver. deutsch. Ing. 1882, Taf. 9.

Zwillingsmaschine mit Bobine aus 1878. Krauses Kulissensteuerung. Z. Ver. deutsch. Ing. 1884, Taf. 11—13.

Französische Maschinen auf der Pariser Weltausstellung. Bobinen. Abschnappsteuerungen. Z. Ver. deutsch. Ing. 1890, S. 1017 u. f.

Zwillingsmaschine. Goochsche Kulisse mit Muschelschieber. Z. Ver. deutsch. Ing. 1892, S. 652.

Zwillingsmaschine mit Radovanovicsteuerung. Z. Ver. deutsch. Ing. 1897, 1242 u. Taf. 23.

Tomsonmaschine. Stehende Zylinder. Hintereinanderliegende Spiraltrommeln. Glückauf 1898, S. 445 u. f.; Dingl. polyt. Z. 1902, S. 377; Z. Ver. deutsch. Ing. 1902, S. 953.

Amerikanische Maschinen. Mit schräg stehenden Zylindern und großen Spiraltrommeln. Z. Ver. deutsch. Ing. 1900, 249; Glückauf 1900, 325.

    Ausführliche Beschreibung einer amerikanischen Maschine. Z. Ver. deutsch. Ing. 1904, 959.

    Andere Formen im Reiseberichte von Baum. Glückauf 1908, 336.

Belgische bzw. französ. Maschinen. Zwilling-Bobine. Vom Regler beherrschte Abschnappsteuerung. Z. Ver. deutsch. Ing. 1905, 1668. Dingler polyt. J. 1905, S. 625.

Einlaßmaschine zum Einhängen von Versatzmaterial. Z. Ver. deutsch. Ing. 1905, S. 1924.

Zwillingstandemmaschine mit liegenden Zylindern und hintereinanderliegenden großen Spiraltrommeln für Ronchamp. Z. Ver. deutsch. Ing. 1902, 1057 und Taf. 29.

Zwillingstandemmaschine, verschiedene, mit Trommeln oder mit Treibscheiben der Firma Friedrich-Wilhelm-Hütte. Z. Ver. deutsch. Ing. 1907, S. 2,3 und Taf. 1 und 2; der Firma Gutehoffnungshütte: Z. Ver. deutsch. Ing. 1902, Taf. 26; 1907, S. 1773 u. 1774; der Firma Ehrhardt & Sehmer im Buche: Der Steinkohlenbergbau des Preuß. Staates in der Umgebung von Saarbrücken. III. Teil, Taf. 4 u. 5.

Bobinenmaschine. Glückauf 1907, Nr. 2. Z. V. deutsch. Ing. 1884, Tafel 11—13.

4. Über einzelne elektrische Fördermaschinenanlagen:

Siehe E: Sonderverzeichnis über elektrische Fördermaschinen.

5. Über Maschinenberechnung.

Zander, Beuthen O.-Schl. Ableitung einer Formel. Z. Ver. deutsch. Ing. 1891, 70.

Grögler und Ulbricht: Das Anlaufen der Fördermaschinen aus jeder Kurbelstellung. Z. Ver. deutsch. Ing. 1897, 974.

K. Laudien: Massenwirkungen an Fördermaschinen. Glückauf 1903, S. 878.

Ehrlich, Gleiwitz: Über Treibscheibenförderungen. Z. Ver. deutsch. Ing. 1900, 675.

F. Baumann, Deutschlandgrube: Berechnung von Koepeförderungen. Glückauf 1905, S. 1471.

Kaufhold, Essen: Formel für die größte zulässige Beschleunigung bei Koepeförderungen. Berg- und Hüttenmännische Rundschau 1908.

Wallichs: Die Berechnung der Hauptschachtfördermaschinen. Fördertechnik 1912, Heft 1—5.

Taschenbuch der Hütte, 21. Aufl., II. Teil, S. 453—458.

Berechnung elektrischer Maschinen im Sonderverzeichnis über elektrische Fördermaschinen.

6. Über Förderseile. (Vgl. auch Bücher.)

Berichte der Seilfahrtkommission. Z. für d. B.- u. H.-W. im Preuß. Staate 1905, 146. Kohle und Erz 1909, Nr. 41; 1911, Nr. 11.

Bericht der Transvaaler Regierungskommission. Z. f. d. B.- u. H.-W. im Preuß. Staate 1907, 616.

A. Stör: Seilspannungen und -Schwingungen bei Beschleunigungsänderungen des Schachtförderseiles. Ö. Z. f. B.- u. H.-W. 1909, S. 419 u. f.

Divis: Einige Betrachtungen über Förderdrahtseile. Z. der Bergbaubetriebsleiter 1910, 339.

— Über die Elastizität blanker, verrosteter und verzinkter Seildrähte. Ö. Z. f. B.- u. H.-W. 1910, 47 u. f.

Dr. E. Wagner: Einfluß neutraler Salzlösungen, schwachsaurer Wässer und feuchtwarmer Luft auf Förderseile. Z. f. B.- u. H.-W. im Preuß. Staate 1909.

Horel: Förderseile aus Pflugstahldrahtseil (kz = 180 kg/qmm). Ö. Z. f. B.- u. H.-W. 1911, Nr. 35, 36.

H. Kroen: Prüfung der Drahtseile. Ö. Z. f. B.- u. H.-W. 1909, 343.

F. Baumann: Seilsicherheit bei der Schachtförderung. Glückauf 1910, 1521.

Herbst: Der Sicherheitsfaktor der Schachtförderseile. Glückauf 1912, S. 897.

Speer, Bochum: Die Sicherheit der Förderseile. Glückauf 1912, Nr. 19 u. f.; Glückauf 1912, Nr. 40.

Herbst: Ergebnisse der preußischen Statistiken der Schachtförderseile für das Jahr 1910. Glückauf 1912, Nr. 9—11.

7. Über Seilgewichtsausgleich.

Vergleich der Methoden (eingehend). Preuß. Z. f. B.- u. H.-W. 1864, S. 242—291.

Verjüngtes Förderseil oder Seilgewichtsausgleich? Ö. Z. f. B.- u. H.-W. 1875, S. 86.

Unterketten. Preuß. Z. f. B.- u. H.-W. 1860, S. 192; 1861, S. 60; 1870, S. 162.
Unterseile bei Trommelförderung mit durchgehendem Seile für Umstecken auf
    5 Fördersohlen. Pr. Z. 1879, S. 273.
    Erste Treibscheibenförderung von Koepe auf Zeche Hannover bei Bochum.
Pr. Z. 1878, S. 381.
      Koepeförderung für einen Blindschacht. Pr. Z. 1881, S. 260.
      Gekreuzte Unterseile. Glückauf 1911, S. 660.
      Schwerere Unterseile. Glückauf 1911, 1774. Fördertechnik 1912, Heft 1—5.
Bobinen: Noegerrath, Ausführliche analyt. Berechnung. Pr. Z. 1886, S. 15—25.
      Beispiel bei belgischer Maschine. Pr. Z. 1881, S. 34.
      Beispiel auf Grube Bockwa. Z. Ver. deutsch. Ing. 1884, S. 215.
Spiraltrommeln:Deeg, Berechnung und Beispiele der Grube Ronchamp. Z.Ver.
    deutsch. Ing. 1902, 1057.
      Brauer: Berechnung verjüngter Förderseile und ihrer Spiralkörbe. Z. Ver.
    deutsch. Ing. 1886, 1102.
      Belgisches Beispiel. Preuß. Z. 1881, S. 35.
Gerhards Ausgleichung auf Grube Camphausen. Preuß. Z. 1883, S. 4; 1899,
    S. 68; Glückauf 1899, S. 490.
Lindenberg & Meinicke: Preuß. Z. 1884, S. 239—262 u. 324—332.
Ungewöhnilche Ausgleichsarten. Preuß. Z. 1891, S. 69, 110; 1874, S. 162;
    1892, S. 309; Z. Ver. deutsch. Ing. 1910, S. 454; DRP. 211 522.

8. Über Schachtsignale.

Einige Neuere Literatur ist im Texte S. 147 angegeben.

9. Über Geschwindigkeitsmessung.

Durch Depressionsmessung. Preuß. Z. f. B.- u. H.-W. 83, S. 237; 1899, S. 197.
Durch elektrische Spannungsmessung. Glückauf 1911, S. 1633, Fig. 3—4.
Durch Resonanzinstrumente für große Drehzahlen. Glückauf 1908, 657.
Durch den Quecksilberregler von J. Karlik. Ö. Z. f. B.- u. H.-W. 1911, S. 147
    u. 165. (Ausführliche Abhandlung mit analytischer Berechnung der Rohr-
    form, von Horel). Ö. Z. f. B.- u. H.-W. 1911, S. 147 u. 165.

10. Über Steuerungen.

Allgemeines über Steuerungen.
Hartmann: Anforderungen an Fördermaschinensteuerungen. Glückauf 1898.
W. Hartmann, Berlin: Bewegungsverhältnisse unrunder Scheiben. Z. Ver. deutsch.
    Ing. 1905, 1581, 1624.
Wallichs: Entwicklung der Nockenformen. Z. Ver. deutsch. Ing. 1911, 2002,
    2054.
Zur Geschichte der Nockensteuerung. Z. Ver. deutsch. Ing. 1877, 218. Taf. 11;
    1882, 232, 296, 360.

Einzelne Steuerungen:

Krauses Einexzenterkulissensteuerung mit gesteuerter Abschnappung. Z. Ver.
    deutsch. Ing. 1884, Taf. 13.
Goochsche Kulissensteuerung mit Muschelschieber. Z. Ver. deutsch. Ing. 1892,
    652.
— — mit Ventilen. Z. Ver. deutsch. Ing. 1883, Tafel 31; 1892, Tafel 15; 1902, 364
    u. Tafel 26.
Allan-Tricksche Kulisse. Z. Ver. deutsch. Ing. 1887, Tafel 18.
Iversensteuerung I. Z. Ver. deutsch. Ing. 1907. 766.
Expansionsvorrichtungen bei Kulissensteuerungen. Z. Ver. deutsch. Ing.
    1884, Tafel 13; Preuß. Z. f. B.- u. H.-W. 1882, Tafel 8; 1898, 138; Z. Ver. deutsch.
    Ing. 1905, 1668; Glückauf 1898, 168.
Ventilverschleppung. Preuß. Z. f. B.- u. H.-W. 1881, 261; 1902, 390; Glückauf
    1902, 346; 1907, 195.

Innere Umsteuerungen. Z. Ver. deutsch. Ing. 1903, 1059, 1723; Glückauf 1911, S. 1901.

Nockensteuerungen. Z. Ver. deutsch. Ing. 1897, 1244, 1381; 1892, Tafel 5; 1902, S. 1064.
　　Umgekehrte Nockenform. Glückauf 1900, S. 557; Z. Ver. deutsch. Ing. 1904, 149; 1906, 1406.
　　Verschiebung der Nockenwelle. Z. Ver. deutsch. Ing. 1897, 1384.
　　Entwickelung der Formen: Z. Ver. deutsch. Ing. 1911, 2002, 2054.

Umsteuerhebel: Glückauf 1899, 318; Preuß. Z. f. B.- u. H.-W. 1901, 345 u. Tafel 8; 1904, 309.

Servomotor: Z. Ver. deutsch. Ing. 1902, 956; 1604; Preuß. Z. f. B.-u. H.-W. 1883, Tafel 2.

Zwangsschlußsteuerungen. Z. Ver. deutsch. Ing. 1897, 1246; Glückauf 1902, 949.

Zwangsweise Einstellung der Expansion:
　　Richter: Z. Ver. deutsch. Ing. 1897, 1384; Glückauf 1903, 879; 1908, 1464.
　　Isselburger Hütte: Glückauf 1909, 525; Fördertechnik 1910, 186.
　　Radovanovic: Z. Ver. deutsch. Ing. 1902, 1063.
　　Trill-Prinz-Rudolph-Hütte: Z. Ver. deutsch. Ing. 1907, 7.
　　Grunewald: Z. Ver. deutsch. Ing. 1910, 727.
　　Dubbel: Z. Ver. deutsch. Ing. 1907, 767; 1911, 2053.
　　Timmermans: Z. Ver. deutsch. Ing. 1890, 1017; 1905, 1668.
　　Gutehoffnungshütte: Glückauf 1906, 558; Z. Ver. deutsch. Ing. 1907, 1775; 1911, 2006.

Stausteuerungen:
　　Stauschieber: Z. Ver. deutsch. Ing. 1902, 955; 1907, 1736.
　　Stauventil: Glückauf 1900, 559.
　　Staunocken; Z. Ver. deutsch. Ing. 1907, 767 1774; 1910, 776; Glückauf 1909, 116; Z. Ver. deutsch. Ing. 1911, 2006, 2054.
　　Steuerung der Aufnehmer: Ö. Z. f. B.- u. H.-W. 1899, 568; Glückauf 1900, 95; 1903, 878.

Gegendampf: Z. Ver. deutsch. Ing. 1904, 152; 1907, 1566; 1910, S. 1330.

11. Über Bremsen.

Versuche über Reibungsziffer.
　　Klein, Hannover: Holz auf Eisen. Glückauf 1903, S. 387; Z. Ver. deutsch. Ing. 1903, S. 1083.
　　Klein, Hannover, Forschungsarbeiten, Heft 10 Z. d. Ver. deutsch. Ing.

Bagge: Lastdruckbremsen an Fördermaschinen. Z. Ver. deutsch. Ing. 1888, S. 267.

Teiwes: Bremsen an Fördermaschinen. Kohle u. Erz 1906, Nr. 18—20.

Elektrische Motorbremsen. Fördertechnik 1912, S. 9; Z. Ver. deutsch. Ing. 1912, S. 373; Ö. Z. f. B.- u. H.-W. 1910, S. 362.

Bremsdruckregler: Iversen: Z. Ver. deutsch. Ing. 1907, S. 1750; 1911, S. 2003.
　　Schönfeld: Z. Ver. deutsch. Ing. 1911, S. 2004.
　　Grüter-Thyssen: Z. Ver. deutsch. Ing. 1911, S. 2003.
　　Breitfeld, Danek & Co.; Ö. Z. f. B.- u. H.-W. 1911, S. 421.

Seilbremsen: nach Thyssen & Co. Z. Ver. deutsch. Ing. 1911, S. 2058.
　　Cramer, Bornig i. W., automatische, D.R.P. 229 488. Glückauf 1911, S. 96.

Bremsung von Seil und Führungsscheiben, Brown, Boveri & Cie, Baden (Schweiz), D.R.P. 246 533; Glückauf 1912. S. 976.

Bremsen an elektrischen Fördermaschinen im Sonderverzeichnis über elektrische Fördermaschinen enthalten.

12. Über Sicherheitsvorrichtungen im allgemeinen. (Vgl. auch Bücher.)

R. Mellin: Über Sicherheitsapparate an Fördermaschinen. Preuß. Z. f. B.- u. H.-W. 1898, S. 85, 246.
　　Längere Abhandlung über die Apparate: Römer, Baumann, Müller I, Hahn-Münzer, Jetschin. Vergleich.

Bericht der Seilfahrtkommission. Preuß. Z. f. B.- u. H.-W. 1905, S. 53; Glückauf 1905, S. 554.
Witte: Die graphische Darstellung des Ganges der Fördermaschine und die Benutzung derselben zum Baue eines Sicherheitsapparates. Glückauf 1902, Heft 2.
Dubbel: Kritik neuerer Sicherheitsvorrichtungen (kurz). Z. Ver. d. Ing. 1909, 752.
Hoffmann, Bergreferendar, Hannover: Zur Kritik neuerer Sicherheitsapparate. Glückauf 1907, S. 181.
Philippi: Sicherheitsvorrichtungen an elektrischen Fördermaschinen. Glückauf 1909, S. 1509.
Wallichs: Die neuere Entwicklung der Sicherheitsvorrichtungen. Z. Ver. deutsch. Ing. 1911, 2002, 2054; 1912, 599.
Dr.-Ing. Förster: Sicherheitsapparate an Fördermaschinen. Mitteilungen des Oberschles. Bezirksvereins deutsch. Ing. 1911, Heft 1—4.
Wintermeyer: Sicherheitsvorrichtungen für Dampffördermaschinen. Kohle und Erz 1912.

13. Übertreibapparate, Schellenzüge.

In einzelnen Aufsätzen. Z. Ver. deutsch. Ing. 1897, S. 1385; Glückauf 1910, S. 2064; Preuß. Z. f. B.- u. H.-W. 1911, 142.

14. Einzelne Sicherheitsapparate.

Baumann: Preuß. Z. 1898, S. 89; Glückauf 1896, 820; Z. Ver. deutsch. Ing. 1896, S. 1060; 1911, 2005.
Müller I: Z. Ver. deutsch. Ing. 1897, S. 1379; Preuß. Z. f. B.- u. H.-W. 1898, S. 91.
Römer: Z. des Oberschl. Berg- u. Hüttenmännischen V. 1895, Blatt 1—4; Glückauf 1896, S. 616; Preuß. Z. f. B.- u. H.-W. 1898, S. 87.
Hahn - Münzner: Preuß. Z. f. B.- u. H.-W. 1898, S. 91.
Schlüter: Z. Ver. deutsch. Ing. 1902, 1241; Glückauf 1902, 444 u. 547.
Wodrada: Z. Ver. deutsch. Ing. 1899, S. 1100.
Grunewald I (alter): Z. Ver. deutsch. Ing. 1907, 1736, 1770.
Französische Apparate: Reumeaux: Preuß. Z. f. B.- u. H.-W. 1901, 459.
    Sohm: Glückauf 1903, 169.
Karlik - Witte: Preuß. Z. f. B.- u. H.-W. 1902, 373; Glückauf 1902, 25; 1903, 901; 1904, 182.

15. Anfahrtregler.

Brucksch: Preuß. Z. f. B.- u. H.-W. 1900, 145.
Iversen: Z. Ver. deutsch. Ing. 1907, 1570; Glückauf 1912, 976.
Hussmann: Z. Ver. deutsch. Ing. 1907, 6, 105; Glückauf 1907, 184.
Grunewald, Z. Ver. deutsch. Ing. 1907, 1776.
Isselburger Hütte: Z. Ver. deutsch. Ing. 1909, 1947; Preuß. Z. f. B.- u. H.-W. 1911, S. 141. Kohle und Erz 1912, 438.
Strnad: Glückauf 1912, S. 115.

16. Steuerungsregler.

Schütz: Glückauf 1910, 278; Z. Ver. deutsch. Ing. 1911, 2005.
Koch - Herne: Glückauf 1907, 709. Z. Ver. deutsch. Ing. 1911, 2007.
Schönfeld: Z. Ver. deutsch. Ing. 1911, 2057; Glückauf 1911.
Notbohn - Eigemann: Preuß. Z. f. B.- u. H.-W. 1909; Glückauf 1907, 188; 1908, 160; Z. Ver. deutsch. Ing. 1911, 2055; 1912, 599.
Iversen: 1907, Nr. 40; Z. Ver. deutsch. Ing. 1907, 1571; 1911, 2056 u. 57; Glückauf 1912, 976.
Schüller: Z. Ver. deutsch. Ing. 1911, 2058.
Grunwald II: Z. Ver. deutsch. Ing. 1910, 727; 1911, 2055; Kohle und Erz 1912, 92; Z. Ver. deutsch. Ing. 1912, 1516.
Dubbel: Z. Ver. deutsch. Ing. 1911, 2054.

17. **Sicherheitsvorrichtungen an elektrischen Fördermaschinen.**
Siehe E: Sonderverzeichnis über elektrische Fördermaschinen.

18. Über Dampfverbrauch.

Kirsch: Wärmeaustausch zwischen Dampf und Wand. Z. Ver. deutsch. Ing. 1891, 957.

Rott: Zur kalorimetrischen Theorie der Dampfmaschine. Dinglers polyt. J. 1910, Nr. 35.
Die künftige Entwicklung der Dampfturbinen. Dinglers polyt. J. 1910, S. 350.

R. Henry: Versuche an Dampffördermaschinen. Ö. Z. f. B. u. H.-W. 1906, 95.
Dampfverbrauch der Zwillingstandemmaschine der Zeche Werne i. W. Glückauf 1907, Nr. 2. Z. V. deutsch. Ing., 1907, S. 77.
Versuche an 3 älteren oberschlesischen Maschinen. Kohle u. Erz 1908, Nr. 47.

Grunewald: Mittel zur Verminderung des Dampfverbrauches. Glückauf 1908, 1633.

Scharf: Die wirtschaftliche Erzeugung und Ausnutzung von Dampf und Kraft im Kalibergbau. Glückauf 1908, Nr. 14 u. S. 1006.

Moritz: Einfluß des Gegendampfgebens auf den Dampfverbrauch. Glückauf 1908, 1460.

Zeche Prosper: Dampffördermaschine mit angeschlossener Abdampfverwertung. Glückauf 1909, 1413.

Abdampfverwertung auf Zeche von der Heydt, Herne. Glückauf 1911, 1371.

Untersuchungen an elektrischen und mit Dampf betriebenen Fördermaschinen. Glückauf 1911, Nr. 42—52.

Zeche Westerholt: Zwillingstandemmaschine mit Auspuff. Glückauf 1912, 260.

Becker: Verluste bei Ilgneranlagen. Glückauf 1908, Nr. 6.

Janzen: Beitrag zur Bestimmung des Energieverbrauches von Fördermaschinen. Glückauf 1910, 389, 1626.

W. Philippi. Zur Frage der Wirtschaftlichkeit elektrischer Hauptschachtfördermaschinen Glückauf 1912, 1109, 1679.

E. Sonderverzeichnis über elektrische Fördermaschinen.

Soweit nicht bereits in den vorgenannten Zusammenstellungen die Bücher und Zeitschriften aufgeführt sind, die für elektrisch betriebene Förderanlagen von Bedeutung sind, kommen folgende Aufsätze und Berichte in Betracht.

1. Allgemeine Gesichtspunkte, Wirtschaftlichkeit.

1902 Glückauf. S. 175: Bansen, Neues System von Fördermaschinen, U.E.G. — S. 25: Witte, Graphische Darstellung des Ganges einer Fördermaschine.
Dinglers polytechnisches Journal. S. 310: Berg- und Hüttenmännische Maschinen auf der Düsseldorfer Ausstellung 1902. — S. 317: Buschmann, Dampf oder elektrische Fördermaschinen? — S. 469: Herrmann, Dynamische Verhältnisse der Fördermaschinen.

1903 Berg- und Hüttenmännische Zeitung. S. 54: Janssen, Energieausgleich durch 2 Fördermaschinen.
Glückauf. S. 97: Schmidt, Neuerungen in der Verwendung der Elektrizität bei Fördermaschinen.

1904 Zeitschrift des Öst. Ing. u. Architekten-Vereins. S. 377, 388: Ilgner, Zweckmäßige Ausgestaltung von elektrisch angetriebenen Fördermaschinen.
Elektrotechnische Zeitschrift. S. 827: Koch-Schmiede, Berechnung elektrischer Fördermaschinen.
Stahl und Eisen. S. 129: Ilgner, Ausgleich von Kraftschwankungen.

1906 Glückauf. S. 842: Gesichtspunkte bei Einrichtung elektrischer Zentralen auf Bergwerken. — S. 1201: Elektrische Fördermaschinen der Mines de Ligny-les-Aire, Felten-Guilleaume-Lahmeyerwerke.

Stahl und Eisen. S. 751: Wallichs, Dampf oder Elektrizität?

Elektrotechnische Zeitschrift: S. 1022: Wirtschaftlichkeit elektrischer Fördermaschinen. — S. 324: Akkumulatoren bei Drehstromantrieb.

1907 Dinglers polytechnisches Journal. S. 753: Hauptschachtförderung mit Köpescheibe. — S. 174: Hann, Fördermaschinen mit spiraliger Trommel. — S. 219: Wallichs, Fördermaschinen.

Elektrotechnische Zeitschrift. S. 923: Heyland, Aussichten des Einphasenstroms. — S. 1222: Neue Systeme elektrischer Fördermaschinen. — S. 1185: Kulka, Ermittlung der Höchstgeschwindigkeit usw. bei konstantem Strom.

Kali. Heft 16: Elektrisch angetriebene Förderhaspel.

1908 Kali. Heft 7, 8, 11, 13: Scharf und Philippi, Wirtschaftlichkeit elektrischer Fördermaschinen auf Kaliwerken, insbesondere in Friedrichshall.

Glückauf. S. 780: Philippi, Wirtschaftliche Verhältnisse auf der Kaligrube de Mendel. — S. 478: Dampfverbrauchszahlen.

Elektrotechnische Zeitschrift. S. 1087: s. Kali, Heft 7, 8, 11, 13. — S. 734: Rückgewinnung von Energie bei Asynchronmotoren. — S. 353, 386: Ausgleichssystem Heyland. — S. 427: Schwungmassenausgleich von Kammerer.

Kohle und Erz. S. 917: Möhrle, Fördereinrichtungen. — S. 635: System Brown, Boveri & Co.

1909 Elektrische Bahnen und Kraftbetriebe. S. 258: Vergleich der Wirtschaftlichkeit von Dampf- und elektrischen Fördermaschinen. — S. 96: Elektrische Fördermaschinen auf Zeche Rheinpreußen.

Fördertechnik. Blazek, Belastungsausgleich bei elektrischen Fördermaschinen.

Kali. S. 141: Elektrische Fördermaschinen, System Iffland.

1910 Glückauf. S. 389: Janzen, Bestimmung des Energieverbrauchs von Fördermaschinen bei Berücksichtigung des Einhängens von Lasten.

Elektrotechnische Zeitschrift. S. 233: Philippi, Elektrische Kraftübertragung in Bergwerken. — S. 521: Briefwechsel über dasselbe — S. 1125: Englische Patententscheidung über das Ilgner-System.

Elektrische Bahnen und Kraftbetriebe. S. 21: Ausgleich der Kraftschwankungen bei elektrischen Fördermaschinen. — S. 34: Elektrische Fördermaschinen in Amerika.

1911 Elektrotechnische Zeitschrift. S. 101: Baldamus, Elektrizität in der Kaliindustrie.

2. Beschreibung ausgeführter Anlagen, Betriebsergebnisse.

1900 Glückauf. S. 490: Hoppe, Elektrische Fördermaschine Thiederhall.

1901 Glückauf. S. 258: Müller, Köpe-Förderungen. — S. 447: Erfahrungen mit der Batterie in Thiederhall.

1902 Elektrotechnischer Anzeiger. S. 582: Elektrische Fördermaschinen in England. — S. 2821: Fördermaschine der Siemens-Schuckert-Werke.

Elektrotechnische Zeitschrift. S. 961: Elektrische Fördermaschinen System Ilgner-Siemens & Halske.

Glückauf. S. 512: Elektrische Schachtförderung der U.E.G. — S. 786: Elektrische Fördermaschine der E.U.G. vorm. Schuckert & Co.

Dinglers polytechnisches Journal. S. 335, 379, 382: Angaben ausgeführter Anlagen.

1903 Glückauf. S. 121: Baum, Elektrische Fördermaschinen. Beschreibung ausgeführter Anlagen.

1904 Zeitschrift für Berg-, Hütten- und Salinenwesen. S. 309: Schachtförderung, elektr. angetriebene Fördermaschine auf Zollern II.

Glückauf. S. 338: Schulte, Dampfverbrauch elektrischer Fördermaschinen, graphische Darstellung für Preußen II.

Zeitschrift des Vereins deutscher Ingenieure. S. 1614: Fördermaschine des Mines de Ligny-les-Aire, Felten-Guilleaume-Lahmeyerwerke.

1905 Glückauf. S. 557: Bericht der Seilfahrtskommission, Siemens-Schuckert-Sicherheitsapparat. — S. 781: Anlage auf Zollern II, mit Ilgner-Umformer.

1907 Glückauf. S. 1195: Hoffmann. Elektrische Fördermaschinen auf Hermannschacht, Eisleben.
Elektrische Bahnen und Kraftbetriebe. S. 485, 508, 528: Becker, Untersuchung von Ilgner-Anlagen. — S. 301: Philippi, Elektrisch betriebene Hauptschachtfördermaschinen auf Ottiliäschacht.
Zeitschrift des Östreichischen Ing.- u. Arch.-Vereins. S. 446: Elektrische Fördermaschinenanlage in England.
Österreichische Zeitschrift für Berg- und Hüttenwesen. S. 377: Elektrische Fördermaschinen auf Salomonschacht.
Elektrotechnische Zeitschrift. S. 446: Elektrische Fördermaschinen mit Drehstromantrieb in England.

1908 Elektrische Bahnen und Kraftantriebe. S. 517: Janzen, Elektrische Fördermaschine auf Grube Hausham. — S 630: System Brown, Boveri & Co. Dasselbe, Kohle und Erz, S. 835.
Elektrotechnischer Anzeiger. S. 177: Iffland, Elektrische Fördermaschinen.
Zeitschrift des Vereins Deutscher Ingenieure. S. 1492: Elektrische Fördermaschine Friedrichshall. — S. 1509: Schmidt, Zusatzdynamo und Pufferbatterie.
Elektrotechnische Zeitschrift. S. 1253: Becker, Verluste bei Ilgner-Anlagen.

1909 Zeitschrift des Vereins deutscher Ingenieure. S. 1694: Versuchsergebnisse an der elektrischen Fördermaschine auf Ottiliäschacht. — S. 1520: Elektrische Fördermaschinen der AEG. — S. 1509: Betriebskosten von Fördermaschinen. — S. 1597: Erfahrungen von Brown, Boveri & Co. an elektrischen Fördermaschinen. — S. 50: Hoffmann, Maschinenwirtschaft in Bergwerken, Ilgner-A.E.G. Ilgner-Siemens-Schuckert.
Elektrotechnische Zeitschrift. S. 463: Elektrische Förderanlage, System Iffland, auf Friedrichshall. — S. 859: Kräfteausgleich durch Trommeln.
Glückauf. S. 1509: Philippi, Sicherheitsvorrichtungen an elektrischen Fördermaschinen. — S. 252: Hanke, System Iffland für elektrische Fördermaschinen. — Nr. 42: Elektrische Fördermaschine auf Matthias Stinnes.

1910 Zeitschrift des Vereins deutscher Ingenieure. S. 1176: Elektrische Fördermaschinen der Zeche Harton (Engineering, 1910, S. 610). — S. 1501: Elektrische Fördermaschine, Kaliwerk Bernburg. — S. 1604: Elektrische Fördermaschine, Deutschlandgrube.
Technische Mitteilungen des Rhein.-Westf. Bzv. deutscher Ing. S. 388: von Sääf, Neuerungen auf dem Gebiet der elektrischen Fördermaschinen.
Elektrotechnische Zeitschrift. S. 556: Leber, Fördermaschine System Brown, Boveri & Co. auf dem Mauveschacht. — S. 559: Diskussion über diese Maschine. — S. 125: Philippi, Sicherheitsvorrichtungen an Fördermaschinen. — S. 599: von Sääf, Elektrische Fördermaschinen.
5. Jahresbericht des oberschlesischen Dampfkesselüberwachungsvereins. Elektrotechnische Abteilung: Versuche an der Fördermaschine Mauveschacht. Brown, Boveri & Co.

1911 Elektrotechnische Zeitschrift. S. 1047, 1084: Philippi, Elektrische Fördermaschinen. — S. 125: Neueste Ilgner-Maschinen, System Siemens-Schuckert-Werke.
Zeitschrift des Vereins deutscher Ingenieure. S. 2002: Wallichs, Sicherheitsvorrichtungen.

Zeitschrift für Berg-, Hütten- und Salinenwesen. S. 143: Sicherheits
vorrichtung beim Überfahren der Hängebank.

Mitteilungen des oberschlesischen Bezirksvereins deutscher
Ingenieure. S. 275: Janzen, Energieverbrauch von elektrischen
Fördermaschinen.

Engineering and Mining Journal. 18. November: Vergleich von Dreh-
strom- und Ilgner-Fördermaschinen in Südafrika s. a. elektr. Bahnen
u. Kraftbetriebe 1912, S. 136.

Kohle und Erz. S. 907: Versuche mit Ilgner-Maschinen in Michigan.

Elektrische Bahnen und Kraftbetriebe. Nr. 22—24: Meyer, Verlustlose regelbare Drehstrommotoren.

1912 Elektrische Bahnen und Kraftbetriebe. S. 136: Vergleich der Wirtschaftlichkeit von Drehstrom- und Ilgner-Fördermaschinen in Südafrika.

Zeitschrift des Vereins deutscher Ingenieure. S. 333: Wille, Versuche
an elektrischen Fördermaschinen.

Zeitschrift für Berg-, Hütten- und Salinenwesen. S. 40: Verbesse-
rungsvorschläge für Fördermaschinenanlagen.

3. Besonders wichtige Sonderhefte einzelner Firmen, z. T. Erweiterungen von anderen Aufsätzen.

Siemens-Schuckert-Werke.

Sicherheitsvorrichtungen an elektrischen Fördermaschinen, Philippi, auch Glückauf 1909, Nr. 42.

Energieverbrauch elektrisch betriebener Fördermaschinen, Nr. 258.

Verlustlose regelbare Drehstrommotoren 291, s. a. El. Bahn- u. Kraftbetriebe
1911, Nr. 22—24.

Elektrische Fördermaschine 339.

Drehstrom-Fördermaschinen mit Widerstandsschaltung 348.

Pirani-Maschine, Nachrichten Heft 20, Juli 1911.

Allgemeine Elektrizitäts-Gesellschaft.

Elektrisch betriebene Fördermaschine, Nr. 173, Juni 1909.

Hauptschachtfördermaschine, GVI. 1911.

Motorgeneratoren und Umformer, Abt. s, IV, 6, 1911.

Jahresberichte.

A.E.G.-Zeitung, laufend mit verschiedenen kürzeren Mitteilungen.

Elektrisch betriebene Hauptschacht-Fördermaschine, A.E.G.-Zeitung Nr. 5,
November 1911.

Felten, Guilleaume, Lahmeyer-Werke, Frankfurt.

Elektrische Förderanlagen, Nr. 589, 1904.

Elektrische Fördermaschine der Mines de Ligny-les-Aire, Nr. 590, 1904; auch
Zeitschr. d. V. d. Ing. 1904, Nr. 43 und Glückauf 1906, Nr. 37.

Elektrische Schacht- und Streckenförderung, Nr. 1324, 1907.

Elektrisch betriebene Fördermaschinen, Nr. 94, 1907.

Elektrische Anlagen, Nr. 1958, 1910; auch Elektrische Bahnen und Kraftbetriebe
1910, Heft 3, 4, 5.

Brown, Boveri & Co.

von Sääf, Fördermaschinen mit Antrieb durch Doppelkommutatormotoren,
Nr. 307, D; auch Elektrische Bahnen und Kraftbetriebe 1911, S. 295, 312.

Doppelkollektormotor, Nr. 273.

Hauptschachtfördermaschinen, Nr. 253.

Graf- & Konrad-Nabe 110, 111.
Gräfin Johanna-Schacht, Fördermaschine von — 396.
Größe der Anfahrtsbeschleunigung 20.
Größe der Fördermaschine 305.
Grüter, Bremsdruckregler von — 237.
Grunewald, Staunocken nach — 185.
—, Stauschieber von — 212, 214, 283.
—, Steuerhebelsperrung von — 250.
—, Steuerungsregler von — 257, 258.
Grunewald-Schönfeld, Staunocken nach — 186.
Gußeiserne Trommel 98.
Gutehoffnungshütte, Gleichstromdampffördermaschine der — 281.
—, Nockenform der — 188.
—, Reglereinwirkung nach System — 199.
—, Servomotor der — 206.
—, Umsteuerung der Reglereinwirkung 198.
—, Zwillingstandemfördermaschine der — 283.

Hagemann, Sicherheitsventil von — 291.
Hahn, Sicherheitsapparat von — 246.
Handbremse 277.
Handbremsung 224.
Handsteuerung 203, 217.
Hanfseile 77.
Hängenbleiben der Ventile 154.
Hartmann, Prof., Untersuchung der Bewegungsverhältnisse von Steuergetrieben mit unrunden Scheiben 179.
Harton, Fördermaschine der Zeche — 337.
Hauptbremse 227, 228.
Heckel, Treibscheibenförderung nach System — 91.
Heißdampfzylinder der Friedrich Wilhelms-Hütte 293.
Hemmdampfdiagramme 159.
Herkenrath, Elektromagnetische Seilanpressung bei Treibscheibenförderung 89.
Hintereinanderliegende Spiraltrommeln 10.
Höcker 179.
—, Ventilsteuerung mit 8 —n 181.
—, Ventilsteuerung mit 4 —n 181.
Höckerform, alte 183.
Höckerwelle, Antrieb der — 182.
Hollertszug, Fördermaschine von — 379.
Holzeinhängen 274.
Hoppe, Abschnappsteuerung von — 163.
Horn, Tachograph von Dr. — 130.
Humboldt, Radovanovic-Steuerung 195.
—, Zwillingstandemmasch. von — 287.

Hussmann, Anfahrtsregler von — 247, 249, 250.
Hüttenamt, Kgl. —, Gleiwitz, Nockenform 188.
Hydraulischer Geschwindigkeitsmesser 134, 135.
Hydraulische Geschwindigkeitsvergleichung 139.
Hydraulischer Regler 263.
Hydraulische Wegvergleichung nach Iversen 140.

Iffland, Fördermaschine von — 376.
Ilgner, Schwungrad System — 308.
Ilgner-Umformer 343.
Innenkranz von Fritsch 103.
Innere Umsteuerungen 159.
Installationsgesellschaft, Bergisch-Märkische —, Schachtsignalanlage 147.
Isselburger Hütte, Abschnappnockensteuerung der — 193, 194.
— —, Dampfdiagramme der — 203.
— —, Steuerhebelsperrung der — 250.
Iversen, Bremsdruckregelung von — 235.
—, Gegendruckdiagramm von — 209.
—, hydraulische Wegvergleichung 140.
—, Kulissen-Lenkersteuerung von — 165, 169.
—, Servofahrventil von — 217.
—, Servo-Fahr- und Absperrventil von — 288.
—, Steuerungsregler von — 262, 264, 265.
Iversenbremse der Atlasgesellschaft 236.
Iversensteuerung 172, 174, 215.

Kammerer, Trommel von — 102, 103.
Karliks Geschwindigkeitsmesser, Diagrammblatt von — 132.
— —, Signalaufzeichnung 132.
— Quecksilbergewichtsregler 130.
Karlik-Witte, regelbare Bremse von — 238.
—, Sicherheitsapparat von — 243 bis 245.
Kataraktbremsung 120.
Kegeltrommel 104, 105.
Kegeltrommeln, Berechnung der — 53 bis 56.
—, Seilgewichtsausgleich durch — 52.
Kgl. Hütte, Gleiwitz, liegende Maschine mit Vorgelege 273 bis 277.
— —, Sicherheitsapparat der — 246.
Klein, Prof., Reibungsziffer 225.
Kleine Füllungen 201.
Klugsche Umsteuerung 171.